A prática clínica da terapia cognitiva com crianças e adolescentes

A Artmed é a editora oficial da FBTC

F899p   Friedberg, Robert D.
      A prática clínica da terapia cognitiva com crianças e adolescentes / Robert D. Friedberg, Jessica M. McClure ; tradução: Henrique Guerra ; revisão técnica: Ricardo Wainer. – 2. ed. – Porto Alegre : Artmed, 2019.
      xvi, 383 p. ; 25 cm.

     ISBN 978-85-8271-547-5

     1. Terapia. 2. Terapia cognitivo-comportamental. I. McClure, Jessica M. II. Título.

CDU 615.85-053.2/.6

Catalogação na publicação: Karin Lorien Menoncin – CRB 10/2147

A prática clínica da terapia cognitiva com crianças e adolescentes

2ª edição

Robert D. **Friedberg**
Jessica M. **McClure**

Tradução desta edição:
Henrique Guerra

Tradução da edição anterior:
Cristina Monteiro

Revisão técnica:
Ricardo Wainer
Psicólogo cognitivo-comportamental. Terapeuta e supervisor com Certificação Avançada em Terapia do Esquema pela International Society of Schema Therapy (ISST). Professor titular de Psicologia da Pontifícia Universidade Católica do Rio Grande do Sul (PUCRS). Diretor da Wainer Psicologia Cognitiva. Doutor em Psicologia pela PUCRS.

2019

Obra originalmente publicada sob o título
Clinical practice of cognitive therapy with children and adolescents: the nuts and bolts, second edition
ISBN 9781462519804

Copyright © 2015 The Guilford Press, A Division of Guilford Publications.
Published by arrangement with The Guilford Press.

Gerente editorial: Letícia Bispo de Lima

Colaboraram nesta edição:

Editora: Mirian Raquel Fachinetto
Capa: Paola Manica
Preparação de originais: Soraya Imon de Oliveira
Leitura final: Marquieli de Oliveira
Editoração: Kaéle Finalizando Ideias

Reservados todos os direitos de publicação em língua portuguesa à
ARTMED EDITORA LTDA., uma empresa do GRUPO A EDUCAÇÃO S.A.
Av. Jerônimo de Ornelas, 670 – Santana
90040-340 – Porto Alegre – RS
Fone: (51) 3027-7000 Fax: (51) 3027-7070

SÃO PAULO
Rua Doutor Cesário Mota Jr., 63 – Vila Buarque
01221-020 – São Paulo – SP
Fone: (11) 3221-9033

SAC 0800 703-3444 – www.grupoa.com.br

É proibida a duplicação ou reprodução deste volume, no todo ou em parte, sob quaisquer formas ou por quaisquer meios (eletrônico, mecânico, gravação, fotocópia, distribuição na Web e outros), sem permissão expressa da Editora.

IMPRESSO NO BRASIL
PRINTED IN BRAZIL

Autores

Robert D. Friedberg, PhD, ABPP.
Professor titular e diretor do Centro para o Estudo e o Tratamento de Jovens com Ansiedade na Palo Alto University. Anteriormente, dirigiu a Cognitive Behavioral Therapy Clinic for Children and Adolescents e o Programa de Bolsas de Pós-doutorado no Penn State Milton S. Hershey Medical Center. Atuou em projetos de extensão universitária no Beck Institute for Cognitive Behavior Therapy e é membro fundador da Academy of Cognitive Therapy. É coautor (com Jessica M. McClure e Jolene Hillwig Garcia) da obra *Técnicas de terapia cognitiva para crianças e adolescentes: ferramentas para aprimorar a prática.**

Jessica M. McClure, PsyD.
Psicóloga clínica e diretora clínica da Divisão de Medicina Comportamental e Psicologia Clínica no Cincinnati Children's Hospital Medical Center. Autora de artigos e capítulos de livros. Atua na formação de terapeutas cognitivo-comportamentais que atendem crianças e adolescentes, sendo que sua *expertise* inclui o tratamento cognitivo-comportamental de crianças e adolescentes com ansiedade, depressão e problemas de comportamento.

---

*FRIEDBERG, R. D.; McCLURE, J. M.; GARCIA, J. H. *Técnicas de terapia cognitiva para crianças e adolescentes*. Porto Alegre: Artmed, 2011. 312p.

Agradecimentos

Sem o apoio de minha maravilhosa e inteligente esposa, Barbara, escrever este livro não teria sido possível. Barbara atiça minha paixão por fazer coisas novas e amplia minha zona de conforto. O irreverente senso de humor de minha filha, Rebecca (também conhecida como capitã Spoo Mcnaug), ajuda a manter-me centrado. Novamente, trabalhar com minha colega e amiga Jessica McClure foi um prazer e um privilégio. Sua habilidade clínica é inspiradora. Meu especial reconhecimento aos muitos jovens pacientes e a suas famílias que os confiaram a meus cuidados na Wright State University School of Professional Psychology, no Penn State Milton S. Hershey Medical Center e no Center for the Study and Treatment of Anxious Youth, na Palo Alto University. Obrigado a Kitty Moore e Barbara Watkins, da Guilford Press, por sua excelente consultoria editorial.

Robert D. Friedberg

Agradeço a meu marido, Jim, e a minhas filhas, Lydia e Juliana, por seu amor, incentivo e apoio. Meu coautor, Bob Friedberg, com seu senso de humor e sua criatividade incomparáveis, torna sempre divertido o processo de escrita. E o mais importante: estendo meus agradecimentos às crianças e às famílias com quem tenho trabalhado – elas me inspiram e me motivam a escrever e a realizar meu trabalho clínico.

Jessica M. McClure

Prefácio

Quando começamos a revisar a 1ª edição desta obra, publicada em 2002, resolvemos iniciar, como antes, com uma série de perguntas para apresentar o propósito do livro, seu conteúdo e seu formato, e também os autores.

QUEM SOMOS HOJE?

Em termos simples, ambos estamos mais velhos e mais sábios! Esta edição reflete nosso amadurecimento.

Robert D. Friedberg, psicólogo clínico de carreira já bastante consolidada, trabalhou em variados contextos de ambulatório e de internação, bem como em programas de prevenção. Seu trabalho continua sendo moldado fundamentalmente pelos escritos de Aaron T. Beck e Martin E. P. Seligman, e também por seus mentores, Christine A. Padesky e Raymond A. Fidaleo. De 2003 a 2011, atuou no corpo docente do Penn State Milton S. Hershey Medical Center, onde foi diretor da Cognitive Behavioral Therapy Clinic for Children and Adolescents. Hoje, faz parte do corpo docente da Palo Alto University, onde atua como professor titular e diretor do Center for the Study and Treatment of Anxious Youth.

Jessica M. McClure é psicóloga clínica no Cincinnati Children's Hospital Medical Center, onde trabalha com crianças, adolescentes e suas famílias em vários programas ambulatoriais. Atualmente, é diretora clínica da Division of Behavioral Medicine and Clinical Psychology.

POR QUE REVISAR O ORIGINAL?

Decidimos revisar a publicação original de 2002 a fim contemplar os novos avanços na terapia cognitivo-comportamental (TCC) com jovens, bem como para compartilhar nossas novas perspectivas sobre diversas questões. Então, quais são as novidades e o que aprendemos ao longo desse tempo? Descobrimos três importantes lições: é crucial ficar alerta a aspectos multiculturais para individualizar o tratamento; a aprendizagem vivencial é indispensável; aprender com os clientes é algo que não deve ser subestimado.

É crucial ficar alerta a aspectos multiculturais para individualizar o tratamento

Uma pergunta comum de nossos orientandos é "Quando devo levar em conta as questões multiculturais na prática clínica?". A resposta é: "Sempre". Questões de etnia, religião, gênero e orientação sexual são variáveis clinicamente relevantes. Considerar o impacto que essas variáveis têm na prática clínica permite uma atuação mais eficaz. Huey e Polo (2008) chegaram à estimulante conclusão de que as abordagens cognitivo-comportamentais mostram os níveis mais altos de sucesso com jovens de minorias étnicas. Já tratamos muitos clientes de diversos contextos, e os nossos exemplos clínicos nesta revisão refletem essa perspectiva.

Silverman, Pina e Viswesvaran (2008) destacam que uma modificação cultural das abordagens terapêuticas bem-sucedidas exige mais do que simples mudanças cosméticas. Da mesma forma, Hays (2009) ofereceu diretrizes úteis para uma TCC culturalmente responsiva. Primeiro, adotar uma postura culturalmente responsiva é essencial, e isso muitas vezes requer uma mudança de atitude. Hays faz a importante distinção entre estabelecer *rapport* e construir respeito cultural. Meios ativos para comunicar respeito cultural incluem prestar atenção, tornar-se mais sensível e acolher as questões linguísticas e as práticas culturais das crianças e dos adolescentes no trabalho clínico.

Uma segunda recomendação é sintonizar-se com pontos fortes e apoios culturalmente relacionados. As estratégias fundamentais incluem habilidades de vivência prática, estratégias para enfrentar a discriminação e o preconceito, e atenção às convenções religiosas, espirituais, musicais, artísticas e linguísticas. Outra boa ideia é permanecer consciente dos apoios interpessoais, como celebrações culturais e grupos de ação sociopolítica. Uma terceira prática culturalmente sensível é conhecer as contribuições relativas das influências ambientais e pessoais.

Sanders-Phillips (2009) concluiu que as crianças negras são especialmente tocadas pelo aspecto da discriminação racial. Os autoconceitos e o desenvolvimento de habilidades de enfrentamento são particularmente mais vulneráveis a esse estressor significativo. Cardemil e Battle (2003) estimulam os clínicos a se envolverem em diálogos difíceis em torno dessas questões, enfatizando-se especialmente a validação das experiências de opressão relatadas pelas crianças e adolescentes. Concordamos com Hays (2009) que uma boa estratégia inicial é supor que o incidente aconteceu, em vez de minimizá-lo ou buscar explicações alternativas. Embora isso inicialmente possa provocar ansiedade e inquietação para a maioria dos terapeutas brancos, a terapia pode tornar-se mais real, relevante e contextualmente válida.

A aprendizagem vivencial é indispensável para os clientes

Em um de seus primeiros escritos, A. T. Beck (1976) explicou que "a abordagem vivencial expõe o paciente a experiências que são, por si sós, poderosas o suficiente para mudar concepções equivocadas" (p. 214). Carey (2011) argumentou que o mais importante na psicoterapia é ajudar os clientes a encarar, vivenciar e enfrentar aquilo que eles evitam. A aprendizagem vivencial é fulcral para a prática clínica da terapia cognitiva com crianças e adolescentes. O *enactment** comportamental cria novas tendências de ação. Além disso, a aprendizagem vivencial facilita a generalização de um contexto a outro. O *enactment* comportamental centra-se em fazer mudanças, em vez de simplesmente conversar sobre elas. A aprendizagem vivencial enfatiza que a aprendizagem ocorre por meio da ação. Constatamos que alguns terapeutas iniciantes encontraram dificuldades em dar o salto de conversar sobre ação e mudança com as famílias para realmente planejar e criar oportunidades vivenciais. Isso é especialmente desafiador com crianças que são resistentes a essas ações ou que se tornam emotivas ao discutir essas etapas. Todavia, quando os terapeutas iniciantes dão esse salto, percebem as melhorias no funcionamento da criança e o progresso rumo aos objetivos do tratamento que decorrem dessa iniciativa. Observamos que descrever a peça vivencial para as famílias é essencial para ajudá-las. Além disso, os terapeutas iniciantes sentem-se mais à vontade para um envolvimento em tarefas vivenciais.

---

*N. de T. Termo compreendido como uma encenação, um reviver de elementos afetivos inconscientes, resultante do jogo de identificações projetivas cruzadas entre cliente e terapeuta.

Aprender com os clientes é algo que não deve ser subestimado

É verdadeiro o velho ditado segundo o qual você ajuda alguns clientes e aprende com outros. Skovolt e Starkey (2010) escreveram: "Terapeutas não só devem enxergar-se como pessoas que podem oferecer ajuda, mas também devem reconhecer e aceitar que os clientes têm muito a ensinar, às vezes mais do que os terapeutas têm a ensiná-los" (p. 128). Concordamos com essa observação. Ao longo da última década, fortalecemos nossa sabedoria clínica com sucessos e fracassos terapêuticos. Nesse período, nossos clientes têm nos ensinado lições importantes e estamos muito empolgados para compartilhar com você nossas novas aprendizagens.

UMA PALAVRA SOBRE OS RELATOS DE CASOS E OS EXEMPLOS

Todos os exemplos e os relatos de casos são situações clínicas fictícias ou disfarçadas; representam uma combinação de nossos casos e de nossas experiências como forma de ilustrar conceitos de maneira simples. Estamos cientes de que, no contexto clínico real, é raro que os problemas sejam tão claros e simples como os apresentados aqui. Além disso, a maior parte da pesquisa empírica e teórica existente baseia-se em crianças norte-americanas brancas, de origem europeia. Portanto, recomendamos cautela ao generalizar conceitos e práticas em seu trabalho com crianças de outras etnias. Ao longo do livro, as seções que abordam questões de contexto cultural alertam o leitor para as possíveis questões etnoculturais e incentivam modificações culturalmente responsivas, se necessário.

RECURSOS *ON-LINE*

Ao longo do livro, há formulários e diagramas sinalizados com o ícone (📖). Eles estão disponíveis em loja.grupoa.com.br (busque a página do livro e acesse Material Complementar) para reprodução e uso na prática clínica.

Sumário

1 Introdução ... 1
O que é terapia cognitiva? ... 1
Quais são as semelhanças entre a terapia cognitiva com adultos
e a terapia cognitiva com crianças e adolescentes? ... 5
Quais são as diferenças entre a terapia cognitiva com adultos e a terapia cognitiva
com crianças e adolescentes? ... 5

2 Conceitualização de caso ... 9
Conceitualização de caso: uma vez nunca é suficiente ... 9
Conceitualização de caso e planejamento do tratamento ... 10
Conceitualização de caso e diagnóstico ... 10
Conceitualização de caso: "vestindo" a imagem do cliente ... 10
Componentes da formulação de caso ... 12
Planejando e pensando à frente: formulação provisória, plano de tratamento
e obstáculos esperados ... 21
Exemplo de conceitualização de caso: Tessa ... 22
Exemplo de conceitualização de caso: Tatiana ... 26
Exemplo de conceitualização de caso: Victor ... 29
Exemplo de conceitualização de caso: Jackson ... 31
Conclusão ... 33

3 Empirismo colaborativo e descoberta guiada ... 35
Definindo colaboração ... 35
Definindo empirismo ... 36
Definindo descoberta guiada ... 36
Uma postura de curiosidade ... 37
O *continuum* de colaboração e descoberta guiada ... 37
Conclusão ... 44

4 Estrutura da sessão ... 47
O que queremos dizer com "estrutura da sessão"? ... 47
Por que a estrutura da sessão é tão importante? ... 47
Registro do humor ou do sintoma ... 48
Revisão da tarefa de casa ... 52
Estabelecimento da agenda ... 55
Conteúdo da sessão ... 57
Tarefa de casa ... 60
Obtendo *feedback* ... 61
Conclusão ... 64

5 Introduzindo o modelo de tratamento e identificando problemas 65
Introduzindo o modelo de tratamento a crianças 65
Introduzindo o modelo de tratamento a adolescentes 69
Identificando problemas com crianças e adolescentes 71
Conclusão 76

6 Identificando e associando sentimentos e pensamentos 77
Identificando sentimentos com crianças e adolescentes 77
Identificando pensamentos e associando pensamentos aos sentimentos 85
Usando a hipótese da especificidade do conteúdo para orientar a identificação
de pensamentos e sentimentos 90
Evitando confusão entre pensamentos e sentimentos 91
Ajudando crianças e adolescentes a completar um registro diário de pensamento 92
Conclusão 93

7 Diálogos socráticos terapêuticos 95
Questionamento sistemático 95
Raciocínio indutivo e definições universais 101
Utilizando metáforas, analogias e perguntas bem-humoradas 105
Conclusão 110

8 Técnicas cognitivas e comportamentais de uso comum 113
Dimensões das técnicas cognitivo-comportamentais 113
Aquisição de habilidade (psicoeducação) e aplicação de habilidade (psicoterapia) ... 114
Instrumentos comportamentais básicos 115
Treinamento de habilidades sociais 117
Controle de contingência 119
Intervenções básicas para a solução de problemas 121
Técnicas básicas de autoinstrução: alterando o conteúdo do pensamento 123
Técnicas básicas de análise racional: alterando o conteúdo e o processo
de pensamento 123
Terapia de exposição básica: desenvolvendo autoconfiança
por meio do alcance de desempenho 127
Conclusão 131

9 Aplicações criativas da terapia cognitivo-comportamental 133
Narração de histórias 133
Aplicações da terapia recreativa 136
Jogos, livros de histórias, livros de exercícios e confecção de máscaras 140
Exercícios de pré-ativação (*priming*) 144
Reestruturação cognitiva e experimentos comportamentais 148
Conclusão 152

10 Tarefa de casa 153
Considerações gerais sobre a atribuição da tarefa de casa 153
Não realização das tarefas de casa 157
Conclusão 163

11 Trabalhando com crianças e adolescentes deprimidos ... 165
Sintomas de depressão ... 165
Considerações culturais e de gênero ... 169
Avaliação da depressão ... 172
Tratamento da depressão: escolhendo uma estratégia
de intervenção ... 174
Potencial suicida em crianças e adolescentes deprimidos ... 175
Intervenções comportamentais para depressão ... 189
Resolução de problemas ... 194
Desafios de automonitoramento ... 195
Abordagens autoinstrutivas ... 197
Técnicas de análise racional ... 198
Conclusão ... 203

12 Trabalhando com crianças e adolescentes ansiosos ... 205
Sintomas de ansiedade em jovens ... 205
Diferenças culturais e de gênero na expressão dos sintomas ... 207
Avaliação da ansiedade ... 209
Escolhendo as intervenções nos transtornos de ansiedade ... 211
Automonitoramento ... 211
Treinamento de relaxamento ... 217
Dessensibilização sistemática ... 218
Treinamento de habilidades sociais ... 220
Autocontrole cognitivo ... 222
Exposição ... 232
Criando oportunidades de exposição ... 234
Conclusão ... 242

13 Trabalhando com crianças e adolescentes disruptivos ... 243
Sintomas comuns dos transtornos disruptivos ... 243
Contexto cultural e questões de gênero ... 245
Avaliação de problemas de comportamento disruptivo ... 247
Abordagem de tratamento ... 249
Construindo relacionamentos com crianças e adolescentes disruptivos ... 250
Educação, socialização para o tratamento e automonitoramento ... 255
Resolução individual de problemas ... 258
Ensinando os pais sobre a resolução de problemas familiares
e a gestão do comportamento ... 260
Projeção de tempo ... 264
Treinamento de habilidades sociais ... 264
Treinamento de empatia ... 266
Abordagens autoinstrutivas ... 267
Técnicas de análise racional ... 271
Raciocínio moral ... 274
Exposição/alcance de desempenho ... 275
Conclusão ... 277

14 Trabalhando com jovens diagnosticados com transtorno do espectro autista ... 279
Características do transtorno do espectro autista ... 279
Questões etnoculturais ... 284
Recomendações para avaliação ... 285
Intervenções ... 287
Conclusão ... 296

15 Trabalhando com os pais ... 297
Questões de contexto cultural ... 298
Estabelecendo expectativas realistas para o comportamento ... 299
Ajudando os pais a definir problemas ... 301
Ajudando os pais a aumentar os comportamentos desejáveis de seus filhos: "eu só quero que ele se comporte direito" ... 303
Ensinando aos pais a dar ordens e instruções ... 309
Associando o comportamento da criança às consequências parentais: controle da contingência ... 312
Ajudando os pais a lidar com os comportamentos indesejáveis de seus filhos ... 315
Conclusão ... 319

16 Terapia familiar cognitivo-comportamental ... 321
Técnicas de terapia familiar cognitivo-comportamental ... 323
Ensaios comportamentais ... 329
Conclusão ... 337

Epílogo ... 339
Mantenha uma mente científica ... 339
Metabolize a teoria ... 340
Mantenha sua TCC em boa forma ... 340
Molde o modelo ... 340
Lembre-se de Gumby: a flexibilidade é uma virtude terapêutica ... 341
Confie nas bases literárias empíricas e teóricas, mas não seja limitado por elas ... 341
Respeite as adversidades dos clientes ... 342
Reconheça que a mudança é possível, embora muitas vezes lenta e deliberada: equilibre orientação e paciência ... 343
Lembre-se de que você não é Chuck Norris: não consegue fazer o impossível ... 343
Seja um "encantador" de TCC ... 343

Referências ... 345

Índice ... 367

1
Introdução

Este livro oferece um guia completo sobre como fazer terapia cognitiva com crianças em idade escolar e com adolescentes. Além de ensinar muitas técnicas, também enfatiza os princípios orientadores que moldam a terapia cognitiva de Beck. Ao longo do texto, este livro leva em consideração as questões de desenvolvimento e multiculturais. A sensibilidade desenvolvimentista é fundamental para o trabalho cognitivo-comportamental bem-sucedido com crianças (Ronen, 1997; Silverman & Ollendick, 1999). Assim, questões desenvolvimentistas sociais são delineadas adiante, neste capítulo introdutório.

Aplicar técnicas cognitivo-comportamentais na ausência de uma conceitualização de caso é um dos principais erros clínicos (J. S. Beck, 2011). Além disso, técnicas desvinculadas de teoria fracassam. Nesse sentido, a conceitualização de caso é um esquema básico para o sucesso na terapia cognitiva (J. S. Beck, 2011; Persons, 1989); os aspectos básicos que usamos para construir uma formulação de caso são apresentados no Capítulo 2.

O empirismo colaborativo e a descoberta guiada, fios condutores da terapia cognitiva, são definidos no Capítulo 3 e ilustrados no decorrer do texto. A estrutura da sessão que caracteriza a terapia cognitiva é descrita no Capítulo 4.

Os Capítulos 5 a 14 descrevem várias estratégias de tratamento cognitivo-comportamental, abrangendo desde a identificação do problema até as técnicas para criar um diálogo socrático com crianças, passando por formas de intervenção cognitivo-comportamental amistosas à criança. Cada capítulo lida com a aplicação desses métodos a crianças e a adolescentes. Além disso, capítulos individuais tratam das abordagens cognitivo-comportamentais para jovens deprimidos, ansiosos e disruptivos, bem como para aqueles diagnosticados com o transtorno do espectro autista (TEA). O Capítulo 15 detalha o trabalho com os pais, para ajudá-los a se tornarem treinadores, consultores ou assessores terapêuticos para seus filhos. No Capítulo 16, sobre terapia cognitivo-comportamental (TCC) familiar, é apresentada a questão de que os pais ou cuidadores se tornam coclientes. Concluímos com um epílogo oferecendo conselhos sobre como melhorar a prática e adquirir sabedoria clínica. Ao longo dos capítulos, resumimos os pontos importantes em "Quadros-síntese".

O QUE É TERAPIA COGNITIVA?

A terapia cognitiva baseia-se na teoria da aprendizagem social e utiliza uma mescla de técnicas, muitas das quais baseadas em modelos de condicionamento operante e clássico (Hart & Morgan, 1993). Em resumo, a teoria da aprendizagem social (Bandura, 1977; Rotter, 1982) parte do pressuposto de que o ambiente, as características temperamentais e o comportamento situacional de uma pessoa determinam-se reciprocamente e que o comportamento é um fenômeno dinâmico, em constante evolução. Os contextos influenciam o comportamento, e este, por sua vez, molda os contextos. Às vezes, os contextos podem ter a mais poderosa influência sobre o comportamento de uma pessoa, ao passo que, em outras ocasiões, as preferências, disposições e características pessoais determinarão o comportamento.

Imagine que uma criança precise escolher um instrumento para tocar na banda da escola. Se todos os instrumentos estiverem disponíveis, a escolha (p. ex., saxofone) será feita principalmente em função de suas características individuais. No entanto, se apenas alguns instrumentos estiverem disponíveis (p. ex., trompetes, flautas e clarinetes) e muitos alunos estiverem competindo por esses instrumentos, os fatores contextuais predominarão. A avaliação da criança sobre cada situação moldará o seu comportamento posterior. Por exemplo, sua participação nas atividades musicais da escola pode aumentar ou diminuir ("Esta escola é um tédio. Ela não tem saxofones." ou "Uau, vou tocar trompete!"). Esse comportamento moldará posteriormente o contexto em que os instrumentos musicais são apresentados. Nitidamente, a teoria da aprendizagem social, de modo explícito e implícito, incentiva os clínicos a examinarem a influência mútua e dinâmica entre os indivíduos e o contexto mais amplo em que eles se comportam. Além disso, a teoria da aprendizagem social examina a forma como o comportamento afeta as circunstâncias atuais.

A terapia cognitiva sustenta que cinco elementos inter-relacionados estão envolvidos na conceitualização de dificuldades psicológicas humanas (A. T. Beck, 1985; J. S. Beck, 2011; Padesky & Greenberger, 1995). Esses elementos são o contexto interpessoal/ambiental, a fisiologia, o funcionamento emocional, o comportamento e a cognição do indivíduo. Esses aspectos distintos se modificam e interagem mutuamente entre si, criando um sistema dinâmico e complexo.

Sintomas cognitivos, comportamentais, emocionais e fisiológicos ocorrem em um contexto interpessoal e ambiental. Portanto, o modelo incorpora explicitamente as questões de contexto sistêmico, interpessoal e cultural que são tão essenciais à psicoterapia infantil. Os sintomas não ocorrem por acaso; por isso, os clínicos deveriam considerar as circunstâncias particulares ao avaliar e tratar uma criança ou adolescente. Em geral, embora considerando o contexto, os terapeutas cognitivos intervêm em nível cognitivo-comportamental para influenciar padrões de pensamentos, ações, sentimentos e reações corporais (Alford & Beck, 1997).

Por exemplo, Alice é uma jovem branca de 16 anos que mora com a mãe biológica e o padrasto em um bairro pobre, onde as escolas são inadequadas. Nascida de uma gravidez indesejada, ela é abertamente rejeitada e tratada como bode expiatório pelos pais. Nesse contexto, Alice apresenta sintomas fisiológicos (dores estomacais, sono excessivo), de humor (depressão, sentimentos de inutilidade), comportamentais (passividade, evitação, retraimento) e cognitivos ("Sou inútil."). Embora grave, esse exemplo ilustra que os sintomas precisam ser considerados no contexto das circunstâncias ambientais e disposições pessoais que iniciam, exacerbam e mantêm o sofrimento.

A forma como crianças interpretam suas experiências molda profundamente seu funcionamento emocional. Suas percepções são um dos focos principais do tratamento. A forma como crianças e adolescentes constroem "barreiras mentais" em relação a si mesmos, aos relacionamentos com outras pessoas, às experiências e ao futuro influencia suas reações emocionais. As crianças e os adolescentes não recebem os estímulos ambientais nem respondem a eles de modo passivo. Em vez disso, constroem as informações ativamente, selecionando, codificando e explicando as coisas que acontecem a si e aos outros.

Esse sistema de processamento de informações é hierarquicamente organizado em camadas, consistindo em produtos, operações (ou processos) e estruturas cognitivos (A. T. Beck & Clark, 1988; Dattilio & Padesky, 1990; Ingram & Kendall, 1986; Padesky, 1994). Pensamentos automáticos são os produtos cognitivos nesse modelo (A. T. Beck & Clark, 1988); constituem os pensamentos ou as imagens do fluxo de consciência que são específicos da situação e passam pela mente das pessoas durante uma mudança de humor. Portanto, Bárbara pode convidar uma amiga para brincar durante o recreio e a amiga pode recusar, dizendo que prefere brincar com outra criança (situação). Bárbara fica triste (emoção) e interpreta a situação dizendo a si mesma: "Judy não é mais minha amiga. Ela não gosta de mim" (pensamento automático). Relativamente fáceis de identificar, os pensamentos automáticos têm recebido muita atenção na literatura de terapia cognitiva. Entretanto, eles representam apenas um elemento no modelo cognitivo.

As distorções cognitivas também têm recebido considerável atenção (J. S. Beck, 2011; Burns, 1980) e, nesse modelo, refletem os processos cognitivos (A. T. Beck & Clark, 1988). As distorções transformam as informações recebidas, de modo a manter intactos os esquemas cognitivos. As distorções cognitivas funcionam por meio de processos de assimilação e mantêm a homeostasia. Por exemplo, o esquema de Susan reflete uma percepção de incompetência: ela acredita que não consegue fazer nada direito e, por isso, sente-se ansiosa (emoção) em situações de desempenho. Assim, Susan pode alcançar uma nota alta na prova de matemática (situação) e acreditar que a nota não importa, pois a prova estava muito fácil (pensamento automático). Ou seja, a criança está depreciando o seu sucesso (distorção cognitiva). A informação que é discrepante de sua crença central é invalidada. Dessa forma, o esquema cognitivo permanece intacto, consumindo-se por meio do processo de distorção. Susan é incapaz de extrair do ambiente dados desconfirmatórios. A escola provavelmente continuará sendo uma situação que a expõe à pressão de desempenho e à autodepreciação. Por sua vez, a menina provavelmente continuará a abominar pressões de desempenho.

Os esquemas cognitivos representam estruturas centrais de significado que direcionam a codificação de atenção e a lembrança (Fiske & Taylor, 1991; Guidano & Liotti, 1983, 1985; Hammen, 1988; Hammen & Zupan, 1984). Os esquemas induzem operações e produtos cognitivos. Essas estruturas cognitivas refletem as convicções mais básicas que os indivíduos mantêm. Kagan (1986) descreveu o esquema como "a unidade cognitiva que armazena experiência de uma forma tão fiel que a pessoa consegue reconhecer um evento passado" (p. 121).

Imagine um jovem de 15 anos, com ansiedade social, que recorda ter sido humilhado em um encontro de escoteiros-lobinhos quando tinha 6 anos. Toda vez que ele entra em uma nova situação social, seu esquema o leva de volta à humilhação original, dando-lhe a sensação de estar revivenciando o evento. Talvez isso explique o fenômeno clínico em que os clientes se mostram tão regredidos e imaturos quando estão severamente angustiados. No caso desse menino de 15 anos, sempre que seus botões esquemáticos são acionados, ele olha para si e para o mundo com os olhos de um escoteiro-lobinho de 6 anos desprezado.

O material esquemático é relativamente inacessível e, com frequência, permanece latente até ser ativado por um estressor (Hammen & Goodman-Brown, 1990; Zupan, Hammen, & Jaenicke, 1987). Na teoria cognitiva, os esquemas podem representar um fator de vulnerabilidade que predispõe crianças a sofrimentos emocionais (A. T. Beck, Rush, Shaw, & Emory, 1979; Young, 1990). De modo conceitual, um estilo atributivo pessimista pode ser considerado uma diátese para a depressão na infância (Gillham, Reivich, Jaycox,

& Seligman, 1995; Jaycox, Reivich, Gillham, & Seligman, 1994; Nolen-Hoeksema & Girgus, 1995; Nolen-Hoeksema, Girgus, & Seligman, 1996; Seligman, Reivich, Jaycox, & Gillham, 1995). Os esquemas desenvolvem-se cedo na vida, tornam-se reforçados com o passar do tempo e, devido a repetidas experiências de aprendizagem, consolidam-se por volta da adolescência e do início da vida adulta (Guidano & Liotti, 1983; Hammen & Zupan, 1984; Young, 1990). O primeiro material esquemático pode ser codificado em nível pré-verbal, podendo conter imagens não verbais, além de material verbal (Guidano & Liotti, 1983; Young, 1990). Os esquemas das crianças tendem a não estar tão bem consolidados quanto os esquemas adultos. Por exemplo, Nolen-Hoeksema e Girgus (1995) concluíram que o estilo atributivo pessimista é determinado por volta dos 9 anos de idade, mas os efeitos nocivos desse estilo talvez só apareçam vários anos mais tarde. De fato, Turner e Cole (1994) verificaram que a diátese cognitiva era mais notável em alunos do oitavo ano do que em alunos do quarto ou do sexto ano.

Como a maioria dos terapeutas percebe, reconhecer quando as cognições significativas foram identificadas não é tão simples como superficialmente aparenta. Você precisa de um guia ou mapa. A terapia cognitiva nos fornece um modelo útil por meio da compreensão da hipótese da especificidade do conteúdo, segundo a qual diferentes estados emocionais são caracterizados por cognições distintas (Alford & Beck, 1997; A. T. Beck, 1976; Clark & Beck, 1988; Clark, Beck, & Alford, 1999; Laurent & Stark, 1993). Aspectos da hipótese de especificidade de conteúdo foram submetidos a investigações empíricas que a apoiam (Jolly, 1993; Jolly & Dykman, 1994; Jolly & Kramer, 1994; Laurent & Stark, 1993; Messer, Kempton, Van Hasselt, Null, & Bukstein, 1994).

De acordo com a hipótese da especificidade do conteúdo, a depressão é caracterizada pela clássica tríade cognitiva negativa (A. T. Beck et al., 1979). Indivíduos deprimidos tendem a explicar eventos desfavoráveis por meio de uma percepção autocrítica ("Eu sou um idiota."), uma percepção negativa sobre suas experiências com outras pessoas ("Tudo está perdido. Ninguém vai gostar de mim.") e uma percepção pessimista sobre o futuro ("Vai ser assim para sempre."). Os pensamentos de uma pessoa deprimida tendem a ser direcionados ao passado e representam temas que enfocam perda (A. T. Beck, 1976; Clark et al., 1999).

A ansiedade é caracterizada por grupos de cognições diferentes daquelas da depressão (A. T. Beck & Clark, 1988; Bell-Dolan & Wessler, 1994; Kendall, Chansky, Friedman, & Siqueland, 1991). Na ansiedade, a catastrofização é comum: os pensamentos de indivíduos ansiosos tendem a ser direcionados ao futuro e caracterizados por previsões de perigo (A. T. Beck, 1976). O Capítulo 6, sobre identificação de pensamentos e sentimentos, detalha a hipótese da especificidade do conteúdo e sua aplicação clínica.

De modo geral, esses princípios da terapia cognitiva são bastante pesquisados e sólidos do ponto de vista teórico. Como consequência, a teoria cognitiva fornece uma base segura para trabalhar com crianças e leva a intervenções motivadas pela teoria, com base na conceitualização de caso. Por exemplo, focalizamos os sistemas de processamento de informações da criança como forma de identificar os pensamentos automáticos e os esquemas cognitivos dela. A hipótese da especificidade do conteúdo fornece uma estrutura para reconhecer os pensamentos automáticos que mantêm e perpetuam esquemas mal-adaptativos, bem como um método para determinar a relação desses esquemas com a estimulação afetiva negativa da criança. Compreendendo-se a teoria cognitiva, os processos e as estratégias de intervenção adequadas, é possível desenvolver os conhecimentos básicos e as habilidades necessárias para conduzir uma terapia cognitiva eficaz com crianças.

QUAIS SÃO AS SEMELHANÇAS ENTRE A TERAPIA COGNITIVA COM ADULTOS E A TERAPIA COGNITIVA COM CRIANÇAS E ADOLESCENTES?

Embora a terapia cognitiva precise ser adaptada para adequar-se às características individuais das crianças, vários princípios originalmente estabelecidos pelo trabalho com adultos ainda se aplicam (Knell, 1993). Por exemplo, o empirismo colaborativo e a descoberta guiada são úteis com crianças. A estrutura da sessão também pode ser flexivelmente aplicada com crianças. Assim, o estabelecimento da agenda e a evocação de *feedback* são princípios centrais que orientam a terapia cognitiva com crianças. Spiegler e Guevremont (1995) observam corretamente que a tarefa de casa é um elemento central nas terapias cognitivo-comportamentais, um elemento que permite às crianças experimentarem habilidades em contextos da vida real. A terapia cognitiva com crianças permanece focalizada no problema, ativa e orientada ao objetivo (Knell, 1993), assim como a terapia com adultos.

QUAIS SÃO AS DIFERENÇAS ENTRE A TERAPIA COGNITIVA COM ADULTOS E A TERAPIA COGNITIVA COM CRIANÇAS E ADOLESCENTES?

Ao mesmo tempo, a terapia cognitiva com crianças difere da terapia cognitiva com adultos. Em primeiro lugar, poucas crianças vêm para a terapia por vontade própria (Leve, 1995). Em geral, elas são trazidas para tratamento pelos responsáveis, devido a problemas que talvez elas nem admitam que tenham. Além disso, a experiência clínica sugere que, na maioria das vezes, as crianças são encaminhadas para terapia porque suas dificuldades psicológicas criam problemas a algum sistema (p. ex., família, escola).

As crianças raramente iniciam o tratamento, assim como não podem escolher quando ele termina. Em alguns casos, podem gostar da terapia e fazer progressos significativos; contudo, por várias razões, seus pais encerram o tratamento. Em outros casos, as crianças podem evitar o processo terapêutico e até recear a terapia, mas circunstâncias externas (p. ex., determinação de juizado de menores, exigência da escola, pais) podem forçá-las a continuar. Em nenhum dos casos essas crianças controlam o processo. Embora muitas crianças possam aceitar de bom grado a oportunidade de revelar pensamentos e sentimentos a um adulto, para outras, a experiência de ir à psicoterapia para falar com um adulto em uma posição de autoridade cria um volume significativo de ansiedade. De modo esperado, as crianças costumam verbalizar um senso realístico de incontrolabilidade. Portanto, deve-se trabalhar com diligência para envolver a criança no processo de tratamento e aumentar sua motivação.

A terapia cognitiva com crianças baseia-se geralmente em uma abordagem vivencial, do "aqui e agora" (Knell, 1993). Uma vez que as crianças são orientadas à ação, elas aprendem com facilidade fazendo. Associar habilidades de enfrentamento a ações concretas provavelmente ajuda as crianças a prestar atenção ao comportamento desejado, lembrar-se dele e realizá-lo. Além disso, a ação na terapia é estimulante. A motivação das crianças aumentará quando elas estiverem se divertindo.

As crianças funcionam dentro de sistemas como famílias e escolas (Ronen, 1998). Ronen observou acertadamente que "o foco da TCC está no tratamento de crianças no âmbito de seu ambiente natural, seja com a família, na escola ou com o grupo de colegas" (p. 3). Desse modo, os terapeutas devem avaliar as questões sistêmicas complexas que circundam os problemas das crianças e elaborar planos de tratamento adequados às suas necessidades. Sem considerar as questões sistêmicas, os terapeutas ficam "voando às cegas". Os sistemas nos quais as crianças funcionam podem reforçar ou extinguir habilidades de enfrentamento adaptativas. O envolvimento da família e reuniões com a escola são cruciais para o sucesso do início, da manutenção e da generalização dos ganhos terapêuticos.

As crianças diferem em relação aos adultos em suas capacidades, limitações, preferências e interesses. Sentar em uma cadeira olhando outra pessoa e falar sobre problemas psicológicos pode parecer estranho e perturbador para os mais jovens. Como a terapia cognitiva com crianças baseia-se em capacidades verbais e cognitivas, deve-se considerar cuidadosamente as idades das crianças, bem como suas habilidades sociocognitivas (Kimball, Nelson, & Politano, 1993; Ronen, 1997), e adaptar o nível de intervenção à idade e às capacidades do seu desenvolvimento. Crianças tendem a beneficiar-se de técnicas cognitivas simples, como autoinstrução e intervenções comportamentais, ao passo que adolescentes provavelmente se beneficiarão de técnicas mais sofisticadas, que exigem análises racionais (Ronen, 1998).

A idade, embora importante, é uma variável inespecífica (Daleiden, Vasey, & Brown, 1999). Portanto, devemos permanecer conscientes sobre as variáveis sociocognitivas, como linguagem, habilidade de tomada de perspectiva, capacidade de raciocínio e aptidões de regulação verbal (Hart e Morgan, 1993; Kimball et al., 1993; Ronen, 1997, 1998). Quando as exigências da tarefa terapêutica excedem as capacidades sociocognitivas das crianças, elas podem equivocadamente parecer resistentes, esquivas e até incompetentes (Friedberg & Dalenberg, 1991). Mischel (1981) defendia corretamente que "as crianças são psicólogos intuitivos potencialmente sofisticados (embora falíveis) que passam a conhecer e a usar princípios psicológicos para entender o comportamento social, regular sua própria conduta e alcançar domínio e controle sobre seus ambientes" (p. 240). Tarefas terapêuticas simples e significativas, sensíveis ao nível de desenvolvimento, envolvem com sucesso inclusive crianças mais novas na terapia cognitivo-comportamental (Friedberg & Dalenberg, 1991; Knell, 1993; Ronen, 1997). Por exemplo, diários que incluem balões de pensamento são facilmente entendidos pelas crianças (Wellman, Hollander, & Schult, 1996). Portanto, as variáveis sociocognitivas orientam quais, como e quando vários procedimentos cognitivo-comportamentais são utilizados.

A capacidade linguística influenciará o quanto as crianças se beneficiarão de intervenções verbais diretas (Ronen, 1997, 1998). Com crianças com menos fluência verbal, podem ser indicados desenhos, fantoches, brinquedos, jogos, trabalho manual e outras tarefas que exigem menos mediação verbal. Ler e contar histórias com essas crianças podem ser estratégias para conseguir aumentar sua sofisticação verbal. Além disso, filmes, música e programas de televisão são mídias que podem facilitar uma maior mediação verbal. Adaptar as tarefas para que estejam à altura da capacidade linguística das crianças é um desafio clínico crucial.

Vários autores delinearam importantes variáveis e tarefas de desenvolvimento a serem consideradas por terapeutas cognitivos (Kimball et al., 1993; Ronen, 1997). De modo apropriado, Ronen (1998) observa que, a fim de determinar se o comportamento de uma criança é problemático, é preciso compreender as tarefas de desenvolvimento necessárias com as quais essa criança se defronta:

> À medida que as crianças crescem, espera-se que obtenham controle de suas bexigas, que aprendam que seus pais sempre voltam e parem de chorar quando eles saem; espera-se que adquiram gradualmente as habilidades de autocontrole, desenvolvam a positividade e uma capacidade de autoavaliação e aprendam a conduzir a comunicação e a negociação verbal, em vez de chorar sempre que desejam alguma coisa. (p. 7)

Quando o comportamento das crianças se desvia significativamente das expectativas de desenvolvimento, os clínicos trabalham para corrigir esses processos descarrilados. Com frequência, orientar crianças e suas famílias em meio a esses desvios de desenvolvimento é um dos focos principais do tratamento.

Neste livro, tentamos mostrar uma forma lúdica e divertida de trabalhar com as crianças. Embora muitas das questões psicológicas que desafiam as crianças sejam dolorosas e penosas para elas, temas desconfortáveis podem ser abordados de maneiras imaginativas, criativas e envolventes. A nossa experiência indica que, quanto mais as crianças estiverem envolvidas e comprometidas, menos a terapia parece um trabalho.

O reforço explícito é uma parte central desse trabalho com crianças e adolescentes (Knell, 1993). É ressaltado com as crianças a importância de arrumar seus brinquedos na sala de jogos, completar a tarefa de casa, revelar seus pensamentos e sentimentos, e assim por diante. As recompensas comunicam expectativas e exercem funções de motivação, atenção e retenção (Bandura, 1977; Rotter, 1982). Em suma, as recompensas envolvem as crianças, direcionando-as ao que é importante e ensinando-lhes o que deve ser lembrado.

2
Conceitualização de caso

O primeiro passo ao trabalhar com uma criança é desenvolver uma conceitualização de caso. A conceitualização de caso facilita a tarefa do terapeuta de adaptar técnicas que se ajustem às circunstâncias da criança. A conceitualização de caso individual orienta a escolha das técnicas, seu ritmo e sua implementação, bem como a avaliação do progresso. Cada caso com que o clínico se depara é diferente. A nossa tarefa é criar uma estrutura conceitual geral que permita o máximo de flexibilidade. Neste capítulo, definimos a conceitualização de caso, a comparamos com o diagnóstico e o planejamento do tratamento, exploramos as várias esferas consideradas importantes e discutimos a relação entre elas.

Ao supervisionarmos terapeutas iniciantes, constatamos que a conceitualização de caso é uma ideia difícil de ser vendida. Todavia, Bieling e Kuyken (2003) argumentaram que a formulação de caso constitui o "coração da prática com base em evidências" (p. 53). Além disso, Kendall, Chu, Gifford, Hayes e Nauta (1998) enfatizaram que a conceitualização de caso insufla vida em qualquer manual. Muitos novos terapeutas querem uma "maleta de truques", desprezando a conceitualização de caso como mero exercício abstrato. Contudo, a conceitualização de caso é um dos instrumentos mais práticos que os clínicos podem ter em sua caixa de ferramentas, pois é por meio dela que os terapeutas sabem quando e como usar suas ferramentas.

CONCEITUALIZAÇÃO DE CASO: UMA VEZ NUNCA É SUFICIENTE

A formulação de caso é um processo dinâmico e fluido que exige do clínico a capacidade de gerar e testar hipóteses (J. S. Beck, 2011; Persons & Tompkins, 2007). O clínico deve continuamente revisar e aperfeiçoar o quadro da criança durante todo o processo de tratamento.

Uma atitude de teste de hipótese em relação à conceitualização de caso requer boas habilidades de análise de dados. Em primeiro lugar, conceitualizações construídas de maneira simples são, em geral, a melhor abordagem (Persons & Tompkins, 2007). O terapeuta avaliará múltiplas variáveis – desde escores de testes objetivos até variáveis de contexto cultural – e será atraído a formulações complexas. Contudo, insistimos para que os clínicos busquem a simplicidade.

Em segundo lugar, a conceitualização de caso eficaz é impulsionada por uma visão imparcial e abrangente. Em vez de aderir de maneira específica a uma perspectiva, perguntamos continuamente: "Qual é a outra interpretação dos dados obtidos?". Também é necessário confiar nas explicações sustentadas pelos dados obtidos a partir do cliente e estar pronto para descartar hipóteses não sustentadas. A cooperação do cliente facilita a conceitualização de caso. Compartilhar a conceitualização com as crianças ou adolescentes e com suas famílias fornece um valioso *feedback*; a reação deles à formulação provavelmente fornecerá dados muito úteis.

CONCEITUALIZAÇÃO DE CASO E PLANEJAMENTO DO TRATAMENTO

O planejamento do tratamento fornece orientação e traça um caminho para o progresso clínico. Os *planos de tratamento* detalham a sequência e a oportunidade das intervenções. Não surpreende que o planejamento do tratamento eficaz deva basear-se na conceitualização de caso. Conforme defendeu Persons (1989) de modo acertado, a conceitualização de caso motiva estratégias de intervenção, prevê obstáculos ao tratamento, fornece uma forma de negociar dilemas terapêuticos e soluciona esforços de tratamento malsucedidos.

Shirk (1999) lamentou que os pacotes de tratamento muitas vezes são ingredientes em busca de uma receita. O processo de conceitualização de caso oferece uma receita para juntar os vários ingredientes incluídos em um plano de tratamento. Por exemplo, métodos de automonitoramento e autoinstrução podem ser indicados no tratamento de uma criança agressiva. A conceitualização de caso não apenas dirá ao terapeuta quais técnicas usar em determinado momento, mas também o orientará na adaptação das técnicas para ajustar-se a cada criança. Se a criança é mais concreta em seu pensamento, um auxílio visual, como, por exemplo, um termômetro de raiva, pode ser utilizado. Se a criança é mais abstrata, a escala de classificação tradicional pode ser eficaz. Materiais psicoeducativos deveriam ser escolhidos com base em uma conceitualização de caso. Por exemplo, para jovens com boas habilidades de leitura, materiais impressos são indicados. Em contrapartida, para crianças com habilidades de leitura fracas, vídeos são úteis.

CONCEITUALIZAÇÃO DE CASO E DIAGNÓSTICO

A conceitualização de caso difere claramente do diagnóstico. Os sistemas de classificação diagnóstica resumem os sintomas em termos gerais; as conceitualizações de caso são retratos psicológicos personalizados. As classificações diagnósticas não são teóricas, ao passo que as conceitualizações de caso são teoricamente inferidas. Assim, as classificações diagnósticas tendem mais a ser descrições do que explicações. A conceitualização de caso oferece uma hipótese mais explanatória, explicando por que os sintomas surgem, como vários fatores ambientais, interpessoais e intrapessoais moldam esses padrões de sintomas e qual a relação entre sintomas ostensivamente discordantes. Por fim, a conceitualização de caso é uma tarefa clínica mais ampla que o diagnóstico. De fato, a conceitualização inclui o diagnóstico como um componente, mas sem dar peso excessivo à sua importância.

CONCEITUALIZAÇÃO DE CASO: "VESTINDO" A IMAGEM DO CLIENTE

Esta seção apresenta os diversos componentes que constituem uma conceitualização de caso. Se alguém simplesmente analisa as partes, pode negligenciar a imagem completa. Como forma de simplificar o processo de conceitualização de caso, oferecemos a metáfora do "guarda-roupa". Cada componente no sistema de conceitualização de caso é como um artigo de vestuário separado. Existem meias, camisas, saias, sapatos, chapéus, calças, e assim por diante. Ao vestir-se, a pessoa toma o cuidado de conferir se o chapéu serve na cabeça e se os sapatos estão bem colocados nos pés. Além disso, a coordenação de artigos de vestuário separados é uma coisa trivial. Sintetizar os vários componentes do processo de conceitualização de caso requer coordenação semelhante. Cada variável é combinada com outros aspectos, a fim de que um todo coerente seja formado de suas partes.

Após selecionar e classificar os componentes do guarda-roupa, pode ser implementado um sistema para aplicar esses conceitos. É necessário saber como vestir as roupas – por exemplo, colocar as calças em uma perna de cada vez. Dessa forma, um modelo teórico molda uma conceitualização de caso.

Na terapia cognitiva, existem relações entre os vários elementos em uma conceitualização de caso. Claramente, as variáveis de processamento das informações são essenciais. Conforme articulado pelo modelo cognitivo, os padrões de comportamento de uma criança são respostas aprendidas, moldadas pela interação de fatores ambientais, intrapessoais, interpessoais e biológicos. Além disso, os comportamentos estão incutidos em um contexto cultural e evolutivo. A conceitualização de caso trata de todos esses aspectos.

É difícil sintetizar os vários componentes em um todo coerente. Crianças e adolescentes são seres humanos complexos, cujos comportamentos têm múltiplos determinantes. A Figura 2.1 apresenta os componentes e os relacionamentos hipotéticos entre as variáveis. O problema apresentado está no centro da conceitualização, e a conceitualização de caso começa esse problema. O modelo cognitivo aborda cinco grupos de sintomas: fisiológicos, de humor, comportamentais, cognitivos e interpessoais. Em torno desses problemas centrais, surgem quatro variáveis inter-relacionadas: história e desenvolvimento, contexto cultural, estruturas cognitivas, antecedentes e consequências comportamentais.

Por exemplo, a história de desenvolvimento e de aprendizagem de uma criança exerce impacto claro sobre o problema apresentado, o que molda seu desenvolvimento e sua história. Imagine que Andy seja um menino tímido, ansioso, que evita amigos, escola e clubes. Ele receia ser rejeitado e acredita que estará seguro somente se ficar perto dos pais. Na pré-escola, foi inibido comportamentalmente e teve experiências ruins na creche. Ao entrar na educação infantil, seus pais ficaram extremamente ansiosos. Todos esses elementos contribuem para seu problema atual. Além disso, por conta de sua ansiedade e seu retraimento, hoje ele perde importantes oportunidades de desenvolvimento, como ir a festas de aniversário e passear com os amigos. Dessa forma, os problemas apresentados e a história de desenvolvimento interagem.

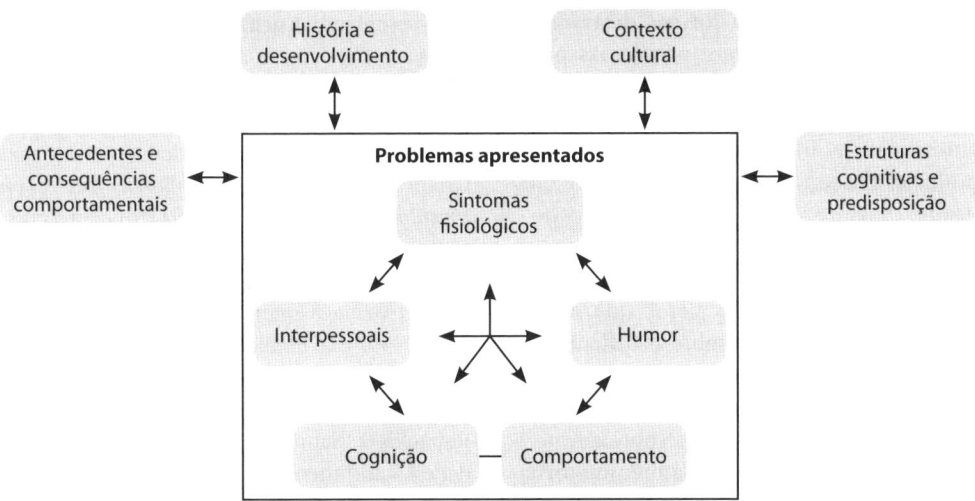

FIGURA 2.1 A RELAÇÃO ENTRE OS COMPONENTES DE UMA FORMULAÇÃO DE CASO.

As outras variáveis (contexto cultural, estruturas cognitivas, antecedentes e consequências comportamentais) interagem com o problema apresentado de formas semelhantes. A resposta de fuga de Andy é reforçada de modo negativo por sua evitação de ansiedade. A fuga e a evitação contínuas apoiam ainda mais suas convicções de que a ansiedade é perigosa, de que ele não pode fazer nada sem o apoio constante de sua mãe e de que a evitação é o antídoto para a ansiedade. Seu contexto cultural e o ambiente familiar também podem apoiar sua ansiedade. Vamos supor que ele habite um bairro violento onde a segurança seja garantida pela estreita ligação com os pais e a casa. Além disso, crenças culturais em relação aos pais (p. ex., "A missão dos pais é garantir a segurança do filho. Essa segurança é mais bem alcançada mantendo a criança sempre perto dos pais.") também determinam comportamentos.

COMPONENTES DA FORMULAÇÃO DE CASO

Problemas apresentados

O primeiro passo é definir o problema apresentado, de forma a refletir a situação única da criança e de sua família. Recomendamos que o clínico seja o mais específico possível. Persons (1989) sugeriu formas de transformar problemas gerais em problemas particulares, dividindo-os em seus componentes cognitivos, fisiológicos, comportamentais, emocionais e interpessoais. Dessa forma, pode ser desenhada uma imagem personalizada.

Por exemplo, uma menina de 8 anos apresentava baixa autoestima. "Baixa autoestima" é um termo muito vago, geral, que não dá um entendimento claro sobre as dificuldades específicas que essa criança enfrenta. Com a entrevista e as medições de seu autorrelato, o entendimento do terapeuta sobre a experiência de baixa autoestima da menina torna-se mais claro. Os aspectos *comportamentais* incluíam afastamento de atividades e pessoas novas, choro, dificuldade de persistir em uma tarefa frustrante e passividade. Os componentes *emocionais* incluíam tristeza, ansiedade e certa irritabilidade. Ter uma ou duas amigas e ser repetidamente criticada por seu pai representam os aspectos *interpessoais* de sua baixa autoestima. Quando a criança vivenciava essas circunstâncias, sofria várias reações *fisiológicas*, como dores de estômago, cefaleias e sudorese. Por fim, os *componentes cognitivos* da criança incluíam pensamentos como: "Não sou boa na maioria das coisas"; "As pessoas me acham uma idiota" e "Meu pai acha que eu não sou boa". Conforme ilustra a Figura 2.2, a vaga queixa apresentada foi transformada em questões terapêuticas mais viáveis. Agora, o tratamento pode ser direcionado a áreas problemáticas específicas.

Dados de testes

A avaliação é um componente-chave na terapia cognitiva. Muitos terapeutas cognitivos contam com dados de entrevista e informações recolhidas de instrumentos de avaliação. A maioria dos terapeutas cognitivos utiliza medições de autorrelato objetivo e listagens. Esses instrumentos fornecem dados sobre a presença de sintomas, bem como sobre sua frequência, intensidade e duração. As informações coletadas pelos dados de testes podem ser integradas com o relato verbal do cliente e com as impressões clínicas do terapeuta.

Os instrumentos habituais de autorrelato objetivo incluem o Inventário de Depressão para Crianças (CDI, do inglês, *Children's Depression Inventory*; Kovacs, 1992); a Triagem para Transtornos Emocionais Relacionados à Ansiedade Infantil (SCARED, do inglês, *Screen for Child Anxiety Related Emotional Disorders*; Birmaher et al., 1997); a Escala Revisada de Ansiedade Manifesta para Crianças (RCMAS, do inglês, *Revised Manifest Anxiety Scale for Children*; Reynolds & Richmond, 1985); a Escala de Ansiedade Multidimensional para Crianças (MASC, do inglês, *Multidimensional Anxiety Scale for Children*; March, 1997); os Inventários da Juventude de Beck – Segunda Edição (BYI-II, do

PROBLEMA GERAL APRESENTADO	
Baixa autoestima	
COMPONENTES PARTICULARES	
Comportamental	Afastamento de atividades novas e pessoas novas, choro, dificuldade de persistir em uma tarefa frustrante e passividade
Emocional	Tristeza, ansiedade, irritabilidade
Interpessoal	Um ou dois amigos, críticas paternas repetidas
Fisiológico	Dores estomacais, cefaleias, sudorese
Cognitivo	"Não sou boa na maioria das coisas. As pessoas me acham uma idiota. Meu pai acha que eu não sou boa."

FIGURA 2.2 OPERACIONALIZANDO A BAIXA AUTOESTIMA.

inglês, *Beck Youth Inventories – Second Edition*; J. S. Beck, A. T. Beck, Jolly, & Steer, 2005); a Escala de Desesperança para Crianças (*Hopelessness Scale for Children*; Kazdin, Rodgers, & Colbus, 1986); e o Cronograma de Pesquisa do Medo Revisado (FSS-R, do inglês, *Fear Survey Schedule Revised*; Ollendick, King, & Frary, 1989). O Inventário de Depressão de Beck-II (BDI-II, do inglês, *Beck Depression Inventory-II*; Beck, 1996), as Escalas de Desesperança de Beck (BHS, do inglês, *Beck Hopelessness Scales*; Beck, 1978) e o Inventário de Ansiedade de Beck (BAI, do inglês, *Beck Anxiety Inventory*; Beck, 1990) podem ser usados com adolescentes. Por fim, as Escalas de Achenbach (ASCBA, do inglês, *Achenbach Scales*; Achenbach, 1991a, 1991b, 1991c), as Escalas Conners de Classificação de Pais e Professores (CRS-R, do inglês, *Conners Parent Teacher Rating Scales – Revised*; Connors, 2000), a Escala de Avaliação de Comportamento para Crianças-2 (BASC, do inglês, *Behavior Assessment Scale for Children*; Reynolds & Kamphaus, 2004) e a Escala de Classificação Swanson, Nolan e Pelham (SNAP-IV, do inglês, *Swanson, Nolan & Pelham Rating Scale*; Swanson, Sandman, Deutch, & Baren, 1983) são boas escalas para a classificação de pais e professores em relação a transtornos externalizados.

Alguns terapeutas cognitivos podem preferir usar o Inventário Multifásico Minnesota de Personalidade para Adolescentes (MMPI-A, do inglês, *Minnesota Multiphasic Personality Inventory for Adolescents*; Butcher et al., 1992) para avaliar os aspectos da personalidade. Técnicas projetivas, como o Teste de Apercepção Temática (TAT, do inglês, *Thematic Apperception Test*; Murray, 1943), o Teste de Apercepção para Crianças (CAT, do inglês, *Children's Apperception Test*; Bellak & Bellak, 1949), o Teste Roberts de Apercepção para Crianças (RATC, do inglês, *Roberts Apperception Test for Children*; McArthur & Roberts, 1982) e o Teste de Rorschach (Exner, 1986) são usados por alguns clínicos cognitivo-comportamentais.

Independentemente do instrumento empregado, os dados de testes iniciais fornecem uma base para o trabalho terapêutico. As medidas de autorrelato podem ser periodicamente readministradas para avaliar o progresso do tratamento. Os escores refletem a gravidade do sofrimento, a acuidade e a funcionalidade. Dessa maneira, os dados de testes complementam os dados da entrevista e as impressões clínicas. As decisões referentes aos alvos iniciais de tratamento e às estratégias de intervenção futura podem ser aprimoradas por meio da utilização de dados de testes.

Variáveis de contexto cultural

Uma influência importante sobre as práticas familiares é a formação etnocultural (Cartledge & Feng, 1996b). Uma vez que o contexto etnocultural molda os processos de socialização da família, e uma vez que essas práticas familiares influenciam a expressão do sintoma, deve-se esperar que a apresentação clínica e a resposta ao tratamento de uma criança sejam influenciadas por sua formação cultural (Sue, 1998). Carter, Sbrocco e Carter (1996) oferecem uma estrutura teórica útil para conceitualizar a forma como a etnia influencia a expressão do sintoma, a resposta ao tratamento e o comportamento de busca de ajuda. Embora o modelo tenha sido desenvolvido para clientes afro-americanos adultos com transtornos de ansiedade, o paradigma tem implicações para crianças e adolescentes.

Carter e colaboradores (1996) conceitualizaram clientes em dimensões de identidade racial e nível de aculturação.* Afro-americanos com alto nível de identidade racial e alta aculturação têm um senso firme da própria identidade étnica, embora também aceitem os valores da cultura dominante. Clinicamente, esses indivíduos apresentam uma alta percepção de controle pessoal e uma postura ativa de solução de problemas. Os sintomas apresentados por eles provavelmente se aproximarão dos sintomas apresentados por seus equivalentes de origem europeia. Carter e colaboradores (1996) postularam que, se esses clientes estabelecerem uma conexão com um terapeuta que entenda seus sintomas e valorize sua etnia, permanecerão no tratamento e se beneficiarão das intervenções clínicas.

Clientes afro-americanos com forte identidade racial, mas baixos níveis de aculturação, responderão ao tratamento de forma bastante diferente. Esses indivíduos têm identidades étnicas desenvolvidas, mas se prendem a relativamente poucos dos valores arraigados na cultura dominante. Carter e colaboradores alegaram que esses clientes reconhecerão os sintomas de forma diferente, atribuirão esses sintomas a causas físicas ou espirituais e provavelmente manifestarão sintomas diferentes comparados aos de clientes brancos ansiosos. Não surpreende que inicialmente esses clientes busquem assistência de médicos ou de religiosos. Por fim, Carter e colaboradores (1996) concluíram que, embora esses clientes possam perceber os sintomas de ansiedade como sinais de que estão perdendo a lucidez, tendem a não confiar em profissionais da saúde mental brancos, o que provavelmente os leva a abandonar o tratamento no início do processo.

"A cultura", escreveram Cartledge e Feng (1996b), "é como um sistema de teias em que vários aspectos da vida estão interligados. Os componentes da cultura não são separados, mas interativos. Subsistemas familiares, econômicos e religiosos, por exemplo, afetam uns aos outros e não podem ser entendidos isoladamente" (p. 14). Como outras variáveis de história e desenvolvimento, há diversas esferas que cada um desejará amostrar em sua conceitualização de caso (Brems, 1993; Sue, 1998). Considerar o nível de identidade étnica e de aculturação da criança e de sua família é o primeiro passo fundamental. Atitudes em relação à expressão afetiva também são aspectos clínicos fortes (Brems, 1993).

Circunstâncias ambientais particulares podem pontuar a vida de crianças culturalmente distintas. Por exemplo, pobreza, opressão, marginalização, preconceito e racismo/sexismo institucionais afetam de modo diferente as crianças de culturas minoritárias (Sanders, Merrell, & Cobb, 1999). Na verdade, os preconceitos institucionais afetarão as experiências educacionais das crianças. Essas atitudes e práticas podem contribuir para um ensino inferior, baixas expectativas e difamação de vários indivíduos (Bernal, Saenz, & Knight, 1991). De fato, a própria condição de minoria representa um estressor (Carter et al., 1996; Tharp, 1991). Essas condições podem contribuir para pa-

---

*N. de T. Assimilação em uma cultura estrangeira.

drões particulares de pensamento, sentimento e comportamento incutidos na expressão do problema. Forehand e Kotchick (1996, p. 200) afirmaram: "[...] como as famílias de minoria étnica e de situação socioeconômica mais baixa experimentam em suas vidas estressores incomuns nas vidas das famílias europeias de classe média, talvez não respondam de maneira igual às técnicas de tratamento estabelecidas ou não mantenham os ganhos por tanto tempo quanto as famílias na faixa de renda média". Por exemplo, infelizmente é uma ocorrência comum que crianças não brancas muitas vezes sejam "vigiadas" por funcionários em lojas de varejo. Níveis maiores de irritabilidade e ansiedade seriam acompanhantes naturais dessa experiência estressante. Zayas e Solari (1994) escreveram: "Os efeitos cumulativos da desvantagem socioeconômica e os estereótipos negativos sentidos por famílias de minoria racial e étnica levam-nas a desenvolver estratégias adaptativas baseadas em suas crenças sobre o que significa ser membro de uma minoria étnica ou de um grupo de minoria racial" (p. 201).

Considere o seguinte exemplo. Alex, único menino de origem latina em sua turma do sexto ano em uma escola de subúrbio, sentiu-se excluído e constrangido o ano inteiro. Um dia, um colega disse que sua coleção de canetas de gel havia desaparecido. Sem razão aparente, muitas crianças acusaram Alex. Mais tarde, apesar de ter sido isentado da culpa, Alex se retraiu, seu desempenho escolar caiu e ele acabou sendo encaminhado ao terapeuta. Na apresentação, Alex parece calado, tristonho, emocionalmente reservado e retraído; evita o contato do olhar, parece desconfiado e age como se tivesse índole agressiva ou provocadora. Seria fácil colocar o rótulo de "resistente" nessa criança. Entretanto, considerando os problemas que ele sofreu na escola, seu comportamento é totalmente compreensível. Ele provavelmente compara terapia com punição e espera que o terapeuta o culpe, o rejeite e talvez o classifique em um estereótipo preconceituoso.

A linguagem claramente faz a mediação de atitudes, comportamentos e expressões emocionais. Tharp (1991) observou corretamente que a cultura molda cortesias e convenções linguísticas. Itens como duração de pausas, ritmo de fala e regras para esperar sua vez nas conversas são culturalmente definidos. Por exemplo, crianças brancas contam histórias que são centradas no tópico e tematicamente coesas, com referências temporais (Michaels, 1984, citado por Tharp, 1991). Por sua vez, crianças afro-americanas narram histórias menos centradas no tópico, mais anedóticas e meramente associativas ao tema. De modo curioso, o público branco considerou a história afro-americana incoerente, ao passo que o público afro-americano considerou a história interessante e detalhada. Essa descoberta sugere que as crianças ou os adolescentes contarão suas "histórias" de várias formas, e nós, como terapeutas, precisamos moldar nossas intervenções adequadamente.

Diferentes grupos culturais podem manter crenças variadas em relação à obediência à autoridade (Johnson, 1993). A forma como essas famílias reagem à "autoridade" do terapeuta molda suas respostas à terapia. Por exemplo, para indivíduos cuja cultura exige relativo respeito a figuras de autoridade, colaborar com o terapeuta e dar-lhe um *feedback* negativo será perturbador. Por outro lado, a orientação do terapeuta será esperada e bem-vinda. Além disso, pode-se esperar que as crianças obedeçam respeitosamente a todas as solicitações dos pais.

Como se vê, questões de contexto cultural podem afetar a apresentação clínica da criança e sua resposta ao tratamento. No Quadro 2.1, fornecemos uma amostra de lista de exemplos de perguntas para esclarecer questões importantes. Embora não seja detalhada, pode focalizar a atenção em algumas áreas até então negligenciadas e alertar para outros pontos que merecem consideração. Independentemente da pergunta feita, uma avaliação do contexto cultural da criança deve ser integrada à conceituação de caso.

> **QUADRO 2.1** EXEMPLOS DE PERGUNTAS PARA ABORDAR QUESTÕES DE CONTEXTO CULTURAL
>
> - Qual é o nível de aculturação da família?
> - Como o nível de aculturação molda a expressão do sintoma?
> - O que caracteriza a identidade etnocultural da criança?
> - Como essa identidade influencia a expressão do sintoma?
> - Quais são os pensamentos e sentimentos da criança e da família como membros dessa cultura?
> - De que modo crenças, valores e práticas etnoculturais moldam a expressão do problema?
> - O quanto essa família é representativa ou típica da cultura?
> - Que sentimentos e pensamentos são proibidos como tabu?
> - Que sentimentos e pensamentos são facilitados e promovidos em função do contexto etnocultural?
> - Que processos de socialização etnocultural específicos reforçam seletivamente alguns pensamentos, sentimentos e comportamentos, mas não outros?
> - Que tipos de preconceito e de marginalização a criança/família encontrou?
> - Como essas experiências moldaram a expressão do sintoma?
> - Que crenças sobre si mesmo, sobre o mundo e sobre o futuro desenvolveram-se em decorrência dessas experiências?

História e marcos do desenvolvimento

Obter uma história pessoal e do desenvolvimento é prática clínica padrão para a maioria dos profissionais da saúde mental. Informações históricas ou relativas à formação geram dados sobre a aprendizagem prévia da criança e colocam as queixas atuais em um contexto apropriado. A frequência, a duração e a intensidade dos problemas da criança podem ser estabelecidas mais precisamente.

Saber como uma criança passa pelas etapas do desenvolvimento também fornece informações essenciais para a conceitualização de caso. Em geral, atrasos do desenvolvimento tornarão a criança mais vulnerável à percepção de críticas e levarão à intolerância de estados afetivos negativos e, possivelmente, à depressão. Se os atrasos afetarem o processamento cognitivo, emocional e/ou comportamental, talvez a abordagem terapêutica precise ser modificada. Por exemplo, uma criança com significativos problemas de linguagem e de leitura provavelmente não se beneficiará de materiais de leitura sofisticados. Por isso, a simplificação dos materiais pode ser indicada. Padrões de desajuste emocional e comportamental são amplificados quando se considera os marcos referenciais do desenvolvimento e a história de aprendizagem. Por exemplo, um padrão de desajuste comportamental e emocional pode ser revelado pelos problemas crônicos de sono, alimentação e higiene de uma criança; pelo comportamento agressivo com os colegas; ou por desajuste a mudanças na rotina. Fatores de vulnerabilidade constitucional ou temperamental provavelmente interagem com fatores ambientais para produzir o comportamento das crianças.

Dados do desenvolvimento e históricos também fornecem informações relativas aos responsáveis pela criança. Por exemplo, a precisão e a perfeição da lembrança que os responsáveis têm de informações sobre o desenvolvimento são reveladoras. O que poderia significar o fato de a mãe não ter praticamente nenhuma ideia sobre as conquistas de desenvolvimento do filho? Talvez a mãe tenha uma péssima memória para eventos, mas também pode ser desatenta e/ou não se preocupar. O terapeuta pode, então, perguntar o que ocorreu nestes períodos. A mãe estava deprimida ou bebendo? Estava sofrendo com um conflito conjugal? Os terapeutas também podem desenvolver hipóteses com relação a pais que lembram os mínimos detalhes da vida de um filho (p. ex., dia, hora e ano em que aprendeu a usar o penico). Será que esses pais são apenas orientados aos detalhes ou tendem a ser tão atentos e envolvidos que "sobrecarregam" psicologicamente seu filho?

Escola e relacionamento entre colegas

Em geral, o trabalho e os relacionamentos são focos importantes na anamnese em entrevistas de adultos. O "trabalho" das crianças é brincar e ir à escola. Atividades de lazer, clubes, esportes e passatempos são bastante reveladores. A criança aprecia atividades solitárias, isoladas? Jogos competitivos? Jogos de fantasia? Além disso, examinar os relacionamentos da criança com seus colegas é proveitoso. Quem são os amigos da criança? Ela tem amigos da mesma idade? Os amigos são mais jovens ou mais velhos? Quanto tempo suas amizades duram? Suas amizades são feitas com esforço, mas facilmente perdidas?

Obter informações sobre o ajustamento e o desempenho da criança na escola é uma tarefa essencial. A escola é um lugar onde as crianças respondem a exigências, demonstram produtividade e interagem com outros. Como é o desempenho escolar da criança? Que fatores comprometem o bom resultado acadêmico (p. ex., incapacidades de aprendizagem)? O desempenho decaiu? Como ela se dá com os outros? Como a criança se comporta na sala de aula? Como ela responde a orientações/ordens dos professores? Alguma vez foi suspensa ou expulsa?

Relacionamentos familiares

Os relacionamentos familiares e os processos de vinculação também transmitem informações significativas. Saber como os diferentes membros da família interagem e se entendem dá ao terapeuta mais informações sobre o modo de agir da criança. Isso também insere o comportamento da criança no contexto familiar, permitindo que o terapeuta discuta as semelhanças e as diferenças na maneira de agir da criança em várias circunstâncias. Por exemplo, a criança é agressiva na escola, mas não em casa? A criança é apegada em casa, mas não na escola? A criança responde mais docilmente às orientações da mãe do que às ordens do pai?

Coletar informações sobre as práticas disciplinares empregadas pelos pais é uma tarefa crucial para os clínicos. Os terapeutas precisarão saber como o comportamento desejável é promovido e como o comportamento indesejável é desencorajado. Que estratégias de criação ou de controle do comportamento da criança são empregadas? Quais são os estilos dos pais? Eles são supercontroladores, indulgentes, autoritários, dominantes, permissivos, discordantes ou desatentos? Com que consistência aplicam punições? Os pais e cuidadores concordam sobre o comportamento a ser promovido ou desencorajado? Concordam sobre métodos disciplinares?

Tratamentos prévios

Também sugerimos verificar as experiências de tratamento anteriores da criança. O tipo, a duração e a resposta ao tratamento são dados úteis. Da mesma forma, as informações médicas familiares e pessoais são fundamentais para revelar condições médicas capazes de exacerbar problemas ou transtornos psicológicos que possam agravar as condições médicas. Por exemplo, qualquer condição médica crônica será um estressor para as crianças e suas famílias. Questões psicológicas relativas a controle e autonomia podem afetar a adesão a prescrições médicas. Doenças familiares também podem ser um problema significativo para as crianças que, compreensivelmente, ficam preocupadas quando seus pais adoecem. Daí a recomendação para uma consulta médica em todos esses casos.

Uso de substâncias

O uso de substâncias é uma área importante para a anamnese. Drogas ilegais, medicações prescritas, remédios de balcão, álcool, produtos domésticos (p. ex., cola, produtos em aerossol), cigarros, laxantes e até alimentos são apenas algumas das possíveis fontes de abuso de substâncias. O uso e o abuso de substâncias complicam claramente a apresentação do sintoma. Além disso, as crianças e os adolescentes tendem a ser especialmente inacessíveis com relação ao seu uso de substâncias. Contudo, os terapeutas são fortemente encorajados a examinar o possível abuso de substâncias nas crianças e nos adolescentes que tratam.

Conflitos com a lei

A relação do jovem com a lei também deveria ser considerada. O envolvimento com o juizado de menores ou com delegacias de polícia deveria ser acompanhado. Claramente, as questões legais de um jovem refletem a gravidade geral do problema. Além disso, pode ser indicada uma consulta junto às autoridades policiais.

Percebemos que, embora não se trate de uma lista completa de todas as considerações clínicas, é significativo considerar estes aspectos. Resumimos algumas das perguntas fundamentais no Quadro 2.2 como um guia organizacional.

Variáveis cognitivas

Conforme brevemente mencionado no Capítulo 1, as variáveis cognitivas no processo de conceitualização de caso são organizadas nas camadas hierárquicas de produtos cognitivos, operações ou processos cognitivos e estruturas cognitivas.

Pensamentos automáticos

Os pensamentos automáticos (produtos cognitivos) refletem as explicações ou previsões que acompanham eventos e representam conteúdo cognitivo. Os pensamentos automáticos tendem a ser relativamente acessíveis e podem ser prontamente identificados com intervenções-padrão. O conteúdo do pensamento automático frequentemente serve como alvo inicial do tratamento e fornece indícios relacionados ao esquema central.

Esquemas

Os esquemas (estruturas cognitivas) representam crenças centrais organizadoras ou estruturas de significado pessoal (A. T. Beck et al., 1979; A. T. Beck Davis, & Freeman, 2015). Os esquemas existem fora da consciência, embora influenciem profundamente os processos e os conteúdos cognitivos. O entendimento dos esquemas das crianças e dos adolescentes dá uma noção das múltiplas variáveis clínicas, como a variabilidade de pensamentos automáticos, o comportamento interpessoal, a responsividade ao tratamento e a probabilidade de recaída.

Os esquemas têm a função de manter a homeostasia (Guidano & Liotti, 1983; Padesky, 1994). A informação consistente com a estrutura de significado é assimilada, ao passo que a informação discrepante é rejeitada ou transformada, de modo a ajustar-se ao esquema. Sobre esse processo, Liotti (1987) habilmente observou: "A novidade é reduzida ativamente ao que já é conhecido" (p. 93).

Processos cognitivos

Os esquemas são autoperpetuadores. Young (1990) propôs três mecanismos que colaboram para essa tendência. Os processos de manutenção do esquema preservam a estrutura cognitiva por meio de distorções cognitivas e padrões de comportamento contraproducentes. Reconhecer as *distorções cognitivas* incorporadas nos pensamentos automáticos das crianças e dos adolescentes facilita uma conceitualização de caso e uma intervenção mais completas. Por exemplo, a personalização é adequada à intervenção do tipo *"Pizza de Responsabilidade"*, discutida nos Capítulos 8 e 9. A projeção de tempo funciona bem com o raciocínio emocional. Além disso, as distorções cognitivas mediam a forma como as crianças percebem a terapia e o terapeuta. Por exemplo, uma criança que costuma se autodepreciar pode menosprezar o êxito conseguido na terapia e ter dificuldade para internalizar os ganhos do tratamento.

Young (1990) postulou que os esquemas também operam por meio de evitação do esquema. A evitação do esquema pode assumir três formas: evitação cognitiva, evitação emocional e evitação comportamental.

QUADRO 2.2 ÁREAS IMPORTANTES NA ANAMNESE

Marcos referenciais do desenvolvimento
- Houve atrasos notáveis nos marcos do desenvolvimento?
- Há problemas de linguagem e de fala?
- A criança lê bem?
- A criança escreve bem?
- Quando a criança dormiu a noite inteira? Como você caracterizaria os padrões e os hábitos de sono da criança?
- Quando a criança foi treinada para higiene pessoal? Como foi? Quais foram as dificuldades? Houve muitos acidentes?
- Como você descreveria os padrões alimentares da criança?
- Como essa criança responde caracteristicamente a mudanças em sua rotina?
- Que tipo de bebê a criança foi? Nervoso? Com cólicas? De temperamento fácil? Etc.
- Quem tomava conta dessa criança? Houve rompimentos ou inconsistência no cuidado com a criança?
- A criança foi vítima de abuso sexual ou físico?

Escola
- Como é o desempenho acadêmico da criança? Houve declínio no desempenho?
- Como ela se dá com seus colegas da turma? E com os professores?
- Como foi sua adaptação à escola? Como são suas manhãs, antes da escola? Como são suas tardes, após a escola?
- A criança alguma vez foi expulsa? Suspensa? Recebeu castigo?
- Qual é a frequência da criança à escola?

Amigos e atividades
- Quais são as atividades da criança?
- Quem são os amigos da criança?
- Quanto tempo as amizades da criança duram?
- As amizades da criança são conquistadas com esforço, mas facilmente perdidas?

Relacionamentos familiares
- Como é o relacionamento da criança com cada cuidador? E com os irmãos?
- Como é o clima doméstico? Conflituoso? Carinhoso? Permissivo?
- Como é o relacionamento entre os principais responsáveis?
- A criança alguma vez testemunhou violência doméstica?
- O relacionamento da criança com cada membro da família é o mesmo ou diferente?
- Como os relacionamentos familiares da criança diferem de seus relacionamentos com outras pessoas?

Práticas disciplinares
- Que técnicas disciplinares são usadas?
- Quais técnicas são eficientes e quais são ineficientes?
- Quais são os estilos dos pais?
- Os pais concordam sobre disciplina?

Condições médicas e tratamento anterior
- Que condições médicas/físicas estão presentes?
- Como essas condições médicas influenciam o funcionamento psicológico?
- Como as condições psicológicas influenciam a condição médica?
- Qual foi a resposta da criança e da família a algum tratamento anterior?

Uso de substâncias e envolvimento com a lei
- Qual substância a criança usa?
- Que uso a criança faz de laxantes, comida, remédios de venda livre? E de produtos domésticos?
- Qual é a extensão do envolvimento com a lei?

O objetivo da evitação do esquema é prevenir experiências que questionariam a precisão do esquema. Na *evitação cognitiva*, os pensamentos que ativam o esquema são bloqueados. Um bom exemplo é quando se pergunta a uma criança angustiada o que ela está pensando no momento de uma intensa alteração de humor e ela responde dizendo "Não sei". Às vezes, a evitação cognitiva é indicada pela sensação da criança ou do adolescente de que sua cabeça está vazia (p. ex., "Não estou pensando nada."). Para esses clientes, seus pensamentos são demasiadamente dolorosos, embaraçosos ou vergonhosos para serem identificados. Com a *evitação emocional*, em vez de bloquear os pensamentos relacionados ao esquema, o indivíduo bloqueia os sentimentos associados a seus pensamentos. Young (1990) observou com perspicácia que a automutilação (p. ex., cortar-se ou queimar-se) é com frequência decorrente da evitação emocional. A criança ou o adolescente pode experimentar um sentimento proibido (p. ex., raiva) e, então, tentar evitar o sentimento queimando-se com um isqueiro. Isolamento social, agorafobia e procrastinação são exemplos de *evitação comportamental* (Young, 1990). Nesses casos, as crianças não adotam comportamentos relacionados ao conteúdo do esquema. Já que elas evitam os comportamentos, o conteúdo do esquema permanece incontestado.

A *compensação do esquema* é o último processo. Nela, a criança age de maneira oposta ao conteúdo do esquema. Por exemplo, um menino pode maltratar e provocar impiedosamente outras crianças como forma de compensação por um esquema que reflete fraqueza e um senso frágil dele próprio. No exemplo do valentão, graças ao comportamento ameaçador, o menino não tem que lidar com sua fraqueza ou com o senso de inadequação percebidos. Entretanto, se a intimidação (*bullying*) e a depreciação falham, a criança ou o adolescente está mal equipado para lidar com sua fragilidade.

Um estudo de Taylor e Ingram (1999) sugere que esquemas cognitivos negativos podem contribuir para a depressão em crianças a partir de 8 anos de idade. Eles concluíram que "toda vez que um estado de humor negativo é encontrado, as crianças de alto risco podem estar desenvolvendo, acumulando, fortalecendo e consolidando o reservatório de informações nas estruturas cognitivas autorreferenciais disfuncionais que orientarão seu modo de ver a si mesmas e apontarão como a informação é processada quando eventos adversos evocarem essas estruturas no futuro" (p. 208). Assim, a influência esquemática sobre o funcionamento psicológico pode começar em crianças do ensino fundamental. Todavia, os esquemas talvez não se consolidem até a adolescência (Hammen & Zupan, 1984). Portanto, a avaliação de processos do esquema pode ser uma etapa fundamental na terapia cognitiva com adolescentes.

Antecedentes e consequências comportamentais

As respostas comportamentais são moldadas por estímulos anteriores e posteriores ao comportamento (Bandura, 1977, 1986). O paradigma comportamental clássico A (antecedente), B (do inglês, *behavior* [comportamento]) e C (consequências) ilustra perfeitamente esse processo (Barkley, Edwards, & Robin, 1999; Feindler & Ecton, 1986). Os determinantes antecedentes e consequentes podem ser aprendidos por experiência direta ou indireta (p. ex., pela observação) (Bandura, 1977, 1986).

Antecedentes

Dependendo da circunstância de aprendizagem, os estímulos antecedentes podem tanto evocar diretamente o comportamento como apenas preparar o terreno para ele. Se o comportamento é adquirido por meio de condicionamento clássico, certos estímulos acabam evocando um comportamento com carga emocional. Nesses casos, os estímulos adquirem a capacidade de provocar uma resposta emocional da criança. Por exemplo, suponha que um professor do quinto ano exigente tenha o costume de fechar o livro dele com força sempre que está prestes a anunciar um questionário surpresa. Suponha também que qualquer questionário ou teste gere uma variedade de estímulos fisiológicos, emocionais e cognitivos aversivos em uma criança. Com o tempo, ao longo de repetidas ocorrências, o barulho do professor fechando o livro pode evocar a mesma ansiedade antecipatória na criança que o próprio teste.

Os estímulos antecedentes "desencadeiam" os comportamentos das crianças. Os "estressores" nas vidas das crianças geralmente são estímulos antecedentes (p. ex., divórcio dos pais, críticas da professora, provocações de colegas). Por exemplo, os estímulos antecedentes comumente são registrados na coluna de eventos em um diário de pensamento (descrito no Capítulo 6), em classificações subjetivas de escalas de sofrimento (descritas no Capítulo 12) e em uma planilha ABC (descrita no Capítulo 13).

As ordens dos pais representam estímulos antecedentes. Orientações vagas, indiretas, hostis e confusas da parte dos pais raramente produzem o comportamento desejado em uma criança. Em vez disso, muitas vezes propiciam desobediência e contribuem para lutas de poder coercitivas. As dicas ou indícios antecedentes que propiciam o comportamento costumam ser chamados de estímulos discriminativos. Os estímulos discriminativos sinalizam à criança que a situação é adequada para reforço. Quando as crianças respondem seletivamente na presença de estímulos discriminativos e inibem o comportamento na ausência deles, o comportamento passa a ser controlado pelo estímulo.

Consequências

As consequências comportamentais referem-se aos estímulos que acompanham um comportamento. As consequências determinam se o comportamento específico é fortalecido ou enfraquecido. Estímulos consequentes que fortalecem um comportamento ou o fazem ocorrer de modo mais frequente ou persistente são chamados de *reforçadores*. Há dois processos de reforço básicos: reforço positivo (acrescentar alguma coisa prazerosa para aumentar a taxa de comportamento) e reforço negativo (remover alguma coisa desagradável para aumentar a taxa de comportamento). Um pai que elogia e abraça seu filho por tirar uma nota boa usa reforço positivo. Um professor que retira um castigo, como tarefa de casa adicional, devido à melhora no desempenho de seus alunos, está usando reforço negativo para intensificar os hábitos de estudo.

A *punição* diminui a taxa de comportamento. Por exemplo, um pai que responde aos acessos de raiva de seu filho colocando-o de castigo no quarto, negando-lhe recompensas e privilégios ou ignorando-o, está usando punição. Consideremos o caso de uma mãe que ignora a expressão emocional de sua filha e, assim, pune sua expressividade afetiva. Não surpreende que essa criança aprenda que sentimentos são ruins e se torne emocionalmente retraída. Procedimentos básicos de reforço e punição são descritos com mais detalhes no Capítulo 15.

Reforçadores e punições seguem programações. Os programas de reforço estipulam quanto comportamento é exigido, por quanto tempo o comportamento deve persistir ou com que frequência ele deve ocorrer para justificar um reforço. É bem conhecido o fato de que comportamentos estabelecidos sob programas de reforço intermitentes são bastante duradouros.

PLANEJANDO E PENSANDO À FRENTE: FORMULAÇÃO PROVISÓRIA, PLANO DE TRATAMENTO E OBSTÁCULOS ESPERADOS

Formulação provisória

A formulação provisória coordena os componentes de maneira dinâmica e inter-relacionada. A formulação pinta um retrato do ambiente externo e do mundo interior das crianças e dos adolescentes. Os problemas, dados de testes, contexto cultural, dados de história e de desenvolvimento, variáveis comportamentais e cognitivas são apresentados, analisados e integrados. Dessa forma, cria-se um retrato psicológico individualizado que permite ao terapeuta adaptar a intervenção às circunstâncias e aos estilos exclusivos de cada criança. As principais etapas de uma formulação provisória estão resumidas no Quadro-síntese 2.1.

Plano de tratamento antecipado

A formulação provisória orienta o plano de tratamento. Os planos de tratamento variam de uma criança para outra, pois devem levar em consideração as características e as circunstâncias de cada uma. Por exemplo, uma criança ansiosa que enrubesce, transpira e tem muita tensão muscular provavelmente se beneficiaria do treinamento de relaxamento, ao passo que uma criança preocupada em meio a ruminações e pensamentos autocríticos não se beneficiaria desse tipo de treinamento. A formulação informará sobre quando usar as técnicas cognitivo-comportamentais convencionais e quando modificar criativamente os procedimentos tradicionais. Por exemplo, uma criança deprimida que tem habilidades verbais mais desenvolvidas se beneficiaria com uma reatribuição (ou ressignificação) feita com papel e lápis, ao passo que uma criança menos verbalmente instruída pode lucrar mais com uma técnica de reatribuição feita com trabalhos manuais.

Obstáculos esperados

Muitas vezes, o caminho rumo ao progresso terapêutico é acidentado. Se for possível antecipar os solavancos ou os buracos na estrada, conseguimos desviar para evitá-los ou nos preparar para o impacto. A formulação ajuda a ver a estrada à frente e a prever obstáculos. Assim, é possível moldar o plano de tratamento de modo a negociar impasses terapêuticos.

Por exemplo, se uma criança é perfeccionista, pode-se esperar que ela procrastine ou evite fazer a tarefa de casa por medo de fracassar. Ou suponha que o clínico esteja tratando uma criança ou adolescente cujos pais são muito inconsistentes em seus cuidados. Essa criança vem à terapia muito irregularmente. Como o clínico já sabe que os pais são inconsistentes no cumprimento de seus próprios compromissos, isso servirá de aviso antecipado para executar planos que permitam lidar com essas dificuldades.

EXEMPLO DE CONCEITUALIZAÇÃO DE CASO: TESSA

Problemas apresentados

Tessa é uma menina afro-americana de 9 anos que está sendo criada pela mãe e pela tia. Ela é uma criança bem-comportada, porém tímida e tristonha, cujos trabalhos escolares consistentemente recebem notas A e B. Entretanto, as professoras reclamam que Tessa demora para completar suas tarefas e costuma precisar de uma boa dose de incentivo. Ela costuma chorar em sala de aula, durante tarefas

---

QUADRO-SÍNTESE 2.1 PRINCIPAIS ETAPAS EM UMA FORMULAÇÃO DE CASO PROVISÓRIA

- Definir os problemas apresentados em componentes distintos.
- Integrar os dados de testes.
- Incorporar as variáveis de contexto cultural.
- Incluir marcos de história e de desenvolvimento significativos.
- Abordar a estrutura cognitiva (esquema), bem como os processos de esquema (compensação, manutenção, evitação).
- Identificar conscientemente os antecedentes comportamentais (estímulos discriminativos) e as consequências comportamentais (reforçadores positivos, reforçadores negativos, procedimentos de custo de resposta).

novas ou trabalhos em grupo. Na hora do recreio, vagueia pelo pátio, senta-se sozinha ou prefere ficar na sala de aula para ler com a professora, em vez de brincar com os colegas. Mais especificamente, os componentes psicofisiológicos dos problemas de Tessa incluem dores de estômago, sudorese e cefaleias. Os sintomas de humor da menina são marcados por medo, ansiedade e tristeza. Do ponto de vista comportamental, ela chora com frequência, é inquieta e nervosa, lenta para entregar trabalhos e pede reiteradamente para ir à enfermaria. Do ponto de vista interpessoal, parece tímida e retraída. Seus componentes cognitivos incluem pensamentos automáticos, como "Vou me atrapalhar e todo mundo vai perceber", "Todo mundo está esperando que eu me atrapalhe", "Não vou me sentir bem na escola sem minha mãe" e "As outras crianças da turma não gostam de mim".

Dados de testes

Tessa completou o CDI e a RCMAS. No CDI, Tessa obteve um escore bruto de 18, indicando um nível moderado de depressão. Na RCMAS, seu escore total foi 18, indicando ansiedade moderada. Ela obteve escores relativamente altos em subescalas para preocupação e ansiedade social.

Variáveis de contexto cultural

A renda da mãe de Tessa é bastante limitada. Elas se esforçam para fazer o dinheiro render, mas vivem pouco acima da linha de pobreza. Tessa, sua mãe e sua tia frequentam a mesma igreja batista, que lhes oferece certo apoio social. Alguns parentes que vivem na região ocasionalmente a visitam e cuidam de Tessa. A família vive em um bairro humilde, onde os índices de crime são relativamente moderados. Tessa frequenta uma escola onde os brancos predominam e é uma das poucas crianças afro-americanas em sua turma. Nem ela nem sua mãe relataram casos específicos em que Tessa fora vítima de preconceito ou racismo. Sua mãe afirmou: "Eu digo que ela tem que ser duas vezes mais bondosa, bem-comportada e inteligente para competir com suas amigas brancas". A mãe de Tessa descreve as professoras de sua filha como "amigáveis e cooperativas", mas relata ter a sensação de que os funcionários da escola estão sempre "pisando em ovos". "Acho que eles têm medo ou se sentem desconfortáveis em lidar comigo. Não sei por quê. Talvez simplesmente não estejam acostumados com gente como eu."

A mãe dá a Tessa numerosas "instruções de sobrevivência". Ela a adverte sobre o trajeto desde a parada de ônibus até a casa delas e também a orienta especificamente a ir de casa até uma mercearia próxima. "Não quero que ninguém a importune. Quando eu tinha a idade dela, sabia me defender, mas Tessa é diferente. Ela leva as coisas para o lado pessoal."

História e marcos do desenvolvimento

Tessa alcançou e completou todos os marcos de desenvolvimento dentro dos limites normais de idade. Antes, ela era descrita como uma criança séria e ansiosa, mas seus sintomas de humor se exacerbaram nas últimas semanas. A mãe dela, que foi diagnosticada com transtorno depressivo maior e toma cloridrato de fluoxetina, 20 mg, revela que sua própria depressão piorou nos últimos meses.

Tessa sempre foi uma boa aluna. Suas notas ainda são consistentemente boas, e ela não apresenta problemas comportamentais. Quando engatinhava e na fase pré-escolar, frequentou respectivamente a creche e a pré-escola, demonstrando inicialmente alguma ansiedade pela separação, mas logo ajustou-se à rotina escolar. Tessa costuma ficar bastante nervosa na semana anterior ao primeiro dia de um novo ano escolar e parece preocupada nas manhãs de segunda-feira. Ela afirma que não gosta de esperar o ônibus nem de andar de ônibus. Às vezes, ela se preocupa com a possibilidade de sua tia esquecer de ir buscá-la na parada de ônibus. Recorda que seu momento mais embaraçoso foi quando as outras crianças debocharam do presente que ela levou para uma campanha beneficente da escola ("É tão pequeno e barato!").

Tessa joga futebol e beisebol e tem aulas de flauta. Em seu tempo livre, gosta de ler e de assistir à televisão. Ela tem algumas amigas na vizinhança, com quem brinca de jogos infantis. Tessa gosta de brincar com crianças menores e de tomar conta delas. Raramente briga ou discute com as amigas. É convidada para festas de aniversário pelas colegas de escola, mas prefere não ir. No último ano, esses convites aparentemente diminuíram.

O pai de Tessa foi embora quando a filha tinha 9 meses; ela nunca mais o viu. A mãe e a tia se entendem bem e, em geral, concordam sobre as práticas disciplinares. A mãe de Tessa reclama que sua irmã acha que ela está "mimando" Tessa. A mãe relata que é a "autoridade" na casa, mas também admite ter "afrouxado" sua disciplina desde que passou a se sentir mais deprimida. Suas técnicas disciplinares principais são elogios, abraços, castigo no quarto e retirada de recompensas e privilégios. A mãe afirma não acreditar em castigos físicos por ter sido "espancada" quando criança. Ela não quer bater na filha. A mãe também relata que não tem mostrado muita energia para acompanhar Tessa em suas atividades. Ela se sente culpada por isso e responsabiliza a depressão por seus baixos níveis de energia.

Tessa não usa drogas nem toma bebidas alcoólicas. Não tem problemas com o cumprimento das leis. Esta é sua primeira experiência de psicoterapia. A mãe consulta um médico de família para conseguir medicação, mas nunca foi a um terapeuta. Ela espera que Tessa encontre um terapeuta "com quem consiga falar e em quem possa confiar". Tessa não tem muita certeza sobre a utilidade de ir à terapia.

Variáveis cognitivas

Os pensamentos automáticos de Tessa incluem crenças como "Vou me atrapalhar e todo mundo vai perceber", "Todo mundo está esperando que eu me atrapalhe", "Não vou ficar bem na escola sem a minha mãe", "As outras crianças da aula não gostam de mim", "Tenho que ser boazinha, assim não vou aborrecer a mamãe", "O mundo tem um monte de perigos assustadores", "Não acredito que eu saiba me proteger", "Não sou tão inteligente ou forte quanto a maioria das outras crianças", "Estar assustada significa que alguma coisa ruim vai acontecer" e "Acho que não consigo me enquadrar". Suas distorções cognitivas características incluem pensamentos de tudo ou nada, personalização, generalização excessiva, raciocínio emocional e rotulação. Como Tessa tem apenas 9 anos, é provável que seus esquemas ainda não estejam totalmente formados. Entretanto, ela pode estar vulnerável ao desenvolvimento de crenças centrais: "Sou vulnerável e frágil num mundo crítico e sombrio onde os outros são indiferentes e julgadores", "Ser diferente me torna uma excluída num mundo em que os outros são mais inteligentes e mais fortes", "Tenho que estar constantemente alerta a todos os perigos para conseguir evitá-los" e "Erros são catastróficos num mundo crítico, onde os outros são críticos e sou mais fraca do que eles".

Antecedentes e consequências comportamentais

O trajeto de casa para a escola, em especial nas manhãs de segunda-feira, são gatilhos claros (e antecedentes) para os sintomas de Tessa. Além disso, novas tarefas, trabalhos em grupo, *feedback* crítico e situações ambíguas, como o recreio, estimulam seus sentimentos de ansiedade e depressão. A indiferença de figuras adultas importantes (p. ex., mãe, tia, professores) e outras crianças também ativa crenças como "Eles não se importam comigo" ou "Eles não gostam de mim". A evitação, o isolamento e o comportamento de checagem de Tessa em suas tarefas não são desencadeados apenas por esses estímulos, mas reforçados pelo alívio da ansiedade. Sua checagem é positivamente reforçada por suas boas notas e pelos elogios da mãe. Sua busca por reafirmação também é intermitentemente reforçada de modo positivo e negativo. Às vezes, ela se sente reconfortada por figuras de autoridade; o simples ato de buscar reafirmação proporciona alívio da ansiedade. O comportamento calado de Tessa é reforçado na sala de aula. As queixas somáticas de Tessa também têm valor funcional, uma vez que evocam a preocupação dos outros, o que a satisfaz. A sua ânsia por agradar também é positivamente reforçada pela aprovação dos outros.

Formulação provisória

Tessa é uma menina afro-americana que está experimentando sintomas primordialmente ansiosos e depressivos. Suas cognições são marcadas por temas de medo de avaliação negativa e autocrítica. Da perspectiva comportamental, ela responde a essas ameaças com hipervigilância, busca de aprovação/reafirmação e afastamento de seus colegas. Muitos de seus sintomas psicológicos são traduzidos em sintomas somáticos e é possível que Tessa sinta medo da avaliação negativa dos outros caso se mostre emocionalmente mais expressiva.

Certamente, os fatores ambientais alimentam a iniciação, a manutenção e a exacerbação de seu sofrimento. Tessa e a mãe dela estão conscientes das diferenças raciais entre ela e seus colegas de sala de aula. Tessa provavelmente internalizou o incentivo da mãe para "trabalhar duas vezes mais arduamente que suas amigas brancas". Portanto, sente-se obrigada a mostrar desempenho, a competir e a se ajustar. Isso é um excesso de sentimentos fortes para uma criança. Além disso, pensamentos como "Todo mundo está esperando que eu me atrapalhe" refletem sua percepção de estar exposta e isso impulsiona sua ansiedade social. Para uma criança ou adolescente que experimenta essa pressão em um contexto em que as pessoas estão "pisando em ovos", a reafirmação é esperada. Na verdade, é uma forma de Tessa avaliar como está se saindo.

Tessa se considera frágil em um mundo crítico e ameaçador. A fim de não ser ferida, ela se retrai e se comporta com extrema cautela. Na verdade, o comportamento cauteloso é adaptativo em seu bairro e, às vezes, com seus colegas de aula. Entretanto, por ser tão cautelosa, seus colegas a provocam e intimidam. A mãe também tende a ser superprotetora. A superproteção e a implicância dos colegas reforçam ainda mais suas autopercepções negativas.

Plano de tratamento antecipado

1. Devido ao alto nível de queixas somáticas de Tessa, o treinamento de relaxamento deveria ser iniciado (consultar detalhes dessa técnica nos Capítulos 8 e 12).
2. Programas de eventos agradáveis deveriam ser tentados para aumentar seu nível de reforço positivo (ver Capítulo 11).
3. Intervenções cognitivas visando melhorar os medos de Tessa de avaliação negativa deveriam começar com abordagens autoinstrutivas e progredir para técnicas envolvendo análise mais racional (ver Capítulos 8 e 11).
4. Cuidados deveriam ser tomados em relação às atribuições de Tessa acerca de sua consciência das diferenças raciais entre ela e os colegas de classe. Se ela estiver fazendo atribuições autodanosas, deverão ser empregadas técnicas cognitivas, como procedimentos de reatribuição (ver Capítulo 11).
5. Estratégias de resolução de problemas deveriam ser ensinadas a Tessa durante o processo de tratamento (ver Capítulo 11).
6. Deveriam ser iniciadas técnicas cognitivas dirigidas à visão de menina frágil que Tessa tem de si mesma (ver Capítulo 8).
7. A mãe de Tessa deveria ser incluída em um treinamento de pais centrado na criança, a fim de desenvolver um programa de gestão da contingência para completar as tarefas de casa da terapia. Além disso, a terapia deveria concentrar-se em ajudar a mãe a diminuir sua superproteção e a aumentar sua consistência em responder às necessidades de Tessa (ver Capítulo 15). Atenção terá de ser dedicada a aumentar a consistência e a comunicação entre as responsáveis por Tessa (i.e., mãe e tia).

8. Dependendo do nível de habilidade social de Tessa, um treinamento de habilidades sociais em resposta à implicância dos colegas deveria ser considerado (ver Capítulos 8 e 11).
9. Após Tessa ter adquirido, praticado e aplicado suficientemente suas habilidades, experimentos comportamentais deveriam ser delineadas de modo cooperativo para testar as predições incorretas de Tessa.
10. Uma colaboração contínua com a professora e outros funcionários da escola deveria ser mantida.

Obstáculos esperados

Tessa é uma jovem cliente animada e motivada. Portanto, é improvável que a falta de adesão se torne um problema. Tessa, contudo, é propensa a "exagerar", por isso deveríamos ficar alertas aos esforços de perfeccionismo na realização das tarefas de casa. Além disso, como Tessa é tão ansiosa por agradar e teme a avaliação negativa, teremos que estar atentos para sinais indicativos de que ela esteja minimizando seus sintomas ou inibindo insatisfações em relação à terapia. Por fim, devido às fortes habilidades de expressão escrita e oral de Tessa, teremos que estar alertas à possibilidade de Tessa inicialmente fornecer respostas intelectualizadas, em vez de emocionais.

Será crucial trabalhar com as atribuições de Tessa em relação às diferenças raciais, assim como será difícil ajudá-la a explorar confortavelmente seus pensamentos e sentimentos sobre essas questões sem exacerbar suas ansiedades sociais. Na terapia, é importante enfocar tanto as questões de conteúdo quanto as de processo (p. ex., Como é falar sobre esses pensamentos e sentimentos? O que há de perigoso em falar sobre esses pensamentos e sentimentos?).

O trabalho com os pais também apresentará desafios. O nível de depressão da mãe precisará ser monitorado. Se indicado, talvez seja necessário recomendar terapia individual para a mãe. Nesse caso, a atenção ao custo do tratamento é relevante. Independentemente disso, o trabalho parental enfocado na criança precisará ser sensível à depressão da mãe. Por exemplo, programar atividades agradáveis pode ser uma tarefa árdua quando a mãe estiver deprimida. Devido à depressão da mãe, a atenção pode estar excessivamente concentrada nas vulnerabilidades de Tessa. Por fim, a mãe pode achar difícil mobilizar energia psicológica para responder à filha e intensificar sua comunicação com a irmã.

O diálogo com a escola também pode apresentar alguns obstáculos. Estabelecer uma parceria com a professora de Tessa é uma boa ideia. Provavelmente, treinaríamos a professora para ajudar a reduzir a evitação e a busca de reafirmação de Tessa. Aumentar a sensibilidade da professora à ansiedade de Tessa seria uma estratégia adequada.

EXEMPLO DE CONCEITUALIZAÇÃO DE CASO: TATIANA

Problemas apresentados

Tatiana é uma menina de 12 anos, de origem euro-americana, que mora com a mãe e duas irmãs mais novas. Na escola, é uma estudante-modelo com distinção de honra (média das notas = 9,99) e cursa várias matérias avançadas. Tatiana é presidente do grêmio estudantil e participa de atividades de futebol, ginástica, clube de xadrez, coro e orquestra. Em casa, porém, seu comportamento é diametralmente oposto. A mãe relata desobediência extrema e comportamento opositivo, observando: "É impossível convencer Tatiana a ajudar com o serviço doméstico. Quando eu tento, ela explode e se volta contra mim". Quando fica zangada com a mãe, Tatiana dá tapas, chutes, socos e cuspidas nela. Inclusive já arremessou objetos quebráveis contra a própria mãe (p. ex., tigelas, taças de vidro). Às vezes, Tatiana abusa verbalmente da mãe (p. ex., "Sua vagabunda idiota", "Sua prostituta miserável"). As agressões de Tatiana não se limitam à mãe dela. Ela é agressiva verbal e fisicamente com a meia-irmã (p. ex., quebrando os brinquedos dela, chamando-a de burra e retardada).

Dados de testes

Tatiana completou a SCARED e obteve pontuação total muito elevada (pontuação bruta = 41), indicando altos níveis de ansiedade autorrelatados. Mais especificamente, os subfatores de Ansiedade Generalizada e Ansiedade da Separação também estavam bem acima do limiar. Tatiana completou o CDI e obteve a pontuação bruta igual a 12, indicando a presença de sintomas depressivos autorrelatados. O fator de humor negativo de Tatiana estava elevado. Não havia quaisquer indícios de ideações suicidas. Um teste recente com a Escala Weschler de Inteligência para Crianças-IV (WISC-IV, do inglês, *Weschler Intelligence Scale for Children-IV*) revelou QI de 145.

A mãe de Tatiana completou a versão parental do relatório da SCARED e classificou a própria filha com pontuação bem abaixo do limiar clínico. Porém, no SNAP-IV, a mãe classificou Tatiana em um nível bem superior ao do limiar na Escala Opositivo-Desafiadora.

Variáveis de contexto cultural

A renda da mãe de Tatiana se enquadra no padrão classe média. A mãe e os avós maternos de Tatiana emigraram para os Estados Unidos da Croácia há 15 anos. A mãe dela tem fluência em várias línguas e hoje trabalha como assistente da promotoria. Os avós de Tatiana são empresários bem-sucedidos e dão apoio emocional e financeiro.

História e marcos do desenvolvimento

De acordo com o relatório da mãe, Tatiana atingiu todos os marcos de desenvolvimento dentro dos limites normais. A mãe de Tatiana descreveu-a como alguém "sempre tensa" e "demasiadamente impetuosa até consigo mesma". O histórico familiar era bastante notável. A mãe e o pai se divorciaram quando ela tinha 6 anos de idade. Hoje, seu pai mora em outro estado do país e sofre de transtorno bipolar agravado por abuso da cocaína. Antes da separação e do divórcio, a relação matrimonial foi marcada por intensos conflitos e violência doméstica. Tatiana testemunhou vários incidentes em que o pai espancava e intimidava fisicamente a mãe. Tatiana e sua mãe revelaram que Tatiana tentava se colocar entre a mãe e o pai para proteger a mãe (p. ex., "Eu tentava afastar aquele grande imbecil, mas não conseguia."). A mãe respondia ao comportamento de resgate da filha dizendo-lhe que não se intrometesse e para se esconder no quarto dela, embaixo da cama. Tatiana interpretava aquilo como uma atitude mandona e desdenhosa da mãe (p. ex., "Ela acha que é a única que sabe resolver as coisas. Ela é tão estúpida. Foi ela quem se casou com aquele imbecil. Ela tem sempre que estar no controle, mas eu consigo resolver as coisas. Não sou uma criancinha.").

Segundo a mãe de Tatiana, ela não é "uma boa irmã mais velha", e observou: "Acho que ela guarda ressentimento delas e compete com elas por atenção". Tatiana considera as irmãs "irritantes" e admitiu: "Mamãe as enxerga como uns anjinhos, mas não o são. Minhas irmãs me desrespeitam e sempre saem impunes". Tatiana coleciona bonecas, selos e moedas. Também acumula papel de embrulho, laços antigos e ainda guarda os materiais e trabalhos do jardim de infância. Além disso, Tatiana organiza seus livros e CDs em ordem alfabética. A irmã caçula muitas vezes "xereta" essas coisas, irritando Tatiana. Como seria de esperar, Tatiana fica chateada quando a irmã "bagunça" a arrumação dela.

Tatiana é uma aluna excelente. Tira notas máximas e frequenta cursos avançados. Toca vários instrumentos musicais. É muito popular entre os colegas. Também participa de competições de ginástica e do time de futebol, com o qual faz excursões.

Esta é a primeira experiência de psicoterapia de Tatiana. Ela consultou um pediatra devido à preocupação da mãe sobre o seu "comportamento explosivo". O pediatra adiou a recomendação para prescrever medicação, preferindo esperar até que fosse iniciado um teste de 6 meses de TCC.

Variáveis cognitivas

Tatiana verbalizou pensamentos automáticos como "Preciso estar no comando", "Minha melhor habilidade é ser capaz de controlar os outros", "O perfeccionismo absoluto é a minha forma de me manter no controle", "Preciso ser sempre a melhor", "Tenho que obter atenção positiva de todos", "Emoções são perigosas", "Ter sentimentos significa perder o controle", "As outras pessoas são imprevisíveis", "Os outros punem injustamente", "Tenho que atacar os outros antes que planejem me atacar", "Nunca devo ser uma vítima", "As vítimas são fracas e estúpidas", "O mundo é assustador", "Odeio o caos" e "O mundo deve funcionar de acordo com as minhas regras".

Antecedentes e consequências comportamentais

Os gatilhos comportamentais para Tatiana incluíram situações competitivas, críticas e coerção real ou percebida. Seu comportamento agressivo aliviava uma experiência aversiva de pressão interna. A evitação emocional de Tatiana era bastante satisfatória para ela, visto que a protegia de estados emocionais desconfortáveis. Quando sofria as consequências negativas por seu comportamento desobediente, agressivo ou supercontrolador, sua percepção de que os outros são punitivos era confirmada.

Formulação provisória

A vida emocional de Tatiana é caracterizada por ansiedade. Ela responde a sentimentos de ansiedade com reações "tudo ou nada", oscilando entre respostas de luta ou fuga. As emoções são muito assustadoras para ela, uma vez que sinalizam uma potencial perda de controle. Tatiana acalentava crenças centrais de que "Eu preciso permanecer no controle absoluto e perfeito de todos e tudo em um mundo hostil, caótico e vitimizador, onde as pessoas são mentirosas, agressivas e coercitivas".

Não surpreende o fato de Tatiana ser muito atenta, mantendo um olhar vigilante aos sinais de perigo. O comportamento agressivo de Tatiana, embora problemático, é provavelmente secundário à sua ansiedade. Ela utiliza a agressão de modo instrumental, como estratégia de contracontrole. Sente aversão a se colocar em posição de vítima real ou percebida e luta para não estar nessa situação. O modo como ela impõe regras e rotinas é uma maneira de trazer ordem ao que ela enxerga como um mundo imprevisível.

Plano de tratamento antecipado

1. A colaboração e a paciência terapêutica devem ser praticadas, a fim de evitar a ruptura do frágil senso de controle de Tatiana. Além disso, Tatiana é propensa a ver os outros como enganosos e coercitivos; por isso, o terapeuta deve garantir transparência nos processos terapêuticos.
2. Devido à forte evitação emocional de Tatiana, a educação afetiva deve ser gradativamente introduzida, para ajudá-la a identificar e tolerar pequenas explosões emocionais (consultar técnicas no Capítulo 6).
3. Intervenções comportamentais para aumentar a tolerância à frustração e técnicas de gestão da raiva devem ser aplicadas às respostas de "luta" da menina.
4. As intervenções cognitivas devem ter como alvo as exigências absolutistas de Tatiana por controle, bem como facilitar um genuíno senso de autocontrole (ver Capítulo 8).
5. A estrutura da sessão deve ser aplicada à risca para aumentar a crença de Tatiana em um mundo mais previsível.
6. A mãe e as irmãs de Tatiana devem ser sistematicamente introduzidas ao tratamento, permitindo que o terapeuta ensine à mãe técnicas mais produtivas para lidar com crianças e dando a Tatiana a oportunidade de praticar suas habilidades de enfrentamento quando potencialmente provocada pela irmã (ver Capítulo 15).
7. Após a aquisição e a aplicação das habilidades, as sequelas psicológicas (hipervigi-

lância, reação a estar no papel de vítima) associadas com o testemunho de violência doméstica devem ser abordadas.

8. Durante a fase posterior do tratamento, é provável que sessões conjuntas com a mãe sejam uma boa opção (ver Capítulo 15).

Obstáculos esperados

1. Uma considerável evitação comportamental e emocional deve ser esperada de Tatiana, devido ao seu exacerbado senso de controle.
2. A visão que Tatiana tem dos outros como sendo enganosos e coercitivos influenciará sua percepção do tratamento e do terapeuta. É necessário direcionar cuidados no sentido de manter a colaboração e a transparência. O terapeutas alerta deve processar intensamente a percepção de Tatiana sobre o trabalho terapêutico.
3. O trabalho com a família exigirá o equilíbrio entre o treinamento da mãe nas estratégias para lidar com crianças e a diminuição da hipersensibilidade de Tatiana por controle. Em suma, a chave será aumentar a autoeficácia das duas, de Tatiana e de sua mãe.

EXEMPLO DE CONCEITUALIZAÇÃO DE CASO: VICTOR

Problemas apresentados

Victor é um garoto de 13 anos, de origem latina, conhecido por sua ansiedade e desobediência em casa. Cursa o oitavo ano de uma escola particular paroquial, onde o corpo estudantil é quase exclusivamente composto por alunos de etnia europeu-americana. É bom aluno (média das notas = 89) e bom atleta (futebol, lacrosse), porém demonstra uma ansiedade considerável em relação à escola. Fica ansioso ao ter que criar relatórios orais e participar das aulas. Reclama de dores de estômago quase todas as manhãs antes das aulas e, com frequência, é vagaroso ao se aprontar na hora de sair para a escola. Victor reclama de mãos suadas e boca seca na escola. Raramente termina o almoço na escola, alegando que perde o apetite. Victor revelou vários pensamentos automáticos associados com sua ansiedade na escola.

Dados de testes

Victor completou o CDI e obteve pontuação total mínima. No entanto, na SCARED, obteve uma pontuação total muito elevada (pontuação bruta = 45). Seus fatores de transtorno de ansiedade generalizada (TAG), ansiedade social e ansiedade escolar mostraram-se clinicamente elevados.

Variáveis de contexto cultural

Victor e sua família são porto-riquenhos americanos de segunda geração. A igreja é uma parte fundamental de suas vidas. Victor atua no grupo de jovens da igreja e na comunidade porto-riquenha americana. Mora em um bairro de classe média, cuja população é primordialmente euro-americana, mas inclui uma proporção moderada de famílias asiático-americanas, afro-americanas e latino-americanas.

História e marcos do desenvolvimento

Victor foi fruto da terceira gravidez da sua mãe. As duas primeiras tentativas infelizmente terminaram em abortos espontâneos. No entanto, seus períodos pré-natal, pós-natal e neonatal foram tranquilos. Nada além de cólicas suaves no período neonatal.

O histórico da família de Victor tem um fato notável: a mãe foi diagnosticada com TAG. Ela se descreve como uma pessoa constantemente preocupada e uma mãe "superprotetora". Victor tem uma irmã mais nova (6 anos), com quem tem um bom relacionamento. O pai de Victor trabalha como gerente intermediário em uma grande corporação e se considera um "solucionador de problemas" tanto no trabalho como em casa. Ele esclareceu: "Eu gosto de fazer as coisas com eficácia e competência. Às vezes, isso é difícil em casa, pois Vic gosta de fazer as coisas do jeito dele. A mãe passa a mão na cabeça dele".

Na escola, Victor tem sido sempre um aluno exemplar, exibindo bom comportamento. Contudo, no início de cada ano escolar, ele tem dificuldade por ficar longe da mãe. É querido por seus professores e a maioria dos colegas, embora alguns colegas façam *bullying* racial contra ele na escola e no ônibus. Tanto Victor quanto a mãe dele afirmam que as provocações étnicas foram constantes ao longo dos últimos anos. A mãe dele avisou a escola e esta insiste ter feito vários esforços para lidar com o problema, mas conseguindo pouco sucesso. O pai de Victor orienta o filho a "ser homem" e "simplesmente aprender a lidar com a ignorância das pessoas". Às vezes, o pai incentiva Victor a reagir fisicamente ("Dê um pontapé nos traseiros deles. Assim, eles vão calar a boca."). Por sua vez, Victor não quer lutar ("Sou um pensador, não um lutador"; "Não quero machucar ninguém, nem ser machucado."). Victor admite sentir vergonha do pai por ter esses pensamentos.

A desobediência e o conflito na casa de Victor são direcionados principalmente ao pai dele. Ele revelou: "Para o meu pai, eu nunca consigo ser rápido o suficiente, nem bom o suficiente nas coisas que eu faço". Descreve o pai como "hipercrítico e cruel". A mãe concorda que o pai de Victor é muito exigente e, às vezes, ríspido verbalmente (p. ex., "Ele não percebe que Victor se magoa facilmente. Ele é como eu... Ele é sensível."). O pai de Victor admitiu que é um pouco crítico e costuma rebaixar muito o filho, mas acrescentou: "Victor tem que aprender que o mundo é frio para um filhinho da mamãe. Ele precisa formar uma pele mais grossa".

Victor participa do grupo de jovens de sua igreja, bem como de atividades esportivas e escolares (grêmio estudantil, grupo social). Ele tem um grupo de amigos que se reúne regularmente na casa de cada integrante.

Variáveis cognitivas

Victor tem pensamentos automáticos como: "Preciso manter meus olhos abertos ao perigo", "Sou indesejado", "Ninguém gosta de mim", "Os outros meninos me acham estranho", "Não pertenço a esse meio", "Sou tão diferente que deve haver algo errado comigo", "Minha casa é o meu lugar seguro", "Ninguém me protege", "Os professores não se importam" e "Se eu abrir a boca, vou entrar numa fria".

Antecedentes e consequências comportamentais

O início do dia escolar desencadeia em Victor uma série de pensamentos e sentimentos ansiosos. Além disso, o mero fato de conversar sobre a escola, as provocações e o ônibus já acionam as preocupações e a irritabilidade de Victor. Em casa, a ansiedade de Victor é encarada com postura calma e carinhosa pela mãe, e com olhares de reprovação pelo pai. Na escola, quando os valentões sentem sua ansiedade, intensificam seus ataques.

As ordens e críticas do pai desencadeiam sua irritabilidade e desobediência. Quando Victor não obedece ou "desafia" o pai, as críticas e exigências da parte deste se intensificam. Isso, claro, ativa um ciclo vicioso que se autoperpetua.

Formulação provisória

Victor é desafiado por uma ansiedade e uma insegurança significativos. Cultiva um conjunto pernicioso de convicções debilitantes, caracterizadas pela percepção "Sou um alvo por ser diferente, rejeitado, indesejado e por não conseguir corresponder a um mundo com *bullying*, intimidante e hostil. Os outros pensam que sou fraco e que não consigo me defender". Além disso, ele provavelmente não consegue distinguir entre diferenças e anormalidades. A escola representa uma ameaça, pois ele é o alvo de *bullying* e a resposta dele ao *bullying* provoca comentários de menosprezo do seu pai. A crítica paterna torna o pai dele um estímulo adverso, reforçando ainda mais a sua percepção de ser um pária e indesejado.

Plano de tratamento antecipado

1. A terapia cognitivo-comportamental familiar parece ser uma primeira e crucial opção de tratamento. Deve se concentrar em aumentar a compreensão do pai acerca da experiência de Victor, bem como em uma avaliação de seu papel na exacerbação dos sintomas do menino. Atenção deve ser direcionada para modificar a percepção de Victor de que ele é fraco, indesejado e deslocado (ver Capítulo 15).
2. Os cuidados precisam enfocar a minimização do comportamento superprotetor da mãe de Victor. O comportamento supercontrolador provavelmente mina o frágil senso de autoeficácia de Victor. Quando o comportamento do pai se tornar menos áspero e crítico, é provável que o comportamento da mãe se torne mais flexível (ver Capítulo 15).
3. Uma reunião escolar deve ser realizada para identificar os autores das provocações e impor a regra de tolerância zero com o *bullying* na escola.
4. O trabalho individual com Victor deve incluir habilidades sociais específicas para prepará-lo contra os efeitos deletérios do *bullying*, bem como intervenções de TCC tradicionais para gerenciar sua ansiedade e depressão (ver Capítulos 8, 11 e 12).

Obstáculos esperados

1. Victor apresenta dúvidas sobre sua capacidade de corresponder aos outros, além de crenças de ser fundamentalmente diferente deles. As tarefas terapêuticas precisam ser graduadas para assegurar o sucesso inicial de Victor, de modo que sua autoeficácia possa ser aumentada.
2. Os conjuntos de convicções individuais, tanto da mãe quanto do pai de Victor, terão de ser identificados e modificados no âmbito do contexto sistêmico da família.
3. O terapeuta precisará tomar cuidado para garantir que o treinamento de habilidades sociais seja emocionalmente significativo. Deve ser avaliada a possibilidade de utilizar TCC em grupo para construir as habilidades sociais.
4. O terapeuta precisará adotar claramente um papel de defesa nas reuniões escolares e oferecer apoio aos funcionários da escola para acabar com o *bullying*.

EXEMPLO DE CONCEITUALIZAÇÃO DE CASO: JACKSON

Problemas apresentados

Jackson é um garoto euro-americano de 14 anos que chegou à terapia com um diagnóstico de síndrome de Asperger e transtorno do déficit de atenção/hiperatividade (TDAH). Recebeu prescrição para tomar Concerta® e sertralina. Jackson frequentemente é escolhido como alvo de *bullying* na escola. Ele evidencia habilidades sociais precárias, rotinas e regras idiossincráticas, além de comportamento excêntrico. Sente-se solitário e deseja ter mais amigos. As habilidades motoras de Jackson são muito bem desenvolvidas, porém ele reluta em participar das equipes esportivas por temer avaliações negativas. Tem várias sensibilidades sensoriais e torna-se agitado quando elas são despertadas.

Dados de testes

Jackson completou o CDI e a SCARED, obtendo pontuações mínimas. Separadamente, seus pais completaram versões da SCARED. O relatório materno revelou pontuação de 28 com limiares clinicamente elevados na Escala de Ansiedade Social. O escore paterno foi 32 com elevações clínicas nos fatores de ansiedade social e transtorno de ansiedade generalizada. Os pais de Jackson também completaram a Escala Gilliam do Transtorno de Asperger (Campbell, 2005; Gilliam, 2001). O escore de Jackson revelou uma elevação geral no Quociente do Transtorno de

Asperger, bem como elevações específicas nas subescalas de interação social e padrões cognitivos.

Variáveis de contexto cultural

A família de Jackson é euro-americana e de classe média. Seus familiares não são muito religiosos, afirmando: "Somos católicos 2 dias por ano. Vamos à igreja no Natal e na Páscoa". O pai de Jackson é bacharel em Ciências e está fazendo mestrado para se tornar administrador escolar. A mãe dele formou-se em uma faculdade comunitária local e lamenta não ter continuado a estudar. Ambos valorizam a educação.

História e marcos do desenvolvimento

As etapas de desenvolvimento de Jackson aconteceram nos limites normais. O seu desenvolvimento linguístico é normal, exceto pelo uso de algumas palavras excêntricas e peculiares.

Jackson mora com a mãe, o pai e a irmã mais nova. O pai é professor de Física no ensino médio, e a mãe é secretária em um escritório de advocacia. Seu pai bebe rotineiramente, enfrenta crises de depressão e é visto pela mãe como "uma pessoa introvertida que odeia socializar". A mãe é vista por Jackson como uma pessoa muito carinhosa e prestativa; por outro lado, considera o pai meio distante: "Parece que ele vive em seu próprio mundo". O relacionamento de Jackson com a irmã mais nova é descrito como "bom", mas a postura displicente da irmã "o incomoda". Ele considera "irritantes" as cantigas e as vozes diferentes que a irmã faz quando brinca com as bonecas.

O pai de Jackson avalia que o comportamento do filho se deve à "arrogância" dele. A mãe é um pouco mais tolerante, e Jackson tende a lhe confidenciar seus problemas escolares e com os colegas.

Jackson está no oitavo ano de uma grande escola suburbana. Ele é um aluno de notas excelentes, mas seu comportamento muitas vezes é disruptivo, e suas fracas habilidades sociais tornam o ambiente escolar bastante gerador de ansiedade para ele. Jackson é repreendido com frequência por seu comportamento na escola e ridicularizado pelos colegas (que o chamam de "*Ass-troll*"*). Ele anseia desesperadamente por se enturmar com os colegas, e essa sensação de desespero suscita comportamento excêntrico de exibicionismo. Por exemplo, ele subiu a escadaria na troca de períodos equilibrando-se apenas no corrimão (uma façanha e tanto!). Além disso, Jackson também é rápido em apontar quaisquer deslizes dos professores. Ele explicou isso dizendo: "Todo mundo fala que eu sou uma enciclopédia ambulante. Mas não acho que isso seja um problema, porque sempre tenho razão. Quero ter certeza de que o professor está fazendo um bom trabalho." Por fim, Jackson atua como "monitor autonomeado da turma", apontando o mau comportamento dos colegas e falhas em completar tarefas.

Em geral, Jackson se envolve em atividades solitárias, como andar de bicicleta pela vizinhança, chutar uma bola de futebol em seu quintal, treinar rebatidas de beisebol com a máquina de jogar bolas, assistir à televisão e jogar videogames. É um leitor ávido, em especial nas áreas de seu interesse (p. ex., astronomia, história do time de basquete Los Angeles Lakers). Ele evita atividades em grupo e reluta em se enturmar com as crianças do bairro.

Variáveis cognitivas

Ele tem várias convicções, como "Regras foram feitas para serem seguidas", "Meu jeito está sempre certo", "As pessoas sempre devem fazer o seu melhor", "Sentimentos são estranhos", "Não posso me permitir sentir mal", "A sensação de constrangimento é insuportável", "Estou no comando", "Mudar é ruim", "As outras crianças nunca vão gostar de mim" e "Não consigo me enquadrar".

---

*N. de T. Trocadilho de *asshole* (babaca), com *troll* (ogro).

Antecedentes e consequências comportamentais

Jackson sente a ânsia de corrigir os outros, quando acredita que estejam fornecendo informações errôneas. A ânsia é um estado aversivo que é minimizado pela correção. Assim, o seu "comportamento corretivo" é negativamente reforçado. As interações sociais são inquietantes e geram ansiedade. A evitação alivia esse estado emocional desagradável e, assim, também é condicionada por reforço negativo. Seu refúgio em interesses solitários, egocêntricos e estreitos é prazeroso e dá a Jackson uma sensação de controle.

Formulação provisória

Jackson é um menino que sofre com uma ansiedade significativa, bem como com dificuldades nas interações sociais. Seus relacionamentos com os colegas são prejudicados por seu egocentrismo e adesão rígida aos imperativos pessoais. Ele é controlado por um conjunto central de princípios refletidos pela sensação de "precisar estar certo e no controle para ter alguma chance de aprovação e sucesso em um mundo desconhecido, estrangeiro e confuso, onde as pessoas nunca o aceitarão nem aprovarão".

Plano de tratamento antecipado

1. Para abordar as dificuldades interpessoais de Jackson, o treinamento das habilidades sociais deve ser iniciado (ver Capítulos 8 e 14).
2. A reestruturação cognitiva deve ser dirigida ao exacerbado senso de controle e ao perfeccionismo de Jackson (ver Capítulos 8, 12 e 14).
3. Jackson deve adquirir várias habilidades de tolerância à frustração e à angústia (ver Capítulos 8, 11, 12, 13 e 14).

Obstáculos esperados

1. É provável que o automonitoramento seja difícil para Jackson. Ele precisará de múltiplas dicas e da ajuda de seus pais para completar as tarefas de casa.
2. Jackson é um pensador muito concreto; por isso, tarefas abstratas terão de ser simplificadas.
3. Devido à concretude de Jackson, todas as intervenções devem ter uma ênfase vivencial, no aqui e agora, com foco no desenvolvimento de estratégias de ações produtivas.

CONCLUSÃO

A conceitualização de caso une os processos e os procedimentos delineados nos próximos capítulos. Cada caso é único; a aplicação clínica das técnicas gerais descritas deve avaliar essa singularidade. Enfatizando a conceitualização de caso, evita-se uma mentalidade clínica de "uma medida para todos". Quando você estiver em um impasse com seus casos, retorne a este capítulo e permita-se reconceitualizar, replanejar e, em última análise, renovar seu trabalho terapêutico.

3

Empirismo colaborativo e descoberta guiada

Cada técnica cognitivo-comportamental é adaptada às crianças individualmente, por meio do empirismo e da descoberta guiada. Esses conceitos nos permitem ajustar o tratamento às necessidades dinâmicas de crianças diferentes. Neste capítulo, definimos empirismo colaborativo e descoberta guiada. Além disso, discutimos como várias questões (p. ex., idade, motivação, etnia, fase da terapia) influenciam o empirismo colaborativo e a descoberta guiada.

DEFININDO COLABORAÇÃO

Muitas vezes, os críticos argumentam que os terapeutas cognitivos negligenciam o relacionamento terapêutico (Gluhoski, 1995; Wright & Davis, 1994). Entretanto, esse argumento é infundado e pinta uma caricatura, em vez de um panorama verdadeiro da terapia cognitiva. Na verdade, o manual original da terapia cognitiva (A. T. Beck et al., 1979) estabelece explicitamente que os terapeutas devem ser capazes de se comunicar de maneira empática, preocupada, cordial e genuína. Além disso, "desconsiderar o relacionamento terapêutico" (p. 27) é censurado como uma armadilha terapêutica comum. Mais recentemente, Leahy (2008) enfatizou o papel dos relacionamentos no tratamento na TCC. O empirismo colaborativo e a descoberta guiada ultrapassam o mero estabelecimento do *rapport* para firmar concretamente relacionamentos produtivos de terapia que incentivem o momento terapêutico.

A. T. Beck e colaboradores (1979) afirmam apropriadamente que "[...] o terapeuta, ao aplicar a terapia cognitiva, está continuamente ativo e deliberadamente interagindo com o paciente" (p. 6). A terapia cognitiva abrange a noção de que o relacionamento de terapia reflete um equilíbrio colaborativo entre terapeuta e clientes. Creed e Kendall (2005) enfatizaram que as percepções das crianças acerca de colaboração intensificaram a aliança de trabalho. Terapeutas e crianças são verdadeiros parceiros na jornada terapêutica. Certamente, colaboração não significa igualdade. Com frequência, falamos às crianças sobre sermos companheiros em seus tratamentos e discutimos o relacionamento terapêutico em termos de "trabalho de equipe". Algumas crianças e alguns adolescentes ficam inicialmente surpresos com essa abordagem: "Imagine – uma figura de autoridade adulta está me dando a chance de moldar meu tratamento!". Descobrimos que as crianças e os adolescentes apreciam essa postura. Além disso, muitos se dão conta de que, embora a abordagem colaborativa lhes ofereça oportunidades de participação, também incentiva a responsabilidade. A transcrição a seguir ilustra um processo colaborativo.

TERAPEUTA: Você me ajudaria se escrevesse uma lista de coisas que gostaria de trabalhar em nossas conversas. O que você acha?

JAKE: Por que precisamos de uma lista?

TERAPEUTA: Uma lista pode nos ajudar a rastrear nosso rumo, para que a gente não se esqueça de algo que, mais tarde, pode ser importante.

JAKE: Tenho minhas dúvidas sobre essa lista.

TERAPEUTA: Então vamos conversar sobre o assunto. Em que sentido fazer essa lista incomoda você?

Esse exemplo ilustra a importância de colaborar inclusive nas tarefas terapêuticas mais ostensivamente benignas. Obviamente, Jake tinha algumas objeções para fazer a lista. Se não consultasse Jake, o terapeuta poderia ter imposto a técnica como um rolo compressor, esmagando Jake no processo e desencadeando sua evitação. Ao abordar, antecipada e explicitamente, as objeções de Jake, o terapeuta demonstra respeito por ele, considera sua hesitação e envolve-o diretamente no processo terapêutico.

DEFININDO EMPIRISMO

O "empirismo" no termo empirismo colaborativo refere-se à abordagem baseada em dados da terapia cognitiva. Os dados vêm diretamente do cliente e refletem fundamentos fenomenológicos da terapia cognitiva (Alford & Beck, 1997; Pretzer & Beck, 1996). "A experiência do cliente determina como os princípios gerais serão aplicados para ajudar a resolver os problemas atuais" (Padesky & Greenberger, 1995, p. 6). As crenças das crianças são vistas como hipóteses a serem testadas. Os pensamentos a princípio não são considerados distorcidos ou imprecisos (Alford & Beck, 1997; A. T. Beck & Dozois, 2011). Em vez disso, a precisão e o valor funcional dos pensamentos são avaliados por meio de um processo empírico, no qual crianças e terapeutas atuam como detetives, examinando várias pistas (Kendall et al., 1992).

Dattilio e Padesky (1990) escrevem acertadamente que "é dada ênfase ao aspecto colaborativo da abordagem, na pressuposição de que as pessoas aprendem a mudar seus pensamentos mais prontamente se a razão para a mudança vier de seus próprios insights, e não do terapeuta" (p. 5).

DEFININDO DESCOBERTA GUIADA

A descoberta guiada ajuda as crianças e os adolescentes a construírem uma base de dados para análise racional. Uma receita adequada de descoberta guiada tem muitos ingredientes diferentes. Empatia, questionamento socrático, experimentos comportamentais e tarefa de casa podem compor o processo de descoberta guiada. Como em uma receita, os ingredientes particulares irão variar de uma criança para outra, dependendo do que a terapia planeja "cozinhar".

O processo de descoberta guiada é planejado para questionar a exatidão das crenças do cliente (A. T. Beck et al., 1979; Padesky, 1988). Em vez de coagir a criança a pensar o que o ele está pensando, o terapeuta emprega a descoberta guiada para encorajá-la a criar explicações mais adaptativas e funcionais para si mesma. A simplicidade e a franqueza desse princípio são enganadoras. De fato, ao refletirmos sobre as nossas próprias experiências de treinamento, ambos recordamos que promover a descoberta guiada foi uma das lições mais difíceis de aprender. A ânsia do terapeuta de fornecer uma resposta ou uma nova interpretação para a criança ou o adolescente é compreensível. Muitas vezes, queremos dizer: "Deixe-me dizer o que pensar". A descoberta guiada requer mais paciência e questionamento habilidoso da parte do terapeuta, permitindo que crianças e adolescentes construam novas avaliações para si mesmos. Em nossa experiência, permanecer fiel à descoberta guiada permite-nos entrar sensivelmente em harmonia com o mundo interior das crianças e dos adolescentes.

UMA POSTURA DE CURIOSIDADE

A descoberta guiada e o empirismo colaborativo estimulam uma atmosfera de curiosidade compartilhada entre o terapeuta e a criança (Padesky & Greenberger, 1995). O terapeuta é interessado, curioso e ávido para aprender mais sobre os paradigmas pessoais da criança (A. T. Beck et al., 1979). Mantendo-se em uma postura de curiosidade, os terapeutas modelam e promovem o pensamento flexível, que os leva a examinar o problema de muitos ângulos. A fim de ver cada ângulo da experiência de uma criança, é comum "virarmos o problema do avesso" para alcançar uma perspectiva diferente. Para nós, terapeutas, esse é um dos aspectos mais empolgantes da terapia cognitiva. Com toda a franqueza, isso mantém o trabalho renovado. Por exemplo, uma criança estava relutante em mostrar a seus pais alguns dos trabalhos feitos na terapia. No começo, achamos que estivesse envergonhada do que pensava ou sentia, ou que estivesse preocupada com a reação dos pais. Quando lhe perguntamos sobre compartilhar sua lição de casa, a resposta dela nos surpreendeu: "É meu momento especial. É algo que quero manter apenas para mim".

Observe o seguinte exemplo. Uma aluna laureada, afro-americana, de 14 anos, foi transferida de uma escola com alunos predominantemente afro-americanos para outra, cujo corpo discente era de alunos predominantemente brancos. Antes da mudança, ela não tinha sintomas e mostrava um desempenho extremamente alto (p. ex., representante de turma, atleta destacada). Após alguns meses na nova escola, desenvolveu vários sintomas de ansiedade e depressão. Embora existissem algumas cognições esperadas associadas a seus sintomas (p. ex., "Eu não estou tirando notas boas. Estou decepcionando minha família. Nada vai funcionar."), esses pensamentos não estavam ligados diretamente ao problema mais urgente. Esta jovem percebeu a rejeição dos alunos brancos devido à sua etnia, bem como a rejeição de alguns outros afro-americanos devido à sua capacidade acadêmica. Por meio do empirismo colaborativo e da descoberta guiada, a jovem, enfim, admitiu seus verdadeiros pensamentos: "Estou sozinha. Não me ajusto em lugar algum. As crianças afro-descendentes acham que estou agindo como branca, e as brancas não querem nada comigo. Acho que elas têm medo de mim.". Por meio do empirismo colaborativo e da descoberta guiada, as experiências subjetivas centrais que impactam a humanidade da menina são identificadas e elaboradas. O Quadro-síntese 3.1 resume os pontos-chave.

O *CONTINUUM* DE COLABORAÇÃO E DESCOBERTA GUIADA

O empirismo colaborativo e a descoberta guiada não são construtos do tipo "tudo ou nada". No decorrer do tratamento, os clínicos ajustam o nível de colaboração e de descoberta guiada. A Figura 3.1 representa o *continuum* de descoberta guiada e de colaboração.

QUADRO-SÍNTESE 3.1 EMPIRISMO COLABORATIVO E DESCOBERTA GUIADA

- A colaboração envolve um trabalho de parceria e em equipe.
- O empirismo refere-se ao foco no teste de hipóteses baseado em dados na TCC.
- O empirismo promove a transparência, tornando o tratamento menos misterioso; também facilita o consentimento informado e a participação no tratamento.
- A descoberta guiada enfatiza suscitar dúvidas sobre as crenças, em vez de refutá-las ou combatê-las.

	Início do tratamento	Mais tarde no tratamento
Baixa colaboração		Alta colaboração
Baixa descoberta guiada		Alta descoberta guiada
	Alta acuidade	Baixa acuidade
	Crianças mais novas	Crianças mais velhas
	Baixa motivação	Alta motivação
	Crianças passivas e dependentes	Crianças autônomas e ativas
	Menos reativas ao controle	Altamente reativas ao controle
	Maior adesão do cliente a prescrições culturais de obediência à autoridade	Menor adesão do cliente a prescrições culturais de obediência à autoridade
	Questionamento considerado inaceitável pela cultura do cliente	Questionamento considerado aceitável pela cultura do cliente
	Baixa tolerância à ambiguidade	Alta tolerância à ambiguidade
	Baixa tolerância à frustração	Alta tolerância à frustração
	Alta impulsividade	Baixa impulsividade

FIGURA 3.1 *CONTINUUM* DE EMPIRISMO COLABORATIVO E DESCOBERTA GUIADA.

Em alguns casos, os terapeutas são altamente colaborativos (p. ex., com crianças ou adolescentes de acuidade mais baixa, altamente motivados e autônomos), ao passo que em outras circunstâncias podem empregar um nível mais baixo de colaboração (p. ex., com crianças ou adolescentes de acuidade mais alta, motivação mais baixa e mais passivas). Quando ficam frustrados, os terapeutas muitas vezes adotam um papel autoritário, em vez de manter uma atitude impositiva colaborativa. Nesses casos, o relacionamento terapêutico torna-se mais antagonizado, e disputas e discussões afastam o terapeuta de uma posição de defesa do cliente. Naturalmente, concordar sem pensar com os clientes ou recusar-se a desafiá-los não leva a terapia adiante. As duas posturas empurram os terapeutas a opções clínicas cada vez mais limitadas. Considere os seguintes itens para determinar o nível de colaboração e descoberta guiada.

Fase da terapia

A fase da terapia é uma consideração importante para determinar o nível de colaboração e de descoberta guiada. Em geral, no início do tratamento, assumimos um papel mais ativo no processo terapêutico. A maioria das crianças e dos adolescentes ainda não conhece as regras, os papéis, as responsabilidades e as expectativas da terapia. As famílias nos encaram como autoridades e, assim, naturalmente, comportam-se como destinatários mais passivos em relação ao tratamento. Desse modo, a socialização ao tratamento, descrita no Capítulo, 5 exige que os terapeutas assumam posições relativamente mais diretivas. Mais adiante na terapia, quando as crianças ou os adolescentes e suas famílias já conhecem mais sobre a estrutura da terapia cognitiva, o terapeuta deveria promover maior colaboração. Nesses casos, as crianças ou os adolescentes e suas famílias estão dirigindo seu próprio tratamento.

A natureza da descoberta guiada difere em cada criança. Com algumas crianças (p. ex., mais velhas, psicologicamente dispostas, com habilidades em autoinstrução), a descoberta guiada é pontuada por exploração e análise racional autoiniciadas. Consideremos o caso de Amy, uma menina deprimida de 14 anos, que se adaptou à análise racional com bastante naturalidade. Ela percebeu logo as associações entre pensamentos e sentimentos, compreendeu facilmente seus pensamentos automáticos e foi capaz de construir pensamentos alternativos com rapidez. No entanto, outros clientes (p. ex., crianças menores, clientes impulsivos, crianças com baixa tolerância à ambiguidade) necessitam de métodos mais autoinstrutivos e de autocontrole. Elise era uma criança forte e emotiva, de 8 anos de idade, que achava estranho a ideia de parar por um tempo e pensar. Sua crença, como o lema da Nike, era "Apenas faça". Precisava muito de uma estrutura para seguir. Além disso, Elise tinha problemas para coordenar seus pensamentos e sentimentos. Portanto, no caso dela, começamos com instrumentos mais autoinstrutivos.

Problemas apresentados

A natureza dos problemas apresentados também controla o nível de colaboração e de descoberta guiada. Em situações de crise altamente agudas, como possível tentativa de suicídio, intenção de ferir outra pessoa e abuso contínuo da criança, os terapeutas têm que literalmente tomar conta da situação. O ideal seria que crianças ou adolescentes suicidas trabalhassem com o terapeuta para reduzir o sofrimento deles. Entretanto, com crianças ou adolescentes que se sentem muito desamparados e com tendências suicidas, romper o sigilo de modo unilateral ou hospitalizá-los involuntariamente é, às vezes, a melhor opção (p. ex., "Estou preocupado com sua segurança. Já que você não pode garantir que vai ficar em segurança e tomar conta de si mesma, terei que ajudá-la a se manter controlada e fora de perigo."). Situações de crise altamente agudas, em geral, não se prestam a altos níveis de colaboração.

Capacidade de desenvolvimento

A capacidade de desenvolvimento também influencia o grau de colaboração e de descoberta guiada. Crianças menores têm intervalos de atenção mais curtos, menos tolerância à ambiguidade e são mais concretas em seus processos de raciocínio. Além disso, em geral, são mais impulsivas e menos autorreflexivas do que os adolescentes. Por isso, com crianças mais velhas, confiamos mais na extremidade colaborativa do *continuum*.

Em nossa experiência, é difícil apontar o nível de colaboração e de descoberta guiada. São comuns os erros tanto de superestimar quanto de subestimar as capacidades das crianças. O seguinte diálogo reflete a ênfase excessiva na descoberta guiada com Sônia, uma criança de 9 anos.

SÔNIA: Eu fico chateada quando meu pai faz caras e bocas quando eu conto a ele sobre a escola.

TERAPEUTA: O que essas caretas significam para você?

SÔNIA: Não sei.

TERAPEUTA: O que passa em sua cabeça em relação a essas caretas?

SÔNIA: Que ele não gosta de mim.

TERAPEUTA: Por que você tem tanta certeza?

SÔNIA: A cara dele.

TERAPEUTA: O que tem a cara dele?

SÔNIA: É uma cara de brabo.

TERAPEUTA: O significa essa cara de brabo?

SÔNIA: Não sei.

Nesse exemplo, o terapeuta está inconscientemente sobrecarregando a capacidade de desenvolvimento da criança. As perguntas dele são muito abstratas e drenam os recursos de Sônia. Perguntas mais específicas e concretas teriam sido mais úteis. Analise como essa mudança ajuda a envolver a Sonia na conversa, à medida que o terapeuta reconhece que as perguntas são muito abstratas:

SÔNIA: Eu fico chateada quando meu pai faz caras e bocas quando eu conto a ele sobre a escola.

TERAPEUTA: O que essas caretas significam para você?

SÔNIA: Não sei.

TERAPEUTA: O que passa em sua cabeça em relação a essas caretas?

SÔNIA: Que ele não gosta de mim.

TERAPEUTA: Por que você tem tanta certeza?

SÔNIA: A cara dele.

TERAPEUTA: Então, você não gosta das caretas que o seu pai faz quando você conta a ele sobre a escola, e pensa consigo mesma "Ele não gosta de mim". Como você se sente ao pensar isso?

SÔNIA: Triste e chateada.

TERAPEUTA: Se fôssemos detetives tentando descobrir se um pai gosta de sua filha, que pistas íamos procurar? Que pistas mostrariam que um pai gosta de verdade da filha dele?

SÔNIA: Ele ia sorrir para ela de vez em quando, abraçá-la, ajudar com o dever de casa. Coisas assim.

Deslocando o questionamento para detalhes mais específicos, Sônia conseguiu dar respostas mais concretas, e o terapeuta e Sônia agora podem trabalhar colaborativamente, usando essas especificidades para testar o pensamento dela "Ele não gosta de mim".

Idade

A idade também influencia o nível de colaboração e de descoberta guiada que pode ser esperado. Em geral, a maioria dos adolescentes obviamente terá maior capacidade de colaboração e de análise racional do que alunos do primeiro ano. Quando crianças menores se tornam mais familiarizadas com os processos e com a direção do tratamento, o terapeuta pode aumentar o nível de colaboração.

Motivação

A motivação da criança, da mesma forma, molda o empirismo colaborativo e a descoberta guiada. Em geral, crianças muito esquivas e desmotivadas reagirão intensamente quando acharem que estão sendo controladas. Abordagens prescritivas e excessivamente diretivas com crianças resistentes podem encontrar obstáculos compreensíveis. Quando se aborda uma criança resistente com muito vigor, é provável que ela se retraia. Contudo, quando se encontra uma forma de convidá-la a uma aventura colaborativa, ela se envolve mais. A seguinte transcrição ilustra uma postura potencialmente útil com uma menina ostensivamente desmotivada, chamada Cláudia.

CLÁUDIA: Só estou avisando que não vou falar.

TERAPEUTA: Entendo. Diga-me por que você não quer falar.

CLÁUDIA: (*Em silêncio e com olhar mal-humorado.*)

TERAPEUTA: Bem, esses podem ser 50 minutos muito longos.

CLÁUDIA: (*Sorriso irônico.*)

TERAPEUTA: Você realmente parece mais interessada em brigar comigo do que em trabalhar comigo. Estou tentando imaginar um jeito de trabalharmos juntos. Que tal?

CLÁUDIA: (*Olhar fixo.*)

TERAPEUTA: (*Faz uma pausa por alguns momentos.*) Bem, estou meio confuso sobre o que fazer. Devemos parar agora?

CLÁUDIA: (*Encolhe os ombros com um sorrisinho nos lábios.*)

TERAPEUTA: (*Sorri.*) Vou encarar isso como "Não tenho certeza" ou "Não me importo".

CLÁUDIA: (*Sorri e dá de ombros novamente.*)

TERAPEUTA: (*Faz uma pausa*). Acredito que precisamos desenvolver isso um pouco mais.

CLÁUDIA: (*Suspira e revira os olhos.*)

TERAPEUTA: Vou considerar que isso significa que você está chateada. Não é fácil, sabe. Você está me fazendo trabalhar para valer. Como estou indo até aqui?

CLÁUDIA: (*Encolhe os ombros.*)

TERAPEUTA: Precisamos de outra pista. Estaria disposta a simplesmente me dizer "Sim" ou "Não"?

CLÁUDIA: (*Encolhe os ombros.*)

TERAPEUTA: Certo, você não tem certeza. E se você me desse algum sinal? Por exemplo, se você pensasse "Sim", poderia balançar a cabeça assim, e se pensasse "Não", poderia virar a cabeça para os lados. Está disposta a fazer isso?

CLÁUDIA: (*Encolhe os ombros e olha fixamente.*)

TERAPEUTA: Não tem certeza, eu suponho. Que tal acrescentarmos mais uma sessão por semana?

CLÁUDIA: (*Vira a cabeça vigorosamente de um lado para outro.*)

TERAPEUTA: Uau, isso foi bem claro. Que sinal deveríamos usar se você quiser que eu pare de falar?

CLÁUDIA: (*Sorri e mostra o dedo médio.*)

TERAPEUTA: Vou me lembrar deste. Certo. Então temos um sinal de "Não me importo", um de "Não", um de "Sim", e um de "Estou lhe incomodando". Do que mais nós precisamos?

Com o tempo, a menina começou a usar os sinais não verbais de maneira frequente e, mais tarde, de fato passou a verbalizar seus pensamentos e sentimentos. Essa interação ilustra a forma trabalhosa, embora produtiva, como a colaboração favorece uma maior motivação. Evidentemente, nesse estágio, o terapeuta assumiu mais responsabilidade pelo comando da sessão. Solicitando a colaboração da criança, afastou-se de uma abordagem direta, à medida que o envolvimento da criança na terapia aumentava. O terapeuta não censurou ou culpou Cláudia por sua evitação. Ao contrário, ele manteve uma atitude curiosa e desenvolveu uma estratégia de resolução de problema que respeitou a evitação da criança, embora direcionando-a gentilmente a uma maior expressividade.

Estilo interpessoal

Os estilos interpessoais de cada criança exercem impacto sobre o empirismo colaborativo e sobre a descoberta guiada. Algumas crianças se comportam de forma mais passiva do que outras e caracteristicamente dependem dos outros para orientação e apoio. Oscar, de 15 anos, tímido e calado, tinha medo de parecer muito exigente ou controlador. Ele olhava para o terapeuta em busca de orientação e constantemente procurava sinais de como estava indo. Outras crianças são mais auto-orientadas e podem agir de forma mais autônoma. Ricky, de 12 anos, vivia para "comandar" e investia muita energia para marcar seu território. O terapeuta responsivo a essas tendências individualiza o tratamento e, necessariamente, modifica o empirismo colaborativo e a descoberta guiada. Por exemplo, a cooperação de uma criança ou um adolescente mais passivo será difícil no começo. Será necessário, portanto, estabelecer a colaboração como um objetivo e introduzir passos graduais para a criança. Deve-se lidar com a timidez, a reticência e o retraimento dessa criança, e, de acordo com isso, ir moldando gentilmente a atitude colaborativa. A transcrição a seguir ilustra como seria possível trabalhar com uma criança que não está acostumada a colaborar.

TERAPEUTA: O que você gostaria de falar e jogar hoje?

MIA: Não sei. Você decide.

TERAPEUTA: Decidir o que jogar pode parecer um pouco arriscado. Por que você prefere que eu assuma o comando?

MIA: Você sabe o que fazer.

TERAPEUTA: Entendo. Você acha que consegue identificar as coisas importantes que estão acontecendo dentro de você?

MIA: Sim.

TERAPEUTA: Que tal se trabalhássemos juntos, como uma equipe, para imaginar coisas para ajudá-la?

MIA: Seria bom, eu acho.

TERAPEUTA: Uma coisa que poderíamos combinar nessa parceria é você me avisar quando eu estiver saindo do rumo...

MIA: E se eu saísse do rumo você poderia me dizer.

TERAPEUTA: Exatamente.

Esta transcrição realça diversos pontos fundamentais. Primeiro, o terapeuta usa uma abordagem tranquila para incitar a criança, inicialmente relutante, rumo a uma maior colaboração. Segundo, pelo questionamento sistemático do terapeuta, a criança alcança uma nova perspectiva sobre o processo terapêutico. Mia mudou de uma posição que enfatiza total confiança na orientação do terapeuta para uma posição em que os dois parceiros formaram uma equipe. Terceiro, o terapeuta trabalhou diligentemente para dar poderes à criança durante todo o processo.

Outras crianças podem ser especialmente sensíveis a questões de controle. Essas crianças rejeitam a ideia de receber orientação, seja de quem for. Com frequência, os adolescentes reagirão com vigor a ameaças, percebidas ou reais, à sua autonomia. Não é à toa que a colaboração é fundamental para reduzir o antagonismo e a resistência. Muitas vezes, o processo de colaboração e de descoberta guiada envolve "acompanhar" a evitação de crianças e adolescentes, em vez de combatê-la. A interação a seguir ilustra o processo com Edgar, de 15 anos de idade.

EDGAR: Isso é chato. Odeio fazer esses joguinhos e exercícios idiotas.

TERAPEUTA: O que tem de chato nessas coisas?

EDGAR: Tudo. Eu odeio vir aqui. Você faz muitas perguntas estúpidas.

TERAPEUTA: Percebo que você está irritado comigo e com muitas das coisas que fazemos aqui.

EDGAR: Não estou irritado, apenas entediado.

TERAPEUTA: Entendo. Para mim, você parece bem irritado. O que, nesses exercícios, o faz sentir-se tão mal?

EDGAR: Esses exercícios me dão vontade de vomitar.

TERAPEUTA: É difícil para você falar sobre o que sente?

EDGAR: É muito difícil. Eu não gosto dessa coisa toda. Falar sobre meus sentimentos me deixa mal.

TERAPEUTA: Agora acho que estou entendendo. Esses exercícios fazem você se sentir mal porque o fazem pensar em seus problemas.

Inicialmente, Edgar era inexpressivo e desligado. Ele atacou e culpou a terapia. O terapeuta solidarizou-se com seu desconforto e alinhou-se com sua evitação. À medida que o terapeuta se uniu colaborativamente a Edgar em sua luta para expressar e tolerar os sentimentos negativos associados ao dever de casa, a resistência dele diminuiu. Com o processo de descoberta guiada, o jovem aprendeu a verbalizar seus pensamentos e sentimentos.

Fatores culturais

Os fatores culturais estabelecem parâmetros amplos para o empirismo colaborativo e a descoberta guiada. Hays (1995, 2001) destacou de maneira específica a importância da colaboração ao conduzir TCC culturalmente sensível. Reconhecer a limitação de seus próprios conhecimentos sobre uma etnia ou cultura é uma parte crucial dessa postura colaborativa. Harper e Iwamasa (2000) adequadamente salientam que os jovens apreciam "educar" autoridades adultas sobre o seu modo de vida e contexto cultural. Na verdade, isso pode ser bastante empoderador. Harper e Iwamasa (2000) nos lembram de que "adolescentes de minoria étnica podem ser relutantes a se revelar para adultos, especialmente adultos brancos, levando em conta que muitas vezes não se sentem ouvidos nem valorizados pelos adultos" (p. 51).

Rotheram e Phinney (1986), conforme citado por Canino e Spurlock (2000), delinearam interdependência *versus* dependência, realização ativa *versus* aceitação passiva, autoritarismo *versus* igualitarismo e comunicação expressiva/pessoal *versus* comunicação reprimida/formal/impessoal como dimensões notáveis relevantes à psicoterapia infantil. A forma como as crianças e suas famílias entram no processo colaborativo é mediada por seu contexto cultural. Por exemplo, algumas famílias podem considerar os terapeutas como autoridades máximas, e a sua formação cultural pode exigir respeito. Essas famílias estão simplesmente interagindo de um modo determinado pela cultura. Nesses casos, os terapeutas devem ajustar suas expectativas por colaboração, a fim de que elas sejam culturalmente responsivas.

As famílias também têm estilos de comunicação prescritos pela cultura. Algumas podem ser mais reprimidas e formais, por exemplo, e preferem chamar o terapeuta de "Sr.", "Sra." ou "Dr." e, por sua vez, esperam a retribuição da cortesia. Se o terapeuta involuntariamente chamar o pai pelo seu primeiro nome, poderá colocar em risco o relacionamento colaborativo. A melhor abordagem é perguntar respeitosamente ao cliente como gostaria de ser tratado. Além disso, o terapeuta pode indagar aos pais: "Como vocês preferem me chamar?".

Clientes de culturas minoritárias podem ver a linguagem diferentemente de indivíduos da cultura dominante (Johnson, 1993). Algumas perguntas que pareceriam normais a alguém da cultura dominante podem ser consideradas rudes a pessoas de culturas nativo-americanas e asiático-americanas (Johnson, 1993; Sommers-Flannaghan & Sommers-Flannaghan, 1995). Portanto, o componente de questionamento socrático talvez precise ser adaptado para adequar-se às necessidades desses clientes. As perguntas talvez tenham de ser colocadas de forma menos invasiva, mais indireta, em algumas circunstâncias. Além disso, em certas culturas, o silêncio e a falta de contato visual podem ser vistos como sinal de respeito, não como sinal de evitação ou resistência.

Considere este exemplo: Santosh é um menino de 13 anos, de origem asiática (indiana), diagnosticado com autismo de alta funcionalidade. A família dele é altamente regida por regulamentos e reforça uma postura de respeito em relação à autoridade. Entraram na terapia sentindo-se mais à vontade com uma abordagem prescritiva, usada por profissionais de saúde, em vez de uma abordagem colaborativa. Não surpreende, então, o fato de terem concordado com quase tudo o que aconteceu na terapia. Quando um *feedback* foi solicitado, Santosh e sua família ficaram bastante constrangidos. O seguinte diálogo ressalta como conduzir o curso terapêutico.

TERAPEUTA: Santosh, o que foi útil ou inútil na sessão de hoje?

SANTOSH: Tudo foi muito útil.

TERAPEUTA: Das coisas que fizemos até agora, qual é a sua menos favorita?

SANTOSH: Nada. Tudo foi ótimo.

PAIS: Sim, agradecemos por todos os seus conselhos e achamos muito úteis em casa.

TERAPEUTA: O que aconteceria se eu compartilhasse uma ideia que não foi útil?

PAI: O que o senhor quer dizer?

TERAPEUTA: Quero dizer, se eu fizesse uma sugestão que não funcionasse para a sua família. Algo que simplesmente não se encaixasse à sua abordagem de criação, aos seus valores, ou cuja implantação em sua casa de algum modo fosse impraticável. Ficaria à vontade para me informar isso?

MÃE: Ah, acho que não gostaríamos de questionar suas opiniões de especialista. É por isso que estamos aqui. Para aprender com o senhor.

TERAPEUTA: Parte do meu objetivo é trabalhar de forma colaborativa com sua família para projetar intervenções que sejam não só eficazes, e sim, que se ajustem bem à sua família. Na verdade, se as estratégias não se ajustam à sua família, elas serão menos eficazes. Isso faz sentido?

PAIS: Humm, sim. Entendo.

TERAPEUTA: Se algo parece menos útil, ou fora do contexto, e falarmos sobre isso, então temos a chance de trabalhar juntos para torná-lo mais significativo e útil para a sua família e, portanto, mais eficaz.

PAIS: Isso faz sentido.

TERAPEUTA: Então, acham que estariam dispostos a discutir coisas que parecem menos úteis para podermos trabalhar juntos e adaptar melhor as estratégias às necessidades do Santosh?

MÃE: Seria muito difícil para mim. O senhor é médico e merece o nosso respeito.

PAI: Isso é verdade mesmo. O respeito é importantíssimo. Acho que não posso ser desrespeitoso com o senhor.

TERAPEUTA: Entendo. E se encontrarmos uma maneira de vocês honestamente me darem um *feedback* construtivo que não pareça desrespeitoso para vocês?

MÃE: Como seria isso?

TERAPEUTA: Como vocês avisam respeitosamente uns aos outros quando desejam fazer algo de modo diferente?

PAI: Fazendo sugestões, suponho.

TERAPEUTA: E se eu pedisse sugestões sobre coisas que eu poderia fazer diferente?

PAI: Isso poderia funcionar.

TERAPEUTA: Certo, vamos tentar isso. Se isso ainda parecer desrespeitoso, tentaremos outra coisa que se ajuste melhor.

Nesta sequência, o terapeuta abordou a relutância da família em dar *feedback*. Os pais se sentiam constrangidos porque, para eles, isso transmitia desrespeito. Do mesmo modo, a resolução de problemas colaborativa foi conduzida e uma alternativa potencialmente aceitável foi efetivada. O Quadro-síntese 3.2 resume os principais fatores a se considerar ao determinar o nível de colaboração e de descoberta guiada.

CONCLUSÃO

O empirismo colaborativo e a descoberta guiada valorizam as características particulares que cada criança traz para a terapia. Se aprender a fazer terapia cognitiva com crianças pudesse ser comparado com um livro infantil de colorir, as técnicas representam o contorno do desenho. O empirismo colaborativo e a descoberta guiada representam a cor que cada terapeuta acrescenta ao contorno padrão. Como em uma grande caixa de lápis de cor, há muitas tonalidades de empirismo colaborativo e de descoberta guiada.

> **QUADRO-SÍNTESE 3.2** DETERMINANDO O NÍVEL DE COLABORAÇÃO E DE DESCOBERTA GUIADA
>
> - Esteja consciente da fase da terapia.
> - Leve em conta a configuração única das forças e das vulnerabilidades de crianças e adolescentes individuais.
> - Respeite a acuidade e a cronicidade dos problemas apresentados.
> - Considere a capacidade de desenvolvimento, a idade e a motivação da criança.
> - Esteja ciente do estilo interpessoal da criança.
> - Valorize os fatores culturais que moldam o grau de conforto das crianças, dos adolescentes e das famílias com o empirismo colaborativo e a descoberta guiada.

Neste capítulo, apresentamos um *continuum* de colaboração e de descoberta guiada. Em seu trabalho com as crianças, o terapeuta terá que decidir por onde começar e como avaliar o nível de colaboração em cada fase do tratamento neste *continuum*. A acuidade da criança e a gravidade de seus problemas, sua capacidade de desenvolvimento, seu contexto cultural e seu estilo pessoal orientarão a decisão do terapeuta. O empirismo colaborativo e a descoberta guiada estão incorporados em todas as ações e decisões clínicas. A estrutura da sessão, a identificação do problema, a introdução ao modelo de tratamento, a identificação de sentimentos e de pensamentos, as intervenções cognitivo-comportamentais tradicionais e as modificações criativas de técnicas requerem um entendimento sobre empirismo colaborativo e descoberta guiada. Em resumo, agora que você sabe sobre empirismo colaborativo e descoberta guiada, está pronto para aprofundar-se em processos e técnicas específicos. Lembre-se de que sempre é possível voltar a este capítulo quando a terapia parecer desviada do rumo e você quiser renovar suas intervenções.

4
Estrutura da sessão

Você consegue fazer malabarismos? Malabarismo é uma metáfora adequada para o que precisamos fazer quando adotamos a estrutura da sessão, a marca registrada da terapia cognitiva. A estrutura da sessão inclui seis componentes centrais: o registro do humor, a revisão da tarefa de casa, o estabelecimento da agenda, o conteúdo da sessão, a atribuição da tarefa de casa e a obtenção de *feedback* do cliente. Como as bolas que os malabaristas lançam e pegam em suas incríveis exibições de equilíbrio, estes componentes clínicos devem ser mantidos em movimento durante a terapia. Cada componente separado deve ser criteriosamente considerado para que o ritmo terapêutico seja mantido. Você precisa ser cuidadoso para não deixar nenhuma bola cair!

Como terapeuta cognitivo, você sempre terá essas seis bolas nas mãos. Entretanto, a forma de equilibrar os componentes irá variar de uma criança para outra. Às vezes, você consegue fazer malabarismos mais rápidos; às vezes, não. Em outros casos, será o padrão da sua manobra que irá variar. À medida que você se tornar mais à vontade com cada componente e com sua capacidade de equilibrá-los, desenvolverá mais flexibilidade e criatividade em sua estrutura da sessão. Neste capítulo, explicaremos a estrutura da sessão, discutiremos por que ela é importante e mostraremos formas específicas para implementar a estrutura da sessão com crianças e adolescentes.

O QUE QUEREMOS DIZER COM "ESTRUTURA DA SESSÃO"?

A estrutura da sessão é um modelo geral para conduzir a psicoterapia cognitiva. Os componentes são as "coisas que você faz" na sessão. Embora sua estrutura envolva uma ordem lógica de passos sequenciais, ela está longe de ser um processo de etapas engessadas. Quando aplicada de modo flexível, a estrutura da sessão evolui para uma abordagem clínica moldada individualmente.

Os seis componentes característicos da estrutura da sessão de terapia cognitiva estão inter-relacionados e formam uma abordagem terapêutica coerente. As sessões começam com o registro do humor, seguido pela revisão da tarefa de casa. O terapeuta e o cliente, então, estabelecem juntos a agenda. Com base nessa agenda, surge o conteúdo da sessão. A distribuição de novas tarefas de casa surge oportunamente, com base no conteúdo da sessão. Por fim, as percepções do cliente sobre a sessão são obtidas na fase de feedback.

POR QUE A ESTRUTURA DA SESSÃO É TÃO IMPORTANTE?

Porque nos fornece orientação, foco e substância na terapia. A estrutura da sessão ajuda crianças e seus terapeutas a aguçar o foco nos problemas que trazem as crianças à terapia e proporciona um fluxo organizado de informações. Sem ser por culpa própria, muitos clientes começam a terapia divagando, sem rumo sobre múltiplos eventos ou circunstâncias de suas vidas. Eles simplesmente não sabem como organizar e lidar com suas experiências interiores. A estrutura da sessão ensina-lhes uma forma de esclarecer suas experiências, frequentemente caóticas e confusas. Em suma, a estrutura da sessão é outro meio de promover o autocontrole e a autorregulação.

Muitas vezes, a estrutura da sessão dá à criança ou ao adolescente uma sensação de previsibilidade e, em consequência, ela pode se sentir "mais segura" no tratamento. Muitos clientes se sentem mais à vontade sabendo o que esperar da terapia (J. S. Beck, 2011). A estrutura da sessão tem uma função de "contenção" para as crianças, fornecendo-lhes um formato organizado para a expressão e a modulação de seus pensamentos e sentimentos angustiantes. Com frequência, os adultos dizem às crianças e aos adolescentes o que fazer, e a vida pode parecer bastante imprevisível para eles. Aumentar o senso de controle da criança e diminuir seu senso de imprevisibilidade pode aumentar o envolvimento e a participação no tratamento.

Por exemplo, um menino de 8 anos com problemas de comportamento é trazido à terapia por seus pais. Devido a seus comportamentos de atuação (acting out), a maioria de suas interações com adultos resulta em repreensão, censuras, críticas e punição. Seus professores e pais corrigem seu comportamento e lhe dizem o que fazer ("Pare de correr!"; "Arrume seu quarto."). Até mesmo as mínimas decisões raramente são tomadas pelo próprio menino. Embora seja interessante trabalhar com os pais sobre essas questões, a estrutura da sessão também pode ajudar a criança a perceber que ela tem algum controle real sobre a vida, os sentimentos e o tratamento dela. Ao participar ativamente do estabelecimento da agenda, da atribuição das tarefas de casa e do fornecimento de *feedback*, o menino adquire poder para tomar decisões relevantes e até para sentir-se mais à vontade para revelar e examinar seus próprios pensamentos e sentimentos. A previsibilidade e o controle percebido da sessão de terapia cognitiva também podem levar a menos testagem de limites. A estrutura aumenta a confiança que a criança tem no terapeuta, promove a construção de um relacionamento harmônico e, portanto, facilita o relacionamento terapêutico e os processos de mudança específicos. Além disso, a estrutura da sessão concentra o conteúdo da sessão nos objetivos do tratamento e reduz o tempo gasto detalhando todos os comportamentos negativos sem um plano claro de melhoria.

O Quadro-síntese 4.1 resume os pontos-chave da estrutura da sessão.

REGISTRO DO HUMOR OU DO SINTOMA

A primeira bola que você coloca em movimento é o registro do humor ou do sintoma (J. S. Beck, 2011). O registro serve a diversos propósitos. Em primeiro lugar, fornece ao

---

QUADRO-SÍNTESE 4.1 PONTOS-CHAVE DA ESTRUTURA DA SESSÃO

- Pense na estrutura da sessão como um processo.
- As crianças respondem de forma diferente à estrutura da sessão. Seja curioso, lembre-se de que tudo são dados e processe as reações da criança de acordo com a estrutura da sessão.
- Embora a estrutura da sessão seja genérica, a aplicação clínica a crianças e adolescentes individuais é sempre específica.
- Lembre-se de que padrões familiares na estrutura da sessão aumentam a percepção de segurança e reforçam a internalização de controle.

terapeuta informações preliminares sobre as emoções e sintomas atuais da criança, dando-lhe uma chance de verificar sua "temperatura psicológica". Em segundo lugar, o registro do humor força a criança a refletir sobre seu próprio estado de humor e sobre seus comportamentos, fazendo-a identificar e classificar sentimentos em uma escala (p. ex., sentimento: tristeza; classificação: 8). O registro também inclui recapitular a sessão anterior ou comparar o humor atual da criança com a classificação de seu humor em sessões anteriores. O autorrelato da criança e as observações dos pais permitem identificar mudanças nos sintomas da criança. Entretanto, não recomendamos basear-se apenas no relato dos pais, uma vez que as crianças podem relatar melhor os seus próprios estados de humor (Achenbach, McConaughy, & Howell, 1987).

O modo de obter das crianças a classificação de seus humores e sintomas difere de uma para outra. Algumas crianças podem ser encorajadas a relatar verbalmente seus humores por meio de uma escala de classificação, como uma escala de pontos ou de porcentagem. Com outras, pode-se aplicar uma série de perguntas, do tipo "Como vamos calcular o quanto esse sentimento é forte?" ou "O que você gostaria de usar para classificar a força desse sentimento?". A maioria das crianças necessita de orientação para identificar o sentimento. Pode-se ajudá-las dizendo: "Poderíamos avaliá-lo em uma escala de 1 a 10. Qual deveria ser o mais forte?".

Registro do humor com crianças

Dependendo da fluência verbal e da expressividade das crianças, podem ser usados meios inventivos de relatar os sentimentos delas. Muitas das crianças com as quais temos trabalhado acham mais fácil desenhar um rosto mostrando como se sentem, conforme ilustrado no Capítulo 6. As crianças, então, continuam fazendo desenhos semanalmente, o que lhes permite acompanhar suas alterações de humor. Descobrimos que elas se tornam bastante envolvidas nessa tarefa simples de automonitoramento. Esses métodos deveriam ser incorporados às habilidades do terapeuta em modelar a expressão emocional.

O diálogo a seguir mostra como usar um relato verbal durante um registro do humor para reunir informações sobre o estado de humor da criança.

TERAPEUTA: Fico imaginando como você tem se sentido desde o nosso último encontro, na semana passada. Por que não desenha um rosto mostrando como está se sentindo?

SERENA: Tudo bem. (Desenha o rosto.)

TERAPEUTA: Você desenhou um rosto que mostra sobrancelhas franzidas e lágrimas escorrendo. É uma expressão de raiva, tristeza, alegria ou medo?

SERENA: Tristeza.

TERAPEUTA: Então você está se sentindo triste. Que rosto você desenhou na semana passada?

SERENA: Aquele estava triste também. (Pega o desenho anterior.)

TERAPEUTA: E como pudemos avaliar se o sentimento era forte?

SERENA: Pelo tamanho do desenho. Na semana passada, eu estava muito triste, por isso o desenho saiu desse tamanhão. (Desenha um círculo que cobre a página inteira.)

TERAPEUTA: E esta semana?

SERENA: Estou um pouquinho menos triste. Por isso, ele é apenas deste tamanho (Desenha um círculo que cobre uns três quartos da página.)

TERAPEUTA: Você lembra que falamos como esses mesmos sentimentos podem ser fortes, fracos ou médios, como os círculos? Por que hoje o rosto está menos triste?

SERENA: Bem, minha mãe não me magooou tanto nessa semana e não chorei na escola.

TERAPEUTA: Então você percebeu várias mudanças. O que você acha que provocou essas mudanças?

O registro do humor fornece informações valiosas sobre os sintomas de Serena na última semana. As habilidades na identificação de sentimento e sua ligação com sintomas fisiológicos e comportamentais também são reforçadas na interação (p. ex., "Bem, minha mãe não me magoou muito nesta semana e não chorei na escola."). Comparando a intensidade dos sentimentos da criança de uma semana para outra, o terapeuta pode rastrear a mudança ou a ausência de mudança e, consequentemente, identificar os antecedentes de estados de sentimento, influências situacionais ou ambientais e acompanhar as cognições. Além disso, a discussão sobre a mudança de intensidade ilustra para Serena que os sentimentos negativos dela podem mudar, o que, por sua vez, reduz seus sentimentos de desamparo.

Ao sintonizarem-se com as próprias emoções, as crianças começam a distinguir diferentes estados de humor. Por exemplo, muitas crianças começam a terapia sendo capazes de dizer apenas que estão se sentindo "bem" ou "mal". Com o tempo, o registro do humor lhes dá a oportunidade de aprender a expressar diferentes nuanças de seus sentimentos e a desenvolver um vocabulário emocional mais amplo, passando a expressar, por exemplo, que estão se sentindo "solitárias", "tristes", "envergonhadas" ou "com raiva". O registro do humor também promove o monitoramento da intensidade dos sentimentos. Várias escalas, como uma escala de 10 ou 100 pontos, podem ser usadas. Além disso, um termômetro ou semáforo de trânsito poderia ser usado como escala. Aprendendo a diferenciar vários estados de sentimento e a classificar sua intensidade, as crianças aprendem a "refinar" sua expressão emocional. Compartilhar os resultados dos registros do humor com os pais também pode promover a expressão dos sentimentos entre as crianças e os pais, o que os prepara para trabalharem juntos em outras intervenções de terapia cognitiva em casa.

Os registros do humor permitem avaliar o grau de alívio do sintoma. O conteúdo da sessão e os focos de tratamento seguintes deveriam ser orientados pelas mudanças no humor e nos sintomas. Por exemplo, imagine que seu cliente, Isaac, vem experimentando uma diminuição contínua de sintomas depressivos e uma melhora no humor positivo. Pelo registro do humor, você percebe que o humor de Isaac subitamente piorou. A seguinte transcrição ilustra como é possível utilizar o registro do humor para monitorar o progresso de Isaac.

TERAPEUTA: Como foi sua semana?

ISAAC: Eu me sinto pior hoje. Na verdade, mais deprimido do que na semana passada.

TERAPEUTA: Na semana passada, você falou que classificaria sua depressão com um 5.

ISAAC: É, e eu estava me sentindo bem até ontem. Nos últimos dois dias, passou para um 8.

TERAPEUTA: Então você percebeu uma mudança ontem. Quando exatamente essa mudança ocorreu?

ISAAC: Bem, acho que foi na hora do almoço. Ouvi uns meninos falando em ir ao parque no sábado. Fiquei chateado, porque sei que ninguém vai me convidar para ir junto.

TERAPEUTA: Então, a situação foi alguns colegas falando sobre seus planos para sábado. Você pensou "Ninguém vai me convidar para ir junto" e percebeu que seus sentimentos depressivos aumentaram. Como se sentiu fisicamente?

ISAAC: Exausto.

As perguntas do terapeuta ajudam Isaac a se concentrar em identificar a situação que levou à mudança de humor. Mediante esse processo, o modelo cognitivo é reforçado pelo terapeuta, o que ajuda Isaac a associar os vários componentes do modelo cognitivo (fisiologia, humor, comportamento, cognição e fatores interpessoais). Os estados do humor são identificados, assim como as cognições, os comportamentos e as reações fisiológicas que acompanham as emoções são discutidos. Em seguida, pode ser iniciado o trabalho de identificação de distorções cognitivas, de ligações entre cognições e estados de humor e de solução do problema.

Aplicar medidas de autorrelato, como o CDI-2 (do inglês, Children's Depression Inventory-2; Kovacs, 2010), a SCARED (do inglês, Screen for Child Anxiety Related Emotional Disorders; Birmaher et al., 1997), a RCMAS (do inglês, Revised Manifest Anxiety Scale for Children; Reynolds & Richmond, 1985) e a MASC (do inglês, Multidimensional Anxiety Scale for Children; March, 1997), para monitorar o estado emocional de crianças e adolescentes é uma prática clínica comum. Por uma série de razões, muitas crianças consideram endossar itens em uma escala de autorrelato mais fácil do que expressar verbalmente esses sentimentos. Primeiro, os itens são fornecidos a elas em uma medida de autorrelato. Portanto, elas não têm que acessar sozinhas essas experiências. Segundo, marcar ou circular itens em uma lista é uma tarefa mais fácil do que traduzir suas experiências interiores em palavras. Terceiro, preencher uma listagem proporciona às crianças um distanciamento psicológico um pouco maior de suas experiências emocionais, do que partilhar diretamente esses sentimentos com uma figura de autoridade adulta. Assim, fazer isso serve de tarefa graduada para identificar e discutir sentimentos. Além disso, os instrumentos de autorrelato fornecem uma medida mais objetiva para acompanhar o progresso na redução dos sintomas ao longo do tratamento. Muitas destas medidas são relativamente rápidas para o terapeuta pontuar em tempo real. A discussão dos resultados é facilmente integrada na sessão para abordar o monitoramento do humor e orientar as decisões no tratamento.

Registro do humor com adolescentes

De maneira geral, os adolescentes estão mais bem preparados para identificar seus sentimentos do que as crianças menores. Alguns adolescentes, porém, talvez não sejam tão adeptos do processo. Ao completar o registro do humor, portanto, você não deve supor que os clientes adolescentes tenham um entendimento claro de seus diferentes estados de humor. O diálogo sobre os sentimentos pode variar bastante, conforme o sexo, a formação cultural e as interações familiares, bem como o temperamento, os valores e as expectativas do adolescente. A seguinte transcrição ilustra o registro do humor com uma adolescente de 15 anos.

TERAPEUTA: Como você se sentiu ao longo da última semana?

TINA: (Encolhendo os ombros.) Não muito bem.

TERAPEUTA: Pode descrever melhor esse "não muito bem"?

TINA: Eu me senti mal. Só isso.

TERAPEUTA: Parece que a sua semana foi difícil. Quando se sentiu mal, o que predominava era raiva, tristeza ou medo?

TINA: Era tristeza... Fiquei triste mesmo.

TERAPEUTA: O que a fez saber que era tristeza e não raiva ou medo?

TINA: Bem, eu chorei muito e deu tudo errado.

TERAPEUTA: Se você tivesse que classificar a tristeza que sentiu ao longo a semana, o quanto diria que estava triste?

TINA: De 0 a 10, na maior parte do tempo era um 8.

Essa transcrição ilustra como o terapeuta ajudou Tina a distinguir entre diferentes estados afetivos negativos ("O que a fez saber que era tristeza e não raiva ou medo?"). Alguns adolescentes têm bastante capacidade para identificar seus sentimentos, mas outros precisam de alguma orientação. Cabe ao terapeuta orientar o adolescente na tarefa de identificar o humor, sem ser excessivamente diretivo. O terapeuta na transcrição anterior deu a Tina opções para escolher e permitiu que ela descrevesse seus sentimentos (p. ex., "Você pode descrever melhor este 'não muito bem'?", "[...] o que predominava era raiva, tristeza ou medo?"). Uma vez identificado o sentimento, Tina foi capaz de classificá-lo usando a própria escala para comunicar a gravidade de sua tristeza.

Muitas crianças e adolescentes agrupam todo afeto negativo unicamente sob o rótulo "ruim". Diferenciar os vários estados afetivos negativos é útil para preparar o terreno para a posterior identificação das cognições acompanhantes. As respostas afetivas tornam-se mais proeminentes e são descritas, identificadas e avaliadas pela intensidade. Se você trabalha com um adolescente que frequentemente encontra dificuldade em identificar sentimentos, pode incluir aquele tópico na agenda e passar mais tempo construindo suas habilidades na identificação de sentimentos. Observe, no Quadro-síntese 4.2, dicas sobre registros do humor.

REVISÃO DA TAREFA DE CASA

A segunda bola a ser arremessada em cada sessão é a revisão da tarefa de casa. Você examina se a criança completou a tarefa, o conteúdo da tarefa e a reação da criança a ela. As respostas e as reações ao processo e ao conteúdo das tarefas terapêuticas fornecem uma visão rápida de seu mundo interior. Revisar a tarefa de casa sublinha a importância das tarefas e seu papel no processo de tratamento em três níveis. Primeiro, as tarefas de casa permitem que a criança pratique habilidades importantes para diminuir sintomas e melhorar o humor. Segundo, o processo de revisar a tarefa de casa transmite seu interesse pelos sentimentos, pensamentos e reações da criança em relação à tarefa. Terceiro, a revisão da tarefa de casa comunica a mensagem do terapeuta de que tal atividade é central no tratamento e reforça o empenho do cliente (A. T. Beck et al., 1979; J. S. Beck, 2011; Burns, 1989). De modo geral, incorporar as tarefas de casa no tratamento, gastar um tempo toda semana discutindo-as e integrar as habilidades já aprendidas em outras sessões demonstra que as tarefas estão sendo valorizadas. A transcrição a seguir mostra um exemplo de como revisar a tarefa de casa.

TERAPEUTA: Notei que, esta semana, você preencheu seu cronograma de atividades.

NICK: Pois é. Como falei, nesta semana fui ao cinema com um amigo e joguei basquete.

TERAPEUTA: Como foi completar sua tarefa de casa durante a semana?

NICK: No começo, foi um pouco difícil. Eu realmente não estava com vontade de fazer. Mas, então, decidi que ia tentar e ver se isso ajudaria a me sentir melhor.

TERAPEUTA: O que passou na sua cabeça na hora de fazer a tarefa de casa?

NICK: Pensei que estava muito cansado e jamais conseguiria.

TERAPEUTA: O que o convenceu a fazê-la, apesar de tudo?

NICK: Bem, eu lembrei de nossa conversa sobre o assunto, e que eu deveria experimentar para ver se funcionava ou não.

TERAPEUTA: O que você percebeu em relação a como você se sentia antes de fazer as atividades?

NICK: Nas duas vezes, classifiquei minha tristeza como 7. Eu não estava com vontade de fazer nada.

TERAPEUTA: E logo depois da atividade?

NICK: Depois do cinema, ela era um 3. Realmente me diverti, e o filme era superengraçado. Depois do basquete, a tristeza estava em 5. Não foi tão divertido quanto o cinema, mesmo assim acho que me ajudou.

TERAPEUTA: O que você conclui, com base nessas mudanças em seu humor?

QUADRO-SÍNTESE 4.2 REGISTROS DO HUMOR

- Mantenha o processo simples.
- Seja inventivo.
- Ajude os clientes a ver as emoções relativamente em graus de uma escala, em vez de em um modo absoluto.
- Avalie o uso de medidas de autorrelato formais, como CDI-2, MASC, BDI e SCARED.
- Permaneça atento ao contexto cultural.

NICK: Meus sentimentos mudaram quando eu fiz as coisas, então talvez a experiência tenha funcionado.

Nesta interação, o terapeuta e Nick não apenas revisaram o conteúdo da tarefa de casa, mas também debateram o processo de completar a tarefa. Primeiro, levar em conta os sentimentos e pensamentos de Nick sobre completar a tarefa de casa foi revelador ("Pensei que estava muito cansado e jamais conseguiria."). Segundo, o terapeuta testou se as crenças de Nick sobre se seus próprios sentimentos mudariam com a atividade. Terceiro, usou delicadamente o questionamento socrático para orientar o diálogo.

Revisar a tarefa de casa também resulta em benefícios quando o cliente não tiver concluído as tarefas. Abordando diretamente a falta de conclusão, o terapeuta transmite interesse na identificação de obstáculos à conclusão. Informações valiosas podem ser adquiridas por meio da revisão dos obstáculos à conclusão. A tarefa pode ter sido muito desafiadora, confusa ou esmagadora para a criança, ou talvez a criança não tenha entendido a conexão entre as tarefas e seus sintomas atuais. Os resultados da revisão das tarefas de casa incompletas podem incluir maior compreensão dos obstáculos, melhor conformidade com as futuras tarefas da terapia e maior colaboração com o cliente na criação de futuras tarefas de casa. O exemplo a seguir demonstra como o terapeuta pode suprir a falta de conclusão da tarefa de casa de modo a enfatizar a importância das tarefas, sem envergonhar o cliente ou soar punitivo.

TERAPEUTA: Sua tarefa era completar três registros de sentimento. E você trouxe a pasta.

JONAH: Só que eu não preenchi os papéis.

TERAPEUTA: Tudo bem. O que impediu você de preenchê-los?

JONAH: Realmente não deu tempo. Eu tive dois treinos de futebol esta semana, em uma noite jantei com meu pai, e em outra noite tive que fazer um montão de trabalhos escolares. Não deu tempo.

TERAPEUTA: Uau, parece que você teve uma semana muito ocupada. Vamos falar um pouco mais sobre isso e ver se conseguimos resolver o problema juntos. Que tal?

JONAH: Tudo bem, eu acho.

TERAPEUTA: Então, você estava me dizendo que teve uma semana muito ocupada. Na noite em que você teve muitos deveres de casa escolares, quanto tempo acha que teria levado para completar um registro de sentimento?

JONAH: Provavelmente, 10 ou 15 minutos.

TERAPEUTA: Entendo. E teria sido útil para você se tivesse preenchido o registro?

JONAH: Não muito. Já sei como me sinto, por isso não entendo porque tenho que registrar.

Neste caso, ao revisar a tarefa de casa, o terapeuta ajudou Jonah a identificar duas previsões (a extensão e a utilidade da tarefa). Essas previsões podem ser testadas e, se os resultados forem diferentes das previsões de Jonah, esses dados podem ser usados para resolver problemas em futuras tarefas de casa da terapia e melhorar a conclusão das tarefas.

Revisão da tarefa de casa com crianças

A revisão da tarefa de casa com crianças mais novas é um desafio. Devido ao seu nível de desenvolvimento, as crianças menores usam processos de pensamento mais concretos. A revisão da tarefa de casa traduz os princípios terapêuticos, muitas vezes abstratos, em práticas concretas para crianças menores. Não surpreende que as crianças mais novas tenham intervalos de atenção mais curtos que os das crianças mais velhas; então, tentamos revisar a tarefa de casa de uma maneira divertida. Por fim, a revisão oferece mais oportunidades para a prática de habilidades. Quanto maior a prática, maior a aquisição de habilidades e de lembranças. A breve interação a seguir mostra como revisar uma tarefa de casa com crianças mais novas.

TERAPEUTA: Vejo que fez seus desenhos esta semana. Foi ótimo você ter trazido seu trabalho para a sessão. Que rosto você gostaria de compartilhar primeiro?

DOUG: O de raiva.

TERAPEUTA: Ah, vamos ver o rosto de raiva. Agora, faça uma careta de raiva para mim.

DOUG: (Faz uma cara de raiva e ri.)

TERAPEUTA: Uau, que cara de raiva! Como você sabe quando seu rosto mostra raiva?

Esse exemplo demonstra como você pode envolver as crianças na revisão, em vez de simplesmente verificar a realização da tarefa. O terapeuta foi muito divertido e interativo (p. ex., "Uau, que cara de raiva!"). Além disso, o fato de Doug ter realizado a tarefa foi reforçado (p. ex., "Foi ótimo você ter trazido seu trabalho para a sessão."). A maneira alegre e divertida provavelmente tornou a tarefa memorável para Doug.

Particularmente, para crianças com problemas na escola ou para completar as tarefas escolares, o termo "tarefa de casa" pode ter uma conotação negativa. Outros títulos criativos podem ser usados, como "projetos semanais" ou "exercícios de ajuda". Criar um novo nome para as tarefas pode evitar uma associação negativa entre tarefas terapêuticas e trabalho escolar. Kendall e colaboradores (1992) referem-se inteligentemente à tarefa de casa como exercícios do tipo "Mostro Que Posso" (STIC, do inglês, Show That I Can). Portanto, em vez de dizer às crianças "Esta é uma tarefa de casa", você pode encorajá-las a "mostrar que podem" realizando várias tarefas. Além disso, você pode discutir com a criança a diferença entre o dever de casa escolar e as tarefas da terapia. A tarefa da terapia não tem respostas certas ou erradas. É uma chance para a criança identificar pensamentos e sentimentos e fazer coisas para ajudá-la a sentir-se melhor.

Revisão da tarefa de casa com adolescentes

Adolescentes gostam de testar os limites de sua autonomia. Sua falta de adesão, a evitação e a resistência à tarefa de casa podem refletir sua rebeldia e seu desejo de independência naturais. Ao mesmo tempo, os adolescentes são muito experimentais. Descobrimos que, oferecendo técnicas como hipóteses experimentais em vez de exigências, evitamos assumir o papel de uma autoridade suprema, que diz ao adolescente o que fazer. Em vez disso, deixamos que aprenda pela experiência quais intervenções funcionam melhor para ele. Experimentos comportamentais podem ser usados para testar a efetividade das intervenções. Não se deve assumir uma posição contrária ao adolescente; em vez disso, pode colaborar com ele para determinar se a tarefa de casa vale a pena. O exemplo a seguir retrata uma abordagem da revisão da lição de casa.

TERAPEUTA: Vejo que trouxe sua tarefa de casa nesta semana.

MARCUS: É, terminei todos os três registros de pensamento.

TERAPEUTA: Parabéns por ter lembrado de completar os registros de pensamento. Como foi fazer esta tarefa?

MARCUS: Gostei mais desta do que a da semana passada, em que apenas escrevi como me sentia. Esta pareceu ajudar mais, porque consegui vislumbrar a causa de me sentir mal. Basta prestar atenção ao que está se passando em minha cabeça quando me sinto mal.

TERAPEUTA: Então, você acha que vale a pena usar isso outra vez?

MARCUS: Sim, por mais que eu odeie tarefas escritas, essa realmente pareceu ajudar.

O terapeuta incluiu Marcus na avaliação da efetividade da tarefa (p. ex., "Como foi fazer a tarefa?"), em vez de lhe impor futuras tarefas. Dessa forma, Marcus passou a se envolver na comparação objetiva de diferentes tarefas e na escolha daquela que funciona melhor para ele (p. ex., "Esta pareceu ajudar mais, porque consegui vislumbrar a causa de me sentir mal. Basta prestar atenção ao que está se passando em minha cabeça quando me sinto mal.") Por fim, o terapeuta inclui Marcus na decisão de continuar fazendo a tarefa de casa (p. ex., "Então, você acha que vale a pena usar isso outra vez?"). Da mesma forma, os terapeutas podem colaborar com os adolescentes quando eles não completam as tarefas.

TERAPEUTA: Parece que você completou seu cronograma de eventos agradáveis duas vezes na semana passada.

KARI: É mesmo, esses dois dias foram muito bons. Mas o resto da minha semana foi horrível, por isso não tive vontade de fazer as coisas no cronograma.

TERAPEUTA: Isso é interessante. Os dois dias que transcorreram bem para você na semana passada foram os mesmos dois dias em que você cumpriu o cronograma. Fico pensando se os dias mais difíceis não teriam sido diferentes se você tivesse feito os eventos do cronograma nesses dias também.

Dessa forma, o terapeuta cria uma oportunidade para coleta de dados e "experimentação", em vez de apenas tentar convencer a adolescente de que ela deveria ter feito as tarefas de cada dia. Essa prática aumenta a vontade da adolescente para "testar" a teoria na próxima semana e ver se haverá quaisquer alterações no andamento da semana dela.

ESTABELECIMENTO DA AGENDA

O estabelecimento da agenda, terceiro componente importante da estrutura da sessão, prepara o terreno para o trabalho terapêutico e o direciona (Freeman & Dattilio, 1992). Aliado à obtenção de *feedback*, o estabelecimento da agenda é considerado fundamental para o sucesso terapêutico (Burns, 1989). O estabelecimento da agenda envolve a identificação de itens ou tópicos a serem tratados durante a sessão. O processo requer a listagem dos itens e a determinação do tempo aproximado a ser gasto em cada item. Assim, os itens mais importantes são priorizados. Os itens específicos da agenda podem variar, dependendo do estágio da terapia, do progresso do cliente, de seus problemas mais prementes, da gravidade dos sintomas e de itens da sessão anterior (A. T. Beck et al., 1979). A colaboração recíproca é fundamental no estabelecimento da agenda. Se o terapeuta e a criança não estiverem trabalhando de modo colaborativo, é menos provável que ocorra progresso.

O estabelecimento da agenda é uma tarefa desconhecida para crianças e adolescentes. Portanto, explicar-lhes o processo é uma estratégia terapêutica adequada (J. S. Beck, 2011). Em geral, o terapeuta se engaja em um diálogo socrático com a criança para discutir as vantagens e as desvantagens associadas ao processo. Em seguida, desenvolve as ideias, explicando o racional por trás do estabelecimento da agenda. Além disso, o terapeuta modela o processo para a criança, apresentando resumidamente os itens da agenda. Por exemplo, um adolescente pode responder à indagação do terapeuta com relação a itens adicionais da agenda descrevendo um problema que ocorreu após a última sessão.

TERAPEUTA: O que você gostaria de acrescentar à agenda para garantir que seja discutido hoje?

ELIZABETH: Tive uma briga feia com a minha mãe. Ela não me deixou sair com minhas amigas. Ela é tão idiota... todas as outras puderam ir. Fiquei com muita raiva! Então, ela me deixou de castigo, sem mais nem menos, alegando que eu tinha respondido para ela.

TERAPEUTA: Então, você gostaria de conversar sobre a briga com sua mãe?

ELIZABETH: Sim, ela é tão insensata. Primeiro, gritou comigo e, depois, me colocou de castigo.

TERAPEUTA: Dá para notar que você está mesmo chateada e quer falar sobre o que aconteceu. Gostaria de colocar este item como o primeiro em nossa agenda?

ELIZABETH: Claro.

TERAPEUTA: Certo. Por que não registra isso no papel, como o primeiro item da agenda?

Esse exemplo demonstra como aproveitar a oportunidade para ensinar e modelar para a criança como transformar uma descrição extensa em um item da agenda. Além disso, escrever os itens da agenda pode ajudar a manter o foco da sessão. Também fornece um registro para revisar o conteúdo após a sessão. Muitas vezes, as crianças mudam os tópicos quando se tornam emocionalmente alteradas, na tentativa de evitar a exaltação e diminuir a angústia. Contando com a agenda, você pode delicadamente fazer a criança voltar ao tema evitado.

Recomendamos que você use as dificuldades das crianças para estabelecer a agenda como itens da agenda. Por exemplo, o terapeuta pode elaborar significativamente as dificuldades das crianças em estabelecer a agenda. As perguntas-chave a seguir podem orientar o processamento das dificuldades das crianças no estabelecimento de uma agenda:

- Quais os prós e os contras de estabelecer uma agenda?
- O que se ganha estabelecendo uma agenda?
- O que se ganha não estabelecendo uma agenda?
- O que se perde estabelecendo uma agenda?
- O que se perde não estabelecendo uma agenda?
- O que significa estabelecer uma agenda?
- Qual o perigo de estabelecer uma agenda?

Estabelecimento da agenda com crianças

As crianças estão acostumadas à imposição de objetivos pelos pais e professores. O estabelecimento da agenda permite que as crianças tragam seus próprios problemas para a discussão. Raramente usamos o termo "estabelecimento da agenda" com crianças pequenas. Em vez disso, em geral indagamos a elas "Qual o assunto que não podemos deixar de conversar hoje?". Achamos que incluir 1 a 3 itens é um objetivo realista para crianças pequenas. Se a criança tiver dificuldade de manter os itens sucintos, você pode pedir que ela nomeie o que quer falar, como se estivesse dizendo o nome de um filme, de um livro ou de um programa de televisão. A seguinte transcrição ilustra o processo.

TERAPEUTA: O que você gostaria de colocar em nossa lista para conversar hoje?

MILO: Estou com raiva do meu irmão. Ele é um grande bobalhão e sempre me causa problemas. Na noite passada, tomou meu jogo e eu tentei pegá-lo de volta. Ele reclamou para a mãe, e eu não pude jogar a noite inteira.

TERAPEUTA: Uau, você está irritado mesmo. Quando falou isso, você ergueu a voz e arregalou os olhos. Certo, por que não colocamos isso em nossa lista para conversar hoje? Que título resumido podemos usar para incluir isso em nossa lista?

MILO: Acho que podíamos chamar de "Injustiça", porque não foi justo eu ter sido castigado.

Essa interação ilustra como o terapeuta extraiu da criança um tema para a agenda ("O que você gostaria de colocar em nossa lista para conversar hoje?"). Embora respeitando seu relato, o terapeuta conduziu Milo a identificar sucintamente o problema ("Que título resumido podemos usar para incluir isto em nossa lista?"). Além disso, o terapeuta transmitiu empatia e respeito pela experiência de Milo. Assim, as preocupações do menino foram levadas em conta, ele se sentiu compreendido e o estabelecimento da agenda impulsionou o momento terapêutico.

Estabelecimento da agenda com adolescentes

Adolescentes são especialmente sensíveis a controle ou coerção. Entretanto, ao envolver o adolescente no processo de estabelecimento da agenda, o terapeuta cria a oportunidade de ajudá-lo a perceber que exerce um papel ativo no tratamento. O estabelecimento da agenda dá ao adolescente um senso de controle maior que, por sua vez, pode estimular um envolvimento mais amplo em sua própria terapia. Por exemplo, é possível perguntar: "Já falamos sobre o motivo de seus pais o trazerem aqui, mas estou interessado em ouvir as coisas que você tem vontade de conversar. O que seria útil para o ajudar a melhorar ou mudar?". O adolescente pode identificar várias questões – inclusive querer terminar o tratamento. Você e o adolescente podem trabalhar identificando subobjetivos claramente definidos, como reduzir as brigas com os irmãos, para não aborrecer os pais. Dessa forma, estarão trabalhando juntos em um item comum da agenda (p. ex., terminar o tratamento).

O estabelecimento da agenda também é difícil para adolescentes, visto que eles costumam ter tantos assuntos sobre os quais desejam falar que não conseguem decidir por onde começar. Uma pergunta útil seria "Se pudéssemos falar apenas sobre uma coisa hoje, o que você desejaria que fosse?". Ensinar os adolescentes a identificar as áreas que mais desejam trabalhar também aumenta a satisfação com o tratamento (p. ex., "Quais são as coisas mais importantes que você quer falar? O que as torna importantes?"). Os adolescentes são mais propensos a ficarem motivados quando trabalham com objetivos que eles próprios identificaram.

O estabelecimento da agenda pode ser difícil para adolescentes que resistem à estrutura e gostam de testar limites. Quando o adolescente testa os limites do terapeuta, manter a consistência da estrutura da sessão é muito importante. Se o adolescente vê que o terapeuta não é consistente em manter a estrutura da sessão, pode começar a duvidar de seu comprometimento com outras áreas do tratamento. A consistência serve para refrear os adolescentes e contrasta com o caos que pode caracterizar outros aspectos de suas vidas. Estabelecer fronteiras firmes e impor limites passa a mensagem de que você vai continuar até o fim e encoraja a confiança.

TERAPEUTA: O que você gostaria de colocar na agenda para conversar hoje?

MELISSA: Você me perguntou isso na última sessão. Desta vez, você decide.

TERAPEUTA: Bem, estou mais interessado em falar sobre as coisas que são importantes para você.

MELISSA: Bem, o especialista é você. Pode me dizer sobre o que é importante conversar.

TERAPEUTA: Na verdade, Melissa, a especialista em você é você mesma. Cabe a você escolher se vamos conversar sobre as coisas que são importantes para você e que a incomodam. Se prefere que façamos isso juntos, então talvez possamos imaginar formas de ajudar a tornar as coisas mais fáceis para você.

MELISSA: Tá certo! Como vamos fazer isso?

TERAPEUTA: Bem, primeiro precisamos definir quais os itens em que você mais precisa de ajuda hoje.

MELISSA: Meu maior problema, nesta semana, é que meus pais estão sempre me dizendo o que fazer.

TERAPEUTA: Certo. Por que você não anota isso em nossa agenda? Tem outros problemas que devemos tratar hoje e tentar resolver?

Melissa pode ter notado uma perda de controle na vida dela e tentado recuperar o controle recusando-se a colaborar com o terapeuta no estabelecimento da agenda. Em geral, os adolescentes ficam divididos entre o desejo de afirmar independência e o sentimento de insegurança sobre como lidar com a independência. Aqui, por exemplo, Melissa talvez não estivesse ciente de como escolher melhor os itens para a agenda. Ao mesmo tempo, a ansiedade pode tê-la impedido de admitir sua insegurança e, portanto, levado a uma postura de oposição. Ao lembrar Melissa do objetivo de estabelecer uma agenda e orientá-la ao longo do processo, o terapeuta ajudou no estabelecimento da agenda e, ao mesmo tempo, manteve o foco nas questões importantes para Melissa. Além disso, a estratégia permitiu que Melissa permanecesse no controle, de modo a não desafiar a independência dela (p. ex., "Cabe a você escolher se vamos falar sobre as coisas que são importantes para você e que a incomodam."). O Quadro-síntese 4.3 ressalta elementos do estabelecimento da agenda.

CONTEÚDO DA SESSÃO

Os itens específicos da agenda são abordados na parte de conteúdo da sessão. O conteúdo terapêutico é processado usando uma variedade de técnicas, como empatia, questionamento socrático, resolução de problemas e experimento comportamental. Os objetivos do conteúdo da sessão incluem manter e construir um bom entrosamento, reforçar o modelo cognitivo, resolver problemas, tratar de objetivos da terapia, identificar pensamentos automáticos e proporcionar alívio do sintoma

> **QUADRO-SÍNTESE 4.3** DICAS PARA O ESTABELECIMENTO DA AGENDA
>
> - Lembre-se: este é um processo novo e desconhecido para crianças e adolescentes.
> - Uma agenda com 1 a 3 itens é algo realista para as crianças pequenas.
> - Registrar por escrito os itens da agenda é uma estratégia útil.
> - Use a dificuldade da criança para estabelecer a agenda como um dos itens da agenda.

(J. S. Beck, 2011). Nesta parte da sessão, o clínico pode usar perguntas para ajudar o cliente a dirigir sua atenção à determinada área, gerar métodos de resolução de problemas, avaliar o funcionamento e a adaptação do cliente e evocar pensamentos e sentimentos específicos (A. T. Beck et al., 1979).

Outro elemento importante na terapia cognitiva com crianças é equilibrar estrutura, conteúdo e processo (Friedberg, 1995). A *estrutura terapêutica* abrange as tarefas inseridas na terapia, como diários de pensamento, jogos, tarefas de casa, entre outros. O *conteúdo terapêutico* é produzido pela estrutura e consiste em pensamentos, sentimentos e comportamentos evocados pelos vários procedimentos terapêuticos. Por exemplo, um diário de pensamentos (também chamado de registro de pensamentos) é uma forma de estrutura terapêutica, ao passo que os pensamentos, os sentimentos e os eventos registrados no diário de pensamentos são o conteúdo terapêutico. O *processo terapêutico* designa a forma como a criança completa tarefas, responde a perguntas e/ou resolve problemas na terapia. Você descobrirá que algumas crianças completarão com diligência um registro de pensamentos e darão respostas emocionalmente honestas. Outras irão completá-lo de modo displicente, com material emocionalmente insignificante. E, ainda, outras simplesmente se recusarão a fazer a tarefa. Cada resposta reflete um processo psicológico individual. Assim, embora a estrutura da tarefa permaneça a mesma, o conteúdo e o processo variam conforme cada criança. Dar atenção e negociar questões de estrutura, conteúdo e processo na terapia é uma forma de o terapeuta valorizar cada criança em particular.

Conteúdo da sessão com crianças

A escolha das palavras e do tamanho da frase pode ter impacto significativo sobre o entendimento de crianças mais novas (p. ex., "Sua raiva está aumentando pra valer."). Portanto, uma linguagem adequada ao desenvolvimento, incluindo palavras e frases curtas e simples, deve ser escolhida para a comunicação. Crianças mais novas têm dificuldade de prestar atenção a várias tarefas ao mesmo tempo, por isso as habilidades e instruções precisam ser dadas individualmente, com oportunidades para verificar o entendimento e a prática nesse ínterim.

O conteúdo da sessão também é influenciado pelo nível de motivação. Jovens menos motivados são mais relutantes a envolverem-se nas atividades da sessão. Tornando as tarefas mais atraentes e incentivando a cooperação, o terapeuta aumenta a motivação. Você pode aplicar habilidades com apresentações criativas para captar o interesse das crianças. Uma forma de aumentar a responsividade de uma criança é ser um terapeuta animado e envolvido, utilizando acessórios, histórias, desenhos coloridos e atividades manuais para aumentar a atratividade das tarefas terapêuticas. A transcrição a seguir mostra como um terapeuta pode motivar uma criança.

JENNIFER: Não estou a fim de conversar hoje. A gente só fica aqui falando e preenchendo formulários! Isso é tão chato. Não vou fazer nada, hoje!

TERAPEUTA: Planejei um jogo para hoje. Eu trouxe até uns prêmios novos para você, se conseguir ganhar o jogo.

JENNIFER: Isso provavelmente é um truque, e aposto que é uma chatice.

TERAPEUTA: Não sei se você vai achar chato, mas só tem um jeito de descobrir. Quer aprender o jogo e tentar ganhar um prêmio?

JENNIFER: O que vamos fazer?

TERAPEUTA: Vê estas cartas? De um lado, estão em branco, e no outro, têm uma pergunta. As perguntas são sobre coisas de que você gosta e não gosta, seus sentimentos e outras questões. Vamos espalhá-las no chão, com as perguntas viradas para baixo para que não possamos vê-las.

JENNIFER: Posso ajudar a espalhar as cartas?

TERAPEUTA: Agora, é só lançar este marcador e acertar uma carta. Se ele parar sobre uma carta, pegue-a e leia a pergunta. Se você responder à pergunta, ganha uma ficha. Se o marcador não acertar a carta e cair no chão, então será minha vez. Pronta?

A princípio, Jennifer estava desmotivada a participar da sessão. Não queria responder às atividades nem à construção de habilidades que envolvessem muita discussão ou escrita. Entretanto, o terapeuta ofereceu uma maneira criativa de identificar pensamentos e sentimentos, apresentando a habilidade com um jogo interativo. O terapeuta prendeu o interesse de Jennifer sem exigir que ela participasse, nem garantir que iria gostar do jogo ("Não sei se você vai achar chato, mas só há um jeito de descobrir. Gostaria de aprender o jogo e tentar ganhar um prêmio?"). Mais tarde, se Jennifer gostar de algum aspecto do jogo, o terapeuta deve aproveitar a oportunidade para ilustrar de que modo os "palpites" às vezes podem estar errados ("Provavelmente é um truque, e aposto que é uma chatice.").

Conteúdo da sessão com adolescentes

A criatividade e a flexibilidade permitem que o terapeuta negocie efetivamente o conteúdo da sessão com adolescentes. Em geral, incorporar os interesses dos adolescentes ao conteúdo da sessão aumenta a motivação. Por exemplo, se um adolescente gosta de escrever, pode adorar a ideia de criar um diário para registrar emoções. Dar ao adolescente algum senso de controle ou de escolha no tratamento é particularmente importante. Ajudando a reconhecer o controle e as escolhas disponíveis, o terapeuta empodera o adolescente e aumenta sua motivação.

TERAPEUTA: Você falou que o primeiro item da agenda sobre o qual gostaria de conversar era um problema com sua irmã.

KELSEY: Sim. Ela é dois anos mais nova que eu, mas sempre quer se meter quando estou com minhas amigas, e isso é irritante demais. Ela é só uma pirralha, e nós tentamos conversar sobre coisas pessoais. Não consigo convencê-la a nos deixar em paz. Já tentei de tudo, e não sei mais o que fazer.

TERAPEUTA: Às vezes, é bom criar uma lista com todas as possibilidades e então decidir quais ideias vale a pena tentar.

KELSEY: Você quer dizer, escrevê-las numa folha?

TERAPEUTA: Não acha que isso poderia ajudar?

KELSEY: Bem, talvez... Se eu escrevesse a lista, quando ela começasse a me incomodar, eu poderia achar alguma coisa nela para tentar. Já sei! Vou escrever no meu caderno e, assim, sempre terei a lista comigo.

TERAPEUTA: Então, o que você já tentou para resolver esse problema?

Nesse exemplo, o conteúdo da sessão começa com o problema que Kelsey identificou como o mais importante nessa sessão. O terapeuta usa o problema de Kelsey para ajudá-la a ensinar estratégias de resolução de problemas, mantendo, assim, o conteúdo significativo e, portanto, mais proeminente para ela. Por fim, Kelsey individualiza a tarefa, optando por registrar as respostas em seu caderno particular.

Enquanto discute o conteúdo da sessão, você pode convidar o adolescente a tomar notas, praticar habilidades e fazer as tarefas de casa por escrito para ajudar na generalização das habilidades (J. S. Beck, 2011). Pode-se fazer o adolescente registrar por escrito essas informações em um caderno que traga na capa o time de futebol ou o ator favorito dele. Subsequentemente, isso aumentará o interesse do adolescente pela atividade e pela aderência à tarefa, pois o caderno não será estigmatizado. Além disso, canetas especiais poderiam ser adquiridas e usadas para realizar as tarefas. Com o uso crescente da tecnologia pelos adolescentes, constatamos que muitos adolescentes usam seus celulares como lembretes, calendários e listadores. Muitas vezes, mostram maior disposição e até motivação para registrar seus pensamentos e sentimentos em seus celulares ou *smartphones*. Quase sempre carregam os celulares e se preocupam menos com as perguntas dos colegas sobre o que estão fazendo se os estiverem utilizando (em comparação com tirar um caderno para anotar alguma coisa). O Quadro-síntese 4.4 destaca aspectos importantes envolvidos no processamento do conteúdo da sessão.

TAREFA DE CASA

A importância da tarefa de casa é descrita em detalhes no Capítulo 10. Aqui, é importante observar que a tarefa de casa ocupa um lugar central em cada sessão e deve resultar do conteúdo da sessão. O terapeuta deseja tornar a tarefa significativa e aumentar a motivação da criança para continuar a terapia. O breve exemplo a seguir mostra como designar a tarefa de casa a um adolescente desmotivado.

JOEY: Não quero fazer essa tarefa de casa! É uma bobagem!

TERAPEUTA: Estou confuso. Um minuto atrás, você falou que precisava de ajuda para aprender a não se preocupar tanto. Agora, está dizendo que não quer tentar o que estivemos conversando?

JOEY: Isso nunca vai funcionar. Esses registros são bobos e não quero fazê-los.

TERAPEUTA: Esta tarefa talvez ajude, ou talvez não, você a se preocupar menos... eu não sei. Por que não fazemos uma experiência para ver como o preenchimento da planilha e a prática da habilidade afetam seus pensamentos e seus sentimentos de preocupação?

JOEY: De jeito nenhum! Não quero fazer esses registros estúpidos.

TERAPEUTA: O que poderia acontecer se você tentasse fazer?

JOEY: Eu já disse, não vai funcionar. Se fizer, irei perder tempo com algo inútil e por nada. Isso só vai provar que sou um caso perdido.

TERAPEUTA: O que você acha que faríamos se descobríssemos que isso não ajuda com seus sentimentos de preocupação?

JOEY: Nada.

TERAPEUTA: Você lembra de quando eu falei que as tarefas eram um tipo de experiência?

JOEY: (*Concorda com a cabeça.*)

TERAPEUTA: Bem, se a experiência nos mostrar que essa habilidade não ajuda você a se preocupar menos, qual você acha que será nosso próximo plano?

JOEY: Tentar outra experiência?

TERAPEUTA: Isso mesmo! Vamos continuar tentando coisas novas até encontrarmos uma forma de ajudar você a se preocupar menos. Então, como será preciso algum trabalho da sua parte, está disposto a tentar?

JOEY: Acho que não fará mal nenhum.

Joey inicialmente se recusou a completar a tarefa de casa ("Não quero fazer essa tarefa de casa. É uma bobagem!"). Em vez de discutir, o terapeuta aproveitou o momento para processar sua resistência e revelar distorções cognitivas, conseguindo passar a tarefa de casa com sucesso e também que ela fosse completada. A resistência de Joey derivava de suas preocupações e da convicção de que o fracasso na tarefa de casa significaria que ele era um caso

---

QUADRO-SÍNTESE 4.4 DICAS PARA O CONTEÚDO DA SESSÃO

- Equilibre a estrutura, o conteúdo e o processo terapêuticos.
- Mantenha-se consciente de sua escolha de palavras, linguagem e extensão das afirmações e perguntas.
- Seja animado e brincalhão, sobretudo com crianças mais novas.
- Individualize procedimentos e técnicas, incorporando interesses das crianças e dos adolescentes.

perdido. O terapeuta usou o questionamento socrático para desenvolver um plano com Joey, caso a tarefa de casa não ajudasse ("Bem, se a experiência nos mostrar que essa habilidade não ajuda você a se preocupar menos, qual você acha que será nosso próximo plano?").

OBTENDO *FEEDBACK*

O componente final da estrutura da sessão, a obtenção de *feedback*, representa a construção de relacionamento e de estratégias terapêuticas significativas na terapia cognitiva com crianças. No mínimo, você deveria obter o *feedback* no final de cada sessão, mas também pode pedi-lo no início e ao longo da sessão (A. T. Beck et al., 1979; J. S. Beck, 2011). Pergunta-se à criança o que foi útil, inútil ou irritante em relação à sessão e ao terapeuta. No início da sessão, podem ser feitas as seguintes perguntas:

- O que passou em sua cabeça sobre a sessão da semana passada?
- Quais pensamentos e sentimentos sobre a sessão da semana passada você gostaria de compartilhar comigo?
- Com relação à última sessão, o que foi deixado de lado?
- Como foi para você a sessão da semana passada?
- Do que você gostou na última sessão?
- De que você não gostou?

A obtenção de *feedback* também ocorre no final de cada sessão. Você deveria reservar cerca de 10 a 12 minutos para *feedback* no final da sessão, fazendo perguntas como as seguintes:

- O que foi útil em nosso trabalho de hoje?
- O que não foi útil em nosso trabalho de hoje?
- O que foi divertido?
- O que não foi divertido?
- O que fiz hoje que incomodou você?
- O que fizemos hoje que não pareceu certo para você?

Obtendo *feedback*, evita-se que as percepções errôneas, as insatisfações ou as distorções do cliente em relação ao tratamento, ao terapeuta ou ao relacionamento continuem ocorrendo e impedindo o progresso.

É normal que algumas crianças relutem em dar *feedback*, pois receiam desapontar ou aborrecer o terapeuta; outras podem ser excessivamente obedientes e submissas. Algumas crianças podem ser influenciadas por restrições culturais que as inibem de dar *feedback*. Outras, ainda, podem ser passivas e contidas. Independentemente das crenças e das motivações individuais por trás da relutância em dar *feedback*, essas dificuldades deveriam ser exploradas pelo terapeuta.

O *feedback* é obtido de várias formas, mas sugerimos uma abordagem direta: peça claramente que a criança reflita sobre o processo terapêutico. Entretanto, dar *feedback* a autoridades adultas é uma tarefa desconhecida e perturbadora para a maioria das crianças. Se houver constrangimento, o terapeuta deve trabalhar junto com a criança para resolver a dificuldade. O diálogo a seguir mostra como processar o *feedback* com uma criança.

TERAPEUTA: O que foi útil em relação ao nosso trabalho de hoje?

JAMES: Acho que foi bom simplesmente conseguir falar sobre o que está acontecendo e não ter que ouvir ninguém me dizendo o que fazer.

TERAPEUTA: Então você achou útil conseguir expressar seus pensamentos e sentimentos hoje?

JAMES: Sim.

TERAPEUTA: Bem, realmente fico feliz que você tenha compartilhado seus sentimentos e pensamentos. Isso exigiu muita coragem. O que foi inútil ou incomodou você na sessão de hoje?

JAMES: Não consigo pensar em nada. Tudo foi legal.

TERAPEUTA: Você conseguiria me dizer se houvesse alguma coisa?

JAMES: (*Mostra hesitação.*) Não sei. Talvez.

TERAPEUTA: Se eu tivesse feito alguma coisa que realmente lhe incomodasse e você me dissesse, o que poderia acontecer?

JAMES: Você poderia ficar com raiva de mim e não gostar mais de mim.

O que este diálogo nos ensina? Primeiro, o terapeuta aproveitou a oportunidade para reforçar os esforços de James na sessão ("Eu realmente fico feliz que você tenha compartilhado seus sentimentos e pensamentos. Isso exigiu muita coragem."). Em seguida, revelou os pensamentos automáticos da criança embutidos em sua relutância em fornecer *feedback* negativo ("Se eu tivesse feito alguma coisa que realmente lhe incomodasse e você me dissesse, o que poderia acontecer?"). Identificando o pensamento automático, o terapeuta e o adolescente agora podem trabalhar em colaboração para testar a exatidão do pensamento.

O *feedback* também ajuda a corrigir percepções errôneas e, portanto, solidificar a aliança terapêutica (J. S. Beck, 2011). Essas correções são importantes porque os terapeutas muitas vezes são mal interpretados pelos clientes (A. T. Beck et al., 1979). Além disso, se o *feedback* for consistentemente obtido e considerado com respeito, as reações honestas da criança serão reforçadas; as insatisfações que não foram expressas, que podem sabotar a terapia, serão evitadas.

Obter o *feedback* pode ser um desafio para os terapeutas. Inicialmente, eu (JMM) enfrentei dificuldades com esse componente da sessão, por várias razões. Primeiro, às vezes, quando duvidava de minhas próprias habilidades, temia que o *feedback* negativo apenas validasse meus medos de que estava fazendo alguma coisa errada. Segundo, não tinha certeza sobre o que fazer com o *feedback* recebido. E se fosse alguma coisa que eu não pudesse mudar? Como eu deveria reagir ao *feedback*, fosse negativo ou positivo? Como equilibrar a validação da percepção e da experiência da criança, e ao mesmo tempo desafiar quaisquer distorções cognitivas embutidas em seu *feedback*? Para enfrentar esses medos, pensei que eu precisava fazer aquilo que dizia para as crianças fazerem: reunir dados e testar meus medos! Fiz uma lista dos *feedbacks* mais desafiadores de clientes que eu podia imaginar, bem como das várias formas de lidar com essas reações. Logo percebi que eu conseguiria incorporar facilmente o *feedback* da criança na sessão. Além disso, o *feedback* evidentemente contribuía com a conceitualização. Comecei a pedir *feedback* às crianças e me senti em melhor condição para processar *feedbacks* com os clientes. Consegui extrair das crianças algumas crenças e reações muito significativas que, de outro modo, poderiam ter passado despercebidas. Alguns problemas foram rapidamente identificados e resolvidos por meio da obtenção de *feedback*.

Obtendo *feedback* com crianças

As crianças podem ficar inseguras sobre como você reagirá ao *feedback*. Assim, é importante a simplificação do processo para elas. Quando uma criança não lhe der um *feedback* negativo, pergunte: "Se houvesse alguma coisa que o incomodasse, você me contaria? Como você acha que eu reagiria?". Para deixá-las mais à vontade para fornecer *feedback*, os terapeutas podem demonstrar que cometem lapsos e não respondem negativamente aos erros. Por exemplo, em uma sessão de grupo, eu (JMM) esqueci de trazer um furador de papel em duas sessões seguidas. Precisávamos do furador para que as crianças furassem suas folhas de registros e as colocassem em seus cadernos. Na segunda vez que me esqueci, comentei: "Esta é a segunda vez que me esqueço do furador! Que coisa! Não sei o que farei para lembrar na próxima ocasião". As crianças do grupo geraram diversas ideias (p. ex., colocá-lo junto com os outros materiais para o grupo, escrever um lembrete para mim mesma, pedir ao meu supervisor para me lembrar). Então, tomei a situação como exemplo para ajudá-las a generalizar suas estratégias de solução de problemas para suas próprias vidas: "Que tipo de coisas vocês às vezes se esquecem? Essas ideias ajudariam algum de vocês a se lembrar de coisas em suas próprias vidas?". Isso não apenas demonstrou uma forma adaptativa para lidar com um erro, e formas que elas também poderiam usar para lidar com seus erros, mas também lhes forneceu um modelo em que eu não me sentia constrangida em reconhecer erros nem reagia negativamente a eles.

Várias crenças contribuem para a relutância das crianças em dar *feedback*. Crianças mais novas podem acreditar que dar *feedback* é desrespeitoso. Podem recear uma rejeição ou repreensão pelo fornecimento de *feedback* a uma figura de autoridade. Outras crianças podem acreditar que ferirão os sentimentos do terapeuta se compartilharem um *feedback* negativo. Um breve exemplo ilustra como o terapeuta pode abordar a relutância de uma criança e identificar as crenças ligadas à sua hesitação em fornecer *feedback*.

TERAPEUTA: O que você gostou em relação ao nosso trabalho hoje?

KIMBERLY: Gostei dos fantoches. O fantoche da tartaruga é o meu favorito!

TERAPEUTA: Os fantoches são mesmo divertidos! E o que você não gostou em relação ao nosso trabalho hoje?

KIMBERLY: Gostei de tudo.

TERAPEUTA: O que lhe incomodou hoje?

KIMBERLY: Nada... gostei de tudo.

TERAPEUTA: Se alguma coisa a tivesse incomodado, você seria capaz de me dizer?

KIMBERLY: Humm. Sim.

TERAPEUTA: Você não parece muito segura. Qual seria o problema se você me dissesse que alguma coisa a incomodou?

KIMBERLY: Você poderia se sentir mal.

TERAPEUTA: E, então, o que poderia acontecer?

KIMBERLY: Você não iria mais gostar de mim.

O que podemos aprender com esse exemplo? Primeiro, o terapeuta identificou partes da sessão que Kimberly achou agradáveis. Segundo, sondou a relutância de Kimberly em dar *feedback* e identificou as crenças que sustentavam aquela relutância. Terceiro, revelando esses medos ocultos, o terapeuta preparou o terreno para testar as expectativas negativas da menina.

Obtendo *feedback* com adolescentes

Como as crianças menores, os adolescentes também têm medo das consequências do *feedback* negativo. Eles podem ter medo de ficar em apuros ou de serem rejeitados. Para ajudar a aliviar essas preocupações, o terapeuta pode perguntar: "Se você me dissesse que eu fiz alguma coisa que o aborreceu ou o incomodou, como imagina que eu reagiria? O que eu poderia dizer ou fazer?". Abordar o *feedback* dessa maneira pode ser útil para revelar as crenças que estão interferindo no fornecimento de *feedback*. Por exemplo, os adolescentes podem prever rejeição, temer ofender o terapeuta e/ou acreditar que serão punidos por dizer alguma coisa negativa. Ao mesmo tempo, os adolescentes frequentemente têm maior capacidade de verbalizar a causa de sua hesitação em dar *feedback* e, portanto, a fonte de seu desconforto pode ser mais facilmente revelada com uma conversa.

Por outro lado, alguns adolescentes podem aproveitar o *feedback* como uma oportunidade de provocar psicologicamente o terapeuta! Por exemplo, um adolescente pode responder com o seguinte comentário ao terapeuta que tenta obter seu *feedback*: "Tudo foi uma droga. Você é a pior terapeuta que existe!". Nesses casos, é particularmente importante considerar a formulação de caso. Por exemplo, a resposta ao *feedback* poderia refletir uma testagem crucial do terapeuta para determinar se pode lidar com os problemas do adolescente. Além disso, o adolescente pode estar resistente ao tratamento por ter sido obrigado a fazer terapia pelos pais ou professores. Portanto, descobrir o valor funcional da ofensa à terapeuta é importante. Fazer isso esclarecerá crenças ou pensamentos incorretos que podem requerer abordagem na sessão. Além disso, o *feedback* do adolescente poderia ser discutido e a solução de problema poderia ser realizada para implantar modificações específicas no tratamento, se apropriado.

Considere o diálogo a seguir, em que o terapeuta usa a formulação de caso e discussão com Zach para descobrir seus pensamentos automáticos e receios sobre a terapia.

ZACH: Tudo foi uma droga. Você é o pior terapeuta que existe!

TERAPEUTA: Pelo jeito, você quer dizer que não viu nenhuma utilidade em nosso trabalho de hoje?

ZACH: Lógico que foi tudo inútil. Como isso poderia ajudar? Nada do que fazemos aqui vai melhorar as coisas na escola para mim. Você nem fica na escola comigo.

O terapeuta foi capaz de obter algumas informações importantes de Zach. Estes comentários podem ser usados para resolução de problema adicional e na generalização das técnicas terapêuticas das sessões para a escola. Eles permitem que o terapeuta saiba que precisa trabalhar com Zach para identificar formas mais concretas de aplicar estratégias de terapia na escola. Do mesmo modo, os pensamentos automáticos que refletem desamparo podem ser testados ao longo das próximas sessões ("Nada do que fazemos aqui vai melhorar as coisas na escola para mim."). O Quadro-síntese 4.5 fornece dicas para obter *feedback*.

CONCLUSÃO

Fazer malabarismo e manter habilmente no ar cada uma das seis bolas da estrutura da sessão facilita intervenções efetivas e eficientes. Cada componente da sessão é uma de suas partes integrais. Embora todos sejam importantes, o processo malabarístico de implementar a estrutura da sessão também impulsiona a construção da habilidade. Ser flexível permite adaptar efetivamente as sessões para satisfazer as necessidades de vários clientes, mantendo, ao mesmo tempo, seus componentes básicos. Além disso, a colaboração com as crianças e adolescentes é maximizada e favorece a participação delas no tratamento.

A princípio, fazer malabarismo com seis bolas simultaneamente pode parecer esmagador. Contudo, quanto mais você praticar a estrutura da sessão, mais fácil ela se tornará. Com a prática, você se verá fazendo malabarismos mais rápidos quando necessário, ou mudando o padrão de seu malabarismo para adequar-se às necessidades de clientes individuais. Neste capítulo, você aprendeu que a estrutura da sessão favorece a terapia cognitiva com crianças e adolescentes, incluindo sugestões para implementar cada componente da sessão de terapia cognitiva. É nesse contexto que agora você aplicará algumas das intervenções e técnicas descritas nos capítulos seguintes.

QUADRO-SÍNTESE 4.5 OBTENDO *FEEDBACK*

- Encare o *feedback* como uma tarefa fundamental na construção de relacionamento.
- Enfrente suas próprias preocupações sobre evocar *feedback* (p. ex., medo de avaliação negativa, medo das emoções negativas). Abrace suas próprias imperfeições!
- Diversifique suas perguntas e maneiras de obter *feedback*.
- Trabalhe com a evitação das crianças e dos adolescentes.
- Descubra a função do elogio ou da crítica ao terapeuta.
- Processe a reação das crianças para dar o *feedback*.
- Reserve tempo suficiente para o processamento produtivo do *feedback*.

5

Introduzindo o modelo de tratamento e identificando problemas

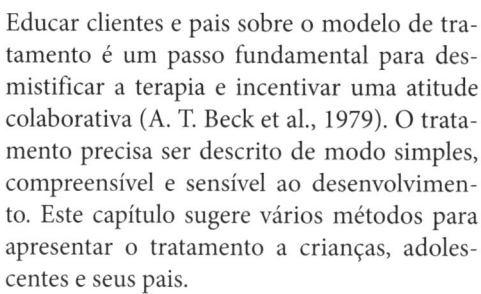

Educar clientes e pais sobre o modelo de tratamento é um passo fundamental para desmistificar a terapia e incentivar uma atitude colaborativa (A. T. Beck et al., 1979). O tratamento precisa ser descrito de modo simples, compreensível e sensível ao desenvolvimento. Este capítulo sugere vários métodos para apresentar o tratamento a crianças, adolescentes e seus pais.

Crianças, pais e terapeutas necessitam de um certo consenso em relação aos problemas a serem tratados na terapia. Esse primeiro passo pode apresentar desafios. Em geral, pais, professores ou outros adultos são os primeiros a identificar e definir os problemas das crianças para elas. Você precisa obter informações da criança para estabelecer um acordo genuíno sobre o problema a ser trabalhado. Não é recomendável continuar o tratamento antes que os problemas sejam definidos cooperativamente, pois é provável que isso ocasione bloqueios terapêuticos. Se as crianças não concordarem com o terapeuta sobre o problema delas, talvez não se sintam motivadas a fazer o tratamento. Este capítulo também oferece várias recomendações para identificar problemas com crianças e adolescentes.

INTRODUZINDO O MODELO DE TRATAMENTO A CRIANÇAS

Como você apresenta de maneira envolvente e compreensível a terapia às crianças dos anos iniciais do ensino fundamental? Obviamente, as crianças precisam receber informações concretas e simples. Se sentirem que você está dando uma palestra, elas não prestarão atenção. Por incrível que pareça, essa não é uma tarefa fácil de realizar na prática clínica. Desenvolvemos algumas estratégias, histórias, jogos e metáforas para minimizar esse problema.

Para as crianças mais novas, aplicamos um formato de livro de histórias ou figuras para ilustrar a associação entre fatos, pensamentos e sentimentos. O terapeuta faz perguntas para orientar a narrativa da história. A criança dá respostas aos estímulos do terapeuta. Muitas vezes, a criança será convidada a desenhar uma figura. O processo começa com o terapeuta desenhando a figura de uma criança segurando um balão inflável (Figura 5.1). Recomendamos que o gênero da criança no desenho seja o mesmo da criança em tratamento. O desenho também inclui um balão de pensamento. No desenho original, a criança está sem expressão, e o balão de pensamento está vazio. Em seguida, você acrescenta o primeiro estímulo. A seguinte interação ilustra o processo.

TERAPEUTA: Vou contar uma história sobre esta menina, mas primeiro vou precisar de sua ajuda. Hillary, está disposta a me ajudar?

HILLARY: Sim.

TERAPEUTA: Certo, então. Que nome vamos dar a esta garota?

HILLARY: Vamos chamá-la de Lina.

TERAPEUTA: Ok. Esta menina se chama Lina e adora balões. Ela pensa que, se tivesse um balão, ela seria a garota mais sortuda do mundo. Até que um belo dia sua mãe lhe compra um balão. Olhe, está aqui no desenho. Lina conseguiu o balão. Como acha que ela está se sentindo?

HILLARY: Muito contente.

TERAPEUTA: Ela ficou muito contente. Precisamos encontrar um detalhe para saber o quanto Lina ficou feliz. Pode encontrar um lugar neste desenho que mostra o quanto Lina ficou feliz?

HILLARY: (*Confirma com a cabeça.*) Sim. Bem aqui. (*Aponta o rosto do desenho.*)

TERAPEUTA: Não temos nenhuma expressão no rosto de Lina. Que tipo de rosto devemos colocar ali?

HILLARY: Uma carinha feliz.

TERAPEUTA: Pode desenhar um rosto feliz na menina.

HILLARY: (*Desenha o rosto.*)

TERAPEUTA: Ela está se sentindo feliz. Ah, e olha ali, em cima da cabeça dela. Sabe o que é?

HILLARY: (*Confirma com a cabeça.*)

TERAPEUTA: É um balão de pensamento. Sabe o que vai ali?

HILLARY: As coisas que ela pensa.

TERAPEUTA: Isso mesmo. Então, vamos ver se juntos conseguimos imaginar o que Lina está pensando neste momento. Ela está se sentindo feliz porque queria um balão e ganhou um. O que você acha que está se passando na cabeça dela?

HILLARY: Estou feliz, eu tenho um balão.

TERAPEUTA: Então, quando Lina se sente feliz porque ganhou o balão, o que isso significa sobre ela?

HILLARY: Que ela é uma menina de sorte.

TERAPEUTA: Vamos colocar isso no balão de pensamento. Vamos ver o que temos até agora. Lina é uma menina que realmente adora balões. Sua mãe lhe deu um balão, ela ficou feliz e pensa que é sortuda. Isso faz sentido?

HILLARY: Sim.

A Figura 5.2 mostra o desenho concluído. A transcrição ilustra diversos pontos importantes. Primeiro, o terapeuta se esforçou para envolver Hillary em todas as partes da história. Segundo, dividiu os componentes situa-

FIGURA 5.1 MENINA SEGURANDO UM BALÃO. DESENHO FEITO PELO TERAPEUTA.

cional, cognitivo e emocional da história em termos simples e concretos. Terceiro, os desenhos e as palavras representam pistas sobre a natureza da terapia. Por fim, o terapeuta resumiu a história, juntando seus componentes situacional, cognitivo e emocional.

Na segunda fase da história, o terapeuta muda a situação. Desenha uma figura semelhante à retratada nas Figuras 5.1 e 5.2. Nesse exercício, a criança aprende que pensamentos e sentimentos mudam em diferentes situações.

TERAPEUTA: Hillary, quer saber o que acontece depois?

HILLARY: Ahã.

TERAPEUTA: Certo. Bem, Lina está passeando com o balão. De repente, um carro passa na rua e joga uma pedrinha que acerta o balão. O balão estoura. O balão de Lina já não existe mais. Lina continua com a cara feliz?

HILLARY: Não.

TERAPEUTA: Exato. As coisas mudaram. Que tipo de cara ela vai ter agora?

HILLARY: Uma carinha triste.

TERAPEUTA: Você pode desenhar uma carinha triste nesta figura? Afinal, o balão estourou e Lina está triste. A frase no balão de pensamento de Lina será a mesma?

HILLARY: Não.

TERAPEUTA: Não faria sentido ela pensar que era sortuda, se o balão estourou e ela se sentia triste. Os pensamentos e sentimentos dela não combinariam com o que aconteceu. Por isso, temos que imaginar o que está se passando na cabeça dela agora. O que você acha que está no balão de pensamento?

HILLARY: Eu perdi o meu balão.

TERAPEUTA: E quando ela perdeu o balão e ficou triste, o que ela falou para si mesma?

HILLARY: Eu nunca mais vou ganhar outro.

TERAPEUTA: Esse pensamento certamente combina com o sentimento de tristeza dela. Vamos escrevê-lo no balão de pensamento. Vejamos o que temos até agora. O balão estourou, Lina ficou triste e agora ela pensa "Nunca mais vou ganhar outro balão". Eu gostaria de dar uma olhada em nossos dois desenhos e nossas duas histórias. Que coisas mudaram na segunda história?

HILLARY: Tudo.

FIGURA 5.2 DESENHO CONCLUÍDO NA PRIMEIRA FASE.

TERAPEUTA: Como assim?

HILLARY: O balão estourou, ela ficou triste e pensou que não ganharia outro balão.

TERAPEUTA: Certo. As coisas ao redor dela mudaram, os sentimentos dela mudaram e os pensamentos dela mudaram. Quais foram as coisas ao redor dela que mudaram?

HILLARY: O balão estourou.

TERAPEUTA: Pode me dizer quais são os sentimentos e os pensamentos dela?

HILLARY: Não sei direito.

TERAPEUTA: Você tem mais controle sobre as coisas que acontecem a você ou sobre seus pensamentos e sentimentos?

HILLARY: Meus pensamentos e sentimentos.

TERAPEUTA: É sobre essas coisas que você e eu vamos conversar e brincar juntos. Vou ajudá-la a aprender novas maneiras de pensar nas coisas. A aprender o que fazer quando você se sentir mal. Que tal?

A Figura 5.3 mostra o desenho concluído na segunda fase desse exemplo. O que o terapeuta realizou nessa interação? Primeiro, o terapeuta revisou explicitamente o fato, o sentimento e o pensamento para ajudar Hillary a discutir as diferenças entre os três elementos. Segundo, ele também ajudou Hillary a perceber a conexão entre fatos, sentimentos e pensamentos. Além disso, o terapeuta questionou Hillary de modo calmo para permitir que ela sugerisse um pensamento emocionalmente significativo na situação. Esse processo de questionamento prepara Hillary aos procedimentos de questionamento socrático e de verificação do pensamento que aparecem mais tarde na terapia. O terapeuta, então, indagou a ela sobre quais desses fatores ela exerce mais controle. Após Hillary responder com pensamentos e sentimentos, o terapeuta prosseguiu, enfatizando que os dois trabalharão para desenvolver novas habilidades de manejo cognitivo e comportamental.

Outra abordagem para ensinar sobre pensamentos, sentimentos, comportamentos e situações é o chamado *Diamante de Conexões* (Friedberg, Friedberg, & Friedberg, 2001). Esse método utiliza a metáfora do campo de beisebol para ilustrar o modelo cognitivo. Cada componente (cognitivo, comportamental, emocional e fisiológico) do modelo é sim-

FIGURA 5.3 SEGUNDA FASE, DESENHO FEITO PELO TERAPEUTA.

bolizado por uma base no campo. As crianças superam os obstáculos do registro, base por base; elas começam identificando sentimentos e prosseguem registrando sensações corporais, comportamentos e pensamentos associados aos sentimentos de tristeza ou de ansiedade. Após completar o exercício, o terapeuta explica que irá "cobrir todas as bases" em seu trabalho com a criança.

Em nossa experiência clínica, as crianças parecem entender facilmente o modelo apresentado no exercício do Losango de Associações. O campo de beisebol é familiar à maioria das crianças, que, então, rapidamente reconhecem que um campo de beisebol (cuja forma é um losango) não está completo sem suas quatro bases. Portanto, o relacionamento interativo entre os componentes é facilmente comunicado. A metáfora do beisebol presta-se a diversas aplicações vivenciais. As crianças podem fazer bases de cartolina e escrever nelas "Pensamentos", "Sentimentos", "Ações" e "Corpo". Então, podem ficar em cada base, enquanto compartilham os sintomas apropriados. O terapeuta pode lançar uma bola para elas quando alcançarem cada base, tornando a brincadeira mais divertida!

INTRODUZINDO O MODELO DE TRATAMENTO A ADOLESCENTES

Em geral, o modelo de tratamento é apresentado aos adolescentes da mesma maneira que para adultos (J. S. Beck, 2011; Padesky & Greenberger, 1995). De modo habitual, o modelo cognitivo é apresentado após o processo de avaliação ter sido quase ou totalmente concluído. A seguinte transcrição ilustra a forma como o terapeuta apresenta o modelo cognitivo a uma adolescente deprimida.

TERAPEUTA: Muito bem, Kendall. Você me contou muita coisa sobre si mesma e sobre as pessoas ao seu redor. Posso aproveitar a oportunidade para explicar como é o meu trabalho com jovens como você?

KENDALL: Tudo bem.

TERAPEUTA: Uma coisa que sempre me ajuda é desenhar ou tomar notas. Aposto que você já percebeu que escrevo listas enquanto você está me contando seus problemas. Como pode ver, existem quatro coisas que mudam quando você se sente deprimida. Todas essas coisas acontecem em seu ambiente. Os sintomas ou sinais de depressão ocorrem nessas circunstâncias. Está tudo claro até aqui?

KENDALL: Não sei direito. O que significa "ambiente"?

TERAPEUTA: Você se lembra de algumas coisas que aconteceram e que pareceram desencadear seus sentimentos depressivos?

KENDALL: Bem, eu terminei o meu namoro e meu pai foi embora.

TERAPEUTA: Isso realmente magoa. Seu pai e seu namorado lhe abandonaram. Todas essas coisas estão acontecendo no ambiente ao seu redor.

KENDALL: (*Começa a chorar.*) É uma barra muito pesada para uma pessoa só.

TERAPEUTA: É verdade. Você se sente muito triste, com raiva e preocupada. Essas coisas são seus sentimentos ou emoções.

KENDALL: Sim. E, agora, eu sinto dores de barriga e enxaquecas horríveis.

TERAPEUTA: É assim que os sentimentos se associam aos sintomas de seu corpo.

KENDALL: Eu me sinto péssima.

TERAPEUTA: Tão péssima que as coisas que você achava divertidas agora deixaram de ser. Você tende a guardar tudo para si mesma e a ficar trancada no seu quarto. Essas coisas são seus comportamentos.

KENDALL: É onde me sinto segura.

TERAPEUTA: E, se analisar, acima de tudo, você se culpa e acha que a maioria das suas experiências são terrivelmente desagradáveis. Você tende a ter uma visão pessimista das coisas. Chamamos isso de pensamentos ou cognições.

KENDALL: Você não teria?

TERAPEUTA: Se você ficar pensando que merece tudo de ruim que aconteceu e esperar mais coisas negativas no futuro, sem dúvida faz sentido você se sentir deprimida e pessimista. Mas o que precisamos verificar aqui é se as coisas que você diz a si mesma sobre as coisas terríveis que aconteceram são corretas. Isso faz sentido?

KENDALL: Acho que sim.

TERAPEUTA: Bem, deixe-me explicar este modelo um pouquinho mais. Está vendo estas linhas? Seu corpo, seus sentimentos, suas ações e seus pensamentos estão todos conectados entre si. Assim, se você fizer uma mudança em um desses fatores, isso refletirá nos outros três. Sobre qual destes pontos você acha que tem mais controle?

KENDALL: Os pontos dos pensamentos e das ações.

TERAPEUTA: Exato. Por que você pensa que tem mais controle sobre esses pontos?

Essa sessão terapêutica ilustra vários pontos importantes. Os problemas particulares de Kendall foram explicitamente abordados como parte da descrição, permitindo que ela se relacionasse pessoalmente com essa abordagem. Além disso, o foco cognitivo e comportamental do tratamento foi apresentado a Kendall de forma simples ("Sobre qual destes (pontos) você acha que tem mais controle?").

Outro método é a variação de um procedimento de terapia cognitiva clássica. Primeiro, o terapeuta desenha as colunas de situação, sentimento e pensamento nos registros e diários de pensamento e, em seguida, oferece a seguinte situação: "Digamos que você esteja em casa e o telefone toque". Esperar um telefonema é um fato prototípico para muitos adolescentes; muitas vezes, o telefone tem um papel central em suas vidas. Após a situação ser registrada, o terapeuta pede que o adolescente relate todos os sentimentos que poderia ter em resposta ao toque do telefone (p. ex., empolgado, irritado, triste, nervoso, tranquilo). Após os sentimentos serem expressados, o terapeuta pergunta quem poderia estar no telefone e registra as explicações na coluna de pensamento. O terapeuta deve trabalhar ativamente para compelir o adolescente a explorar todas as possibilidades sobre quem poderia ser (p. ex., namorado(a), mãe, pai, irmão, irmã, professora, vendedor, amigo(a) da mãe/do pai, amigo(a) do irmão/da irmã). A Figura 5.4 mostra um exemplo com três colunas completas.

Quando as três colunas estão completas, o terapeuta trabalha com jovens para associar os pensamentos e os sentimentos (p. ex., "Se fosse sua professora no telefone, que sentimento você teria?"). Nesse ponto, o terapeuta explica que cada pensamento molda um sentimento de forma única. O terapeuta desenha linhas para conectar diferentes pensamentos a diferentes sentimentos. Além disso, chama a atenção para a descoberta de que é comum existirem múltiplas explicações para o mesmo fato e sentimentos diversos em relação a ele. O terapeuta pode preferir usar o questionamento socrático para explicar o conteúdo (p. ex., "Quantos sentimentos nós listamos?", "Quantos pensamentos nós listamos?", "Quantas situações?", "O que isso significa sobre o fato de uma situação determinar completamente como você se sente?").

Situação	Sentimento	Pensamento
Toca o telefone em casa	Empolgado(a)Feliz	É meu(minha) namorado(a).
	Triste	É o médico com más notícias sobre a minha avó.
	Irritado(a)	É a amiga boba de minha irmã. É um vendedor.
	Preocupado(a)	É meu professor. É a polícia.
	Tranquilo(a)	É meu(minha) amigo(a) da escola me fazendo uma pergunta.

FIGURA 5.4 EXEMPLO DE UM REGISTRO DE PENSAMENTO PARA APRESENTAR O MODELO.

O próximo passo envolve ensinar ao adolescente que nem todas as explicações são exatas. Por exemplo, o terapeuta pode perguntar: "E se você achasse que era sua professora ligando para fazer um relato negativo sobre você, mas na verdade fosse um vendedor?". Nesse caso, o adolescente ficaria angustiado sem motivo. A pergunta seguinte poderia ser: "E se você achasse que era um vendedor, mas fosse sua professora?". Nessa situação, o adolescente seria pego desprevenido. Portanto, o terapeuta deve concluir explicando que, na terapia cognitiva, nós ensinamos os jovens a formularem a si mesmos questões melhores sobre as situações que ocorrem em suas vidas, de modo que eles não fiquem desnecessariamente angustiados nem sejam pegos desprevenidos.

A última fase desse exercício fornece a base para a formação de hipótese, a verificação do pensamento e a experimentação comportamental. Nessa fase, o terapeuta ensina ao adolescente que, a fim de saber qual pensamento é correto, é preciso testá-lo e coletar dados (p. ex., atender o telefone, perguntar quem está falando, etc.). Pergunta-se ao adolescente: "Como você saberá se sua suposição sobre quem está ligando é correta?" e "O que você tem que fazer para descobrir?". Por fim, o terapeuta conclui associando essa metáfora às tarefas concretas e específicas na terapia cognitiva (p. ex., "Juntos, vamos verificar quais das suas conclusões são mais exatas e úteis para você na terapia. Criaremos formas diferentes de descobrir quais julgamentos explicam melhor as coisas que acontecem a você.").

Como decidimos o método a ser utilizado? Tendemos a pegar o exemplo do telefone para adolescentes mais jovens que precisam de exemplos mais concretos e específicos. Além disso, o método do telefone é preferível quando o adolescente está menos motivado e menos envolvido no tratamento. O método do telefone se adapta bem ao tratamento em grupo. O Quadro-síntese 5.1 destaca as diretrizes para apresentar o modelo a crianças e adolescentes.

IDENTIFICANDO PROBLEMAS COM CRIANÇAS E ADOLESCENTES

Identificar problemas com crianças e adolescentes é um processo desafiador até mesmo para os terapeutas mais experientes, todavia é um importante passo inicial no tratamento, por diversas razões. Primeiro, talvez, as crianças não saibam por que estão vindo à terapia ou podem estar ressentidas por estarem consultando um terapeuta. Segundo, a fim de tratar efetivamente os problemas e compor uma abordagem de tratamento colaborativa, terapeutas, jovens e pais devem formar um consenso sobre o problema.

Muitas vezes, uma boa dose de engenhosidade é necessária para envolver os jovens no processo de identificação do problema. Algumas delas podem achar a tarefa maçante e sem graça. Outras podem considerá-la dolorosa. Na verdade, muitos terapeutas podem vê-la da mesma maneira. Entretanto, o processo não precisa ser doloroso e sem graça! Os terapeutas devem se esforçar para evitar que a identificação do problema pareça uma

---

QUADRO-SÍNTESE 5.1 APRESENTANDO O MODELO DE TRATAMENTO A CRIANÇAS E ADOLESCENTES

- Para crianças mais novas, utilize gráficos e metáforas.
- As metáforas também podem envolver crianças mais velhas e adolescentes evasivos.
- Seja específico e garanta a relevância, abordando as preocupações dos clientes e os problemas apresentados.
- Permaneça interativo e aberto à conversa; evite dar uma palestra.

confissão da criança. Se as crianças percebem uma crítica e acreditam que o terapeuta as está culpando, provavelmente se sentirão envergonhadas e indignadas. Portanto, o terapeuta criar uma forma atraente para a criança identificar os problemas, que seja empoderadora, em vez de depreciativa. Assim, nesta seção, sugerimos vários métodos para identificar problemas com crianças que estejam nos primeiros anos do ensino fundamental e com adolescentes.

Identificando problemas com crianças

Crianças mais novas podem estar completamente alheias sobre os motivos de fazer a terapia. Talvez achem que receberão uma injeção ou um remédio do terapeuta. Outras crianças podem encarar o terapeuta como uma espécie de diretor de escola que as castigará por terem criado problemas. Corrigir essas suposições equivocadas é a primeira tarefa na apresentação da terapia a uma criança e na identificação dos problemas-alvo.

As cartas para o(a) "Caro(a) Doutor(a)" ou "Caro(a) Terapeuta" oferecem uma forma de as crianças conseguirem falar sobre si mesmas fazendo algo familiar, ou seja, escrevendo uma carta e identificando os seus problemas (Padesky, 1988). Escrever uma carta é o passo inicial rumo a uma revelação de si mesmo(a) mais direta, dando à criança uma confortável sensação de distanciamento do terapeuta. Você poderia apresentar a tarefa da seguinte maneira:

> Quero conhecer você um pouquinho melhor. Uma forma de eu saber mais sobre você é se me contar mais sobre si mesmo. Já escreveu uma carta a alguém antes? Bem, é isso que eu quero que faça na próxima semana. Quero que me escreva uma carta contando o que quiser sobre si mesmo. Conte-me sobre as coisas que você faz; sua família; seus sentimentos de tristeza, de raiva ou de preocupação; as coisas de que gosta, as que lhe trazem problemas; sua escola; e seus amigos. Realmente quero que escreva qualquer coisa que queira que eu saiba sobre você. Escreva aquilo que o deixa feliz e aquilo que o perturba. Que tal?

Talvez, você prefira escrever as instruções para a carta e fornecê-las às crianças, para que elas tenham uma orientação para ajudá-las a completar a tarefa. Crianças mais novas podem falar em um gravador ou ditar uma carta a seus pais, em vez de escrevê-las pessoalmente. Desenhar figuras de coisas que as deixam felizes, com medo ou tristes é outra alternativa para crianças mais novas. Muitas crianças mais novas gostam de criar um livro de ilustrações do tipo "Tudo sobre mim". Na sessão, a criança e o terapeuta identificam um sentimento para cada página. Em seguida, a criança desenha imagens em cada página, ilustrando quais coisas a fazem sentir certas emoções. Quando as crianças voltam à próxima sessão de terapia com o livro "Tudo sobre mim" completo, isso costuma ajudá-las a se envolver em processamento profundo.

TERAPEUTA: Notei que você trouxe o livro que começamos na semana passada, e parece que você terminou todos os desenhos dos sentimentos. Bom trabalho.

TJ: Sim, a minha mãe me obrigou a fazer isso no fim de semana.

TERAPEUTA: Por que será que sua mãe queria que você fizesse isso?

TJ: Ela disse que você queria aprender sobre mim.

TERAPEUTA: É isso mesmo, seus desenhos vão me ensinar coisas sobre você. Acha que os desenhos vão ensinar algo a você sobre si mesmo?

TJ: Como assim?

TERAPEUTA: Bem, vamos dar uma olhada. A primeira página diz "feliz". Conte-me sobre suas imagens nessa página.

TJ: Esta é uma imagem minha brincando com o meu vizinho; estamos construindo uma fortaleza no quintal dele. E esta é a minha festa de aniversário na semana passada. Ganhei um novo conjunto de Lego.

TERAPEUTA: Já estou aprendendo coisas sobre você. Vejo que você realmente gosta de construir coisas, como Legos e fazer a fortaleza. Parece que existe uma "associação" entre construir e um certo sentimento para você. Ou seja, quando você faz coisas que incluem construções, em geral, você se sente de um certo modo.

TJ: Feliz! Porque é divertido, eu gosto, e eu sou muito bom nisso.

TERAPEUTA: Chamamos isso de pensamento. O pensamento é "Sou bom mesmo em construção", ou a coisa que você diz em sua cabeça, que está associada ao sentimento feliz e à construção. Ok, até aqui, nesta página temos a ação de construir, o sentimento de felicidade e o pensamento de "Sou bom mesmo em construção". Esse é realmente um ótimo exemplo de como você e eu vamos trabalhar juntos. Trabalharemos para descobrir esses tipos de associações. Se descobrirmos associações sobre as vezes em que você se sente triste ou zangado, podemos tentar coisas para mudar essas situações, para que você fique menos triste e com menos raiva. O que você acha?

TJ: Por mim, tudo bem. Eu não gosto de me sentir assim.

TERAPEUTA: Vamos olhar a página seguinte de seu livro, então. Qual o próximo sentimento que você desenhou?

TJ: Eu me desenhei triste. Esta é a imagem de quando a minha tartaruga de estimação morreu, no verão passado, e aqui está uma imagem minha, indo embora da casa de meu pai.

TERAPEUTA: Você fica triste quando se despede do seu pai e quando diz adeus para sua tartaruga que morreu.

TJ: Sim, foi o meu pai quem deu a tartaruga para mim. E agora, só posso ver meu pai poucas vezes por mês, e é uma viagem demorada da casa da minha mãe até a casa do meu pai, então isso me deixa triste. Eu nunca consigo vê-lo!

TERAPEUTA: Você fez um excelente trabalho mostrando como se sente nessas imagens. Eu posso ver no rosto que você desenhou aqui o quanto isso lhe deixa triste. Vamos dar uma olhada nas associações, como fizemos com a página feliz. Então, qual é a ação aqui?

TJ: Triste.

TERAPEUTA: "Triste" é importante, mas essa é a ação ou o sentimento?

TJ: O sentimento.

TERAPEUTA: Isso mesmo. O sentimento é "triste". Qual é a ação ou a coisa que você está fazendo na imagem?

TJ: Indo embora da casa do meu pai.

TERAPEUTA: Certo. E o que está no balão de pensamento acima da cabeça nessa imagem?

TJ: "Eu nunca consigo vê-lo".

TERAPEUTA: Encontramos outra associação. Quando você faz a ação de deixar a casa do seu pai, você se sente triste e pensa consigo mesmo: "Eu nunca consigo vê-lo".

TJ: Sim, e depois, no carro, eu costumo fazer confusão, porque começo a chorar e a gritar com a minha mãe. E ela fica muito braba quando eu chuto a parte de trás do assento dela, enquanto estamos indo para casa de carro. É por isso que eu tenho que vir aqui. Porque eu faço confusão.

TERAPEUTA: Acha que aprender sobre as associações com seus sentimentos e trabalhar em conjunto para resolver esses problemas pode ajudá-lo a não criar essas confusões?

TJ: Talvez. De que modo?

TERAPEUTA: Podemos trabalhar juntos para descobrir novas associações para você, e para mudar algumas coisas, de modo que os sentimentos tristes não sejam tão fortes e, assim, você tenha mais dias com sentimentos felizes. Gostaria de trabalhar em algumas dessas coisas comigo?

TJ: Claro.

O terapeuta utiliza a revisão dessa tarefa de casa para reforçar o modelo de tratamento e, em seguida, identificar os problemas que TJ assinalou. Esse processo colaborativo ajuda a envolver TJ na discussão de por que ele está na terapia e como isso pode ajudá-lo, em vez de o terapeuta simplesmente contar a TJ o que a sua mãe havia compartilhado anteriormente. O terapeuta pode utilizar exemplos do próprio TJ para ajudá-lo a ver os benefícios potenciais da terapia e motivá-lo a se envolver nas tarefas terapêuticas. Fazer isso também pode ajudar TJ a se sentir como um parceiro no processo, em vez de sentir que a terapia é algo que está sendo feito "para" ele.

Muitas vezes, as crianças pensam sobre os problemas em termos globais, impressionistas e vagos. Nessas circunstâncias, o primeiro trabalho do terapeuta é ajudar a criança a dividir o problema em componentes distintos, manejáveis e compreensíveis. Os exercícios do tipo "Ratoeiras" e "Vamos consertar?" (Friedberg et al., 2001) são exemplos de métodos divertidos para ajudar as crianças a especificarem seus problemas. As crianças são convidadas a listar as "armadilhas" cognitivas, emocionais e comportamentais em que elas são capturadas. Talvez, elas estejam mais dispostas a identificar "armadilhas" do que "problemas", então o terapeuta poderia fazer as crianças desenharem imagens de teias, ratoeiras ou buracos nos quais elas caem. Elas poderiam escrever seus problemas nas imagens das armadilhas. Se não quiserem desenhar, podem recortar fotos de armadilhas.

Identificando problemas com adolescentes

A identificação de problemas com pré-adolescentes e adolescentes apresenta desafios únicos. Às vezes, esses jovens são perfeitamente capazes de se beneficiar de métodos tradicionais para identificação de problemas. Outras vezes, pela falta de confiança e suspeita em relação aos adultos, eles relutam em dizer o que realmente se passa em suas mentes. Portanto, precisamos fazer esforços consideráveis para colaborar com adolescentes no processo de identificação do problema.

A forma mais convencional de identificar problemas com adolescentes é a lista de problemas (Padesky, 1988; Persons, 1989). Ao desenvolvê-la, recomendamos que você operacionalize os componentes cognitivos, emocionais, fisiológicos, comportamentais e interpessoais do problema. É relativamente comum que adolescentes relutantes se distanciem do problema ou o descrevam em termos do que os outros estão fazendo a eles. Por exemplo, quando perguntado sobre seus problemas, um adolescente não colaborativo respondeu: "Minha mãe é uma cadela irritante". Aconselhamos que você aceite inicialmente essa definição externa do problema e a considere um passo inicial rumo a um trabalho mais produtivo, em vez de repudiá-la automaticamente.

A seguinte transcrição ilustra como construir uma lista de problemas com um adolescente não colaborativo de 15 anos.

TERAPEUTA: O que vamos trabalhar hoje, Anthony?

ANTHONY: Minha mãe me irrita. Ela não larga do meu pé. Ela me trata como se eu tivesse 5 anos.

TERAPEUTA: Certo. Vamos colocar isso no papel. (*Escreve.*) Sua mãe trata você como uma criancinha e não larga do seu pé. E você não gosta disso, não é? Vamos ver se você se lembra de algum outro problema.

ANTHONY: Eles me xingam quando eu não faço o dever de casa e porque fico muito tempo assistindo à TV. Meu pai está sempre querendo que eu abaixe o volume do meu som.

TERAPEUTA: E você acha que eles não lhe dão liberdade suficiente. Sua mãe e seu pai limitam seu tempo de assistir à TV e supervisionam seu dever de casa. Aposto que esse tipo de coisa o deixa irritado.

ANTHONY: E como.

TERAPEUTA: Então, parece que você está definindo mais um problema. Vamos anotar isso também. (*Escreve.*) Agora, o que precisamos fazer é imaginar como você pode conseguir o que quer.

ANTHONY: Parece uma boa ideia.

TERAPEUTA: O que você acha que precisa fazer para ajudar a sua mãe a enxergar você como um jovem de 15 anos?

ANTHONY: Não sei.

TERAPEUTA: Ah. Você tem que me ajudar nesse assunto, tem que ajudar a sua mãe. O que você faz para sua mãe o tratar como criancinha?

ANTHONY: Pergunte a ela!

TERAPEUTA: Bem, eu até poderia fazer isso, mas então ela tomaria conta de seu plano. Achei que você queria ter mais controle sobre as coisas, para a sua mãe te irritar menos. Se permitirmos que seu pai e sua mãe definam seus problemas, acho que vamos acabar voltando à questão de você ser tratado como criancinha. O que você acha?

ANTHONY: É, pode ser.

TERAPEUTA: Certo, então o que você faz para que sua mãe e seu pai o tratem como criança?

ANTHONY: Bem, eu não dou bola para o que eles falam. Às vezes, eu esqueço de terminar a droga do meu dever de casa.

TERAPEUTA: Quer dizer que se os seus pais acharem que você os escutou mais e prestou mais atenção ao seu dever de casa, talvez eles larguem um pouco do seu pé?

O que essa interação nos ensina? Primeiro, o terapeuta explicou brevemente o propósito de identificar problemas (i.e., conhecer e entender você). Segundo, ele iniciou o processo a partir do ponto de vista de Anthony e, por meio da descoberta guiada, moldou gradualmente a definição para acomodar a própria contribuição dele às dificuldades. Terceiro, tomou nota dos problemas, comunicando a Anthony que estava escutando e levando o relato a sério. Por fim, o terapeuta demonstrou paciência e confiança durante todo o processo.

Talvez você prefira utilizar as medições padronizadas discutidas nos Capítulos 2 e 4 como forma de identificar problemas. Por exemplo, medições como CDI, SCARED, MASC e/ou RCMAS são aplicadas para monitorar o progresso e registrar o nível de funcionamento emocional. Você pode usar autorrelatos de sintomas das crianças para desencadear o processo de identificação do problema.

A seguinte transcrição mostra como usar o CDI para ajudar uma menina de 13 anos a identificar os problemas.

TERAPEUTA: Estou verificando a folha onde você marcou como se sente em relação a certas coisas. Percebi que você marcou que chora muito. Você chora muito?

WENDY: Sim.

TERAPEUTA: Pode me dizer por que você chora?

WENDY: Por muitas coisas, na verdade. Quando as minhas amigas debocham de mim, quando o meu pai fica irritado comigo, quando não posso visitar meu pai nos fins de semana.

TERAPEUTA: Posso tomar nota disso?

WENDY: Claro, fique à vontade.

TERAPEUTA: (*Escreve.*) Vou tomar nota, pois quero ter certeza de que não vou me esquecer de nada. O que você diz é importante. O que mais faz você chorar?

WENDY: Em geral, eu choro quando fico sozinha. Minha mãe diz que eu não deveria. Às vezes, eu choro quando tiro uma nota ruim.

TERAPEUTA: Entendi. Também notei que você assinalou que não está tendo muitos momentos alegres. Conte-me sobre isso.

Aqui, o terapeuta usou o relato da criança sobre seus sintomas como um trampolim para a identificação do problema. Esse é um método relativamente eficiente para identificar problemas, pois vem do próprio cliente. A transcrição ilustra como o terapeuta pode aprofundar-se no relato e obter informações mais amplas. O Quadro-síntese 5.2 resume as diretrizes para identificar problemas com crianças e adolescentes.

QUADRO-SÍNTESE 5.2 IDENTIFICANDO PROBLEMAS COM CRIANÇAS E ADOLESCENTES

- Faça um convite à colaboração; não tente arrancar uma confissão.
- Cultive métodos inteligentes.
- Permaneça lúdico(a) e flexível: utilize artes, artesanato, etc.
- Talvez você precise aceitar uma definição externa do adolescente como primeira etapa no processo.

CONCLUSÃO

A terapia é um mistério para a maioria das crianças e para suas famílias. As pessoas normalmente abordam um território desconhecido com grande ansiedade e considerável ambivalência. Ao apresentar explicitamente o modelo de tratamento, o terapeuta pode desmistificar o processo de terapia e deixar as famílias mais à vontade. Desenhos e histórias simples são formas atraentes de apresentar o tratamento a crianças. Você pode compatibilizar os métodos usados para ensinar às crianças sobre o modelo cognitivo aos interesses e ao nível de desenvolvimento das crianças. "Cartas ao(à) Terapeuta(a)", listas de problemas e medições de autorrelato padronizadas são formas úteis para identificar problemas. A identificação do problema e a introdução ao tratamento impulsionam o *momentum* terapêutico e abrem caminho para processos terapêuticos fundamentais, como automonitoramento, autoinstrução, análise racional e opções de tratamento com base no desempenho.

6

Identificando e associando sentimentos e pensamentos

Identificar sentimentos e pensamentos é uma tarefa de automonitoramento fundamental na terapia cognitiva. Este capítulo inicia com recomendações para ajudar crianças e adolescentes a identificar seus sentimentos. Em seguida, são descritos os desafios envolvidos na identificação e no relato das cognições. Depois, são explicadas a hipótese da especificidade do conteúdo, segundo a qual diferentes emoções são caracterizadas por diferentes cognições. Também são explicadas as implicações clínicas dessa hipótese. Por fim, as etapas envolvidas na elaboração de um diário/registro de pensamento são delineadas, e métodos para evitar os equívocos mais comuns são sugeridos.

IDENTIFICANDO SENTIMENTOS COM CRIANÇAS E ADOLESCENTES

Por vários motivos, a identificação de sentimentos é um dos primeiros passos na terapia cognitiva. Primeiro, avaliar o resultado do tratamento depende da capacidade das crianças de identificar seus próprios sentimentos. A menos que as crianças relatem suas emoções perturbadoras antes de quaisquer intervenções, o terapeuta não tem como saber se os seus esforços de intervenção resultaram em alguma mudança emocional positiva. Segundo, os sentimentos de angústia são pistas comuns para usar as habilidades de verificação de pensamento. Para crianças e adolescentes, reconhecer quando se sentem mal conduz à aplicação das habilidades. Terceiro, os exercícios de exposição exigem que as crianças identifiquem e suportem a expressão emocional. Por fim, a hipótese da especificidade do conteúdo é um guia para ajudar as crianças a identificar com segurança seus sentimentos.

Identificar e relatar sentimentos é uma tarefa árdua para muitas crianças. Portanto, os terapeutas precisam projetar maneiras para superar essas dificuldades. A próxima seção traz recomendações para ajudar crianças e adolescentes a identificar seus sentimentos.

Identificando sentimentos com crianças

Muitas crianças e famílias consideram a expressão emocional uma atividade desafiadora e árdua. Com frequência, proibições culturais em relação à expressão emocional e à divulgação de estados internos afetam o processo.

Indira é uma menina asiático-americana de 9 anos cuja família veio da Índia. Ela se sentia isolada, ansiosa e solitária em sala de aula. Ficava afastada da maioria das atividades em grupo e se considerava excluída nas interações com os colegas. Indira se mostra extremamente relutante em revelar seus sentimentos negativos. Sua família e o seu contexto cultural moldaram essa inibição emocional.

Assim, a tarefa de evocar os sentimentos dela precisou ser abordada com bastante cuidado. O seguinte diálogo ilustra o processo.

TERAPEUTA: A Indira realmente guarda muitos pensamentos e sentimentos para si mesma.

MÃE: Eu sei, mas este é o nosso jeito de ser. Toda a família é assim.

INDIRA: Meu pai diz que chorar não ajuda em nada. Devo apenas cuidar para fazer tudo certinho em meus trabalhos, ser boazinha com os meus amigos e educada com meus professores.

TERAPEUTA: E o que o seu pai acha disso?

PAI: Ela está absolutamente certa. Acho que os sentimentos dela a distraem e não lhe fazem bem.

TERAPEUTA: Entendo. Então, o que Indira deve fazer com os sentimentos de tristeza e preocupação que a afligem?

PAI: Ficar reclamando sobre eles não vai ajudar.

TERAPEUTA: Nisso eu concordo.

MÃE: Acho que é nossa cultura e o modo como fomos criados.

TERAPEUTA: Conte mais sobre isso para mim.

MÃE: As nossas duas famílias colocam uma grande ênfase na realização e nunca sentimos pena de nós mesmos.

PAI: Sim, é verdade. Sentir pena de si é um pouco vergonhoso.

TERAPEUTA: Humm, entendo. Para vocês, falar, escrever ou expressar sentimentos é o mesmo que sentir pena de si mesmo?

MÃE: Sim.

TERAPEUTA: Não é de se admirar que todo esse processo pareça tão estranho para todos vocês. Se falar sobre sentimentos é vergonhoso, então quem gostaria de fazer isso? Fico pensando se poderíamos aprofundar isso um pouco. Vocês concordam em analisarmos se há outra maneira de perceber que falar sobre sentimentos não é vergonhoso, nem o mesmo que sentir pena de si mesmo?

PAI: Pode ser... mas não tenho ideia de como fazer isso.

TERAPEUTA: Eu poderia guiar vocês em busca de alternativas. Que tal?

O diálogo demonstra a importância de explorar todos os obstáculos que bloqueiam a identificação de pensamentos e sentimentos. A terapeuta suavemente aplicou a descoberta guiada para revelar as regras implícitas que Indira, sua mãe e seu pai adotavam sobre expressão emocional. Em seguida, ela associou os pensamentos, sentimentos e comportamentos na sessão, de modo a desnudar seu significado psicológico ("Não é de se admirar que todo esse processo pareça tão estranho para todos vocês. Se falar sobre sentimentos é vergonhoso, então quem gostaria de fazer isso?"). Enfim, o uso deliberado da palavra "guiar" pela terapeuta propiciou um equilíbrio aceitável de orientação com a aceitação das regras culturais que moldam essa família.

Muitas vezes, identificar sentimentos com as crianças mais novas exige uma boa dose de criatividade, pois elas não têm experiência em articular seu estado emocional. Recomendamos que você ensine as crianças a como relatar seus estados de humor antes de iniciar as intervenções cognitivas.

Adotar um sistema de classificação simples para as emoções é uma boa estratégia inicial. As crianças mais novas se sentirão sobrecarregadas por um sistema complexo que exija que elas façam diferenciações sutis. Por exemplo, entender as diferenças sutis entre sentimentos, como aborrecimento, irritação, frustração e mal-estar, pode ser muito desafiador para as crianças mais novas. Por conseguinte, utilizamos o sistema de classificação tradicional, consistindo em sentimentos de raiva, tristeza, alegria, medo e preocupação.

Mapas de rostos de sentimentos

Um instrumento útil é o Mapa de Rostos de Sentimentos. O mapa oferece figuras que representam várias expressões faciais e inclui rótulos denominando a emoção apropriada sob cada imagem. Embora esses mapas sejam úteis para muitas crianças, eles têm limitações. Primeiro, crianças mais novas podem sentir-se sobrecarregadas pelo leque de rostos de sentimentos a escolher. Em segundo lugar, as palavras usadas para descrever os sentimentos tendem a ser muito sofisticadas para o vocabulário médio de uma criança de 9 anos de idade (p. ex., "arrasado"). Terceiro, dependendo da versão do Mapa de Rostos de Sentimentos utilizada, talvez o mapa não seja sensível à cultura em que a criança está inserida.

A nossa solução foi desenvolver nossos próprios mapas. Na verdade, incentivamos as crianças a fazerem os seus próprios mapas. Elas desenham rostos em branco, escolhem a cor da pele e as características faciais e oferecem rótulos para os sentimentos, conforme ilustrado na Figura 6.1. Em geral, esse é um "quebra-gelo" útil para as crianças, que são convidadas a desenhar três ou quatro rostos e escrever rótulos abaixo deles. Mapas laminados permitem mais flexibilidade: as crianças podem escrever neles com canetas hidrocor apagáveis, apagar e refazer o que julgarem necessário.

Sentimento _Feliz_

Sentimento _Triste_

Sentimento _____

Sentimento _____

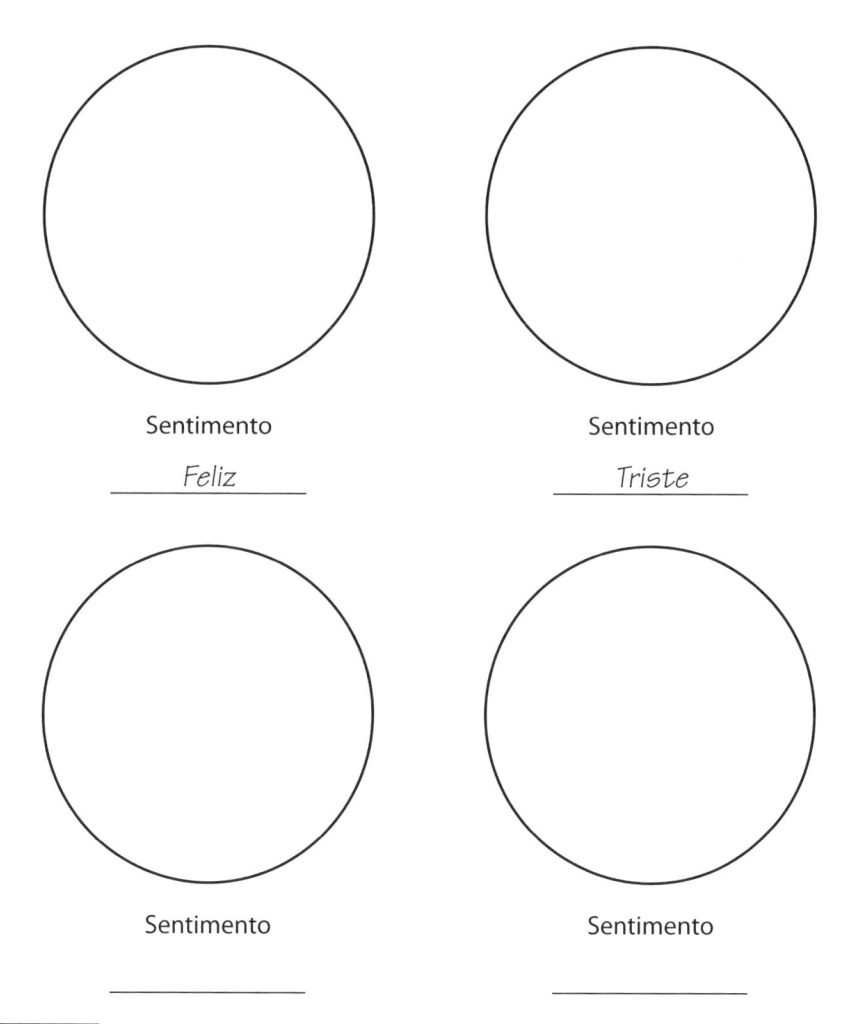

FIGURA 6.1 MAPA DE ROSTOS DE SENTIMENTOS EM BRANCO.
De Friedberg e McClure (2015). *Copyright* de the Guilford Press.
Permitida reprodução apenas para uso pessoal.

Um procedimento desenvolvido no programa de Prevenção de Ansiedade e Depressão na Juventude oferece outra variação dessa tarefa (Friedberg et al., 2001). Nessa alternativa, as crianças desenham seu sentimento na figura de um personagem, o ratinho "Pandy", e então rotulam o sentimento no desenho. Parece que desenhar o rosto de sentimento em Pandy permite que as crianças se identifiquem com o ratinho, ao mesmo tempo em que oferece um distanciamento suficiente para facilitar a expressão emocional.

Rostos de emoção de revistas

Utilizar figuras de uma revista é uma terceira variante. Disponibilizamos revistas velhas às crianças e pedimos que recortem figuras de pessoas que estão experimentando diferentes sentimentos. As crianças colam as figuras em cartolina ou em outro papel estruturado e escrevem a palavra correspondente ao sentimento abaixo de cada imagem.

Criar um Mapa de Rostos de Sentimentos individualizado tem diversas vantagens. Primeiro, olhando revistas, as crianças são capazes de recortar figuras de pessoas que provavelmente são modelos para elas. Segundo, há uma possibilidade de as crianças selecionarem as figuras mais parecidas consigo mesmas. Assim, a tarefa torna-se culturalmente responsiva e pode representar circunstâncias da vida real. Terceiro, a expressão emocional torna-se normalizada por meio desse processo. Se as crianças escolhem figuras de pessoas que elas admiram mostrando várias emoções, o ato de identificar os sentimentos torna-se menos ameaçador.

Livros ilustrados

Ler livros ilustrados com as crianças mais novas é outra forma de explorar componentes emocionais. Obviamente, deve-se escolher livros com ilustrações demonstrativas e identificáveis. Além disso, é importante escolher obras que sejam culturalmente sensíveis. Por exemplo, a série *Amazing Grace* (Hoffman, 1991) retrata maravilhosamente os desafios de uma engenhosa menina afro-americana. *The Meanest Thing to Say*, de Bill Cosby (1997), também é uma escolha interessante. *Smoky Night* (Bunting, 1994) é uma descrição emocionalmente poderosa dos distúrbios ocorridos em Los Angeles. *Mei-Mei Loves the Morning* (Tsubakiyama, 1999) e *Shibumi and the Kite-Maker* (Mayer, 1999) são obras expressivas com personagens asiático-americanos. Joy Berry (1995, 1996) escreveu livros específicos para crianças com foco emocional que incluem algumas crianças não brancas. Cartledge e Milburn (1996) apresentam uma rica pesquisa com recomendações de literatura sobre a diversidade cultural das crianças.

Enquanto lê junto com a criança a obra escolhida, o terapeuta deve fazer pausas e debater os componentes emocionais da história, pedir que a criança identifique os sentimentos dos personagens e fale sobre como são semelhantes ou diferentes dos seus. A seguinte transcrição ilustra o processo durante a leitura de *Alexander and the Terrible, Horrible, Very Bad Day* (Viorst, 1972).

TERAPEUTA: Como vimos no livro, Alexander teve um dia bem complicado na escola. Como você se sente quando tem um dia ruim na escola?

JENAE: Mal.

TERAPEUTA: Com que cara você fica?

JENAE: (*Faz uma cara chateada.*)

TERAPEUTA: Entendo. Aconteceu um monte de coisas ruins no dia de Alexander. O que acontece que faz você se sentir triste?

JENAE: Meus amigos são malvados comigo. Minha mãe grita comigo. Minha professora me dá muito dever de casa.

Filmes, peças de teatro, programas de TV, música

Embora ler livros seja uma estratégia que funciona para muitas crianças, talvez algumas não respondam bem a material escrito. Nesses casos, recomendamos filmes, peças teatrais, programas de televisão e música como formas de ajudar na identificação dos sentimentos.

Por exemplo, mostramos trechos de *O mágico de Oz* para uma criança que estava tendo dificuldade para identificar e rotular seus sentimentos. Mostramos o trecho em que Dorothy, o Leão Covarde, o Homem de Lata e o Espantalho encontram o todo-poderoso Oz. Nesse episódio, cada personagem exibe diferentes emoções em intensidades variáveis. Pediu-se, então, que a criança observasse a reação de cada personagem – a expressão facial, os comentários verbais e os comportamentos – e identificasse os sentimentos envolvidos. Em seguida, o terapeuta perguntou se a criança tinha sentimentos semelhantes. Quando o menino contou que, na verdade, se identificava com quase todos os personagens, o terapeuta ampliou o processo, pedindo para que a criança mostrasse como seu rosto ficava quando estava triste, relatando o que se passava em sua cabeça quando ele se sentia deprimido.

Auxiliando as crianças a classificar a intensidade do sentimento

Após aprender a identificar e rotular seus sentimentos, as crianças estão prontas para classificar a intensidade do sentimento. As crianças percebem as emoções categoricamente: ou as têm, ou não. Elas são relativamente incapazes de determinar a quantidade do sentimento que experimentam. Portanto, os terapeutas precisam ajudá-las a entender que os sentimentos variam em intensidade. Por exemplo, Chester, menino de 10 anos de origem europeia-americana, sabe que é ansioso, porém é incapaz de dizer quando se sente mais ansioso e quando se sente menos ansioso. Para ele, a ansiedade é uma mochila cheia de pedras: ele sabe que está pesada, mas é incapaz de calcular seu peso. A fim de que as crianças compreendam esse conceito, simplificamos a ideia com exercícios mais concretos.

Realizar o exercício de Rostos de Sentimentos é uma forma direta de começar a classificar a intensidade dos sentimentos. Quando as crianças desenham um rosto de sentimento, o terapeuta pede que elas classifiquem a intensidade com que experimentam a emoção ilustrada. Crianças mais velhas estimam seus níveis de sentimento em uma escala simples de 1 a 5. Crianças mais novas, menos sofisticadas, provavelmente necessitarão de mais assistência. Nesses casos, adicionamos caixas a seus Mapas de Rostos de Sentimentos, como ilustra a Figura 6.2.

Ao completar esse registro, as crianças desenham seus rostos de sentimentos no espaço fornecido e, então, acrescentam o rótulo do sentimento (p. ex., triste). Abaixo do rótulo, há cinco caixas, representando vários níveis de intensidade. As caixas variam de vazia a moderadamente preenchida, até completamente preenchida. Pede-se, então, que as crianças circulem ou apontem a caixa que mostra a quantidade do sentimento que experimentaram. Essas caixas correspondem satisfatoriamente à escala de classificação de 1 a 5, mais abstrata. Constatamos que as crianças apreciam esse método de identificar, classificar e comunicar seus sentimentos. Essas planilhas também mantêm registros de sentimentos antigos, os quais podem ser utilizados em futuras intervenções terapêuticas destinadas a avaliar mudanças nos sentimentos.

Para algumas crianças, a tarefa de classificação pode se tornar ainda mais concreta. Uma experimentação prática ajuda a ensinar as crianças de um modo focado. Convidar a criança a derramar água colorida em copos de plástico transparente é uma tática envolvente. As crianças são convidadas a deixar um copo vazio e a preencher os outros copos até um quarto do copo, metade do copo, 3/4 do copo e todo o copo. O terapeuta pode facilitar esse processo, marcando previamente os diferentes níveis nos copos com uma caneta marca-texto preta. Em vez de líquidos, pode-se usar miçangas, bolinhas de gude, conchas ou qualquer objeto divertido que possa encher um copo. Em seguida, pede-se às crianças para apontar o copo que mostra o quanto elas sentem o sentimento.

Os *Termômetros de Sentimentos*, ou Barômetros de Sentimentos, são instrumentos amplamente utilizados para ajudar crianças a identificar a intensidade emocional (Castro-Blanco,

Sentimento _____

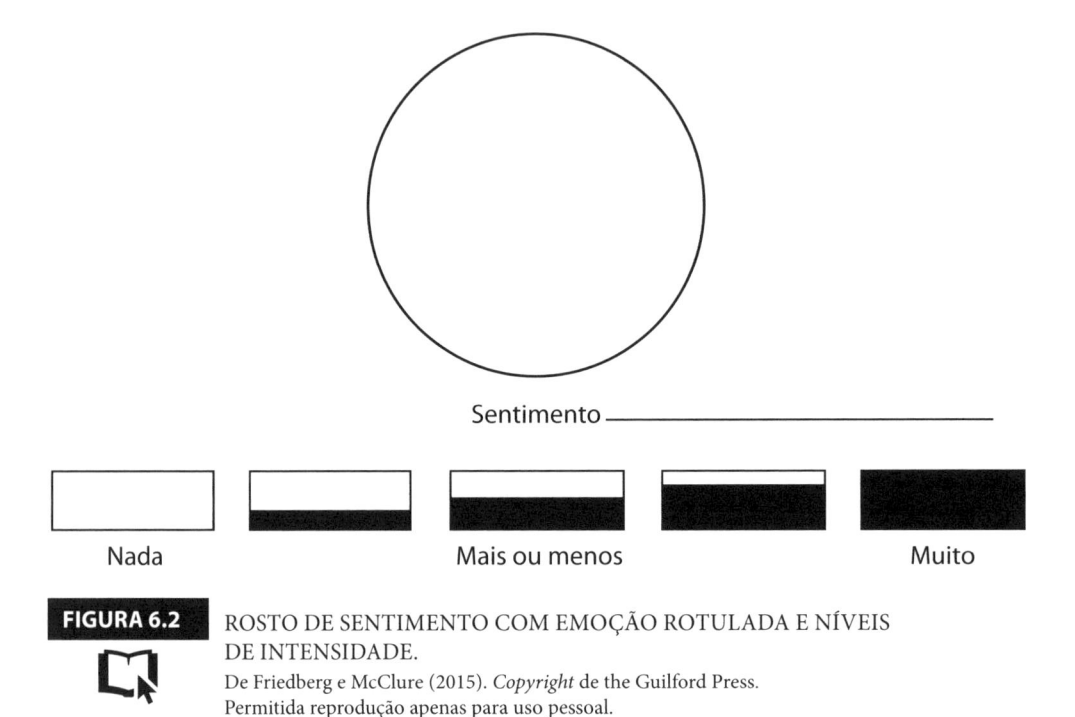

| Nada | | Mais ou menos | | Muito |

FIGURA 6.2 ROSTO DE SENTIMENTO COM EMOÇÃO ROTULADA E NÍVEIS DE INTENSIDADE.
De Friedberg e McClure (2015). *Copyright* de the Guilford Press.
Permitida reprodução apenas para uso pessoal.

1999; Silverman & Kurtines, 1996). A maioria das crianças sabe o que um termômetro faz. Além disso, a técnica permite criar metáforas úteis. Por exemplo, após uma criança ter completado o Termômetro de Sentimento, o terapeuta pode dizer: "Mostre-me no termômetro onde a sua raiva atinge o ponto de fervura".

Outro modo de registrar a intensidade emocional é o *Semáforo de Trânsito de Sentimentos* (Friedberg et al., 2001). Como o Termômetro de Sentimentos, o Semáforo de Trânsito de Sentimentos ajuda a classificar a intensidade emocional e fornece uma fonte para metáforas acessíveis. Por exemplo, experimentar sentimentos em alta intensidade pode contribuir para a paralisia comportamental e cognitiva das crianças. Na verdade, elas se deparam com o sinal vermelho e estacam em seus lugares. Reconhecer que esses sentimentos fortes podem fazê-las parar, assim como um sinal vermelho interrompe o trânsito, pode facilitar o entendimento das crianças em relação ao papel que as emoções desempenham em suas vidas.

Associar sentimentos a sensações físicas é outra forma de ajudar as crianças a identificar seus sentimentos. Em geral, elas têm consciência de suas sensações corporais/somáticas, por isso as reações fisiológicas representam pontos de apoio viáveis. Perguntar à criança "Qual é sua sensação corporal quando _____?" cria uma base para a expressão emocional. É importante associar um referencial comportamental concreto à pergunta (p. ex., "Qual é a sua sensação corporal quando ouve sua mãe e seu pai gritando um com o outro?"). Fundamentar o sentimento em uma sensação física dá às crianças um referencial concreto para seus sentimentos. A seguinte transcrição ilustra o processo de associar sentimentos a sensações físicas.

TERAPEUTA: Quando a sua professora aplica um teste de ortografia, como você sente o seu corpo?

CARLY: Todo tenso.

TERAPEUTA: Que outras mudanças você nota sobre o estado em que seu corpo fica?

CARLY: O meu estômago fica embrulhado. E a minha cabeça, cheia.

TERAPEUTA: Se o seu estômago tivesse voz, como ele diria que está se sentindo?

CARLY: Enjoado, com vontade de vomitar.

TERAPEUTA: E quanto à sua cabeça cheia? O que a voz dela diria?

CARLY: Estou cansada. Acho que peguei uma gripe.

TERAPEUTA: Então, parece que os testes de ortografia realmente fazem você se sentir doente. Você pode desenhar o seu estômago e colocar um rosto nele?

CARLY: (*Faz o desenho.*)

TERAPEUTA: Que tipo de rosto tem o seu estômago?

CARLY: Um rosto preocupado, eu acho.

Nessa interação, o terapeuta fez perguntas específicas a Carly, ligadas a referenciais concretos (p. ex., "Quando sua professora aplica um teste de ortografia, como você sente o seu corpo?"). Além disso, o terapeuta ajudou a criança a expressar o sentimento embutido na sensação física (p. ex., "Se o seu estômago tivesse voz, como ele diria que estava se sentindo?"). O terapeuta encorajou Carly a especificar ainda mais seus sentimentos de uma maneira concreta, convidando a menina a desenhar uma figura de seu "estômago enjoado". Nesse exemplo, Carly tirou proveito de perguntas abertas. Algumas crianças podem necessitar de mais orientação, por isso damos a elas múltiplas escolhas ("Você está se sentindo com raiva, triste, com medo ou preocupada?"). Além disso, se a criança não responder verbalmente, desenhamos rostos simples, felizes, tristes, preocupados e irritados, e pedimos para a criança apontar a figura correspondente ao sentimento dela.

O *Desfile de Moda dos Sentimentos* é outra maneira criativa de provocar a expressão emocional. Identificar e expressar sentimentos pode ser divertido! Kenzi é uma garota de 9 anos, de origem europeia, que se autodescreve como uma "menina da moda", mas tende a esconder seus sentimentos. Ao reconhecer as próprias emoções, ela alcança altos níveis de ansiedade, acompanhada de expectativas de reprovação, bem como previsões de perda de controle. Como forma de reduzir a evitação, Kenzi e a sua terapeuta criaram o "guarda-roupa de sentimentos".

Kenzi desenhou vestidos correspondentes às diferentes emoções em recortes de papel (p. ex., "Este é meu vestido feliz"; "Este é meu traje louco"). Um "cabide", feito de clipe de papel, foi preso com fita no topo de cada roupa. Como dever de casa, Kenzi e sua mãe, que é professora de arte, construíram um roupeiro para guardar os sentimentos. Além disso, Kenzi criou vários outros modelitos, um para cada sentimento. Quando Kenzi retornou à clínica, na sessão seguinte, a terapeuta lhe incentivou a organizar seu armário. Os sentimentos mais fáceis de identificar e de expressar eram colocados logo atrás da porta do armário, e as emoções mais evitadas eram ocultas no fundo do armário. Com essa organização, Kenzi começou o processo de construção de uma hierarquia. O Quadro-síntese 6.1 fornece dicas para identificar sentimentos com crianças.

Identificando sentimentos com adolescentes

Devido à sua maturidade emocional, os adolescentes têm uma capacidade de identificar sentimentos mais desenvolvida do que a das crianças mais novas. Nos casos de adolescentes mais limitados, pode-se recorrer às técnicas utilizadas com as crianças mais novas. Seja qual for a idade do adolescente, o terapeuta precisa assegurar-se de que o seu cliente é capaz de identificar e relatar os seus sentimentos. Esta seção traz várias sugestões para ajudar os adolescentes a identificar seus sentimentos.

Inventários de autorrelato são métodos acessíveis para identificar estados de humor de adolescentes. Quando completados pelo adolescente, CDI, MASC-2 ou SCARED fornecem uma medida aproximada dos estados

> **QUADRO-SÍNTESE 6.1 IDENTIFICANDO SENTIMENTOS COM CRIANÇAS**
>
> - Mantenha-se consciente sobre o contexto cultural.
> - Utilize um sistema de classificação simples, como triste, zangado(a), feliz, assustado(a) e preocupado(a).
> - Avalie a aplicação de métodos criativos, tais como recortar fotos de revistas, ler livros ilustrados ou assistir a programas de televisão e filmes.
> - Lembre-se de dimensionar a intensidade das emoções.
> - Pense em utilizar Termômetros de Sentimentos, réguas ou semáforos de trânsito para dimensionar a intensidade emocional.

de humor. Esses inventários são simples de completar e direcionam a atenção do terapeuta e do jovem para estados de sentimento proeminentes.

Com os *exercícios narrativos*, projetados para incitar a expressão de emoções em adolescentes, estes são convidados a escrever sobre um momento em que se sentiram tristes, com raiva ou deprimidos (Friedberg, Mason, & Fidaleo, 1992). A narrativa pode incluir as circunstâncias em torno do sentimento, sua reação fisiológica e reações cognitivas e comportamentais. Com frequência, o título escolhido para a narrativa também revela o estado emocional do adolescente.

O exercício narrativo pode ser modificado, incentivando o adolescente a *criar um poema*, *letra de música* ou *rap* descrevendo seus sentimentos. Os adolescentes podem achar essas fugas criativas libertadoras e, assim, revelar emoções mais sinceras por meio de um poema ou de uma letra de *rap*. Além disso, canções e *raps* refletem a ecologia social desses jovens. Em resumo, um jovem pode ficar mais à vontade para expressar seus sentimentos por meio de um poema ou de *rap*, do que conversar diretamente sobre eles com outra pessoa.

Muitos adolescentes sofrem com um vocabulário de sentimentos limitado. Por exemplo, podem referir-se a todos os estados emocionais negativos dizendo que estão "mal" ou "chateados". Esse vocabulário de sentimentos restrito torna difícil diferenciar entre categorias emocionais discrepantes (p. ex., irritado, triste, preocupado), bem como entre intensidades variáveis do mesmo sentimento (p. ex., aborrecido, irritado, furioso). Por exemplo, quando perguntado como estava se sentindo, Otto sempre dava a mesma resposta: "Mal". Além disso, os jovens podem usar rótulos idiográficos para comunicar seus sentimentos (p. ex., "Tanto faz"), como Julian, que repetidamente descreve seu sentimento como "agitado". Portanto, ampliando seu vocabulário de sentimentos, o adolescente tem acesso a uma gama maior de respostas e incorpora expressões idiomáticas personalizadas. Para isso, o terapeuta pode simplesmente convidar os adolescentes a listar o máximo de palavras possíveis para descrever seus sentimentos.

Criar um *cartaz ou colagem de sentimentos* também é uma tática produtiva. Nesse exercício, os adolescentes criam um cartaz, representando diferentes estados de sentimentos a partir de figuras recortadas de revistas. Uma colagem de sentimentos é bem adequada para jovens que têm dificuldade de expressar seus sentimentos com palavras. A colagem é uma tarefa graduada, em que os adolescentes iniciam o processo com a atribuição da colagem e, então, passam a experimentar a expressão verbal.

As *charadas de sentimentos*, uma variação terapêutica da conhecida brincadeira de mímica, identificam e expressam sentimentos (Frey & Fitzgerald, 2000), funcionando especialmente bem com grupos e famílias. Os jovens escolhem cartões rotulados com várias emoções (p. ex., irritação, aborrecimento, vergonha) e, então, representam a emoção escolhida usan-

> **QUADRO-SÍNTESE 6.2** IDENTIFICANDO SENTIMENTOS COM ADOLESCENTES
>
> - Incentive o preenchimento de inventários de autorrelato.
> - Tente expandir o vocabulário de sentimentos do adolescente.
> - Avalie a possibilidade de utilizar jogos ou projetos, como cartazes ou charadas de sentimentos.

do apenas expressões e ações. Os participantes dividem-se em equipes, que ganham pontos pela identificação correta dos sentimentos. O jogo permite a prática tanto da expressão das próprias emoções quanto do reconhecimento de sentimentos nos outros. A atenção a pistas não verbais associadas a estados emocionais é reforçada nesse jogo divertido e interativo. Como a lista de vocabulário de sentimentos, esse jogo é culturalmente responsivo a diferentes rótulos e expressões de sentimentos. Os indivíduos podem criar seus próprios rótulos idiográficos e demonstrar suas maneiras particulares de manifestar esses sentimentos.

Deblinger (1997) propõe um *método de programa de entrevista* extremamente criativo para facilitar a expressividade emocional de adolescentes. Em seu trabalho com vítimas de abuso sexual, Deblinger usava criativamente o formato do "telefonema", que caracteriza muitos programas de entrevista de televisão e rádio. Os terapeutas cognitivos poderiam adaptar essa estratégia para ajudar adolescentes reticentes a expressar seus sentimentos. Em geral, o terapeuta finge ser um apresentador de programa de entrevista e o adolescente age como seu convidado. O terapeuta, então, simula atender um telefonema de um telespectador que assiste ao programa de sua casa e que tem perguntas específicas sobre como o jovem se sentiu em determinadas circunstâncias. O adolescente pode achar a "distância" do "falso telespectador" confortável e demonstrar mais disposição em expressar suas emoções. Além disso, a natureza divertida e imaginativa da tarefa pode flexibilizar as proibições do jovem em relação à expressividade. O Quadro-síntese 6.2 contém sugestões para identificar sentimentos com adolescentes.

IDENTIFICANDO PENSAMENTOS E ASSOCIANDO PENSAMENTOS AOS SENTIMENTOS

O meio clássico de identificar pensamentos é a pergunta "O que está passando pela sua cabeça neste momento?", feita de modo mais propício no momento de uma mudança de humor (J. S. Beck, 2011; Padesky, 1988). Permanecer consciente dessa prática torna a terapia cognitiva uma abordagem do tipo "vivencial do aqui e agora". Não se deve, porém, fazer a pergunta de maneira excessivamente estilizada ou estereotipada (A. T. Beck et al., 1979). Certamente, pode-se alterar a pergunta de várias maneiras. Nós o incentivamos a desenvolver seu próprio estilo pessoal. Todavia, recomendamos enfaticamente que os terapeutas fiquem longe de perguntas como "O que você está pensando?" ou "Que pensamentos você está tendo sobre _____?". Esse tipo de pergunta pode limitar as respostas dos jovens, ao negligenciar processos cognitivos, como a imaginação. Em vez disso, aconselhamos os terapeutas a adotar perguntas mais abertas, como:

- O que "pipocou" em sua cabeça?
- O que passou voando pela sua mente?
- O que se precipitou em sua cabeça?
- O que varreu a sua mente?
- O que invadiu a sua cabeça?
- O que você disse a si mesmo(a)?
- O que correu pela sua cabeça?

O dispositivo mais comum que os terapeutas cognitivos usam para associar pensamentos e sentimentos é o *Registro Diário de Pensamentos* (RDP)*, também chamado

---
*N. de T. Em inglês, a sigla é DTR, de *Daily Thought Record*.

de diário de pensamentos. Há diversos modelos de RDP excelentes na literatura sobre terapia cognitiva com adultos (A. T. Beck et al., 1979; J. S. Beck, 2011; Greenberger & Padesky, 1995). Em geral, o RDP permite que os clientes relatem suas situações problemáticas, pensamentos e sentimentos perturbadores, respostas alternativas e o resultado emocional que acompanha a contrarresposta. O RDP tradicional pode ser adequado a adolescentes mais velhos.

Identificando pensamentos com crianças

Há vários registros de pensamento próprios para crianças (Bernard & Joyce, 1984; Friedberg et al., 2001; Kendall, 1990; Seligman et al., 1995). Uma pesquisa recente revelou que até mesmo crianças mais novas entendem que um balão de pensamento significa conteúdo cognitivo (Wellman et al., 1996).

Bernard e Joyce (1984) descrevem um registro de pensamento particularmente criativo para crianças mais novas, chamado *Jardim de Pensamentos*. Nesse procedimento, as crianças desenham plantas, cujas flores representam sentimentos e cujos talos indicam pensamentos; o solo representa o fato desencadeador de seus sentimentos e pensamentos. As crianças pintam as flores com cores diversas para representar os diferentes sentimentos. Em nossa experiência, elas costumam achar a tarefa divertida e interessante. A seguinte transcrição fornece um exemplo de como usar o exercício Jardim de Pensamentos com as crianças mais novas.

TERAPEUTA: Já desenhou uma flor?

KENDRA: Sim, na minha escola.

TERAPEUTA: Então, pode escolher algumas cores e eu lhe mostrarei como desenhar as flores num Jardim de Pensamentos.

KENDRA: (*Escolhe alguns lápis de cor.*)

TERAPEUTA: Certo. Vamos desenhar o solo. De que cor ele vai ser?

KENDRA: Marrom. Deixa que eu faço. (*Desenha o solo.*)

TERAPEUTA: As plantas brotam do solo. O solo representa as coisas que lhe acontecem quando você se sente mal. O que aconteceu nesta semana que a fez se sentir mal?

KENDRA: A mamãe e a Nana brigaram.

TERAPEUTA: Certo. Vamos colocar isso aqui, no solo. (*Escreve.*) Agora, temos que imaginar quais pensamentos e sentimentos nasceram disso. O que se passou em sua cabeça sobre a briga?

KENDRA: Que eu sou uma menina má.

TERAPEUTA: Esse pensamento é o talo da planta. Pode desenhá-lo. Vou escrever o que passou na sua cabeça. Certo, e como você se sentiu quando a mamãe e a Nana discutiram, e você acreditou que não era uma boa menina?

KENDRA: Triste.

TERAPEUTA: De que cor seria esta flor?

KENDRA: Cinza.

Esse exemplo ilustra que o Jardim de Pensamentos não exige tanta expressividade verbal. Desenhar não é uma tarefa ameaçadora. A metáfora do jardim permitiu que o terapeuta apresentasse o material psicoeducativo sem ter que dar uma palestra para a criança. Kendra identificou seus pensamentos e sentimentos enquanto coloria.

O exercício simples de *Balões de Pensamento Flutuando Sobre uma Face ou Sobre Figura de Cartoon* é outra forma útil para identificar pensamentos (Padesky, 1986). Nesse tipo de registro de pensamento, personagens de pessoas ou animais expressam alguma emoção e as crianças preenchem o balão (Kendall, 1990; Seligman et al., 1995). Em um engenhoso programa de Kendall (1990), chamado *Coping Cat*[**], representações perspicazes de cães sossegados e gatos exaustos envolvem os jovens na tarefa de identificação de pensamento. Friedberg e colaboradores (2001) utilizam a figura de um camundongo para identificar o sentimento, um

---

[**] N. de T. Em tradução livre, "O gato que lida com situações difíceis". CAT, aqui, também é um acrônimo inglês para *Child Anxiety Tales*, isto é, "Contos sobre a Ansiedade das Crianças". Vide http://www.copingcatparents.com/Child_Anxiety_Tales.

ícone de semáforo de trânsito para avaliar a intensidade do sentimento e um balão em branco para captar pensamentos e sentimentos. Figuras de *cartoon* e ilustrações podem fazer a terapia parecer menos trabalhosa para as crianças.

Crianças mais velhas talvez não necessitem de ilustrações tipo *cartoon* para prestar atenção. Um rosto em branco com um balão acima da cabeça pode ser suficiente. A Figura 6.3 ilustra a versão mais básica dessa prática. A criança desenha o rosto do sentimento, indica o rótulo e a força da emoção, escreve o pensamento no balão e registra o evento associado aos pensamentos e sentimentos estressantes. A seguinte transcrição ilustra o processo.

TERAPEUTA: Você realmente compartilhou uma parte muito importante de si mesmo. Vamos ver se, juntos, conseguimos registrar os seus pensamentos e os sentimentos a eles associados. Vamos tentar?

SHAUN: Acho que sim. Se você acha que vai ajudar.

TERAPEUTA: Vamos conferir. Primeiro, escreva o fato que o deixou perturbado.

SHAUN: (*Pausa e lágrimas.*) Meu pai me chamou de perdedor e preguiçoso. Ele disse que eu era uma vergonha para o nome da família.

Fato _____

Tipo de sentimento _____

Intensidade do sentimento _____

FIGURA 6.3 REGISTRO BÁSICO DE PENSAMENTOS EM *CARTOON*.
De Friedberg e McClure (2015). *Copyright* de the Guilford Press.
Permitida reprodução apenas para uso pessoal.

TERAPEUTA: Isso realmente magoa. Quando ele falou isso, como você se sentiu?

SHAUN: (*Chora.*) Senti que sou um "zero à esquerda". Nunca serei ninguém na vida. Ele me odeia.

TERAPEUTA: Essas coisas que passaram por sua mente são mesmo dolorosas. Vamos colocá-las no balão de pensamento, certo?

SHAUN: Certo. (*Escreve os pensamentos no balão.*)

TERAPEUTA: Certo, e quando seu pai lhe falou essas palavras dolorosas, e as ideias "Sou um zero à esquerda", "Nunca vou ser ninguém na vida" e "Ele me odeia" passaram por sua cabeça (*aponta as palavras no balão de pensamento*), como você se sentiu?

SHAUN: Péssimo.

TERAPEUTA: Vamos anotar isso também.

SHAUN: Podemos?

TERAPEUTA: Claro.

SHAUN: (*Escreve no registro de pensamentos.*)

TERAPEUTA: Bem, e que tipo de rosto você tinha?

SHAUN: Mais ou menos assim. (*Faz o desenho de uma cara triste e com lágrimas.*)

TERAPEUTA: Qual a intensidade de seu sentimento ruim?

SHAUN: Como assim?

TERAPEUTA: Lembra de quando fizemos os rostos de sentimento em uma escala de 1 a 10?

SHAUN: Ah, é. Eu me senti bem mal. Talvez um 9.

Essa transcrição ilustra vários pontos relevantes. Primeiro, Shaun e seu terapeuta completaram o diário de pensamentos quando ele estava sofrendo, tornando, assim, a tarefa psicologicamente valiosa. Segundo, o terapeuta conduziu o processo com delicadeza. Terceiro, como a maioria das crianças, Shaun inicialmente confundiu pensamentos com sentimentos; o terapeuta corrigiu Shaun, mas sem criticá-lo. Por fim, o terapeuta estimulou Shaun a relatar por escrito os fatos, sentimentos e pensamentos perturbadores.

Jogos de tabuleiro, conforme descrito no Capítulo 9, são outro meio possível para identificar pensamentos e sentimentos. As crianças apreciam esses jogos e respondem bem à sua natureza envolvente. Berg (1986, 1989, 1990a, 1990b, 1990c) criou uma série de jogos de tabuleiro cognitivo-comportamentais bastante úteis. Os jogos de cartas refletem áreas importantes na vida das crianças e são estímulos para identificar pensamentos e sentimentos, bem como guias para desenvolver declarações de enfrentamento e estratégias de resolução de problemas. Como tarefa de casa, as crianças podem criar seus próprios jogos de cartas.

Identificando pensamentos com adolescentes

Com crianças mais velhas e adolescentes, a identificação de pensamentos torna-se um pouco mais rotineira. A tarefa básica é semelhante à identificação de pensamentos com adultos. O RDP-padrão pode ser aplicado. Entretanto, recomendamos que o RDP seja preenchido em partes, e não inteiro. Por exemplo, no começo, as crianças podem apenas completar as colunas de situação e sentimento. Depois, na etapa seguinte, podem completar as colunas de situação, sentimento e pensamento. Dividir a tarefa em partes simplifica o trabalho e aumenta a probabilidade de promover maior adesão (J. S. Beck, 2011).

Integrar o registro de pensamentos ao conteúdo da sessão amplia a aplicação dessa ferramenta. Os jovens devem ter a fácil percepção do motivo para completar o RDP, como o RDP se relaciona com o problema apresentado e qual será o resultado. Em geral, os registros de pensamentos são feitos na sessão, enquanto os jovens descrevem suas circunstâncias angustiantes e os pensamentos e sentimentos a elas associados. Em nossa experiência clínica, verificamos que muitos adolescentes gostam de ver seus pensamentos e sentimentos descritos em palavras. Ao escrever as palavras do adolescente literalmente no RDP, o terapeuta respeita a expressão da criança por meio de seu registro, sem censuras.

A seguinte transcrição de uma sessão com Ally, jovem de 16 anos de origem europeia-americana, ilustra como é possível integrar um registro de pensamentos ao trabalho com adolescentes.

ALLY: Quando minha mãe fica me dando ordens, eu simplesmente fico uma fera. Eu fico furiosa. Ela não larga do meu pé.

TERAPEUTA: Esse problema parece realmente importante para você e para sua mãe. Se você quiser, vamos colocar isso no registro de pensamentos. O que acha?

ALLY: Tanto faz.

TERAPEUTA: Vou considerar isso como um sim. O que provocou esses sentimentos?

ALLY: Minha mãe começou a gritar comigo para que eu ajudasse a minha irmã a arrumar o quarto dela. E me proibiu de sair com minhas colegas à noite, nos dias da semana em que tem aula na escola.

TERAPEUTA: Vamos escrever isso na coluna de situação. (*Escreve.*) Certo, e como você se sentiu?

ALLY: Braba. Furiosa. Eu realmente fiquei inconformada. Ela sempre faz isso.

TERAPEUTA: Esses sentimentos são fortes. Escreva-os na coluna de sentimentos. Precisamos analisar esses sentimentos. Com que intensidade vamos classificá-los?

ALLY: Não tenho ideia.

TERAPEUTA: Precisamos encontrar uma maneira de definir a força com que você sente essas emoções. Tem gente que usa uma escala de 1 a 10 ou de 1 a 5. Outros usam uma escala de 1 a 100. Qual delas você quer usar?

ALLY: Pode ser de 1 a 10.

TERAPEUTA: Qual deveria ser o valor máximo e qual deveria ser o valor mínimo?

ALLY: 1 é o mínimo.

TERAPEUTA: Certo. Então, qual corresponde a sua fúria?

ALLY: 8, eu acho.

TERAPEUTA: 8 é muito furiosa! O que lhe deixou furiosa desse jeito?

ALLY: Eu fiquei vermelha de raiva. Comecei a gritar e a xingar. Fiquei fora de mim. Bati a porta do quarto com toda a força.

TERAPEUTA: O que se passou pela sua mente?

ALLY: Que a minha mãe é injusta, que ela é uma vadia e mal posso esperar para ter idade suficiente e sair de casa.

TERAPEUTA: Bom. Vamos escrever isso na coluna de pensamentos.

Esse diálogo ilustra como o terapeuta conduziu Ally ao longo do processo, de maneira sistemática, envolvendo conteúdo de alto poder emocional. O terapeuta usou as palavras da própria adolescente ao preencher o registro de pensamentos. Também assegurou que a intensidade do sentimento (fúria) fosse classificada.

As *frases incompletas* também podem ajudar adolescentes a captar seus pensamentos em situações específicas (Friedberg et al., 1992; Padesky, 1986). As frases incompletas são uma variação do RDP que simplesmente exigem que o adolescente preencha as lacunas em branco. As frases incompletas são apresentadas como uma tarefa graduada. Inicialmente, o terapeuta e o adolescente identificam a situação e o sentimento problemáticos; em seguida, o adolescente apresenta o seu pensamento. O terapeuta deve colaborar com o adolescente no que se refere às raízes específicas dos fatos e dos sentimentos, a fim de que a tarefa se torne individualizada. Alguns exemplos de frases incompletas para um adolescente que fica irritado com a imposição de limites são os seguintes:

"Quando minha professora diz para eu não me atrasar para a aula, fico com raiva e _____ passa pela minha cabeça."
"Quando meus pais determinam o horário em que devo estar de volta em casa, fico furioso(a) e penso_____."
"Quando meu irmão mexe nas minhas coisas, fico irritado(a) e _____ surge na minha mente."

As frases incompletas permitem flexibilidade e criatividade consideráveis. Os fragmentos podem ser construídos para abordar as áreas de tensão na vida dos adolescentes. À medida que o adolescente se familiariza com a tarefa, o terapeuta pode usar frases incompletas que incluem mais espaços em branco para completar. Por exemplo, uma forma mais complexa da técnica de frase incompleta pode ser a seguinte:

"Quando minha mãe e meu pai _____
_____, eu sinto
_____ e _____
_____ passa pela minha cabeça."

Como você pode ver, essa frase incompleta lembra as três primeiras colunas do RDP. Assim, o procedimento da frase incompleta é uma forma graduada do RDP. Os RDPs podem ser designados depois, no próximo passo terapêutico.

O Quadro-síntese 6.3 lista sugestões para identificar os pensamentos com crianças e adolescentes.

USANDO A HIPÓTESE DA ESPECIFICIDADE DO CONTEÚDO PARA ORIENTAR A IDENTIFICAÇÃO DE PENSAMENTOS E SENTIMENTOS

De acordo com a hipótese da especificidade de conteúdo, cognições específicas estão associadas com emoções específicas. Podemos usar a hipótese da especificidade do conteúdo para determinar se foi evocada a cognição mais significativa da criança. Por exemplo, os registros de pensamentos a seguir ilustram como os terapeutas e as crianças podem se esquecer de mencionar pensamentos significativos. Em cada um dos exemplos iniciais, o pensamento relatado é desconectado das correntes emocionais e reflete cognições periféricas.

Registro de Pensamentos – Exemplo 1
Fato: Minha mãe ficou doente e foi internada no hospital.
Sentimento: Preocupado (9)
Pensamento: Sinto falta dela.

Nesse primeiro registro de pensamentos, o pensamento "Sinto falta dela" está ligado à situação, porém não combina com a intensidade emocional. Surge a questão de até que ponto sentir falta da mãe está relacionado com um alto nível de preocupação. Por exemplo, qual é o perigo ou ameaça implicada em sentir falta da mãe? Qual é o perigo decorrente da internação da mãe? O pensamento não é impreciso ou distorcido, apenas reflete a realidade. Portanto, é razoável supor que um pensamento mais significativo está por trás desse pensamento provavelmente asséptico relatado. O Exemplo de Registro de Pensamentos revisado mostra como o registro de pensamentos ficaria após o processamento adicional.

Registro de Pensamentos – Exemplo 1 Revisado
Fato: Minha mãe ficou doente e foi internada no hospital.
Sentimento: Preocupado (9)
Pensamento: Sozinho, eu não conseguirei lidar com a escola. Irei me sentir sobrecarregado.

Registro de Pensamentos – Exemplo 2
Fato: Eu tirei 7,9 na prova de matemática.
Sentimento: Triste (8)
Pensamento: Meu desempenho na prova foi ruim.

No Exemplo 2 de Registro de Pensamentos, o pensamento "Meu desempenho na prova

---

QUADRO-SÍNTESE 6.3 IDENTIFICANDO PENSAMENTOS E SENTIMENTOS COM CRIANÇAS E ADOLESCENTES

- Empregue diários de pensamentos próprios para crianças.
- Complete o diário de pensamentos durante a sessão.
- Para as crianças, os jogos de tabuleiro podem ser uma boa opção.
- Para os adolescentes, as frases incompletas podem ser uma boa estratégia.

foi ruim" é uma cognição superficial que tem pensamentos mais angustiantes ocultos subjacentes. O terapeuta poderia dirigir seu questionamento para identificar possíveis visões autocríticas da criança ("O que tirar nota 7,9 na prova e ter um desempenho ruim dizem sobre você?"); visões negativas sobre os outros ("O que imagina que os outros pensarão de você, agora?"); e visões pessimistas sobre o futuro ("Como você espera que essa nota o afete?"). O Exemplo de Registro de Pensamentos revisado mostra o novo pensamento.

Registro de Pensamentos – Exemplo 2 Revisado
Fato: Tirar 7,9 na prova.
Sentimento: Triste (8)
Pensamento: Eu sou burro e minha professora não vai mais gostar de mim.

Registro de Pensamentos – Exemplo 3
Fato: Não fui convidado a uma festa.
Sentimento: Triste (8)
Pensamento: Teria sido divertido.

No Exemplo de Registro de Pensamentos 3, tem-se uma ideia superficial da importância psicológica de não ter sido convidado para a festa ou de perder a diversão. Usando a hipótese da especificidade do conteúdo, seria possível fazer as seguintes perguntas:

"O que perder a diversão significaria para você?"
"Qual a sensação de não ser convidado a uma festa que você gostaria de ir?"
"Para você, o que significa não ser convidado?"
"Como você acha que os outros o olharão quando souberem que não foi convidado?"

Após um processamento mais profundo, o Exemplo de Registro de Pensamentos 3 Revisado ilustra um diário de pensamentos mais significativo.

Registro de Pensamentos – Exemplo 3 Revisado
Fato: Não ser convidado a uma festa.
Sentimento: Triste (8)
Pensamento: Eu sou a criança menos popular da escola.

EVITANDO CONFUSÃO ENTRE PENSAMENTOS E SENTIMENTOS

Ensinamos às crianças e às suas famílias uma forma direta e simples de diferenciar entre pensamentos e sentimentos (Friedberg et al., 1992). Primeiro, dizemos que os pensamentos são as coisas que passam em suas mentes e que, em geral, tomam a forma de orações ou frases (p. ex., "Algo ruim vai me acontecer"). Em seguida, explicamos que os sentimentos são suas emoções e normalmente podem ser descritas com uma palavra (p. ex., "assustado"). Os pensamentos representam avaliações, conclusões, explicações ou julgamentos subjetivos (p. ex., "Eu sou incompetente"). Sentimentos como tristeza, chateação e frustração são rótulos simples, descritivos, que representam o relato da criança sobre seu estado sentimental.

Já que sentimentos são descrições objetivas, não deveriam ser desafiados, testados ou questionados na terapia cognitiva. Por exemplo, poderíamos responder com uma declaração do tipo: "É perfeitamente compreensível que você se sinta assustado quando pensa que algo ruim está prestes a lhe acontecer e não se julga capaz de lidar com isso. O que precisamos imaginar é se algo ruim vai lhe acontecer e você não será capaz de lidar com isso". O exemplo a seguir mostra como o terapeuta ajudou Misty, uma menina de 8 anos, a distinguir entre pensamentos e sentimentos por meio da análise de uma planilha na qual ela registrava seus sentimentos sobre a separação de seus pais.

TERAPEUTA: Como você se sentiu quando sua mãe a deixou na escola hoje, pela manhã?

MISTY: Eu anotei isso aqui, no papel. Tive a sensação de que ela nunca mais voltaria.

TERAPEUTA: Ok, isso realmente parece mostrar um pouco do que estava acontecendo quando ela a deixou. Em geral, um sentimento pode ser definido com uma só palavra. Qual palavra mostra como você se sentiu quando sua mãe a deixou na escola e você disse a si mesma que talvez ela nunca mais voltasse?

MISTY: Assustada.

TERAPEUTA: Muito bem, você conseguiu. Você se sentiu assustada. Quando ficou assustada, no momento em que saía do carro enquanto olhava para sua mãe, o que você disse a si mesma?

MISTY: Talvez ela nunca mais volte.

TERAPEUTA: Este é o seu pensamento: "Talvez ela nunca mais volte". E faz sentido ficar assustada se você pensou "Talvez ela nunca mais volte". O pensamento e o sentimento estão associados. Bem, o que podemos fazer é trabalhar juntos nesse pensamento para determinar se ele é exato e útil a você.

Nesse exemplo, Misty confundiu seu pensamento com seu sentimento. O terapeuta a incentiva a identificar o sentimento e, ao mesmo tempo, reforça a diferença entre pensamento e sentimento, para, logo depois, frisar a associação entre os dois. Em seguida, o terapeuta e Misty podem começar a trabalhar no pensamento com as técnicas cognitivas.

AJUDANDO CRIANÇAS E ADOLESCENTES A COMPLETAR UM REGISTRO DIÁRIO DE PENSAMENTO

Crianças e adolescentes precisam de instrução direta para completar um registro diário de pensamento (RDP). As crianças precisam saber como registrar o fato ou a situação. A situação é uma descrição objetiva do que está acontecendo. Em geral, os fatos são alguma circunstância ambiental ou externa (p. ex., "Perdi minhas chaves"). Às vezes, sobretudo no caso da ansiedade, o evento pode ser um estímulo interno (p. ex., "Fiquei vermelho" ou "Estou suando"). A situação é o fato que a criança está explicando ou sobre o qual ela está fazendo julgamentos e tirando conclusões. É importante certificar-se de que a situação seja uma descrição relativamente objetiva das circunstâncias aflitivas e que não contenha pensamentos automáticos ocultos.

A Figura 6.4 mostra um registro de pensamentos cuja situação contém um pensamento automático. A descrição é bastante subjetiva e contém rótulos potencialmente supergeneralizados sobre a professora e o menino. Não está claro o que aconteceu para moldar a crença do menino de que a professora é malvada, não gosta dele e acha que ele é burro. Além disso, após revisar o registro de pensamentos, o terapeuta pode concluir que a crença "A professora não gosta de mim", na verdade, seja secundária às conclusões erroneamente registradas na coluna de situação. O terapeuta terá que dedicar mais tempo para escolher as crenças relevantes com esse menino, para ajudá-lo a esclarecer a situação. A Figura 6.5 mostra um exemplo de registro de pensamentos em que a situação é objetivamente identificada e o pensamento automático é colocado na coluna adequada.

Completar a coluna de sentimentos também é um pouco mais difícil do que inicialmente parece. Primeiro, as crianças precisam acessar seu vocabulário de sentimentos. Segundo, avaliar seus sentimentos usando alguma escala. Determinar a intensidade permite entender mais profundamente a natureza das experiências emocionais dos jovens e avaliar se a cognição é significativa. Além disso, a avaliação inicial é importante para determinar se qualquer intervenção posterior será bem-sucedida; por exemplo, resultando em uma diminuição da intensidade emocional.

Situação	Sentimento	Pensamento
Meu professor é malvado e pensa que eu sou burro.	*Triste (8)*	*Ele não gosta de mim.*

FIGURA 6.4 EXEMPLO DE UM REGISTRO DE PENSAMENTO COM PENSAMENTOS AUTOMÁTICOS INCORPORADOS NA COLUNA DA SITUAÇÃO.

Situação	Sentimento	Pensamento
Meu professor disse que eu não estava prestando atenção na aula.	Triste (8)	Ele não gosta de mim. Ele foi malvado por falar isso para mim. Ele me fez sentir burro, e eu acho que não conseguirei fazer meu trabalho, e ele vai continuar pensando que sou burro.

FIGURA 6.5 EXEMPLO DE UM REGISTRO DE PENSAMENTOS CORRIGIDO.

Registrar pensamentos e imagens é o terceiro passo no registro de pensamentos habitual. Para preencher esta coluna, os jovens precisam aprender a fazer a si mesmas a pergunta fundamental: "O que está passando pela minha cabeça?", bem como saber diferenciar entre pensamentos e sentimentos. Por fim, deve-se considerar a hipótese da especificidade do conteúdo e avaliar se o pensamento listado combina com a intensidade emocional relatada pela criança na coluna de sentimentos. Dessa forma, aumenta-se a probabilidade de trabalhar com o conteúdo cognitivo mais psicologicamente atual e urgente. O Quadro-síntese 6.4 apresenta algumas diretrizes para completar registros de pensamentos.

CONCLUSÃO

Identificar sentimentos e pensamentos é o fundamento da terapia cognitiva com crianças. Como terapeutas, temos que ensiná-las a cuidar de suas emoções e de seu diálogo interno. Portanto, temos que tornar a prática envolvente, a fim de que os jovens prestem atenção em seus pensamentos e sentimentos. Neste capítulo, você foi convidado a experimentar formas de ativar os processos de automonitoramento. Experimente múltiplas técnicas e abordagens, captando pensamentos e sentimentos de ângulos diversos. Seja criativo e siga as indicações da criança ou do adolescente sobre quais mecanismos de registro são mais significativos para ele ou ela. Muitos continuam preferindo o método tradicional de lápis e papel. Outros optarão por gravar suas respostas verbalmente ou por escrever em dispositivos eletrônicos modernos (*laptops*, iPads, celulares, etc.). Dedique tempo e esforço a essa tarefa clínica fundamental. Assim, você aumentará as suas chances de conseguir retorno terapêutico a partir de suas intervenções de autoinstrução e de análise racional.

QUADRO-SÍNTESE 6.4 DICAS PARA AJUDAR CRIANÇAS E ADOLESCENTES A COMPLETAR UM REGISTRO DIÁRIO DE PENSAMENTO

- Ensine que a situação é uma descrição objetiva do que está acontecendo.
- Certifique-se de que não existam pensamentos automáticos nas colunas de situação ou de sentimentos.
- Lembre-se de que o sentimento deve ser dimensionado/quantificado.
- Permaneça atento à hipótese da especificidade do conteúdo.

7

Diálogos socráticos terapêuticos

As crenças imprecisas das crianças nascem de aparências enganosas, lógica distorcida, pressupostos tendenciosos e raciocínios profundamente falhos (Bandura, 1986; A. T. Beck, 1976). Sendo assim, três aspectos básicos caracterizam o método socrático na prática clínica: o questionamento sistemático, o raciocínio indutivo e a construção de definições universais (Overholser, 1994, 2010).

QUESTIONAMENTO SISTEMÁTICO

Ao usar o questionamento sistemático, recomendamos que o terapeuta não considere irracionais ou disfuncionais todos os pensamentos automáticos dos jovens (Young, Weingarten, & Beck, 2001). Em vez disso, o incentivamos a descobrir a origem das crenças e suposições das crianças. Se o terapeuta adotar uma postura gentil e curiosa, as crianças tenderão menos a ver o diálogo socrático como um interrogatório. De acordo com Overholser (1993a):

> Sob alguns aspectos, o processo é semelhante a ajudar uma criança a montar um quebra-cabeça. Se você entrega uma peça à criança, mas ela não consegue achar o lugar certo, você não continua entregando a mesma peça. Em vez disso, pode dar a ela outras peças. À medida que a imagem começa a se formar, a criança pode facilmente posicionar a peça originalmente difícil. (p. 72)

Tipos de perguntas

As *perguntas lógicas* desafiam as crenças (ilógicas) e o raciocínio causal das crianças. As *perguntas empíricas* solicitam que o cliente utilize dados e informações para desenvolver novas crenças (p. ex., "Qual é a evidência?"). As *perguntas funcionais* enfatizam os custos e os benefícios de pensamentos, sentimentos e comportamentos (p. ex., "Quais são as vantagens de pensar que você é um tolo?"). No paradigma de Beal, Kopec e DiGiuseppe (1996), as crenças alternativas racionais são declarações de enfrentamento que contrariam pensamentos imprecisos ou mal-adaptativos (p. ex., "Tem uma turminha que não gosta de mim, mas eu ainda tenho muitos amigos. Para ser popular, não preciso que todo mundo goste de mim.").

Os estilos revelam como as perguntas são feitas (Beal et al., 1996). Um *estilo didático* é caracterizado pelo ensino direto. O *estilo socrático* é marcado por perguntas que orientam a descoberta das crianças. O *estilo metafórico* envolve ampliar a perspectiva da criança por meio do uso de analogias e metáforas. Por fim, o *estilo humorístico* incentiva a criança a rir da imprecisão de seus próprios pensamentos.

Em nossa prática, tendemos a nos basear em perguntas lógicas, empíricas e funcionais, feitas em estilos socráticos, metafóricos e bem-humorados. Com adolescentes, geralmente enfatizamos o método socrático. As crianças mais novas têm mais dificuldade com o método socrático (Overholser, 1993a). Se você combinar uma abordagem metafórica ou humorística com questionamentos lógicos, empíricos e funcionais, isso pode ser mais atraente para as crianças mais novas.

Muitas das técnicas descritas nos Capítulos 8 a 13 podem ser classificadas em uma das seguintes categorias:

1. Qual é a evidência?
2. Qual é a explicação alternativa?
3. Quais são as vantagens e as desvantagens?
4. Como posso resolver o problema?
5. Descatastrofização (J. S. Beck, 2011).

Todas essas perguntas de testagem dos pensamentos convidam as crianças a avaliar suas inferências, julgamentos, conclusões e avaliações.

Modificando o diálogo com base na criança

Um diálogo socrático terapêutico precisa ser modificado com base nas respostas das crianças. Por exemplo, suas respostas podem basear-se em itens como: nível de sofrimento, tolerância à ambiguidade/frustração, formação cultural, nível de maturidade psicológica ou reação ao processo de questionamento. O termo "reatância" refere-se à tendência de as pessoas resistirem quando percebem que estão sendo controladas (Brehm, 1966). A menos que avalie como a criança está respondendo ao diálogo, o terapeuta não saberá como modificar suas próprias respostas. A Figura 7.1 ilustra as questões fundamentais a serem consideradas.

Essa avaliação informal imediata pode ser complicada. Muitas vezes, não conseguimos modular o questionamento e negligenciamos o nível de responsividade da criança. Nesses casos, tentamos avançar, porém não percebemos muitos progressos. Permanecer alerta às pistas explícitas e veladas dadas por uma criança é fundamental para o sucesso. Por exemplo, Jonie, menina de 12 anos, remexia-se na cadeira, olhava pela janela e respondia com respostas tangenciais em pontos fundamentais durante a sessão. Prestando atenção às suas pistas sutis, o terapeuta finalmente entendeu que ela acreditava haver uma resposta correta para cada uma das perguntas. Em vez de arriscar a desaprovação do terapeuta dando uma resposta "errada", Jonie evitava responder todas as perguntas!

O nível de sofrimento da criança

Ao iniciarmos um diálogo terapêutico, indagamos: "Qual é o nível de sofrimento da criança?". Em nossa experiência, se a criança está em um estado de sofrimento intenso, diálogos abstratos bombardeados com múltiplas perguntas raramente são uma boa tática. Em geral, também evitamos perguntas que exijam análise racional profunda. Por exemplo, um menino ficou agitado e irritado durante a sessão. Em vez de estimular amplas explicações, explorações ou descobertas, o terapeuta concentrou-se em fornecer apoio e orientação ("Você está de cabeça quente. O que o deixou tão irritado? Como posso ajudá-lo a se acalmar e se manter em controle?").

A tolerância da criança à frustração e à ambiguidade

A capacidade da criança de tolerar frustração e ambiguidade é uma segunda questão importante. Com crianças que não lidam bem com a ambiguidade, começamos com perguntas mais concretas e simples (p. ex., "Quando Jason pegou seu chapéu e você ergueu os punhos para brigar, o que passou pela sua cabeça?"). Para jovens com pouca tolerância à ambiguidade e à frustração, perguntas abertas podem expandir seus limites. Portanto, começamos com aquelas mais restritas e avançamos para perguntas mais abertas. Analise o caso de April, que estava furiosa porque sua mãe controlava sua forma de se vestir. Após várias passagens malsucedidas com perguntas mais abstratas, abertas ("O que você gostaria que acontecesse?", "De que modo você gosta-

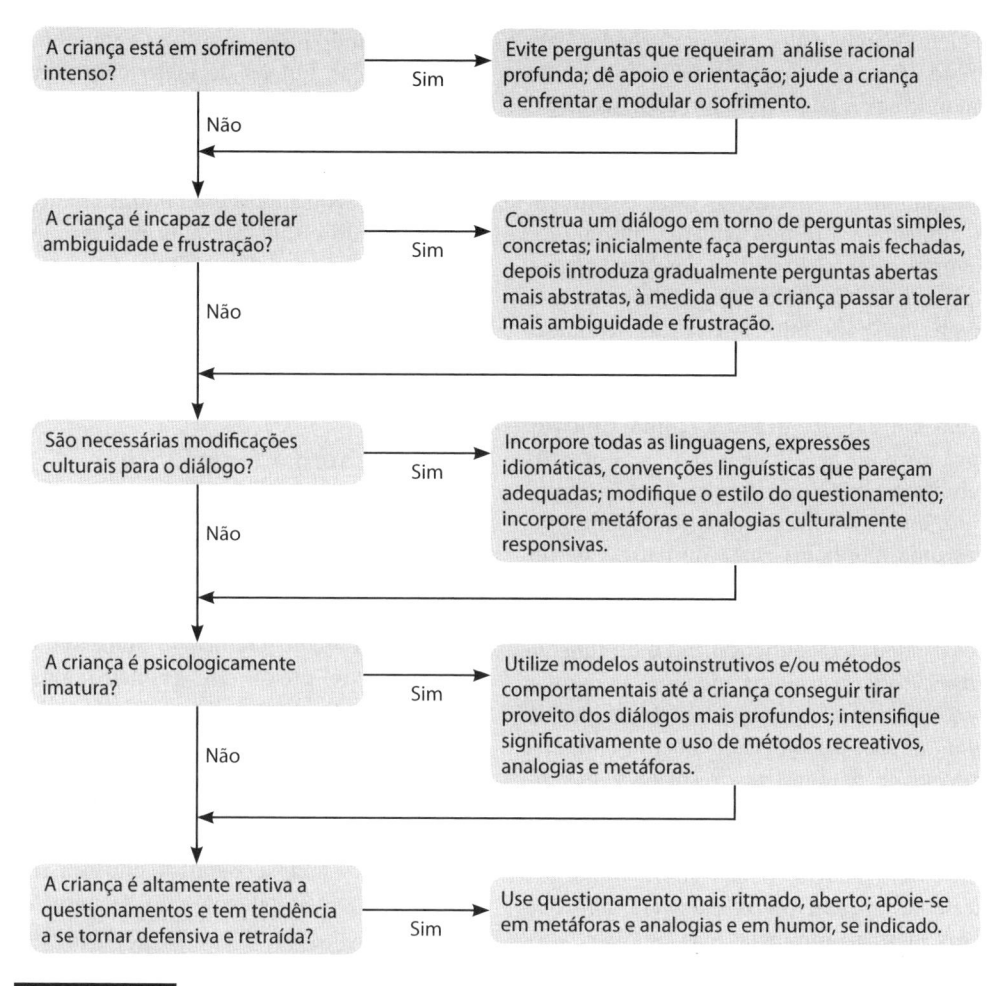

```
A criança está em sofrimento     ──Sim──▶  Evite perguntas que requeiram análise racional
intenso?                                    profunda; dê apoio e orientação; ajude a criança
     │                                      a enfrentar e modular o sofrimento.
    Não
     ▼
A criança é incapaz de tolerar   ──Sim──▶  Construa um diálogo em torno de perguntas simples,
ambiguidade e frustração?                   concretas; inicialmente faça perguntas mais fechadas,
     │                                      depois introduza gradualmente perguntas abertas
    Não                                     mais abstratas, à medida que a criança passar a tolerar
     ▼                                      mais ambiguidade e frustração.

São necessárias modificações     ──Sim──▶  Incorpore todas as linguagens, expressões
culturais para o diálogo?                   idiomáticas, convenções linguísticas que pareçam
     │                                      adequadas; modifique o estilo do questionamento;
    Não                                     incorpore metáforas e analogias culturalmente
     ▼                                      responsivas.

A criança é psicologicamente     ──Sim──▶  Utilize modelos autoinstrutivos e/ou métodos
imatura?                                    comportamentais até a criança conseguir tirar
     │                                      proveito dos diálogos mais profundos; intensifique
    Não                                     significativamente o uso de métodos recreativos,
     ▼                                      analogias e metáforas.

A criança é altamente reativa a  ──Sim──▶  Use questionamento mais ritmado, aberto; apoie-se
questionamentos e tem tendência             em metáforas e analogias e em humor, se indicado.
a se tornar defensiva e retraída?
```

FIGURA 7.1   MAPA DE FLUXO PARA DIÁLOGOS SOCRÁTICOS.

ria que sua mãe mudasse?"), ela foi beneficiada pelas escolhas que a ajudaram a restringir suas respostas (p. ex., "Você gostaria que sua mãe gritasse e xingasse, a pressionasse, ou que falasse com você como se você fosse uma moça?").

A formação cultural da criança

A linguagem é moldada pela formação cultural, por isso perguntas iguais podem ser percebidas de modo diferente por pessoas de culturas diferentes (Tharp, 1991). Será preciso verificar como a criança está experimentando suas perguntas (p. ex., "Você gosta quando eu faço estas perguntas?"). Além disso, é bom assegurar-se de que as metáforas e analogias utilizadas estão ajustadas à formação cultural da criança (Friedberg & Crosby, 2001). Por fim, se for adequado, devem ser incluídas as expressões idiomáticas da própria criança em seu diálogo. As técnicas narrativas descritas no Capítulo 9 podem ser modos culturalmente responsivos de testar pensamentos. Incluir o linguajar das crianças em seu diálogo é uma questão importante, mas complicada. Para certos jovens, o linguajar individual deles estabelece uma fronteira entre o mundo das crianças e o dos adultos. Nessas situações, não vá além! Não há nada mais perturbador para um adolescente do que um terapeuta adulto tentando agir e falar como um adolescente!

Dar às crianças a oportunidade de transformar metáforas e analogias e torná-las pessoais, familiares e reflexivas de seus ambientes aumentará a responsividade cultural. Por exemplo, o exercício *Trilhos dos Meus Medos*, explicado no Capítulo 12, pode ser bastante envolvente para muitas crianças, contudo, para aquelas que nunca viajaram de trem, talvez não desperte interesse. Para crianças que vivem em cidades grandes, como Chicago, Nova York ou São Francisco, trens e metrôs viabilizam a metáfora do trem. Em Cincinatti, Ohio, onde não há metrôs, geralmente usamos uma montanha-russa do parque de diversões local como um tipo de trem.

Ao tornar as metáforas e a linguagem em seus diálogos terapêuticos mais culturalmente significativas, não tenha medo de perguntar aos jovens o que a metáfora tem de envolvente e por que ela é psicologicamente presente. Sua curiosidade demonstrará respeito pelo ambiente e pelo contexto da criança. Eu (R.D.F.) lembro que, na primeira vez que ouvi um jovem usar a palavra "phat" (gíria para "legal, excelente"), pensei que a palavra era "fat" (que tem a mesma pronúncia, mas significa "gordo, gorda"). Ao revelar minha ignorância, o jovem achou graça e depois, generosamente, me deu a dica.

A maturidade psicológica da criança

O terapeuta terá de ajustar seus diálogos socráticos ao nível de maturidade psicológica da criança. Para as crianças imaturas, contar com estratégias recreativas e metafóricas é uma boa alternativa. Esses jovens podem aceitar brincadeiras com fantoches ou marionetes, artesanato e analogias. Por exemplo, os exercícios vivenciais, como a atividade manual do Relógio de Pensamentos-Sentimentos, discutida posteriormente neste capítulo (ver também Capítulo 9), são um bom instrumento. Eu (R.D.F.) estava trabalhando com um menino de 6 anos que apresentava problemas na escola, dando socos, mordidas e chutes nas outras crianças. Em vez de apelar para técnicas de persuasão puramente verbais, eu brincava de escola com ele, usando bonecos. Em uma sequência, o boneco que representava o menino começou a morder as outras crianças e ficou isolado e solitário. A brincadeira gerou um diálogo produtivo ("O que aconteceu ao menino?"; "Isso é uma coisa boa ou é uma coisa ruim?"), no qual a criança foi capaz de ver que morder resultava em consequências negativas.

Dicas para tornar terapêutico o questionamento socrático

Escute ativamente; evite interrogar

Eu (R.D.F.) venho alertando sobre várias armadilhas comuns na construção de diálogos socráticos com crianças e adolescentes (Friedberg, no prelo). Em primeiro lugar, evite interrogar clientes jovens. Esmagar os pensamentos automáticos não é o objetivo da terapia cognitiva. Tryon e Misurell (2008) nos recordam que "todo o processo de reestruturação cognitiva, considerado o principal mecanismo da terapia cognitiva, pode ser entendido como a implementação da indução de dissonância cognitiva e do princípio de modelo da redução, utilizando várias técnicas cognitivas e comportamentais" (p. 1304). Portanto, um questionamento rigoroso, implacável e incisivo está fora de propósito. A escuta ativa exerce um lugar central no diálogo socrático (Padesky, 1993). O conflito no processo é improdutivo. Portanto, muitas vezes consideramos útil pedir permissão para testar os pensamentos.

Evite questões para as quais você já sabe a resposta

Overholser (2010) convincentemente salientou que o método socrático leva em conta as limitações de entendimento dos clínicos. Ele se refere a essas limitações como rejeição de conhecimento e ignorância socrática. Mais especificamente, explicou: "Um terapeuta socrático evita o papel de especialista que afirma ter todas as respostas e soluções para os problemas dos clientes" (p. 358). Ao desenvolver um diálogo socrático, evite fazer perguntas de cujas respostas você já tenha certeza. O questionamento socrático não é apenas uma oportunidade para orientar o cliente, mas também uma oportunidade de demonstrar a sua curiosidade. Elaborar perguntas cujas respostas você já sabe talvez não estimule a verdadeira descoberta guiada. Os jovens podem pensar que você está fazendo uma pergunta para ouvir a resposta que quer! Às vezes, infelizmente, nós (terapeutas) agimos como verdadeiros "sabichões" e aplicamos processos socráticos apenas por exibicionismo (p. ex., "Posso usar minhas perguntas para mostrar o quanto você está errado!"). A dinâmica da terapia, ou *momentum* terapêutico, sofre quando agimos de modo tão presunçoso. Assim, incentivamos o terapeuta a usar o processo de questionamento socrático para genuinamente promover maior compreensão sobre a base de dados das crenças do cliente. Além disso, não suponha que você conhece a base sobre a qual as crenças do jovem são formadas (Rutter & Friedberg, 1999). Com frequência, na condição de terapeuta, você deve descobrir a base de dados das crenças do cliente junto com o próprio cliente.

Procure questões melhores, não respostas definitivas

Overholser (2010b) indicou que boas perguntas socráticas facilitam o pensamento, o sentimento e a autoexploração, por meio do incentivo de uma gama de potenciais respostas. Melhorar suas habilidades em métodos socráticos envolve buscar perguntas melhores, em vez de respostas definitivas (Padesky, 1993). Efetivamente, Padesky aconselhou com eloquência: "Na melhor terapia cognitiva, não existem respostas. Existem apenas boas perguntas que orientam a descoberta de 1 milhão de respostas diferentes" (p. 4). Isso exige uma considerável tolerância à ambiguidade e à frustração por parte do terapeuta. A intolerância dos terapeutas inflama uma abordagem clínica excessivamente reducionista e apressada.

Um esboço do processo do diálogo socrático

Rutter e Friedberg (1999) oferecem um esboço do processo de diálogo socrático em que o processo interacional é dividido em cinco partes constitucionais: (1) evocar e identificar o pensamento automático, (2) associar o pensamento automático ao sentimento e ao comportamento, (3) encadear a sequência pensamento-sentimento-comportamento a uma resposta empática, (4) obter a colaboração do cliente nos passos 1 a 3 e a concordância de ir em frente e (5) testar socraticamente a crença.

Tomemos um exemplo e vejamos se você consegue levar adiante os cinco passos. Suzy, uma menina de 14 anos, estava fazendo testes para o coro. Enquanto cantava, vários membros da plateia saíram do auditório. Vendo isso, Suzy desanimou e pensou: "Canto tão mal que espantei as pessoas". Leia a seguinte interação e veja se empregaria perguntas semelhantes.

SUZY: Eu sabia que não devia ter feito o teste para o coro.

TERAPEUTA: O que está se passando em sua cabeça em relação ao teste? [Passo 1: identificar o pensamento automático]

SUZY: Que eu fiz papel de boba.

TERAPEUTA: Entendo. O que faz você se enxergar como uma boba? [O passo 1 continua]

SUZY: Só uma cantora horrível espantaria a plateia.

TERAPEUTA: Então, você viu pessoas saindo, pensou que era por você ser uma cantora horrível, e isso tornou sua tentativa ridícula.

SUZY: Sim.

TERAPEUTA: Como aquilo fez você se sentir? [Passo 2: associar o pensamento automático ao sentimento e ao comportamento]

SUZY: Deprimida e envergonhada.

TERAPEUTA: Acho que agora estou entendendo. Vamos ver se entendi mesmo. Certamente, faz sentido que você se sinta envergonhada e deprimida por pensar que sua voz é tão ruim que espantou as pessoas do auditório. Imagino que isso tire a sua vontade de tentar novamente. [Passo 3: encadear pensamentos, sentimentos e comportamentos de forma empática]

SUZY: Isso mesmo.

TERAPEUTA: Acha que estamos conseguindo captar bem as coisas que a estão perturbando?

SUZY: Sim.

TERAPEUTA: Agora, o que precisamos fazer é imaginar se as pessoas saíram porque você estava cantando mal e parecia uma boba lá em cima. Está disposta a verificar isso? [Passo 4: obter colaboração e concordância para seguir em frente]

SUZY: Você acha que isso ajudaria?

TERAPEUTA: Não custa tentar. De tempos em tempos, vamos checar para ver se estamos tendo sucesso. O que você acha?

SUZY: Certo.

TERAPEUTA: Hum... Vamos ver aqui. Tem certeza de que as pessoas saíram porque a acharam uma cantora horrível? [Começa a verificação do pensamento]

SUZY: Quase absoluta.

TERAPEUTA: Em uma escala de 1 a 10, com 10 sendo absolutamente certa e 1 sendo totalmente incerta, qual é o grau de sua certeza?

SUZY: Grau 9.

TERAPEUTA: Então, bastante certa? O que a faz acreditar que eles saíram por causa do seu modo de cantar?

SUZY: Não tenho ideia.

TERAPEUTA: Essa é uma pergunta difícil. Já saiu no meio de uma apresentação?

SUZY: Acho que sim. Fui ao banheiro ou ao bar.

TERAPEUTA: Saiu porque o *show* não prestava?

SUZY: Na verdade, eu saí porque estava com fome e tive que ir.

TERAPEUTA: Faz sentido. Voltou depois?

SUZY: Sim.

TERAPEUTA: Entendo. Agora, voltemos ao seu caso. Que horário foi o seu teste?

SUZY: Entre 17h30 e 18h.

TERAPEUTA: E há quanto tempo as audições estavam acontecendo?

SUZY: Desde as 15h.

TERAPEUTA: Houve algum intervalo?

SUZY: Não que eu saiba.

TERAPEUTA: Que horas é o almoço?

SUZY: Por volta do meio-dia.

TERAPEUTA: E a hora do jantar costuma ser que horas?

SUZY: Entre 17h30 e 18h.

TERAPEUTA: O que você conclui disso?

SUZY: Talvez algumas pessoas estivessem com fome.

TERAPEUTA: Que interessante. Você saiu do auditório em algum momento?

SUZY: Sim, eu tive que ir ao banheiro e comprei pipoca.

TERAPEUTA: Como era o desempenho do candidato naquele momento?

SUZY: Não era tão ruim. Nem prestei atenção nele.

TERAPEUTA: Interessante. O que você conclui disso? Sua saída teve alguma coisa a ver com ele?

SUZY: Não.

TERAPEUTA: Então, é possível que a saída de outras pessoas não tivesse nada a ver com você?

SUZY: Não sei direito. (*A dúvida começa a aparecer.*)

TERAPEUTA: Vamos continuar. Havia alguma outra coisa acontecendo na escola, naquela tarde? Algum jogo de basquete ou reunião de clube?

SUZY: Acho que tinha um jogo naquela noite.

TERAPEUTA: Tinha algum jogador, líder de torcida ou torcedor na plateia?

SUZY: O Eddy joga. A Julie e a Erika são líderes de torcida. Não tenho ideia. Talvez algumas daquelas pessoas fossem torcedores de basquete. Por quê?

TERAPEUTA: Estou apenas pensando em todas as possibilidades. A que horas era o jogo?

SUZY: Às 18h, se não me engano.

TERAPEUTA: Então, se esse pessoal tivesse que se aprontar para o jogo, a que horas eles deveriam sair?

SUZY: Por volta das 17h30 ou 17h45.

TERAPEUTA: Seria bem na hora da sua apresentação, certo?

SUZY: Sim. Isso mesmo. Puxa! (*A dúvida cresce.*)

TERAPEUTA: Você viu as pessoas saindo. Notou se voltaram?

SUZY: Deixa eu pensar... Não sei direito. Sim. Tenho certeza de que algumas voltaram.

TERAPEUTA: Antes de você terminar de cantar?

SUZY: (*Rindo.*) Sim.

TERAPEUTA: Acho que você sabe qual é a minha próxima pergunta.

SUZY: Sim. Se eu fosse tão horrível, elas teriam voltado?

TERAPEUTA: Muito bem! Agora você está raciocinando alternativamente! Mais uma perguntinha. Todo mundo saiu? Houve uma saída em massa?

Você conseguiu acompanhar o processo de questionamento? Durante a fase de verificação do pensamento, o terapeuta guiou Suzy por meio de um exame de conclusões alternativas. Além disso, o terapeuta minimizou o pensamento tipo "tudo ou nada", catastrófico, de Suzy. Mediante esse processo, ela aprendeu a "raciocinar alternativamente". O terapeuta manteve uma abordagem curiosa e colaborativa durante o questionamento, o que manteve Suzy envolvida no processo e ajudou a impedir que o processo de questionamento se tornasse esmagador para Suzy.

RACIOCÍNIO INDUTIVO E DEFINIÇÕES UNIVERSAIS

Com frequência, as crianças e os adolescentes se autodefinem de maneiras muito idiossincrásicas. Overholser (1994) escreveu que "[...] as definições universais são importantes, pois a linguagem e as definições influenciam nossas percepções, descrições e nosso entendimento sobre o mundo" (p. 286). Por exemplo, qual terapeuta nunca se deparou com aquela criança perfeccionista que tira nota máxima na escola e, contudo, torna-se deprimida e perturbada por qualquer falha percebida em si mesma? Para ela, qualquer erro significa que é incompetente ou estúpida. Na terapia, trabalhamos para ampliar as definições limitadas desses jovens. Para tanto, uma ferramenta essencial inclui perguntas que convidem a criança ou o adolescente a raciocinar com base nas evidências, de modo indutivo.

Considere o seguinte exemplo. Gretchen é uma jovem de 16 anos que está deprimida. Sua história inclui um trauma grave, marcado por abuso sexual. Ela é altamente autocrítica, perfeccionista e pessimista. Na sessão 8, o terapeuta extraiu de Gretchen a crença: "Eu sou uma pessoa inútil".

TERAPEUTA: Quando escuto você falando "Eu sou uma pessoa inútil", de fato percebo o quanto os seus sentimentos depressivos são dolorosos.

GRETCHEN: Eu realmente acredito nisso. Penso nisso o tempo todo.

TERAPEUTA: Isso quase a define.

GRETCHEN: Define?

TERAPEUTA: O quanto você se considera inútil?

GRETCHEN: Totalmente. Eu sou um lixo.

TERAPEUTA: Entendo. O que faz você se definir dessa maneira?

GRETCHEN: Não tenho ideia. Apenas penso assim.

TERAPEUTA: Sei que é difícil entrar em detalhes. Sei que é doloroso pensar sobre isso. Eu me pergunto se posso insistir um pouquinho mais. Posso?

GRETCHEN: Certo.

TERAPEUTA: Em quê você baseia a definição de sua inutilidade?

GRETCHEN: Acho que no fato de eu ser muito deprimida.

TERAPEUTA: (*Escreve.*) Algo mais?

GRETCHEN: Sei lá. Não tenho muitos amigos. Não vou ganhar o prêmio de garota mais popular.

TERAPEUTA: (*Escreve.*) Também falamos muito sobre como seu pai abusava de você. O quanto isso influi na sua definição?

GRETCHEN: É, isso está lá.

TERAPEUTA: É uma coisa difícil. (*Escreve.*) Que outras coisas estão lá?

GRETCHEN: Acho que sou bastante atrapalhada. Parece que sempre deixo cair coisas, fico tropeçando, sabe como é...

TERAPEUTA: Entendo. Vou anotar isso também. (*Escreve.*) Algo mais que você queira acrescentar?

GRETCHEN: (*Olha a lista.*) Não.

TERAPEUTA: Certo. Vamos ver. Na sua mente, qual dessas coisas define a sua inutilidade?

GRETCHEN: O fato de eu ter sido abusada sexualmente.

TERAPEUTA: Esta é a parte que mais contribui para a sua autodefinição. Deixe-me fazer um tipo diferente de pergunta para analisar sua definição de outros ângulos. Dentre os seus conhecidos, quem você considera uma pessoa completamente útil e prestativa?

GRETCHEN: Minha melhor amiga, Emily.

TERAPEUTA: O que a torna uma pessoa tão útil e prestativa?

GRETCHEN: Acho que ela simplesmente é.

TERAPEUTA: Sei que é difícil pensar nas coisas especiais que fazem Emily parecer tão útil e prestativa para você. Mas, gostaria de saber se você estaria disposta a fazer isso.

GRETCHEN: Bem, ela é mesmo uma boa aluna. Só tira notas altas. Tem um montão de amigos. As pessoas confiam nela e lhe contam coisas. Ela é uma boa amiga.

TERAPEUTA: (*Escreve.*) E o que mais?

GRETCHEN: Depois da escola, Emily vai trabalhar na loja da família dela. Ela tentou entrar na equipe de ginástica, mas não conseguiu. E aquilo não pareceu aborrecê-la. Isso realmente me impressionou.

TERAPEUTA: (*Escreve.*) Anotei essas coisas na folha de papel [ver Figura 7.2]. Agora, quero fazer mais algumas perguntas, à medida que lermos isso, e calcular quantas coisas você vê em Emily e também encontra em si mesma. Que tal as classificarmos em uma escala de 1 a 5? O número 1 poderia corresponder a não ter nenhuma das características, e o 5 poderia corresponder a ter muito de cada uma. Está disposta a fazer isso?

GRETCHEN: É, pode ser.

TERAPEUTA: Certo. Vamos começar pelo alto. Que tipo de aluna você é?

GRETCHEN: (*Sorri.*) Quase sempre eu tiro 9 ou 10. Ano passado, eu tirei um 8.

TERAPEUTA: Então o quanto você é uma boa aluna?

GRETCHEN: Cinco.

TERAPEUTA: (*Escreve.*) Como você se classificaria no item "ter muitos amigos"?

GRETCHEN: Talvez 2.

TERAPEUTA: (*Escreve.*) Quando você pensa nos seus amigos mais próximos, como se classificaria como amiga?

GRETCHEN: Acho que sou uma ótima amiga. Talvez 4.

TERAPEUTA: (*Escreve.*) Trabalha depois da escola?

GRETCHEN: Não ganho salário. Sou voluntária no hospital.

TERAPEUTA: Continua sendo trabalho?

GRETCHEN: (*Rindo.*) Sim.

TERAPEUTA: Então, onde você se colocaria nesse item?

GRETCHEN: Quatro, acho.

TERAPEUTA: (*Escreve.*) E quanto a lidar com coisas negativas?

GRETCHEN: Não sou boa nisso. Talvez 1.

TERAPEUTA: Posso perguntar mais sobre isso? Aconteceram muitas coisas negativas para você?

GRETCHEN: Até demais, na minha opinião.

TERAPEUTA: Eu concordo.

GRETCHEN: Tenho que lidar com a minha depressão, com a separação dos meus pais e com o abuso do meu pai.

TERAPEUTA: São grandes problemas para uma menina de 16 anos lidar. Você manteve seu nível de desempenho escolar e continuou trabalhando como voluntária mesmo sofrendo abuso e se sentindo deprimida?

GRETCHEN: Sim.

TERAPEUTA: Embora estivesse lutando com esses sentimentos fortes e dolorosos, você foi uma boa filha, boa irmã e boa amiga?

Boa aluna, tira notas máximas	5
Muitos amigos	2
É uma boa amiga — as pessoas confiam nela	4
Trabalha após a escola	4
Lida bem com situações negativas	3

FIGURA 7.2 CRITÉRIOS DE DEFINIÇÃO DE GRETCHEN.

GRETCHEN: Acho que sim.

TERAPEUTA: Então, o que isso diz sobre sua capacidade de lidar com coisas negativas?

GRETCHEN: Bem, não é 1... mas também não é 5. Talvez seja 3.

TERAPEUTA: Certo. (*Escreve.*) Vamos ver o que temos. Deste lado, temos todas as características que você diz que tornam Emily útil e prestativa. Do outro lado, temos como você se classifica nestas mesmas características. O que você deduz disso?

GRETCHEN: Não sei direito.

TERAPEUTA: Deixe-me perguntar uma coisa: uma pessoa totalmente inútil teria alguma dessas características?

GRETCHEN: Não.

TERAPEUTA: Então, tudo seria 1.

GRETCHEN: Sim.

TERAPEUTA: Quantos "1" você tem?

GRETCHEN: (*Rindo.*) Nenhum.

TERAPEUTA: Então, o que isso diz sobre sua inutilidade?

GRETCHEN: Talvez eu não seja tão inútil quanto pensava.

TERAPEUTA: Ainda não está convencida, está?

GRETCHEN: Sei que é coisa da minha cabeça, mas no fundo eu me sinto inútil.

TERAPEUTA: Isso nos diz alguma coisa. Estamos esquecendo uma parte importante que está dentro de sua autodefinição. Você tem ideia do que é?

GRETCHEN: O abuso?

TERAPEUTA: Vamos tratar disso. Lembra que você disse que a parte mais poderosa da definição era que você sofreu abuso sexual do seu pai?

GRETCHEN: Eu sei que é.

TERAPEUTA: Vamos dar uma olhada nesta lista de características que você usou para definir o valor de Emily. O que você percebe?

GRETCHEN: Não sei ao certo.

TERAPEUTA: Na lista, onde está "não ter sofrido abuso sexual"?

GRETCHEN: Não está na lista.

TERAPEUTA: O que você conclui disso?

GRETCHEN: (*Faz uma pausa.*) Sei lá.

TERAPEUTA: Se sofrer abuso sexual determina absolutamente o valor de alguém, isso deveria ficar fora da lista?

GRETCHEN: (*Fica em silêncio por um instante.*) Talvez eu só tenha esquecido.

TERAPEUTA: É possível. Você gostaria de acrescentá-lo agora?

GRETCHEN: Certo. Vamos incluir na lista.

TERAPEUTA: (*Acrescenta à lista.*) O que você percebe agora?

GRETCHEN: Não sei bem.

TERAPEUTA: Quantos itens há na sua lista?

GRETCHEN: Seis.

TERAPEUTA: Quantos itens têm a ver com sofrer abuso sexual?

GRETCHEN: Um. Talvez o fato de eu ter sofrido abuso sexual não queira dizer que eu seja inútil. É um entre seis outros fatores. Existem outros fatores que me tornam uma pessoa útil e prestativa.

Revisaremos sistematicamente os pontos fundamentais neste exemplo de transcrição. Em primeiro lugar, tendo suscitado a crença, o terapeuta se solidarizou com os sentimentos de Gretchen em relação àquilo. Seguiu-se um diálogo bem ritmado. O terapeuta não soterrou Gretchen com perguntas em estilo interrogativo. Além disso, ele perguntou o quanto Gretchen se autopercebia inútil, uma questão dimensional que Gretchen respondeu de modo categórico ("Totalmente").

Entendendo as fontes para a definição de Gretchen

Em seguida, o terapeuta construiu o questionamento socrático em torno dessa autodefinição "tudo ou nada", centrando-se na evidência para a autodescrição dolorosa de Gretchen ("Em quê você baseia sua definição?"). Firmando-se nas sessões anteriores, o terapeuta imaginou que o abuso sexual de Gretchen tivesse contribuído para sua severa autodefinição ("O quanto isso influi em sua definição?"). A opção por esse tipo de pergunta baseia-se em diversas considerações, contudo o mais importante é que o terapeuta quis ajudar Gretchen a se sentir à vontade para revelar que esse aspecto faz parte de sua definição. Além disso, ao perguntar "o quanto", em vez de fazer uma pergunta do tipo sim ou não, comunica-se implicitamente que seria esperado que o abuso sexual fizesse parte da definição dela. Por fim, a pergunta dimensional "o quanto" começa a se opor ao processo de pensamento categórico de Gretchen, do tipo "tudo ou nada". Isso prepara o terreno para a posterior verificação do pensamento.

O próximo passo no processo é especialmente relevante. O terapeuta indagou quais características moldavam mais poderosamente a definição. A resposta de Gretchen revela uma importante vantagem clínica. Quando você conhece a base de sua crença, consegue criar um diálogo para testar explicitamente essa base.

Assumindo uma perspectiva objetiva sobre ser uma pessoa útil

Na fase seguinte, o terapeuta pediu que Gretchen considerasse uma perspectiva mais ampla ("Dentre os seus conhecidos, quem você considera uma pessoa completamente útil e prestativa?"). Após identificar sua amiga Emily, Gretchen foi convidada a especificar o que tornava sua amiga útil e prestativa. O diálogo socrático, então, desviou-se dessa perspectiva objetiva de um terceiro, retornando à própria autoavaliação subjetiva. Aqui, Gretchen se classificou nas mesmas características que usou para determinar o valor de Emily. Esse é outro ponto crucial na interação. O terapeuta preferiu que Gretchen se classificasse nas mesmas características de Emily, em vez de verificar se ela apresentava ou não traços semelhantes. Isso estimula o pensamento dimensional, em vez do categórico, e desafia o pensamento tipo "tudo ou nada" de Gretchen. Essa linha de questionamento preparou ainda mais o terreno para a verificação do pensamento. Tenha em mente que, no início do diálogo, Gretchen revelou que se autopercebia como alguém totalmente inútil. Portanto, se ela se classifica como alguém que tem qualquer uma das características de Emily em qualquer grau, significa que o terapeuta ajudou a paciente a duvidar de sua própria conclusão. Como alguém pode ser *totalmente* inútil, se compartilha qualquer característica em qualquer grau com uma pessoa tão útil e prestativa? É esperado que os clientes tenham dificuldades para se autoclassificar nestas dimensões. Como ilustra o diálogo socrático, Gretchen precisou de orientação para avaliar sua situação acadêmica, seu trabalho e sua capacidade de enfrentar situações negativas.

Tirando conclusões com base nos dados

Na fase seguinte do diálogo, o terapeuta pediu que Gretchen tirasse conclusões com base nos dados coletados. O primeiro passo do questionamento produziu poucos resultados ("O que você deduz disso?"). Essa pergunta era muito abstrata e exigiu um grande esforço de síntese da parte de Gretchen. Por isso, o terapeuta limitou o escopo das perguntas ("Uma pessoa totalmente inútil teria alguma dessas características?"; "Quantos '1' você tem?"; "Então, o que isso diz sobre sua inutilidade?"). Embora mais bem-sucedida que o questionamento abstrato, essa linha de indagação ainda se deparou com uma barreira psicológica.

O terapeuta sabia que a evidência crucial (o abuso sexual) ainda não havia sido tratada. Ele começou com uma pergunta específica ("Na lista, onde está o item 'não ter sofrido abuso sexual'?") e prosseguiu com uma pergunta resumida ou sintetizadora ("Se sofrer abuso sexual determina absolutamente o valor de alguém, isso deveria ficar fora da lista?"). Nesse ponto, Gretchen parou e alegou que apenas se esquecera de colocá-lo na lista. O terapeuta prontamente aceitou a resposta e apenas inseriu o item na lista. É importante observar que o terapeuta não discutiu com Gretchen nem acreditou que agora a terapia tivesse chegando a um impasse. Em vez disso, desejou que o trabalho anterior, promovendo o pensamento dimensional, estivesse prestes a dar resultado.

Após incluir o item "abuso sexual" na lista, o terapeuta fez a Gretchen outra pergunta sintetizadora ("O que você percebe agora?"). Infelizmente, essa pergunta abstrata foi feita cedo demais e acabou sendo improdutiva. O terapeuta retrocedeu e prosseguiu mais sistematicamente ("Quantos itens há na sua lista?"; "Quantos itens têm a ver com sofrer abuso sexual?"). Após revisar essas informações, uma ponta de dúvida surgiu na consciência de Gretchen. Neste momento, ela foi capaz de assumir uma perspectiva mais ampla e considerar que o seu valor não era totalmente determinado por sua história de abuso. De fato, outras características moldaram mais poderosamente sua autodefinição.

Esse diálogo mostra que, embora o terapeuta tenha dado vários passos em falso durante o questionamento, o processo foi bem-sucedido. Você não tem que construir um diálogo socrático perfeito! A efetividade do diálogo socrático foi impulsionada por uma sólida conceitualização de caso e pelo entendimento da técnica. Gretchen não foi massacrada com perguntas. De modo geral, o diálogo foi habilmente ritmado. O foco estava em lançar dúvidas, e não em alcançar refutação e discussão absolutas. Essa ênfase é bem ilustrada pela atitude do terapeuta de não depreciar a confusão de Gretchen nem se negar a considerar suas omissões ("Talvez eu só tenha me esquecido."). Embora o terapeuta estivesse claramente promovendo um processamento cognitivo profundo, Gretchen se sentiu ouvida durante todo o diálogo. Alguns terapeutas inicialmente encontram certa dificuldade para se envolver nesse processo demorado nos casos de clientes que se culpam ou desenvolvem pensamentos negativos sobre si mesmos após o abuso. Pode ser tentador tranquilizar diretamente os clientes, dizendo-lhes o que pensar (p. ex., "Isso não foi culpa sua, você não deve permitir que isso a faça se sentir inútil.") e, em seguida, passar às estratégias de enfrentamento. No entanto, é importante primeiro abordar o modo pelo qual os clientes, como Gretchen, formam suas conclusões sobre si mesmos e os outros. Ao envolverem-se nesse processo, Gretchen e o terapeuta foram capazes de entender bastante daquilo que ela sente e pensa sobre si mesma e do modo como chegou a essas conclusões. Tais conhecimentos serão benéficos na abordagem dos pensamentos automáticos. A experiência de Gretchen nesse diálogo socrático ajuda a criar um novo banco de dados de experiências, lançando dúvidas sobre seus pensamentos automáticos negativos. O Quadro-síntese 7.1 resume os pontos principais para tornar terapêuticas as perguntas socráticas.

UTILIZANDO METÁFORAS, ANALOGIAS E PERGUNTAS BEM-HUMORADAS

Perguntas metafóricas, analógicas e bem-humoradas são uma excelente tática com crianças e adolescentes. A maioria das técnicas apresentadas nos capítulos sobre aplicações criativas (Capítulo 9), depressão (Capítulo 11), ansiedade (Capítulo 12), comportamento disruptivo (Capítulo 13) e transtorno do espectro autista (Capítulo 14) faz uso liberal de metáforas e de humor. A chave para o sucesso com metáforas é usar aquelas que fazem parte do mundo da criança (Beal et al., 1996). Nas perguntas humorísticas, o alvo da piada *nunca deve ser a criança*. Em vez disso, o objeto do humor deve ser sempre a crença. Nesta seção, descreveremos formas metafóricas, divertidas e bem-humoradas de testar os pensamentos das crianças.

Beal e colaboradores (1996) sugeriram a divertida *Pergunta dos Três Porquinhos* para minimizar a exigência de uma criança de que as pessoas precisavam mudar para se adequarem a ela. Eles faziam a pergunta: "Se os três porquinhos tivessem exigido que o lobo agisse de forma diferente, para onde essa crença os teria levado?" (p. 222). Você poderia usar essa pergunta com um jovem que exige que o irmão mais novo a deixe em paz e não a incomode quando ela está com seus amigos.

Overholser (1993b) discutiu cinco tipos de analogias para uso clínico, as quais podiam se

> **QUADRO-SÍNTESE 7.1 DICAS PARA CONSTRUIR DIÁLOGOS SOCRÁTICOS TERAPÊUTICOS**
>
> - Lembre-se de que a empatia faz parte do processo.
> - Considere o nível de angústia, frustração, tolerância à ambiguidade e maturidade psicológica das crianças.
> - Tenha consciência do contexto cultural e do nível de desenvolvimento.
> - Evite interrogatórios e discussões.
> - Assegure-se de que as metáforas e as expressões idiomáticas sejam apropriadas e se adaptem às circunstâncias das crianças.
> - Peça permissão para testar os pensamentos.
> - Evite a presunção; abrace a curiosidade.
> - Não se apresse; mantenha o diálogo em um bom ritmo.
> - Faça perguntas dimensionais (p. ex., Quanto?), em vez de perguntas categóricas.
> - Espere que os clientes tenham dificuldade com o processo socrático.
> - Faça perguntas concretas quando as perguntas abstratas não funcionarem.
> - O objetivo é criar dúvida, não disputa.
> - Diálogos socráticos imperfeitos podem ser bem-sucedidos.

basear em conceitos médicos, mecânicos, estratégicos, relacionais e naturais. Descrito no Capítulo 12, o exercício *Trilhos dos Meus Medos* é um exemplo de analogia mecânica (p. ex., "A ansiedade é como um trem passando por várias estações, que podem ser o pensamento, a emoção e os relacionamentos interpessoais."). Muitas vezes, ao trabalhar com jovens disruptivos, usamos analogias esportivas que contêm estratégias para ajudá-los a parar, relaxar e pensar (p. ex., "O professor é como um juiz em um jogo de basquete. Ele pode apitar e marcar uma falta."). Como Kendall e colaboradores (1992), fazemos amplo uso de analogias relacionais com crianças – por exemplo, dizemos coisas como "terapeutas são como treinadores", "a criança é o capitão do time de tratamento" e "os jovens são como detetives examinando pistas e evidências".

O exercício *Meus Pensamentos de Borboleta* aplica uma analogia da natureza, a da borboleta, para ilustrar o conceito de mudança. As crianças aprendem desde cedo que lagartas viram borboletas. A analogia é uma forma de plantar a semente de que a metamorfose pessoal pode ocorrer, ao mesmo tempo em que se evita um questionamento mais direto. Por exemplo, em vez de dizer "De que outra forma você pode trabalhar nisso?" ou "O que mais você pode dizer para si mesmo?", é possível fazer a seguinte pergunta aos jovens: "Como você pode mudar o seu pensamento de lagarta para um pensamento de borboleta?".

Os terapeutas começam apresentando o conceito de borboleta. O exemplo seguinte mostra como introduzir a atividade *Meus Pensamentos de Borboleta*:

> Você sabe o que é uma borboleta? Veja, uma borboleta começa como uma lagarta e, então, ela se *transforma* em uma borboleta. Não é legal? Uma lagarta vira uma borboleta. É muito importante saber que você pode mudar a maneira de explicar o que acontece consigo. As coisas que você diz para si mesmo quando está se sentindo muito mal, como "Eu não presto", "Ninguém gosta de mim" ou "Vou fazer papel de bobo", são seus pensamentos de lagarta. Eles ainda não mudaram para pensamentos de borboleta. Quero que você tente transformar esses pensamentos de lagarta em pensamentos de borboleta.

Certamente, você pode incrementar a explicação com figuras, *cartoons* e desenhos de lagartas e borboletas.

O Registro de Pensamentos de Borboleta, apresentado nas Figuras 7.3 e 7.4, pode tornar o trabalho autoinstrutivo divertido. Nas duas primeiras colunas, a criança registra um evento e o sentimento correspondente. A terceira coluna, intitulada "Pensamentos de Lagarta", é destinada para escrever os pensamentos imprecisos ou disfuncionais. A quarta coluna, intitulada "Pensamentos de Borboleta", oferece às crianças a oportunidade de sugerir pensamentos de enfrentamento alternativos. Considere a seguinte interação entre a menina Julie, de 9 anos, e a terapeuta na aplicação da técnica de Pensamentos de Borboleta, anteriormente aprendida, ao pensamento automático de Julie "Ninguém gosta de mim".

JULIE: Hoje, a escola foi uma droga, porque ninguém gosta de mim.

TERAPEUTA: Pelo visto, você está tendo o pensamento "Ninguém gosta de mim". Esse me parece um bom pensamento para nós praticarmos o Registro de Pensamentos de Borboleta que aprendemos na semana passada. Podemos tentar?

JULIE: Acho que sim.

TERAPEUTA: Certo, vamos pegar uma das planilhas de registro de sua pasta. (*Julie puxa uma planilha de registros em branco da sua pasta da terapia.*) A primeira coluna é o evento. O que estava acontecendo hoje, na escola, quando você teve o pensamento "Ninguém gosta de mim"?

JULIE: Kylie e Isabelle não quiseram brincar comigo no recreio. Então, eu convidei a Teri para brincar e ela disse que não.

TERAPEUTA: Vamos escrever isso na primeira coluna. A próxima coluna é a dos sentimentos. Como se sentiu quando Kylie e Isabelle não brincaram com você e, depois, Teri também disse que não?

JULIE: Triste. E, depois, solitária.

TERAPEUTA: Certo, vamos anotar esses dois sentimentos. E o que vem a seguir?

JULIE: O pensamento de lagarta. Meu pensamento foi "Ninguém gosta de mim". Foi assim que eu me senti de verdade.

TERAPEUTA: Esse é o pensamento de lagarta. Então, vamos ver. Vocês estavam no recreio, então Kylie, Isabelle e Teri não brincaram com você. Você se sentiu triste e solitária, e pensou: "Ninguém gosta de mim". Lembra de como a gente mudou os pensamentos de lagarta para pensamentos de borboleta, na semana passada? Acha que poderia fazer isso com esse pensamento?

JULIE: Eu lembro de usar a expressão "só porque" para fazer a mudança. Algo como "Só porque elas não brincaram comigo, não significa que ninguém gosta de mim. Talvez, se eu convidasse mais alguém para brincar, diriam sim?".

TERAPEUTA: Uau! Você realmente pegou o jeito. Como você acha que se sentiria usando esse pensamento de borboleta?

JULIE: Não tão triste, nem solitária. Sara não foi à escola hoje, e ela costuma brincar comigo. Quem sabe, amanhã, ela estará de volta.

Esse diálogo demonstra como Julie está aprendendo rapidamente a identificar e modificar pensamentos imprecisos. Ao lançar dúvidas sobre o pensamento com o Registro de Pensamentos de Borboleta, ela rapidamente mudou suas conclusões e partiu para a resolução de problemas no dia seguinte. Esse exemplo também ilustra como, uma vez que a estratégia é aprendida e praticada, a criança consegue aplicar as técnicas com mais rapidez e independência nas sessões futuras, com perguntas socráticas cada vez mais abertas e em menor quantidade pelo terapeuta ("O que vem a seguir?" e "Acha que poderia fazer isso com esse pensamento?").

O *Relógio de Pensamento-Sentimento* é uma atividade artística que emprega uma analogia em torno da qual os terapeutas podem construir um diálogo socrático. A criança desenha rostos zangados, tristes, assustados e felizes em um mostrador de relógio (ver Capítulo 9 para mais detalhes). Examine o diálogo a seguir para ver como você pode se envolver em um diálogo socrático divertido e terapêutico após a criança completar o relógio.

TERAPEUTA: Realmente, ficou um relógio muito legal. Deixe-me fazer uma pergunta. O que acontece com os ponteiros em um relógio?

KIRA: Eles se movem em círculo.

TERAPEUTA: Exato. Eles se movem por todo o espaço. Os ponteiros param alguma vez?

KIRA: Às vezes. Se o relógio estiver estragado ou as pilhas acabarem.

Evento	Sentimento	Pensamento de Lagarta	Este Pensamento de Lagarta pode se transformar em um Pensamento de Borboleta?	Pensamento de Borboleta

FIGURA 7.3 REGISTRO DE PENSAMENTOS DE BORBOLETA.
De Friedberg e McClure (2015). *Copyright* de the Guilford Press.
Permitida reprodução apenas para uso pessoal.

Evento	Sentimento	Pensamento de Lagarta	Este Pensamento de Lagarta pode se transformar em um Pensamento de Borboleta?	Pensamento de Borboleta
Esqueci de fazer minhas tarefas, e mamãe e papai ficaram zangados comigo.	Triste	Eles me odeiam, porque acham que sou preguiçosa e mimada.	Sim!!	Eu realmente esqueci de fazer as minhas tarefas. Preciso melhorar e lembrar das coisas. Eles estão decepcionados comigo, mas ainda me amam.

FIGURA 7.4 EXEMPLO DO REGISTRO DE PENSAMENTOS DE BORBOLETA.

TERAPEUTA: Então, é meio incomum os ponteiros de um relógio pararem de se mover?

KIRA: Sim.

TERAPEUTA: Os ponteiros em seu Relógio de Pensamento-Sentimento se movem?

KIRA: Sim, se movem. Está vendo? (*Mostra o relógio.*)

TERAPEUTA: Dá para ver que eles se movem. Veja-os se movendo. O que você acha que significa quando os ponteiros em seu relógio se movem de um sentimento a outro?

KIRA: Não sei. Eu mostrei direito?

TERAPEUTA: Sim, mostrou. Mas eu tenho outra pergunta. Os ponteiros do relógio ficam parados em um sentimento?

KIRA: Não. Você pode mudar de um para outro.

TERAPEUTA: Então, se o relógio estiver funcionando corretamente, os ponteiros movem-se de um sentimento a outro?

KIRA: Sim.

TERAPEUTA: Então, isso significa que os sentimentos são algo que muda ou algo que não muda?

KIRA: Algo que muda, eu acho.

TERAPEUTA: Quando você está se sentindo realmente triste, pensa que a tristeza é algo que pode mudar?

KIRA: Na verdade, não.

TERAPEUTA: Então, quando você está se sentindo realmente triste, é quase como se o seu relógio estivesse parado, marcando uma única hora.

KIRA: É.

TERAPEUTA: Então, você acha que é o sentimento que realmente não mudará, ou é mais o jeito como você está pensando nas coisas que estão acontecendo que faz parecer que os sentimentos não mudarão?

Nesse exemplo, o relógio estabelece uma analogia mecânica que ajuda a ilustrar a variabilidade, e a analogia se concretiza com a atividade artística. Devido à analogia e à atividade artística, o diálogo planejado para testar o pensamento não se configurou como um interrogatório. Assim, o relógio pode ser usado na sessão como uma sugestão visual para lembrar Kira sobre o debate de mudar os seus sentimentos. Quando novas situações são debatidas, ela pode ser capaz de chegar a conclusões com perguntas socráticas menos concretas e mais abertas feitas pela terapeuta. Por exemplo, em vez de "Então, isso significa que sentimentos são algo que muda ou algo que não muda?", ela pode ser capaz de responder a uma pergunta mais aberta, como "O que isso nos revela sobre seus sentimentos?". Essa progressão promoverá mais independência para Kira usar as técnicas no futuro, fora do contexto de terapia.

Dona Errilda é uma forma bem-humorada de ensinar aos jovens que erros são simplesmente uma parte da vida, não uma catástrofe. A personagem central da história, neste exercício, é uma figura feminina, bondosa e que usa óculos. Em seu diálogo com as crianças, ela compartilha sua visão de que os erros são inerentes aos seres humanos (até ao nome dela). O exercício Dona Errilda é apresentado na Figura 7.5.

O exercício Dona Errilda começa com um texto introdutório, seguido por várias perguntas apresentadas no modo passo a passo. As perguntas são feitas de forma simples e incluem frases para as crianças completarem, perguntas de múltipla escolha para circularem e perguntas abertas. Essa abordagem proporciona às crianças a oportunidade de responder perguntas socráticas no formato de um registro e em casa. Isso propicia a prática da técnica, constrói compreensão e independência e usa o humor para tornar a técnica significativa e memorável para a criança.

O exercício *Escavador de Pensamentos* (Friedberg et al., 2001) é um bom exemplo de uma abordagem divertida da verificação de pensamento e do questionamento socrático. Nele, as crianças são incentivadas a se tornarem arqueólogas que fazem escavações procurando pistas. Estimulamos as crianças a representarem o movimento de escavar e, então, fazerem perguntas a si mesmas. Além disso, usamos o termo "escavador de pensamentos" como um tipo de taquigrafia terapêutica para dar pistas às crianças ("Você está sendo um escavador de pensamentos?"). Por fim, o diário do Escavador de Pensamentos facilita o processo de questionamento socrático para as crianças, uma vez que perguntas comuns para testar pensamentos incorretos são fornecidas na folha de registro. A criança só tem que circular aquela mais adequada à situação e ao pensamento incorreto.

O uso de *Telefones de Brinquedo* também pode estimular um diálogo socrático (Deblinger, 1997). A introdução dos telefones na terapia pode proporcionar o distanciamento necessário da criança para a realização de um diálogo socrático. Uma criança que talvez se sinta pressionada por um diálogo socrático tradicional pode facilmente envolver-se em um diálogo pelo "telefone". Acompanhamos o caso de uma criança que não estava muito envolvida nos diálogos terapêuticos e respondia relutantemente com um "Eu não sei" na sessão. Quando a brincadeira do telefone foi introduzida, ela quase se esquecia de que estava em terapia e respondia mais livremente. O telefone pode ter diminuído sua sensação de estar sendo interrogada. Além disso, uma criança pode "encerrar a ligação" com o terapeuta durante a brincadeira, sem ser punida por isso.

CONCLUSÃO

O Dr. Gregory House, protagonista fictício da série de TV americana *House*, é um defensor do método socrático. Escrevendo sobre a utilização do método socrático pelo dr. House, Frappier (2009) observou: "O método socrático se baseia na ideia de que o conhecimento é algo que não pode ser transmitido. Em vez disso, você tem de descobri-lo por si mesmo. Assim, a única maneira de ajudar alguém a aprender algo é fazendo as perguntas que ajudarão a pessoa a raciocinar e encontrar o seu caminho para a verdade" (p. 100). Construir um diálogo socrático é mais do que brincar de "Vinte Perguntas" ou tentar convencer a criança a pensar o que você pensa. Humor, metáfora e brincadeiras são os tijolos que o terapeuta usa para construir diálogos socráticos com crianças e adolescentes. As perguntas ajudam o terapeuta a orientar os jovens em sua descoberta das "verdades" até então ocultas. À medida que você progride na leitura deste livro, rumo às técnicas e às aplicações específicas para transtornos particulares, o incentivamos a desenvolver diálogos socráticos criativos e dinâmicos.

Oi, eu sou a Dona Errilda.

Meu trabalho é ajudá-lo a aprender que erros não são horríveis. Sabe, eles fazem parte da vida. Na verdade, fazem parte até do meu nome! Se você se preocupar demais com a possibilidade de cometer um erro, vai acabar desistindo de tentar coisas novas ou até de continuar fazendo aquilo que precisa ou quer fazer.

Muitas vezes, as crianças se castigam demais por seus erros. Elas podem ter medo do que os pais, os amigos e os professores vão comentar sobre os erros. Você sempre se castiga por seus erros? Circule uma resposta

SIM   NÃO

Descreva a forma como você se castiga por seus erros.

A forma como me castigo por meus erros é _____

_____

_____.

Você sempre se preocupa com o que os outros pensam sobre seus erros? Circule uma alternativa.

SIM   NÃO

Quando cometo um erro, eu me preocupo que meus pais vão pensar que_____

_____

_____.

Quando cometo um erro, eu me preocupo que meus professores vão pensar que_____

_____

_____.

Quando cometo um erro, eu me preocupo que meus amigos vão pensar que_____

_____

_____.

Certo, e você sabe o que é uma competição? Já esteve em uma competição? Outro nome para competição é concurso. Darei alguns instrumentos para que você consiga vencer a Dona Errilda.
Estes instrumentos são perguntas. Aqui estão elas:

Quais são os aspectos positivos de cometer um erro? _____

_____

_____.

(CONTINUA)

FIGURA 7.5 REGISTRO DA DONA ERRILDA.
De Friedberg e McClure (2015). *Copyright* de the Guilford Press.
Permitida reprodução apenas para uso pessoal.

(CONTINUAÇÃO)

Se existem alguns aspectos positivos em cometer erros, até que ponto cometer erros é desastroso? Circule uma alternativa.

○   ◐   ●
Não é um desastre   Um desastre médio   Um completo desastre

Consegue aprender alguma coisa ao cometer um erro? Circule uma alternativa.

SIM   NÃO

Se você consegue aprender algo ao cometer um erro, até que ponto cometer erros é um desastre? Circule uma alternativa.

○   ◐   ●
Não é um desastre   Um desastre médio   Um completo desastre

Você pode ser realmente bom em alguma coisa e ainda assim cometer um erro? Circule uma alternativa.

SIM   NÃO

Se você pode ser realmente bom em alguma coisa e ainda cometer um erro, até que ponto cometer erros é um desastre? Circule uma alternativa.

○   ◐   ●
Não é um desastre   Um desastre médio   Um completo desastre

Dê o nome de alguém que você realmente admira e gosta que tenha cometido um erro.

_____

Se alguém que você admira e gosta comete erros, até que ponto cometer erros é um desastre? Circule uma alternativa.

○   ◐   ●
Não é um desastre   Um desastre médio   Um completo desastre

A maioria dos meninos e meninas utilizam suas borrachas? Circule uma alternativa.

SIM   NÃO

Se a maioria dos meninos e meninas utilizam suas borrachas, até que ponto cometer erros é um desastre? Circule uma alternativa.

○   ◐   ●
Não é um desastre   Um desastre médio   Um completo desastre

FIGURA 7.5   REGISTRO DA DONA ERRILDA.
De Friedberg e McClure (2015). *Copyright* de the Guilford Press.
Permitida reprodução apenas para uso pessoal.

8

Técnicas cognitivas e comportamentais de uso comum

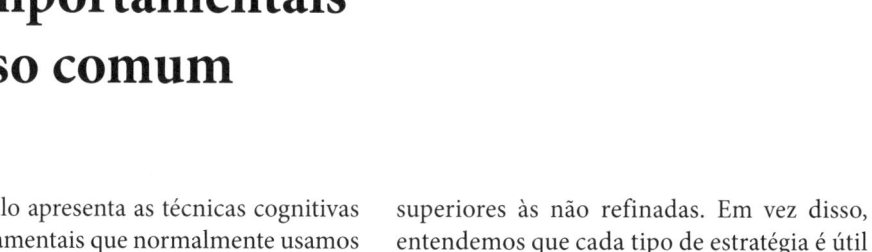

Este capítulo apresenta as técnicas cognitivas e comportamentais que normalmente usamos com crianças e adolescentes. Os instrumentos variam em complexidade e no nível de análise racional exigida dos jovens. Começamos pela conceitualização de instrumentos cognitivo-comportamentais básicos e, depois, discutimos a aquisição da habilidade e sua aplicação. Seguem-se explicações de tarefas comportamentais relativamente diretas e tarefas cognitivas autoinstrutivas básicas. O capítulo termina com as intervenções cognitivas e comportamentais mais complexas.

DIMENSÕES DAS TÉCNICAS COGNITIVO-COMPORTAMENTAIS

Ellis (1962, 1979) classificou as intervenções cognitivo-comportamentais ao longo de dimensões refinadas e não refinadas. Ao fazer essa diferenciação, ela estava tratando da profundidade do processamento racional envolvido nas estratégias de tratamento. As *técnicas não refinadas* (*inelegant techniques*) centram-se na mudança do conteúdo do pensamento mediante intervenções autoinstrutivas. As *técnicas refinadas* (*elegant techniques*) introduzem processos de raciocínio mais sofisticados para mudar o conteúdo, o processo e a estrutura do pensamento mediante uma análise racional profunda. Não consideramos as técnicas refinadas como superiores às não refinadas. Em vez disso, entendemos que cada tipo de estratégia é útil em situações particulares.

Tanto as técnicas refinadas quanto as não refinadas são intervenções funcionais! *Ambas* têm seu momento e seu lugar no processo de terapia. Em geral, as estratégias não refinadas são preferíveis no início do processo de tratamento, pois costumam ser eficientes para indivíduos altamente angustiados e indivíduos que estejam em crise imediata. Utilizamos abordagens não refinadas preferencialmente com crianças pequenas, crianças com menor desempenho verbal e crianças cognitivamente menos sofisticadas. De modo inverso, as estratégias refinadas normalmente são empregadas mais tarde no tratamento, após o sucesso das estratégias não refinadas. Crianças mais velhas, com maior desenvoltura verbal e capazes de adquirir e aplicar habilidades mais abstratas, beneficiam-se das estratégias refinadas. Uma vez que as estratégias refinadas exigem processamento cognitivo-emocional mais trabalhoso, o seu uso deveria estar fora de cogitação em tempos de crise ou durante intenso sofrimento emocional. Entretanto, os procedimentos refinados provavelmente servem ao processo de generalização, pois focalizam a mudança do processo de pensamento, bem como de seu conteúdo.

AQUISIÇÃO DE HABILIDADE (PSICOEDUCAÇÃO) E APLICAÇÃO DE HABILIDADE (PSICOTERAPIA)

A terapia cognitiva proficiente exige que ajudemos nossos clientes a aplicar suas habilidades adquiridas no contexto de estimulação afetiva negativa (Robins & Hayes, 1993). Constatamos que muitos jovens, quando ficam perturbados, esquecem de aplicar suas habilidades. Muitas vezes, eles dirão algo como "Eu estava muito preocupado e nervoso para fazer o diário de pensamento". A ocasião perfeita para aplicar técnicas cognitivas é quando os jovens estão nervosos.

Em nossa perspectiva, a psicoeducação é marcada pela *aquisição de habilidade*, ao passo que a psicoterapia é marcada pela *aplicação de habilidade*. Na psicoeducação, são ensinados aos jovens os conceitos e as informações psicologicamente relacionados (p. ex., modelos de raiva, formas de lidar com a raiva, como relaxamento, reatribuição). Na psicoterapia, os clientes são incentivados a recorrer a essas habilidades quando estão emocionalmente perturbados. Todas as técnicas descritas neste capítulo precisam ser adquiridas e também aplicadas.

Em geral, a aquisição de habilidade não é complicada. A habilidade é ensinada de maneira gradual e clara às crianças e às suas famílias. A maioria dos clientes adquire prontamente habilidades específicas. Entretanto, a aplicação de habilidade é mais difícil de alcançar. Em meu trabalho de supervisor, eu (R.D.F.) descobri que os terapeutas muitas vezes evitam aplicar uma intervenção cognitivo-comportamental quando a criança está emocionalmente excitada. Mesmo assim, quando a criança põe em prática habilidades de enfrentamento ante uma situação emocionalmente tensa, ela experimenta um genuíno senso de domínio. Por exemplo, uma menina chorosa revelou o quanto se sentia triste por pensar que seu pai gostava mais da nova enteada do que dela. O terapeuta conversou com a menina durante seu momento de sofrimento, porém deixou de recorrer ao diário de pensamento ou de registrar os novos pensamentos que a criança usou para enfrentar a situação. Embora essa experiência tenha sido momentaneamente útil, o terapeuta perdeu a oportunidade de reforçar a aplicação de habilidades adquiridas e de facilitar uma generalização mais ampla. As crianças precisam de oportunidades *in vivo* para praticar as habilidades adquiridas.

Exemplo de caso

Keisha era uma garota afro-americana de 10 anos que vivia com a mãe e o irmão de 6 anos. Ela foi encaminhada para tratamento pela orientadora escolar por apresentar sintomas depressivos. Keisha havia trabalhado na *aquisição de habilidade* para identificação e modificação cognitivas, utilizando diários de pensamento durante as sessões de terapia anteriores. Ao longo da revisão das tarefas de casa da sessão seguinte, a mãe relatou que Keisha se mostrou incapaz de ou indisposta a usar os diários de pensamento em casa ao chorar e expressar que "ninguém gostava dela" e quando teve mal desempenho em um recente teste de matemática.

Keisha informou que estava abalada demais para preencher os diários de pensamento naquele momento e, depois, acabou esquecendo. Antes, ela havia demonstrado *aquisição de habilidade* para concluir os diários de pensamentos, então esta era mais uma questão de *aplicação de habilidade*. Assim, a necessidade de praticar as habilidades "no momento" foi discutida com a família. Ao longo da discussão, Keisha começou a chorar e declarou: "Mamãe acha que tudo isso é culpa minha e que sou preguiçosa demais para fazer o trabalho". Essa reação de Keisha propiciou uma ótima oportunidade para o terapeuta ajudá-la a mudar da situação de apenas adquirir habilidades enquanto calma para a situação de realmente aplicar as técnicas cognitivas durante um momento de angústia. O terapeuta primeiro demonstrou empatia e rotulou a situação como uma oportunidade para intervenção e melhoria:

Keisha, com suas lágrimas, você revela que o pensamento "Mamãe acha que a culpa é minha e que sou preguiçosa demais para fazer o trabalho" é muito perturbador. Esta parece ser uma boa oportunidade para praticar o uso do diário de pensamento "no momento" em que você está chateada. Isso pode ajudar você e sua mãe a terem algumas ideias de como continuar a praticar isso em casa.

Em seguida, o terapeuta orientou a família ao longo das etapas do diário de pensamento. No final, Keisha sentiu um genuíno senso de domínio, e ambas, a mãe e ela, estavam mais confiantes para aplicar a técnica em casa, "no momento" da angústia. Esse caso ilustra como usar exemplos espontâneos nas sessões para aplicar as técnicas de terapia. Momentos *in vivo* como esse muitas vezes são fundamentais no processo de generalizar as técnicas de terapia para a vida cotidiana.

INSTRUMENTOS COMPORTAMENTAIS BÁSICOS

Treinamento de relaxamento

O treinamento de relaxamento é uma técnica comportamental possível de ser aplicada a uma série de problemas, como o controle da ansiedade e da raiva. O relaxamento muscular progressivo (Jacobson, 1938) envolve tensionar e relaxar alternadamente grupos musculares específicos. Incentivamos a leitura de textos sobre treinamento de relaxamento para uma cobertura mais aprofundada (Goldfried & Davison, 1976; Masters, Burish, Hollon, & Rimm, 1987), bem como a consulta de fontes específicas sobre treinamento de relaxamento para crianças e adolescentes (Koeppen, 1974; Ollendick & Cerny, 1981). Friedberg, McClure e Hillwig-Garcia (2009) apresentam aplicações criativas do treinamento de relaxamento, incluindo pistas visuais por meio de *Kits* Calmantes e Cartões de Pistas. O treinamento de relaxamento tem uma extensa história de uso na psicoterapia e continua proporcionando benefícios para diminuir o estresse em jovens (Goldbeck & Schmid, 2003). Algumas questões fundamentais no treinamento de relaxamento são resumidas a seguir.

Goldfried e Davison (1976) sugerem que, durante a fase de tensão muscular, os músculos deveriam ser tensionados em ¾ da sua capacidade, em vez de serem totalmente tensionados. Eles também propõem que os padrões de fala do terapeuta sejam suaves, melódicos, afetivos e com um ritmo mais lento do que os padrões de fala convencionais. Um tom monótono e até um pouco tedioso pode facilitar o relaxamento da criança. Esses autores recomendam que 5 a 10 segundos de tensão sejam seguidos por 20 segundos de relaxamento muscular. Conforme Beidel e Turner (1998), as sessões de relaxamento com crianças devem ser breves e incluir apenas alguns grupos musculares. O teor dos roteiros de relaxamento deveria adequar-se ao nível de desenvolvimento da criança. Koeppen (1974) e Ollendick e Cerny (1981) criaram roteiros de relaxamento para crianças que são muito inventivas e sensíveis ao nível de desenvolvimento, incluindo metáforas e analogias fortes (p. ex., "dê uma mordida de quebrar o queixo").

Tornar o relaxamento mais envolvente é uma consideração importante para nós. Wexler (1991) oferece várias formas inventivas da prática de relaxamento, e uma delas é intitulada *Dez Velas*. Nesse exercício de relaxamento, Wexler convida o cliente a imaginar 10 velas acesas em sequência. A criança é instruída a soprar as velas e a apagá-las, uma de cada vez. Essa técnica é eficiente porque a forma como se apaga as velas coincide com a forma de inspirar e expirar durante o relaxamento. Além disso, visualizar a vela sendo apagada estimula as crianças a expirar mais fortemente. Por fim, a visualização mantém as crianças cognitivamente "ocupadas" e envolvidas; enquanto trabalham na visualização das velas, têm menos espaço mental para ruminar certos pensamentos.

Jovens ansiosos podem se remexer e ficar inquietas. Se o relaxamento muscular não acalmar o comportamento nervoso e agitado, o terapeuta pode usar cada situação de comportamento irrequieto como uma deixa para relaxamento mais profundo (p. ex., "Quando nota que está batendo o pé, você fica cada vez mais relaxado. Quando muda de posição na cadeira, é um sinal para relaxar ainda mais."). Encurtar as sessões de relaxamento também ajudará. Por fim, empregar uma metáfora de esportes pode ser útil (Sommers-Flannagan & Sommers-Flannagan, 1995). Por exemplo, assistir a um jogador de basquete acalmar-se antes de fazer um lance livre, ou a um jogador de tênis preparar-se para sacar, pode ensinar aos jovens a concentrar seus esforços de relaxamento. Você pode trazer vinhetas gravadas, DVDs ou vídeos do YouTube desses momentos esportivos e visualizá-los com seus clientes mais jovens. O Quadro-síntese 8.1 lista os princípios essenciais no treino de relaxamento.

Dessensibilização sistemática

A dessensibilização sistemática (DS) é um procedimento contracondicionante usado para diminuir medos e ansiedade. Proposta originalmente por Wolpe (1958), a DS envolve a combinação de estímulos geradores de ansiedade com um agente contracondicionante (em geral, o relaxamento). A apresentação temporariamente contígua inibe a ansiedade por meio de seu comportamento oposto ou recíproco (relaxamento), daí o termo *inibição recíproca*. Diversos componentes estão incluídos no procedimento de DS. A fim de conduzir uma dessensibilização sistemática, hierarquias de ansiedade devem ser desenvolvidas, realizando-se um treinamento em um agente contracondicionante.

O primeiro passo na DS é criar uma hierarquia na ansiedade, dividindo o medo em suas partes constituintes. Cada componente do medo é, então, classificado. Conforme observou Goldstein (1973), "Usando as informações obtidas do paciente, os grupos de estímulos geradores de ansiedade são isolados e organizados em ordem hierárquica" (p. 227). Hierarquias de ansiedade são construídas estabelecendo-se Unidades Subjetivas de Sofrimento (USS) (Masters et al., 1987). As USS refletem os diferentes níveis de intensidade associados com cada medo. As hierarquias comuns são classificadas de 1 a 100 quanto à gravidade e à intensidade. As crianças podem se beneficiar de escalas de classificação com menos variabilidade, como de 1 a 10.

Para entender plenamente a natureza dos medos de cada criança e, então, implementar uma DS efetiva, os terapeutas precisam reconhecer todos os aspectos dos medos da criança. Assim, o terapeuta precisa evocar os componentes interpessoal, cognitivo, emocional, fisiológico e comportamental presentes no medo. Devem ser feitas perguntas como "O que classifica [a situação] em 3?"; "O que está passando por sua cabeça?"; "Quem estava lá?"; "O que você faz no 3?" e "Como você sente seu corpo no 3?". Cada cena pode ser escrita em uma ficha. Crianças mais novas podem gostar de desenhar as cenas. Após as cenas serem detalhadas, são organizadas de modo hierárquico.

Uma vez que o medo tenha sido compartimentalizado e hierarquicamente organizado, o procedimento começa com o item mais bai-

---

QUADRO-SÍNTESE 8.1 DICAS DE RELAXAMENTO

- Embora as sessões de relaxamento devam ser breves, recomendamos um treino com duração mínima de 20 minutos.
- Os padrões de fala do terapeuta devem ser suaves, melódicos e afetuosos.
- Para crianças inquietas, experimente procedimentos de relaxamento mais curtos e use a inquietude como deixa para o relaxamento.
- Avalie a possibilidade de utilizar imagens.
- Use metáforas e roteiros apropriados para envolver as crianças.

xo na hierarquia. A criança é instruída a relaxar e a imaginar uma cena agradável. Quando estiver relaxada, apresentam-lhe o primeiro item. Se a criança experimentar ansiedade, é instruída a calmamente levantar um dedo. Se for relatada ansiedade, a criança é instruída a parar de imaginar a cena e a retornar à cena agradável anterior. À medida que as crianças obtêm domínio sobre a cena, dão um passo acima na hierarquia, até que o nível mais alto de medo seja atenuado.

Morris e Kratochwill (1998) propõem diretrizes úteis para a dessensibilização sistemática. Primeiro, eles recomendam que cada cena geradora de ansiedade deveria ser apresentada 3 ou 4 vezes. As primeiras apresentações representam experiências práticas. Morris e Kratochwill (1998) sugerem que a cena geradora de ansiedade seja apresentada inicialmente por pelo menos 5 a 10 segundos. A duração deve ser prolongada nas apresentações seguintes (p. ex., para 10-15 segundos). Por fim, Morris e Kratochwill propuseram que a criança experimente um período de relaxamento de cerca de 15 a 20 segundos entre cada apresentação.

O Quadro-síntese 8.2 resume os pontos principais em DS.

TREINAMENTO DE HABILIDADES SOCIAIS

O ensino de habilidades sociais acompanha um processo cognitivo-comportamental característico (Beidel & Turner, 1998; Kazdin, 1994). Primeiro, a habilidade é ensinada à criança por meio de instrução direta. Com frequência, algum material psicoeducativo é apresentado junto com a modelagem da habilidade particular (p. ex., empatia). A prática gradual segue a aquisição de habilidade, pois o ensaio facilita a aplicação. Muitas vezes, a prática gradual envolve a representação de papéis (encenação). O jovem recebe *feedback*, a fim de manter o desenvolvimento correto da habilidade e corrigir falhas em sua aplicação. Por fim, a criança experimenta suas habilidades em contextos do mundo real, recebendo reforço positivo por seu empenho.

Várias áreas de conteúdo podem ser abrangidas sob o guarda-chuva do treinamento de habilidades sociais. Por exemplo, os jovens podem aprender novas formas de fazer amigos, controlar sua agressividade, lidar com provocações, dar e receber cumprimentos e fazer pedidos de ajuda. Normalmente, ensinamos às crianças habilidades de empatia que lhes permitem estabelecer melhor suas perspectivas. Pela terapia, as crianças também podem adquirir habilidades de resolução de problemas para situações interpessoais e aprender a desenvolver uma mistura de formas alternativas de pensar, sentir e agir.

Treinamento de empatia e tomada de perspectiva

O treinamento da empatia e o ensino de tomada de perspectiva são componentes de muitos pacotes de habilidades sociais. Em geral, o *treinamento da empatia* envolve escutar, identificar e rotular sentimentos, acei-

---

QUADRO-SÍNTESE 8.2 DICAS PARA A DESSENSIBILIZAÇÃO SISTEMÁTICA

- Classifique a aflição.
- Crie a hierarquia.
- As cenas podem ser escritas ou desenhadas em fichas.
- Treine a criança no processo de relaxamento.
- Comece com um item inferior na hierarquia.
- Apresente o item. Se a criança experimentar ansiedade, remova a cena e implemente o relaxamento.
- Lembre-se de apresentar as cenas de 3 a 4 vezes, com duração de 5 a 10 segundos.
- Quando o item já não provoca ansiedade, suba na hierarquia.

tá-los e comunicar sua aceitação (LeCroy, 1994; Wexler, 1991). O trabalho de grupo é especialmente útil para a prática *in vivo* de habilidades empáticas e de tomada de perspectiva. Por exemplo, quando uma observação é insensível ou ofensiva, isso cria um momento de ensino. Por fim, recomenda-se a prática graduada com habilidades e o reforço da paciência. Considere o seguinte diálogo com uma adolescente agressiva.

ANGELA: Estou cansada de ouvir as besteiras da Cassie. Ela acha que a vida dela é mais difícil que a dos outros. Eu também tenho um monte de problemas desabando em cima de mim.

TERAPEUTA: Percebo o quanto você está frustrada, Angela. Mas também fico me perguntando como você acha que Cassie está se sentindo após compartilhar a história de violência na casa e no bairro dela, e então ouvir o que você tem a dizer.

ANGELA: Não tô nem aí para como ela se sente.

TERAPEUTA: Bem, este é um excelente exemplo do que precisamos fazer no grupo.

CASSIE: Isso mesmo. Ela precisa controlar a língua.

ANGELA: Não preciso controlar nada.

TERAPEUTA: Tudo bem, vocês duas têm que dar uma trégua. Angela, respire fundo e pergunte a si mesma que problemas estão lhe trazendo à terapia.

ANGELA: Eu me meto em brigas na escola e em casa.

TERAPEUTA: Bom. Alguém no grupo sabe o que está acontecendo aqui?

JENAE: Ela está se metendo numa briga agora mesmo.

TERAPEUTA: Obrigado, Jenae. Então, Angela, sei que você é boa em *entrar* em brigas. O quanto você quer ficar boa em *sair* delas?

ANGELA: Eu não tenho medo dela.

CASSIE: Mas devia ter.

TERAPEUTA: Meninas, calma! Estou pedindo um tempo. Viram como é fácil simplesmente fazer o que vocês estão acostumadas a fazer? Angela, quero que você tente uma coisa. Você é inteligente. Quero ver se consegue me dizer como Cassie se sente quando você diz que está cansada de ouvir sobre os problemas dela.

ANGELA: Furiosa. Ela provavelmente está pronta para brigar comigo. Mas é melhor ela ficar na dela.

CASSIE: Não tenho medo de você.

TERAPEUTA: Cassie, como foi ouvir Angela dizer que você estava furiosa?

CASSIE: Não dou a mínima.

TERAPEUTA: Foi melhor ou pior do que quando ela disse que estava cansada de ouvir sobre os problemas de sua família?

CASSIE: Melhor, eu acho.

TERAPEUTA: Angela, pode tentar mais uma coisa?

ANGELA: Tentar o quê?

TERAPEUTA: Pode simplesmente dizer como você acha que Cassie está se sentindo e retirar o aviso para ela ficar na dela?

ANGELA: Ela está furiosa porque acha que eu não a respeito.

TERAPEUTA: Cassie, é isso mesmo?

CASSIE: Ela tem razão.

TERAPEUTA: Como é ouvir a Angela dizer isso?

CASSIE: Eu gosto. Dá uma sensação boa.

TERAPEUTA: Qual foi o reflexo disso para a sua raiva, Cassie?

CASSIE: Diminuiu.

TERAPEUTA: E quanto a você, Angela?

ANGELA: Também diminuiu, eu acho.

TERAPEUTA: Para o restante do grupo, o que Angela e Cassie fizeram para evitar uma briga?

Qual o valor dessa interação? Primeiro, o terapeuta usou o conflito como um momento de ensino em que ele conduziu as meninas pelo treinamento da empatia. Segundo, tanto Cassie quanto Angela praticaram as habilidades adquiridas uma com a outra. Terceiro, o terapeuta usou instruções curtas e claras para alertar as meninas sobre pistas e consequências.

Treinamento assertivo

O treinamento assertivo é um componente importante da construção da habilidade social. As crianças aprendem várias técnicas, como a do disco riscado, do nevoeiro e da asserção empática (Feindler & Guttman, 1994), que permitem que elas façam e respondam a solicitações, desativem situações voláteis e controlem o conflito com amigos, irmãos, pais e figuras de autoridade. Além disso, o treinamento assertivo as ensina a fazer e a responder a convites, cumprimentar os demais, fazer e receber gentilezas e pedir ajuda. Os ingredientes do treinamento de habilidades sociais ajudam crianças inibidas a envolverem-se em interações sociais e estimulam uma maior facilitação social. As habilidades particulares para crianças agressivas, desinibidas ou explosivas enfatizam a negociação de conflitos de uma maneira mais autocontrolada e pacífica. O Quadro-síntese 8.3 fornece dicas para o treinamento das habilidades sociais.

Representação de papéis

A representação de papéis (*role playing*) é uma técnica que facilita o treinamento de habilidades sociais e evoca pensamentos e sentimentos importantes. As representações de papéis devem ser feitas com o máximo de realismo possível. Ao desempenhar o papel de um amigo, pai ou professor, o terapeuta precisa saber coisas sobre o personagem que está representando. Peça para a criança exemplos de coisas que essas pessoas poderiam dizer, as formas como elas reagem, seus maneirismos, coisas que apreciam ou não, para que você tenha uma noção de seu personagem. Além disso, muito provavelmente, se um problema exige uma intervenção com representação de papéis, as circunstâncias são aflitivas para a criança. Assim, o terapeuta precisa tratar esses elementos aflitivos em sua dramatização simulada. A fim de aumentar o envolvimento de crianças mais velhas e adolescentes, utilize metáforas ou atividades de socialização com colegas que incluam tecnologias atuais, como, por exemplo, mensagens de texto (Friedberg et al., 2009). As encenações podem dar à criança oportunidades para a prática repetida de habilidades sociais em ambientes mais controlados (o consultório da terapia), e o terapeuta consegue dar *feedback* sobre como a criança aplicou as habilidades. Essas práticas podem aumentar a confiança da criança em usar as habilidades fora do consultório, bem como melhorar a aplicação das habilidades.

CONTROLE DE CONTINGÊNCIA

Contingências representam o relacionamento entre comportamentos e consequências. O controle de contingência especifica quais reforçadores se seguirão às ocorrências de comportamentos desejados particulares. Comportamentos novos, mais adaptativos, são estimulados quando são seguidos de recompensas, ao passo que comportamentos problemáticos são diminuídos pela remoção desses reforçadores.

O controle de contingência começa com a identificação de quais comportamentos você quer ver com mais frequência e quais você quer ver menos. Portanto, a natureza do comportamento esperado, sua frequência e sua duração precisam ser claramente expressadas (p. ex., "Johnny estudará em uma sala silenciosa durante 20 minutos, três dias por semana."). Uma vez identificado o comportamento-alvo, as contingências são estabelecidas pela especificação de modelos "se/então". Por exemplo, se Johnny estudar em uma sala silenciosa durante 20 minutos, então alguma

---

QUADRO-SÍNTESE 8.3 DICAS PARA O TREINAMENTO DE HABILIDADES SOCIAIS

- Lembre-se do processo: ensinar, treinar, dar *feedback* e revisar.
- Reforce a paciência.
- Certifique-se de alertar os jovens quanto a pistas e consequências.
- Promova a prática graduada em contextos do mundo real.

coisa boa acontecerá (p. ex., a família verá o filme que Johnny escolher).

A *modelagem do comportamento* envolve a recompensa de pequenos passos iniciais em direção a um objetivo, para estabelecer o *momentum* comportamental. Por exemplo, manter contato visual com o adulto enquanto recebe uma ordem ou instrução pode ser o objetivo inicial para uma criança desobediente e desatenta. Uma vez que ela mantenha contato visual, outros comportamentos são identificados e recompensados (p. ex., reconhecimento da instrução, movimento em direção à obediência). Desenvolver tarefas graduais realizáveis é um ingrediente crucial na modelagem do comportamento. Os jovens perdem a confiança em indivíduos que criam contingências e as quebram. Além disso, elas ficam com uma sensação de desamparo associada a uma contínua incontingência.

Programação de evento prazeroso e programação de atividade

A programação de evento prazeroso é usada para aumentar o nível de reforço positivo na rotina diária de uma criança, bem como para aumentar o nível de atividade de uma criança apática (A. T. Beck et al., 1979; Greenberger & Padesky, 1995; McCarty & Weisz, 2007). A programação de evento prazeroso utiliza um cronograma que lembra o de uma agenda. Em geral, os dias da semana são listados na horizontal, e os horários, na vertical e à esquerda da página. Esse tipo de grade gera espaços em branco que correspondem aos horários específicos do dia, ao longo de todos os dias da semana.

O terapeuta e a criança programam colaborativamente várias atividades agradáveis durante a semana. A ideia é aumentar o nível de reforço na vida da criança. Além disso, quando a criança se envolve em alguma atividade prazerosa durante a semana, sua depressão pode se dissipar. É importante prescrever essas atividades e obter o compromisso da parte da criança e da família de que irão realizá-las no decorrer da semana. Jovens deprimidos não terão motivação para se envolver em atividades prazerosas. Assim, será necessário um esforço considerável para ajudar a criança a completar a tarefa.

Crianças mais velhas e adolescentes simplesmente são convidados a registrar suas atividades prazerosas nos espaços correspondentes à hora do dia em que foram realizadas. O terapeuta também pode pedir que a criança autoavalie o próprio humor, antes e depois da atividade.

Previsão de prazer e previsão de ansiedade

As técnicas de previsão de prazer e de previsão de ansiedade decorrem naturalmente do processo de programação de atividade (J. S. Beck, 2011; Persons, 1989). Na previsão de prazer, a criança planeja uma atividade e prevê quanta satisfação extrairá dela. Após a atividade, a criança, então, avalia quanto divertimento real verdadeiramente experimentou. O terapeuta pode trabalhar com ela para comparar seu nível atual de satisfação ao nível esperado de prazer. Já que as crianças deprimidas caracteristicamente subestimam o quanto de divertimento terão, comparar os níveis de prazer melhores que o esperado testa as suas previsões pessimistas. Nos casos em que as previsões pessimistas são exatas, uma vantagem terapêutica ainda pode ser percebida. Por exemplo, se um adolescente deprimido previu um baixo nível de satisfação e então percebeu um nível semelhante de baixo prazer, é possível testar a suposição de que a previsão de divertimento determina a ação ("Você precisa querer fazer alguma coisa para realmente fazê-la?"). Além disso, o simples fato de o adolescente deprimido ter realizado a atividade, apesar da anedonia e da insatisfação real previstas, é uma mensagem importante sobre suas percepções de autoeficácia. O seguinte diálogo mostra como processar esses problemas com Jeremy, um adolescente deprimido de origem europeia-americana.

JEREMY: Vê, eu disse que ir ao jogo com meus amigos seria 3 [em uma escala de 1 a 10].

TERAPEUTA: Então, você foi ao jogo e o divertimento foi mediano, exatamente como você previu.

JEREMY: É.

TERAPEUTA: O que o classificou como 3?

JEREMY: Foi meio chato.

TERAPEUTA: Chato?

JEREMY: Sabe, eu vi alguns garotos com suas namoradas e líderes de torcida. Eu não tenho uma e isso me fez lembrar das coisas que não tenho, do quanto sou rejeitado.

TERAPEUTA: Entendo. Então, aquelas foram as coisas negativas incluídas no 3. Quais foram as coisas divertidas?

JEREMY: Bem, meus amigos e eu nos divertimos um pouco.

TERAPEUTA: Como você teria se sentido se tivesse ficado em casa sozinho?

JEREMY: Sei lá.

TERAPEUTA: Acha que teria se divertido com seus amigos?

JEREMY: Claro que não.

TERAPEUTA: Quer dizer que você não teria tido aquela diversão. O quanto você teria pensado em si mesmo como rejeitado, se tivesse ficado sentado sozinho em seu quarto?

JEREMY: Acho que bastante.

O que esse diálogo nos ensina? Primeiro, o terapeuta explorou com Jeremy o motivo de ter classificado a atividade como 3. Pelo fato de a nota não ter sido 0, o terapeuta, então, pode ajudar Jeremy a prestar atenção aos aspectos positivos da atividade: "Como você teria se sentido se tivesse ficado em casa sozinho?", "O quanto você teria pensado em si mesmo como rejeitado, se tivesse ficado sentado sozinho em seu quarto?".

A previsão de ansiedade é bastante semelhante à previsão de prazer. Embora jovens deprimidos costumem subestimar o prazer, os ansiosos geralmente superestimam seus níveis de sofrimento. Eles esperam que as circunstâncias sejam mais estressantes do que realmente são. Portanto, convidamos os jovens a prever seu nível antecipado de ansiedade, realizar a tarefa e, então, avaliar sua ansiedade real. Essa técnica simples, mas efetiva, leva as crianças a verem que suas previsões muitas vezes exageram o potencial estressante de uma situação. Nos casos em que a avaliação prevista é mais baixa do que a avaliação real, as crianças aprendem que podem abordar a tarefa mesmo que antecipem e experimentem sentimentos de ansiedade.

INTERVENÇÕES BÁSICAS PARA A SOLUÇÃO DE PROBLEMAS

A resolução de problemas consiste em cinco passos básicos (Barkley et al., 1999; D'Zurilla, 1986). O passo 1 envolve a identificação do problema em termos específicos e concretos (p. ex., "Minha irmã fica pegando minhas coisas, mesmo que eu lhe diga para não pegar."). No passo 2, a criança é ensinada a gerar soluções alternativas. Deve-se ter o cuidado de não antecipar a fase de *brainstorming*. O passo 3 é uma avaliação de opções. Nessa etapa, terapeutas e crianças avaliam cuidadosamente as consequências de curto e longo prazos de cada opção, a serem relatadas por escrito pelas crianças. A solução de problemas pode ser uma tarefa um pouco abstrata; por isso, o registro do processo no papel concretiza o procedimento. No passo 4, após a consideração deliberada de cada solução, o terapeuta e a criança planejam a implementação da melhor solução. Por fim, recompensar a experimentação bem-sucedida com soluções alternativas caracteriza o passo 5. A recompensa pode ser uma autorrecompensa velada (p. ex., "Parabéns para mim, que tentei alguma coisa nova.") ou uma recompensa palpável (p. ex., um pequeno prêmio ou cupom).

Castro-Blanco (1999) sugeriu outra excelente alternativa para a resolução de problemas. Ele recomendou contar piadas ou partilhar com as crianças histórias que contenham uma situação de solução de problemas. Certamente, a maioria das piadas ou histórias contém um dilema que precisa ser resolvido. Essas narrativas servem de modelos para a criança comparar sua própria estratégia de solução de problema, além de atuarem como estímulo para discussão e geração de estratégias alternativas de solução de problemas.

Projeção de tempo

A projeção de tempo (Lazarus, 1984) é uma intervenção do tipo solução de problemas planejada para criar espaços entre uma emoção aflitiva e a resposta subsequente. Assim, a projeção de tempo trabalha para diminuir o comportamento impulsivo e a tomada de decisão emocional precipitada. Em geral, a projeção de tempo convida os jovens a considerarem como se sentiriam em relação à mesma situação em diversos momentos, desde o futuro imediato até o futuro distante. Por exemplo, o terapeuta poderia perguntar: "Como você se sentirá em relação a isso daqui a 6 horas? O que você faria diferente? Como você se sentirá daqui a 1 dia? Uma semana? Um mês?". Pode-se avançar até 1 ano ou, talvez, 5 anos. Em cada intervalo de tempo, o terapeuta deve se assegurar de perguntar o que a criança faria diferente. Como um leitor alerta, você percebe que é altamente improvável que as crianças se sintam hoje da mesma maneira que daqui a 5 anos em relação à mesma situação. Portanto, se o sentimento delas é bastante variável, decisões precipitadas baseadas em uma resposta emocional impulsiva (p. ex., suicídio, violência, fugir de casa) são claramente improdutivas.

Exemplo de caso

Terry, um menino ansioso de 8 anos e de origem europeia-americana, sentia diariamente dores de estômago e ansiedade por estar longe de casa. Ele lutava para se arrumar e ir à escola, muitas vezes chorando enquanto cumpria sua rotina matinal. A projeção de tempo foi apresentada a Terry, e um relógio fictício foi criado durante a sessão, usando cartolina, papel e um prendedor para girar os "ponteiros" do relógio. As perguntas da projeção de tempo foram escritas na parte de trás do relógio, para criar estímulos ("Como estarei me sentindo daqui a 1 hora?", "2 horas?", "3 horas?", etc.). Em seguida, Terry acertou o relógio fictício para a hora que ele acorda de manhã. Ele fez uma previsão sobre qual seria sua classificação nas USS ao acordar na manhã seguinte. O relógio foi redefinido para 1 hora mais tarde, quando Terry estaria embarcando no ônibus escolar, e ele fez uma nova previsão da classificação de suas USS. Esse processo foi continuado até ele realizar previsões sobre as diversas horas ao longo do dia escolar. Os dados foram revisados, e Terry concluiu que seu sofrimento físico e emocional diminuiu tão logo ele chegou à escola e se envolveu nas tarefas. Assim, ele foi capaz de usar a técnica nas manhãs seguintes, a fim de lembrar de que seus sentimentos eram temporários e logo diminuiriam. Ele continuou a ficar ansioso no período da manhã, mas as classificações de USS foram menores e, portanto, os sintomas foram mais controláveis, propiciando mais oportunidades para técnicas de modificação cognitiva.

Avaliação de vantagens e desvantagens

Avaliar as vantagens e as desvantagens de certas escolhas, comportamentos e decisões é uma intervenção direta de solução de problemas que pode ajudar as crianças a obter uma perspectiva mais ampla. Essa técnica estimula as crianças a examinar os dois lados de uma questão e a agir de forma a atender a seus melhores interesses.

Quatro passos básicos estão envolvidos na listagem das vantagens e desvantagens. No passo 1, a questão sobre a qual a criança quer obter maior perspectiva é definida (p. ex., fazer o dever de casa na frente da televisão). No passo 2, ela lista o máximo de vantagens e desvantagens em que consegue pensar. Talvez seja necessário estimular ou orientar a criança nesse processo, a fim de que ela considere cada lado da questão. A Figura 8.1 mostra um exemplo de listagem das vantagens e desvantagens que as crianças poderiam desenvolver para fazer o dever em casa em frente à televisão.

No passo 3, o terapeuta e a criança revisam as vantagens e as desvantagens. Você poderia fazer perguntas como "O que torna isso uma vantagem?"; "O que torna isso uma desvan-

Vantagens	Desvantagens
Fica mais divertido.	É mais difícil de se concentrar.
Consigo assistir mais a televisão.	Eu demoro mais porque faço mais interrupções
Não fico tão entediado.	Não tenho um bom lugar para escrever ou colocar meus livros e papéis.

FIGURA 8.1 EXEMPLO DE VANTAGENS E DESVANTAGENS.

tagem?"; "Quanto vai durar essa vantagem/desvantagem?"; "O quanto essa vantagem/desvantagem é importante?". Recomendamos a revisão aprofundada de cada vantagem e desvantagem antes de seguir para o passo 4.

No passo 4, a criança chega a uma conclusão após considerar todas as vantagens e desvantagens. Recomendamos ajudá-la a levar em conta tanto as vantagens quanto as desvantagens em suas conclusões. É importante lembrar que o objetivo é que as crianças considerem conscientemente os dois lados de uma questão.

TÉCNICAS BÁSICAS DE AUTOINSTRUÇÃO: ALTERANDO O CONTEÚDO DO PENSAMENTO

As intervenções de autoinstrução/autocontrole enfatizam a mudança do diálogo interno sem análise racional profunda. O foco é substituir pensamentos mal-adaptativos por pensamentos adaptativos e produtivos (Meichenbaum, 1985). Consideramos as técnicas autoinstrutivas instrumentos não refinados e, ainda assim, úteis em várias circunstâncias.

Em geral, as intervenções autoinstrutivas incluem fases de preparação, de encontro e de autorrecompensa (Meichenbaum, 1985). Em cada fase, as crianças são instruídas a desenvolver novas orientações para seu próprio comportamento que as ajudarão a passar por situações estressantes. O objetivo é que elas construam novos padrões de fala interior que estimulem comportamentos mais adaptativos.

Na fase de preparação, o terapeuta incentiva a criança a se preparar para a situação aflitiva. Idealmente, a autoinstrução envolve uma declaração tranquilizadora, mas estratégica (p. ex., "Sei que será difícil, mas pratiquei um jeito de me afastar de uma briga. Apenas lembre-se de permanecer no controle"). A autoinstrução acentua o foco na tarefa. A criança é ensinada a prestar atenção a tarefas importantes, necessárias para negociar sua passagem pelos estressores.

Na fase de encontro, a criança é ensinada a desenvolver monólogos consigo mesma, os quais diminuem seu estresse enquanto vivencia as circunstâncias desconfortáveis (p. ex., "É exatamente isso que eu imaginei que aconteceria. Estou ficando nervoso e irritado. Eu tenho um plano. Agora preciso usá-lo. Vou manter minhas mãos cruzadas nas costas."). Após aplicar a estratégia enfrentamento da situação, a criança entra na fase de autorrecompensa. A criança é ensinada a dar créditos velados a si mesma por seguir a autoinstrução adequada (p. ex., "Eu me esforcei para permanecer no controle e vou me autorrecompensar por permanecer no controle.").

O Quadro-síntese 8.4 oferece dicas para conduzir intervenções de autoinstrução e de solução de problemas.

TÉCNICAS BÁSICAS DE ANÁLISE RACIONAL: ALTERANDO O CONTEÚDO E O PROCESSO DE PENSAMENTO

Descatastrofização

A descatastrofização é útil para modular previsões aflitivas das crianças (J. S. Beck, 2011; Kendall et al., 1992; Seligman et al., 1995). Essa técnica funciona mediante a diminuição da tendência das crianças a supe-

> **QUADRO-SÍNTESE 8.4 PROCEDIMENTOS BÁSICOS DE RESOLUÇÃO DE PROBLEMAS E AUTOINSTRUÇÃO**
>
> - Permaneça sensível a questões de desenvolvimento.
> - Utilize metáforas e histórias para manter os procedimentos divertidos e interessantes.
> - Mantenha as perguntas curtas e objetivas.
> - Na autoinstrução, inclua planos de ação e estratégias para enfrentar as situações difíceis.

restimar a magnitude e a probabilidade de perigos percebidos. Em geral, é implementada por uma série de perguntas sequenciais, incluindo "O que de pior poderia acontecer?", "O que de melhor poderia acontecer?" e "O que mais provavelmente aconteceria?" (J. S. Beck, 2011). Muitos terapeutas cognitivos acrescentam um componente de solução do problema a essas perguntas (p. ex., "Se a pior coisa que poderia acontecer é altamente provável, como você lidaria com ela?").

Em nossa experiência clínica, a adição de um componente de solução de problemas intensifica o procedimento de descatastrofização. Quando a criança espera o pior e acredita confiantemente que este é muito provável, ajudar essa criança a criar uma estratégia de solução de problemas pode ser uma intervenção complementar. Por exemplo, se ela acredita que o evento mais provável é catastrófico, mas é capaz de construir uma estratégia razoável de solução de problemas, abre-se uma nova janela para o questionamento socrático. Assim, uma pergunta como "O quanto isto pode ser catastrófico se você puder desenvolver uma estratégia de solução de problemas?" pode ser feita em seguida.

Teste de evidência

O teste de evidência (TDE) é um procedimento comum que requer processamento racional profundo, pois estimula a criança a avaliar os fatos que apoiam suas crenças e aqueles que as invalidam. O TDE é uma estratégia útil para testar generalizações exageradas, conclusões falhas e inferências infundadas. Entretanto, para o teste funcionar, a criança deve ser capaz de avaliar os fatos que sustentam a crença.

Ajudar as crianças a avaliar os motivos para suas conclusões é a sua primeira tarefa ao conduzir um TDE. O processo será facilitado com perguntas como "Por que você está 100% convencido(a) de que seu pensamento é verdadeiro?", "Por que não tem sequer uma sombra de dúvida?", "Que fatos sustentam plenamente sua conclusão?" e "Por que você tem certeza absoluta?".

Em segundo lugar, terapeutas e jovens devem procurar evidências contrárias. Nesta fase, você auxilia as crianças à medida que elas tentam considerar os fatos que lançam dúvidas sobre suas conclusões. As crianças podem necessitar de uma quantidade significativa de apoio para analisar evidências não confirmatórias, principalmente se estiverem deprimidas. Serão úteis perguntas como "O que faz você duvidar de sua conclusão?", "Que fatos o deixam menos seguro de sua conclusão?" e "Que coisas abalam sua crença?".

Terceiro, você estimula a criança a discutir explicações alternativas para os fatos que apoiaram "completamente" suas conclusões originais. Como você pode facilmente reconhecer, quaisquer explicações alternativas dos fatos que a princípio apoiavam absolutamente a conclusão lançam dúvidas sobre a exatidão do pensamento. Perguntas aqui vantajosas poderiam ser "Existe outra maneira de olhar para _____ que seja diferente de sua conclusão?", "Que outra maneira há para explicar _____ além de sua conclusão?" ou "O que mais isso poderia significar além do que você concluiu?".

Na fase final do TDE, o terapeuta incentiva os jovens a tirarem uma conclusão com base nos fatos que sustentam seus pensamentos, em fatos que invalidam seus pensamentos e nas explicações alternativas plausíveis para fatos confirmatórios. O ideal é que as novas conclusões da criança expliquem tanto as evidências confirmatórias quanto as não confirmatórias. Além disso, essas novas interpretações também devem incluir um componente de solução de problemas. Após formar essa nova conclusão, o terapeuta convida as crianças a reavaliarem seus sentimentos, de modo a poderem julgar o impacto da nova interpretação.

Padesky (1988) sugeriu diversas diretrizes na adaptação de um TDE. Primeiro, deveriam ser criadas duas colunas claramente intituladas: "Fatos que sustentam completamente meu pensamento" e "Fatos que não sustentam completamente meu pensamento". Segundo, quando as crianças começarem a gerar listas de evidências, o terapeuta deverá ter o cuidado de não antecipar suas evidências confirmatórias. Com frequência, os TDEs fracassam devido a razões não expressas que reforçam as conclusões das crianças. Terceiro, você precisa checar a evidência para sentimentos e pensamentos disfarçados como fatos (p. ex., "Eu sou um idiota."). Se há sentimentos e pensamentos encerrados nas colunas de Fatos, você deve retirá-los, discuti-los com a criança e, então, decidir se o pensamento erroneamente considerado como fato é um pensamento automático mais primário do que aquele que está sendo listado.

Reatribuição

A reatribuição promove a avaliação dos jovens sobre explicações alternativas e as estimula a perguntarem a si mesmas: "Qual seria outra maneira de olhar essa situação?". A reatribuição é útil quando as crianças tendem a assumir muita responsabilidade por eventos que escapam de seu controle, a aplicar rótulos globais e a fazer generalizações incorretas sobre situações diferentes.

Completar uma *Pizza de Responsabilidade* é uma técnica de reatribuição usada com sucesso com adultos (Greenberger & Padesky, 1995) e adolescentes (Friedberg et al., 1992), a qual se baseia na noção de que só pode haver 100% de alguma coisa. Cada evento é explicado por uma quantidade de fatores que contribuem de maneira única com uma certa quantidade para o todo. A tarefa do terapeuta e da criança é fatiar a *pizza* em pedaços que correspondem ao grau com que cada explicação influencia a ocorrência do evento. A tarefa de raciocínio da criança é determinar o quanto cada fator é responsável por sua conclusão.

O processo começa com o jovem listando as possíveis razões para um evento perturbador. Deve-se permitir que a criança inclua sua explicação extremamente personalizada na lista, porém esse item deve ser registrado por último. Esse processo respeita a explicação da criança ao incorporá-la na lista, mas promove a ponderação consciente ao incluí-la mais tarde no processo. Após a criança ter listado as possíveis explicações, ela e o terapeuta distribuem um pedaço da *pizza* para cada causa. Cada fatia é responsável por uma certa porcentagem. Após todas as causas terem sido consideradas, uma porcentagem é atribuída à explicação da criança. O exemplo a seguir ilustra como uma *Pizza de Responsabilidade* pode ser usada com uma adolescente que está sofrendo de culpa excessiva.

TERAPEUTA: Portia, parece que captamos a crença de que "A culpa dos problemas de seu pai com a bebida é toda sua". Está disposta a verificar se essa crença é correta?

PORTIA: Acho que sim.

TERAPEUTA: Certo. Vamos fazer uma *Pizza* de Responsabilidade.

PORTIA: Uma o quê?

TERAPEUTA: Uma *Pizza* de Responsabilidade. Temos que imaginar qual é a sua parcela de responsabilidade. O que temos de fazer primeiro é listar todas as coisas que podem ter contribuído para o alcoolismo de seu pai, além do fato de você não ser uma boa filha. O que mais poderia levar seu pai a beber?

PORTIA: O trabalho dele é duro.

TERAPEUTA: Certo. O que mais?

PORTIA: O pai e a mãe dele eram alcoólatras.

TERAPEUTA: Já temos duas coisas. O que mais?

PORTIA: Às vezes, ele fica muito deprimido.

TERAPEUTA: Consegue pensar em alguma outra coisa?

PORTIA: Ele gosta bastante de sair com os amigos beberrões.

TERAPEUTA: Algo mais?

PORTIA: Acho que eu não lembro de mais nada.

TERAPEUTA: Vamos fatiar a *pizza*. (*Desenha a pizza; ver Figura 8.2.*) Alguma vez já cortou e dividiu uma *pizza* ou um bolo?

PORTIA: Claro, eu faço muito isso.

TERAPEUTA: Então, sabe que podemos ter apenas 100% de alguma coisa. Agora vamos fatiar a *pizza*. Quanto você quer atribuir ao trabalho de seu pai?

PORTIA: Uns 20%.

TERAPEUTA: Certo. Vou escrever isso. Quanto você atribui ao fato de que a mãe e o pai dele eram alcoólatras?

PORTIA: Acho que este pode ser um motivo importante. Talvez uns 30%.

TERAPEUTA: E quanto à depressão dele?

PORTIA: Deixe-me ver... uns 10%.

TERAPEUTA: Certo. Vou colocar isso aqui. E quanto aos amigos beberrões?

PORTIA: Este é grande também. Talvez 30%.

TERAPEUTA: Certo, então. Agora temos que incluir você. Quanto você atribui?

PORTIA: Eu acho que 10%.

TERAPEUTA: Certo. Vou colocar aqui. Agora, olhe bem para a *pizza*. Quais fatias você quer mudar?

PORTIA: Acho que vou atribuir um pouco mais para mim. Talvez, a minha fatia seja 15% e a de seus amigos beberrões possa ser uns 25%.

TERAPEUTA: Vamos fazer essa alteração. Agora, ao olhar para esta *pizza* que você dividiu, o que significa em relação à sua responsabilidade?

PORTIA: Bem, não é tanto quanto eu pensava. Há um monte de outras coisas acontecendo.

TERAPEUTA: Vamos escrever isso. Quando você lê sua conclusão, o que acontece com o seu sentimento de culpa?

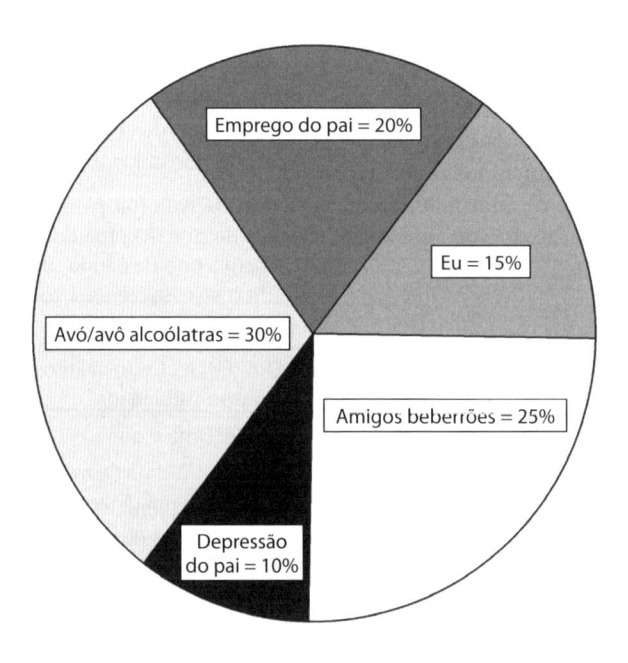

FIGURA 8.2 *PIZZA* DE RESPONSABILIDADE DE PORTIA.

PORTIA: Diminui.

TERAPEUTA: Acredita que, se conversássemos sobre os 15% de responsabilidade que você acha que tem, esse número também poderia diminuir?

PORTIA: Talvez.

TERAPEUTA: Está disposta a tentar e ver o que acontece?

Vários elementos importantes de reatribuição são ilustrados nesse diálogo. Primeiro, Portia atribuiu porcentagens a cada causa. Embora a responsabilidade dela tenha sido incluída, foi considerada por último. Além disso, antes de chegar a uma conclusão, Portia teve a oportunidade de modificar seus cálculos. Finalmente, a autoatribuição de responsabilidade de Portia só foi testada após a *Pizza* ter sido completada.

O Quadro-síntese 8.5 mostra os fundamentos da análise racional.

TERAPIA DE EXPOSIÇÃO BÁSICA: DESENVOLVENDO AUTOCONFIANÇA POR MEIO DO ALCANCE DE DESEMPENHO

A nossa experiência clínica sustenta a convicção de que a exposição e os experimentos comportamentais são cruciais na TCC. Como Friedberg e Brelsford (2011) asseveraram, ao enfatizar a ação, em vez da conversa, as crianças ganham experiências genuínas de maestria. Por meio de exposições, as crianças constroem expectativas de autoeficácia duradouras, bem como eliminam mitos imprecisos sobre si mesmas e o mundo. A teoria dos germes fornece uma metáfora clara e convincente. A imunidade à doença é reforçada pela exposição repetida aos germes. Se estiver excessivamente protegido e limitar desnecessariamente suas experiências, muitas coisas poderão fazer você ficar muito doente. As ameaças ao bem-estar se aprofundam. A exposição a circunstâncias psicológicas difíceis são como "vacinas" que originam um forte senso de resiliência.

Conduzir a exposição exige um sólido domínio da teoria de aprendizagem e processamento de informações. Bouchard, Mendlowitz, Cites e Franklin (2004) escreveram: "A adesão cega a um conjunto de técnicas de exposição sem os fundamentos teóricos da abordagem está fadada ao fracasso" (p. 58).

Na exposição, a criança encontra os estímulos aversivos, suporta a ativação afetiva, ensaia várias habilidades de enfrentamento e ganha autoconfiança genuína. Em geral, as técnicas de exposição estão mais associadas ao tratamento de transtornos de ansiedade e ao controle da raiva. Entretanto, princípios de exposição podem ser usados em qualquer circunstância terapêutica na qual se deseje que a criança pratique habilidades no contexto de ativação afetiva negativa. Na verdade, Silverman e Kurtines (1997) sugerem que a exposição seja considerada um fator comum em muitas psicoterapias bem-sucedidas.

A confiança adquirida por meio de resultados de desempenho autênticos é resistente e duradoura (Bandura, 1977). Se um cliente não tiver a oportunidade de demonstrar a aplicação de habilidades em situações em que aflorem intensas emoções, a terapia corre o risco de ser apenas um exercício intelectual e uma experiência isolada.

Um número menor que o esperado de terapeutas comportamentais utiliza exposição em suas práticas clínicas (Barlow, 1994). Por

---

QUADRO-SÍNTESE 8.5 DICAS PARA OS PROCEDIMENTOS DE ANÁLISE RACIONAL

- Adicione a resolução de problemas aos procedimentos de descatastrofização.
- Certifique-se de que as colunas estejam rotuladas corretamente no Teste de Evidência.
- Certifique-se de que pensamentos e sentimentos não sejam tratados como fatos.
- Ao completar uma *Pizza* de Responsabilidade, inclua a contribuição da criança por último.

que isso acontece? Acreditamos que diversos fatores podem contribuir para esse achado. Primeiro, alguns terapeutas não receberam supervisão ou treinamento nessa abordagem e, por isso, sentem-se despreparados para fazer a exposição. Além disso, eles podem manter várias crenças incorretas sobre a terapia de exposição, as quais limitam sua prática clínica. Os terapeutas podem acreditar que "meu papel como terapeuta é ajudar a criança a sentir-se melhor, não pior, na terapia". Esses terapeutas consideram que a exposição é desnecessariamente perturbadora para a criança. Na verdade, alguns inclusive avaliam que a intervenção é cruel. De fato, após ouvir sobre uma experiência de exposição, um terapeuta perguntou: "Como você pode fazer isso com a criança?". Esses terapeutas estão desconsiderando o fato de que a exposição, embora desconfortável a curto prazo, oferece benefícios a longo prazo.

Praticamente todos os terapeutas querem que a terapia seja um "lugar seguro". Ironicamente, às vezes, esse princípio limita o uso da exposição pelos terapeutas que a consideram perigosa. Tal ideia não poderia ser mais fora de propósito. Se um terapeuta quer promover a expressão afetiva em um ambiente estruturado, verdadeiramente sustentador, a exposição ou o tratamento baseado na representação são adequados. Não há melhor oportunidade para expressar seus sentimentos do que quando você enfrenta os medos. Portanto, em vez de tornar a terapia um lugar inseguro, a exposição ajuda a torná-la um lugar seguro, facilitando a expressão emocional do cliente e o posterior enfrentamento da dor.

Outra crença que pode impedir a prática da exposição é a de que esta prejudicará o relacionamento terapêutico. Muitos de nossos supervisionados pensam erroneamente que, se a criança se tornar ansiosa, perderá a confiança no terapeuta ou não gostará mais dele. Entretanto, essa crença está baseada na filosofia de que relacionamentos terapêuticos produtivos só permitem sentimentos positivos na terapia ou em relação a ela. Em resumo, a convicção é a de que a terapia sempre deve ser confortável. Entretanto, a maioria das formas de psicoterapia não sustenta esse princípio. Se a terapia for totalmente confortável, é menos provável a ocorrência de mudanças positivas. Portanto, clientes jovens devem ser livres para experimentar emoções negativas e positivas na terapia.

A exposição promove ativamente a experiência de sentimentos negativos e, ao fazê-lo, minimiza e desmistifica esses sentimentos. Quando as crianças são incentivadas a experimentar esses sentimentos negativos e o terapeuta as guia por eles, promove-se uma confiança genuína entre terapeuta e criança. Em vez de prejudicar o relacionamento terapêutico, a exposição pode construir laços mais fortes. Por exemplo, trabalhamos com um menino que era objeto de provocação de seus colegas; ele tinha medo da escola e era hipervigilante durante o tempo em que lá permanecia, visto que estava sempre esperando provocações. Após termos lhe ensinado algumas habilidades de autocontrole, começamos uma exposição gradual envolvendo fantoches que eram provocados. À medida que o terapeuta representava o papel do provocador, fazendo insultos ofensivos, a criança adquiria prática em lidar com a provocação. O relacionamento terapêutico tornou-se mais forte devido à atuação dos fantoches. Ao armar o cenário com precisão, o terapeuta demonstrou que realmente entendia o que estava acontecendo na vida do menino e como era difícil para ele lidar com tais estressores.

Os terapeutas também evitam a exposição devido ao senso da própria autoeficácia e à intolerância ao afeto negativo. Eu (R.D.F.) costumo dizer a meus alunos e supervisionados que o tratamento baseado na representação é a forma mais vivencial de tratamento. Se quer lidar com os sentimentos mais puros de um cliente, a exposição é o recurso ideal para você! Muitos terapeutas temem não serem capazes de controlar o nível de sofrimento de uma criança. Às vezes, esse medo se baseia na realidade. Se o terapeuta não tem habilidades para planejar e implementar uma experiência de exposição, faz sentido evitá-la até que se tenha lido o suficiente e sido devidamente supervisionado para realizar o tratamento.

Alguns terapeutas têm as habilidades e a experiência para implementar a exposição, mas a evitam pela intolerância ao sofrimento do cliente. Para nós, também é difícil ver um jovem sofrendo. É comum que nossos corações fiquem apertados quando vemos uma criança tremer e chorar por ter que dar "oi" a um novo amigo. Contudo, superar essas reações e manter o foco terapêutico são cruciais no treinamento da exposição. Se, como terapeutas, formos tão intolerantes com a ansiedade de uma criança a ponto de nunca permitir que ela se sinta verdadeiramente ansiosa, como podemos esperar que ela aceite sua própria ansiedade?

Exposição: aspectos básicos

A exposição é, tecnicamente, um tanto complexa, mas é governada pelo bom senso. Um pai cujo filho cai de um trepa-trepa e, subsequentemente, passa a ter medo de brinquedos semelhantes, sabiamente incentiva de modo firme (mas gentil) a criança a tentar subir de novo no brinquedo da pracinha. A exposição baseia-se no mesmo princípio. Se as crianças enfrentarem o medo que passaram a recear, as qualidades temíveis da circunstância serão atenuadas, e sua flexibilidade comportamental aumentará.

Existem vários tipos de exposição. A *exposição in vivo* refere-se a encontrar diretamente a situação aversiva na vida real. A *exposição imaginária* envolve entrar em contato com as circunstâncias evitadas por meio do imaginário. A *exposição em realidade virtual* utiliza o ciberespaço para o enfrentamento dos estímulos temidos. Todas essas exposições podem ser feitas de modo gradual ou completo. A exposição gradual envolve passos pequenos, e a exposição completa abrange grandes saltos. O termo *inundação* (*flooding*) refere-se a um subtipo de exposição completa.

A exposição começa com uma justificativa lógica. Fornecer psicoeducação relativa à exposição é um primeiro passo importante (Bouchard et al., 2004; Richard, Lauterbach, & Gloster, 2007). Aqui, os terapeutas reforçam a ideia de que abordar, em vez de evitar, é a melhor estratégia a longo prazo para enfrentar situações difíceis. Tolerar o desconforto, em vez de fugir dele, reforça o sentido de que os jovens podem ser resilientes diante da angústia. Além disso, os terapeutas devem se assegurar de comunicar que é a criança quem conduz o processo. São elas que estão no controle!

As justificativas lógicas para a exposição podem ser fornecidas de várias maneiras. Podem ser empregados materiais escritos, explicações verbais e metáforas. Eu (R.D.F.) costumo designar às crianças e às suas famílias a tarefa de assistir ao filme *Batman Begins* (Nolan, 2005), como um modo de aprender sobre a exposição. Em uma cena memorável, o já adulto Bruce Wayne (a identidade secreta de Batman), que tinha fobia de morcego na infância, deixa seu medo aflorar entrando numa caverna escura e úmida. Os morcegos o cercam; ele inicialmente experimenta angústia, aprende a abraçar o medo e, por fim, o supera.

A exposição é colaborativa, não prescritiva. A colaboração garante consentimento informado e envolvimento. Friedberg e colaboradores (2009) nos lembram: "A exposição é mais bem executada quando terapeuta, paciente e família formam uma coalizão com boa vontade" (p. 243). A colaboração é especialmente importante, uma vez que é raro uma criança que "queira" fazer a exposição. A tarefa terapêutica é ajudá-la a tornar-se disposta a enfrentar sua aflição (Hayes, Strosahl, & Wilson, 1999; Huppert & Baker-Morissette, 2003). Quando você colabora com os clientes e fornece uma justificativa lógica, a disposição torna-se muito mais provável.

A chave da exposição é a ocorrência de novas aprendizagens. O senso de autoeficácia de crianças e adolescentes deve aumentar, e a sua tolerância à ansiedade e à angústia deve melhorar (Craske & Barlow, 2008). A sabedoria histórica relativa à exposição ensina que uma redução de 50% na excitação é um critério para determinar uma exposição bem-sucedida (Podell, Mychailyszyn, Edmunds, Puleo, & Kendall, 2010). No entanto, achados contemporâneos sugerem alternativas. Habituar-se ao medo ou conquistar grandes decréscimos na ansiedade talvez sejam desnecessários para que essa nova aprendizagem ocorra (Craske & Barlow, 2008). Nas palavras de Craske e Barlow: "A extensão de uma determinada exposição experimental não se baseia na redução de medo, mas nas condições necessárias a novas aprendizagens, em que o medo e a ansiedade acabam diminuindo por meio de experiências de exposição" (p. 29).

Os terapeutas cognitivo-comportamentais são bem aconselhados a lembrar que crianças e adolescentes muitas vezes consideram a evitação uma solução, e não um problema. Analise o seguinte exemplo. Amos era um menino europeu-americano de 15 anos de idade, que recebera uma rígida educação menonita. Ele confirmou a reclamação de seus pais: estava tomando vários banhos diários que duravam 90 minutos, e também lavava a roupa várias vezes por dia. Após a avaliação inicial, ficou claro que Amos sofria de transtorno obsessivo-compulsivo (TOC). Mais especificamente, ele revelou que, ao se masturbar, tinha medo de que o sêmen dele pudesse contaminar os outros membros da família com Aids e outras doenças sexualmente transmissíveis. Se quaisquer partes não lavadas de seu corpo, suas roupas, toalhas ou roupas de cama entrassem em contato com outras pessoas, ele temia que elas fossem contaminadas.

Após duas sessões que se concentraram apenas em psicoeducação e automonitoramento, seus sintomas se aplacaram quase por completo. Os banhos foram reduzidos a um por dia com duração de 15 minutos, e ele colocava as roupas na máquina de lavar duas vezes por semana. Claro que a família dele foi tranquilizada. Contudo, e o resto da história?

Na sessão individual de Amos, o terapeuta perguntou o que resultou em sua notável recuperação. Amos deu uma resposta vaga e se limitou a dizer: "Eu parei de ficar me lavando demais". Alerta, o terapeuta delicadamente consultou: "Com que frequência você está se masturbando?". Amos respondeu: "Nunca". Agora fazia sentido que os sintomas tivessem desaparecido. Já que já não estava arriscando "contaminar" os outros com seu sêmen, ele diminuiu a ansiedade, sem as obsessões e sem a necessidade de lavagem compulsiva para expurgá-la. Portanto, não houve nenhuma nova aprendizagem.

A exposição graduada envolve uma hierarquia dimensionada ao longo das escalas de Unidades Subjetivas de Sofrimento (USS). Você progride sistematicamente ao longo dos itens, em geral começando por volta do meio da hierarquia. É fundamental ter paciência. De modo semelhante à dessensibilização sistemática, adotamos a máxima "VÁ DEVAGAR".

A exposição efetiva é abrangente (Persons, 1989). O tratamento de exposição deveria abordar todos os elementos encerrados no medo de uma criança. A exposição deveria ser multimodal e incorporar componentes fisiológicos, cognitivos, emocionais, comportamentais e interpessoais. Portanto, deve-se avaliar completamente esses componentes antes de implementar uma exposição e depois tratá-los com o tratamento correspondente.

A exposição precisa ser repetida (Persons, 1989; Craske & Barlow, 2001). Uma única sessão de tratamento provavelmente não produzirá mudança duradoura. Portanto, a prática repetida da exposição é necessária. As crianças precisam fazer exposição também entre as sessões. Pais, professores e outros responsáveis precisam ser educados sobre a natureza da exposição e treinados em procedimentos de controle da contingência, a fim de reforçar os esforços da criança.

As exposições precisam ser processadas explicitamente. Tiwari, Kendall, Hoff, Harrison e Fizur (2013) argumentaram que um profundo processamento cognitivo, o treinamento da aquisição de habilidades facilitadoras de enfrentamento de situações difíceis, e as recompensas por esforços melhoraram o resultado dos procedimentos de exposição. Crianças e adolescentes precisam derivar suas próprias conclusões a partir dessas oportunidades de aprendizagem vivencial. Antes da exposição, eles devem fazer previsões sobre aquilo que supostamente acontecerá. Em seguida, eles comparam o que observaram ou experimentaram às suas expectativas. Por fim, os jovens chegam a uma conclusão com base na comparação entre a experiência real e a esperada.

O Quadro-síntese 8.6 fornece dicas sobre como conduzir exposições.

CONCLUSÃO

Mesmo antes de ler este livro, você provavelmente já estava impressionado com a ampla variedade de técnicas e métodos cognitivo-comportamentais. Nós o incentivamos a selecionar criteriosamente as técnicas, com base nos princípios de conceitualização de caso (Capítulo 2). Implemente cada técnica com um nível adequado de empirismo colaborativo (Capítulo 3). Sinta-se livre para modificar criativamente as técnicas, conforme será sugerido no próximo capítulo. Além disso, incremente a técnica designando tarefas de casa (Capítulo 10). Por fim, dose cada intervenção para que se ajuste à apresentação do cliente (Capítulos 11, 12, 13 e 14) e encaixe-as dentro de um contexto familiar (Capítulos 15 e 16).

QUADRO-SÍNTESE 8.6 DICAS PARA CONDUZIR EXPOSIÇÕES

- Adquira um sólido domínio dos princípios de aprendizagem.
- A exposição pode ser feita *in vivo*, com imaginação ou com realidade virtual.
- Comece com a justificativa lógica.
- O habitual é fazer uma exposição graduada.
- Progrida sistematicamente ao longo da hierarquia. Vá devagar. Paciência é fundamental.
- A chave é gerar uma nova aprendizagem.
- O objetivo é o autocontrole e o comportamento de enfrentamento.
- A exposição deve ser abrangente.
- A exposição deve ser processada cognitivamente.

9
Aplicações criativas da terapia cognitivo-comportamental

Neste capítulo, apresentamos várias aplicações criativas da terapia cognitiva. Essas aplicações levam em conta a necessidade de os clínicos equilibrarem flexibilidade e fidelidade em suas práticas (Kendall, Gosch, Snood, & Furr, 2008). Isso pode ser crucial para envolver a criança no processo de terapia. Intervenções significativas e eficazes terão mais impacto se a criança entender, gostar de aprender e, então, sentir-se motivada a utilizar essas intervenções no dia a dia. O capítulo começa com a narração de histórias e segue com descrições de várias aplicações terapêuticas recreativas. Também exploramos o uso de jogos, livros de histórias e livros de exercícios, todos com base cognitivo-comportamental. Além disso, é apresentada uma variante da resolução de problemas envolvendo confecção de máscaras, e são sugeridas intervenções baseadas em artes manuais. O capítulo termina com um exercício cognitivo-comportamental planejado para eliminar a autoculpa excessiva.

NARRAÇÃO DE HISTÓRIAS

A narração de histórias para crianças é uma modalidade terapêutica considerada positiva por médicos clínicos das tradições psicodinâmica (Brandell, 1986; Gardner, 1970, 1971, 1975; Trad & Raine, 1995), adleriana (Kottman & Stiles, 1990) e estratégico-ericksoniana (Godin & Oughourlian, 1994; Greenberg, 1993; Kershaw, 1994). Até pouco tempo atrás, a terapia cognitiva ignorava a utilidade potencial da narração de histórias para crianças (Costantino, Malgady, & Rogler, 1994; Friedberg, 1994). No entanto, esta pode ser uma forma muito efetiva de modelagem velada. Lazarus (1984) observou que a narração de histórias "transmite realidades psicológicas básicas" (p. 104).

Histórias são claramente o "recheio" da infância. As brincadeiras das crianças têm um tema narrativo natural. A hora do chá, as guerras, as brigas domésticas nas casas de bonecas e gols heroicos testemunhados por multidões ensurdecedoras são mini-histórias com enredo, personagens e diálogo. O interesse natural das crianças mais novas por fingimento, imaginação e brincadeiras de faz de conta torna a narração de histórias especialmente natural para elas (Trad & Raine, 1995).

Em comparação com uma abordagem psicodinâmica da narração de histórias, que focaliza o significado simbólico e a interpretação de conflito intrapsíquico, a principal ênfase na abordagem cognitivo-comportamental está na resolução de problemas, nas percepções dos relacionamentos, nas visões do ambiente e nas autodeclarações das crianças. Pode ser muito produtivo examinar os padrões de pensamento, a resolução de problemas e as reações emocionais dos personagens inventados por uma criança (Stirtzinger, 1983; Trad & Raine, 1995). Focalizar os estados interiores dos personagens – como seus desejos, medos e motivações – revela o mundo interior das crianças (Kershaw, 1994; Trad & Raine, 1995). Reconhecer as habilidades que o personagem deve ter para resolver o problema ou o conflito na história pode orientar subsequentemente os esforços terapêuticos dos clínicos (Kershaw, 1994). A informação contida na história pode refletir as percepções das crianças acerca das pressões internas e externas na resolução de problemas; por isso, investigar os elementos que bloqueiam as soluções produtivas é uma prioridade clínica (Gardner, 1986; Kershaw, 1994). Kershaw (1994) também observou que, quando soluções são incluídas nas histórias, os terapeutas são aconselhados a examinar se tais soluções são ou não efetivas, convenientes e adequadas. A facilidade e a efetividade da resolução do conflito dentro da história podem refletir o senso de competência ou de controle percebido das próprias crianças (Bellak, 1993; Rotter, 1982).

Seguimos os procedimentos básicos de Gardner (1970, 1971, 1972, 1975, 1986) para a narração de histórias terapêutica. A criança é incentivada a contar em um gravador (digital ou convencional) uma história que nunca tenha ouvido. As crianças são instruídas de que a história deve ter começo, meio e fim, além de uma lição ou moral. Via de regra, a lição dirige a atenção do clínico ao tema psicologicamente mais presente (Brandell, 1986). Quando a criança termina sua narrativa, é a vez do terapeuta contar uma história que ofereça uma resposta de enfrentamento mais adaptativa ou uma resolução mais produtiva.

Gardner (1972) ofereceu algumas sugestões para crianças que têm dificuldade de construir uma história ou manter seu fluxo. Ele recomendava uma "narração de história gradual", em que o terapeuta inicia a história, faz uma pausa e estimula a criança a continuá-la; quando a criança vacila, o terapeuta pode pegar o fio da meada, fazer uma pausa, estimular novamente, e assim por diante. Lawson (1987) também dá várias ideias que podem ajudar os terapeutas a atrair as crianças ao processo terapêutico e tornar a narração uma técnica mais bem-vinda. Ele aconselha os terapeutas a falarem mais devagar que o normal e em tom mais baixo, a fim de envolver mais plenamente as crianças. Além disso, sugere incluir "predicados cinestésicos e auditivos" nas introduções às histórias. Por exemplo, incorporar várias modalidades sensoriais (p. ex., "O vento soprava e assobiava pela floresta...") pode envolver as crianças.

Prestar atenção à forma como pessoas significativas são representadas e descritas na história pode ser terapeuticamente bastante eficaz. Vários autores (Bellak, 1993; Kershaw, 1994; Trad & Raine, 1995) sugerem perguntas a serem consideradas ao explorar as histórias das crianças, como a maneira de descrever as figuras parentais e os colegas. As figuras parentais são incentivadoras, competentes, disponíveis, rejeitadoras, amorosas ou ameaçadoras? Os coleguinhas são descritos como amistosos, hostis, competitivos ou competentes? Além disso, esses personagens separados refletem motivações concorrentes da criança?

O clima emocional geral da história também pode ser bastante revelador. Por exemplo, o tom é hostil? A atmosfera da história é importante e pode refletir a concepção do mundo de uma criança (Bellak, 1993; Gardner, 1986; Stirtzinger, 1983). Onde acontece a história? A ação que ocorre em um deserto ou em uma floresta úmida e escura é muito diferente da ação que ocorre em uma cidade movimentada ou em um bosque ensolarado (Bellak, 1993).

Temos várias sugestões para construir uma história alternativa terapêutica. Em geral, histórias efetivas preenchem lacunas na organização temporal, estimulam reatribuição e corrigem imprecisões no entendimento das crianças acerca de antecedentes causais (Russell, Van den Brock, Adams, Rosenberger, & Essig, 1993). As crianças devem ser capazes de se identificar com comportamentos, cognições, sentimentos e motivações representados na história do terapeuta. Além disso, elas devem perceber que os recursos dos personagens são semelhantes ou potencialmente semelhantes às suas próprias capacidades, habilidades e opções.

A identificação da criança com os personagens pode ser aumentada de diversas maneiras. Nas histórias do terapeuta, recomendamos criar um conflito que se equipare ao da própria criança, mas em que os personagens tenham sucesso na superação ou na realização de seus desafios (Gardner, 1986; Mills, Crowley, & Ryan, 1986). Quando as crianças reconhecem que o problema na história corresponde ao seu próprio dilema, o impacto da história é maior (Mills et al., 1986). O personagem central da sua história representa uma metáfora ou um modelo velado para a criança (Callow & Benson, 1990). Portanto, o terapeuta deve escolher os personagens de acordo com cada criança, o problema e as circunstâncias ou contextos que a cercam. Por exemplo, Davis (1989) verificou que crianças maltratadas geralmente compartilham histórias sobre animais como coelhos, que têm poucas defesas naturais. Nesses casos, as histórias terapêuticas deveriam oferecer uma figura concorrente, mas paralela, que tenha alguma defesa natural. Por exemplo, uma tartaruga é um bom personagem, pois tem um casco protetor. As tartarugas são figuras de história particularmente valiosas, uma vez que escolhem entre se retrair em seus cascos ou se revelar. Além disso, as tartarugas permitem o raciocínio flexível, pois é raro que permaneçam completamente no interior de seus cascos protetores.

Os sapos e os camundongos são nossos favoritos. Em geral, os sapos podem ser vistos como tipos inertes, que raramente se aventuram muito longe de sua planta aquática. Portanto, são metáforas naturais para crianças inibidas e medrosas. Além disso, a capacidade "oculta" dos sapos para saltar de folha em folha pode comunicar estratégias em que os recursos latentes da criança podem ser avaliados. Por outro lado, os camundongos oferecem outras oportunidades para os narradores de histórias terapêuticas. As crianças parecem se identificar prontamente com camundongos, talvez por serem tão pequenos e ostensivamente impotentes. Por isso, os camundongos precisam negociar as situações complicadas da vida usando sua esperteza. Os personagens de camundongos são "modelos" velados que podem ensinar às crianças que a resolução bem-sucedida de conflitos não depende do tamanho e da força.

Animais ou personagens capazes de se transformar podem oferecer esperança, ilustram mudanças e diminuem a rigidez de pensamento. Por exemplo, os personagens de histórias que mudam de um estado para outro, como lagartas, cisnes e dálmatas, podem ser bastante úteis. Temas envolvendo crescimento emocional e aquisição de habilidades podem ser habilmente costurados em torno de narrativas que detalham as metamorfoses desses personagens, que passam de uma circunstância negativa a outra mais otimista. Por exemplo, histórias terapêuticas sobre um dálmata depreciado por ser comum, mas que acaba ganhando suas manchas, pode comunicar várias mensagens terapêuticas.

A história a seguir é um exemplo que oferece uma resolução mais adaptativa para o medo de independência de uma criança mais nova.

> Era uma vez, há muito, muito tempo, uma foquinha que vivia em um lugar muito, muito distante. O nome dessa foca era Hickory. Hickory tinha medo de que, se fizesse as coisas por conta própria, sua mãe e seu pai deixariam de cuidar dele. Ele achava que quanto mais fizesse sozinho, mais coisas seriam esperadas dele.
> Muitas vezes, Hickory pedia a seu pai para lhe dar alguns peixes, embora ele mesmo pudesse pescá-los. Se Hickory se esquecia de alguma coisa na escola, sua mãe sempre concordava em pegar para ele. Às vezes, pedia a sua mãe e a seu pai que o carregassem até a próxima pedra, em vez de nadar sozinho. Sua mãe e seu pai ficavam muito frustrados e não sabiam o que fazer.
> Hickory tinha medo. Achava que crescer era perigoso. Sabia como era ser uma foquinha, mas não como era ser uma foca grande. Um

dia, na escola de focas, ele encontrou um leão-marinho. O leão-marinho, chamado Regis, viu que Hickory não queria fazer as coisas por conta própria. Regis e Hickory ficaram amigos.

Numa tarde ensolarada, Regis perguntou a Hickory por que ele pedia aos outros que fizessem as coisas por ele, se podia fazê-las sozinho. Hickory disse que tinha medo. Regis sugeriu que ele tentasse fazer as coisas por conta própria para ver o que aconteceria. Regis apontou para um grande *iceberg* que havia no meio do oceano e falou:
— Acha que consegue nadar até lá sozinho?
— Eu tenho medo – disse Hickory.
— Do que você tem medo? – indagou Regis. Hickory respondeu:
— Vai cuidar de mim se eu fizer isso?
— Claro – sorriu Regis.
Então, Hickory foi até a beira da água e mergulhou. Enquanto estava nadando até o *iceberg*, ele se preocupava: "E se eu conseguir e ele me pedir para fazer mais? Eu realmente gosto que tomem conta de mim. Se eu não fizer, tenho certeza de que Regis não vai me mandar fazer isso novamente". À medida que esses pensamentos passavam por sua cabeça, Hickory nadava cada vez mais devagar. Ele ouviu Regis gritando da praia:
— Você consegue, Hickory. Vou estar bem aqui na praia quando você voltar.
Isso ajudou Hickory. Ele nadou um pouco mais e ouviu mais vozes vindo da praia. Eram sua mãe e seu pai. Eles estavam torcendo por ele.
— Nade, Hickory, nade. Toda vez que você olhar para trás, vamos estar aqui. Não importa o quão longe ou rápido você nade, sempre estaremos bem aqui, esperando por você.
Isso fez Hickory se sentir animado e forte. Ele alcançou o *iceberg* facilmente e inclusive ficou lá, sentado, tomando Sol, fazendo um belo lanchinho de peixe e observando a praia, onde Regis, sua mãe e seu pai estavam esperando. Ele ficou no *iceberg* por um tempinho, saboreando o lanche e a paisagem.

Quais são os elementos úteis nessa história? Primeiro, a narrativa salienta as crenças de Hickory sobre independência (p. ex., "Se eu fizer as coisas sozinho, minha mãe e meu pai não cuidarão mais de mim. Quanto mais eu fizer por conta própria, mais será esperado de mim."). Segundo, Hickory é um modelo para lidar e enfrentar situações difíceis. Ele não atingiu facilmente seus objetivos, precisou se esforçar para fazer as coisas darem certo. Terceiro, a história gera lições simples, que contrariam os medos de Hickory (p. ex., "As pessoas o amarão se você conseguir fazer coisas por conta própria. Crescer não é perigoso e também traz suas recompensas.").

Criar um livro de histórias para acompanhar a técnica de narração também é produtivo (Kestenbaum, 1985). Kestenbaum sugeriu usar uma agenda de folhas soltas ou um fichário para construir um livro de histórias. Assim, as crianças podem acrescentar novas histórias todas as semanas. A revisão dessas histórias lhes dará uma perspectiva palpável do progresso. Além disso, poderia ser acrescentada uma seção na qual o terapeuta e a criança anotariam o que foi aprendido em cada história. De fato, Gonçalves (1994) sugeriu que o impacto das tarefas de casa baseadas em histórias é potencializado. Convidamos crianças e adolescentes a experimentar as estratégias contidas na história e depois registrar suas experiências no arquivo, ao lado da história apropriada.

APLICAÇÕES DA TERAPIA RECREATIVA

Na terapia recreativa cognitivo-comportamental, os terapeutas são ativos, dirigidos aos objetivos e usam a brincadeira para modificar pensamentos, sentimentos e padrões de comportamento problemáticos (Knell, 1993). A brincadeira é o meio pelo qual os diálogos internos imprecisos são evocados e métodos de enfrentamento mais adaptativos são ensinados.

Você pode usar as brincadeiras para ajudar a ensinar uma habilidade difícil, como utilizar argila para dividir a *Pizza* de Responsabilidade (discutida no Capítulo 8). Um bloco de argila pode ser dividido em pedaços separados, cada um dos quais representando uma porção da responsabilidade percebida. As crianças são, então, capazes de vislumbrar uma representação concreta e visual do processo de atribuição de responsabilidade. O diálogo a seguir exemplifica o processo.

TERAPEUTA: Listamos todas as coisas que você acha que fizeram Pearl ignorá-la. Agora, o que precisamos fazer é imaginar quais dessas coisas são as razões principais. Vamos brincar com um pouco de argila para imaginar isso. O que você acha?

LEAH: Posso usar a argila?

TERAPEUTA: Claro.

LEAH: Como é pegajosa!

TERAPEUTA: Temos que decidir o quanto desse bloco de argila vamos dar para cada motivo que você apresentar para Pearl ter ignorado você.

LEAH: (*Fazendo uma grande bola com a argila.*) Tudo bem.

TERAPEUTA: Vamos usar esta faca de plástico para cortar os pedaços. Quanto vamos dar ao fato de Pearl estar cansada?

LEAH: Essa parte. (*Corta mais ou menos 20%.*)

TERAPEUTA: Quanto vamos dar a Pearl e a Susan por estarem conversando uma com a outra e não terem ouvido você?

LEAH: Este pedação. (*Corta uma fatia de uns 40%.*)

TERAPEUTA: Vamos ver. Qual era a nossa próxima?

LEAH: Ela estava com pressa para chegar ao lugar dela, antes de a professora entrar.

TERAPEUTA: Certo. Qual o tamanho da fatia para essa razão?

LEAH: (*Corta aproximadamente 30%.*)

TERAPEUTA: E este pedacinho que sobrou?

LEAH: É o quanto ela não gosta de mim?

Para terapeutas que não gostam de argila (pode ser uma bagunça!), um procedimento semelhante pode ser feito com círculos de papelão e um par de tesouras. A criança gera uma lista de explicações e então corta do círculo o pedaço que corresponde à quantidade atribuída. A razão é escrita em cada pedaço da *pizza*. Assim, a criança tem uma forma palpável de acompanhar o processo de reatribuição.

A brincadeira de fantoches presta-se maravilhosamente a aplicações de terapia cognitiva, estimulando diálogos socráticos e procedimentos autoinstrutivos. Os fantoches podem ser comprados ou confeccionados durante a sessão. Em nosso trabalho com crianças e adolescentes no programa Preventing Anxiety and Depression in Youth (Prevenindo a Ansiedade e a Depressão na Juventude), fazemos livre uso de fantoches de sacos de sanduíche (Friedberg et al., 2001). Os fantoches de saco de sanduíche são simples de fazer: a criança desenha um personagem ou cola um feito de papel colorido na parte inferior de um saco de sanduíche. A seguinte transcrição mostra como os terapeutas podem usar fantoches no treinamento autoinstrutivo.

TERAPEUTA: Com que fantoche você quer brincar, Estella?

ESTELLA: Vou escolher o lobo.

TERAPEUTA: Vamos ver... Ficarei com o carneiro.

ESTELLA: Ele é uma gracinha. Tenho um igual em casa.

TERAPEUTA: Vamos montar um teatro de fantoches. Qual seria o assunto da história?

ESTELLA: Não sei. Eu só quero brincar.

TERAPEUTA: Que tal uma peça sobre estar com raiva?

ESTELLA: Tudo bem. O que vamos fazer?

TERAPEUTA: Sobre o que o lobo e o carneiro poderiam estar discutindo?

ESTELLA: Talvez o lobo esteja irritado porque o carneiro age como se fosse melhor do que ele.

TERAPEUTA: Certo. Vamos começar.

ESTELLA: Grr, eu vou comer e morder você, que se acha tão especial. Eu odeio você, seu carneiro bobo.

TERAPEUTA: Você é assustador. Eu vou fugir.

ESTELLA: Vou pegar você, porque sou forte e rápido.

TERAPEUTA: Por que você está tão bravo comigo?

ESTELLA: Não sei. Grr. (*Tenta morder o carneiro.*)

TERAPEUTA: Estou tão assustado e confuso.

ESTELLA: Ótimo!

TERAPEUTA: Estella, este é um bom momento para ver se conseguimos ensinar ao lobo algumas das habilidades que aprendemos. Pegue um fantoche que possa ser a professora.

ESTELLA: Este parece uma professora. (*Pega um urso.*)

TERAPEUTA: Você quer ser o urso e ensinar o lobo a lidar com seus sentimentos de raiva e a fazer amizades?

ESTELLA: Não, você faz isso. Eu só vou ser o lobo.

TERAPEUTA: Que tal se nós dois fizéssemos isso?

ESTELLA: Tá legal.

TERAPEUTA: (*Coloca o fantoche urso.*)

ESTELLA: Grr. Eu não gosto de você, seu carneirinho idiota.

TERAPEUTA: Ah, não, lá vamos nós de novo.

ESTELLA: Eu vou caçar você.

TERAPEUTA: (*Como urso novamente.*) Ora, ora... Espere um minuto, seu lobo. Como você está se sentindo?

ESTELLA: Louco de raiva. Vou pegar aquele carneiro.

TERAPEUTA: Lobo, o que você quer mostrar para o carneiro?

ESTELLA: Que sou eu quem manda. Ele não é melhor do que eu. Se ele não quiser ser meu amigo, então vou mordê-lo.

TERAPEUTA: Entendo, lobo. Você quer fazer amizade com o carneiro, mas imagina que ele se acha melhor.

ESTELLA: Sim. Eu vou pegar ele.

TERAPEUTA: Como você acha que o carneiro se sente?

ESTELLA: Com medo, grr. (*Ri.*)

TERAPEUTA: Com certeza. Olha só como ele está tremendo. Parece estar com muita vontade de fazer amizade?

ESTELLA: Não muita.

TERAPEUTA: Estella, o que o lobo pode dizer a si mesmo para acalmar seus sentimentos de raiva?

ESTELLA: Esqueci.

TERAPEUTA: Bem, aprendemos algo que podemos ensinar ao lobo?

ESTELLA: As coisas que eu digo para mim mesma.

TERAPEUTA: Faça uma tentativa.

ESTELLA: Seu lobo, não deixe a raiva ferver. Apague o fogo do seu forno de raiva.

TERAPEUTA: Ótimo. Como isso funcionou para o lobo?

ESTELLA: Não muito bem. Ele ainda está com raiva. Grr. Eu vou pegar aquele carneiro.

TERAPEUTA: Agora, você faz o urso e usa mais diálogo interno para acalmar o lobo.

ESTELLA: Não deixe transbordar. Apague o fogo em você.

Nesse exemplo, Estella e a sua terapeuta aproveitaram a oportunidade para substituir declarações mal-adaptativas pelas declarações de enfrentamento aprendidas anteriormente na terapia. A brincadeira de fantoches também promoveu a aquisição de declarações de enfrentamento adicionais (p. ex., "Não deixe transbordar. Apague o fogo em você").

Jogos infantis populares também se prestam primorosamente à terapia recreativa cognitivo-comportamental. São bons instrumentos por geralmente envolverem um componente de solução de problema, e, já que costumam abordar pressões de desempenho, são emocionalmente estimulantes. Simon, Jenga, Connect Four e Life são exemplos de jogos que podem ser ferramentas úteis. Os terapeutas cognitivos usam esses jogos como estímulo para identificar pensamentos e sentimentos, corrigir padrões de pensamento mal-adaptativos e melhorar habilidades sociais.

A autorregulação e a tolerância à frustração também podem ser abordadas durante o jogo. O exemplo a seguir ilustra esse processo durante o jogo "Não Derrame os Feijões", com a menina Karla, de 9 anos, que está em terapia devido a humor deprimido, explosões comportamentais e agressividade doméstica com a mãe e o padrasto. O jogo requer que os jogadores se revezem, colocando feijões de plástico em um balde instável sem derrubá-lo. O jogador que acabar primeiro o seu lote de feijões ganha o jogo. Em geral, várias rodadas ocorrem, oferecendo oportunidades para a prática repetida de habilidades.

TERAPEUTA: Uau, este balde está começando a balançar. E se o seu próximo feijão derrubá-lo?

KARLA: (*Joga na sua vez sem responder.*) OBA! Não virei o balde! Agora é sua vez.

TERAPEUTA: (*Faz uma pausa antes de jogar.*) E se eu derrubar e começar a me sentir frustrado... do que poderei me lembrar?

KARLA: Que você perdeu! E eu ganhei!

TERAPEUTA: Verdade, mas isso provavelmente não vai me ajudar a me sentir menos frustrado! O que eu poderia dizer a mim mesmo em relação a perder o jogo? Lembra-se do nosso "só porque"?

KARLA: Só porque você perdeu este jogo, não significa que não se divertiu.

TERAPEUTA: E que tal na próxima vez?

KARLA: Talvez na próxima vez você ganhe.

TERAPEUTA: Tá legal. (*Joga.*) Eba, não caiu! E agora, se cair na sua vez?

KARLA: Então vamos brincar de novo e eu poderei ganhar de você como fiz na última vez que estive aqui e jogamos "Sinto muito".

TERAPEUTA: É possível, mas, e se acabar o tempo e não pudermos mais jogar hoje?

KARLA: Posso pedir para meu padrasto jogar comigo hoje à noite, enquanto minha mãe está no trabalho. Ele gosta de jogos de tabuleiro. Ou podemos jogar de novo na próxima vez que eu vier aqui.

TERAPEUTA: Eu gosto da maneira calma como você está analisando as formas de resolver o problema e de se sentir melhor. Parece que você consegue se divertir até mesmo quando não ganha!

No diálogo acima, o terapeuta utilizou o jogo para ensinar uma lição difícil. Karla praticou autoinstruções para se acalmar e ensaiou alternativas para enfrentar situações difíceis no ambiente não ameaçador do jogo.

Uma dúvida frequente entre os terapeutas é se deveriam "deixar" uma criança vencer jogos. Deixar uma criança vencer ou não depende do que você está tentando ensinar a ela. Se a criança (ou adolescente) tem baixa tolerância à frustração e é má perdedora, precisa praticar a tolerância à derrota. Por exemplo, Sunny chutava a mesa e ficava emburrada quando perdia no jogo de damas. Deixá-la vencer não lhe ensinaria nada, ao passo que suas derrotas eram oportunidades de aprendizagem em que poderia aplicar suas habilidades de enfrentamento. Se a criança é tímida e lhe falta autoeficácia, um "empurrãozinho" discreto do terapeuta pode ser válido. Por exemplo, Benny achava que não era bom jogando basquete e não se permitia fazer um arremesso. O terapeuta errou deliberadamente vários arremessos, o que permitiu que Benny encontrasse coragem para fazer um arremesso longo. Entretanto, deixar a criança vencer não deve ser uma atitude transparente. Assim, o equilíbrio sempre é indicado. O jogo deve refletir as contingências da vida: às vezes, você vence; às vezes, você perde.

A trapaça durante o jogo é outro dilema que preocupa os terapeutas. Não permitimos trapaças durante um jogo, pois isso transmite uma mensagem errada à criança. Além disso, o comportamento trapaceiro muitas vezes está embutido nos problemas apresentados. Permitir que a criança trapaceie significa ser conivente com seu comportamento desonesto. Portanto, recomendamos que você evoque e modifique as crenças mal-adaptativas associadas à trapaça. O seguinte diálogo exemplifica o processo.

TERAPEUTA: Dennis, você moveu minha peça duas casas para trás e avançou a sua peça uma casa para a frente. É isso que estava escrito no cartão do jogo?

DENNIS: Eu não me lembro.

TERAPEUTA: Entendo. Você acha que é justo?

DENNIS: Não sei. (*Deita a cabeça na mesa.*)

TERAPEUTA: Isso às vezes acontece quando você joga com seus amigos?

DENNIS: Às vezes.

TERAPEUTA: No que você pensou ao movimentar a minha peça?

DENNIS: Não sei.

TERAPEUTA: Como se sentiu me vendo passar à sua frente?

DENNIS: Mal.

TERAPEUTA: Quando você se sentiu mal, o que passou na sua cabeça?

DENNIS: Que eu odeio perder.

TERAPEUTA: O que significaria perder?

DENNIS: Que você é melhor do que eu.

TERAPEUTA: Então, você se sente mal quando acha que pode perder, e o pensamento "Eu sou melhor que você" passou pela sua cabeça. Por isso movimentou sua peça para a frente da minha?

DENNIS: (*Chora e confirma com a cabeça.*)

TERAPEUTA: Como isso funcionou para você?

DENNIS: Não foi bom.

TERAPEUTA: Podemos fazer um plano juntos para que você primeiro aprenda que perder um jogo não é tão horrível, e que há formas de você ajudar a si mesmo a se sentir melhor quando perde, para, assim, não se ver forçado a trapacear?

Esse diálogo contém várias sugestões úteis. Primeiro, o terapeuta limitou a trapaça. Segundo, não puniu nem ridicularizou Dennis, em vez disso o ajudou a identificar os pensamentos e sentimentos que mediaram a trapaça. Terceiro, o terapeuta associou a trapaça na sessão de terapia com os problemas de habilidades sociais de Dennis. Por fim, o terapeuta iniciou um processo de resolução de problemas.

JOGOS, LIVROS DE HISTÓRIAS, LIVROS DE EXERCÍCIOS E CONFECÇÃO DE MÁSCARAS

Jogos

Ao selecionar jogos de terapia, o terapeuta deve levar em conta o modo como o jogo irá modelar, estimular e reforçar o uso de técnicas cognitivas. Várias perguntas ajudarão o(a) terapeuta a integrar os jogos no plano de tratamento:

- Como o uso desse jogo se encaixa na conceitualização de caso?
- Quais passos podem ser dados durante o jogo, no sentido de aumentar a aquisição e a aplicação de habilidades?
- Que contribuição a inclusão desse jogo na sessão proporciona ao tratamento?
- Da perspectiva do desenvolvimento, esse jogo é apropriado para a criança?
- Considerando os objetivos do tratamento atual, quem deve participar do jogo (i.e., somente a criança e a terapeuta, ou a criança, a terapeuta e outros membros da família)?

Cestas de Pensamentos-Sentimentos

A atividade recreativa *Cestas de Pensamentos-Sentimentos* envolve a combinação de identificação de pensamentos e sentimentos com o arremesso de uma bola de basquete. É uma forma vivencial e divertida de as crianças aprenderem habilidades de automonitoramento básicas. A atividade Cestas de Pensamentos-Sentimentos é o acompanhamento ideal para os registros de pensamentos, descritos no Capítulo 6.

Para fazer esse exercício, você precisa de um aro de basquete e de uma bola, embora até uma bola de papel amassado e uma cesta de papéis sirvam. Para jogar, a criança é instruída a compartilhar seus pensamentos e sentimentos antes e depois de fazer seus "arremessos". Essa prática permite que a criança e o terapeuta associem situações, pensamentos e sentimentos, além de testar as predições vagas das crianças. O exercício propicia uma oportunidade para explorar medos de avaliação negativa e pressões de desempenho associados com ansiedade generalizada e ansiedade social. Os medos que as crianças têm de se arriscar também podem ser abordados nessa atividade, bem como a intolerância a emoções negativas, como frustração e decepção.

Usar a atividade Cestas de Pensamentos-Sentimentos para associar situações, sentimentos e pensamentos é uma tarefa relativamente simples. Enquanto a criança se prepara para arremessar, peça-lhe para definir o evento ou a situação (p. ex., "O que está acontecendo?"). A criança responde dizendo "Vou arremessar a bola". Em seguida, pergunte como ela está se sentindo (p. ex., "ansiosa") e o que está passando pela cabeça dela (p. ex., "Vou errar e você vai achar que eu não sei jogar."). Após a criança arremessar a bola, peça-lhe para registrar situações, pensamentos e sentimentos em um dos vários diários de pensamentos discutidos no Capítulo 6. Em resumo, a criança diz ao terapeuta a situação, o sentimento e o pensamento, arremessa a bola e, então, registra esses elementos no diário de pensamentos.

O exercício Cestas de Pensamentos-Sentimentos também pode ser usado para testar as previsões incorretas das crianças. Antes de arremessar, a criança prevê se irá acertar ou errar o arremesso. Ao arremessar, está na verdade testando sua predição. Se a criança prever que irá errar e, logo depois, fizer cesta, você poderá processar essa experiência usando perguntas como:

- Como foi ver sua previsão não se realizar?
- Você fez outros palpites sobre seu desempenho?
- Com que frequência eles se realizam?
- Com que frequência suas previsões são incorretas?
- Você acha que suas estimativas também podem ser equivocadas em relação a outras coisas?

Se uma criança prever que irá errar o arremesso e, de fato, errar, você terá mais uma oportunidade de intervir. Nesse caso, você poderá ajudá-la a ver que, embora tenha errado um arremesso, ainda existe a chance de arremessar novamente. Você também poderá ajudá-la a explorar se o arremesso errado teve alguma consequência (p. ex., os outros riram dela ou a criticaram por ter errado o arremesso?).

O exercício Cestas de Pensamentos-Sentimentos pode explorar o medo de avaliação negativa e as preocupações de desempenho. Atirar a bola na cesta é justamente o tipo de atividade temida por crianças com ansiedade social. Portanto, o exercício pode ser usado como experiência de exposição gradual. Algumas crianças podem temer a natureza "pública" da tarefa, ao passo que outras ficam ansiosas com a possibilidade de errar arremessos ou de parecer tolos. Você pode evocar as previsões negativas da criança e usar a atividade como um teste comportamental de exatidão. A transcrição a seguir ilustra a forma como os terapeutas podem processar essa atividade.

TERAPEUTA: Jimmy, você parece nervoso por ter que arremessar.

JIMMY: Não, não estou.

TERAPEUTA: O que está passando por sua cabeça neste momento?

JIMMY: Sei lá. Talvez a bola não toque na tabela ou bata no aro e não entre.

TERAPEUTA: Como você se sente em relação a isso?

JIMMY: Nervoso.

TERAPEUTA: Quando você acha que a bola vai dar rebote e fica nervoso, o que espera que aconteça?

JIMMY: Você poderá achar engraçado e concluir que não sou bom no basquete.

TERAPEUTA: Se eu rir e achar que você é ruim no basquete, o que vai acontecer?

JIMMY: Vou ficar envergonhado.

TERAPEUTA: O que você acha que vou pensar?

JIMMY: Que eu sou um pateta e que não sei jogar. Que pareço engraçado enquanto arremesso.

TERAPEUTA: Isso é bastante assustador. Estaria disposto a fazer uns arremessos comigo e ver se podemos testar esses pensamentos?

JIMMY: Tudo bem. (*Ele arremessa e a bola entra.*) Aê, 2 pontos!

TERAPEUTA: Tente outro arremesso.

JIMMY: (*Arremessa e erra.*)

TERAPEUTA: Má sorte. Agora, espere um pouquinho. O que você achou que eu pensaria?

JIMMY: Que sou um pateta e pareço engraçado quando arremesso.

TERAPEUTA: Quer verificar isso e me perguntar?

JIMMY: Bem, o que você pensou?

Nesse diálogo, o terapeuta usou o jogo para ajudar a identificar os pensamentos e os sentimentos de Jimmy, que, por sua vez, sentiu-se confortável ao revelar suas previsões negativas e os sentimentos associados. Ele, então, conseguiu testar as previsões em um contexto de "aqui e agora".

Esse exercício apresenta outras possibilidades terapêuticas. O terapeuta poderia imediatamente responder à última pergunta de Jimmy com um *feedback* que não confirmasse suas expectativas negativas (p. ex., "Não, não pensei que você é um pateta"). Outra estratégia seria ajudar Jimmy a se preparar para a possibilidade de *feedback* negativo (p. ex., "Suponhamos que eu tivesse pensado que você é um pateta. O que isso significaria? Como você saberia que eu estava certo? De que modo a minha opinião define quem você é?"). Dessa forma, o terapeuta poderia ajudar Jimmy a desenvolver meios de lidar com provocações, para o caso de outras crianças zombarem dele.

Furacão de Pensamentos-Sentimentos

O *Furacão de Pensamentos-Sentimentos* é uma adaptação do jogo *Twister*, da Hasbro Games, e uma brincadeira divertida e ativa para as crianças. Não apenas ensina a diferença entre pensamentos e sentimentos, como também ilustra a conexão entre eles, de um modo divertido e fácil de lembrar. Ao jogar o *Twister*, cada pé e cada mão ficam em uma base ou posição no tapete, mas o corpo os conecta. Isso pode ilustrar como vários pensamentos e sentimentos podem estar conectados um ao outro. Terapeutas e crianças podem criar "bases" usando marcadores e papel colorido. Cerca de seis bases de "Pensamentos" e seis bases de "Sentimentos" podem ser confeccionadas, decoradas durante a sessão e espalhadas no chão. Observe que o terapeuta pode preparar cartões com antecedência. Em um lado de cada cartão, o terapeuta escreve uma experiência emocional comum (p. ex., "triste") e pensamentos automáticos relacionados (p. ex., "Ninguém gosta de mim"). Do outro lado, o terapeuta registra duas das seguintes indicações: mão direita/esquerda na emoção, pé direito/esquerdo no pensamento. Os cartões podem ser colocados em um saco ou potinho e, em seguida, retirados um por um. As frases escritas em cada lado do cartão instruem o jogador sobre o que fazer. Por exemplo: "Mão direita em 'tristeza', pé esquerdo em 'ninguém gosta de mim'". Em seguida, o jogador deve colocar a mão direita na base de sentimento e o pé esquerdo na base de pensamento. Esse jogo pode ser divertido e envolvente para as crianças e, ao mesmo tempo, ilustrar a conexão entre pensamentos e sentimentos, além de proporcionar mais oportunidades para debater essa conexão, usando exemplos das experiências do dia a dia das crianças.

Livros de histórias

Diversos livros de histórias com orientação cognitivo-comportamental podem ser úteis para várias crianças. *Up and Down the Worry Hill* (Wagner, 2000) e *Ten Turtles on Tuesday* (Burns, 2014) são adequados para crianças com diagnóstico de transtorno obsessivo-compulsivo (TOC). *Worry Wart Wes* (Thompson, 2003), *The Lion Who Lost His Roar* (Nass, 2000), *Mind over Basketball* (Weierbach & Phillips-Hershey, 2008) e *The Bear Who Lost His Sleep* (Lamb-Shapiro, 2000) são bons para crianças e adolescentes preocupados. *Nobody's Perfect* (Burns, 2008) é uma boa pedida para perfeccionistas. *The Hyena Who Lost Her Laugh* (Lamb-Shapiro, 2001) é indicado para crianças desafiadas por pessimismo e atribuições negativas. *Busy Body Bonita* (Thompson, 2007) comunica-se com crianças diagnosticadas com transtorno de déficit de atenção/hiperatividade (TDAH). Os leitores interessados podem encontrar uma lista mais completa de recursos em Friedberg e colaboradores (2009).

Livros de exercícios

Há vários livros de exercícios de base cognitivo-comportamental para crianças e adolescentes. Vernon (1989a, 1989b, 1998, 2002) oferece uma série de exercícios sensíveis ao nível de desenvolvimento e agrupados por idade/ano escolar. Esses exercícios oferecem uma gama de atividades, incluindo artes manuais, histórias e experiências. Cada exercício e atividade inclui uma série de perguntas para orientar os terapeutas durante o processo. Além disso, Vernon apresenta perguntas para discussão e processamento. Cada exercício também informa o terapeuta sobre o material necessário para completar os exercícios.

O *Coping Cat Workbook*, de Kendall e Hedtke (2006), é uma coleção inteligente de técnicas e exercícios para tratar crianças ansiosas. O livro é envolvente e inclui histórias em quadrinhos e exercícios encantadores. A série *Coping Cat* é largamente usada e obteve considerável sucesso empírico (Kendall & Treadwell, 1996; Kendall et al., 1997). O *Coping Cat* é adequado para crianças a partir dos 7 anos até cerca de 13 anos, conforme sua maturidade psicológica. *My Anxious Mind* (Tompkins & Martinez, 2009) é um livro de autoajuda para adolescentes ansiosos, o qual oferece aos leitores informações essenciais, além de habilidades de enfrentamento.

O livro *Exercícios Terapêuticos para Crianças* (*Therapeutic Exercises for Children*; Friedberg et al., 2001) consiste em um conjunto de técnicas, exercícios e atividades cognitivo-comportamentais para crianças de 8 a 11 anos que sofrem principalmente de ansiedade e depressão. O livro de exercícios contém orientações para os terapeutas e ajuda a criar modelos de diálogos socráticos com as crianças. O *Exercícios Terapêuticos com Crianças* inclui ilustrações e textos envolventes para as crianças.

A obra *Think Good, Feel Good*, de Stallard (2002), é um excelente guia de autoajuda e auxílio terapêutico. O livro de exercícios é altamente envolvente e repleto de ilustrações e cartuns. Ele ensina as crianças a identificar pensamentos automáticos e também crenças centrais, a capturar erros cognitivos, a modificar pensamentos imprecisos, a praticar relaxamento, a implementar a resolução de problemas e a aplicar a ativação comportamental.

O *Stop and Think Workbook*, de Kendall (1992), é uma forma inventiva de trabalhar com crianças impulsivas. O livro inclui inúmeros exercícios que promovem habilidades de encadeamento, planejamento e resolução de problema das crianças. De modo semelhante ao *Coping Cat Workbook*, Kendall inclui tarefas do tipo Mostro Que Posso (STIC, do inglês *Show That I Can*). Exercícios de representação de papéis (*role-playing*) e ilustrações alegram o conteúdo.

A série *What to Do*, de Dawn Huebner (p. ex., 2006, 2007a, 2007b, 2007c), fornece atividades interessantes e cativantes para crianças de 6 a 12 anos que precisam de ajuda com problemas comuns, como ansiedade, raiva e problemas de sono. Muitas crianças gostam da independência de completar algumas tarefas por conta própria, e o livro de exercícios pode ajudá-las a se sentirem menos isoladas por seus sintomas, ao saberem que tantas crianças também enfrentam dificuldades semelhantes. Também constatamos que os livros de exercícios são benéficos para os familiares que não frequentam a terapia de maneira consistente em razão de distância, restrições financeiras ou expedientes de trabalho dos pais. As atividades do livro de exercícios podem ser usadas para reforçar as estratégias de terapia em casa, entre uma sessão de terapia e a outra.

Think Confident, Be Confident for Teens (Fox & Sokol, 2011) ajuda os adolescentes a modularem as autodúvidas e as ameaças à autoeficácia. Este livro de práticas de autoajuda inclui histórias de adolescentes que tratam de relações sociais, relações familiares, pressão dos colegas, esportes e estressores acadêmicos.

Fartos e frustrados com o progresso limitado de seus jovens clientes, os terapeutas, compreensivelmente, podem apoiar-se mais do que o necessário em livros de exercícios em busca de respostas. Nossa experiência mostra que essa estratégia raramente funciona. Em geral, é melhor quando o livro de exercícios surge naturalmente a partir do conteúdo da sessão e é apresentado de maneira envolvente. A interação a seguir ilustra a forma como um livro de exercícios é integrado ao conteúdo da sessão.

JUSTIN: As coisas sempre são culpa minha. Eu sempre sou culpado por tudo.

TERAPEUTA: Como você se sente quando acha que tudo é culpa sua?

JUSTIN: Muito mal.

TERAPEUTA: Com raiva, com medo, triste ou preocupado?

JUSTIN: Acho que eu me sinto mais triste.

TERAPEUTA: Isso faz muito sentido. Se você acredita que tudo é culpa sua, deve se sentir realmente triste. O que precisamos imaginar agora é o quanto você tem de culpa por tudo o que acontece. Está disposto a fazer isso?

JUSTIN: Acho que sim.

TERAPEUTA: Bem, tenho aqui um exercício que poderia ajudar. Está disposto a experimentar?

Nesse exemplo, o terapeuta evocou os pensamentos e os sentimentos automáticos de Justin e, após identificá-los, introduziu um exercício do livro. O exercício fluiu naturalmente a partir do conteúdo da sessão e teve conexão direta com os problemas apresentados por Justin.

Confecção de máscaras

A confecção de máscaras é uma forma divertida de ensinar a resolução de problemas. Criar uma máscara personalizada é uma atividade que pode incrementar o procedimento tradicional de resolução de problemas, explicado no Capítulo 8. Essa prática combina modelagem velada e resolução de problemas em um exercício de orientação artística. Além disso, a confecção de máscaras também é semelhante à modelagem do super-herói usada por Kendall e colaboradores (1992).

Pede-se que a criança escolha um herói ou modelo (p. ex., craque esportivo, personagem literário, estrela da televisão, membro da família, professor). Em seguida, a criança é instruída a encontrar, recortar e colar uma imagem de seu herói em um pedaço de cartolina com formato de rosto. Se não encontrar a imagem do herói, a criança é convidada a desenhar sua própria versão do herói na cartolina ou apenas escrever o nome do herói na máscara. A criança deve recortar espaços para os olhos e para a boca na máscara. Por fim, a criança cola a máscara completa em um palito de picolé ou abaixador de língua, que servirá de cabo.

O terapeuta, então, solicita que a criança siga pelo processo de resolução de problemas como se fosse seu próprio super-herói. A criança tem de fingir que o super-herói/heroína está resolvendo o problema. O modo de utilizar a confecção de máscaras é ilustrado pela transcrição a seguir.

TERAPEUTA: Então, você colou o rosto do Harry Potter na sua máscara.

KYLE: Sim, eu adoro essa coleção de livros.

TERAPEUTA: Certo. Agora vamos fazer a resolução de problemas de um modo diferente, usando esta máscara. Quero que você finja ser o Harry Potter e analise quantas estratégias pode sugerir para resolver o problema.

KYLE: Qual será o problema?

TERAPEUTA: Vamos usar um problema que você esteja enfrentando.

KYLE: Humm... escolher um colega na escola para fazer um projeto.

TERAPEUTA: Certo. Coloque a máscara no rosto e imagine que você é Harry Potter. O que você faria, Harry, para escolher um colega para seu projeto de estudos sociais?

Esse exemplo ilustra vários pontos fundamentais. Primeiro, Kyle escolheu um personagem favorito com quem se identificar. Segundo, especificou um problema importante para focalizar. Terceiro, em vez de o terapeuta obrigar Kyle a gerar soluções alternativas, a confecção da máscara deu a Kyle uma oportunidade de fingir ser Harry Potter e descobrir o que ele faria na situação.

EXERCÍCIOS DE PRÉ-ATIVAÇÃO (*PRIMING*)

Marcador de Página de Pensamentos-Sentimentos

O *Marcador de Página de Pensamentos-Sentimentos* e o *Relógio de Pensamentos-Sentimentos* são atividades de orientação artística manual destinadas a aumentar as percepções das crianças em relação à variabilidade. O Marcador de Página de Pensamentos-Sentimentos é uma técnica de pré-ativação (*priming*) que também inclui um componente autoinstrutivo. A metáfora do marcador de página contribui para a função de pré-ativação. O ponto fundamental é ajudar as crianças a perceberem que o lugar em que colocam o marcador de página em um livro muda no decorrer do tempo e da atividade. Da mesma forma, pensamentos e sentimentos mudam ao longo do tempo e da atividade. A metáfora é apresentada às crianças de modo semelhante ao exemplo a seguir.

> "Você gosta de ler? Eu também gosto de livros. Como você marca a página em um livro? Eu uso um marcador de página. Sabe, os marcadores de página têm um charme especial. Quando você lê um livro, vai virando as páginas. Você se move da página antiga para uma nova página. O marcador de página também muda conforme você lê, movendo-se de uma parte do livro para outra. Como isso se parece com seus pensamentos e sentimentos? Isso mesmo! Seus pensamentos e sentimentos também mudam."

Fazer a decoração do marcador de página com uma declaração de enfrentamento exerce uma função autoinstrutiva. Criar o Marcador de Página de Pensamentos-Sentimentos é simples e divertido. O material necessário para fazê-lo inclui cartolina ou papelão colorido, canetas, marcadores, giz de cera, fitas, purpurina, cola, confete e um furador de papel. Incentive as crianças a decorarem seus marcadores de página da forma que quiserem. Em seguida, você pode instruí-las a escrever no marcador um pensamento simples sobre superação, como "As coisas mudam"; "Posso enfrentar desafios" ou "Sentimentos mudam".

Relógio de Pensamentos-Sentimentos

O *Relógio de Pensamentos-Sentimentos* é uma atividade artística manual que serve como instrumento de automonitoramento e como intervenção de *priming*. O Relógio de Pensamentos-Sentimentos ajuda as crianças a perceberem que os sentimentos mudam, agindo como estímulo para identificar pensamentos mal-adaptativos. A metáfora do relógio de pulso é central neste exercício. Os sentimentos são comparados aos números no visor de um relógio. Assim, a metáfora do relógio comunica de forma convincente que, assim como as horas, os sentimentos sempre mudam. Os ponteiros do relógio de pulso simbolizam o "tempo do relógio", ao passo que os ponteiros no Relógio de Pensamentos-Sentimentos significam o "tempo emocional".

Você poderia apresentar o Relógio de Pensamentos-Sentimentos de um modo parecido com este:

> "Eu gosto muito de relógios. E você? A coisa que mais gosto nos relógios é a forma como se movimentam. Os ponteiros nunca ficam parados. Já percebeu isso? Dê uma olhada num relógio de pulso ou de parede. A única vez em que os ponteiros não se movem é quando o relógio está quebrado. Os ponteiros de um relógio que está funcionando se movem até mesmo durante um dia longo. Juntos, vamos fazer um Relógio de Pensamentos-Sentimentos para nos fazer lembrar que pensamentos e sentimentos mudam. Em vez de números no relógio, vamos desenhar carinhas que expressam sentimentos nele."

O Relógio de Pensamentos-Sentimentos pode ajudar as crianças a captarem os pensamentos e as imagens que moldam seus sentimentos. Por exemplo, a criança poderia ser convidada a escrever seus pensamentos quando os ponteiros do relógio apontassem para diferentes sentimentos. Além disso, o terapeuta e a criança poderiam se engajar em um jogo no qual a criança move os ponteiros do relógio para diferentes sentimentos e, então, encena uma situação na qual esses sentimentos surgem. A criança também poderia girar os ponteiros do relógio para diferentes carinhas de sentimento e praticar o desenvolvimento de pensamentos de enfrentamento diante da ocorrência de tais sentimentos.

É fácil fazer o Relógio de Pensamento-Sentimentos. Serão necessários papel colorido, canetas ou marcadores, pino de metal de duas pernas, pedaços de velcro e uma cola em bastão. Você pode recortar antecipadamente o papel colorido em um círculo de tamanho médio para a face do relógio; uma forma em ponta para um ponteiro do relógio; e um retângulo estreito e longo do tamanho do pulso da criança para a pulseira. A criança desenha carinhas zangadas, tristes, apavoradas e felizes sobre o círculo nas posições de 12, 3, 6 e 9 horas. O ponteiro do relógio, sua face e sua pulseira são presos pelo gancho de metal. Por fim, os pedaços de velcro são colados nas extremidades da pulseira. A Figura 9.1 mostra os materiais e um Relógio de Pensamentos-Sentimentos pronto.

Sendo uma atividade não verbal, o Relógio de Pensamentos-Sentimentos é especialmente útil com crianças que a princípio hesitam em expressar seus sentimentos. Por exemplo, após completar o relógio, a criança poderia apontar para o sentimento em seu relógio, em vez de ter de dizê-lo em voz alta. Além disso, se ela desenha os próprios sentimentos no relógio, a probabilidade de esses sentimentos serem identificados com carinhas de sentimentos pré-impressos é maior.

Exercício "Assuma o Controle ou a Culpa"

Assuma o Controle ou a Culpa é um exercício de *priming* projetado para ajudar crianças a diminuírem atribuições excessivamente punitivas. Seu objetivo é incentivar as crianças a aprenderem a assumir o controle ou o comando de seus sentimentos, sem se culparem ou evitarem a responsabilidade pessoal. O exercício tem seis autodeclarações contidas em um balão de pensamento (ver Figura 9.2). Embaixo de cada balão de pensamento, estão as opções "Assuma o Controle" e "Assuma a Culpa". A criança deve traçar uma linha partindo do pensamento até uma das opções, mostrando se o pensamento é uma forma de assumir o controle ou de se culpar.

Deve-se iniciar o exercício com uma breve discussão sobre as diferenças entre assumir o controle e culpar-se. Pode-se perguntar à criança se ela se culpa pelas coisas ruins que acontecem. A criança, então, deve dar exemplos da forma como ela mesma se culpa. Após esses casos de autoculpa serem evocados, essas afirmações podem ser processadas com a criança. Por exemplo, você poderia fazer as seguintes perguntas de processamento essenciais:

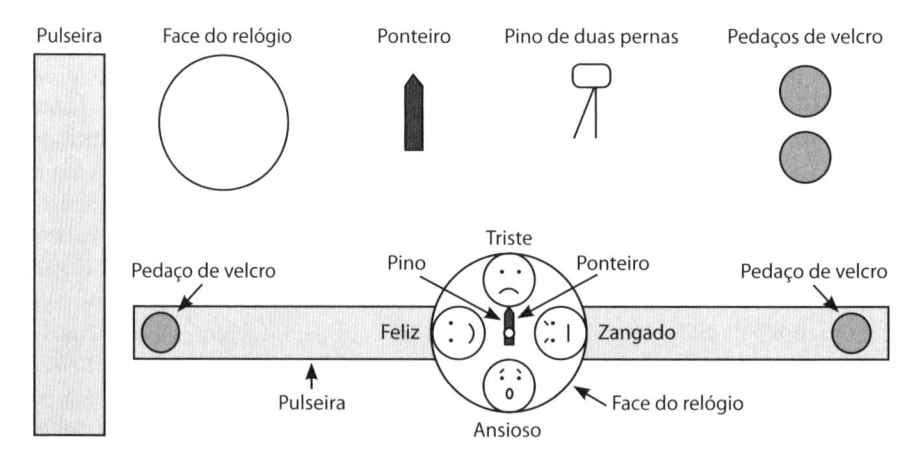

FIGURA 9.1 DIAGRAMA DO RELÓGIO DE PENSAMENTOS-SENTIMENTOS.

Trace uma linha para mostrar se o pensamento é uma forma
de ASSUMIR O CONTROLE ou uma forma de ASSUMIR A CULPA.

> Sou estúpido.

Assuma o controle — Assuma a culpa

> Um colega não me convidou para a festa dele. Sou um trouxa!

Assuma o controle — Assuma a culpa

> Só porque perdi um gol no jogo de futebol, não quer dizer que sou um perna-de-pau. Posso praticar mais e melhorar meu chute.

Assuma o controle — Assuma a culpa

> Eu tenho tanto medo de tudo. Nunca vou superar isso. Eu sou um bebê.

Assuma o controle — Assuma a culpa

> E Suzy me xingou de um nome feio. Sou uma pessoa ruim.

Assuma o controle — Assuma a culpa

> Errei quatro palavras na prova de ortografia e tirei uma nota baixa. Da próxima vez, preciso fazer cartões de memória e revisá-los antes da prova.

Assuma o controle — Assuma a culpa

FIGURA 9.2 EXERCÍCIO ASSUMA O CONTROLE OU ASSUMA A CULPA.
De Friedberg e McClure (2015). *Copyright* de the Guilford Press.
Permitida reprodução apenas para uso pessoal.

- Em que sentido ficar se culpando ajuda você?
- De que maneira ficar se culpando ajuda você?
- Autoculpar a si mesmo o fere como?
- O que você ganha se culpando?
- O que você perde se culpando?
- O que mais você poderia fazer se não se culpasse?
- O que você poderia fazer em vez de se culpar?

Estabelecer a diferença entre não se culpar e evitar responsabilidade é o próximo passo no processo. Dessa forma, é explorada a noção de assumir o controle ou de responsabilidade. Fazer a criança dizer o que significa assumir o controle é uma estratégia útil. Você poderia fazer as seguintes perguntas:

- O que significa "assumir o comando"?
- O que significa "assumir a responsabilidade por si próprio"?
- Quando você assume o controle?
- Quando você assume o comando?
- De que coisas você assume o controle?
- Como você se sente quando assume o controle ou o comando?
- Qual é a diferença entre assumir o controle e se culpar?

Uma vez que a criança e você tenham processado completamente os termos, a tarefa pode, então, ser introduzida de modo colaborativo. Por exemplo, você pode dizer:

"Este exercício pode lhe ajudar a encontrar a diferença entre assumir a culpa e assumir o controle. Funciona da seguinte maneira: você vê o balão de pensamento com o pensamento contido nele? Embaixo de cada balão de pensamento estão escolhas intituladas 'Assumir o controle' ou 'Assumir a culpa'. Você precisa decidir se o pensamento no balão é uma forma de assumir o controle ou de se culpar. Após escolher, trace uma linha desde a sua escolha até o balão de pensamento. Entendeu o que é para fazer?"

O terapeuta e a criança devem discutir o item para que a criança tenha uma oportunidade de explicar cada resposta e o terapeuta possa esclarecer qualquer confusão. Além disso, após a tarefa ser completada, cada um deveria resumir a tarefa para finalizar. O terapeuta poderia fazer as seguintes perguntas para facilitar a conclusão:

- Como foi fazer este exercício?
- Do que você gostou neste exercício?
- Do que você não gostou neste exercício?
- O que você aprendeu com este exercício?

A partir do exercício Assuma o Controle ou Assuma a Culpa, a criança começará a determinar os eventos que estão e os que não estão sob seu controle. O exercício Assuma o Controle ou Assuma a Culpa permite que as crianças reconheçam a diferença entre culpar-se destrutivamente e adotar *feedback* corretivo, levando a uma mudança produtiva.

REESTRUTURAÇÃO COGNITIVA E EXPERIMENTOS COMPORTAMENTAIS

Super-heróis: o Batman importa!

Os super-heróis costumam ser usados como modelos velados em abordagens de TCC (Kendall et al., 1992). Robertie, Weidenbenner, Barrett e Poole (2007) argumentaram que novos padrões de pensamentos e atos podem ser construídos por meio de modelagem com super-heróis. As crianças conseguem se conectar com super-heróis, uma vez que a maioria dos heróis enfrentou uma série de desafios. Robertie e colaboradores (2007) observaram que a "história do super-herói ajuda as crianças a acreditar que os próprios obstáculos do passado delas podem se tornar seus maiores pontos fortes e vantagens" (p. 165).

O Batman oferece um modelo de resiliência. Por exemplo, no filme *Batman: O Cavaleiro das Trevas* (Nolan, 2008), Bruce Wayne melancolicamente pergunta a Alfred, o mordomo, como espera que ele reaja diante de um terrível sofrimento. Alfred responde sucintamente: "Resista". Persistir apesar das dificuldades e dos obstáculos representa a autêntica capacidade de superação. Batman comunicou que as aflições e as dificuldades não são incapacitantes. Em vez disso, são oportunidades para demonstrar que você pode se recuperar.

Livesay (2007) citou Christian Bale, o ator que interpretou Batman, explicando por que Batman atrai o público: é a "nossa capacidade de se relacionar com a [sua] dor da perda, a indignação perante a injustiça e a necessidade de uma válvula de escape para desafogar a raiva e, então, transformar as emoções negativas em ações positivas" (p. 124). Da mesma forma, Brody (2007) escreveu: "É a sequela do trauma que caracteriza a individualidade de cada super-herói. O trauma psíquico que esses personagens míticos sofrem e do qual depois se recuperam também faz parte do processo mais amplo que promove o aumento da força na adversidade" (p. 105).

Os super-heróis podem ser usados de várias maneiras. Para crianças mais novas, conexões concretas são forjadas para facilitar a modelagem velada. Projetos de arte e artesanato podem ser criados. Por exemplo, Friedberg e colaboradores (2009) descreveram o uso de uma capa de super-herói para construir autoeficácia em um garotinho. O terapeuta e a criança confeccionam uma capa com um papel resistente. Vários "poderes" não destrutivos são colocados na capa (p. ex., estratégias de parar e pensar, técnicas de resolução de problemas e habilidades sociais). Em outro caso, um menino de origem latina diagnosticado com síndrome de Asperger relutava em pedir ajuda quando sentia os sinais iniciais de angústia. O terapeuta combinou para que ele e a mãe fizessem um sinal (como o Bat-Sinal) que ele pudesse mostrar com sua lanterna quando começasse a se sentir aflito.

Para crianças com mais idade, os super-heróis podem ser usados metaforicamente. O sentido "aracnídeo" do Homem-Aranha é um bom exemplo. Dion, menino afro-americano de 11 anos, morava em um bairro pobre e violento. Ele sofreu vários traumas diretos e indiretos que resultaram no desenvolvimento de seu próprio radar especial ou "sentido aracnídeo". Essa habilidade era claramente uma habilidade de sobrevivência sofisticada que facilitou a adaptação saudável. Todavia, como muitos jovens ansiosos, ele desconsiderava suas próprias respostas para enfrentar as situações difíceis (p. ex., "Não é grande coisa") e isso minava sua autoeficácia. No diálogo a seguir, o terapeuta de Dion comparou os instintos de sobrevivência do pequeno cliente com as habilidades do Homem-Aranha.

TERAPEUTA: Dion, você é meio parecido com o Homem-Aranha.

DION: (*Abre um sorriso.*) Verdade? Como?

TERAPEUTA: Bem, um montão de coisas ruins aconteceu com ele, mas ele aprendeu a enfrentá-las e superá-las. Ele desenvolveu um sentido aracnídeo para avisá-lo sobre quando estava em perigo e sobre qual era a coisa certa a fazer. De certo modo, você também faz isso! Talvez possamos chamar suas habilidades de aracniDIÔNicas.

DION: Sim. (*Dá risada.*)

Nessa breve transcrição, o terapeuta conectou Dion com seu super-herói. Além disso, ele reforçou os pontos fortes e a resiliência de Dion. Por fim, ele personalizou a abordagem com o trocadilho sobre o sentido aracniDIÔNico.

Solução ou ilusão

Muitas crianças e adolescentes ficam confusos quando o assunto são estratégias de resolução de problemas. Eles costumam confundir ilusões com soluções e gravitam em busca de respostas mágicas para seus problemas. Na verdade, isso pode contribuir para um enfrentamento passivo ou uma resolução de problemas inconstante. Eles sonham em apontar uma varinha como Harry Potter ou em proferir um feitiço e fazer seus problemas sumirem em um passe de mágica.

Ilusões e soluções são coisas realmente bem diferentes. As ilusões baseiam-se em magia, ao passo que as soluções são criadas por meio de trabalho e esforço. As ilusões levam à decepção, ao passo que o as soluções oferecem opções reais. A Figura 9.3 oferece um cartão

Solução	Ilusão
• Ato produtivo que cria mudança positiva	• Ato destrutivo que mantém as coisas na mesma ou as piora
• Aborda problemas de forma construtiva	• Representações fingidas e falsas
• Fortalece você sem prejudicar os outros	• Desmorona-se diante de inspeção
• Baseia-se em valores pessoais que cultivam o autorrespeito e o respeito pelos outros	• Faz as coisas retrocederem
• Permanece forte diante da introspecção	• Cria outros problemas
• Faz as coisas avançarem	• As vantagens são difíceis de ver
• As vantagens são claras	

FIGURA 9.3 CARTÃO DE DICAS SOBRE ILUSÃO E SOLUÇÃO.
De Friedberg e McClure (2015). *Copyright* de the Guilford Press. Permitida reprodução apenas para uso pessoal.

de dicas para ajudar os jovens clientes a reconhecerem as diferenças entre ilusão e solução. Esse cartão pode ser usado com o Exercício Ilusão ou Solução, mostrado na Figura 9.4.

Kikki é uma menina de 11 anos de origem europeia-americana diagnosticada com transtorno de oposição desafiante em comorbidade com transtorno de ansiedade não especificado. Suas estratégias de resolução de problemas são truncadas e conduzem à procrastinação. O diálogo a seguir ilustra o uso da técnica da Solução ou Ilusão.

TERAPEUTA: Qual é o seu plano para fazer seu trabalho escolar?

KIKKI: O "de sempre"... Mandar às favas.

TERAPEUTA: (*Abre um sorriso.*) Isso é um plano?

KIKKI: Claro... por que não?

TERAPEUTA: Parece que é mais uma ilusão, em vez de uma solução.

KIKKI: E daí?

TERAPEUTA: Bem, se for uma ilusão, você meio que está enganando a si própria.

KIKKI: É mesmo? Como assim?

TERAPEUTA: A ilusão não é real, mas a solução é real. Dê uma olhada neste cartão [Figura 9.3]. Vamos ver se mandar o trabalho escolar às favas se encaixa em uma solução ou uma ilusão. Certo?

KIKKI: Tanto faz.

TERAPEUTA: Vou considerar isso como um "sim". Então, mandar o trabalho escolar às favas... isso deixa as coisas na mesma ou piora?

KIKKI: O que você quer dizer?

TERAPEUTA: Tá legal. Isso faz a sua mãe largar de seu pé? Permite que você diminua a frequência com que vem me ver?

KIKKI: Não!!

TERAPEUTA: Então, vamos colocar um visto ao lado dessa afirmação... Isso cria outros problemas?

KIKKI: Não para mim.

TERAPEUTA: Verdade? Que tal ter que ficar sem o seu celular? Ou não ter permissão de ir ao jogo de futebol? Ou suas suspensões na escola?

KIKKI: (*Com relutância.*) Bem, se você coloca as coisas dessa maneira...

TERAPEUTA: Você colocaria dessa maneira?

KIKKI: Certo... Tá bom... Não precisa ficar *se achando*!

TERAPEUTA: Que tal esta aqui? As vantagens são difíceis de ver?

KIKKI: Não sei direito.

TERAPEUTA: Acho que, se você não sabe direito, é porque as vantagens são difíceis de ver.

KIKKI: Imagino que sim.

TERAPEUTA: Então vamos trabalhar juntos num plano que venha a ser uma solução de verdade.

Nesse diálogo, o terapeuta trabalhou ativamente para aumentar a motivação de Kikki para uma resolução de problemas produtiva. Ele introduziu a Kikki a ideia de solução *versus* ilusão e envolveu divertidamente sua evitação.

Exercícios de improvisos teatrais

Wiener (1994) argumentou que o improviso teatral é "uma brincadeira que induz à criatividade, realçando a arte que ressoa no âmago do esforço terapêutico" (p. 247). Friedberg e colaboradores (2009, 2011) discutiram o valor dos jogos de improviso teatral em TCC com jovens. Esses exercícios são úteis no ensino de uma série de habilidades, incluindo cooperação, resolução de problemas, tolerância à imperfeição, flexibilidade, tomada de perspectiva, autoexpressão e treinamento

Estratégia de resolução de problemas	Ilusão?	Solução?	Qual o motivo de ser ilusão ou solução?

FIGURA 9.4 EXERCÍCIO ILUSÃO OU SOLUÇÃO.
De Friedberg e McClure (2015). *Copyright* de the Guilford Press.
Permitida reprodução apenas para uso pessoal.

de habilidades sociais (Bedore, 2004; Rooyackers, 1998). Exercícios de improviso teatral em psicoterapia invocam respostas em tempo real, espontaneidade e vontade de ser autêntico em encontros interpessoais (Ruby & Ruby, 2009).

Karnezi e Tierney (2009) desenvolveram uma abordagem denominada Terapia Teatral Cognitivo-Comportamental. Trata-se de um método de improviso com base nos pontos fortes das crianças. As crianças agem como se fossem outras pessoas, e não elas próprias, quando confrontadas com um elemento estressor. A exposição gradual a um estímulo temido é incluída no modelo. Ehrenreich-May e Bilek (2012) também descreveram um exercício teatral em seu Programa de Prevenção do Detetive Emocional. No "Teatro dos Detetives Emocionais", as crianças são incentivadas a realizar esquetes que as ajudam a identificar e a compreender seus sentimentos.

Jogos de improviso teatral são bons para criar cooperação. Ruby e Ruby (2009) citaram um exercício desenvolvido por McInerney (2008), chamado "Dr. Sabe-Tudo". O jogo é adequado para famílias ou grupos de trabalho focados na resolução de problemas cooperativa. Cabe ao grupo a tarefa de responder às perguntas do terapeuta (p. ex., "Em que mês estamos?") em uma frase completa, e cada membro contribui com uma palavra (Estamos... no... mês... de... novembro.). Se for adequado e os membros estiverem dispostos, você pode sugerir que eles deem as mãos ou se abracem enquanto estiverem respondendo. Ruby e Ruby salientam: à medida que o grupo se torna mais treinado e à vontade, o terapeuta pode progredir para perguntas mais difíceis e psicologicamente mais relevantes (p. ex., "O que há de tão difícil em falar sobre a raiva?").

CONCLUSÃO

Talvez crianças e adolescentes não se envolvam de imediato em técnicas tradicionais. Neste capítulo, apresentamos as várias maneiras como modificamos algumas abordagens cognitivas tradicionais. Nós o incentivamos a experimentar nossas ideias, apropriando-se delas por meio de suas adaptações. A narração de histórias, a terapia recreativa, as atividades de artes manuais, os fantoches e os jogos de tabuleiro são apenas algumas formas de animar a terapia. O ponto fundamental é torná-la divertida. Embora você possa trabalhar com crianças que tenham emoções angustiantes e difíceis, a terapia não precisa necessariamente ser sombria e sem graça. De fato, em nossa experiência, descobrimos que, se crianças e adolescentes considerarem as sessões clínicas demais, as sessões se tornam menos terapêuticas. Nós o incentivamos a usar as habilidades apresentadas nos capítulos sobre a conceitualização de caso e a estrutura da sessão, com o intuito de formular e focalizar uma estratégia de intervenção criativa. Divirta-se experimentando as técnicas. O espírito de aventura é contagioso, e as crianças aprenderão a abordagem das habilidades de enfrentamento. O Quadro-síntese 9.1 resume os pontos básicos.

QUADRO-SÍNTESE 9.1 DICAS PARA UMA TCC CRIATIVA

- Brincadeiras, contar histórias, jogos, livros de exercícios e improvisos teatrais têm seu lugar na TCC com crianças.
- Incorpore todos os procedimentos criativos em uma conceitualização de caso para personalizar a abordagem.
- Escolha uma intervenção criativa que tenha conexão com os problemas apresentados pela criança.
- A chave é tornar toda e qualquer intervenção criativa vivencial e divertida.

10

Tarefa de casa

As crianças precisam praticar as suas novas habilidades fora da terapia. A tarefa de casa promove a aquisição e a aplicação de habilidades em contextos do mundo real (Spiegler & Guevrememont, 1998). Kazantizis e colaboradores (Kazantizis, Deane, Ronan, & L'Abate, 2005) apontam que pesquisadores descobriram evidências de que os resultados são significativamente melhores para pacientes em TCC que incluam tarefas de casa do que em uma terapia que não as incluam.

A tarefa de casa é tanto uma prática quanto um processo. É preciso ser cuidadoso em relação a *quais* tarefas são atribuídas e *como* isso é feito. Conforme mencionado no Capítulo 4, as crianças podem reagir forte e negativamente a palavras como "tarefa", sendo mais do que provável que muitas associem o "T" de "tarefa" ao "T" de "terror". Para combater esse problema, as tarefas de casa devem ser habilmente planejadas para engajar as crianças.

O presente capítulo irá propor formas de desenvolver tarefas de casa efetivas. Atribuir uma tarefa de casa pode parecer fácil, porém é uma atividade demandante para a maioria dos terapeutas. Quando se faz essa atribuição, deve-se planejar previamente, em vez de reagir e responder. Entretanto, acontecem imprevistos durante a sessão, e a terapia talvez não transcorra da maneira planejada. Por exemplo, estávamos trabalhando com uma menininha ansiosa e planejando que ela identificasse seus pensamentos em torno de alguma ansiedade relacionada com provas e de medos de desaprovação. À medida que a sessão progredia, surgiu um aspecto mais central, envolvendo raiva em relação à sua irmã. De maneira ágil, mas deliberada, tivemos de desenvolver uma nova tarefa de casa para tratar a questão emergente. Uma boa tarefa de casa promove o *momentum* da terapia e desenvolve o que aconteceu na sessão.

CONSIDERAÇÕES GERAIS SOBRE A ATRIBUIÇÃO DA TAREFA DE CASA

Há várias questões a se considerar ao atribuir uma tarefa de casa (J. S. Beck, 2011). A primeira é como chamá-la. Kendall e colaboradores (1992) usaram a criativa expressão "Mostro Que Posso". No programa Preventing Anxiety and Depression in Youth (Prevenindo a Ansiedade e a Depressão na Juventude), cujo mascote é o camundongo "Pandy", chamamos a tarefa de casa de "mascotarefa". Além disso, também a chamamos de tarefa de "montando sua caixa de ferramentas". Burns (1989) recomenda denominar a tarefa de casa de "atividades de autoajuda". Seja como for, deve-se escolher uma palavra ou uma frase que motive as crianças.

Desenvolvendo as tarefas colaborativamente

A tarefa de casa deve ser atribuída e desenvolvida colaborativamente. Assim, as crianças se apropriam das tarefas de casa, aumentando seu senso de responsabilidade e a complacência. A seguinte interação ilustra a abordagem colaborativa na atribuição de tarefas de casa.

DESMOND: Não consigo me obrigar a parar e refletir sobre as coisas.

TERAPEUTA: Você simplesmente reage, e seus sentimentos tomam conta de você?

DESMOND: É isso aí. Meus sentimentos me enfeitiçam.

TERAPEUTA: Você gostaria de aprender a tornar-se mais poderoso do que seus sentimentos?

DESMOND: Claro. Como?

TERAPEUTA: Vamos ver se juntos conseguimos bolar um plano. E se eu lhe ensinasse a escrever seus pensamentos e sentimentos quando estivesse chateado e você praticasse essas habilidades durante a semana?

DESMOND: Como isso ajudaria?

TERAPEUTA: A gente precisaria rastrear como essas coisas funcionaram. Mas, para muitos adolescentes e crianças, escrever seus pensamentos e sentimentos lhes dá um tempo para parar e refletir sobre as coisas.

DESMOND: Vou precisar escrever muita coisa?

TERAPEUTA: Isso dependerá de nós e do plano que traçarmos.

DESMOND: Quantas vezes por semana terei que fazer isso?

TERAPEUTA: Vamos decidir juntos depois que eu lhe mostrar seu diário de pensamentos.

Nessa interação, Desmond e o seu terapeuta trabalharam juntos na atribuição da tarefa de casa. O terapeuta introduziu a ideia da tarefa após Desmond ter identificado uma questão problemática. Ele trabalhou ativamente para incluir Desmond na atribuição da tarefa (p. ex., Quanto ele vai ter que escrever? Quantas vezes terá de fazê-lo?). Por fim, o terapeuta usou o termo "praticar", em vez de "fazer a tarefa de casa", a fim de envolver o jovem cliente.

Associando a tarefa de casa ao problema apresentado

Uma segunda consideração importante é associar a tarefa de casa com os problemas apresentados pela criança. Quanto mais estreita a associação entre a tarefa e o problema, mais significativa será a prática para a criança ou o adolescente. Explicar a conexão entre a tarefa de casa e os problemas da criança para que ela entenda claramente a associação é uma questão terapêutica fundamental. Associar a tarefa de casa ao problema também mantém o terapeuta "honesto". Estando ciente da ligação entre as tarefas de casa e os problemas, você terá menos probabilidade de atribuir tarefas de maneira mecânica. Convém compartilhar com as famílias a ideia de aplicar e fazer as tarefas de casa estão relacionadas com melhores resultados no tratamento. Esse debate pode motivar as famílias a se envolverem nas tarefas de casa e suscitar modos de resolução de problemas para intensificar a recordação e a conclusão das tarefas de casa. Analise o seguinte exemplo de como o terapeuta introduziu o assunto para a mãe de Kendra, uma menina de 8 anos com fobia social.

TERAPEUTA: Sei que você anda muito ocupada com a escola, o trabalho, as práticas esportivas e outras responsabilidades. Pesquisas mostram que as habilidades aprendidas na sessão de hoje são muito eficazes na redução da ansiedade infantil, que é o nosso principal objetivo no tratamento de Kendra. O interessante é que sabemos que as crianças que praticam essas estratégias em casa, entre uma sessão de terapia e a outra, mostram avanços melhores do que as que não as praticam. Ao mesmo tempo, muitas famílias têm dificuldade para integrar essas técnicas em suas agendas lotadas. Por isso, vamos passar uns minutos discutindo como incorporar essas técnicas em sua vida familiar ocupada.

MÃE DE KENDRA: Eu realmente acho que podemos fazer, só acho difícil de lembrar. Também, nas noites em que eu trabalho, é mais difícil, porque não estou lá.

TERAPEUTA: Kendra, quando você acha que seria um horário bom para praticar?

KENDRA: Quando eu faço os meus cartões de estudo?

MÃE DE KENDRA: Isso poderia funcionar algumas noites. Praticamos cartões de matemática todas as noites. Talvez pudéssemos colocar sua pasta da terapia ao lado dos cartões para nos lembrarmos.

TERAPEUTA: Parece que vocês bolaram um ótimo plano, pessoal! E agora, o que funcionaria nas noites em que sua mãe está dando aula?

Ao abordar diretamente os desafios que as famílias enfrentam para completar as tarefas de casa, o terapeuta foi capaz de trabalhar em colaboração com a família para resolver os obstáculos com antecedência. Isso pode impedir a família de sentir que "fracassou" na realização das tarefas de casa. O terapeuta também explicou a conexão entre a tarefa de casa e os objetivos globais do tratamento, aumentando o significado das tarefas para a família. Se as tarefas forem vistas como uma parte valiosa da terapia e os obstáculos forem diretamente abordados e resolvidos, a adesão às tarefas de casa torna-se mais provável.

Certificando-se de que a criança compreende a tarefa

A adesão exige saber o que é esperado. Para completarem a tarefa de casa, crianças e adolescentes devem ser capazes de entendê-la. Não entender a tarefa é uma das principais razões da falta de adesão. Portanto, especificidade é importante ao se atribuir a tarefa de casa. Muitas vezes, essa atribuição é feita de maneira vaga e enigmática (p. ex., "Vamos acompanhar seus pensamentos"). As crianças talvez não saibam o que essa tarefa significa e podem ter inúmeras perguntas sem respostas: "Como acompanho meus pensamentos?", "Que pensamentos eu deveria acompanhar?", "Quando eu deveria acompanhar meus pensamentos?", "Com que frequência?", "Por que tenho que fazer isto antes de qualquer coisa?". Se as crianças estiverem inseguras em relação à tarefa, talvez mostrem menos disposição para fazê-la. Portanto, é importante esclarecer os detalhes envolvidos nas tarefas de casa.

A seguinte transcrição mostra como a tarefa de casa pode ser especificada.

TERAPEUTA: Verificamos o seu pensamento de que "Preciso que todos gostem de mim, senão significa que não tenho valor". O que temos de fazer depois?

MAE: Fazer todos gostarem de mim? (*Ri.*) Não. Eu não sei.

TERAPEUTA: Se você acredita que uma pessoa só tem valor quando todo mundo gosta dela, é normal que sinta muita pressão.

MAE: Eu sinto mesmo. É horrível.

TERAPEUTA: Então, você concorda que seria uma boa ideia avaliarmos se o seu valor depende absolutamente de todo mundo gostar de você? Juntos, vamos ver se criamos uma forma de testar esse pensamento. O que temos a fazer é definir o seu valor. Certo. Quando você está na escola e precisa definir alguma coisa, o que faz?

MAE: Procuro num livro ou coisa parecida.

TERAPEUTA: Certo, pergunta para quem sabe. Quem são os especialistas sobre o seu valor próprio?

MAE: Eu, eu acho.

TERAPEUTA: Mais alguém?

MAE: Meus amigos, meus pais. Não quero perguntar a eles sobre o meu valor próprio. É uma tolice.

TERAPEUTA: Que tal perguntar algo como "O que torna uma pessoa valiosa?".

MAE: Tá legal.

TERAPEUTA: Para quem você vai perguntar?

MAE: Para minha mãe, meu pai, minha tia, meus amigos Tessa, Mary, Brian e Kyle.

TERAPEUTA: Escrever as coisas ajudará muito. Assim, depois de falar com sua família e com seus amigos, escreva o que eles disseram. Isso pode ajudá-la a acompanhar e a lembrar as definições... Depois, quero que escreva sua própria lista. Defina sozinha o que é "ter valor". Escreva todas as coisas que definem isso. Vamos começar com uma, agora. O que faz as pessoas terem valor próprio?

MAE: Se elas são bondosas.

TERAPEUTA: Escreva isso.

MAE: (*Escreve.*) Então, o que faremos com essas coisas na semana que vem?

TERAPEUTA: Vamos comparar todas as definições, ver quanto de cada característica você tem e, então, tentaremos chegar a uma conclusão sobre o fato de todo mundo gostar de você determinar ou não o seu valor próprio.

Esse diálogo incorpora vários pontos fundamentais. A tarefa de casa não foi simplesmente atribuída, e sim combinada. As tarefas envolvidas no experimento comportamental foram explicitamente delineadas (p. ex., "Quem são os especialistas sobre o seu valor próprio?", "Escrever as coisas ajudará muito."). Por fim, a tarefa específica foi diretamente associada à crença angustiante de Mae ("Preciso que todos gostem de mim, senão significa que não tenho valor").

Atribuir tarefas simples; começar a tarefa de casa na sessão

As tarefas de casa precisam ser divididas em passos separados e graduais, que levem a um objetivo possível que pode ser realisticamente alcançado (J. S. Beck, 2011; Spiegler & Guevremont, 1998). Até mesmo pequenas atividades inicialmente podem parecer pesadas demais para algumas crianças. Seguir essa estratégia para atribuir tarefas de casa as ajudará a sentir que a tarefa é viável. As tarefas simples obviamente devem ser preferidas às complexas. Iniciar a tarefa de casa na sessão propicia uma abordagem gradual para a tarefa.

Primeiro, você explica e demonstra a atividade. A criança recebe um modelo e é aliviada da carga de tentar entendê-la sozinha. Segundo, iniciando a tarefa durante a sessão, você dá a largada para o processo da tarefa de casa. A criança consegue saber o que é preciso para fazer a tarefa e obtém uma vantagem inicial para concluí-la, afinal de contas, completar uma atividade já iniciada é mais fácil do que iniciá-la sozinha. Dedicar um tempo da sessão para atribuir uma tarefa de casa e colaborar nos primeiros passos para concluí-la revela explicitamente a importância dessa tarefa para a criança. Além disso, é possível vislumbrar as dificuldades que a criança poderá experimentar para completar a tarefa com sucesso. O seguinte diálogo mostra uma forma de trabalhar com um adolescente, enquanto ele inicia a tarefa na sessão.

TERAPEUTA: Vamos ver se podemos começar listando perguntas que o ajudem a testar os pensamentos perturbadores que passam por sua cabeça. Já escrevemos alguns pensamentos em seu diário de pensamentos. Qual está listado em primeiro lugar?

ANDRE: "Por mais que eu faça, nunca é suficiente, então seria melhor não fazer nada."

TERAPEUTA: Que pergunta você pode fazer a si mesmo para testar essa crença?

ANDRE: Não consigo pensar em nenhuma.

TERAPEUTA: Aposto que é isso o que acontece quando está em casa ou na escola, durante a semana. O pensamento só aparece na sua cabeça e você não tem nenhuma pergunta pronta para colocá-lo em dúvida. Esse experimento tem a ver com isto: sugerir perguntas que lhe mostrem como questionar seus pensamentos automáticos. Juntos, vamos trabalhar nisso e começar a escrever algumas perguntas que foram úteis no passado. Então, vamos colocá-las no seu caderno de terapia. Que perguntas sugerimos hoje que pareceram úteis?

ANDRE: Gostei da pergunta "Existe um modo diferente de olhar as coisas?".

TERAPEUTA: Certo, é um começo. Vamos escrever essa. Que tal outra?

ANDRE: Humm. "Qual é a evidência?".

TERAPEUTA: Agora, você já tem duas. Quantas acha que pode escrever para a semana que vem?

ANDRE: Provavelmente mais três.

No diálogo, o terapeuta ensina a Andre as habilidades necessárias para fazer a tarefa de casa durante a sessão. A dificuldade inicial de Andre é normalizada, em vez de ser criticada ("Aposto que é isso que acontece quando está em casa ou na escola, durante a semana."). Ao completar duas perguntas na sessão, Andre tem pela frente uma tarefa simplificada e gradual.

Processando a tarefa de casa

Durante a atribuição da tarefa de casa na sessão, o terapeuta deveria processá-la total e produtivamente com jovens. Obstáculos à realização da tarefa deveriam ser abordados (p. ex., "O que poderia impedi-lo de fazer esta tarefa?", "Como você poderia evitar esta tarefa?"). Além disso, as expectativas da criança em relação à sua utilidade deveriam ser exploradas (p. ex., "Como você acha que a tarefa será útil?"). É possível aproveitar a oportunidade para conferir a capacidade percebida da criança de realizar a tarefa de casa (p. ex., "O que parece difícil nesta tarefa?", "Quanto dela você é capaz de fazer?").

Não deixe para passar a tarefa nos últimos minutos da sessão. Você deve alocar tempo suficiente na sessão para iniciar a tarefa, bem como para processá-la com a criança. Isso aumenta a probabilidade de adesão à tarefa de casa. Passar a tarefa de casa "rapidamente", nos últimos momentos da sessão, gera pressões de tempo que diminuem a possibilidade de um processamento terapêutico efetivo. Dar a tarefa de casa com pressa na hora de concluir a sessão transmite à criança a mensagem de que a tarefa é um aspecto adicional e não essencial à terapia. (p. ex., "A propósito, faça três registros no diário de pensamentos até o nosso encontro, na próxima quinta-feira."). É provável que esse modo displicente de passar a tarefa se desconecte dos problemas urgentes de crianças e adolescentes, e a colaboração fica comprometida.

Acompanhamento

Acompanhar o andamento da tarefa na sessão seguinte é imprescindível! Quando os terapeutas esquecem de examinar a tarefa de casa atribuída, as crianças a julgam sem importância e, então, pensam: "Se o meu terapeuta não pergunta sobre a tarefa para ver o que aconteceu, então por que eu deveria me importar com ela?". A revisão da tarefa de casa enfatiza que o trabalho fora da sessão é fundamental para o processo terapêutico. Ao conferir se a tarefa foi realizada, o terapeuta descobre os pensamentos e os sentimentos que acompanham a adesão ou a falta dela. Muitas vezes, essas amostras de comportamento refletem os problemas apresentados pelas crianças. Por exemplo, a falha em completar uma tarefa de casa pode ser moldada por crenças perfeccionistas (p. ex., "Se eu não puder fazer a tarefa com perfeição, nem sequer tentarei."). Essas crenças provavelmente atuam em outras áreas de funcionamento, podendo até ser utilizadas a favor da terapia.

O Quadro-síntese 10.1 resume as considerações gerais para a atribuição das tarefas de casa.

NÃO REALIZAÇÃO DAS TAREFAS DE CASA

A não realização das tarefas é uma oportunidade de descobrir as motivações e razões que estão por trás do comportamento da criança. Tenta-se identificar o que atrapalhou a realização da tarefa. Muitas vezes, apenas perguntamos à criança: "O que aconteceu para você não fazer sua tarefa de casa da terapia?". Eu (R.D.F) constatei que os supervisionados muitas vezes relutam em processar a falta de adesão. Quando lhes pergunto qual é a objeção, indicam que se preocupam com o fato de a criança se sentir criticada ou colocada para

---

QUADRO-SÍNTESE 10.1 CONSIDERAÇÕES GERAIS AO PASSAR A TAREFA DE CASA

- Conecte explicitamente a tarefa de casa às queixas apresentadas.
- Desenvolva as tarefas de forma colaborativa.
- Confira se a tarefa foi compreendida.
- Adote uma abordagem de tarefa gradativa.
- Comece a tarefa de casa na sessão.
- Resolva obstáculos e dificuldades potenciais.
- Sempre faça o acompanhamento das tarefas de casa.

baixo. Essa crença parece ter base na ideia de que, se você conversa sobre a tarefa de casa com um jovem cliente, você naturalmente tem de agir como um professor de escola punitivo. A questão de processar a falta de adesão não envolve punir a criança ou menosprezá-la. Em vez disso, o processamento da falta de adesão oferece outro caminho terapêutico para a resolução de problemas, a verificação dos pensamentos e a intervenção comportamental.

A falta de adesão das crianças pode ser causada por diversos fatores, como dificuldades para realizá-la, atribuição insatisfatória pelo terapeuta e/ou dificuldades psicológicas da criança e da sua família (J. S. Beck, 2011; Burns, 1989). Independentemente do motivo, evitar a não realização da tarefa deve ser um foco central na terapia. A Figura 10.1 ajuda a compreender as bases para a falta de adesão.

A falta de adesão pode ser diminuída por meio de passos ativos. Ao atribuir tarefas graduais e iniciar o trabalho ainda na sessão, os terapeutas avaliam se a criança entende a tarefa. A criança tem alguma ideia sobre o que é a tarefa? A criança sabe o que deve fazer? Quais são as expectativas do terapeuta? A tarefa é muito complexa ou abstrata demais para uma criança mais nova? A tarefa excede os níveis de habilidade da criança em alguma área particular? Se a tarefa exige escrita ou leitura, a falta de adesão da criança pode refletir habilidades deficientes, bem como evitação de possível constrangimento ou vergonha por seu baixo nível de habilidade. Além dis-

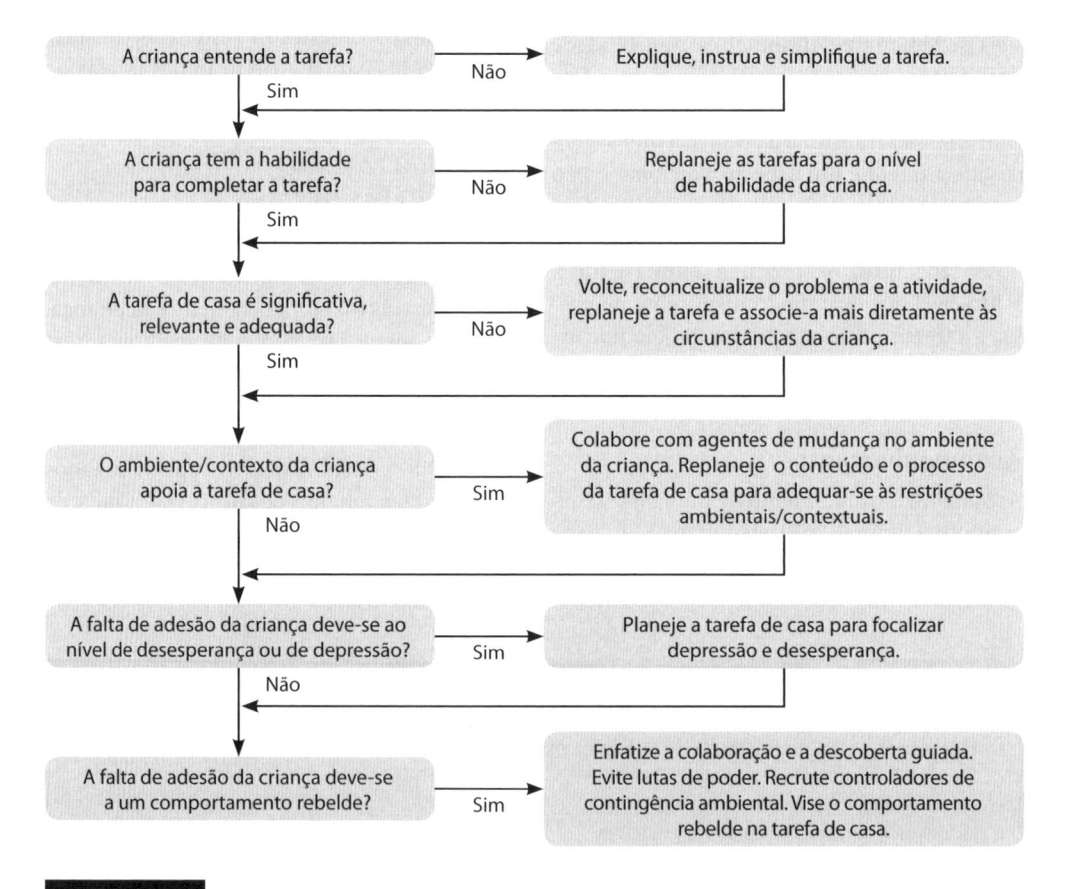

FIGURA 10.1 ÁRVORE DE DECISÃO PARA O PROCESSAMENTO DA NÃO ADESÃO À TAREFA DE CASA.

so, uma tarefa de casa que exige respostas de enfrentamento alternativas para pensamentos aflitivos é prematura para o jovem que ainda tem que aprender a identificar sentimentos e pensamentos. Portanto, a criança está mal equipada para completar a tarefa. Nessas circunstâncias, sugerimos simplificar a atividade inicial, ensinando as habilidades necessárias para completá-la ou replanejando a tarefa para corresponder ao nível de capacidade da criança.

A atribuição da tarefa de casa é psicologicamente significativa, relevante e adequada? Considerações multiculturais podem entrar em ação aqui. Por exemplo, a linguagem usada na tarefa apresenta uma barreira cultural para a criança? A tarefa comportamental viola alguma de suas normas culturais? Por exemplo, a terapia está direcionando a criança rumo à aquisição de maior autonomia, embora um menor grau de autonomia seja mais valorizado na cultura da criança ou do adolescente?

Pais e responsáveis incentivam a criança a completar sua tarefa de casa? Alguns pais encorajarão e reforçarão ativamente a tarefa terapêutica, ao passo que outros estarão menos envolvidos. Ensiná-los a reforçar e a elogiar seus filhos por realizarem a tarefa terapêutica é um primeiro passo. O fato de desenvolver um plano de contingência com os pais pode facilitar a adesão à tarefa de casa (p. ex., "Se Kyle fizer três diários de pensamentos quando se sentir culpado, o que você pode fazer por ele em troca?"). Dessa forma, a tarefa de casa terapêutica torna-se parte da rotina familiar.

Entretanto, pode haver casos em que os responsáveis não apoiam a tarefa de casa terapêutica. Nesses casos, recomenda-se considerar várias questões. O que impede a família de apoiar a tarefa de casa? Há restrições culturais? Os membros da família ganham com o sofrimento da criança? Os pais ou responsáveis estão atentos aos esforços da criança?

Analise o seguinte exemplo. Após três sessões, Mandy, uma menina de 11 anos, estava progredindo bem na terapia. Ela estava aprendendo a ficar à parte do conflito conjugal de seus pais e a conter seu senso de responsabilidade para apoiar emocionalmente o pai. Ela comparecia às sessões rotineiramente e fazia sua tarefa de casa. Entretanto, de forma inesperada e súbita, o curso de sua terapia começou a ir de mal a pior. A menina tornou-se mais agitada e deixou de fazer as tarefas. Os planos de contingência com os pais fracassaram. À medida que trabalhávamos o problema, tornou-se claro que o sofrimento de Mandy exercia uma função vital para seus pais. Enquanto Mandy estivesse perturbada, as dificuldades do relacionamento conjugal do pai e da mãe podiam ser evitadas.

Outro exemplo também é ilustrativo. Micah era uma criança altamente ansiosa que temia perder o controle de suas emoções. Ele receava ter um ataque de "pânico" ao viajar no ônibus da escola ou no avião. O tratamento inicialmente forneceu bons e rápidos resultados, Micah prontamente envolveu-se em tarefas de automonitoramento e autoinstrução. Entretanto, como no caso de Mandy, a terapia com Micah de repente deteriorou-se e a adesão à tarefa de casa diminuiu. Aparentemente, o pai de Micah também tinha um transtorno de ansiedade grave e parecia reconfortado pelo fato de ele e Micah compartilharem as mesmas vulnerabilidades. Conforme a terapia progredia, o pai de Micah, de forma inconsciente, desencorajava seu progresso. Tratamos esse problema com a família. Então, o pai confessou: "Eu estava começando a me sentir realmente sozinho em minha própria ansiedade. Quando Micah começou a vencer seus medos, eu me senti pior em relação a mim mesmo. Concentrei-me em mim e pensei que nunca superaria meus próprios medos".

As atribuições efetivas de tarefa de casa são emocionalmente significativas. Quando as crianças e suas famílias consideram as tarefas banais e não relacionadas com suas circunstâncias, há maior probabilidade de falta de adesão. Conforme mencionado antes, conectar a atividade aos problemas atuais é uma forma potente de tornar a tarefa de casa emocionalmente mais relevante. Por exemplo, se um jovem rebelde e insubmissa quer que sua mãe pare de aborrecê-la, a tarefa deveria ser desenvolvida para satisfazer esse objetivo. Se a criança ou adolescente reconhecer o quanto a resolução do problema lhe dá mais liberdade, será mais propenso a se envolver na tarefa. Se as atribuições de tarefa de casa tiverem pouca ligação aparente com os problemas discutidos na terapia, as crianças compreensivelmente vão "mandar as tarefas às favas".

As atribuições de tarefa de casa personalizadas, desenvolvidas para se adequarem às necessidades individuais da criança, são mais atraentes do que as tarefas genéricas. Os diários de pensamentos, por exemplo, podem ser adaptados a cada criança. Recomendamos que os diários de pensamentos sejam designados como tarefa mediante a seguinte explicação: "Sempre que você se sentir triste, complete um destes diários" ou "Sempre que tiver uma discussão na escola, preencha o diário de pensamentos". Constatamos que essas instruções direcionam a atenção das crianças a suas dificuldades individuais e, com isso, aumentam a relevância da tarefa.

Tamara, uma menina de 12 anos diagnosticada com depressão e explosões de raiva frequentes, estava hesitante em vir à terapia. Ela afirmou que não ia praticar quaisquer técnicas de terapia fora da sessão. Eletrônicos a fascinavam, mas seu comportamento frequentemente a privava do acesso aos eletrônicos. O terapeuta foi capaz de planejar uma tarefa de casa que motivou Tamara a usar e a praticar as técnicas. Um conjunto de estratégias de autorregulação, enfrentamento e resolução de problemas foram ensinadas a Tamara, e um *checklist* das técnicas foi criado. Para cada dia que Tamara concluísse com êxito determinado número de itens em sua lista, era autorizada a usufruir de algum acesso a seus dispositivos eletrônicos. O plano reduziu o conflito em casa e estava em consonância com os objetivos do tratamento para reduzir as explosões de raiva da menina.

A falta de adesão também pode ocorrer em função do nível de desesperança e de depressão da criança. O fracasso em fazer a tarefa de casa é relativamente comum em crianças muito deprimidas e desesperançosas. O nível de sofrimento delas contribui para a crença de que nada irá ajudar. Além disso, o pessimismo, a passividade e a baixa autoeficácia tornam árdua cada tentativa de enfrentar e lidar com situações difíceis. Na verdade, a falta de adesão causada por depressão é uma forma de o cliente expressar seu pessimismo, sua letargia e sua desesperança. Nesses casos, as atribuições de tarefa de casa que sejam graduais e enfatizem maior autoeficácia são boas estratégias. Por exemplo, o cronograma de eventos prazerosos pode ser simplificado e facilitado deixando a criança colar adesivos no quadro, em vez de escrever nele.

A evitação é um aspecto característico de jovens ansiosos. A exemplo do que acontece com jovens deprimidos, a gravidade do sofrimento moldará sua adesão. Se a tarefa prescrita evoca uma quantidade significativa de ansiedade, as crianças poderão evitá-la simplesmente por se sentirem ansiosas. Como a falta de adesão depende do problema apresentado, ajudar a criança a identificar e a modificar os pensamentos e os sentimentos em torno da tarefa torna-se uma questão terapêutica crucial. Por exemplo, uma criança ansiosa recusava-se a compartilhar seus sentimentos com os pais devido ao medo de avaliação negativa. O enfrentamento desse medo formou a base para a atribuição da tarefa de casa.

Determinar se a falta de adesão da criança é em função da rebeldia e da reatância psicológica é outro fator a ser considerado. Como observado no Capítulo 7, a *reatância* psicológica é um construto usado para explicar a tendência das pessoas a restaurar sua liberdade quando acham que estão sendo controladas (Brehm, 1966). Por conseguinte, pode ser útil verificar se a criança vê a tarefa como controladora. Se o jovem for extremamente sensível ao controle percebido, a colaboração na tarefa de casa torna-se ainda mais fundamental. A seguinte transcrição ilustra o processamento da tarefa de casa com uma adolescente não colaborativa que parece reativa ao controle percebido.

TERAPEUTA: Como seria para você captar o que se passa na sua mente quando está com raiva?

STACY: Eu já sei por que fico com raiva.

TERAPEUTA: Você realmente não vê como isso pode lhe ajudar?

STACY: Não vai ajudar. É estúpido. Por que eu deveria preencher esta planilha?

TERAPEUTA: Acho que você gosta de detonar essas ideias.

STACY: (*Encolhe os ombros.*)

TERAPEUTA: E qual é a graça disso?

STACY: Ver você ficar frustrado. Então, assumo o controle.

TERAPEUTA: E o que acontece quando você não está no controle?

STACY: Você é inteligente. Descubra você mesmo.

TERAPEUTA: Tá legal. Eu acho que você só detona as ideias e se irrita para ficar no controle quando as coisas não saem do jeito que você quer. Que tal?

STACY: E daí?

TERAPEUTA: Como isso funciona para você?

STACY: Muito bem. Eu não faço a tarefa que você deu.

TERAPEUTA: É verdade. Mas não seria melhor fazer outra coisa, em vez de conversar comigo?

STACY: Quase tudo é melhor do que isso.

TERAPEUTA: Então, se você imaginasse um jeito de ter que vir menos à clínica e para ficar mais no controle de seus pensamentos e sentimentos, não seria útil?

STACY: Pode ser.

TERAPEUTA: Concordo. E se você se encarregasse de captar as coisas que passam pela sua cabeça? Parece que pessoas jovens que assumem o controle desse jeito progridem na terapia. Não tenho certeza se funcionará para você, mas estou convencido de que vale a pena tentar.

Observe como, nesse diálogo, o terapeuta faz perguntas diretas e específicas. Ao conceitualizar o controle percebido como uma questão central, o terapeuta trabalhou seriamente para evitar parecer controlador. Finalmente, o terapeuta introduziu a tarefa de casa como uma forma de Stacy manter o controle.

A solução colaborativa do problema pode aumentar a adesão à tarefa de casa. Você e a criança podem fazer *brainstorms* para encontrar formas de melhorar a aderência. Manter um caderno para as tarefas, reservar uma hora particular do dia para dedicação às tarefas terapêuticas ou colocar um lembrete em um lugar visível pode favorecer a complacência das crianças. O diálogo a seguir mostra o processo colaborativo de solução de problema entre terapeuta e criança.

TERAPEUTA: O que a impediu de fazer seu diário de pensamentos nesta semana?

ISABEL: Andei muito ocupada e esqueci.

TERAPEUTA: Qual foi seu dever de casa escolar desta semana?

ISABEL: Eu tive um teste ortográfico bem grande.

TERAPEUTA: Fez a tarefa de casa de ortografia?

ISABEL: Sim.

TERAPEUTA: O que ajudou você a lembrar de fazer seu dever de casa de ortografia?

ISABEL: Eu sempre faço meu dever de casa antes do jantar, para depois poder assistir à TV.

TERAPEUTA: Que ideia ótima! Você reserva um tempo para treinar a ortografia.

ISABEL: Obrigada. Ajuda mesmo.

TERAPEUTA: Consegue pensar em algo que poderia ajudá-la a lembrar de fazer seu diário de pensamentos da mesma forma como lembra de fazer o dever de casa da escola?

ISABEL: Talvez eu possa fazer o diário depois de fazer o dever de casa de ortografia e ciências.

TERAPEUTA: O que poderia ajudá-la a se lembrar do diário quando estiver fazendo seu dever de casa de ciências e de ortografia?

ISABEL: Talvez quando chegar em casa após a terapia, eu possa colocar meu diário na escrivaninha, perto do meu material escolar.

TERAPEUTA: Isso parece outra boa ideia. Você poderia manter todos os seus materiais juntos e, assim, poderia realizar todas as atividades no mesmo momento. Gostaria de saber como você pode ter certeza de que trará seu diário para nosso próximo encontro?

ISABEL: Eu simplesmente me lembrarei.

TERAPEUTA: É uma boa meta. Como podemos ajudá-la a se lembrar?

ISABEL: Posso escrever um bilhete para mim e colocá-lo na porta da geladeira.

TERAPEUTA: O que diria o bilhete?

ISABEL: Levar o diário para a sessão com a Dra. Jessica.

A interação acima mostra processos e práticas importantes. Primeiro, a terapeuta usou o êxito de Isabel com o dever de casa sobre ortografia como base para o sucesso com a tarefa da terapia. Em seguida, Isabel desenvolveu um plano para a adesão, em vez de apenas confiar que "lembrará". A terapeuta cuidadosamente evitou depreciar Isabel por sua falta de adesão nas tarefas anteriores.

Muitos adolescentes são bem-sucedidos em lembrar de fazer as tarefas de casa da terapia usando ferramentas como o telefone celular. Mika, uma garota de 15 anos com transtorno obsessivo-compulsivo, apresentava pensamentos intrusivos frequentes e perturbadores. Ela entendeu bem as técnicas de terapia cognitiva e conseguiu reduzir sua ansiedade praticando as técnicas nas sessões, mas teve dificuldades para incorporar o trabalho de exposição em casa, entre uma sessão de terapia e a outra.

MIKA: Eu sei que ajudaria se eu praticasse mais, mas não consigo me lembrar.

TERAPEUTA: Na última sessão, você teve a ideia de fazer as práticas no mesmo horário, todas as noites. Isso funcionou?

MIKA: Eu lembrei umas duas vezes, principalmente quando estava em casa. Mas percebi que, quando me ocupava com tarefas escolares ou me entretia conversando com as amigas, esquecia completamente do tempo. Além disso, em algumas noites eu nem estava em casa.

TERAPEUTA: Estou feliz por saber que você realmente se esforçou para praticar mais. Vamos pensar no que poderia ajudar a tornar mais fácil lembrar, seja qual for a sua agenda.

MIKA: Eu guardei minha pasta da terapia e meu material escolar juntos, no meu quarto, sabe... Na minha escrivaninha. Só que, quando não estou lá, eu não a vejo.

TERAPEUTA: Bem observado. Se você não estiver em seu quarto, não vai ver sua pasta. E levar a pasta junto em todos os lugares não é algo realista!

MIKA: Sim, eu não faria isso de jeito nenhum!

TERAPEUTA: Mas tem outra coisa que você leva a *todos os lugares* com você e que, talvez, possa nos ajudar.

MIKA: Meu telefone?

TERAPEUTA: E se você criasse um tipo de lembrete ou alarme em seu telefone que fosse como um toque para você praticar as técnicas?

MIKA: Eu poderia fazer isso, seria fácil! Basta definir um lembrete para cada dia, no mesmo horário, que diga "prática" e eu então saberei o que isso significa.

TERAPEUTA: Ótima ideia! Acho que você deveria experimentá-la e ver como funciona. E se o lembrete se apagar e você estiver no meio de outra coisa e não puder fazer as práticas logo depois?

MIKA: Então, nesse dia, é só redefinir o lembrete para aparecer uma hora mais tarde, ou algo assim, e o lembrete voltaria a aparecer.

TERAPEUTA: Certo, vamos tentar esta semana e ver o que acontece! Vejo que você está com seu telefone agora. Que tal aproveitar e colocar o lembrete agora mesmo?

O terapeuta e Mika colaborativamente conceberam um plano que se adapta aos interesses, ao cronograma e ao cotidiano da adolescente. Juntos, identificaram potenciais obstáculos (não estar em casa quando o lembrete se apaga) e solucionaram o problema pensando em maneiras de lidar com a situação (redefinir o alarme para mais tarde). Essa abordagem aumenta a probabilidade de Mika "lembrar-se" de completar a tarefa de casa da terapia, incorporando uma deixa ambiental (o alarme) para acionar suas práticas.

O Quadro-síntese 10.2 fornece dicas para gerenciar a não adesão ao dever de casa.

CONCLUSÃO

A tarefa de casa mostra às crianças que elas podem aplicar suas habilidades de enfrentamento. O acompanhamento consistente de atividades específicas e relevantes facilita a aplicação das habilidades. A falta de adesão é diminuída pela atribuição de instrumentos psicologicamente significativos relacionados aos problemas apresentados pela criança. Por fim, o uso bem-sucedido da tarefa de casa requer um foco terapêutico claro. Se você não for claro em relação a uma tarefa, a criança provavelmente ficará confusa. Se você considerar a tarefa de casa periférica e tediosa, seus jovens clientes a perceberão da mesma maneira. Portanto, como terapeuta, faça o seu dever de casa: estude este capítulo sobre tarefas de casa!

QUADRO-SÍNTESE 10.2 MINIMIZANDO A NÃO REALIZAÇÃO DA TAREFA DE CASA

- Crie tarefas emocionalmente significativas.
- Personalize as tarefas de casa.
- Processe diretamente a não adesão às tarefas de casa; trate a não adesão como uma questão terapêutica.
- Suscite pensamentos e sentimentos associados com a tarefa e com a não adesão.
- Mantenha uma postura colaborativa de resolução de problemas e evite criticar a não realização das tarefas.

11

Trabalhando com crianças e adolescentes deprimidos

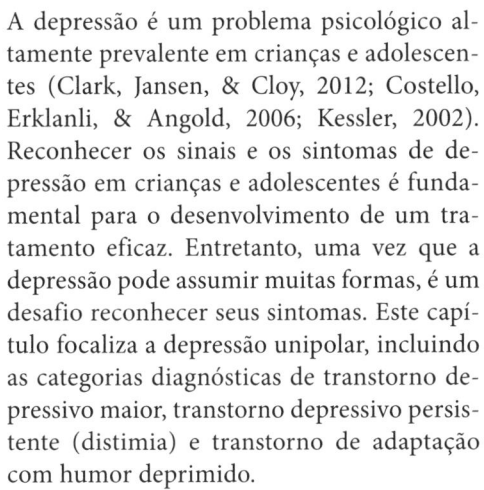

A depressão é um problema psicológico altamente prevalente em crianças e adolescentes (Clark, Jansen, & Cloy, 2012; Costello, Erklanli, & Angold, 2006; Kessler, 2002). Reconhecer os sinais e os sintomas de depressão em crianças e adolescentes é fundamental para o desenvolvimento de um tratamento eficaz. Entretanto, uma vez que a depressão pode assumir muitas formas, é um desafio reconhecer seus sintomas. Este capítulo focaliza a depressão unipolar, incluindo as categorias diagnósticas de transtorno depressivo maior, transtorno depressivo persistente (distimia) e transtorno de adaptação com humor deprimido.

A terapia cognitiva tem se revelado promissora no tratamento de crianças e adolescentes deprimidos (Brent & Birmaher, 2002; Clark et al., 1999; Treatment for Adolescents with Depression Study Team [TADS, Equipe de Estudo para o Tratamento de Adolescentes com Depressão], 2003, 2004, 2005, 2007). Ao aplicar técnicas cognitivas empiricamente apoiadas de forma *adequada* ao desenvolvimento, ajudamos crianças e adolescentes a aliviarem seus sintomas depressivos. Ao desafiar as visões negativas que esses jovens têm sobre si mesmos, os outros, o ambiente e o futuro, a terapia cognitiva promove um panorama mais exato e equilibrado.

SINTOMAS DE DEPRESSÃO

Sintomas em crianças

Crianças com depressão podem exibir sintomas em todas as quatro esferas do modelo cognitivo, bem como em seus relacionamentos interpessoais.

Sinais e sintomas de humor

Com frequência, os sintomas afetivos incluem humor deprimido ou triste. Todavia, algumas crianças deprimidas vivenciam irritabilidade, em vez de humor triste ou deprimido, o que torna a identificação de sua depressão mais desafiadora. Tais crianças podem ser descritas pelos pais e professores como raivosas, irritáveis, facilmente aborrecidas e "rabugentas". Além disso, a criança deprimida muitas vezes sente-se desesperançada e acredita que nunca se sentirá melhor ou que sua vida dificilmente melhorará. O sentimento de desesperança muitas vezes está relacionado a pensamentos suicidas ou ao desejo de morrer.

Jovens deprimidos também sofrem de *anedonia*, o decréscimo no interesse ou no prazer nas atividades. Esse sintoma se manifesta tanto comportamental como afetivamente. Jogos, programas de televisão e passatempos que a criança costumava apreciar deixam de ser atrativos para ela. Crianças e adolescentes relatam um tédio contínuo ou confessam que "não se divertem com nada, tudo perdeu a graça". A apatia, o desinteresse em passar o tempo com os amigos e o afastamento dos outros também são comuns na anedonia. Convites para visitar amigos costumam ser recusados, porém a criança deprimida muitas vezes nem recebe esses convites, devido aos seus comportamentos socialmente retraídos. Portanto, o contato social da criança é significativamente diminuído, levando a sentimentos aumentados de solidão. Quando indagado sobre seus interesses ou passatempos, Eric, de 12 anos, comentou: "Eu costumava jogar minigolfe, mas agora simplesmente não sinto vontade de ir". Da mesma forma, essas crianças demonstram uma resposta de "falta de alegria" (Stark, 1990). Portanto, a criança deprimida talvez não responda a atividades, programas de televisão ou histórias bem-humoradas com o entusiasmo esperado de uma criança comum. Por exemplo, o pai de Kara, de 8 anos, relatou que a filha gostava de assistir aos desenhos animados do Bob Esponja, e os dois sempre faziam brincadeiras envolvendo os episódios. Na apresentação para o tratamento, ele relatou que Kara apenas ficava sentada na frente da televisão para assistir ao desenho animado e não respondia às suas tentativas de brincar com ela.

Sintomas cognitivos

Estilos cognitivos negativos e atribuições negativas também são comuns em crianças deprimidas (Kendall & MacDonald, 1993). Por exemplo, Christy, menina de 10 anos, jogava em um time de futebol. Quando o time dela perdia o jogo, ela atribuía a derrota ao seu próprio comportamento, como ter perdido um gol ou chutado a bola para fora do campo. Entretanto, quando o time vencia, ela ainda mantinha um conjunto cognitivo negativo (p. ex., "Só ganhamos porque Megan recuperou a bola quando fiz a besteira de dar aquele passe errado."). Krackow e Rudolph (2008) relataram que jovens deprimidos não só superestimam o nível de estresse de eventos reais em suas vidas, como também demonstram a tendência de superestimar seu próprio papel no evento angustiante. Estilos cognitivos depressivos incluem atribuições internas, estáveis e globais para fracassos e atribuições externas, instáveis e específicas para sucessos (Abramson, Seligman, & Teasdale, 1978). Essas crianças em geral têm uma perspectiva pessimista, acreditando que "tudo o que pode dar errado dará errado". Como Oscar, o rabugento da *Vila Sésamo*, elas sempre esperam o pior.

Coerentes com esse estilo cognitivo negativo, crianças deprimidas costumam generalizar eventos negativos e fazer previsões de resultados negativos, independentemente das evidências que apontam o contrário. Além disso, suas interpretações negativas sobre o comportamento dos outros, o ambiente ou suas próprias experiências servem para reforçar suas crenças em relação a uma baixa autoestima. Os eventos positivos são facilmente descartados ou esquecidos, ao passo que as experiências negativas são lembradas por muito tempo como evidência das próprias inadequações. Mary, menina deprimida de 11 anos, cuja crença era "ninguém gosta de mim", poderia pensar consigo mesma "Sarah não me disse 'bom dia'. Ela me odeia, assim como todo mundo", ignorando o fato de que Jeremy e Elizabeth a tinham cumprimentado quando entrou na sala de aula. Nesse contexto, a baixa autoestima com frequência acompanha a depressão. Pensamentos relacionados a uma incapacidade de ajustar-se ou crenças sobre inadequação também costumam estar presentes. Em geral, para as crianças deprimidas, é quase impossível dizer alguma coisa positiva sobre si mesmas. Por exemplo, Edna, de 12 anos, não conseguia relatar uma única razão para uma colega de sala de aula querer ser sua amiga. Outra criança deprimida, Herb, citava facilmente diversas coisas que gostaria de mudar em relação a si mesmo, mas não identificava nada de que gostasse nele mesmo.

Algumas crianças deprimidas parecem perdidas no espaço, distraídas em seus próprios diálogos internos. A atenção e a concentração são áreas cognitivas adicionais que podem sofrer o impacto da depressão na juventude. Na terapia, por exemplo, crianças deprimidas costumam ter problemas para se concentrar no conteúdo da sessão ou para completar as tarefas da terapia. Além disso, uma tomada de decisão aparentemente simples é muito difícil para muitas dessas crianças, como se nota ao observá-las completando questionários de autorrelato. Por exemplo, Sabrina, de 11 anos, gastava um tempo excessivo ponderando sobre as respostas adequadas. Ao ser convidada a preencher o CDI–2 (Kovacs, 2010), Sabrina pensou em suas respostas e demorou vários minutos em cada item, muitas vezes marcando e, em seguida, mudando as respostas ou marcando respostas entre as caixas no formulário. É comum permitirmos que as crianças escolham um pequeno prêmio ao final das sessões. Ao escolherem, as crianças deprimidas podem discutir os méritos da escolha de determinado brinquedo por um longo período de tempo. Elas parecem impelidas a fazer apenas a escolha certa.

Sintomas comportamentais

Crianças encaminhadas para tratamento por problemas de comportamento, como teimar, brigar com irmãos ou responder a adultos, estão muitas vezes vivenciando distúrbios de humor. Crianças mais novas talvez não saibam expressar como se sentem ou talvez fiquem constrangidas em fazer isso. Assim, não é incomum que uma criança deprimida com menos de 9 anos expresse sofrimento por meio de problemas comportamentais (Schwartz, Gladstone, & Kaslow, 1998). Essas crianças têm dificuldade de se relacionar com os outros, incluindo colegas e irmãos. Um comportamento disruptivo e agressivo foi o motivo de encaminhar Ron, menino de 7 anos, deprimido, que estava respondendo e brigando na escola, à terapia. Crianças com mais idade conseguem identificar melhor sentimentos e crenças aflitivos, portanto exibem sintomas depressivos mais típicos, incluindo tristeza e cognições autocríticas (Schwartz et al., 1998).

Algumas crianças deprimidas expressam agitação ou inquietação psicomotora. Para elas, é difícil permanecer calmamente sentadas e são inquietas. O oposto também pode ocorrer: crianças que não se movimentam ou não correm como a maioria das crianças. Em vez disso, parecem cansadas e seus movimentos são menos frequentes e mais lentos.

Além disso, o retraimento social é outro sinal comportamental de depressão. Identificar a frequência de interações sociais será mais significativo do que calcular o número de amigos relatado pela criança ou por seus pais. Esse quesito é ilustrado no caso de Brea, menina de 11 anos trazida à terapia por sua mãe devido ao recente comportamento de irritabilidade, fadiga, choro e queda nas notas na escola. A mãe a descreveu como uma criança sociável, com muitos amigos. Entretanto, quando perguntada com que frequência ela visitara as amigas nas duas últimas semanas, Brea revelou muito menos interações sociais, demonstrando, assim, uma mudança em relação ao seu nível funcional anterior. Recusar convites ou oportunidades para passar o tempo com amigos é sinal de retraimento social. Em situações de convívio, como recreio ou reuniões sociais, as crianças deprimidas podem não interagir com as outras e, em vez disso, observá-las de longe. Esse sintoma é ilustrado em Nicole, menina de 9 anos que ficava do lado de fora do parquinho observando os colegas jogarem bola. Previsões de que a atividade será entediante também são comuns entre crianças deprimidas, de modo que tais previsões podem estar relacionadas ao retraimento. Ao mesmo tempo, o envolvimento diminuído da criança em atividades prazerosas pode servir para perpetuar sentimentos de isolamento e de depressão.

Sintomas fisiológicos

Os sinais mais sutis de depressão, geralmente de natureza física, são difíceis de detectar. Em geral, crianças sem capacidade ou sem vontade de verbalizar seus estados emocionais comunicam seu sofrimento mediante queixas somáticas recorrentes. Crianças mais novas talvez sejam incapazes de verbalizar o sofrimento e, portanto, fazem mais queixas somáticas do que os adolescentes (Birmaher et al., 1996). Elas relatam cefaleias, dores de estômago ou outras queixas físicas frequentes e infundadas (Stark, Rouse, & Livingston, 1991). Muitas dessas crianças visitam repetidamente a enfermaria da escola e faltam à aula devido a queixas físicas. Saps e colaboradores (2009) constataram que dores abdominais em crianças em idade escolar estavam associadas com depressão, entre outras comorbidades.

Problemas com a alimentação e com o sono também ocorrem em crianças deprimidas (p. ex., Chorney, Detweiler, Morris, & Kuhn, 2008; Reeves, Postolache, & Snitker, 2008). Elas podem ter o apetite diminuído, ganhar ou perder peso, ou deixar de ganhar peso na proporção esperada. Crianças sofrendo de depressão podem apresentar dificuldades para adormecer e podem acordar no meio da noite ou de manhã cedo, sendo incapazes de voltar a dormir. Outras, ao contrário, dormem excessivamente. Edward, de 9 anos, aluno do quarto ano, adormecia na aula e queixava-se de fadiga constante, declarando que não "tinha vontade" de fazer nada.

Sinais interpessoais

Problemas com colegas e rejeição por parte deles são estressores interpessoais rotineiros entre crianças deprimidas. As dificuldades sociais podem resultar de diversos fatores (Kovacs & Goldston, 1991). Muitas vezes, crianças deprimidas são mais socialmente retraídas e podem parecer tímidas. Por isso, não iniciam ou não participam de muitas interações sociais, resultando em menos relacionamentos com seus colegas. Algumas crianças deprimidas carecem de habilidades sociais ou de oportunidades para interações sociais. Com frequência, sentem-se isoladas, o que desencadeia sentimentos depressivos mais profundos. Em particular, quando crianças com mais idade estão tristes e chorosas, podem ser alvo de brincadeiras e ser ainda mais rejeitadas por seus colegas. Um humor irritável pode ter impacto sobre os relacionamentos: as outras crianças se incomodam com isso e evitam a criança irritável ou pessimista (Kovacs & Goldston, 1991). A criança com mais idade deprimida e irritável muitas vezes tem interações com seus colegas que envolvem mais agressão e negatividade do que as interações das crianças mais novas (Speier, Sherak, Hirsch, & Cantwell, 1995). As amizades da criança são importantes na avaliação e no tratamento da depressão, pois a falta de amizade é um fator de risco para sintomas depressivos, e há evidências de que ter amigos é um fator protetor (Bukowski, Laursen, & Hoza, 2010).

Crianças em idade escolar sofrendo de depressão desenvolvem sintomas relacionados à realidade acadêmica, incluindo diminuição no desempenho, baixa motivação, medo de fracasso e comportamentos indevidos em sala de aula (Speier et al., 1995). Essas crianças costumam ser autocríticas, têm sentimentos de culpa e podem demonstrar retardo no desenvolvimento da linguagem. Crianças deprimidas podem comparecer em seu consultório trazendo muitas queixas diferentes.

Sintomas em adolescentes

Muitos sintomas semelhantes também caracterizam a depressão em adolescentes. Queixas somáticas, retraimento social, desesperança e irritabilidade ocorrem tanto em adolescentes deprimidos quanto em crianças deprimidas (Schwartz et al., 1998). No entanto, algumas diferenças na manifestação de sintomas foram observadas. Os adolescentes são mais capazes de verbalizar os sintomas do que as crianças mais novas, o que ajuda os clínicos a identificarem mais facilmente os sintomas nos adolescentes. Outras diferenças na apresentação de sintomas incluem o risco aumentado dos adolescentes para tentativas de suicídio, uso de drogas e evasão escolar.

Os adolescentes deprimidos tendem a ter comorbidades psicopatológicas, incluindo transtornos de ansiedade e abuso de substâncias (Asarnow et al., 2005; Goodyer, Herbert, Secher, & Pearson, 1997; Gotlib & Hammen, 1992; Kovacs, Feinberg, Crouse-Novak, Paulauskas, & Finkelstein, 1984; Kovacs, Gatsonis, Paulauskas, & Richards, 1989). Baixa autoestima, imagem corporal empobrecida, alto grau de autoconsciência e inadequação para lidar com situações difíceis são comuns em adolescentes deprimidos. Alterações de peso e apetite são sintomas depressivos comuns, porém a avaliação desses sintomas pode ser complicada nos adolescentes devido às alterações normais do desenvolvimento que influenciam o peso e o apetite na puberdade (Maxwell & Cole, 2009). Além disso, esses adolescentes relatam apoio social inadequado e conflito aumentado com os pais (Lewinsohn, Clarke, Rohde, Hops, & Seeley, 1996). Muitas vezes, os adolescentes também enfrentam questões de autonomia. Por isso, podem ser menos propensos a buscar ajuda dos pais quando se sentem deprimidos, o que os leva a um maior isolamento.

Como acontece com as crianças mais novas, os adolescentes deprimidos apresentam dificuldades acadêmicas. Entretanto, essas dificuldades podem ser agravadas, com faltas excessivas e evasão escolar (Speier et al., 1995). Adolescentes deprimidos tornam-se cada vez mais propensos à discussão e podem ter retardo do início de puberdade, início mais lento do pensamento abstrato e oscilações do humor. Comportamentos de risco e antissociais podem ser intensificados, incluindo uso de drogas, vandalismo, atividade sexual de risco e acidentes ou infrações de trânsito.

O Quadro-síntese 11.1 lista os pontos a serem lembrados sobre sintomas depressivos em crianças e adolescentes.

CONSIDERAÇÕES CULTURAIS E DE GÊNERO

Questões culturais

Com qualquer cliente, avaliar o indivíduo no âmbito de um contexto cultural é fundamental e provavelmente requer discussões ou entrevistas clínicas adicionais com membros da família. Esta seção apresenta uma breve descrição das limitadas pesquisas sobre questões culturais com afro-americanos, nativos americanos, ásio-americanos, hispano-americanos e clientes do sexo feminino.

Crianças e adolescentes afro-americanos

Alguns estudos comunitários indicam apresentações diferenciadas de sintomas por jovens afro-americanos *versus* euro-americanos. Especificamente, um estudo com crianças entre 9 e 13 anos sugere um estilo de atribuição mais mal-adaptativo em crianças euro-americanas, comparado com crianças afro-americanas (Thompson, Kaslow, Weiss, & Nolen-Hoeksema, 1998). Em relação às crianças afro-americanas, as crianças euro-americanas culpavam-se mais por resultados negativos e encaravam os eventos sob uma visão mais pessimista, inalterável e com efeitos dolorosos ao longo de suas vidas.

Um estudo realizado por DeRoos e Allen-Measures (1998) sugeriu que crianças afro-americanas deprimidas tendem a sofrer de

---

QUADRO-SÍNTESE 11.1 SINTOMAS DE DEPRESSÃO EM CRIANÇAS E ADOLESCENTES

- Os estilos cognitivos negativos são predominantes (p. ex., visões negativas sobre si mesmo, os outros, as experiências e o futuro).
- Crianças deprimidas superestimam sua responsabilidade pessoal por maus resultados.
- As crianças mais novas podem apresentar um comportamento irritável.
- A atenção e a concentração podem estar comprometidas.
- Em crianças com dificuldades para traduzir sua aflição em palavras, podem surgir dificuldades comportamentais ou queixas somáticas.
- Problemas com colegas e retraimento social também podem ocorrer.

baixa autoestima e isolamento, ao passo que crianças euro-americanas com depressão tendem mais a exibir estados de humor negativo e culpa. Outro estudo recente encontrou escores mais altos em medições de autorrelato de depressão e ansiedade, e classificações mais altas de depressão percebidas por professores em estudantes afro-americanos do quinto ano comparados com seus colegas euro-americanos (Cole, Martin, Peeke, Henderson, & Harwell, 1998). Os resultados desse estudo são indicativos de uma relação entre a idade e as diferenças étnicas, considerando que diferenças significativas semelhantes não foram encontradas em crianças maiores. A maioria dos estudos não revela diferenças expressivas entre crianças e adolescentes euro-americanos e afro-americanos clinicamente encaminhados para atendimento (Nettles & Pleck, 1994).

Em sua recente revisão da literatura, Anderson e Mayes (2010) observaram que jovens afro-americanos do sexo masculino endossaram mais sintomas depressivos autorrelatados do que seus colegas euro-americanos.

Em 1998, Gibbs observou um aumento alarmante na taxa de suicídio de crianças e adolescentes afro-americanos. Citando as estatísticas de 1996 do Departamento Norte-Americano de Saúde e Serviço Social, Gibbs observou que a taxa de suicídio de crianças afro-americanas do sexo masculino havia quadruplicado entre 1980 e 1992, ao passo que a taxa para afro-americanos do sexo feminino havia duplicado no mesmo período. De modo relevante, Gibbs mencionou que a identificação de tendências suicidas em crianças afro-americanas é mais difícil, uma vez que elas podem expressá-las diferentemente de suas contrapartes euro-americanas. A tendência suicida em afro-americanos parece marcada por altos níveis de raiva, maus comportamentos e envolvimento em comportamentos de alto risco.

Dados mais recentes revelam que os jovens afro-americanos continuam a mostrar risco de suicídio aumentado (Balis & Postoloche, 2008; Colucci & Nartin, 2007).

Apesar de um curso flutuante em que as taxas aumentam e depois se estabilizam, o suicídio continua sendo a terceira causa principal de morte de adolescentes afro-americanos (Goldston et al., 2008). Religião, frequentar a igreja e apoio social mitigaram o risco (Balis & Postoloche, 2008; Goldston et al., 2008). No entanto, o conflito familiar agrava o risco de suicídio entre esses jovens (Groves, Stantley, & Sher, 2007). Infelizmente, parece que há baixas taxas de tratamento para jovens afro-americanos com tendência suicida (Balis & Postoloche, 2008).

Crianças e adolescentes nativos americanos

Embora a pesquisa atual seja insuficiente e inconclusiva, as altas taxas de suicídio e de abuso de drogas e de álcool entre adolescentes nativos americanos (Ho, 1992; LaFramboise & Low, 1998) parecem indicar a presença de distúrbios afetivos nesses jovens. Na verdade, o U.S. Surgeon General (1999) indica que, entre 1979 e 1992, a taxa de suicídio entre adolescentes nativos americanos do sexo masculino era a mais alta no país. Allen (1998) sugere que a limitada literatura dedicada à depressão em jovens nativos americanos pode resultar da não aplicabilidade das classificações diagnósticas da cultura ocidental àquela população.

Mais recentemente, Dorgan (2010) citou dados contundentes, indicando que jovens nativos americanos sofrem com uma taxa de suicídio 2,2 vezes maior que a de jovens de outras etnias. Na verdade, os jovens nativos americanos têm a maior taxa de suicídio entre todos os jovens (Dorgan, 2010; Goldston et al., 2008). Altas taxas de criminalidade, uso de substâncias e vitimização exacerbam o risco de suicídio.

Crianças e adolescentes ásio-americanos

Jovens ásio-americanos relatam menos depressão do que seus colegas euro-americanos, afro-americanos ou latino-americanos (Anderson & Mayes, 2010). Os jovens ásio-

-americanos tendem a endossar o humor triste e os sintomas somáticos (Anderson & Mayes, 2010; Choi & Park, 2006). Ho (1992) argumenta que filhos de imigrantes asiáticos demonstram um alto número de queixas somáticas devido à internalização de angústia psicológica. Essas queixas somáticas podem representar uma expressão de sofrimento mais aceitável na cultura asiática (Ho, 1992). Nagata (1998) observou que a escassez de literatura sobre depressão em jovens ásio-americanos não deveria ser vista como sinal da ausência de sofrimento psicológico entre os indivíduos desse grupo, e que, em vez disso, provavelmente reflete uma hesitação cultural dessa população em procurar os serviços de saúde mental. Na verdade, dados recentes revelam que adolescentes ásio-americanos do sexo feminino representam o grupo com a quarta maior taxa de tentativas de suicídio (Goldston et al., 2008).

Crianças e adolescentes latinos/hispânicos

Em um estudo analisando os sintomas autorrelatados por adolescentes (euro-americanos, afro-americanos e latinos), as jovens latinas relataram o maior nível de sintomas depressivos, em comparação aos outros grupos incluídos no estudo (McLaughlin, Hilt, & Nolen-Hoeksema, 2007). Além disso, as jovens de origem latina relataram a maior taxa de ideação suicida. Mikoljczyk, Bredehorst, Khelaifort, Maier e Maxwell (2007) verificaram que o risco de depressão era duas vezes maior para jovens latinos do que para brancos não latinos. O risco era especialmente forte para as jovens de origem latina. Uma metanálise anterior, feita por Twenge e Nolen-Hoeksema (2002), analisou 310 amostras de crianças e também constatou que crianças e adolescentes hispânicos relataram significativamente mais sintomas de depressão no Inventário de Depressão para Crianças (CDI; Kovacs, 2010) em comparação com crianças e adolescentes euro-americanos e afro-americanos. Além disso, estudos recentes revelam correlações entre a disfunção familiar e a discrepância do papel de gênero percebido em adolescentes hispânicos com os sintomas depressivos nesses adolescentes (Céspedes & Huey, 2008). Choi e Park (2006) observaram que jovens latinos deprimidos relataram mais sintomas gastrintestinais somáticos específicos.

Em uma revisão de literatura, Roberts (2000) concluiu que os jovens americanos de origem mexicana parecem correr risco de depressão. Além disso, citando estatísticas do CDC (Centro para o Controle e Prevenção de Doenças), o U.S. Surgeon General (1999) relata que há um alto risco de suicídio entre jovens hispânicos. Roberts (1992) examinou, ainda, as manifestações de sintomas depressivos em diversos grupos culturais, usando respostas de adolescentes a itens da Escala de Depressão do Centro para Estudos Epidemiológicos. O estudo examinou brancos não hispânicos, afro-americanos, pessoas de origem mexicana e outros hispânicos. Os resultados de Roberts indicam mais semelhanças do que diferenças nas respostas desses grupos de adolescentes. Contudo, certas diferenças nos padrões de endosso de itens revelam que os dois grupos hispânicos tinham tendência a agrupar sintomas somáticos e de humor negativo. No entanto, Roberts alertou contra a interpretação dessas descobertas como evidência de que hispano-americanos expressam sofrimento mediante queixas somáticas ou que não diferenciam entre sofrimento físico e psicológico. Recomendamos cautela na interpretação dessa linha de pesquisa. Concordamos com Roberts (2000), que escreveu: "É difícil tirar qualquer conclusão concreta referente à etnia e aos riscos de depressão a partir desses estudos, porque estes empregam diferentes medições de depressão e focalizam clientes de minorias étnicas diferentes" (p. 362).

Diferenças de gênero

As diferenças de gênero na depressão variam com a idade, com o desenvolvimento e com as diferenças e as expectativas culturais. Nolen-Hoeksema e Girgus (1995) relatam taxas de prevalência semelhantes para depressão em meninos e meninas pré-púberes. Entretanto, as meninas demonstram taxas mais altas de depressão do que os meninos entre 12 e 15 anos, e essa diferença continua na vida adulta. Também podem existir diferenças nos estilos cognitivos entre gêneros em diferentes níveis etários (Nolen-Hoeksema & Girgus, 1995; Rood, Roelofs, Bögels, Nolen-Hoeksema, & Schouten, 2009). Determinados estilos cognitivos, como a ruminação, têm sido associados com sintomas mais depressivos, e estudos indicam que as meninas demonstram mais ruminação do que os meninos (Rood et al., 2009). Meninas pré-púberes demonstram estilos explanatórios mais otimistas, em comparação aos meninos. No início da adolescência, os jovens em geral tornam-se mais pessimistas. No entanto, no final da adolescência, os meninos demonstram pensamentos mais otimistas do que as meninas. Portanto, as meninas têm tendência a se tornarem mais deprimidas e pessimistas com o passar do tempo, comparadas aos meninos. Vários fatores foram discutidos na literatura como possíveis contribuintes para essas diferenças (Nolen-Hoeksema & Girgus, 1995). Expectativas culturais, as normas sociais e os preconceitos de gênero podem contribuir com essas diferenças. As alterações hormonais, o desenvolvimento físico e a insatisfação com o corpo também podem estar relacionados a diferenças nas taxas de depressão entre meninos e meninas.

AVALIAÇÃO DA DEPRESSÃO

Uma avaliação abrangente das crianças deve obter informações de múltiplas fontes. Informações fornecidas pela criança, pelos pais, pelos professores e por outros responsáveis devem ser coletadas e consideradas. Inúmeros instrumentos de avaliação e entrevistas estruturadas podem ser usados. Além disso, recomendamos a consulta com médicos para excluir causas físicas dos sintomas ou para fornecer tratamento e medicação, se necessário.

Vários instrumentos de avaliação, incluindo medições de autorrelato, entrevistas, classificações de observadores, nomeação de pares e técnicas projetivas, têm sido utilizados para avaliar a presença e a gravidade da depressão (Kaslow & Racusin, 1990). O Inventário de Depressão para Crianças (CDI, do inglês *Children's Depression Inventory,*), instrumento de longa data, foi submetido a uma revisão recente (CDI-2; Kovacs, 2010), que produz novos dados psicométricos e a modificação da escala. O CDI-2 inclui uma versão longa e outra curta, além de formulários para o relato de pais e professores. O CDI é o inventário de autorrelato sobre depressão mais usado com crianças (Fristad, Emery, & Beck, 1997). O CDI pode ser completado por crianças ou adolescentes antes das sessões e usado periodicamente, no decorrer do tratamento, para monitorar mudanças nos sintomas relatados.

A Escala de Classificação de Depressão para Crianças – Revisada (CDRS-R, do inglês *Children's Depressive Rating Scale – Revised*; Poznanski et al., 1984) é outra medição de autorrelato que classifica e avalia os sintomas depressivos e a depressão global. A CDRS-R inclui formulários para pais, professores e irmãos, permitindo, assim, que o examinador incorpore as observações dos outros no processo de avaliação. A CDRS-R foi normatizada em amostras de 9 a 16 anos e, portanto, é útil tanto para crianças como para adolescentes.

Outras medições de autorrelato incluem a Escala de Autoclassificação de Depressão (DSRS, do inglês *Depression Self-Rating Scale*; Birleson, 1981); a Lista de Verificação de Adjetivos de Depressão para Crianças (C-DACL, do inglês *Children's Depression Adjective Checklist*; Sokoloff & Lubin, 1983) e a Escala de Depressão para Crianças – Revisada (CDS-R, do inglês *Children's Depression Scale – Revised*; Reynolds, Anderson, & Bartell, 1985). O Inventário de Depressão BYI-II (*BYI-II Depression Inventory*; J. S. Beck et al., 2005) é uma medição relativamente nova da depressão em jovens, adequada para crianças e adolescentes desde os 7 até os 18 anos. O

Inventário de Depressão Beck-II (BDI-II, do inglês *Beck Depression Inventory-II*; A. T. Beck, 1996) é recomendado para adolescentes. Inúmeras entrevistas estruturadas foram desenvolvidas e utilizadas para avaliar a depressão em crianças. Uma entrevista clínica completa fornece dados importantes sobre os sintomas e também a frequência, a intensidade, a duração e os antecedentes desses sintomas, além do contexto em que aparecem.

Usamos inventários e entrevistas de autorrelato para controlar sintomas depressivos. Algumas crianças acham mais fácil comunicar seu nível de sofrimento por uma medição escrita. Constatamos que muitas crianças que são incapazes de verbalizar sua angústia aos pais ou ao terapeuta conseguem solicitar que os pais vejam seu CDI. Por exemplo, Taylor, de 10 anos, acreditava que sua mãe "não tinha nenhum tempo para ele". Ele era incapaz de verbalizar seu sofrimento afetivo para a mãe. Após completar o CDI e endossar um nível clinicamente significativo de sintomas, Taylor pediu que mostrássemos o inventário à sua mãe. A esperança dele era de que, ao mostrar suas respostas, conseguisse comunicar seu sofrimento.

Integrando os resultados dos inventários de autorrelato na sessão de terapia

Tentamos combinar a avaliação e o tratamento de modo perfeito. Infelizmente, é fácil escorregar em um estilo mecânico e somente administrar as medições, sem depois levá-las em conta. Entretanto, ao discutirmos o processo de completar inventários de autorrelato com crianças, muitas vezes descobrimos que esses inventários revelam crenças importantes e imprecisas sobre expressar pensamentos e sentimentos que podem contribuir para o relato deficiente ou exagerado de sintomas. Além disso, discrepâncias entre o autorrelato verbal da criança, o relato dos pais e as observações comportamentais do terapeuta são mais facilmente abordadas quando se incorpora os resultados dos inventários de autorrelato à sessão.

Considere o caso de Amanda, menina de 9 anos, que parecia apresentar vários sintomas de depressão e ansiedade. A mãe dela relatou que a filha era triste e retraída, porém Amanda negou esses sintomas no CDI. Quando perguntada sobre como foi completar o inventário, Amanda confessou que temia ter dado algumas respostas "erradas". Não satisfeito com esse nível de análise, o terapeuta aprofundou-se e descobriu o pensamento "É errado contar que você está triste ou aborrecida". Amanda havia formado essa crença com base nas reações dos outros quando outrora expressara afeto negativo e pensamentos pessimistas. Seu pai frequentemente respondia a suas expressões com comentários como "Não diga isso, Amanda, as coisas não são tão ruins quanto você pensa" ou "Não fique triste". Portanto, o pai de Amanda, sem se dar conta, ensinara a menina de que seus sentimentos e pensamentos eram "errados" e, assim, reforçara sua tendência a não expressar pensamentos e sentimentos negativos.

Examinar cada subescala das medições de autorrelato é importante para ajudar a provocar os sintomas depressivos específicos que a criança está experimentando, como queixas somáticas ou retraimento social. Por exemplo, à primeira vista, o escore do CDI de Billy, de 8 anos, permaneceu inalterado do início da terapia até a Sessão 4. Entretanto, uma verificação mais rigorosa dos dois CDIs revelou que suas queixas somáticas tinham diminuído significativamente desde a entrada e que ele estava conseguindo expressar mais sentimentos negativos. Esses dados concordam com a conceitualização de que Billy estava desenvolvendo formas mais adaptativas de expressar afeto negativo. Ao fazer isso, tornou-se capaz de identificar as especificidades de seu sofrimento, levando a uma identificação de sintomas mais precisa no CDI. Ao mesmo tempo, o menino mostrava menos sintomas somáticos. Agora, ele tinha as habilidades necessárias para colocar seus sentimentos em palavras e, portanto, não expressava seu sofrimento apenas pelas queixas físicas.

Compartilhar esses tipos de observações com as famílias também pode ser muito significativo. Constatamos que isso provoca um debate rico com os jovens sobre como eles vivenciam os sintomas. Esses debates também normalizam a confirmação direta e a rotulação de sintomas depressivos, mostrando à criança que você valoriza a experiência dela ao planejar intervenções de tratamento. Abordar diretamente os resultados das medições de autorrelato também pode ajudar a melhorar as habilidades de automonitoramento da criança. Quando as discrepâncias entre as observações e o autorrelato são abordadas, a criança tem a oportunidade de aprender maneiras de avaliar mais objetivamente seus próprios estados de humor. Além disso, muitas crianças tornam-se interessadas em acompanhar as mudanças ao longo da terapia. Verificamos que algumas crianças pedem para ver os gráficos de seus escores, o que naturalmente conduz a uma conversa sobre como trabalhar mais para diminuir os escores, ou como prever quando os escores podem subir de novo. Também utilizamos essas conversas para ajudar a prevenir as recaídas. Utilizamos os gráficos visuais dos escores ao longo do tratamento para apontar quando os escores pioraram, e depois conversar sobre quando as crianças podem prever a piora dos resultados no futuro. Ao prever quando elas podem se sentir mais deprimidas, somos capazes de ajudar as crianças a desenvolver um plano proativo para lidar com, e modificar, sintomas aumentados, se eles ocorrerem.

Algumas crianças deprimidas são candidatas a uma avaliação para medicação antidepressiva. Para aquelas com depressão aguda ou com sintomas depressivos que não apresentam melhora apenas com psicoterapia, um encaminhamento para uma avaliação de medicação deve ser considerado. Os clínicos deveriam encaminhar os pais a um psiquiatra infantil ou ao médico da família. A obtenção de informações ajudará você e outros profissionais da área médica a comunicar claramente preocupações, sintomas clínicos e opções de tratamento para favorecer o plano de intervenção mais efetivo. Conversar com a família sobre o uso de medicação antidepressiva antes do encaminhamento pode ajudar a diminuir a ansiedade, combater equívocos e aumentar a probabilidade de acompanhamento.

O Quadro-síntese 11.2 resume os pontos-chave para avaliar a depressão em crianças e adolescentes.

TRATAMENTO DA DEPRESSÃO: ESCOLHENDO UMA ESTRATÉGIA DE INTERVENÇÃO

Todas as estratégias de intervenção apresentadas neste capítulo são aplicáveis a crianças e adolescentes deprimidos. A escolha de uma intervenção inicial é guiada por fatores como a idade, o nível de desenvolvimento cognitivo, a gravidade da depressão e as habilidades já existentes da criança ou do adolescente. Primeiro, a segurança deve ser estabelecida por meio da avaliação do risco de suicídio e, se

---

QUADRO-SÍNTESE 11.2 DICAS PARA AVALIAR A DEPRESSÃO

- Reúna informações de várias fontes – crianças ou adolescentes, pais, professores e outros cuidadores.
- Algumas boas opções são: CDI-2, BDI-II, Escalas da Juventude de Beck, CDRS e DSRS.
- Lembre-se de que algumas crianças e adolescentes podem achar mais fácil comunicar suas aflições por escrito.
- Desmembre os escores gerais em escores específicos, com escalas de fatores e itens individuais.
- Incorpore os resultados dos inventários de autorrelato nas sessões de terapia.
- Utilize as informações obtidas em sua intervenção.
- Considere representar graficamente os escores e compartilhar esses gráficos com as crianças e seus pais.

necessário, com o tratamento do potencial suicida no cliente. Esse processo deve incluir avaliação do risco de autolesão, desenvolvimento de planos de segurança, redução da desesperança e verificação de pensamentos imprecisos relacionados à ideação suicida. Segundo, especifique o nível cognitivo da criança, a fim de determinar o quanto as intervenções cognitivas podem ser úteis. Analise o desenvolvimento da linguagem e a maturidade cognitiva dos jovens, para saber se as técnicas cognitivas serão vantajosas. Terceiro, geralmente é melhor começar com técnicas básicas, levando em conta a baixa motivação, o baixo nível de atividade, a capacidade diminuída de resolução de problemas e a desesperança que frequentemente acompanham os estados depressivos. Técnicas de ativação comportamental aumentarão a interação social e minimizarão os comportamentos retraídos. Assim, cronogramas de eventos prazerosos e treinamento de habilidades sociais são boas intervenções iniciais para combater sintomas depressivos. Além disso, apresentando intervenções iniciais em pequenas tarefas graduais, os primeiros sucessos podem aumentar a autoeficácia e a motivação. A Figura 11.1 apresenta uma árvore de decisão para orientá-lo na seleção de estratégias de intervenção específicas.

POTENCIAL SUICIDA EM CRIANÇAS E ADOLESCENTES DEPRIMIDOS

É uma realidade que adolescentes e crianças deprimidos pensam em se machucar e com frequência tentam fazer isso. O U.S. Surgeon General (1999) adverte que o suicídio atinge seu pico na metade da adolescência e é a

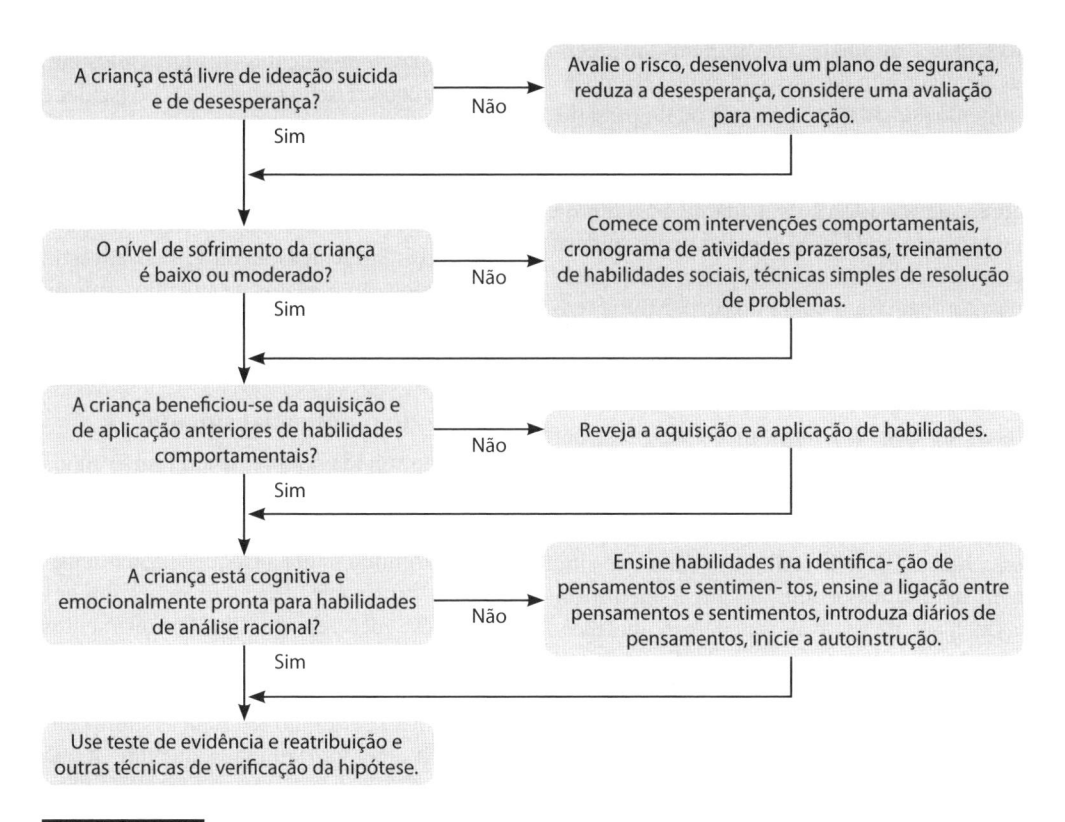

FIGURA 11.1 ESCOLHENDO UMA ESTRATÉGIA DE INTERVENÇÃO.

- A criança está livre de ideação suicida e de desesperança? → Não → Avalie o risco, desenvolva um plano de segurança, reduza a desesperança, considere uma avaliação para medicação.
- Sim ↓
- O nível de sofrimento da criança é baixo ou moderado? → Não → Comece com intervenções comportamentais, cronograma de atividades prazerosas, treinamento de habilidades sociais, técnicas simples de resolução de problemas.
- Sim ↓
- A criança beneficiou-se da aquisição e de aplicação anteriores de habilidades comportamentais? → Não → Reveja a aquisição e a aplicação de habilidades.
- Sim ↓
- A criança está cognitiva e emocionalmente pronta para habilidades de análise racional? → Não → Ensine habilidades na identificação de pensamentos e sentimentos, ensine a ligação entre pensamentos e sentimentos, introduza diários de pensamentos, inicie a autoinstrução.
- Sim ↓
- Use teste de evidência e reatribuição e outras técnicas de verificação da hipótese.

terceira causa principal de morte entre jovens nessa faixa etária. Nove anos depois, em 2008, o CDC informou que o suicídio era a terceira principal causa de morte na adolescência. Nock e colaboradores (2013) observaram que o suicídio continuou sendo a terceira principal causa de morte nessa mesma população. Mais especificamente, Nock e colaboradores constataram que a prevalência vitalícia de ideação suicida na adolescência era 12,1%, ao passo que a prevalência de planos era 4%, e a de tentativas, 4,1%.

Em uma revisão, Tischler, Reiss e Rhodes (2007) afirmaram que o suicídio foi a quarta principal causa de morte de crianças aos 12 anos de idade. O suicídio é mais raro em crianças mais novas, mesmo assim sua presença deve ser levada muito a sério. Por exemplo, em seu relato sobre 43 casos, Kovacs, Goldston e Gatsonis (1993) encontraram uma tentativa suicida em uma criança de 8 anos e três meses de idade. Um número surpreendentemente alto de nossos clientes relata pensamentos suicidas, no presente ou no passado, tanto por declarações verbais ou pelo CDI.

Ao trabalhar com crianças deprimidas apresentando ideação suicida no passado ou no presente, eu (J.M.M.) inicialmente cuidava para não as levar ao limite, receando que elas não conseguissem lidar com isso. Minha tendência era recuar rapidamente e aceitar um "Não sei" durante o questionamento socrático, ou tolerar menos esforço na realização da tarefa de casa. Eu tinha medo de exacerbar suas ideações suicidas. Entender a ideação suicida como estratégia de resolução de problemas mal-adaptativa ajudou-me a superar essa hesitação. Isso facilitou o meu trabalho com as crianças e me ajudou a identificar estratégias alternativas sem temer aborrecê-las. Ao abordar a ideação suicida, você está basicamente ensinando habilidades de enfrentamento adequadas e, ao mesmo tempo, criando empatia com o sofrimento da criança ou do adolescente. Ao lançar dúvida sobre o uso de autoflagelo como "estratégia", sem humilhar nem discutir com a criança ou o adolescente, você abordará mais eficazmente o potencial suicida. Observei que, na verdade, desafiar as crenças dos jovens clientes teve o efeito de diminuir, em vez de aumentar, o potencial suicida deles.

O U.S. Surgeon General (1999) identifica vários fatores de risco para o comportamento suicida. Mais especificamente para meninas, a presença de depressão e um histórico de tentativas de suicídio anteriores representam fatores de risco. Para meninos, tentativas de suicídio anteriores, comportamentos disruptivos e abuso de substâncias são fatores de risco importantes. Além disso, Speier e colaboradores (1995) também consideraram fatores de risco: a desesperança, o estresse familiar percebido, a presença de armas de fogo, o mau ajustamento escolar, a rejeição dos colegas, o isolamento social, a descoberta de gravidez e problemas com a justiça. A impulsividade, a agressividade e o perfeccionismo podem exacerbar o risco de suicídio (Bridge, Goldstein, & Brent, 2006; Tischler et al., 2007). Tischler e colaboradores (2007) relataram que o uso de substâncias, as psicoses, o isolamento social e o *bullying* aumentam o risco de tentativas de suicídio. Por fim, citando um leque de estudos, o U.S. Surgeon General (1999) advertiu que a exposição a relatos de suicídio, reais ou fictícios, pode aumentar o risco de suicídio em crianças vulneráveis.

Avaliando o potencial suicida

A ideação suicida sempre deveria ser avaliada no início da terapia. Uma avaliação minuciosa da ideação suicida da criança/adolescente inclui perguntar sobre a frequência, a intensidade e a duração da ideação (p. ex., "Com que frequência você pensa em infligir ferimentos em si mesmo[a]?; "Quanto tempo esses pensamentos duram?"). Você precisa sentir-se à vontade para perguntar às crianças sobre pensamentos e comportamentos suicidas. A sua própria ansiedade ou constrangimento com o assunto ficarão evidentes para os jovens e os farão hesitar em admitir esses pensamentos.

Ao avaliar a ideação suicida, recomendamos perguntar diretamente à criança sobre seus pensamentos e comportamentos:

- Quando você pensou em ferir a si mesmo?
- Quando você desejou estar morto?
- Quando você intencionalmente se cortou/esmurrou/sufocou?

A intenção suicida também é um fator-chave na avaliação de risco. Especificamente, uma criança que pretende mesmo se matar corre maior risco, independentemente de os meios escolhidos serem verdadeiramente letais (Speier et al., 1995). Bridge e colaboradores (2006) concluíram que jovens que meticulosamente planejam e se preparam para evitar a descoberta são clientes de alto risco. Por exemplo, considere uma criança que consome quatro ou cinco comprimidos de vitamina C. Embora o meio usado não seja letal, o objetivo da ação dispensa comentários. Se a criança pensou que as vitaminas poderiam matá-la, então a ação é muito mais séria do que se achasse que as vitaminas mastigáveis eram balas. Por conseguinte, recomendamos que se considere seriamente a intenção como uma variável, assim como a letalidade e a acessibilidade do método e o histórico de tentativas anteriores.

As crianças expressam seu potencial suicida com diferentes linguagens e metáforas. Portanto, deve-se avaliar o potencial suicida tendo essas diferenças em mente. Algumas crianças declaram abertamente: "Eu quero morrer". Com outras crianças, você deve indagar sobre a possível ideação suicida "oculta" em declarações como "Eu gostaria de dormir e nunca mais acordar", "Eu queria jamais ter nascido", "Eu sinto como se rastejasse em um buraco para sempre", "Seria bom se um carro me atropelasse" ou "Seria melhor se eu estivesse morto". Ocasionalmente, uma criança pode declarar "Eu vou me matar" como forma de expressar afeto negativo, sem intenção verdadeira. Para avaliar o significado por trás de qualquer uma dessas declarações, deve-se questionar a criança usando perguntas como: "O que você quer dizer com isso?", "Como seria se isso fosse verdade?", "Com que frequência você tem esses pensamentos?" ou "Quando você fez alguma coisa para tentar fazer essas coisas acontecerem?".

Você precisará avaliar cuidadosamente os planos quanto ao comportamento suicida e às tentativas passadas. Como acontece com os adultos, a história de tentativas ou os gestos suicidas do jovem aumentam seu risco de futuro comportamento suicida. Kovacs e colaboradores (1993) relataram que mais de 50% das crianças que tentaram o suicídio uma vez fizeram outra tentativa. Além disso, entre 16 e 30% dos jovens clinicamente encaminhados para atendimento que pensavam em se matar realmente tentaram o suicídio. Os anos da adolescência revelaram-se um período de risco particularmente alto para a tentativa de suicídio, o qual diminui após os 17 anos de idade (Kovacs et al., 1993). O risco de levar a cabo o suicídio é maior para os meninos do que para as meninas (Speier et al., 1995).

Os inventários de autorrelato costumam fazer parte da entrevista inicial com crianças. Eles representam um primeiro passo útil na avaliação do potencial suicida. Tanto o CDI quanto o BDI-II avaliam a desesperança e o potencial suicida nos itens 2 e 9, respectivamente. O Questionário de Ideação Suicida (SIQ, do inglês *Suicidal Ideation Questionnaire*) e o SIQ-JR (Reynolds, 1987, 1988) são medições adicionais.

Independentemente da resposta da criança no CDI, enfatizamos a necessidade de avaliar a ideação suicida de modo verbal. Isso permite observar a resposta da criança a esse tipo de indagação e pode revelar uma hesitação em admitir esses pensamentos. Isso é ilustrado no caso de Daniel, menino de 10 anos que negava a maioria dos sintomas, incluindo os itens 2 e 9 do CDI.

TERAPEUTA: Alguma vez já pensou em se ferir ou se matar?
DANIEL: Não.
TERAPEUTA: Você já desejou estar morto?

DANIEL: Não.

TERAPEUTA: Se você tivesse algum pensamento sobre fazer mal a si mesmo, me contaria?

DANIEL: Provavelmente não.

TERAPEUTA: Por que seria difícil me contar?

DANIEL: Esses pensamentos são ruins, e as pessoas que fazem isso são ruins.

TERAPEUTA: Esses pensamentos são ruins?

DANIEL: Não devemos fazer mal a nós mesmos de propósito.

TERAPEUTA: É possível termos esses pensamentos sem na verdade infligir ferimentos em nós mesmos?

DANIEL: Sim.

TERAPEUTA: Na verdade, falar sobre os pensamentos pode ajudar as crianças a resolver o problema. Assim, elas não desejarão mais machucar a si próprias.

DANIEL: É mesmo?

TERAPEUTA: Sabe, às vezes, falar sobre esses pensamentos pode ser assustador, mas também pode nos ajudar a achar maneiras de as crianças pararem de querer machucar a si mesmas. Alguma vez já pensou em causar ferimentos a si mesmo?

DANIEL: Bem, às vezes, quando fico mesmo com raiva, tenho vontade de me ferir.

TERAPEUTA: Tudo bem em falar sobre esses pensamentos agora?

DANIEL: Acho que sim.

O terapeuta trabalhou para que Daniel ficasse mais à vontade em revelar seus pensamentos. Nesse exemplo, vemos como o terapeuta utilizou o questionamento socrático para identificar as crenças de Daniel que o impediam de falar sobre seus pensamentos suicidas. O terapeuta, então, conduziu o menino por um processo de raciocínio para ajudá-lo a concluir que conversar é útil. Além disso, normalizou a experiência de Daniel. O terapeuta deveria continuar nesse caminho e avaliar qualquer plano e intenção ("O que você pensou sobre fazer mal a si mesmo?", "O que você fez no passado para causar mal a si mesmo?", "Se tivesse esses pensamentos, o que tentaria fazer para se ferir?", "Quando tem esses pensamentos, qual é a probabilidade de vir a se ferir?").

Em um estudo recente, Nock (2012) argumentou que a avaliação de ideação suicida é excessivamente dependente da expressão de cognição explícita pelos jovens clientes (p. ex., "Quais são seus planos para se matar?"). Na verdade, ele habilmente reconhece que existem várias motivações para negar pensamentos e planos mais implícitos (p. ex., evitar a hospitalização). Nock defendeu a avaliação do processamento cognitivo implícito. O estreitamento cognitivo ou visão em túnel, conforme cunharam Wenzel, Brown e Beck (2008), é um processo implícito subjacente a graves ideações suicidas. Wenzel e Beck defendem que os processos de atenção dos indivíduos suicidas estão preocupados com o suicídio. Assim, ruminações sobre suicídio e morte são processos alarmantes.

Avaliar o potencial suicida em jovens muitas vezes requer uma abordagem diferenciada. Você precisa estar alerta e abordar as cognições implícitas desses jovens. Existem várias maneiras formais e experimentais de avaliar as cognições implícitas listadas no *website* do Laboratório da Universidade de Harvard, do Dr. Matthew Nock (https://nocklab.fas.harvard.edu/). Entretanto, se você não tiver acesso a essas medições, oferecemos nossa abordagem diferenciada para avaliar a ideação suicida, a qual pode explorar aspectos do processamento cognitivo implícito.

Primeiro, talvez ajude administrar uma medida da desesperança. Cognições embutidas na desesperança podem representar uma mentalidade suicida implícita. Em segundo lugar, a atenção ao estado mental dos jovens clientes pode fornecer uma janela para seus processamentos implícitos. Afeto limitado, posturas interpessoais evasivas e retraimento durante as sessões são sinais alarmantes. Claro, um sentido de futuro abreviado e a doação de pertences refletem processamento implícito e são sinais de perigo.

Eu (R.D.F.) também aplico uma série de três perguntas para jovens suicidas. Isso inclui solicitar às crianças/aos adolescentes para classificarem seu senso de autocontrole, segurança e honestidade em uma escala de 10 pontos. Após eles expressarem o seu grau de controle, segurança e honestidade, essas classificações são processadas explicitamente (p. ex., "O que faz de você um ___ ?"). Quaisquer classificações inferiores a 10 são investigadas, na tentativa de explicar quaisquer agendas ocultas (p. ex., "O que precisaria acontecer para você evoluir de 8 para 10 no item segurança?"; "O que você está ocultando de mim e que o classifica com 9 na escala de honestidade?").

Daniella era uma jovem hispânica, de 15 anos, diagnosticada com transtorno depressivo maior e ideação suicida expressada. Ela estava relutante em revelar totalmente seus pensamentos, pois temia uma internação. Naturalmente, a sua terapeuta ficou ansiosa devido ao comportamento reservado e evasivo da cliente. Tentando esclarecer o estado de Daniella e explorar seu processamento implícito, a terapeuta delicadamente a sondou com as três perguntas de conteúdo (segurança, controle e honestidade).

TERAPEUTA: Daniella, estou tentando obter uma noção melhor sobre o que está acontecendo em seu interior. Não tenho certeza sobre seus pensamentos suicidas. Permita que eu lhe faça uma pergunta: em uma escala de 1 a 10, com 10 sendo completamente no controle, o quanto você está no controle de seus pensamentos suicidas?

DANIELLA: Acho que 9.

TERAPEUTA: Por que 9?

DANIELLA: Consigo estar bastante no controle.

TERAPEUTA: Um 9 é bem alto. O que a impede de estar no 10?

DANIELLA: Bem, se eu não tivesse esses pensamentos, estaria no 10. Seria bom se eu nem tivesse o pensamento.

TERAPEUTA: O quão segura você se sente?

DANIELLA: Não entendo direito o que você quer dizer. Se eu me sinto segura em meu bairro?

TERAPEUTA: Não. Desculpe. Refiro-me a quanto você se sente segura em relação aos seus pensamentos suicidas, numa escala de 1 a 10, com 10 sendo completamente segura.

DANIELLA: Humm. Outro 9, eu acho.

TERAPEUTA: O que a torna um 9?

DANIELLA: Estou bem. Não se preocupe.

TERAPEUTA: Acho que entendo... Mas, se me permite perguntar, o que justifica esse 1 pontinho de insegurança?

DANIELLA: Bem, sempre que eu tenho pensamentos de me matar, fico um pouco assustada. As pessoas normais não têm esses pensamentos. Sei que eu nunca faria isso, mas é estranho pensar, só isso.

TERAPEUTA: Agora, uma pergunta difícil: o quanto você está sendo sincera comigo?

DANIELLA: Quer dizer o quanto estou sendo honesta com você? Que pergunta estranha.

TERAPEUTA: O que tem de estranho nela?

DANIELLA: Acha que estou mentindo para você?

TERAPEUTA: Não, mas acho que você está preocupada em não falar demais.

DANIELLA: Bem, eu não quero ir parar no hospício!

TERAPEUTA: Eu sei. O faz você pensar que vai acabar no hospício?

DANIELLA: Bem, sei que vocês psicólogos não pensam duas vezes para internar crianças.

TERAPEUTA: E você tem medo de que possa vir a ser uma dessas crianças?

DANIELLA: Não, temo que *você* pense que eu seja uma dessas crianças.

TERAPEUTA: Quanto mais reservada você for e quanto mais falar coisas que me confundem, mais preocupada eu ficarei. Então, para ficar claro, o quanto você está sendo honesta comigo?

DANIELLA: Tá legal. Um 9. Meu grau de honestidade é 9.

TERAPEUTA: Então, o que está escondendo de mim?

DANIELLA: Você não desiste, não é? Como assim? O que estou escondendo de você?

TERAPEUTA: O 9 é muito honesto, mas não completamente.

DANIELLA: Não quero contar a você. Não sei o que vai fazer com as informações.

TERAPEUTA: Sei que você quer manter algumas coisas privadas e só para si, mas, para ser sincera, esse segredo me faz pensar se você está tão segura e no controle quanto afirma.

DANIELLA: Está bem. Às vezes, escrevo meus próprios segredos e pensamentos sombrios em meu diário.

TERAPEUTA: O que você escreve no diário?

DANIELLA: Só minhas dúvidas, meus sentimentos, meus pensamentos sobre mim mesma e as pessoas.

TERAPEUTA: Você escreve ideias específicas sobre se matar?

DANIELLA: Não! Isso seria bizarro.

TERAPEUTA: Já que agora você me falou de seu diário, onde está sua honestidade na escala de 1 a 10?

DANIELLA: No 10.

Várias questões básicas são reveladas nesse diálogo. Primeiro, todas as classificações foram analisadas e especificadas para fornecer a máxima clareza (p. ex., "O que a torna um ___?"). Segundo, as classificações inferiores a 10 foram todas verificadas para determinar o que fazia Daniella duvidar de seu senso de segurança e controle. A pergunta sobre honestidade é feita por último, pois fornece um contexto aos comentários anteriores. Se um paciente for menos do que completamente honesto, você precisará abordar essa questão com cautela. Nunca simplesmente aceite avaliações incompletas. O seu objetivo é resolver essa ambiguidade da forma mais completa possível, pois justamente aquilo em que o paciente não está sendo honesto pode revelar uma parcela significativa de informações sobre seu potencial suicida.

As respostas efetivas de Daniella também foram bastante informativas. Em primeiro lugar, o fato de Daniella encarar a ideação suicida como indesejada e assustadora foi um bom sinal. Além disso, no decorrer do diálogo, Daniella também negou explicitamente ter intenções suicidas (p. ex., "Eu sei que eu nunca faria isso."). As pausas frequentes de Daniella pareciam mostrar reflexão deliberada, em vez de respostas superficiais ou impulsivas.

O trecho do diálogo em que Daniella e a terapeuta discutiram sua honestidade também foi interessantíssimo. Inicialmente, Daniella avaliou a própria honestidade com uma nota 9. A terapeuta atentamente destacou esse ponto, perguntando-lhe: "Então, o que está escondendo de mim?". O diálogo desembocou no medo de Daniella em relação ao que a terapeuta faria com as informações.

É igualmente desafiador avaliar a ideação suicida com crianças e adolescentes que admitem abertamente pensamentos suicidas. Garantir a segurança da criança é o objetivo primordial e requer o envolvimento dos pais e de outros responsáveis. Os pais deveriam ter acesso a recursos (p. ex., telefones de atendimento para crise) e receber orientações sobre as estratégias de resolução de problemas para ajudar a identificar a ideação suicida em seus filhos e, então, ajudá-los a enfrentar esses pensamentos e a gerar soluções de problemas alternativas. A seguinte transcrição ilustra a avaliação de potencial suicida em uma adolescente que admite mais abertamente pensamentos suicidas.

TERAPEUTA: Percebi que você marcou "Quero me matar" no questionário que preencheu. Pode me contar mais sobre aquele pensamento?

GINA: Às vezes, quando tenho um dia realmente ruim e me sinto sozinha, penso que ninguém sentiria minha falta se eu estivesse morta.

TERAPEUTA: Como você se sente quando tem esses pensamentos?

GINA: Muito triste e tenho vontade de dormir e nunca mais acordar.

TERAPEUTA: Então, você *sente* muita tristeza e *pensa* "Ninguém sentiria minha falta se eu estivesse morta". O que você faz quando isso acontece?

GINA: Na verdade, nada. Apenas me deito na cama e choro.

TERAPEUTA: O que mais você faz?

GINA: Bem, às vezes, penso em pegar um monte das pílulas para dormir da minha mãe, que estão no armário de remédios.

TERAPEUTA: Já tomou alguma pílula?

GINA: Não, mas penso em fazer isso quando as coisas estão indo muito mal.

TERAPEUTA: Com que frequência você tem esse pensamento?

GINA: Bem, a última vez foi na semana passada. Talvez, mais ou menos uma vez por semana.

Nesse exemplo, o terapeuta trabalhou para identificar a situação, bem como os pensamentos, os sentimentos e os comportamentos que acompanhavam a ideação suicida de Gina. Por meio dos questionamentos, o terapeuta continuou a identificar planos suicidas e meios específicos, além de quaisquer tentativas passadas. O terapeuta deve tentar obter mais detalhes, como antecedentes específicos aos pensamentos suicidas, qualquer história de outros comportamentos autolesivos e o que impediu Gina de fazer uma tentativa até agora. Por fim, o terapeuta deve introduzir um plano de segurança e discutir estratégias de solução de problemas alternativas mais adaptativas com Gina.

A colaboração continua sendo um conceito-chave mesmo quando se trabalha com crianças e adolescentes suicidas. Entretanto, uma vez que a colaboração ocorra em um *continuum*, em geral, tem-se um nível de colaboração bem menor quando crianças e adolescentes pretendem machucar a si próprios. Ao mesmo tempo, certo grau de colaboração pode ser mantido durante o processo de resolução do problema. Por exemplo, a menina Erin, de 11 anos, vinha tendo pensamentos de ferir-se. Ela revelou a seu terapeuta que pensara em se sufocar em diversas ocasiões, e havia tentado fazê-lo em uma ocasião. O terapeuta e Erin decidiram que seria um bom plano contar aquilo à mãe dela, para que pudessem trabalhar juntos, garantindo sua segurança. O terapeuta perguntou: "Como deveríamos contar à sua mãe o que você me contou e o nosso plano de mantê-la segura?". Essa declaração indicou claramente que o terapeuta pretendia informar os pais, mas permitiu que Erin escolhesse como sua mãe seria informada.

Também achamos útil verificar o nível de autocontrole da criança. Por exemplo, suponha que Stan, menino de 13 anos, tenha relatado verbalmente ideação suicida e endossado os itens 2 e 9 do CDI. O terapeuta poderia perguntar a ele: "Em uma escala de 1 a 10, com 10 significando que você definitivamente tentará se matar e 1 sendo que não há chance de tentar se matar, onde você se coloca?". Consideramos importante acompanhar mais de perto essa resposta (p. ex., "O que faz você se autoatribuir um 6?"; "Você se sente seguro e controlado na sua condição de nota 6?" ou "Em que ponto você se sentiria inseguro e fora de controle?"). Por fim, avaliar os fatores que influenciam a escala é outra boa tática (p. ex., "O que poderia acontecer para fazê-lo seguir para um estado nota 9?" ou "O que você faria, então?"; "O que precisa acontecer para você ir para um 2?").

Todos esses fatores devem ser considerados para determinar o nível de risco e ajudam o terapeuta a planejar as intervenções. Além disso, avaliar o que impediu a criança de tentar o suicídio no passado ajudará a prever futuras tentativas. A acessibilidade do método ou do meio de suicídio também é crucial. Por exemplo, se a criança declara que pensou em tomar um vidro de pílulas para dormir, será importante descobrir como as obteria (p. ex., "É fácil acessar essas pílulas na sua casa?"). Por fim, é muito importante manter crianças e adolescentes deprimidos sob constante verificação.

O Quadro-síntese 11.3 destaca pontos importantes na avaliação do risco de suicídio.

Autolesão não suicida

Um trabalho recente de Nock e colaboradores (Nock, Joiner, Gordon, Llyod-Richardson, & Prinstein, 2006; Nock & Prinstein, 2004) esclarece as autolesões não suicidas (ALNS) em adolescentes. A base empírica e a experiência clínica sugerem que existe uma correlação entre ALNS e possíveis tentativas suicidas. Nock

> **QUADRO-SÍNTESE 11.3** AVALIANDO O POTENCIAL SUICIDA
>
> - Avalie as indicações de modo direto, claro e sistemático.
> - Pergunte sobre a frequência, a intensidade e a duração da ideação suicida.
> - Lembre-se de que a intenção supera o método.
> - O histórico de tentativas e a presença de comportamento autolesivo são sinais de perigo.
> - Não confie exclusivamente em cognições explícitas.
> - Avalie a possibilidade de aplicar medições cognitivas implícitas e preste atenção ao estado mental.
> - Pense em perguntar: "O quanto está no controle?", "O quanto é seguro?" e "O quanto é honesto"?
> - Avalie a acessibilidade aos meios.

e colaboradores (2006) constataram que 70% dos adolescentes foram marcados por ao menos uma tentativa suicida. No âmbito desse grupo de 70%, 55% dos jovens tentaram suicidar-se mais de duas vezes. Por fim, Nock e colaboradores concluíram que, quanto maior o número de métodos utilizados nas autolesões, maior a probabilidade de uma tentativa de suicídio.

Várias hipóteses foram levantadas sobre por que a ALNS pode levar a possíveis tentativas de suicídio (Joiner, 2005). Repetidas autolesões podem aumentar a vontade dos jovens clientes de tentarem se matar. Dessa forma, a ALNS torna-se uma espécie de tarefa graduada e representa um passo sucessivo rumo a um possível suicídio. Além disso, devido à analgesia da dor, a ALNS pode produzir um efeito calmante que diminui o efeito protetor da ansiedade em relação à autolesão.

Pensamentos autolesivos parecem ocorrer mais frequentemente quando adolescentes estão sozinhos, sentindo raiva, experimentando ódio a si mesmo, atormentados por lembranças negativas e envolvendo-se com entorpecentes (Nock, 2010). Autocrítica excessiva e autopunição são motivadores essenciais adicionais (Nock & Prinstein, 2004; Nock, Prinstein, & Sterba, 2009). Ougrin, Tranah, Leigh, Taylor e Asarnow (2012) alertaram que o rompimento de relações amorosas, discórdia familiar, estresse relacionado com a escola, sofrer *bullying* ou ser abusado sexualmente podem desencadear autolesões. Em sua revisão abrangente, Nock (2010) observou que praticantes de autolesões gravam palavras poderosas no indivíduo, tais como "perdedor", "fracasso" e "desgraça".

Nock e colaboradores ofereceram uma rubrica útil para o entendimento da ALNS (Nock & Prinstein, 2004; Nock, Teper, & Hollander, 2007). Eles identificaram quatro funções principais do comportamento autolesivo: pode ser usado para evitar ou escapar de experiências psicológicas intoleráveis; para buscar a estimulação interna prazerosa; para escapar ou evitar acontecimentos externos desagradáveis; e para conseguir reforço positivo do ambiente. Klonsky e Muehlkamp (2007) acrescentaram que a ALNS pode representar uma forma de regulação afetiva, autopunição, estratégias de influência interpessoal, busca de sensações e demarcação de limites.

A ALNS pode estar ligada a um estado interno prazeroso. Nock e Prinstein (2005) observaram que os autolesivos admitem sentir pouca dor, apesar de infligir danos teciduais significativos a si mesmos. Nock (2010) integrou essa função com as hipóteses de analgesia de dor defendidas por Joiner (2005). Por exemplo, Nock observou que a analgesia da dor pode estar relacionada à presença excessiva de endorfinas liberadas no corpo após as lesões. A liberação de endorfinas diminui a dor e pode gerar fortes emoções positivas. De acordo com Nock, isso pode explicar por que adolescentes relatam que sentem mais calmos e mais no controle após a autolesão.

Tratamento da autolesão não suicida

O primeiro passo no tratamento da ALNS é o automonitoramento. Utilizando os achados descritos acima (Klonsky & Muehlenkamp, 2007; Nock, 2010), você pode criar um formulário de automonitoramento individualizado. Se você optar pelo uso de uma ferramenta de automonitoramento geral, Walsh (2007) ofereceu um método abrangente.

Após o automonitoramento, vêm a resolução de problemas, a reestruturação cognitiva e o desenvolvimento de alternativas comportamentais funcionais. A engenhosidade e a flexibilidade terapêuticas são essenciais no tratamento da autolesão não suicida. Por exemplo, o exercício aeróbio pode ser eficaz (Wallenstein & Nock, 2007).

Analise o exemplo a seguir. Breanna era uma moça latina, de 15 anos, que apresentava um histórico de longa data de múltiplas comorbidades, incluindo transtorno de estresse pós-traumático (TEPT) e distimia. Esses excruciantes sintomas eram também agravados por fracas habilidades de tolerância à angústia. Quando Breanna se sentia angustiada, recorria ao autoflagelo com instrumentos cortantes para reduzir seus estados emocionais aversivos. A criatividade era um ponto forte de Breanna. Ela tentou alguns procedimentos normais de tolerância à angústia, como segurar gelo ou chupar limão. Também sugeriu pingar um pouco de molho de Tabasco no dedo e depois lambê-lo. Essa estratégia funcionou bem para Breanna. Ela descobriu que a cor, a textura e a estimulação aversiva fornecidas pelo Tabasco eram substitutos eficazes.

Joshua, euro-americano de 16 anos, compareceu no ambulatório de TCC subsequentemente a uma internação de 10 dias por uma gravíssima tentativa de suicídio. Joshua era um estudante academicamente talentoso que sofria com constantes provocações e *bullying* por seus colegas. Sua relação amorosa com outro colega do sexo masculino em sua escola de ensino médio terminara 2 semanas antes da tentativa de suicídio. Bilhetes escritos de um para o outro foram encontrados por outros alunos e, tristemente, as provocações e o *bullying* aumentaram.

Josh compareceu à consulta mostrando ideação suicida passiva com intenção explicitamente negada. Contudo, ele também se envolveu em automutilação (p. ex., queimaduras). O diálogo a seguir ilustra o processo de resolução de problemas em relação às queimaduras autoinfligidas.

TERAPEUTA: Josh, o primeiro compromisso de hoje em minha agenda é trabalhar com suas queimaduras. O que você acha disso?

JOSH: Acho que não tem problema. Não é grande coisa. Já faço isso há algum tempo.

TERAPEUTA: Para mim, é curioso você achar que isso "não é grande coisa". Gostaria de comentar o que disse?

JOSH: A minha mãe fica me vigiando o tempo todo. É como se ela tivesse medo de eu ficar longe de seus olhos.

TERAPEUTA: Ela está assustada. Ela quase perdeu você.

JOSH: Pode ser.

TERAPEUTA: Acha que se trabalhássemos sobre as queimaduras, isso também poderia ajudar a sua mãe a se preocupar menos?

JOSH: Pode ser.

TERAPEUTA: Sei que você não quer, mas está disposto a tentar?

JOSH: Sim, estou disposto.

O primeiro segmento do diálogo centra-se em aumentar a colaboração, o envolvimento e a motivação de Josh. Embora Josh não tenha colocado a queimadura em sua agenda, o terapeuta a inclui na agenda da sessão. À medida que o diálogo progredia, o terapeuta conectou a diminuição das queimaduras com a prioridade declarada por Josh de se libertar mais dos olhares atentos da mãe. Na próxima seção, o diálogo centra-se em uma análise funcional das queimaduras e em alternativas para a resolução de problemas.

TERAPEUTA: Josh, sei que você ama matemática, gráficos e diagramas. Vamos ver se conseguimos elaborar um diagrama sobre as suas queimaduras.

JOSH: Diagrama?

TERAPEUTA: Claro. Às vezes, é útil ver as coisas "preto no branco". O que você acha?

JOSH: Interessante, eu acho.

TERAPEUTA: Tá legal. Vamos começar com o que desencadeia o ato de queimar-se.

JOSH: Sentimentos f*rrados.

TERAPEUTA: (*Abre um sorriso.*) Podemos desenvolver isso um pouco melhor? Que tipo de sentimentos f*rrados?

JOSH: Os de sempre... sozinho, triste, raivoso.

TERAPEUTA: Ótimo. Vamos registrar isso: então, você se queima. O que ganha com isso?

JOSH: Uma consulta com você? (*Dá risada.*)

TERAPEUTA: Muito engraçado. Então, você não perdeu seu senso de humor. O que acontece com os gatilhos?

JOSH: Bem, eu me esqueço deles... meio que vão embora.

TERAPEUTA: Por quanto tempo?

JOSH: Um tempão, mas...

TERAPEUTA: Mas o quê?

JOSH: Daí me sinto mal, porque me queimei.

TERAPEUTA: Certo, o que se passa por sua cabeça, então?

JOSH: Sou um *emo*... Sou um merdinha ferrado.

TERAPEUTA: O que você faz?

JOSH: Tento esconder as cicatrizes, para que minha mãe não as veja... ou invento alguma mentira.

TERAPEUTA: E isso faz você se sentir...?

JOSH: Ansioso... envergonhado... culpado.

TERAPEUTA: Mais sentimentos ruins. O que passa por sua cabeça?

JOSH: Que sou tão descontrolado... E, então, recomeço as queimaduras.

TERAPEUTA: Exato. O que você conclui disso?

JOSH: É uma porcaria.

TERAPEUTA: Que tal se inventássemos um plano para diminuir toda essa porcaria?

JOSH: Qual é o plano?

TERAPEUTA: É cedo demais para dizer. Temos que bolar o plano juntos. Está pronto para começar?

JOSH: Claro.

TERAPEUTA: Então, estamos aqui... Você se sente péssimo por vários motivos, sente-se horrível, você conta com as queimaduras para livrar-se dos sentimentos e isso funciona no curto prazo, mas depois você se sente culpado e envergonhado, e, com isso, sente vontade de se queimar novamente.

JOSH: Bravo!

TERAPEUTA: Então, vamos encarar dessa maneira. E se tentássemos bolar um jeito de ajudá-lo a lidar com os sentimentos ruins?

JOSH: Como seria isso?

TERAPEUTA: Bem, o que passa por sua cabeça quando você tem os sentimentos ruins?

JOSH: Como eu disse, é uma droga. Eu me sinto impotente... Não sei que p**** eu preciso fazer para corrigir isso.

TERAPEUTA: Vamos ver se conseguimos mudar a parte da impotência.

JOSH: Como?

TERAPEUTA: Se você estivesse bolando um plano para ajudar a si mesmo, em vez de machucar a si mesmo, como seria?

JOSH: Acho que seria legal. Como seria esse plano?

TERAPEUTA: Calminha. Não seja tão impaciente. Como seria se você dissesse a si mesmo: "Tenha paciência... Estou bolando um plano para me ajudar".

JOSH: Esquisito.

TERAPEUTA: Em que sentido?

JOSH: Eu nunca sou paciente comigo mesmo.

TERAPEUTA: Então, aumentar a paciência quando sente vontade de infligir queimaduras em si mesmo... Isso seria útil ou prejudicial para você?

JOSH: Útil... Eu acho.

TERAPEUTA: Certo, vamos anotar isso... A impotência muitas vezes envolve uma sensação de perder o controle. Você é o tipo de cara que gosta de estar no controle. Isso se encaixa para você?

JOSH: Odeio perder o controle!

TERAPEUTA: Claro. Então, o que pode dizer a si mesmo para ajudá-lo a sentir-se no controle e não alimentar o comportamento de queimaduras?

JOSH: Não sei.

TERAPEUTA: Deixe-me ver se consigo ajudá-lo com isso... Acha que é verdadeiro ou falso que as queimaduras o ajudam com seus sentimentos negativos?

JOSH: Hum... Falso.

TERAPEUTA: Certo. Então, a queimadura é uma solução falsa. É uma maneira de seu cérebro deprimido pregar uma peça em você.

JOSH: Certo, continue.

TERAPEUTA: Se as queimaduras são uma solução falsa, que solução pode ser mais verdadeira?

JOSH: Como dissemos, ter paciência... Talvez, crer que os meus sentimentos vão melhorar.

TERAPEUTA: Bom começo... Continue.

JOSH: Talvez eu consiga fazer algo melhor para me livrar dos sentimentos. Eu gostava de correr e andar de bicicleta... Às vezes, tomar chá me faz sentir melhor... Nossa, que coisa horrível! Pareço a minha avó falando.

TERAPEUTA: Talvez não seja tão horrível assim! (*Abre um sorriso.*) Vamos escrever isso, então. Se você dissesse essas coisas para si mesmo e fizesse aquilo que acabou de listar, como ir correr ou tomar seus chás favoritos, o que aconteceria com seu sentimento de impotência?

JOSH: Talvez diminuísse.

TERAPEUTA: Está disposto a tentar?

A segunda parte do diálogo ilustra o mapeamento dos antecedentes e das consequências do comportamento de Josh de se queimar. O terapeuta faz perguntas socráticas muito simples e específicas. Ao mesmo tempo, o terapeuta fez um diagrama do comportamento e forneceu uma declaração sucinta. Josh expressa certa dificuldade para criar estratégias alternativas de resolução de problemas, bem como para alterar seu diálogo interno. Por isso, o terapeuta o guia ao longo do processo.

O Quadro-síntese 11.4 é um lembrete dos pontos essenciais para avaliar e tratar a ALNS.

Tratamento do potencial suicida

A terapia cognitiva para crianças suicidas decorre da avaliação. Desenvolver um plano de segurança com as crianças e suas famílias é uma boa estratégia. Os planos de segurança são diferentes dos contratos de não suicídio. Estes últimos estão perdendo força na literatura clínica (Wenzel et al., 2008). Um plano de segurança inclui sinais de alerta de crise, estratégias de enfrentamento, meios para mobilizar apoios sociais, métodos para reduzir meios letais e maneiras para entrar em contato com adultos responsáveis ou agências em emergências (Stanley & Brown, 2012; Wenzel et al., 2008). Wenzel e colaboradores (2008) descrevem vários excelentes planos de segurança em seu texto.

O plano de segurança deve ser específico e incluir estratégias alternativas de resolução do problema para aumentar sua utilidade. Além disso, deve-se processar o plano de segurança com a criança ou o adolescente para assegurar que estejam comprometidos em se manter seguros. Fazê-los copiar por escrito o combinado pode ajudá-los a lembrar do plano, tornando-o mais concreto. O terapeuta deve dar uma cópia do plano à criança/adolescente para que a tenha consigo e a utilize como um cartão de enfrentamento, ou seja, um cartão para lidar com situações difíceis. Itens como telefones de atendimento para crise, pessoas para conversar e as razões da criança para não se autoflagelar deveriam ser incluídos no plano. Ver Figura 11.2.

QUADRO-SÍNTESE 11.4 AVALIANDO E TRATANDO AUTOLESÃO NÃO SUICIDA (ALNS)

- A ALNS é um importante fator de risco para suicídio.
- Conduza uma análise funcional para entender a ALNS.
- Adote uma abordagem modular para tratamento.
- Acesse sua própria engenhosidade e criatividades terapêuticas.

Se eu sentir vontade de me machucar, tomarei uma ou mais das seguintes atitudes:

1. Falar com minha mãe sobre meus sentimentos.
2. Escrever no meu diário de sentimentos.
3. Lembrar-me de que machucar a mim mesmo é uma solução permanente para um problema temporário.
4. Perguntar-me: "O que mais posso tentar?"
5. Ligar para a linha de atendimento para crise e falar sobre meus sentimentos (555-5555).

FIGURA 11.2 CARTÃO DE ENFRENTAMENTO PARA SITUAÇÕES DIFÍCEIS.

Conseguir a cooperação e o envolvimento dos pais é um componente crucial para manter a segurança das crianças/dos adolescentes. Em geral, o primeiro passo é aconselhar os pais a eliminarem de casa pílulas, armas, facas, navalhas ou outros meios possíveis de autoflagelo. Os terapeutas devem discutir em detalhes com os pais o que será removido e como garantir o nível de segurança ideal para seu filho. Muitas vezes, instruímos os pais a manterem os objetos em uma caixa trancada à chave, em vez de apenas "escondê-los". Remover medicamentos prescritos e não prescritos do alcance da criança também é importante, já que ambos podem ser perigosos em superdosagens. Além disso, o clínico precisa avaliar a capacidade dos responsáveis de executar os planos de segurança. Se os responsáveis estiverem enfrentando seus próprios desafios, ou mostrarem dificuldade para executar as recomendações de tratamento em casa, o terapeuta talvez precise trabalhar mais intimamente com eles para garantir que o plano de segurança seja colocado em vigor. Caso haja dúvida quanto ao plano vir ou não a ser colocado em prática ou quanto à casa ser razoavelmente segura, então a hospitalização ou ambientes alternativos (p. ex., casa de um parente) precisam ser considerados.

Noah, menino ásio-americano de 14 anos, apresentava depressão e ideação suicida. Os humores deprimidos de Noah foram exacerbados quando sua namorada terminou o relacionamento e depois que ele a viu em uma festa com seu novo namorado. Ao vir para sua sessão individual, Noah mostrava ideação suicida aumentada. Após a condução de uma cuidadosa avaliação, ele e seu terapeuta desenvolveram o plano de segurança.

TERAPEUTA: Noah, vamos preencher juntos este plano de segurança.

NOAH: Tá legal.

TERAPEUTA: A primeira coisa que precisamos fazer é elencar os sinais de alerta de que sua depressão e ideação suicida estão ficando piores. Para você, que sinais são esses?

NOAH: Começo a pensar muito na Kasey e na imagem dela beijando aquele babaca.

TERAPEUTA: Certo, vamos tomar nota disso aqui embaixo. Quais são os outros sinais de aviso?

NOAH: Eu me sinto meio enjoado.

TERAPEUTA: Como assim?

NOAH: A minha cabeça dói... O meu estômago fica embrulhado, eu sinto uma fraqueza no corpo... Transpiro muito.

TERAPEUTA: Parece os sintomas da gripe Kasey. (*Noah e o terapeuta sorriem.*)

NOAH: Mais ou menos isso.

TERAPEUTA: Vamos anotar esses itens como sintomas da gripe Kasey. O que acontece com seu humor?

NOAH: Piora... Sinto-me realmente para baixo.... Vazio e solitário.

TERAPEUTA: Bem, estamos obtendo bons sinais de alerta... E o que acontece com sua ideação suicida?

NOAH: É aí que as coisas aparecem. Começo a me perguntar qual é o sentido? Nunca vou encontrar um amor como o de Kasey outra vez. Ela tornou a aula de latim tolerável.

TERAPEUTA: Certo, vamos escrever esses pensamentos também. Parece que temos alguns sinais de alerta. Agora, precisamos de algumas estratégias de enfrentamento para lidar com isso tudo.

NOAH: Como seria isso?

TERAPEUTA: Bem, vamos pensar nas coisas que falamos aqui. O quanto seria útil fazer um diário de pensamentos?

NOAH: Eu poderia tentar.

TERAPEUTA: Ok, vamos anotar isso, porém o que seria melhor?

NOAH: Conversar com meus amigos, talvez... Kurt... Eimee, ela é uma garota que conheço. Orianna, que é líder de torcida... Amber é uma moça adorável... Eu poderia ligar para ela.

TERAPEUTA: Certo, tem esses números?

NOAH: Estão bem aqui, no meu celular.

TERAPEUTA: Vamos escrevê-los aqui também. O que mais você poderia fazer?

NOAH: Não sei.

TERAPEUTA: Chamamos alguns dos seus sinais de alerta "gripe Kasey". O que você faz para cuidar de si mesmo quando tem uma gripe de verdade?

NOAH: Eu assisto à TV... isso ajuda... Escuto música, jogo no computador e converso com pessoas *on-line*. Também digo à minha mãe que estou doente. Ela cuida muito bem de mim, quando fico doente.

TERAPEUTA: Vamos anotar isso. Ótimo... Contar para a mãe é uma ótima ideia. Se ela não estiver em casa, como consegue falar com ela?

NOAH: Ligo para o celular dela ou do meu pai.

TERAPEUTA: Vamos tomar nota desses números também. Caso você se sinta muito mal, pode me ligar das 9h às 18h durante a semana, ou pode ligar para o plantonista após o expediente. Além disso, vamos anotar alguns números de linhas de atendimento para crise. Mais alguém?

NOAH: O número do meu psiquiatra e o da minha orientadora escolar, a sra. Z.

TERAPEUTA: Ótimo, vamos anotá-los.

NOAH: Não sei o telefone do meu psiquiatra, mas a minha mãe sabe.

TERAPEUTA: Boa ideia... Podemos compartilhar este plano de segurança com sua mãe, para que então ela possa nos ajudar e saber que estamos atentos à questão da sua segurança?

NOAH: Sim.

A terapeuta começou identificando os sinais de alerta para Noah. Em seguida, passaram a desenvolver um conjunto de estratégias de enfrentamento. De modo importante, a terapeuta trabalhou assiduamente para permanecer colaborativa e manter Noah envolvido no processo.

A projeção de tempo, descrita no Capítulo 8, é uma intervenção útil com crianças suicidas. Essas crianças têm um senso de tempo estreito, reduzido. A desesperança cega essas crianças para a forma como as coisas mudam com o tempo. A projeção de tempo atua tentando ampliar sua visão de futuro, prevendo como pensamentos, sentimentos e eventos podem ser diferentes em um dia, uma semana, um ano, etc. Pedindo a crianças suicidas para preverem como pensarão ou se sentirão no futuro, você tenta ajudá-las a ver que o suicídio é uma solução *permanente* para um problema *temporário*.

Suponha estar trabalhando com Drew, uma menina de 14 anos que foi hospitalizada após uma séria tentativa de suicídio, e você quer tentar a projeção de tempo. Drew acredita que sua dor por ter rompido com Tommy nunca terminará, por isso pensa em matar-se. A projeção de tempo amplia o senso de tempo dela ("Como você se sentirá em uma semana... três semanas... três meses... seis meses... etc?"). À medida que Drew começa a perceber que seus sentimentos mudam com o tempo, aprende que decisões impulsivas tomadas no calor do momento precisam ser suspensas ou adiadas (p. ex., "Você disse que seus sentimentos em relação a Tommy podem mudar em seis meses, um ano, talvez dois anos. Por quanto tempo você ficaria morta? Como isso resolveria seus problemas? Parece que você está propondo uma solução permanente para um problema que pode ser temporário.").

Persons (1989) oferece várias sugestões muito úteis para trabalhar com crianças suicidas. Por exemplo, suponha que a motivação de Drew para a tentativa de suicídio fosse conseguir Tommy de volta. Você poderia usar a elegante pergunta de Persons: "De que modo se matar poderá trazê-lo de volta?". Além disso, como seria se a motivação de Drew fosse vingança e ela simplesmente quisesse fazer seu namorado arrepender-se e pagar pelo rompimento? Persons astutamente recomenda perguntas na linha "Vamos supor que ele se sinta mal, como você poderá desfrutar disso estando morta?" ou "Por quanto tempo ele se sentirá mal? Por quanto tempo você ficará morta?".

Também é útil abordar a exatidão dos pensamentos da criança/do adolescente com relação a querer morrer. Quando crianças estão deprimidas, frequentemente acreditam que as coisas nunca vão melhorar. Consideremos o caso de Leah para ilustrar este ponto.

TERAPEUTA: Com que frequência você sente que não consegue continuar?

LEAH: O tempo inteiro.

TERAPEUTA: Você sempre tem vontade de se matar e acha que ninguém sentiria sua falta?

LEAH: Não... Só de vez em quando.

TERAPEUTA: O que é diferente nos dias em que você não tem vontade de morrer?

LEAH: Bem, esses dias são melhores. Ninguém pega no meu pé, como na semana passada, quando fui ao *shopping* com Kelly, coisas desse tipo.

TERAPEUTA: Então, o dia a dia não é 100% terrível.

LEAH: Não. Eu acho que é só às vezes, quando tudo fica realmente ruim e eu acho que não posso continuar.

TERAPEUTA: O que você poderia dizer a si mesma nesses dias para ajudar a suportá-los?

LEAH: Eu poderia me lembrar de que as coisas geralmente melhoram e que posso lidar com qualquer problema.

TERAPEUTA: Isso parece uma boa ideia. Vamos imaginar um plano para ajudá-la a fazer isso.

O terapeuta trabalhou com Leah para ajudá-la a identificar objetivamente a natureza temporária *versus* permanente de seus sentimentos depressivos, desafiando sua distorção de que ela *sempre* tem vontade de morrer. As ideias podem, então, ser escritas em cartões de enfrentamento para a jovem carregar consigo. Sempre que Leah pensar em autolesões, pode pegar o cartão e escolher uma estratégia da lista.

O suicídio também pode refletir impotência em relação a lidar com sentimentos de raiva (Persons, 1989). Ficar com raiva e não ter a habilidade para lidar com isso pode realmente ter impacto sobre as crianças e adolescentes. Amy é uma jovem de 17 anos que foi hospitalizada por depressão. Seu humor deprimido melhorou, e sua ideação suicida diminuiu durante o período de hospitalização. Próximo do dia de sua alta, ela teve uma discussão raivosa com seus pais e, então, tornou-se novamente suicida. No caso dela, a ideação suicida funcionou como um meio de evitar o conflito em casa. Enquanto estivesse propensa ao suicídio, Amy poderia permanecer no hospital e não teria de lidar com seus sentimentos de raiva em relação aos pais.

Trevor, um jovem de 16 anos muito deprimido, usava a ideação suicida para expressar sua raiva. Sempre que ficava irritado, dizia a seus pais que se mataria. Trabalhamos com Trevor para ajudá-lo a desenvolver opções de resolução do problema ("O que mais você poderia dizer a seus pais quando fica com raiva?", "De que outra forma poderia fazê-los saber o quanto você está sofrendo, sem ter que se ferir?", "De que outra forma poderia fazê-los ouvir você?").

Garantir que os pais entendam a seriedade dos pensamentos suicidas de uma criança também é importante, pois, especialmente com as crianças menores, os pais podem ter dificuldade para levar as ameaças do filho a sério. Entretanto, os pais devem prestar atenção a essas ameaças, a fim de identificar sinais de alerta de comportamentos perigosos. Se as ameaças forem inicialmente ignoradas ou recebidas de modo negativo, a criança pode simplesmente não contar a outra pessoa quando estiver tendo esses pensamentos. Além disso, as crenças da criança de que ninguém se importa com ela podem ser reforçadas, propiciando um aumento dos pensamentos suicidas. Enfim, se a criança estiver tentando conseguir ajuda ou atenção, pode encontrar meios mais radicais do que ameaças para fazê-lo (p. ex., autoflagelo real).

Se um grau razoável de segurança para a criança não puder ser conseguido, a hospitalização deve ser considerada. Se, por exemplo, o adolescente não desenvolver um plano de segurança ou admitir a intenção de se ferir, o terapeuta e os pais não serão capazes de protegê-lo.

O Quadro-síntese 11.5 lista os pontos básicos para o tratamento de comportamentos suicidas.

INTERVENÇÕES COMPORTAMENTAIS PARA DEPRESSÃO

Cronograma de atividades prazerosas

O cronograma de atividades prazerosas é uma primeira e valiosa linha de defesa contra a anedonia, o retraimento social e a fadiga. Lembre-se: para crianças deprimidas, as atividades consideradas divertidas antes da depressão perdem a graça. Portanto, você terá que se esforçar para descobrir atividades prazerosas. Talvez seja necessário perguntar diretamente "O que você fazia para se divertir antes de ficar deprimido?". Indagar sobre o que outras crianças, irmãos ou personagens de televisão poderiam passar o tempo fazendo também podem suscitar ideias. Além disso, considere por quanto tempo a criança fará a atividade, com que frequência e como se lembrará de fazê-la. A seguinte transcrição ilustra como um terapeuta trabalhou colaborativamente com Carla, uma criança de 8 anos deprimida, para desenvolver um programa de atividades.

TERAPEUTA: Vamos pensar em algumas coisas divertidas para fazer. Que tipo de coisas você faz para se divertir?

CARLA: Nada é divertido. Apenas me sento em meu quarto e fico assistindo à TV, e é muito chato.

TERAPEUTA: Você consegue se lembrar de algo que costumava ser divertido?

CARLA: Na verdade, não.

TERAPEUTA: Você se lembra de alguma vez ter feito algo além de se sentar em seu quarto e assistir à televisão?

CARLA: Não.

TERAPEUTA: Você conhece outras crianças que fazem outra coisa além de sentar e assistir à televisão?

CARLA: Todo mundo tem coisas para fazer e se divertir. Menos eu.

TERAPEUTA: Quem, por exemplo?

CARLA: Minha irmã, os vizinhos, meus primos.

TERAPEUTA: Que tipo de coisas eles fazem, além de assistir à televisão?

CARLA: Bem, minha irmã Josie anda de bicicleta o tempo todo.

TERAPEUTA: Você já andou de bicicleta com Josie?

CARLA: Sim, há muito tempo.

TERAPEUTA: Como era andar de bicicleta com a Josie?

CARLA: Bem, na época era divertido, mas provavelmente seria chato agora.

TERAPEUTA: Quais são as pistas que lhe dizem que provavelmente seria chato?

CARLA: Tudo é chato, agora.

TERAPEUTA: Quais são as pistas lhe dizem que há alguma chance de não ser chato?

CARLA: Tempos atrás, isso era divertido.

TERAPEUTA: Então, é possível que andar de bicicleta seja divertido, mesmo que só um pouquinho?

QUADRO-SÍNTESE 11.5 TRATAMENTO DO COMPORTAMENTO SUICIDA

- Confie em um plano de segurança, em vez de um contrato de não suicídio.
- Elabore um plano de segurança específico e acessível.
- Inclua os pais no plano de segurança, discuta em detalhes o que remover da casa para garantir a segurança da criança e com quem entrar em contato em caso de emergência.
- Avalie a possibilidade de utilizar a projeção de tempo (ver Capítulo 8).

CARLA: Talvez, sim.

TERAPEUTA: Estaria disposta a tentar andar de bicicleta e ver o que acontece?

CARLA: Pode ser.

Como demonstra a transcrição, o terapeuta superou o desafio comum de identificar atividades, focalizando as atividades em que Carla se envolvia antes da depressão. Elencar uma atividade foi muito difícil para Carla. Na verdade, seria fácil rotulá-la como resistente ou desafiadora, mas a perda de prazer de Carla reflete sua crença de que "nada é divertido". Portanto, gerar uma lista de atividades prazerosas é um desafio. O terapeuta habilidosamente persiste na tarefa, sem culpar Carla. Enfim, eles conseguem combinar uma atividade para ela tentar.

Classificar os sentimentos antes e após a atividade programada será particularmente importante para crianças deprimidas. As classificações fornecerão informações valiosas sobre o humor da criança, as atividades mais bem-sucedidas e as mudanças nas classificações. Também serão uma evidência para a criança de que sentimentos depressivos são temporários e variáveis. Esse tipo de consideração pode ajudar a desafiar pensamentos como "Nada mais me diverte" ou "Tudo é chato", ao utilizar a verificação de pensamento.

Desenvolver e seguir um *cronograma de figuras* pode ser uma abordagem divertida. O terapeuta ajuda a criança a criar um calendário semanal. Figuras recortadas de revistas ou os próprios desenhos da criança das atividades selecionadas são, então, colocados nos dias apropriados do calendário. Por exemplo, se Carla tiver que andar de bicicleta na quarta-feira e no sábado, a figura de uma bicicleta pode ser desenhada ou colada naqueles dias no calendário. Em uma variação dessa atividade, o terapeuta pode tirar fotografias da criança envolvida na atividade, para tornar o cronograma de atividades prazerosas um modelo real a seguir. Nesses casos, em vez de desenhar ou colar figuras no calendário, a criança realiza a atividade diante do terapeuta. Em seguida, o terapeuta fotografa a criança representando a atividade e imprime a foto para colocar no calendário. O processo beneficia a criança em dois aspectos: ela se envolve na atividade prática e utiliza isso como passo gradual para completar a atividade de modo independente na tarefa de casa. O processo de encenar as atividades e tirar as fotografias também pode ser divertido para a criança deprimida, servindo, assim, como ativação comportamental por si só. Por exemplo, Tommy, de 8 anos, foi escalado para jogar basquete aos sábados, e posou com a bola para uma foto. Ele tinha que ler um livro com sua mãe na terça-feira, então posou segurando um livro aberto. As fotos eram fixadas no cronograma de atividades prazerosas. Tommy usava o clima como metáfora para seu humor. Um dia ensolarado era um humor feliz. Os mais nublados indicavam humores mais tristes, com o clima de tempestade sendo o mais triste. Com as figuras dessa atividade, ele desenhava o "clima" para indicar seu sentimento no dia (ver Figura 11.3).

Escolher atividades que as crianças consigam iniciar por conta própria facilita a realização efetiva da atividade. Quando a criança tem controle sobre as atividades, estas tendem mais a serem realizadas e proporcionarão um maior senso de realização. Essas coisas podem incluir atividades recreativas, leitura de uma história divertida ou conversas com os amigos. Contudo, é fundamental incluir os pais no tratamento. Os pais podem trabalhar com a criança na realização das atividades entre as sessões. Se, por exemplo, o cronograma de atividades prazerosas de uma criança inclui brincar fora de casa, os pais podem levá-la a um parque para facilitar a dinâmica.

Em geral, os adolescentes têm mais capacidade do que as crianças mais novas de se envolverem em atividades prazerosas sem o apoio dos pais, em razão de sua maior independência. De certa forma, isso pode aumentar a probabilidade de sucesso. Ao mesmo tempo, adolescentes deprimidos podem ter se isolado a ponto de ser difícil gerar possíveis

Segunda-feira	Terça-feira	Quarta-feira	Quinta-feira	Sexta-feira	Sábado	Domingo
	📕 ☁️	⛈️			🏀 ☀️	

FIGURA 11.3 AMOSTRA DE CRONOGRAMA DE ATIVIDADES PRAZEROSAS.

"atividades prazerosas". Esses adolescentes talvez não pertençam a clubes sociais, talvez tenham poucos amigos e não estejam envolvidos em times esportivos. Assim, você terá de ser criativo para buscar as atividades. Assumir um papel mais ativo em atividades "obrigatórias" ou em eventos familiares são algumas opções. Por exemplo, Kyle, um menino deprimido de 15 anos, raramente participava dos jogos de basquete ou de futebol durante a aula de educação física. Em geral, ficava sentado na beira da quadra. Para a tarefa de casa da terapia, Kyle e seu terapeuta decidiram que ele se envolveria mais nos jogos. Primeiro, optou por jogar em uma posição onde poderia ter pouco contato com a bola. Participando com sucesso nesses jogos e lidando com o desconforto associado, usando suas habilidades da terapia, avançou gradualmente até oferecer-se para jogar como atacante.

Descobrimos que testar previsões em relação a atividades é útil quando os adolescentes não antecipam prazer na atividade. A seguinte transcrição ilustra este processo.

TERAPEUTA: O quanto você acha que vai se divertir jogando Cestas de Sentimentos?

BRENDA: Provavelmente, nota 3.

TERAPEUTA: Quando eu lhe pedi para jogar, o que passou pela sua mente?

BRENDA: Não quero jogar. Isso é infantil e estúpido.

TERAPEUTA: Qual a dificuldade em jogar Cestas de Sentimentos?

BRENDA: Sou péssima no basquete. Sou uma perdedora. Isso nunca tem nada de divertido.

TERAPEUTA: Quando você tem esses pensamentos, como se sente?

BRENDA: Muito triste.

TERAPEUTA: Tá legal. Então, você se sente triste ao pensar "Sou uma perdedora", e está supondo que o Cestas de Sentimentos alcançará apenas nota 3 na escala de diversão?

BRENDA: É, é isso aí.

TERAPEUTA: Certo. E se fizéssemos uma experiência? E se você jogasse o Cestas de Sentimentos por alguns minutos e conferisse se sua suposição está correta?

BRENDA: Pode ser. (*Brenda começa a jogar Cestas de Sentimentos.*)

TERAPEUTA: Brenda, notei que você riu quando a bola bateu no aro. O que passou por sua cabeça?

BRENDA: Pensei apenas "Legal, essa realmente quase entrou".

TERAPEUTA: Então, você estava lá parada, olhando a bola no ar. Ela "chorou" e não caiu. O que está passando por sua cabeça?

BRENDA: Estou me saindo melhor do que imaginei.

TERAPEUTA: Quando você pensa isso, como se sente?

BRENDA: Eu me sinto meio animada.

TERAPEUTA: Em uma escala de 1 a 10, o quanto está se divertindo neste momento?

BRENDA: Nota 5, mais ou menos.

TERAPEUTA: Você lembra qual foi a sua previsão?

BRENDA: Foi 3.

TERAPEUTA: Então, você previu uma diversão 3, mas está tendo uma de nota 5 na escala de diversão. O que isso diz sobre sua previsão?

BRENDA: Eu estava errada... Foi mais divertido do que eu pensava que seria.

TERAPEUTA: Acha que há outras coisas que poderiam ser mais divertidas do que você a princípio imaginou que seriam?

BRENDA: Sim, talvez outras coisas que eu acho que não seriam divertidas, na verdade podem ser.

Esse diálogo fornece um exemplo de como as previsões podem ser testadas com uma adolescente deprimida para aumentar o sucesso com um cronograma de atividades prazerosas. Embutido nesse exemplo está a identificação de pensamentos e sentimentos antes e depois da atividade. Em seguida, o terapeuta deveria utilizar essa informação para trabalhar com Brenda identificando a ligação entre seus pensamentos automáticos ("Sou uma perdedora.") e o sentimento de tristeza. A experiência também demonstra como sentimentos depressivos são temporários e variáveis, combatendo, assim, os sentimentos de desesperança e as crenças de que as coisas nunca irão melhorar.

ATIVAÇÃO COMPORTAMENTAL

A ativação comportamental (BA, do inglês *behavioral activation*) é uma consequência do cronograma de atividades prazerosas. A BA fundamenta-se em duas premissas conceituais principais (Dimidjian, Barrera, Martell, Munoz, & Lewinsohn, 2011; McCauley, Schlordedt, Gudmudsen, Martell, & Dimidjian, 2011). Clientes deprimidos precisam vivenciar reforço positivo aumentado para reduzir a evitação. Dimidjian e colaboradores (2011) definem a BA como um paradigma psicoterapêutico estruturado e breve. Em geral, a BA incorpora elementos do cronograma de atividades prazerosas, entrevista motivacional e resolução de problemas. O cronograma de atividades prazerosas enfoca o aumento da frequência das atividades prazerosas, o reforço da percepção de prazer e maestria, bem como a solução de problemas e de obstáculos para serem recompensas e a aproximação de comportamentos.

Os princípios da entrevista motivacional (Miller & Rollnick, 2013) são incorporados por meio da condução de balança decisional. Realizar uma balança decisional ocupa um lugar central na BA, além de ser parte fundamental da entrevista motivacional. A balança decisional envolve construir uma planilha 2 × 2, onde os prós e contras de mudar um comportamento e os prós e contras de mantê-lo são listados e processados.

O Quadro-síntese 11.6 resume as diretrizes para o cronograma de atividades prazerosas e a ativação comportamental.

Treinamento de habilidades sociais

Fazer amizades e iniciar interações sociais é um grande desafio para crianças deprimidas. Por meio do ensino de habilidades sociais, o terapeuta pode proporcionar às crianças deprimidas as habilidades e a confiança necessárias para iniciar interações com seus pares. Ao ensinar habilidades sociais, os terapeutas devem considerar os comportamentos ade-

---

QUADRO-SÍNTESE 11.6 CRONOGRAMA DE ATIVIDADES PRAZEROSAS E ATIVAÇÃO COMPORTAMENTAL

- Pergunte: "O que você fazia para se divertir, antes da depressão?"
- Avalie a possibilidade de desenvolver um cronograma com imagens para crianças mais novas.
- Faça as crianças classificarem os sentimentos antes e após a conclusão da atividade.
- Avalie a possibilidade de fazer as crianças mais velhas preencherem a planilha dos prós e contras tanto de se envolver quanto de não se envolver em uma nova atividade (balança decisional).

quados para o estágio do desenvolvimento da criança. Se as crianças/os adolescentes não tiverem as habilidades para interagir de forma bem-sucedida com outras pessoas, essas interações podem levar a mais rejeição e a sintomas depressivos profundos. Como resultado, essa experiência reforçará as crenças relacionadas à baixa autoestima e levará a um retraimento social ainda maior.

Basicamente, o terapeuta ensina ao jovem habilidades de comunicação para iniciar e responder a interações com os outros. Será preciso ensiná-lo a fazer perguntas, a responder às perguntas dos outros e a compartilhar interesses com as pessoas. Habilidades como assertividade, contato visual, expressão facial adequada, cumprimentar, manter uma conversa, resolver conflitos e pedir a outros para cessar um comportamento importuno têm sido trabalhadas em programas de construção de habilidades (Stark et al., 1991).

As habilidades são ensinadas por meio de instrução direta, modelagem e de representação de papéis (*role-playing*), além de histórias ou livros. As situações em grupo fornecem experiências realistas, prestando-se naturalmente à identificação e à prática de habilidades sociais. O grupo também pode fornecer modelagem e *feedback* para a criança em relação às habilidades sociais. As crianças mais novas se beneficiarão mais da instrução concreta das habilidades e da prática. Ensinar formas de abordar um grupo de pares, tomar parte ou iniciar um jogo e compartilhar um brinquedo podem ser praticados com representações de papéis ou com fantoches. Encenar interações sociais positivas e negativas e fazer a criança identificar áreas problemáticas também pode ser benéfico. Você pode representar um valentão dominador e provocativo em um jogo. A criança deve, então, identificar os comportamentos problemáticos e fornecer comportamentos sociais alternativos.

Também é útil fazer uma representação de papéis, criando uma situação em que a criança deprimida deve iniciar uma interação com outra criança. Você pode desempenhar o papel de um colega da escola, e a criança precisa iniciar a interação. Pedir emprestado papel ou um lápis, perguntar sobre uma tarefa, fazer um comentário sobre a aula ou elogiar a colega são algumas das interações possíveis. O seguinte diálogo mostra como integrar treinamento de habilidades sociais na terapia.

TERAPEUTA: Certo, Kelly, vamos fazer a representação de papéis sobre a qual conversamos? Lembre-se de usar as habilidades de que falamos.

KELLY: Vou tentar.

TERAPEUTA: Está bem. Estamos sentados na sala de aula e é o primeiro dia de escola. Eu sou uma aluna nova, sentada bem a seu lado. Estou folheando uma revista.

KELLY: Oi.

TERAPEUTA: (*Continua a folhear a revista, como se não ouvisse Kelly.*)

KELLY: (*Começa a se remexer um pouco em seu lugar e o rosto dela começa a ficar vermelho.*) Oi, meu nome é Kelly, qual é o seu nome?

TERAPEUTA: (*Levanta o olhar.*) Ah, me desculpe, eu estava lendo. Meu nome é Jessica.

KELLY: O que você está lendo?

TERAPEUTA: É um artigo sobre a seleção nacional de futebol feminino. Vou tentar entrar para o time da escola. Joga futebol?

KELLY: (*Parece mais relaxada.*) Adoro futebol! Ei (*baixa o olhar*), acha que a gente pode treinar juntas depois da escola, qualquer dia desses?

TERAPEUTA: Claro. Tá legal. Kelly, como você se sentiu durante essa representação de papéis?

A representação de papéis foi usada para dar a Kelly a chance de praticar a iniciação de uma conversa com uma colega. A terapeuta tornou-a um pouco desafiadora para a jovem, ignorando sua tentativa inicial, mas equilibrou a dificuldade, permitindo que Kelly tivesse sucesso. Representações posteriores deveriam incluir interações mais desafiadoras para que Kelly pudesse aplicar suas habilidades em um contexto de "pior cenário". A terapeuta deveria continuar a processar com a menina seus pensamentos e sentimentos antes, durante e após a representação. Identificar o que foi mais fácil, mais difícil e mais surpreendente em relação à encenação também ajudará a tratar pensamentos e crenças mal-adaptativas, bem como previsões imprecisas.

Trevor mostrava uma particular hesitação em aplicar as habilidades abordadas na sessão durante as interações com os colegas na escola. Na verdade, apesar de muita discussão e resolução de problemas, ele não havia completado as duas últimas tarefas de casa da terapia relacionadas com a aplicação dessas habilidades de iniciar uma interação com colegas. As cognições de Trevor incluem previsões negativas de como seus colegas responderiam aos seus esforços. O terapeuta trabalhou com Trevor para identificar todas as possíveis respostas em que Trevor poderia pensar, desde um sorriso, passando pela hipótese de o colega ignorá-lo e, inclusive, até a possibilidade de o colega gritar com Trevor para deixá-lo sozinho. Tão logo cada possibilidade era identificada, Trevor e o terapeuta trabalhavam juntos na sessão para organizar os cenários, desde os resultados menos prováveis até os mais prováveis. Os fatores que podiam contribuir para cada resultado foram identificados e listados com o cenário. Por exemplo, Trevor previu que se o colega estivesse claramente envolvido em uma atividade focada, como a leitura, seria mais provável que o ignorasse. Em seguida, o terapeuta e Trevor trabalharam para identificar qual(is) do(s) fator(es) listado(s) estava(m) sob o controle de Trevor e, em seguida, planejar meios para reagir em cada situação. Essas etapas extras tomaram a maior parte da sessão de terapia, mas valeu a pena! Essa atenção extra ao planejamento detalhado e à resolução de problemas deu a Trevor a confiança que anteriormente lhe faltava para experimentar as habilidades. Ele foi capaz de aplicar as habilidades na semana seguinte e vivenciou algumas interações positivas com os colegas. Esse resultado forneceu evidências que não confirmaram a sua previsão anterior ("ninguém vai querer falar comigo"). Além disso, propiciou o *"momentum"* para novas alterações dos comportamentos de Trevor com os colegas, levando a melhorias adicionais em seu humor.

Adolescentes deprimidos se beneficiarão de alguns dos mesmos treinamentos de habilidades que as crianças. Os adolescentes podem ter mais consciência das habilidades sociais do que as crianças, mas simplesmente sentem-se constrangidos ou lhes falta confiança para implementá-las. Entretanto, espera-se que os adolescentes estejam mais sintonizados do que as crianças menores aos sinais sociais mais sutis. Assim, os adolescentes talvez precisem aprender comportamentos sociais, como sinais não verbais, além de habilidades mais concretas. Ler linguagem corporal, contato visual e sinais verbais são habilidades úteis. Além disso, por serem mais evolutivamente maduros, os adolescentes podem se beneficiar de exercícios de observação e aprendizados de deixas sociais emitidos pelas outras pessoas. Os adolescentes podem ser ensinados a observar seus colegas e a imitar o comportamento social nas situações em que se sentem desconfortáveis ou inseguros quanto às normas sociais esperadas.

Um adolescente deprimido pode começar observando os comportamentos sociais positivos usados por colegas na escola e a reação dos outros a isso. Uma vez identificadas as habilidades, estas podem ser praticadas na sessão por meio da representação de papéis com o terapeuta. O adolescente pode gradualmente testar o uso das habilidades sociais em outras situações. Usar filmes ou programas de TV populares para ilustrar exemplos de comportamentos e indícios sociais é uma estratégia divertida. Nesse exercício, os jovens identificam seus programas e filmes favoritos e, então, são instruídos a assisti-los enquanto gravam as habilidades sociais visadas. As gravações podem ser vistas na sessão para ilustrar ainda mais a identificação da habilidade.

RESOLUÇÃO DE PROBLEMAS

A resolução de problemas também impõe dificuldades específicas para crianças deprimidas.

As dificuldades com tomada de decisão e um senso de desesperança podem fazer a resolução do problema parecer uma tarefa intransponível. Alguns adolescentes e crianças deprimidos talvez precisem ser diretamente ensinados sobre os passos da resolução de problemas. Para outros, os pensamentos disfuncionais podem interferir em sua capacidade de resolver o problema ou de pôr em prática a solução identificada. Exemplos de crenças disfuncionais incluem pensar que são incapazes de resolver o problema ou que fracassarão. Identificar os obstáculos e desafiar as crenças disfuncionais favorecerá a resolução de problemas.

Constatamos que distanciar as crianças deprimidas da situação inicialmente é útil para a solução de problemas. Também é vantajoso fazer a criança pensar em um herói ou em alguém que seja um modelo, para então perguntar-lhe como aquela pessoa poderia resolver o problema. Dessa forma, colocar a criança na posição de resolver o problema para outra pessoa gerará mais ideias.

TERAPEUTA: Se o seu melhor amigo, Jeff, estivesse se sentindo muito triste porque acabou indo mal no teste de ortografia, o que ele poderia fazer para ajudar a resolver seu próprio problema?

MATTHEW: Ele poderia pedir à professora que desse exercícios extras para o próximo teste.

TERAPEUTA: Como isso ajudaria?

MATTHEW: Bem, ele poderia treinar mais e talvez aprendesse melhor as palavras na próxima vez.

TERAPEUTA: Parece um bom plano. O que mais ele poderia fazer?

MATTHEW: Ele poderia pedir para à mãe dele repassar a matéria junto com ele, antes do teste.

TERAPEUTA: Então, ele poderia praticar mais e pedir para a mãe recapitular a matéria. Matt, você disse que estava se sentindo triste porque tirou nota D na prova de matemática. Algumas dessas ideias que você daria a Jeff não poderiam ajudar *você* mesmo a resolver o *seu* problema?

Distanciar-se da situação inicialmente ajuda Matthew a gerar passos para resolver o problema, permitindo-lhe, então, aplicar esses passos à sua própria situação. Isso pode derrubar os obstáculos que impedem muitas crianças deprimidas de ver soluções alternativas para seus problemas. Talvez os jovens deprimidos consigam enxergar apenas uma única solução para um problema, em geral com resultado negativo. Construir habilidades na geração de soluções alternativas aumentará significativamente a utilização bem-sucedida de técnicas de resolução de problemas pela criança deprimida.

DESAFIOS DE AUTOMONITORAMENTO

A identificação de sentimentos e pensamentos prepara o caminho para técnicas de autoinstrução e de análise racional. Todavia, devido à profundidade de seus sentimentos depressivos, alguns adolescentes e crianças deprimidas podem ter problemas em captar seus pensamentos e sentimentos. Nessas circunstâncias, você pode ter que se tornar mais ativo e diretivo no processo de automonitoramento.

Há várias razões para que as crianças deprimidas apresentem dificuldades para relatar seus pensamentos (Fennell, 1989; Padesky, 1988). Alguns adolescentes e crianças têm vergonha desses pensamentos. Aqui, você deveria investigar as crenças que podem estar por trás da não revelação desses pensamentos (p. ex., "O que revelaria sobre você se me contasse o que está passando pela sua cabeça?", "Como imagina que eu reagiria?"). Alguns jovens podem preocupar-se que seus sentimentos e pensamentos drásticos os esmagarão. A previsão deles é de que vão se sentir ainda mais deprimidos e não conseguirão controlar seus sentimentos. Nesses casos, uma boa estratégia seria conferir a veracidade dessas crenças (p. ex., "O que você teme que possa acontecer se me contar o que está passando pela sua mente?") e, assim, ajudá-los a expressar gradualmente pequenas porções de seus pensamentos e sentimentos, de modo que possam ganhar confiança em suas capacidades de autocontrole.

Alguns adolescentes e crianças deprimidos podem estar muito esgotados por seus sentimentos depressivos. Aqui, as medições de autorrelato, como o CDI, vêm a calhar! Você pode usar os itens do CDI endossados pelo jovem como trampolim (p. ex., "Vejo que destacou que se acha feia. Você gostaria de mudar essa crença?"). Por fim, a dificuldade em relatar pensamentos e sentimentos pode decorrer do pessimismo e da desesperança. Em outras palavras, a incapacidade de captar pensamentos e sentimentos pode refletir a depressão desses clientes. Nesses casos, será preciso focalizar imediata e diretamente o pessimismo e a desesperança (p. ex., "O que faz as coisas mudarem?", "O que provoca mudança?", "De que forma não identificar pensamentos e sentimentos o ajuda?").

Estimulando a criança a acompanhar o próprio humor entre as sessões, você está promovendo o automonitoramento. O aumento da consciência sobre o estado de humor e a força pela criança ajudará na aplicação de técnicas de modificação cognitiva e na avaliação da eficácia das técnicas. Várias formas de registros e diários de sentimentos podem ser usadas pela criança para observar seus humores durante toda a semana. Crianças maiores e adolescentes podem preferir meios eletrônicos para acompanhar seus humores, como tomar nota no calendário do celular ou criar uma lista no telefone ou em outro dispositivo eletrônico de controle. Trabalhar colaborativamente com os jovens em um modo de fazer o automonitoramento aumentará a probabilidade de eles fazerem o acompanhamento.

Identificando a distorção

Identificar a distorção é uma técnica simples que prepara a criança para abordagens de análise racional e de autoinstrução mais avançadas (Burns, 1980; Persons, 1989). A identificação de distorções é ilustrada no exemplo de Tracy, jovem de 15 anos, perfeccionista, que costuma utilizar pensamentos "tudo ou nada" e catastrofização.

TRACY: Sei que fui muito mal na prova de biologia. Não vou passar em biologia e assim nunca conseguirei entrar em uma boa faculdade!

TERAPEUTA: Esse pensamento corresponde a alguma das distorções que aprendemos?

TRACY: Eu não me lembro de todas elas. Posso usar a lista que coloquei na minha pasta da terapia?

TERAPEUTA: Claro. Usar a lista a ajudará a lembrar. Você deveria consultá-la com frequência para ver se está usando alguma distorção.

TRACY: Ah, sei. Quando eu foco uma coisa e a aumento de modo desproporcional, e tudo parece ruim. Catastrofização?

TERAPEUTA: Isso mesmo. É só uma palavra enorme que significa "focar uma coisa e aumentá-la desproporcionalmente, de modo a fazer com que tudo pareça ruim". É mais ou menos como dizer que você é azarada, sem pensar no que é mais provável de acontecer.

TRACY: Acho que eu faço muito isso.

TERAPEUTA: Como você se sente ao fazer esses tipos de previsões?

TRACY: Muito nervosa!

TERAPEUTA: Por que você acha que fez isso ao declarar "Não vou passar em biologia e assim nunca conseguirei entrar em uma boa faculdade!"?

TRACY: Bem, acho que me saí bem em todos os meus deveres de casa. E esse foi apenas um questionário relâmpago, então não vai baixar muito minha nota. Além do mais, eu ainda posso conseguir um crédito extra.

O terapeuta ajudou a enfatizar como essas distorções podem afetar os sentimentos de Tracy (p. ex., "Como você se sente quando faz esses tipos de previsões?"). Em seguida, o terapeuta direcionou a discussão de volta para a declaração de Tracy sobre biologia ("Como você acha que fez isso ao declarar 'Não vou passar em biologia e assim nunca conseguirei entrar em uma boa faculdade'?"). A habilidade de identificar distorções pode ser acrescentada à tarefa de casa como parte dos registros de pensamento. Após registrar os pensamentos automáticos, os adolescentes podem identificar quaisquer distorções cognitivas embutidas nos pensamentos.

Ao longo do tempo, os adolescentes podem começar a observar padrões em seu uso das distorções. Por exemplo, Tracy pode notar que costuma ter pensamentos catastróficos em assuntos acadêmicos. Mais tarde, ela pode observar que, no contexto das relações com os colegas, suas distorções muitas vezes refletem pensamentos do tipo "tudo ou nada". Esse conhecimento sobre os padrões pode ajudar os adolescentes a prever e a modificar as possíveis reações antes que ocorram novas situações. Analise o exemplo a seguir.

TERAPEUTA: Enquanto confere os registros de pensamento, você percebe alguma coisa?

TRACY: Uau, nas últimas 2 semanas, três dos meus pensamentos foram sobre testes e projetos escolares.

TERAPEUTA: Que distorções você identificou nessas situações?

TRACY: Os pensamentos foram todos catastrofizantes!

TERAPEUTA: Isso é interessante. E o que você acha que isso significa?

TRACY: Acho que, quando eu faço um teste ou enquanto espero para saber como me sai em um projeto, tenho a tendência a catastrofizar minha nota antes mesmo de sabê-la.

TERAPEUTA: Saber isso sobre você mesma parece ser uma coisa boa. Imagino se poderíamos usar esse conhecimento para ajudá-la nesta semana. Tem algum teste ou projeto em vista?

TRACY: Quinta-feira vai ter uma prova geral de matemática.

TERAPEUTA: Considerando que você acabou de notar a sua tendência a catastrofizar quando se trata de testes, o que acha que poderia ajudá-la na prova de matemática?

TRACY: Bem, eu poderia me lembrar que quando penso que fui mal provavelmente é apenas uma distorção. Passei em todos os outros testes de matemática. E nas poucas vezes em que tive distorções sobre os testes, meu palpite estava errado e eu via que realmente tinha ido bem quando recebia de volta o teste.

TERAPEUTA: Esses são pontos muito importantes. E se puséssemos isso no papel agora?

TRACY: Então, eu poderia ler tudo na quinta-feira, quando começo a entrar em pânico sobre a minha nota na prova de matemática!

Aqui, a terapeuta trabalha com Tracy não só identificando padrões em seus pensamentos distorcidos como também utilizando essas observações para prever e planejar os próximos gatilhos. Ao se preparar para a distorção que possivelmente ocorrerá na quinta-feira, Tracy está reduzindo o provável impacto das distorções em seu humor geral, pois tenderá mais a perceber rapidamente quando estiver catastrofizando.

ABORDAGENS AUTOINSTRUTIVAS

A *Arca do Tesouro* é a adaptação de uma tarefa autoinstrutiva que faz analogia entre pensamentos de enfrentamento esquecidos e um tesouro enterrado. Você e a criança desenham ou mesmo constroem uma "arca do tesouro" na sessão e, em seguida, desenvolvem declarações de enfrentamento positivas que são guardadas dentro da arca do tesouro. As declarações de enfrentamento positivas ("Não sou mau quando cometo um erro, sou apenas normal.") podem ser escritas sobre o desenho da arca ou em cartões colocados dentro da arca construída. Você então instrui a criança a ir até a arca do tesouro e retirar seu "saque" positivo sempre que se sentir triste. As tarefas de casa para as crianças poderiam incluir preencher uma arca do tesouro com cinco coisas de que elas gostam em si próprias. Um exemplo de arca do tesouro é ilustrado na Figura 11.4.

A *Troca de Dinheiro* é outra forma divertida e criativa de ensinar ferramentas de autoinstrução a crianças. Como a Arca do Tesouro, a Troca de Dinheiro faz uso de analogias. Nesse exercício, pensamentos de enfrentamento positivos são equiparados a moedas novas e reluzentes ou a notas em papel novinhas em folha. As crianças são instruídas a irem à Casa da Moeda e imprimir novas cédulas emocionais. Você poderia desenvolver ainda mais a analogia, incentivando-as a rasgar as cédulas velhas

FIGURA 11.4 AMOSTRA DA ARCA DO TESOURO.

(os pensamentos negativos). Por exemplo, os pensamentos negativos poderiam ser escritos em pedaços de papel usado ou velho, podendo ser devolvidos à Casa da Moeda para substituição. Por fim, o dinheiro velho pode ser rasgado e trocado por dinheiro novo (i.e., pensamentos de enfrentamento positivos escritos em pedaços de cartolina novinhos em folha).

Para ilustrar como se usa o recurso da Troca de Dinheiro com crianças, considere a seguinte transcrição com Matt, menino de 11 anos que luta com seus sofridos pensamentos autocríticos. Perceba como o terapeuta descreve a Troca de Dinheiro e ajuda Matt a trocar suas cédulas.

TERAPEUTA: Sabe como o dinheiro é fabricado?
MATT: Acho que ele vem de um grande banco.
TERAPEUTA: Mais ou menos. Ele vem de uma casa.
MATT: Uma casa?
TERAPEUTA: Não uma casa comum. A Casa da Moeda. O lugar onde o dinheiro é impresso. Já viu uma cédula de dinheiro novinha em folha?
MATT: Sim, uma vez meu tio me deu uma. Era bem limpa e lisinha.
TERAPEUTA: A Casa da Moeda imprime dinheiro novo para substituir o dinheiro velho e gasto. É a mesma coisa que estávamos falando sobre seus pensamentos. Quais são alguns pensamentos "gastos" que você tem sobre si mesmo?
MATT: Eu não presto. Ninguém gosta de mim.
TERAPEUTA: Escreva isso no papel verde amassado. Eles são iguaizinhos às cédulas velhas. (*Matt escreve os pensamentos no papel velho.*) Já imaginou para que servirá o papel novinho?
MATT: Para as coisas diferentes que posso dizer a mim mesmo.
TERAPEUTA: Exato. Vamos ser uma casa da moeda para pensamentos novos, vamos substituir os pensamentos negativos, cansados, por pensamentos novinhos em folha, que você pode levar consigo por onde for. Vamos chamar este jogo de Troca de Dinheiro.

Nessa atividade, Matt aprendeu que pensamentos gastos podiam ser substituídos por pensamentos novos, mais adaptativos. Além disso, ao escrever os novos pensamentos, Matt criou um cartão de enfrentamento que pode levar junto com ele! Por fim, a natureza vivencial da atividade torna o processo abstrato mais concreto. Matt pode lembrar-se da tarefa de como "tirou de circulação" os pensamentos antigos.

TÉCNICAS DE ANÁLISE RACIONAL

Reatribuição

Uma *Pizza* de Responsabilidade (discutida em detalhes no Capítulo 8) ajuda crianças e adolescentes a verem sua responsabilidade de forma mais exata e os estimulam a examinar explicações alternativas (Padesky, 1988;

Seligman et al., 1995). A técnica envolve a geração de uma lista de todos os fatores que podem ter contribuído para um acontecimento. Em seguida, a criança atribui a cada fator uma porção da *pizza* que representa a quantidade de responsabilidade que aquele fator tem para o resultado geral. Crianças mais novas provavelmente não entendem de frações ou porcentagens, mas podem beneficiar-se dessa técnica se o terapeuta utilizar uma apresentação primordialmente visual. Elas podem colorir ou recortar porções da *pizza*, usando o tamanho da "fatia" para representar a parcela de responsabilidade.

Uma variação da *Pizza* de Responsabilidade é a *Pizza de Reatribuição*, jogo inspirado em uma imagem popular para muitas crianças e adolescentes. A criança usa cartolina, lápis de cera e tesoura para fazer uma pizza. Depois, elabora um cardápio de "sabores" que consistem nos fatores que acredita estarem contribuindo para o problema ou para a situação. O cardápio basicamente relaciona o fator, ou a atribuição. O "preço" é a parcela de responsabilidade (ver Figura 11.5). A criança, então, corta as fatias de pizza em diferentes tamanhos para representar a parcela de responsabilidade que está atribuindo a cada fator. "Sabores" como *champignon* e *pepperoni* podem ser rotulados com as várias atribuições. A Figura 11.6 demonstra como os rótulos de sabores podem ser colocados na pizza.

Adolescentes também costumam assumir responsabilidade por fatores que estão fora de seu controle. Por exemplo, Stephanie fez uma lista de fatores que contribuíram para a separação de seus pais e agora está atribuindo porcentagens a cada fator (ver Figura 11.7).

Cardápio de *Pizzas*	
Champignon (Culpa minha por brigar com ela)	1/8
1/8 *Pepperoni* (Chovia)	1/8
1/8 Marguerita (O outro carro ia muito rápido)	2/8

FIGURA 11.5 CARDÁPIO DE *PIZZAS*.

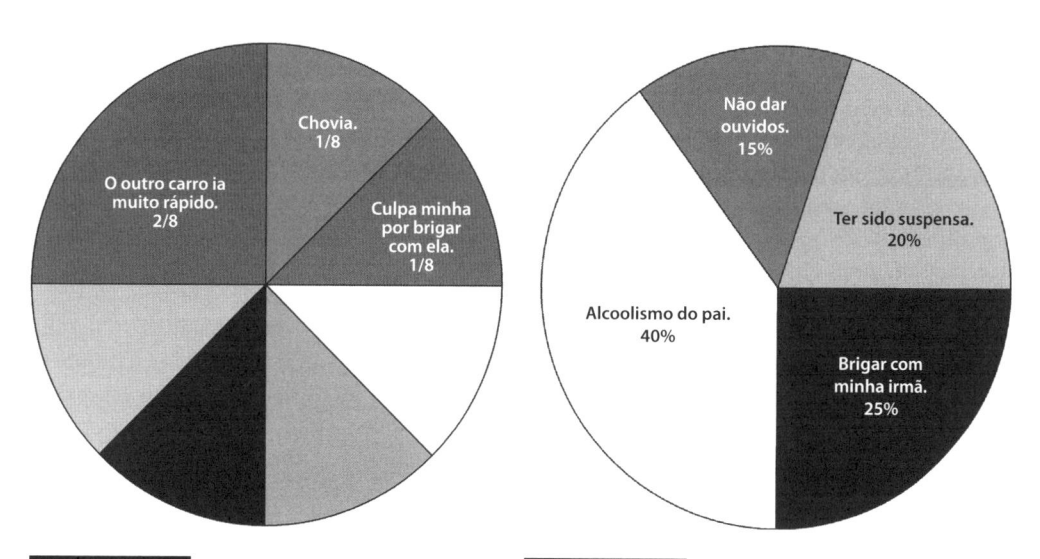

FIGURA 11.6 *PIZZA* DE REATRIBUIÇÃO.

FIGURA 11.7 *PIZZA* DE RESPONSABILIDADE.

TERAPEUTA: Então, você já decidiu que ter sido suspensa da escola é 20%, não escutar seus pais é 20% e brigar com sua irmã é 50%. O próximo item da lista é o hábito de beber de seu pai.

STEPHANIE: É. Ele bebia muito e isso o deixava realmente malvado conosco e com minha mãe. Isso provavelmente é 40%.

TERAPEUTA: Certo. Com tudo o que você já listou, temos 130%! O que você acha que isso significa?

STEPHANIE: Acho que superestimei algumas das primeiras. Brigar com a minha irmã poderia ser uns 25%, e não escutar, uns 15%. Agora, o total é de 100%.

TERAPEUTA: Certo, mas ainda temos alguns itens em nossa lista. Qual é o próximo?

O terapeuta e Stephanie continuaram esse processo até todos os itens terem recebido porcentagens. Como acontece com muitos adolescentes deprimidos, a tendência inicial de Stephanie foi culpar-se por eventos negativos. Entretanto, examinar todas as possíveis causas e evidências ajudou-lhe a enxergar com mais clareza o que era e o que não era responsabilidade dela. Ao fazer isso, precisou reatribuir a responsabilidade de forma mais adequada.

Testes de hipóteses

Conduzir experiências para testar previsões ensina as crianças a examinarem a evidência antes de tirarem conclusões. As experiências incluem colher evidências a favor e contra pensamentos automáticos, registrar observações e examinar mudanças nos pensamentos e sentimentos. Os resultados ajudam a desafiar pensamentos automáticos como "Todo mundo na escola me odeia" ou "Não vou passar em leitura".

Na atividade *Repórter*, você e a criança trabalham como repórteres em busca de uma história. As distorções cognitivas são "indícios falsos" na história, potencialmente desviando a criança de encontrar a "verdade". Portanto, experiências e testes de evidência são planejados para revelar os fatos sem se deixar desviar por indícios falsos.

Você pode ensinar a criança a trabalhar como *Detetive Particular* para verificar evidências. O detetive está trabalhando para descobrir a verdade e resolver a questão "Minha expectativa/suposição é verdadeira?". A técnica do Detetive Particular é introduzida com uma análise sobre os detetives:

> "Você sabe o que um detetive particular faz? Um detetive particular procura indícios ou evidências para responder perguntas. Os detetives particulares às vezes procuram indícios para entender um mistério ou encontrar um objeto ou pessoa perdida. O detetive tem um palpite sobre o que aconteceu, coleta os fatos, junta-os e, então, propõe uma resposta. Aqui vamos agir como detetives para colher indícios e responder à pergunta 'Minha hipótese/suposição é verdadeira?'. Isso nos ajudará a responder perguntas sobre seus problemas, checar a evidência e assegurar que ela corresponda à verdade. Então, você será um detetive particular decifrando a verdade sobre as coisas que diz para si mesmo."

Após introduzir a técnica do Detetive Particular, você deveria ilustrá-la, trabalhando com um exemplo da vida da criança (ver Figura 11.8). Fazer isso servirá como tarefa gradual para quando a criança trabalhar de forma mais independente.

Os adolescentes podem ser ensinados a completar gráficos, destacando as evidências que sustentam e as que contestam suas hipóteses. Em um lado do gráfico, listam evidências que sustentam a hipótese em 100%. Do outro, listam fatos que não a sustentam. É importante que apenas fatos (e não opiniões) sejam listados. Quando Jon, jovem de 15 anos, identificou a hipótese "Sou burro", identificou "Sou um fracasso" como evidência que sustentava a sua crença. Trabalhamos com Jon para diferenciar fatos de opiniões. Uma forma de fazer isso é perguntar "Outras pessoas concordariam com essa declaração?". Ele então fez um gráfico no qual listou evidências a favor e

A PRÁTICA CLÍNICA DA TERAPIA COGNITIVA COM CRIANÇAS E ADOLESCENTES   **201**

Um detetive particular presta atenção em pessoas e coisas a seu redor, para obter pistas para suas intuições. Você pode agir como um detetive particular para investigar as pistas sobre as coisas que o incomodam.

Escreva uma frase sobre algo que o incomode e que gostaria de investigar. (A respeito desse assunto, o que lhe diz a sua intuição?)
_____
_____
_____
_____
_____
_____
_____

Quais são as pistas? (Lembre que as pistas podem ser coisas que você faz, vê, ouve, aprende, etc.)
_____
_____
_____
_____
_____
_____
_____

Agora, reúna as pistas. As pistas que encontrou mostram que sua intuição estava certa ou errada? Qual é sua conclusão?
_____
_____
_____
_____
_____
_____
_____

FIGURA 11.8   INVESTIGAÇÃO DO DETETIVE PARTICULAR.
De Friedberg e McClure (2015). *Copyright* de the Guilford Press.
Permitida reprodução apenas para uso pessoal.

	Betty	Vizinha	Irmã	Eu	Mãe	Krissy

Fracasso total
- Cabelo desgrenhado.
- Roupas fora de moda.
- Parece com a figura "antes" da maquiagem.
- É desengonçada na ginástica.
- Na escola, tira notas baixas.
- Consome drogas e álcool.

Sucesso total
- Cabelo todo perfeito.
- Roupas perfeitamente combinadas.
- Parece sempre uma modelo de revista de moda.
- Executa exercícios de forma perfeita ou quase perfeita.
- Tira notas altas na escola.
- Recusa-se a tomar drogas e álcool.

FIGURA 11.9 O *CONTINUUM* DE GRETA.

contra "Sou burro". Após completá-lo, Jon concluiu, graças ao diálogo socrático, que "A evidência mostra que não sou de todo burro, embora às vezes eu diga a mim mesmo que sou, quando cometo um erro".

Técnicas de *continuum*

Uma técnica de *continuum* (J. S. Beck, 2011; Padesky, 1988) é uma forma útil de diminuir o pensamento tudo ou nada das crianças. Crianças deprimidas colocam-se em categorias de isso ou aquilo. Por exemplo, Jenny, de 14 anos, achava que era um fracasso total por ter tirado nota B no boletim escolar. Albert, de 16 anos, achava que era completamente impopular por não ser "atlético". Greta, de 12 anos, considerava-se uma perdedora completa porque as outras meninas caçoavam de seu cabelo e de suas roupas. A técnica de *continuum* funciona para lançar dúvidas sobre esses rótulos tipo isso/aquilo, com o auxílio da análise racional. Em geral, recomendamos técnicas de *continuum* com crianças dos anos fanais do ensino fundamental e com adolescentes.

Vamos iniciar com uma descrição geral e em seguida sugerir várias adaptações. Suponha que esteja trabalhando com Greta. Primeiro, você traça uma linha com dois pontos extremos (ver Figura 11.9). Em um extremo, coloque o rótulo "Fracasso Total", e no outro, o rótulo "Sucesso Total". Então, peça a Greta para listar especificamente os critérios que definem cada rótulo. O próximo passo é colocar pessoas conhecidas em algum lugar sobre a linha. Por fim, ela coloca a si mesma na linha e, então, chega a uma conclusão.

Como você pode ver na Figura 11.9, os critérios são do tipo "tudo ou nada". É provável que exista poucas pessoas nas duas extremidades. Analise onde Greta se colocou. Ela está em um ponto intermediário, um pouco "acima da média". A questão intrigante é que, na verdade, ela está "atrás" apenas de sua mãe e da estrela do time de ginástica (Krissy). Com esses dados subjetivos em mãos, você poderia perguntar a ela: "Se alguém fosse um fracasso total, onde estaria na linha? Em sua percepção, você está um pouco atrás de sua mãe e de Krissy. Mesmo se isso for verdade, de que modo isso a tornaria um fracasso total?".

O desenho de uma linha pode ser muito abstrato para algumas crianças. Você poderia usar caixas para representar cada extremo do *continuum*. Por exemplo, poderia usar duas caixas de sapato e rotulá-las: "Fracasso Total" e "Sucesso Total". Os critérios poderiam ser escritos em cartões ou pedaços de papel e colocados dentro das caixas, que poderiam ser posicionadas em lados opostos da mesa ou do chão. Nomes de pessoas que se enquadram nos critérios poderiam ser colocados sobre a mesa, considerando o quanto satisfazem os cartões de critérios no interior de cada caixa. A metáfora da caixa concretiza o conceito e dá origem a metáforas e analogias significativas. Por exemplo, você pode falar com as crianças sobre como "elas se encaixam" nessas categorias ou rótulos. Além disso, pode-se discutir com as crianças como a tarefa as ajuda a "pensar fora da caixa".

O Quadro-síntese 11.7 fornece dicas gerais para implementar a reestruturação cognitiva e procedimentos de análise racional.

CONCLUSÃO

Os sintomas depressivos podem se manifestar de diferentes maneiras, conforme o temperamento, a idade, o gênero, a cultura ou o nível de desenvolvimento da criança/do adolescente. A terapia cognitiva oferece uma gama de intervenções que você pode adaptar à sintomatologia e ao nível de desenvolvimento específicos dos clientes. No presente capítulo, ilustramos inúmeras formas de aplicar criativamente técnicas cognitivas. Lembre-se: é importante manter as intervenções divertidas e envolventes, especialmente para crianças e adolescentes deprimidos! Incentivamos os terapeutas a adaptar e aplicar criativamente as intervenções fornecidas neste capítulo, de modo a satisfazer as necessidades individuais de seus clientes.

QUADRO-SÍNTESE 11.7 TÉCNICAS DE ANÁLISE COGNITIVA E RACIONAL

- Fique atento em relação à capacidade e ao nível de desenvolvimento.
- Ensine as habilidades de forma clara e específica.
- Use atividades criativas, como Arca do Tesouro, Troca de Dinheiro e Detetive Particular, e torne-as divertidas.

12

Trabalhando com crianças e adolescentes ansiosos

SINTOMAS DE ANSIEDADE EM JOVENS

Ansiedade, medos e preocupações são ocorrências comuns na infância. Os estressores contemporâneos, como exigências acadêmicas, drogas, violência e doenças sexualmente transmissíveis, geram pressões para crianças e adolescentes. Pode ser muito difícil lidar com as pressões inevitáveis nessa fase da vida.

De acordo com o modelo cognitivo, cinco esferas de funcionamento mudam quando as crianças ficam ansiosas. Ocorrem alterações psicológicas, de humor, comportamentais, cognitivas e interpessoais. O tratamento naturalmente se concentra em acalmar os sintomas angustiantes, ensinando mais habilidades de enfrentamento para lidar com situações difíceis.

Sintomas fisiológicos

Muitas crianças ansiosas apresentam queixas corporais ou somáticas, aparentam inquietação e, às vezes, parecem estar desconfortáveis com o próprio corpo. Comumente, relatam sudorese profusa, tontura, vertigem, tensão muscular, desconforto estomacal, frequências cardíacas aumentadas, dispneia e irregularidades intestinais. Em geral, suas queixas físicas já foram avaliadas por um pediatra. Todavia, se a criança não consultou um pediatra e apresenta algumas dessas múltiplas queixas somáticas, você deve recomendar uma avaliação física por um médico.

Sintomas de humor

De modo persuasivo, Weems e Silverman (2013) diferenciaram preocupação, medo e ansiedade. A preocupação refere-se às operações mentais que impulsionam a evitação comportamental de situações de ameaça. Para Weems e Silverman, o medo prepara os indivíduos para uma resposta de paralisia ou fuga. A ansiedade representa uma preocupação psicologicamente comprometedora que não prevê um perigo genuíno. Da mesma forma, terapeutas cognitivos (A. T. Beck, Emery, & Greenberg, 1985) mencionam que indivíduos ansiosos acreditam que "o alarme é pior do que o fogo".

Preocupação, apreensão, pânico, medo e irritabilidade são os componentes emocionais da ansiedade. Crianças e adolescentes podem usar uma linguagem mais colorida e poética para relatar sua ansiedade. Podem dizer que se sentem "trêmulos", "nervosos" ou "apreensivos". Ouvimos jovens relatarem ansiedade dizendo que se sentem "nauseados" ou "esquisitos" por dentro. Francis e Gragg (1995) observaram que crianças com medo de contaminação podem relatar que se sentem "com micróbios".

Sintomas comportamentais

Em geral, os sintomas comportamentais são os sinais mais declarados de ansiedade. A evitação é a marca registrada de sintomas ansiosos. As crianças costumam ser encaminhadas porque já não conseguem evitar as circunstâncias que temem ou porque sua evitação gerou custos enormes (p. ex., trabalho escolar, problemas de saúde, problemas com os colegas, conflito familiar). Roer as unhas, chupar o dedo, compulsões e hipervigilância são outros sintomas comportamentais comuns de ansiedade. As crianças podem envolver-se nesses comportamentos para se acalmar ou para lidar com situações ameaçadoras. Como se sabe, crianças ansiosas são desatentas, distraídas e inquietas. Quando uma criança checa o ambiente constantemente, procurando e esperando perigo, é difícil concentrar-se e sentar-se quieta. Muitas acreditam que sua própria sobrevivência depende de ser um alvo em movimento!

Sintomas cognitivos

Os sintomas cognitivos refletem a forma como as crianças acondicionam informações. Os diálogos internos de crianças ansiosas são pontuados por previsões e expectativas catastróficas de enfrentamento malsucedido (p. ex., "Algo ruim vai acontecer, e não vou ser capaz de lidar com isso"). Suas mentes concentram-se nos aspectos potencialmente ameaçadores das situações (p. ex., "E se _____ acontecer?").

Crianças ansiosas são hipervigilantes a estímulos relacionados com ameaças. Quando elas percebem uma ameaça, o processamento das informações descarrila, e a velocidade de processamento é retardada (Hannesdottir & Ollendick, 2007; Mathews & MacLeod, 1985). Hannesdottir e Ollendick (2007) explicaram que essa lentidão cognitiva acontece devido à sobrecarga cognitiva. Como os recursos de atenção dos jovens ansiosos são direcionados aos estímulos de ameaça, restam-lhes menos recursos para direcionar a outros estímulos. Chorpita e Barlow (1998) concluíram que a história prévia de aprendizagem dos jovens inclui experiências com falta de controle, o que cria vulnerabilidades à medida que reagem às situações ameaçadoras com crenças sobre perder o controle.

Analise o exemplo a seguir. Jake é um aluno do sexto ano, altamente competente, mas extremamente perfeccionista, dominado por expectativas terríveis de que entenderá mal ou esquecerá de fazer uma tarefa. Por isso, verifica repetidamente sua própria agenda e pede a seus professores intermináveis explicações. Ele teme ser pego mal preparado e decepcionar catastroficamente a si mesmo e aos outros. Na verdade, Jake raramente se esqueceu de fazer uma tarefa significativa, mas isso não é suficiente para aliviar seu desconforto.

Kashani e Orvaschel (1990) observam com propriedade que "a ansiedade exerce seus efeitos mais prejudiciais nas esferas interpessoais de funcionamento" (p. 318). Ler em voz alta ou falar em sala de aula são situações penosas para crianças ansiosas (Kendall et al., 1992). Além disso, ser designado para trabalhar em grupo em um projeto de aula, ser escolhido para um time, participar de situações sociais não estruturadas e fazer testes são áreas de tensão comuns para crianças ansiosas (Beidel & Turner, 1998). Elas são altamente inibidas e extremamente sensíveis à potencial avaliação negativa dos outros.

Casey é uma menina de 10 anos que considera ameaçadoras situações sociais não estruturadas e projetos de pequenos grupos. Um dia, na aula de Estudos Sociais, a professora pediu que a turma colorisse cada estado no mapa de uma cor diferente, informando às crianças que iriam trabalhar em duplas. Casey logo se pôs a ruminar sobre com quem formaria a dupla e, assim, desligou-se da fala da professora. Seu diálogo interno é repleto de pensamentos como "Quem vou escolher? Alguém vai me escolher? E se não quiserem ficar comigo? E se eu for a última? E se eu ficar sozinha?". Esses pensamentos correm acelerados por sua mente, lançando-a num turbilhão. Em meio a isso, ouve a professora dizer "Muito bem, crianças, formem as duplas de trabalho". Atordoada, Casey então se dá conta de que não tinha prestado atenção em todas as outras instruções da professora, o que a deixa momentaneamente paralisada. Essa leve hesitação a faz demorar a escolher um companheiro. A demora, por sua vez, implica em todos formarem suas duplas, deixando-a sozinha. Agora, só lhe resta ir até a professora e admitir que está sem um par e não tem ideia sobre a tarefa. A professora responde criticamente, abastecendo o medo de Casey das avaliações negativas e do ridículo. Ela fica sozinha, sem um par, e sua visão de si mesma como deslocada é fortalecida.

Pais com filhos ansiosos podem estar excessivamente envolvidos ou pouco envolvidos nas vidas deles (Chorpita & Barlow, 1998; Kendall et al., 1991). Pais pouco envolvidos são distantes, retraídos e afastados de seus filhos. Podem largar o filho no seu consultório para "conserto" e voltar quando os "reparos" estiverem concluídos. Assim, costumam esquecer sessões dos pais e/ou deixam de realizar as tarefas de controle da contingência. Já os pais excessivamente envolvidos, superprotetores, querem proteger seus filhos dos estressores inevitáveis da vida. Eles não confiam nos recursos de enfrentamento de seus filhos e os veem como crianças muito frágeis. Como exemplo de superproteção, tomamos o caso da mãe cuja filha não gosta da comida da escola. Ela subitamente percebe que a filha se esqueceu de levar o almoço, então corre para a escola levando um sanduíche para que a criança não fique aborrecida na hora do almoço.

O Quadro-síntese 12.1 destaca as questões mais salientes para entender os sintomas da ansiedade.

DIFERENÇAS CULTURAIS E DE GÊNERO NA EXPRESSÃO DOS SINTOMAS

O aumento das pesquisas que examinam as variáveis raciais e étnicas nos transtornos de internalização é uma evolução bem-vinda (Anderson & Mayes, 2010). Silverman, LaGreca e Wasserstein (1995) investigaram preocupações em crianças euro-americanas, afro-americanas e hispânicas cursando do 2 ao 6º ano. Esses pesquisadores verificaram que as crianças afro-americanas se preocupavam mais intensamente com guerras, danos pessoais e família. Beidel, Turner e Trager (1994) não encontraram diferenças étnicas entre crianças afro-americanas e euro-americanas nas medições de testes de ansiedade. Entretanto, um grande número de crianças afro-americanas satisfazia os critérios para ansiedade social. Beidas e colaboradores (2012) constataram diferenças em jovens de minorias étnicas (predominantemente, em jovens afro-americanos e latinos) quanto aos sintomas de ansiedade. Na Escala Multidimensional de Ansiedade para Crianças (MASC, do inglês *Multidimensional Anxiety Scale for Children*), uma medida de autorrelato, jovens de minorias étnicas endossaram mais ansiedade social e sintomas físicos. Treadwell, Flannery-Schroeder e Kendall (1995) verificaram que, embora a maioria dos itens da Escala de Ansiedade Manifesta das Crianças Revisada (RCMAS, do inglês *Revised Children's Manifest Anxiety Scale*; Reynolds & Richmond, 1985) fosse similarmente endossada por crianças afro-americanas e euro-americanas, as afro-americanas endossavam os itens de raiva na escala com uma frequência mais alta. Neal, Lilly e Zakis (1993) verificaram que a maioria dos medos era similarmente endossada por crianças afro-americanas e por crianças euro-americanas. Contudo, o fator medo escolar não era tão fundamental

---

QUADRO-SÍNTESE 12.1 ENTENDENDO OS SINTOMAS DA ANSIEDADE

- Divida os sintomas de ansiedade em sintomas cognitivos, comportamentais, emocionais, fisiológicos e interpessoais.
- Avalie o uso de recursos específicos ao contexto.
- Escolha um instrumento de avaliação.
- Lembre-se de avaliar as possíveis condições médicas e, se necessário, consulte pediatras.

para as crianças afro-americanas quanto para seus colegas euro-americanos. O medo de ter o cabelo cortado era mais preocupante para as crianças afro-americanas do que para as euro-americanas.

Ginsburg, Becker, Kingery e Nichols (2008) enfatizaram que a juventude afro-americana está sub-representada em estudos de tratamentos e que essas crianças são vulneráveis à ansiedade, particularmente quando habitam bairros marcados por pobreza e violência. Além disso, Gaylord-Harden, Elmore, Campbell e Wetherington (2011) constataram que vivenciar a violência na comunidade e a discriminação racial aumentou a ansiedade em adolescentes e crianças afro-americanos. Beidas e colaboradores (2012) alertaram que, ao trabalhar com jovens ansiosos que moram em bairros violentos, a resolução de problemas para garantir a segurança é mais clinicamente indicada do que a reestruturação cognitiva.

Vários autores (Hicks et al., 1996; Ginsburg & Silverman, 1996; Silverman et al., 1995) constataram semelhanças consideráveis entre crianças euro-americanas ansiosas e crianças hispânicas ansiosas. Em termos de diferenças, as crianças hispânicas apresentavam mais problemas de ansiedade de separação e se preocupavam mais com a saúde do que as crianças euro-americanas (Silverman et al., 1995). Silverman e colaboradores também encontraram uma diferença de gênero que indica que as meninas hispânicas tinham mais preocupações com a escola e mais ansiedade relacionada ao desempenho do que os meninos hispânicos. Pina e Silverman (2004) mostraram que a juventude latina evidenciou maior sensibilidade à ansiedade do que as crianças euro-americanas. McLaughlin e colaboradores (2007) observaram que adolescentes latinos alcançaram escores mais altos em somatização, evitação de danos e ansiedade de separação do que seus pares afro-americanos e euro-americanos. Martinez, Polo e Carter (2012) concordaram que a somatização foi altamente prevalente entre os jovens latinos ansiosos. Além disso, as crianças latinas alcançaram os maiores escores de ansiedade de separação, em comparação com outros grupos étnicos (McLaughlin et al., 2007).

Em nossa revisão da literatura, encontramos pouquíssimos artigos sobre transtornos de ansiedade em crianças nativas americanas. Munn, Sullivan e Romero (1999) verificaram que crianças nativas americanas e brancas obtiveram escores de sintomas semelhantes na RCMAS. Contudo, alertaram que esses resultados talvez se limitassem a crianças de origem Cherokee, altamente aculturadas.

As diferenças de gênero nos transtornos de ansiedade parecem ser específicas ao contexto. Estudos comunitários revelaram que há mais meninas do que meninos ansiosos (Beidel & Turner, 1998). Entretanto, estudos clínicos não demonstram diferenças de gênero significativas (Treadwell et al., 1995). Essa é uma descoberta interessante, mas ainda pouco entendida (Castellanos & Hunter, 1999). Uma possível hipótese levantada por Treadwell e colaboradores (1995) é a de que, quando os sintomas de ansiedade justificam uma intervenção clínica, as diferenças de gênero são menos notáveis. Uma hipótese complementar é que as meninas ansiosas excedem numericamente os meninos ansiosos em estudos da comunidade, uma vez que são socializadas para serem emocionalmente mais expressivas. Já que (1) as meninas são socializadas para serem emocionalmente mais expressivas do que os meninos e (2) a ansiedade pode ser mais permissível em meninas, (3) existe maior tolerância social aos sintomas de ansiedade nas meninas e, portanto, (4) estas devem exibir sintomas de ansiedade mais extremos para serem encaminhadas a tratamento.

Sugerimos que você interprete os resultados de estudos etnoculturais com cautela (Beutler, Brown, Crothers, Booker, & Seabrook, 1996; Cuellar, 1998). Ao tentar entender essas descobertas, achamos útil examinar as semelhanças e as diferenças. Primeiro, pode haver aspectos comuns de ansiedade que transpõem as diferenças de gênero e etnia. Contudo, as semelhanças podem ser um produto das técnicas de medição. Certamente, faria sentido que, se as medidas desenvolvidas nas dimensões diagnósticas ocidentais fossem utilizadas para todas as crianças, algumas semelhanças surgissem. As crianças étnicas que participaram da pesquisa e compareceram na clínica podem ser mais altamente aculturadas do que as crianças que não participaram da pesquisa ou que procuram os serviços de saúde mental tradicionais. As diferenças encontradas na expressão do sintoma podem revelar medos e ansiedades contexto-específicos (p. ex., cortar o cabelo, escola, bairro violento). Na verdade, precisamos tratar desses elementos contextuais específicos. Além disso, as diferenças na expressão do sintoma de ansiedade (p. ex., maior irritabilidade, somatização) sugerem que deveríamos dirigir nossa atenção a esses alvos de tratamento e incorporá-los a nosso plano de intervenção.

AVALIAÇÃO DA ANSIEDADE

Uma palavra sobre avaliações médicas

Jovens com transtornos de ansiedade podem apresentar muitos sintomas físicos, assim como numerosas condições médicas podem imitar queixas de ansiedade. Portanto, como parte do processo de avaliação, recomendamos uma avaliação médica completa da criança por um pediatra. Primeiro, a avaliação médica pode descartar qualquer problema físico que esteja mascarando um transtorno de ansiedade. Em segundo lugar, essa avaliação revelará qualquer problema físico coexistente que possa exacerbar a ansiedade. Em terceiro, como terapeuta, você precisa saber se a ansiedade do cliente pode exacerbar uma condição médica. Em quarto lugar, se a criança estiver tomando medicamentos para uma condição médica, você desejará saber qual a influência deles sobre os sintomas de ansiedade dela. Em quinto lugar, em casos de ansiedade aguda, uma medicação pode ser indicada para que a criança possa beneficiar-se totalmente da psicoterapia. Em sexto, os dados obtidos a partir da avaliação médica serão úteis na verificação dos medos e das ansiedades da criança relacionados à saúde. Por fim, você necessitará de uma liberação médica para realizar algumas formas de tratamento de exposição.

Escala de Ansiedade Manifesta para Crianças Revisada-2

A Escala de Ansiedade Manifesta para Crianças Revisada-2 (RCMAS-2, do inglês *Revised Children's Manifest Anxiety Scale-2*; Reynolds & Richmond, 2008) oferece opções clínicas e normas etnicamente diversas. Projetada para jovens na faixa etária de 6 a 19 anos, a escala traz 49 itens. O formato simples de sim/não facilita o processo de preenchimento pelas crianças, que terminam em 10 a 15 minutos. A escala produz um escore total, juntamente com escores para quatro fatores (ansiedade fisiológica, preocupação, ansiedade social e defensividade), além de um Índice de Resposta Inconsistente. Além disso, um CD de áudio está disponível para ajudar na administração para crianças com mais dificuldade de leitura ou atenção. A RCMAS-2 inclui um formulário abreviado com 10 itens.

Escala de Ansiedade Multidimensional para Crianças

A versão revisada da Escala de Ansiedade Multidimensional para Crianças (MASC-2, do inglês *Multidimensional Anxiety Scale for Children*; março, 2007) oferece uma medição de autorrelato para pais e filhos. Os 50 itens dividem-se nas seguintes escalas: Ansiedade/Fobia de Separação, Índice GAD, Ansiedade Social, Obsessões e Compulsões, Sintomas Físicos, Evitação de Dano e um Índice de Inconsistência. As normas incluem uma amostra grande e representativa, e a medição dos pais contém informações úteis no trabalho com famílias envolvendo uma criança ansiosa. A MASC-2 é adequada para crianças e adolescentes de 8 a 19 anos de idade e pode ser preenchida por escrito ou *on-line*.

Triagem para Transtornos Emocionais Relacionados à Ansiedade Infantil

A Triagem para Transtornos Emocionais Relacionados à Ansiedade Infantil (SCARED, do inglês *Screen for Child Anxiety Related Emotional Disorders*; Birmaher et al., 1997) é um instrumento de 41 itens, fácil de completar, de somar o escore e de interpretar para a avaliação dos sintomas de ansiedade em crianças e adolescentes. A SCARED oferece uma série de características muito úteis, como Escore Total de Ansiedade, bem como escores sintomas de pânico, somáticos, de ansiedade generalizada, ansiedade de separação, ansiedade social e sintomas de recusa escolar. Além disso, existem formulários separados para crianças e relatórios dos pais.

A versão revisada e expandida da SCARED (SCARED-R; Muris, Merckelbach, Van Brakel, & Mayer, 1999) é uma medição de 66 itens e inclui fatores como transtorno de pânico, transtorno de ansiedade de separação, transtorno de ansiedade social (fobia social), fobia específica, transtorno obsessivo-compulsivo, transtorno relacionado ao trauma e fobia escolar. Na prática clínica, eu (R.D.F.) prefiro contar com medições mais breves, por isso aplico a SCARED mais frequentemente para gerar informações valiosas. Se eu achar que são necessárias informações sobre algum fator específico (p. ex., transtorno de estresse pós-traumático), aplico a SCARED e também peço para a criança completar apenas os itens relevantes na SCARED-R.

Escala de Beck para Ansiedade da Juventude

A Escala de Beck para Ansiedade da Juventude (BYAS-2, do inglês *Beck Youth Anxiety Scale*; J. S. Beck et al., 2005) investiga sintomas de medo, preocupação e sintomas corporais. A escala é sensível aos critérios do DSM-IV (Bose-Deakins & Floyd, 2004; Steer, Kumar, Beck & Beck, 2005).

Inventário de Ansiedade e Fobia Social para Crianças

O Inventário de Ansiedade e Fobia Social para Crianças (SPAI-C, do inglês *Social Phobia and Anxiety Inventory for Children*; Beidel, Turner, & Morris, 1995) trata especificamente de sintomas associados à fobia social. A gravidade do sofrimento é classificada em uma escala de três pontos. Há versões separadas para os pais e para a criança. Beidel e Turner (1998) relatam características psicométricas sólidas e afirmam que o SPAI-C é mais adequado para crianças entre as idades de 8 e 14 anos. Para crianças com mais de 14 anos, sugerem a versão adulta da escala. Para crianças mais novas, eles recomendam contar com a versão para os pais. O SPAI-C tem 26 itens e pode ser concluído rapidamente.

Questionário de Preocupação da Penn State para Crianças

O Questionário de Preocupação da Penn State para Crianças (The Penn State Worry Questionnaire for Children; Chorpita, Tracey, Brown, Collica, & Barlow, 1997) avalia os sintomas de ansiedade generalizada. Além de ter sólidas propriedades psicométricas, o Questionário de Preocupação da Penn State para Crianças funciona bem como ferramenta de triagem, já que é outra medida breve com 14 itens.

Escalas de Perfeccionismo para Crianças e Adolescentes

As duas versões da Escala Yale-Brown de Transtorno Obsessivo-Compulsivo para Crianças – versões de Autorrelato e de Relato Parental (CY-BOCS – SR e PR, do inglês *Children's Yale-Brown Obsessive-Compulsive Scale – Self-Report and Parent-Report Versions*; Storch et al., 2004, 2006) também são ferramentas úteis. As versões parental e de autorrelato da CY-BOCS são medições de 10 itens que avaliam sintomas obsessivos e compulsivos. Em geral, a CY-BOCS SR (de autorrelato) gera escores menores do que os da versão clínica ou de relatório parental, pois muitas crianças minimizam sua aflição (Storch et al., 2004, 2006). A versão clínica da escala é ministrada completamente por meio de uma entrevista semiestruturada (Goodman et al., 1989).

Cronograma de Pesquisa sobre Medo para Crianças – Revisado

O Cronograma de Pesquisa sobre Medo para Crianças – Revisado (FSSC-R, do inglês *Fear Survey Schedule for Children – Revised*; Ollendick, 1983) é uma escala de 80 itens que aborda uma série de medos infantis comuns. A escala possui sólidas propriedades psicométricas e é adequada para crianças de 7 a 16 anos (Ollendick et al., 1989). O FSSC-R gera um Escore de Medo Total e cinco escores de fator: Medo de Fracasso e Crítica, Medo do Desconhecido, Medo de Ferimentos e de Animais Pequenos, Medo do Perigo e da Morte e Medos Médicos.

ESCOLHENDO AS INTERVENÇÕES NOS TRANSTORNOS DE ANSIEDADE

Em seu trabalho com adultos, Padesky (1988) sugere refinar o tipo de intervenção de acordo com o nível de sofrimento do cliente. Por exemplo, quando uma criança ansiosa está em um estado de baixa excitação, você poderia optar por ensinar-lhe técnicas de gestão do tempo ou trabalhar com seus pais para diminuir sua ingesta de cafeína ou a exibição de filmes contendo cenas de terror ou violência. Em seguida, você poderia acrescentar o relaxamento e, por fim, iniciar as abordagens de resolução do problema.

Nesta seção, apresentamos técnicas de maneira gradativa e sequencial. Começamos com as técnicas de automonitoramento, depois tratamos de intervenções cognitivas e comportamentais relativamente simples e, por fim, prosseguimos para intervenções cognitivas e comportamentais mais complexas (ver Figura 12.1). É muito improvável que você precise usar com cada criança todas as intervenções listadas.

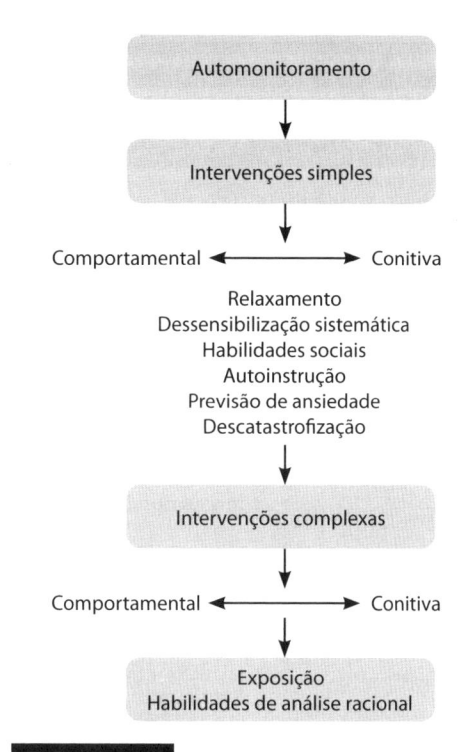

FIGURA 12.1 SEQUÊNCIA RECOMENDADA DE ESTRATÉGIAS COGNITIVO-COMPORTAMENTAIS.

Ao escolher sua abordagem de intervenção, tenha em mente o estágio da terapia. No início, provavelmente a criança utilizará técnicas simples e de automonitoramento. Além disso, você deve assegurar-se de que as crianças possam identificar seus pensamentos, sentimentos e comportamentos pelo automonitoramento antes de usar outros instrumentos de intervenção. Finalmente, a escolha da intervenção depende do que o terapeuta quer realizar. Por isso, para orientar os terapeutas, criamos uma tabela que inclui as opções de intervenções com os fundamentos de cada uma delas (ver Tabela 12.1).

AUTOMONITORAMENTO

Automonitoramento com crianças

As classificações de Unidades Subjetivas de Sofrimento (SUDs, do inglês *Subjective Units*

TABELA 12.1 PROCESSO TERAPÊUTICO, INSTRUMENTO E OBJETIVO

PROCESSO TERAPÊUTICO	INSTRUMENTO ESPECÍFICO	OBJETIVO
Automonitoramento	Balões	Determina SUDs (Unidades Subjetivas de Sofrimento). Serve como base para a construção da hierarquia ansiedade/medo.
	Trilhos dos Meus Medos	Identifica os componentes cognitivos, emocionais, interpessoais, fisiológicos e comportamentais do medo. Forma a base para intervenções seguintes.
	Termômetro do Medo	Avalia o "grau" de medo e de ansiedade. Serve como base para a intervenção.
	Inventários de Autorrelato	Permite a avaliação quantitativa e qualitativa de componentes específicos de medos/ansiedades. Fornece alvos de tratamento.
Relaxamento	Relaxamento Muscular Progressivo	Diminui a tensão muscular e as queixas somáticas.
	Respiração Controlada	Diminui a tensão e regula a respiração.
Contracondicionamento	Dessensibilização Sistemática	Rompe as associações entre sinais geradores de ansiedade e resposta de medo.
Treinamento de habilidades sociais	Fantoches	Proporciona a prática de habilidades sociais de maneira gradativa e divertida.
	Nevoeiro	Dá às crianças uma habilidade verbal para anular a provocação.
	Ignorar	Fornece uma maneira simples de "fugir" de circunstâncias de provocação.
	Observação	Dá às crianças dados sobre opções de habilidades sociais e fornece modelos.
Técnicas cognitivas de autocontrole	Respondendo ao Medo	Facilita a aquisição e a aplicação de diálogos internos mais adaptativos. Bom para crianças mais novas (de 8 a 11 anos).
	Se o Pior Acontecer	Diminui padrões de pensamento catastrófico e é bom para crianças mais novas (de 8 a 11 anos).
	Alarmes Falsos *versus* Verdadeiros	Fornece uma forma de os jovens verificarem se as suas preocupações são exatas ou não. Eficiente com crianças mais novas (de 8 a 11 anos).

(Continua)

TABELA 12.1 PROCESSO TERAPÊUTICO, INSTRUMENTO E OBJETIVO (Continuação)		
PROCESSO TERAPÊUTICO	**INSTRUMENTO ESPECÍFICO**	**OBJETIVO**
Técnicas cognitivas de autocontrole	Só Porque	Oferece uma forma de separar o que é opinião dos outros daquilo que é fato.
	Experimentação Comportamental	Dá às crianças oportunidades para testar suas previsões por meio da prática.
	Teste de Evidência	Permite avaliar os atos que sustentam ou não suas crenças ansiosas.
Procedimentos baseados no desempenho	Exposição	Fornece dados genuínos sobre o desempenho. Ajuda as crianças a se habituarem ao medo e a testar as crenças.
	Luz Vermelha/Luz Verde	Modo divertido de praticar a exposição: a criança fica "paralisada" para simular a exposição.
Autorrecompensa	Distintivo de Coragem	Recompensa que registra o sucesso.

of Distress) são formas convencionais de automonitoramento (Masters et al., 1987) que regulam o nível de cada medo ou preocupação. A criança julga a intensidade e atribui ao item um valor numérico. Quanto mais intenso for o medo ou a preocupação, mais alto será o nível de sofrimento subjetivo.

Friedberg e colaboradores (2001) modificaram o processo de classificação de SUDs, transformando-o no procedimento *Bubble-Up*. A escala de classificação consiste em uma série de balões, e a criança simplesmente colore o número de balões que corresponde a cada medo.

A atividade *Trilhos dos Meus Medos* (ver Figura 12.2) é uma divertida tarefa de automonitoramento em que crianças e adolescentes aprendem a reconhecer a relação entre várias situações, pensamentos, sentimentos e ações. A tarefa é relativamente simples e direta, empregando metáforas de trens, trilhos e estações. O Trilhos dos Meus Medos fornece dados mais específicos com relação aos medos dos clientes, pois as crianças e os adolescentes identificam os componentes individuais associados a seus medos. A tarefa Trilhos dos Meus Medos fornece ao terapeuta dados mais específicos sobre os medos dos jovens clientes, pois as crianças e os adolescentes identificam os componentes individuais associados com seus medos.

A atividade Trilhos dos Meus Medos inicia com a criança desenhando um trem; isso envolve o jovem cliente na tarefa. O próximo passo requer que a criança rastreie seus medos. Conforme revela a Figura 12.2, o trem visita seis estações (Estação Quem, Estação Mente, Estação Onde, Estação Ação, Estação Corpo e Estação Sentimento). É importante que a criança visite cada estação, mas a ordem das visitas é irrelevante.

Quando o trem para em uma estação, a criança colore o prédio e responde à pergunta mostrada na estação. O terapeuta deve ajudá-la a responder cada pergunta ou estimular o mais especificamente possível. A criança registra suas respostas nos espaços fornecidos nas estações. Você pode utilizar a amostra da Figura 12.3 como exemplo.

Nós o incentivamos a introduzir a atividade Trilhos dos Meus Medos de maneira

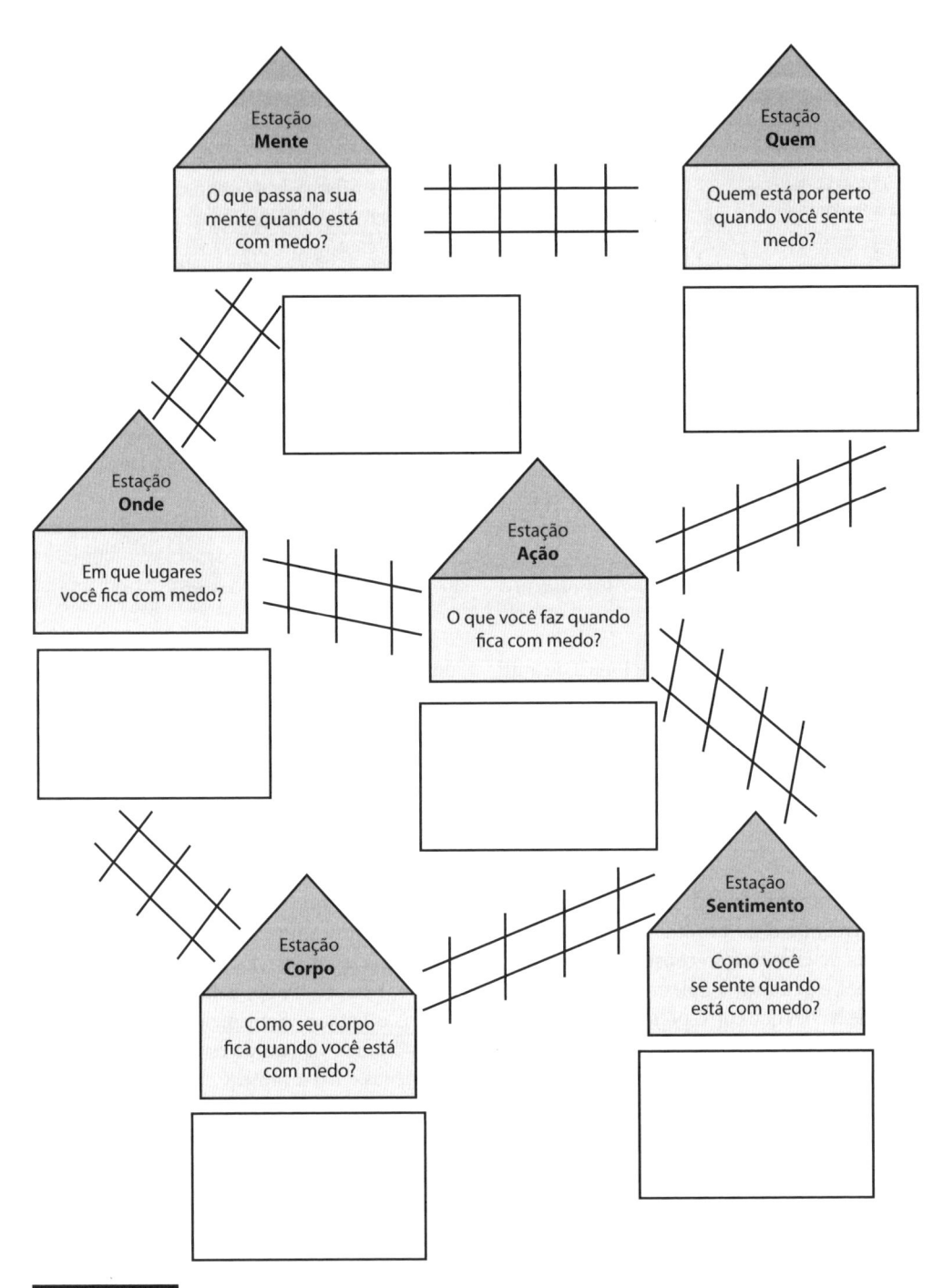

Estação Mente
O que passa na sua mente quando está com medo?

Estação Quem
Quem está por perto quando você sente medo?

Estação Onde
Em que lugares você fica com medo?

Estação Ação
O que você faz quando fica com medo?

Estação Corpo
Como seu corpo fica quando você está com medo?

Estação Sentimento
Como você se sente quando está com medo?

FIGURA 12.2 DIAGRAMA DE TRILHOS DOS MEUS MEDOS.
De Friedberg e McClure (2015). *Copyright* de the Guilford Press.
Permitida reprodução apenas para uso pessoal.

A PRÁTICA CLÍNICA DA TERAPIA COGNITIVA COM CRIANÇAS E ADOLESCENTES   **215**

Estação Mente
O que passa na sua mente quando está com medo?

As pessoas vão pensar que sou louco.
As pessoas vão ficar aborrecidas comigo.
Ninguém vai gostar de mim.

Estação Quem
Quem está por perto quando você sente medo?

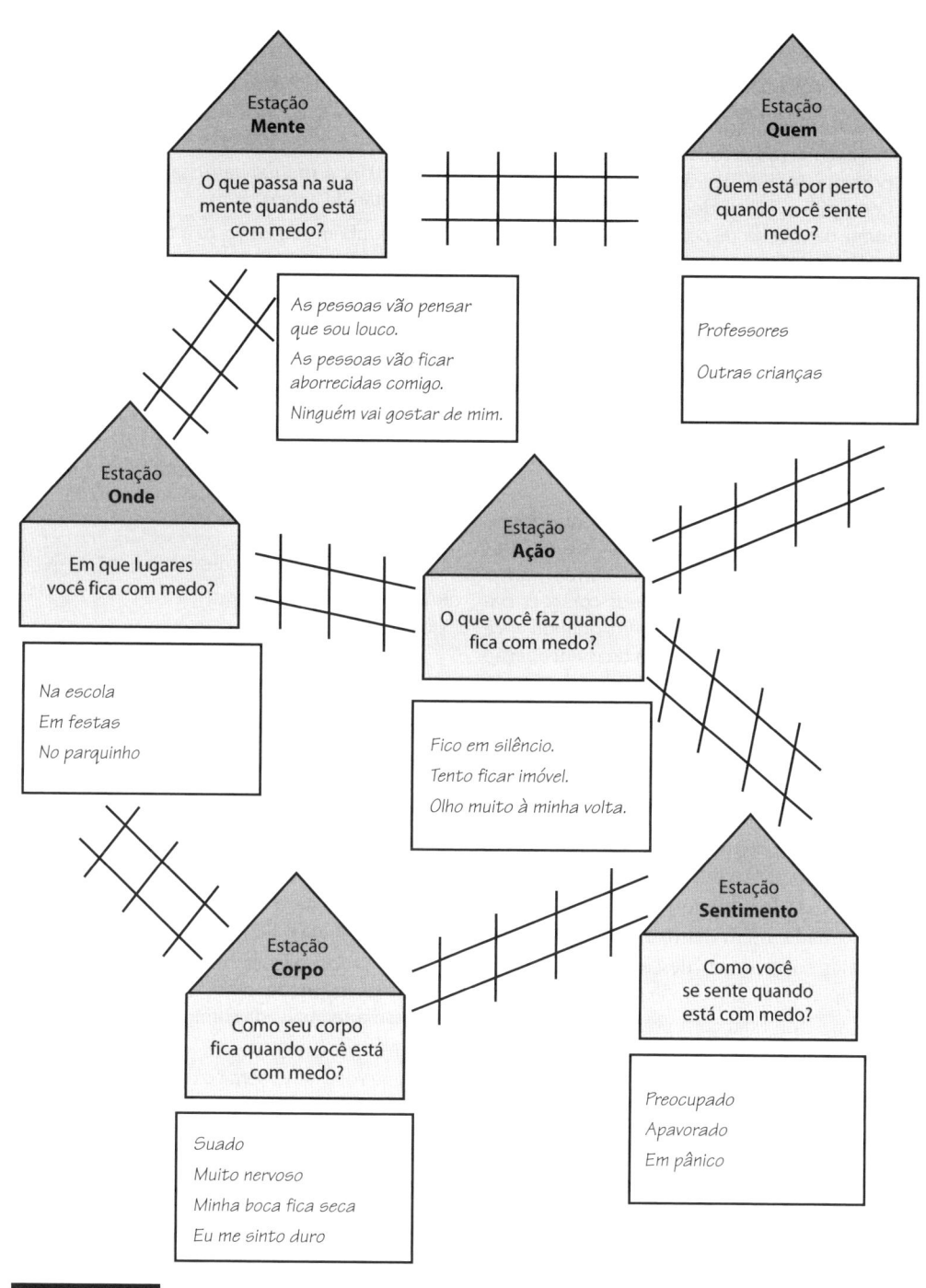

Professores
Outras crianças

Estação Onde
Em que lugares você fica com medo?

Na escola
Em festas
No parquinho

Estação Ação
O que você faz quando fica com medo?

Fico em silêncio.
Tento ficar imóvel.
Olho muito à minha volta.

Estação Corpo
Como seu corpo fica quando você está com medo?

Suado
Muito nervoso
Minha boca fica seca
Eu me sinto duro

Estação Sentimento
Como você se sente quando está com medo?

Preocupado
Apavorado
Em pânico

FIGURA 12.3 DIAGRAMA TRILHOS DOS MEUS MEDOS PREENCHIDO.

animada e envolvente. A seguinte transcrição oferece uma introdução que se revelou bem-sucedida com crianças.

TERAPEUTA: Prestar atenção aos lugares, às pessoas e às coisas à sua volta também é um jeito importante de ajudá-lo a acompanhar seu medo. O diagrama Trilhos dos Meus Medos é outra forma de você ser responsável por seus medos. Você gosta de trens ou de montanhas-russas?

HOLLY: Sim.

TERAPEUTA: O que você gosta neles?

HOLLY: São divertidos.

TERAPEUTA: Eu gosto deles porque param em locais diferentes. Percebe alguma semelhança entre seus medos e preocupações e os trens?

HOLLY: Não sei.

TERAPEUTA: Eles são iguais a trens ou montanhas-russas, pois, quando meninos e meninas se preocupam, suas mentes correm como uma locomotiva de trem. Seus corações batem rápido, e eles suam. Por fim, quando você se preocupa muito, seu trem de preocupação descarrila e é mais difícil chegar ao destino.

A metáfora do trem é especialmente produtiva para muitas crianças. Você pode usar a metáfora do trem para representar linhas férreas, metrôs ou mesmo carrinhos de montanha-russa. Por exemplo, a noção de um trem tombando fora de controle pode comparar-se à experiência fenomenológica da criança de sua ansiedade. Além disso, usar essa metáfora para falar sobre estar "descarrilado" ou "sair dos trilhos" pode ser um "estalo" para muitas crianças. Cada estação representa os diferentes componentes da ansiedade. As crianças conseguem reconhecer prontamente os componentes fisiológicos (Estação Corpo) e os aspectos comportamentais (Estação Ação) de seus medos, mas podem estar relativamente inconscientes de seus pensamentos geradores de ansiedade (Estação Mente). Você pode aplicar as metáforas de trilhos, estações e trens para ilustrar esse processo para as crianças. O diálogo a seguir fornece algumas indicações para maximizar a metáfora do trem e manter uma atitude lúdica.

TERAPEUTA: Já andou de trem ou de montanha-russa?

RAY: Sim, fui a um parque de diversões onde havia uma montanha-russa. Às vezes, fico com medo quando ando nela. Meu pai fica tonto.

TERAPEUTA: A montanha-russa é veloz e faz um montão de curvas.

RAY: E também sobe e desce a toda velocidade.

TERAPEUTA: O vagão parece que vai sair dos trilhos, não parece?

RAY: É isso que é assustador.

TERAPEUTA: Isso mesmo! Seus medos e preocupações se parecem com uma montanha-russa. Eles o levam em uma viagem assustadora que é cheia de surpresas. Acha que teria tanto medo se soubesse antecipadamente onde a montanha-russa vai parar ou ganhar velocidade?

RAY: Não sei.

TERAPEUTA: Como seria descobrir isso?

RAY: Acho que seria bom...

TERAPEUTA: Vamos tentar. Primeiro, vamos ler o diagrama juntos. (*Lê o diagrama com Ray.*) Agora, desenhe o tipo de trem que se pareceria com seu medo.

RAY: Posso usar a cor que eu quiser?

TERAPEUTA: O medo é seu! É tudo com você.

RAY: Certo. Vou desenhar um trem vermelho bem reluzente. (*Desenha o trem.*)

TERAPEUTA: Vamos fingir que suas preocupações e seus medos são os passageiros deste trem. Quem estaria viajando no seu trem vermelho?

RAY: As preocupações sobre as outras crianças não gostarem de mim ou sobre a minha professora ser malvada comigo.

TERAPEUTA: Certo. Vamos ver aonde vai este trem. Você movimenta o trem pelos trilhos até cada estação. Cada estação tem seu próprio nome. Agora, leia o nome de cada estação.

Nesse exemplo, o terapeuta usa as experiências do próprio Ray na montanha-russa para introduzir a metáfora e demonstrar o conceito. Assim, Ray se envolve na conversa e será mais propenso a recordá-la posteriormente, ao abordar outros medos. Em seguida, o terapeuta e Ray trabalharão juntos em cada uma das estações no diagrama.

Automonitoramento com adolescentes

Em geral, o automonitoramento com crianças mais velhas e adolescentes é direto. Silverman e Kurtines (1996) criaram o *Termômetro do Medo* como instrumento útil de automonitoramento. O Termômetro do Medo é o desenho de um termômetro com diferentes gradientes de medo. Os adolescentes podem desenhar seus próprios Termômetros do Medo ou você pode fornecer ilustrações não coloridas. Independentemente de como esses termômetros do medo são desenhados, consideramos importante o adolescente determinar a escala de graduação ou graus de medo. Portanto, para alguns adolescentes, uma escala de 1 a 5 atenderá suas necessidades; outros, no entanto, podem querer desenhar uma escala de 1 a 100. Os adolescentes devem ser encorajados a completar o Termômetro do Medo da forma que preferirem. Por exemplo, alguns preferem simplesmente circular os graus de medo no Termômetro do Medo. Outros podem querer sombrear o mercúrio no Termômetro do Medo para refletir seus níveis de medo.

Para adolescentes, instrumentos de autorrelato, como SCARED ou MASC-2, também são meios úteis de automonitoramento. Os adolescentes podem preencher os inventários regularmente (em geral, recomendamos uma vez por semana, ao longo de quatro semanas). Os escores devem, então, ser representados em um gráfico e mostrados ao adolescente como forma de automonitoramento. Em seguida, os escores podem ser utilizados como estímulos para enfrentar situações difíceis e solucionar problemas (p. ex., "O que você faz quando se sente envergonhado em um escore 3?").

TREINAMENTO DE RELAXAMENTO

O treinamento de relaxamento parece mais indicado para crianças ansiosas com queixas somáticas (Eisen & Silverman, 1993). Ele requer que as crianças se concentrem em sua respiração e na tensão muscular. Crianças introspectivas terão dificuldade para centrar a atenção em seus sinais corporais. Nesses casos, trabalhamos primeiro com as cognições ruminativas, ou concomitantemente com o relaxamento. O treinamento de relaxamento também envolve instruções um tanto elaboradas que precisam ser tornadas concretas e compreensíveis, principalmente para as crianças mais novas.

Crianças ansiosas altamente inquietas desafiam o terapeuta a lhes ensinar as técnicas de relaxamento. É difícil fazer a criança relaxar, se ela não consegue ficar parada! As metáforas esportivas podem ser úteis para essas crianças (Sommers-Flannagan & Sommers-Flannagan, 1995). Por exemplo, você poderia preparar a criança, mostrando-lhe um vídeo de um atleta fazendo relaxamento. A criança e o terapeuta poderiam assistir a jogadores de basquete, de futebol ou de tênis preparando-se para um arremesso, cobrança de pênalti ou saque. O vídeo é uma boa ideia, uma vez que permite combinar o interesse, o gênero e a etnia da criança com um modelo adequado. Também é possível pausar e rever cada vídeo, com a criança fazendo perguntas como "O que o jogador está fazendo para relaxar?" ou "O quanto ele/ela está imóvel?".

Simplificar o procedimento também ajudará. O relaxamento pode tornar-se uma tarefa gradual. Por exemplo, você pode iniciar um relaxamento muscular progressivo com apenas um ou dois grupos musculares (Kendall et al., 1992). Então, conforme a habilidade da criança vai aumentando, você pode acrescentar outros grupos. Com frequência, as crianças têm dificuldade para entender a fase tensão-relaxamento do relaxamento muscular. Brinquedos de borracha, apitos ou outros brinquedos são úteis e aumentam a diversão (Cautela & Groden, 1978, conforme citado por Morris & Kratochwill, 1998). Quando uma criança tensiona adequadamente um grupo muscular, obtém uma resposta (p. ex., o pato de borracha grasna) que lhe diz que está exercendo a habilidade de maneira correta. Da mesma forma, soprar um apito ou soprar bolhas de sabão ensina os fundamentos do controle da respiração (Warfield, 1999).

Para algumas crianças e adolescentes, o ato de se concentrar em suas sensações corporais, por si só, gera ansiedade. Crianças sensíveis à ansiedade verificam seus corpos em busca de qualquer sinal de tensão e catastroficamente interpretam de forma equivocada as reações corporais normais (Kendall et al., 1991; Vasey, 1993). Como consequência, pode ser que considerem bastante ameaçadores o relaxamento muscular progressivo e o controle da respiração. Nesses casos, estabelecer o relaxamento como uma experiência pode ajudar (p. ex., "O que você prevê que poderia acontecer?"). As crianças também podem ter medo de perder o controle. O uso de técnicas cognitivas para testar suas expectativas também será produtivo. A seguinte transcrição ilustra como trabalhar com uma criança que tem medo das sensações relacionadas ao procedimento de relaxamento.

TERAPEUTA: Você parece pouco à vontade, Irma.

IRMA: Estou preocupada em não conseguir recuperar o fôlego. Tenho a sensação de que posso perder o controle.

TERAPEUTA: Entendo. Acha que podíamos testar e praticar a respiração para ver o que acontece?

IRMA: Não sei. Se eu começar a perder o controle e não recuperar o fôlego, a gente pode parar?

TERAPEUTA: É claro. Você decide a duração do relaxamento. Quanto tempo acha que podemos tentar antes de você começar a se preocupar com perder o controle?

IRMA: Uns 2 minutos, talvez.

TERAPEUTA: Vamos fixar esse tempo. Vamos parar antes disso, se você quiser, e, se você não ficar preocupada, podemos continuar mais um pouco. Que tal?

O que essa interação demonstra? O procedimento de relaxamento e os medos de Irma foram estabelecidos como uma experiência gradual. Se Irma tolerasse o relaxamento por 2 minutos ou mais, o procedimento poderia ser prolongado na próxima vez. Se 2 minutos fosse muito tempo para ela, o terapeuta precisaria encurtar o procedimento e dar atenção a quaisquer medos e crenças adicionais que ela tivesse sobre o procedimento e sobre estar se concentrando em suas sensações corporais.

DESSENSIBILIZAÇÃO SISTEMÁTICA

O exemplo a seguir ilustra muitos dos passos fundamentais na construção de uma eficiente dessensibilização sistemática. Chamaremos nosso jovem cliente de Herman. Ele é um menino de 14 anos que está bastante receoso da prova de qualificação para o ensino médio. Herman completou a classificação atribuindo SUDs a 10 situações. Em seguida, essas situações foram organizadas em uma hierarquia: da mais temida (10 SUDs) até a menos temida (1 SUD), conforme demonstrado na Figura 12.4. Como se percebe, os itens refletem uma hierarquia espacial-temporal, com cada circunstância refletindo o quanto Herman está próximo da prova em termos de tempo e de espaço físico.

O próximo passo é pedir que Herman descreva, por escrito e com o máximo possível de detalhes, os aspectos fisiológicos, de humor, comportamentais, cognitivos e interpessoais de seu medo. Herman, como a maioria dos adolescentes de 14 anos, não relata na íntegra todos esses elementos. Você precisará ajudá-lo a dimensionar os detalhes relevantes, a fim de construir uma imagem vibrante. Você poderia fazer perguntas como "Quem está à sua volta?", "Que aparência eles têm?", "O que você imagina que eles estão pensando de você?", "Com o que a sala se parece?", "Como você sente seu corpo?", e assim por diante, até estar certo de ter obtido uma imagem forte. Além disso, recomendamos que as imagens sejam multissensoriais (Padesky, 1988). Portanto, você pode estimular Herman a imaginar as visões, os sons, os cheiros e as sensações táteis presentes na situação. Fazendo isso, tanto Herman quanto você podem obter uma "sensação" da situação. A Figura 12.5 apresenta um exemplo de cena forte.

Herman precisa ter a habilidade de criar imagens de relaxamento antes de iniciar formalmente o procedimento de dessensibili-

SUDS	CENA
10	Dia da prova de qualificação; sentado na sala de aula, enquanto a prova é distribuída. Começo a entrar em pânico.
9	Caminho para a escola no dia da prova, preocupado se vou passar. Outras crianças falam sobre a prova, enquanto esperam para entrar na escola.
8	Noite da véspera do exame. Deitado na cama, inquieto com a possibilidade de reprovação.
7	Três dias antes da prova. Os professores parecem estressados. Um monte de revisões de última hora. Acho que vou pegar um resfriado.
6	Cinco ou seis dias antes da prova. Preocupado, não consigo me lembrar do que estudei. Os professores estão críticos. Os pais, preocupados.
5	Uma semana antes da prova. Um monte de exercícios. Meus pais só falam nisso.
4	Um mês antes da prova. Converso com outras crianças sobre a prova. Comparo as notas das provas simuladas. Participo de aulas de revisão.
3	Dois meses antes da prova. Sentado no auditório, recebo dicas para a prova. Escuto histórias "apavorantes" dos professores sobre alunos que não se preparam.
2	Seis meses, mais ou menos. Começam as sessões de estudo. Imagino em que grupo vou ficar.
1	Férias de verão. Leio um artigo no jornal sobre as provas. Comento com os amigos sobre o assunto.

FIGURA 12.4 HIERARQUIA DE HERMAN.

É o dia do exame. As palmas das minhas mãos estão molhadas de suor. Meu coração está batendo muito rápido, acho que posso senti-lo aos pulos. Provavelmente, terei dor de cabeça e não conseguirei me concentrar. Estou meio tonto. Os barulhos realmente me distraem. As vozes das outras crianças parecem zumbidos. As pessoas estão impacientes e não param quietas em suas carteiras. Estão bem nervosas. Estão agitadas, deixando cair coisas. Há uma fila de crianças na frente do apontador de lápis. Verifico várias vezes meus lápis e meu apontador. Minhas mãos estão tão suadas que chegam a molhar minha carteira e meu apontador.

Os exames estão sendo distribuídos e ouço gemidos das outras crianças. Os papéis farfalham. O encosto da cadeira parece duro nas minhas costas e sinto a gola da minha camiseta áspera e apertada ao redor do meu pescoço, quase como uma forca. A sala exala um odor de livros úmidos. Pego o meu teste e o papel gruda nas minhas mãos. Sinto-me um pouco tonto e nauseado, enquanto leio as instruções. Fico preocupado. Será que vai me dar um branco? Quase me vejo correndo para fora da sala, gritando, e todos os outros espantados e rindo. Acho que todo esse esforço é perda de tempo.

FIGURA 12.5 EXEMPLO DE UMA DAS CENAS DE HERMAN. SUDS: 10.

zação sistemática. Esse treinamento de criar imagens mentais deveria ser acompanhado dos procedimentos de relaxamento corporal que descrevemos na seção anterior e no Capítulo 8. Quando eu (R.D.F.) penso em introduzir a técnica de criação de imagens positivas para crianças e adolescentes, lembro-me do filme *Um maluco no golfe* (*Happy Gilmore*). No filme, Happy (Adam Sandler), aspirante a golfista, traído por sua raiva descontrolada, é ensinado a imaginar seu "lugar feliz". Essa frase simples pode ser usada para descrever imagens agradáveis para crianças e adolescentes. Você pode instruí-las a criar um espaço psicológico feliz e seguro em suas mentes. Nesse espaço, elas podem se imaginar calmas, relaxadas, satisfeitas e no controle ao realizarem algumas de suas atividades favoritas. Assim que tiverem criado seu lugar feliz, estarão prontas para começar a justapor as situações geradoras de ansiedade às imagens do lugar feliz e às técnicas de relaxamento corporal.

Conforme observado no Capítulo 8, você começa pelo item mais baixo na hierarquia e vai subindo até os itens de classificação mais alta. Se a criança relatar ansiedade durante a apresentação da cena, encerre a exibição e instrua a criança/o adolescente a retornar para o seu lugar feliz. A interação descrita a seguir começa no ponto em que Herman e seu terapeuta estão trabalhando no Item 9, e Herman acabou de completar seu relaxamento e indução de imagens positivas.

TERAPEUTA: Herman, levante o dedo quando você se sentir em um estado calmo, relaxado e confiante.

HERMAN: (*Levanta o dedo.*)

TERAPEUTA: Agora abaixe seu dedo devagar. Você está em um estado de relaxamento profundo. Está se sentindo calmo e confiante. Agora, imagine a cena em que está caminhando para a escola no dia da prova de qualificação. Você sai de casa, ouvindo a porta bater atrás de si, como tambores rufando. Sua cabeça começa a latejar, e seu estômago está embrulhado. Você parece caminhar em câmera lenta e sente suas pernas pesadas. Preocupações sobre passar no exame e ter que o refazer várias vezes passam pela sua cabeça. Levante o dedo se você é capaz de imaginar essa cena.

HERMAN: (*Levanta o dedo lentamente.*)

TERAPEUTA: Agora, bem devagar, abaixe o dedo.

HERMAN: (*Abaixa o dedo.*)

TERAPEUTA: Fixe esta cena e imagine que está acontecendo de verdade. Focalize-a como se você estivesse sintonizando um programa de televisão. Quando sua imagem estiver realmente clara, explore seu corpo em busca de sinais de ansiedade. Então, use sua respiração para livrar-se dos medos.

HERMAN: (*Após uma breve pausa, usa a técnica de respiração.*)

TERAPEUTA: Quando se sentir relaxado, erga o dedo.

HERMAN: (*Levanta o dedo.*)

TERAPEUTA: Agora, vamos mudar a cena um pouco. A caminho da escola, você encontra um grupo de colegas. Percebe o medo e a ansiedade nos rostos deles. Parece que suas vozes estão rápidas demais. Você os ouve falando sobre possíveis questões da prova e entra em pânico. Seu coração está saltando dentro do peito e você sente falta de ar. Está preocupado porque não consegue pensar em nenhuma resposta. Quando visualizar esta cena com clareza, levante o dedo devagar.

HERMAN: (*Levanta o dedo.*)

TERAPEUTA: Se você estiver se sentindo ansioso, levante o dedo.

HERMAN: (*Levanta o dedo.*)

TERAPEUTA: Fixe essa imagem por um momento. Agora, com o poder de sua respiração e com suas habilidades de imaginação, veja se consegue reduzir a ansiedade quando visualizar esse quadro de si mesmo.

O que essa interação nos ensina? Primeiro, as imagens incluem várias modalidades sensoriais. Segundo, o terapeuta teve o cuidado de não reforçar o relaxamento de Herman dizendo "Bom" ou "Bom trabalho" quando ele não relatou ansiedade. Terceiro, trabalhou lenta e deliberadamente, assegurando-se de que Herman estivesse visualizando a cena em sua mente e experimentando a ansiedade que a acompanha.

O Quadro-síntese 12.2 fornece diretrizes para o relaxamento e a dessensibilização sistemática.

TREINAMENTO DE HABILIDADES SOCIAIS

Nesta seção, ilustraremos vários componentes de intervenção de habilidades sociais com Dannica, menina de 11 anos que está sendo

> **QUADRO-SÍNTESE 12.2** DICAS PARA RELAXAMENTO E PROCEDIMENTOS DE DESSENSIBILIZAÇÃO SISTEMÁTICA
>
> - Faça roteiros para relaxamento que sejam concretos e compreensíveis.
> - Analise a possibilidade de tornar o relaxamento uma tarefa gradativa.
> - Utilize auxílios divertidos, como bolhas, bolas de algodão, brinquedos de apertar e apitos, para fornecer *feedback* durante o relaxamento.
> - Torne as imagens de relaxamento multissensoriais e certifique-se de que a criança está hábil em utilizá-las, antes de iniciar o procedimento de dessensibilização.
> - Comece com o item mais baixo na hierarquia e *suba devagar* para os itens mais altos.
> - Quando um item da hierarquia provocar ansiedade, faça a criança combinar o relaxamento muscular e as imagens de relaxamento para combater a ansiedade.

provocada por seus colegas de aula. Dannica é uma menina brilhante, porém socialmente inábil, indecisa sobre o que dizer ou fazer quando seus colegas implicam com ela. Ela assume uma postura bastante tensa, tornando-se verbalmente inexpressiva e cognitivamente rígida nessas interações.

A primeira habilidade social que ensinamos a ela foi ignorar e se afastar. Depois, propusemos que relaxasse, respirasse fundo e dissesse a si mesma "Só porque eles me chamam de pateta não quer dizer que eu seja", sem reagir aos seus provocadores, apenas afastando-se calmamente. Essas estratégias foram escritas e registradas em cartões. Além disso, Dannica aprendeu a envolver-se em outra tarefa (p. ex., fazer um exercício de matemática) para distrair-se das provocações.

Inicialmente, a técnica de ignorar foi bem-sucedida, mas tornou-se incômoda e pesada para Dannica com o passar do tempo. Como ignorar é uma solução passiva, a ansiedade e a frustração dela aumentaram, comprometendo sua concentração na escola. Dannica precisava se perceber mais no controle. A tática de ignorar não alterou sua percepção de si mesma como vítima.

Subsequentemente, ensinamos a ela a tática do "nevoeiro". O *nevoeiro* é uma técnica de positividade que desarma os provocadores (Feindler & Guttman, 1994). Quando você coloca o provocador no "nevoeiro", concorda com a provocação. Fingindo indiferença e respondendo com humor, a criança provocada decepciona seus provocadores, que esperam uma reação negativa forte. Inicialmente, Dannica aprendeu a técnica do nevoeiro brincando com fantoches, como na interação a seguir.

TERAPEUTA: Certo, Danni, vamos usar estes fantoches para aprender o que fazer quando as outras crianças implicarem com você.

DANNICA: Como podemos fazer isso?

TERAPEUTA: Bem, você decide quais fantoches vamos usar. A gente finge que os fantoches são as outras crianças implicando com você. Quem você quer representar?

DANNICA: Vou representar a mim mesma.

TERAPEUTA: Qual será o seu plano se as crianças implicarem com você?

DANNICA: Ignorá-las.

TERAPEUTA: Que tal tentar usar a tática do nevoeiro?

DANNICA: Boa ideia.

TERAPEUTA: Vamos começar a brincar. Qual dos fantoches você vai escolher?

DANNICA: Vou ser a girafa, por ser tão alta. Elly vai ser a tigresa, porque acho que ela é brava.

TERAPEUTA: Então, representarei a Elly. Lembre-se: tente usar o nevoeiro quando eu a provocar.

DANNICA: Certo, vou tentar.

TERAPEUTA: Agora, qual é o nome da sua girafa, e qual é o nome da minha tigresa?

DANNICA: Humm. Vamos ver. Meu nome é Rosy, e o seu é Rory.

TERAPEUTA: Tá legal. Eu começo. Ah, Rosy, você parece tão desajeitada com este pescoção comprido.

DANNICA: Não darei ouvidos a você.

TERAPEUTA: Que criançona... Criançona chorona! O que vai fazer, contar para a professora? É uma bobalhona mesmo...

DANNICA: (*Finge conversar com outro animal.*)

TERAPEUTA: (*Saindo do papel.*) Danni, como foi fazer isso?

DANNICA: Fiquei nervosa... como se não soubesse o que fazer.

TERAPEUTA: O quanto isso foi parecido com o que acontece na escola?

DANNICA: Bem parecido.

TERAPEUTA: O que passou por sua cabeça?

DANNICA: Que ela vai me tirar do sério. E todo mundo vai ver o quanto fico nervosa.

TERAPEUTA: Certo. Então, você tem que arrumar um jeito de escapar. Acha que a tática do nevoeiro poderia ajudar?

DANNICA: Não sei.

TERAPEUTA: Vamos tentar. Como você poderia usar o nevoeiro com Rory?

DANNICA: Não sei.

TERAPEUTA: Deixe-me ver se posso ajudá-la. Vou lhe contar minhas ideias sobre o nevoeiro. Vou representar Rosy e tentar fazer o nevoeiro. Você faz o papel da tigresa e implica com a Rosy.

DANNICA: Tá legal. Vai ser divertido. Rosy, você é tão desengonçada. Por que nunca lava seu cabelo? Ele é tão amarelo.

TERAPEUTA: Obrigada pelo conselho. Amarelo é a cor natural do meu cabelo.

DANNICA: Cabelo amarelo, cabelo amarelo! Você precisa mesmo do meu conselho. Sua pele é tão opaca. Você tem medo da bola na aula. Que medrosa você é. Tem medo da bola.

TERAPEUTA: Uau! Você realmente presta atenção em mim. Sei que você pensa que tenho medo da bola.

DANNICA: E tem mesmo! Sua medrosinha! Medrosinha amarela!

TERAPEUTA: Você com certeza pensa que me conhece. (*Saindo do papel.*) Danni, como se sentiu quando eu usei a tática do nevoeiro?

DANNICA: Ficou difícil continuar implicando. Não sei se consigo pensar em outras coisas para dizer.

TERAPEUTA: Vamos escrever algumas coisas nos cartões para você praticar e lembrar. Está disposta a tentar?

O que esse diálogo nos ensina? A brincadeira com os fantoches revelou que Dannica não tinha as habilidades para lidar com a provocação contínua. Ela não havia assimilado suficientemente a técnica do nevoeiro. Por isso, o terapeuta trocou os papéis para modelar a tática. Em seguida, o terapeuta e Dannica anotam as afirmações eficazes de nevoeiro para que Dannica tenha um roteiro. O terapeuta e Dannica, então, trocam de papéis mais uma vez para que Dannica possa praticar mais a tática do nevoeiro.

A observação é outra forma de construir habilidades sociais. Além de ensinar diretamente a Dannica as habilidades de ignorar, nevoeiro e assertividade, trabalhamos com ela para observar como as demais crianças de sua turma lidavam com provocações. Dannica observou como elas eram provocadas e como agiam. Também identificou as consequências positivas e negativas de cada estratégia. Em seguida, tirou conclusões sobre quais eram as melhores opções com base nas observações dela.

Por fim, Dannica precisava experimentar suas habilidades recém-adquiridas. Portanto, a instruímos a preencher um diário de provocação modificado quando ela fosse provocada (ver Figura 12.6). Pedimos que escrevesse cada situação em que foi provocada. Então, ela registrava seus sentimentos, pensamentos e comportamentos de enfrentamento e o sucesso deles. Fazendo isso, ela praticava a aplicação de suas habilidades de enfrentamento e conferia o grau de sucesso delas.

AUTOCONTROLE COGNITIVO

Responder ao Medo é uma técnica de autocontrole/autoinstrução para ajudar crianças e adolescentes a construírem pensamentos

Como eu fui provocada	Como eu me senti	O que me passou pela cabeça	O que eu fiz	Como funcionou (t = terrível o = ótimo)

FIGURA 12.6 DIÁRIO DE PROVOCAÇÃO DE DANNICA.

de enfrentamento que desafiam crenças associadas a seus sentimentos de ansiedade. A habilidade de Responder ao Medo é uma abordagem relativamente simples que pode ser efetiva como primeiro passo com crianças ansiosas. A planilha Responder ao Medo é apresentada na Figura 12.7. A seguinte transcrição oferece um exemplo da forma como você pode apresentar a tarefa para a criança.

"Nós realmente ouvimos seu medo falando hoje. Quando você ficou preocupado, achou que sua professora pensaria que você é idiota e que seus pais se sentiriam mal se não se saísse bem. Você se preocupou que todos percebessem o quanto você é atrapalhado. Seu medo lhe desviou daquilo que você sabia que podia fazer. O próprio medo meio que o deixou intimidado. Então, vou ensiná-lo a responder a seu medo."

Meu medo diz: _____

Eis algumas coisas que você pode dizer a si mesmo para ajudá-lo a *responder* a seus sentimentos de medo:
- Os sentimentos de medo são como o vento. Eles sopram sobre você e depois passam.
- Todo mundo sente medo algumas vezes. Esses sentimentos apenas me tornam humano.
- Esses sentimentos são apenas sinais para usar minhas novas habilidades.
- Sei que posso fazer isso. A razão principal para achar que não posso é porque sinto medo. Eu só tenho que lembrar que é o meu medo falando.
- Fique frio. Eu posso responder a meu medo.

Escreva mais cinco coisas que você pode dizer a si mesmo para *RESPONDER AO SEU MEDO*:
1. _____
2. _____
3. _____
4. _____
5. _____

Escreva nos cartões todas essas maneiras de responder ao seu medo. Leia-os duas vezes por dia.

FIGURA 12.7 PLANILHA DA ATIVIDADE "RESPONDER AO MEDO".
De Friedberg e McClure (2015). *Copyright* de the Guilford Press.
Permitida reprodução apenas para uso pessoal.

A habilidade Responder ao Medo inclui várias fases. Na primeira fase, o terapeuta ensina e modela afirmações de enfrentamento. Na segunda fase, as crianças criam suas próprias afirmações de enfrentamento. Na terceira fase, escrevem suas afirmações de enfrentamento personalizadas em um cartão. Crianças e adolescentes podem colocar os cartões no bolso, na carteira ou na bolsa e carregá-los para situações onde poderiam tornar-se ansiosos. A planilha Responder ao Medo sistematiza esse processo para crianças e adolescentes.

A Figura 12.8 mostra uma planilha Responder ao Medo preenchida. A voz interior apavorada do menino lhe disse que "estragaria tudo" em seu relatório oral de literatura. Então, ele circulou várias afirmações de enfrentamento preparadas que acreditava que acalmariam o medo. Em seguida, escreveu mais cinco maneiras de responder a seu medo. Finalmente, transpôs essas afirmações para os cartões e, assim, pôde acessar um conjunto relativamente completo de habilidades para enfrentar situações difíceis.

As habilidades de Responder ao Medo podem ser um trampolim para outros exercícios experienciais/recreativos. Por exemplo, a brincadeira com fantoches é uma extensão natural do exercício. Você pode estabelecer o exercício, fazendo a criança escolher dois fantoches, um que representará o diálogo interno adaptativo da criança, e outro que representará seu medo falando. Ela pode escolher o papel que quer representar. As crianças que já têm prática em responder aos seus medos podem ser incentivadas a representar primeiro o papel do diálogo interno adaptativo. Para aquelas que não têm tanta prática, você deveria desempenhar o papel do fantoche do diálogo interno adaptativo, para, assim, modelar como responder ao medo para a criança.

Quando as crianças praticam esse jogo pela primeira vez, podem ter problemas para acessar as afirmações de enfrentamento. Portanto, recomendamos lembrar seus clientes de que podem usar os cartões. Materiais de enfrentamento facilmente acessíveis aumentam a confiança das crianças. Além disso, essa estraté-

---

Meu medo diz: *Eu vou estragar tudo em meu relatório oral de literatura*

Eis algumas coisas que você pode dizer a si mesmo para ajudá-lo a *responder* a seus sentimentos de medo:
- Os sentimentos de medo são como o vento. Eles sopram sobre você e depois passam.
- Todo mundo sente medo algumas vezes. Esses sentimentos apenas me tornam humano.
- Esses sentimentos são apenas sinais para usar minhas novas habilidades.
- Sei que posso fazer isso. A razão principal para achar que não posso é porque sinto medo. Eu só tenho que lembrar que é o meu medo falando.
- Fique frio. Eu posso responder a meu medo.

Escreva mais cinco coisas que você pode dizer a si mesmo para **RESPONDER AO SEU MEDO**:

1. *Sou maior que o meu medo.*
2. *Isso é só o meu medo falando. Não tenho que escutá-lo.*
3. *Meu medo não sabe o que vai acontecer. Eu posso lidar com isto.*
4. *Toda vez que enfrento meu medo, fico mais forte. Eu consigo enfrentar meu medo.*
5. *Meu medo está me intimidando. Preciso responder a ele. Meu medo vai se acabar.*

Escreva nos cartões todas essas maneiras de responder ao seu medo. Leia-os duas vezes por dia.

FIGURA 12.8 EXEMPLO PREENCHIDO DA PLANILHA "RESPONDER AO MEDO".

gia reforça a noção de que carregar os cartões consigo é uma boa ideia.

À medida que as crianças adquirem prática com as habilidades, você pode aumentar a dificuldade da tarefa. Por exemplo, quando você representar a voz do medo, pode aumentar a frequência e a intensidade das previsões catastróficas. As cognições geradoras de ansiedade são crenças arraigadas e, por isso, não cederão facilmente. Assim, você deveria incentivar as crianças a serem persistentes com seus diálogos internos de enfrentamento.

Com frequência, a preocupação excessiva de crianças mais novas é pontuada por perguntas do tipo "E se..." (Lerner et al., 1999). Por exemplo: "E se eu fizesse uma prova e esquecesse tudo que estudei?". O exercício *Se o Pior Acontecer* simplifica o processo de descatastrofização e ensina as crianças a desafiarem suas terríveis previsões. A planilha Derrotando Se o Pior Acontecer (ver Figura 12.9) in-

---

Muitas vezes, quando você se preocupa, fica se perguntando 'E se algo ruim acontecer?'. Às vezes, você imagina que o pior vai acontecer e você não conseguirá lidar com a situação. Chamamos isso de **Pensamento Se o Pior Acontecer**. Vamos usar esta planilha para **Derrotar o Se o Pior Acontecer**.

Quando fico me preocupando "E se _____

_____

_____ , fico realmente apavorado e preocupado."

Faça as perguntas a si mesmo:
Que certeza eu tenho de que o que está me preocupando vai realmente acontecer? Circule uma resposta.

     Nenhuma certeza   Certeza razoável   Muita certeza

Isso já aconteceu antes? Circule uma resposta.
     SIM   NÃO

Se isso não aconteceu no passado, o que me faz pensar que acontecerá agora? Circule uma.

_____

_____

Se lidei com isso no passado, o quanto é realmente apavorante? Circule uma resposta.

     Muito apavorante   Um pouco apavorante   Nada apavorante

Agora que você respondeu a essas perguntas, existe uma nova maneira de responder ao Se o Pior Acontecer?

_____

_____

FIGURA 12.9 PLANILHA PARA DERROTAR O "SE O PIOR ACONTECER".
De Friedberg e McClure (2015). *Copyright* de the Guilford Press. Permitida reprodução apenas para uso pessoal.

clui um componente de automonitoramento e uma técnica de mudança incorporados em seu conteúdo. Primeiro, as crianças registram suas perguntas inquietantes no formato "E se...". Em seguida, respondem a cinco perguntas sucessivas e chegam a uma conclusão que as ajuda a desafiar o "Se o Pior Acontecer".

Você pode apresentar o exercício "Se o Pior Acontecer" do seguinte modo:

> "Muitas vezes, quando meninos e meninas se preocupam, ficam se perguntando 'E se...?'. Por exemplo, certa vez, um menino estava indo a uma festa e teve a seguinte preocupação 'E se os outros meninos e meninas zombarem de mim?'. Outro exemplo é quando uma menina ficou preocupada na noite anterior ao primeiro dia de aula: 'E se eu não for bem na nova série?'. A isso, chamamos "Pensamento Se o Pior Acontecer". Quando se tem um pensamento desses, passa-se a fugir das coisas temidas. Você imagina que o pior acontecerá e que será incapaz de lidar com isso. Dar ouvidos ao Pensamento Se o Pior Acontecer só o faz sentir-se pior. Então, vamos aprender a desafiar o Se o Pior Acontecer para conseguirmos derrotá-lo."

A primeira sugestão na planilha pede que a criança escreva suas previsões ansiosas. Deve-se ajudá-la a escrever da maneira mais específica possível a pergunta, a preocupação ou a previsão. Além disso, é necessário verificar se o material registrado é psicologicamente significativo e adequado aos níveis de intensidade emocional.

O processo de questionamento ou verificação é apresentado com duas perguntas básicas: "Que certeza eu tenho de que o que está me preocupando vai realmente acontecer?" e "Isso já aconteceu antes?". A criança escolhe entre três opções (nenhuma certeza, certeza razoável e muita certeza) para a primeira pergunta e entre duas opções (SIM/NÃO) para a segunda pergunta. A Pergunta 3 resulta da Pergunta 2 e pede que a criança liste suas tentativas anteriores de lidar com/enfrentar a situação. Se a circunstância com a qual a criança está preocupada nunca aconteceu, ela pula a Pergunta 3 e segue para a 4. A Pergunta 4 questiona a base da preocupação: "O que me faz pensar que isso vai acontecer agora?". As respostas ajudarão o terapeuta e a criança a avaliarem se a preocupação tem fundamento.

A Pergunta 5 resulta da Pergunta 3. A Pergunta 5 – "Se você enfrentou isso no passado, o quanto é realmente apavorante?" – é uma pergunta socrática planejada para criar alguma dissonância pela justaposição de um enfrentamento anterior com a previsão de catástrofe. Essa pergunta ajuda a criança a acessar recursos de enfrentamento até então negligenciados e a aplicá-los às circunstâncias atuais.

A Pergunta 6, que é a pergunta-síntese, pede que a criança analise suas respostas às perguntas anteriores. Após revisá-las, a criança chega a uma conclusão, que pode ser registrada em um cartão e usada como afirmação de enfrentamento. A Figura 12.10 traz uma planilha Derrotando Se o Pior Acontecer.

Existem diversas formas de aumentar o nível de diversão associado com a prática Se o Pior Acontecer. Primeiro, é possível incluir desenho em quadrinhos de Se o Pior Acontecer na planilha do exercício. A criança pode colorir essa ilustração enquanto fala sobre seus pensamentos apavorantes. Já que o conjunto de habilidades é intitulado "Derrotando Se o Pior Acontecer", a criança pode ser instruída a marcar um "X" sobre o desenho sempre que responder a suas previsões desastrosas. As crianças também podem fazer um fantoche do tipo Se o Pior Acontecer, colando o desenho em quadrinhos em um saco de papel. O terapeuta e a criança podem encenar a resposta ao Se o Pior Acontecer, de forma semelhante à brincadeira com fantoches sugerida no exercício Responder ao Medo. Essa atividade pode incluir, por exemplo, um fantoche de saco de papel e outro fantoche contendo o autorretrato da criança desenhado nele. Se a criança preferir, pode desenhar ou colar a figura de um herói ou modelo de enfrentamento, em vez do autorretrato. O fantoche da criança e o fantoche do Se o

> Muitas vezes, quando você se preocupa, fica se perguntando 'E se algo ruim acontecer?'. Às vezes, você imagina que o pior vai acontecer e você não conseguirá lidar com a situação. Chamamos isso de **Pensamento Se o Pior Acontecer**. Vamos usar esta planilha para **Derrotar o Se o Pior Acontecer**.
>
> Quando fico me preocupando "E se _algo ruim acontece comigo ou com minha mãe ou meu pai ou meu irmão_ _____ , fico realmente apavorado e preocupado."
>
> Faça as perguntas a si mesmo:
> Que certeza eu tenho de que o que está me preocupando vai realmente acontecer? Circule uma resposta.
>
> ○ Nenhuma certeza ◐ Certeza razoável ● Muita certeza
>
> Isso já aconteceu antes? Circule uma resposta.
>
> SIM   NÃO
>
> Se isso não aconteceu no passado, o que me faz pensar que acontecerá agora? Circule uma.
> _Eu simplesmente me preocupo com isso. Minha preocupação realmente me faz pensar que vai acontecer_
>
> Se lidei com isso no passado, o quanto é realmente apavorante? Circule uma resposta.
>
> ○ Muito apavorante ◐ Um pouco apavorante ● Nada apavorante
>
> Agora que você respondeu a essas perguntas, existe uma nova maneira de responder ao Se o Pior Acontecer?
> _Bem, nada realmente ruim aconteceu. São apenas minhas preocupações falando. Não é trabalho meu tomar conta do meu pai e da minha mãe. Eles podem cuidar deles mesmos. Há coisas que eu posso fazer para tomar conta de mim, e as pessoas à minha volta podem me ajudar se eu precisar._

FIGURA 12.10 EXEMPLO PREENCHIDO DA PLANILHA DERROTANDO SE O PIOR ACONTECER.

Pior Acontecer poderiam envolver-se em uma discussão animada, em que o herói responde ao Se o Pior Acontecer. A seguinte transcrição ilustra como as crianças poderiam responder ao Se o Pior Acontecer.

TERAPEUTA: Estes fantoches que você fez ficaram muito bons. Quer ver como o fantoche responde ao Se o Pior Acontecer?

RUBIN: Claro.

TERAPEUTA: Quem você quer representar?

RUBIN: Vou representar a mim mesmo.

TERAPEUTA: Então, serei o Se o Pior Acontecer. Agora, começarei a dizer um monte de coisas que o Se o Pior Acontecer poderia dizer quando você fica nervoso. Você tem que usar seu fantoche para responder ao Se o Pior Acontecer.

RUBIN: Eu vou te pegar, fantoche Se o Pior Acontecer!

TERAPEUTA: É isso aí, mas use também suas habilidades de Se o Pior Acontecer e de Responder ao Medo.

RUBIN: Tá legal.

TERAPEUTA: Está pronto para brincar?

RUBIN: Sim, vamos brincar.

TERAPEUTA: Ai, não. Tenho que ir ao quadro-negro para resolver uma divisão longa. As crianças vão rir de mim e a professora vai gritar comigo. Todo mundo vai pensar que sou um idiota.

RUBIN: Não vão, não.

TERAPEUTA: Você não sabe nada! Sei que todos vão rir de mim. Ninguém quer brincar comigo. De tão apavorado, vou vomitar na frente de todo mundo.

RUBIN: Cale a boca, Se o Pior Acontecer! Você é um idiota! Eu sou forte!

TERAPEUTA: Vamos fazer uma pausa aqui, por um minuto. Quando o Se o Pior Acontecer diz essas coisas, como você se sente?

RUBIN: Mal!

TERAPEUTA: O que faz você se sentir mal?

RUBIN: O Se o Pior Acontecer é malvado.

TERAPEUTA: Quando você fica muito preocupado, é fácil pensar em coisas para dizer a si mesmo para ajudá-lo a sentir-se menos preocupado?

RUBIN: Não é muito fácil.

TERAPEUTA: É disso que se trata a brincadeira dos fantoches. É uma chance para você praticar as coisas que pode dizer a si mesmo para ajudá-lo a se sentir melhor. O que você acha de examinar suas planilhas de Se o Pior Acontecer e Responder ao Medo e escrever afirmações úteis em seus cartões? Assim, já terá algumas coisas para dizer.

RUBIN: Posso ficar com os cartões e lê-los?

TERAPEUTA: Claro.

Rubin e o terapeuta revisam as planilhas, transcrevem para os cartões algumas afirmações de enfrentamento e, então, voltam a praticar a representação de papéis.

A ansiedade antecipatória está provavelmente relacionada à catastrofização. Crianças ansiosas subjetivamente imaginam perigos onde não existe nenhum perigo objetivo. Elas preveem desastres e agem como se suas previsões fossem totalmente confiáveis. Diversos clínicos cognitivo-comportamentais chamam as previsões catastróficas imprecisas de "alarmes falsos" (A. T. Beck et al., 1985; Craske & Barlow, 2001). Portanto, como terapeutas, precisamos ajudar as crianças a encararem suas previsões "alarmantes" com maior ceticismo.

Experimentos comportamentais

Para crianças mais velhas e adolescentes, os experimentos comportamentais são instrumentos eficientes projetados para testar a confiabilidade de suas previsões. Por exemplo, Nia, de 16 anos, acreditava que algo de ruim aconteceria se ela não se preocupasse com as coisas. A seguinte transcrição ilustra como você pode estabelecer um experimento comportamental para testar essa crença.

TERAPEUTA: Nia, que crença deveríamos testar?

NIA: Pode ser aquela em que penso que, se eu não me preocupar, algo ruim vai acontecer.

TERAPEUTA: Bem, o que você acha que a preocupação previne?

NIA: Que algo ruim aconteça.

TERAPEUTA: Então, o que precisamos acompanhar?

NIA: Se algo ruim acontece.

TERAPEUTA: Precisamos associar isso a alguma coisa?

NIA: Associar a quanto eu me preocupo.

TERAPEUTA: Bom. Vamos fazer algumas colunas [ver Figura 12.11]. A primeira coluna será chamada "O quanto me preocupo". O que deveríamos colocar nesta coluna?

NIA: Talvez eu pudesse classificar minhas preocupações de 1 a 10. Assim como fazemos nos diários de pensamento.

TERAPEUTA: Exato. O que é alto e o que é baixo?

NIA: O 1 seria quase nada de preocupações e o 10 seria o máximo de preocupações.

TERAPEUTA: Certo. Vamos classificar suas preocupações nessa escala de 1 a 10. Vamos chamar a próxima coluna de "As coisas ruins que aconteceram". Nessa coluna, você escreve qualquer coisa ruim que ocorra durante a semana. A última coluna será "O quanto foi ruim?", porque nem todas as coisas ruins são iguais. Algumas poderiam ser catástrofes, e outras, apenas um aborrecimento. Como deveríamos acompanhar isso?

DATA	O QUANTO ME PREOCUPO (nível de preocupação)	AS COISAS RUINS QUE ACONTECERAM	O QUANTO FOI RUIM?
Segunda	5	Nada	0
Terça	6	Nada	0
Quarta	7	Nada	0
Quinta	5	Prova surpresa	3
Sexta	8	Nada	0

FIGURA 12.11 EXPERIMENTO DE NIA.

NIA: Com outra escala de classificação. Talvez de 0 a 10?

TERAPEUTA: Certo, vamos fazer assim. Agora, podemos analisar várias coisas em relação a isso. Primeiro, sua preocupação impede que coisas ruins aconteçam? Segundo, a quantidade de preocupação tem alguma influência sobre o quanto as coisas saem mal? Se você se preocupar menos, as coisas pioram?

NIA: Não sei direito.

TERAPEUTA: Sei. É por isso que vamos verificar.

Nessa interação, o terapeuta trabalhou com Nia para testar concretamente sua correlação percebida entre preocupar-se e impedir que algo de ruim aconteça. O terapeuta também planejou a tarefa para abordar a gravidade da preocupação. Fazendo isso, Nia poderia discernir se a quantidade de preocupação evitaria os resultados temidos. Finalmente, ao registrar a quantidade de preocupação e quaisquer resultados negativos lado a lado, Nia poderia ver que a preocupação e a não ocorrência de coisas ruins não estavam relacionadas.

Em geral, muitas crianças ansiosas e, em particular, a maioria das crianças socialmente fóbicas temem o ridículo ou as críticas dos outros. Seu comportamento social é drasticamente limitado por seus medos. Suas respostas emocionais, cognitivas e comportamentais são duras e rígidas. A seguir, apresentaremos formas de os terapeutas ensinarem as crianças a diminuir seus medos de avaliação negativa e a lidar com críticas ou constrangimentos potenciais.

As crianças que temem julgamentos e avaliações de outras pessoas exibem vários pontos cegos em seus pensamentos. Assim como os adultos socialmente ansiosos, confundem fato com opinião (Burns, 1980). Em geral, os jovens ansiosos são ávidos por aprovação e enxergam as opiniões dos outros como verdades incontestáveis. Em resumo, esses jovens questionam inconscientemente a própria competência, e sua identidade baseia-se em críticas ou em comentários, em geral infundados, de outras colegas.

Verificamos que a técnica *Só porque* é uma intervenção produtiva (Elliott, 1991). Essa técnica não requer muita análise racional e pode fornecer à criança uma perspectiva importante. Nessa tarefa, a criança desmascara o mito de que opinião é igual a fato (p. ex., "Só porque Ernie acha que sou idiota, não significa que eu seja"). Primeiro, a criança capta o pensamento negativo (p. ex., "Jill e Susan pensarão que sou imatura") e, depois, simplesmente insere a expressão "apenas porque" antes do pensamento automático negativo ("Só porque Jill e Susan pensam que sou imatura, isso não significa que eu seja").

A técnica "Só porque" pode ser acompanhada de uma análise racional mais sofisticada. Embora a avaliação dos outros naturalmente tenha graus de importância mais ou menos relativos, raramente a opinião alheia define alguém *de maneira absoluta*. Na seguinte transcrição, examinamos a forma como o terapeuta e Marla, com 15 anos, analisaram socraticamente medos de avaliação negativa.

MARLA: As meninas da minha classe realmente me irritam. Eu me preocupo o tempo todo com o que elas pensam.

TERAPEUTA: O que elas dizem que a preocupa?

MARLA: Eu me preocupo se elas estão debochando de meu jeito de falar e de me vestir.

TERAPEUTA: Você realmente não se sente à vontade com essas meninas. O que passa pela sua cabeça?

MARLA: Elas acham que estou por fora. Sabe, que não sou tão boa quanto elas. Acham que sabem arrumar o cabelo e como agir. Parece que elas pensam que eu sou meio fora de moda.

TERAPEUTA: Como elas vão criticar você?

MARLA: Vão pensar que minhas roupas são feias, que sou esquisita ou coisa parecida.

TERAPEUTA: Entendo. Você conhece bem essas meninas?

MARLA: Elas são minhas colegas de classe.

TERAPEUTA: Você anda com elas?

MARLA: Na verdade, não.

TERAPEUTA: Já foi na casa delas?

MARLA: Não, nunca.

TERAPEUTA: Elas já a visitaram em sua casa?

MARLA: Não.

TERAPEUTA: Você já foi a uma festa ou ao cinema com elas?

MARLA: Nunca.

TERAPEUTA: Então o quão bem elas a conhecem?

MARLA: Não me conhecem nem um pouco.

TERAPEUTA: Humm. É curioso. Então, elas não a conhecem bem? E mesmo assim, você parece lhes dar muito poder para definir quem você é. O que você deduz disso?

MARLA: Não sei.

TERAPEUTA: Bem, isso pode ser uma coisa a considerarmos. A outra coisa que estou pensando é quem as tornou especialistas em moda e comportamento?

MARLA: Não sei. Acho que fui eu quem as tornei especialistas.

TERAPEUTA: Entendo. Mas como elas podem ser especialistas sobre o seu "estilo" e suas modas, se na verdade nem a conhecem?

Nesse exemplo, Marla definia-se claramente através dos olhos dessas outras meninas. O terapeuta a ajudou a reconhecer que essas colegas tinham uma visão muito estreita sobre ela. De fato, nem a conheciam! Segundo, o terapeuta trabalhou na avaliação das bases da opinião das "especialistas" (p. ex., "Quem as tornou especialistas em moda e comportamento?"). Finalmente, o terapeuta justapôs todas as informações com uma pergunta socrática (p. ex., "Como elas podem ser especialistas sobre o seu 'estilo', se na verdade nem a conhecem?").

Ser atormentado por provocações e críticas torna-se duplamente doloroso com a expectativa das crianças de que deveriam ser amadas por todos. Muitas vezes, elas sentem que, se uma criança ou um grupo de crianças as ridicularizam, significa que são impopulares ou rejeitadas por todos. Simplesmente generalizam demais e se envolvem em pensamentos do tipo "tudo ou nada". A terapia deveria orientar a criança para o reconhecimento de que algumas crianças gostarão delas, outras não, e outras, ainda, não terão sentimentos fortes em relação a elas.

Há várias maneiras de ajudar crianças a lidar com as reações negativas dos colegas. Para a criança desanimada pela crença equivocada "Ninguém gosta de mim", ao perceber que outras crianças debocham dela, criamos um tipo de teste de evidência. Convidamos a criança a elaborar três listas. A primeira lista inclui todas as crianças que debocham dela; a segunda lista tem os nomes das crianças que ela considera "legais" e que são suas amigas; e a terceira lista contém os nomes das crianças que estão na situação intermediária, que não têm nenhum tipo de sentimento por ela. Comparando as três listas, a criança chega a uma conclusão. A seguinte interação ilustra o processo.

ANDY: Ninguém gosta de mim. Dizem que eu chuto como uma menina e que sou bobo. Eles riem de mim quando jogo. Não tenho nenhum amigo.

TERAPEUTA: Andy, você gostaria de verificar isso usando um novo instrumento?

ANDY: Ok, Dr. Bob.

TERAPEUTA: Vamos pegar esta folha e fazer três colunas. A primeira é para as crianças que debocham de você. Escreva os nomes de todas elas.

ANDY: Que cor de lápis eu devo usar?

TERAPEUTA: A que preferir.

ANDY: Odeio a cor verde, então vou usar essa cor.

TERAPEUTA: Certo, depois liste todas as crianças que são legais com você e que considera amigas.

ANDY: Tá legal. Vou usar minha cor favorita para elas.

TERAPEUTA: Agora, na terceira coluna, liste as crianças que você conhece, mas com as quais não anda e que não mexem com você.

ANDY: Tipo aquelas que me conhecem, mas ainda não somos amigos?

TERAPEUTA: Exato.

ANDY: Ok.

TERAPEUTA: Muito bem! Agora, coloque as três listas lado a lado, na mesa. Que lista tem mais nomes?

ANDY: A dos meus amigos.

TERAPEUTA: Qual tem menos nomes?

ANDY: A das crianças malvadas.

TERAPEUTA: Exato. Agora, como é possível que ninguém goste de você se o número de seus amigos é maior do que o das crianças que mexem com você?

ANDY: É mesmo. Mas eu me sinto assim de vez em quando.

TERAPEUTA: Eu sei. E quando você se sente assim, o que pode dizer para si mesmo?

ANDY: É só uma sensação ruim. Afinal de contas, a maioria das outras crianças gosta de mim.

TERAPEUTA: E quanto a esta terceira coluna?

ANDY: Bem, a maioria das crianças gosta de mim, algumas não gostam nem desgostam, e apenas dois meninos mexem comigo.

TERAPEUTA: O que isso significa?

ANDY: A maioria das crianças gosta de mim.

TERAPEUTA: Vamos escrever esses novos pensamentos nos cartões.

Esse exercício demonstra como os Testes de Evidência podem ajudar as crianças a combater seus pensamentos catastróficos. Em seguida, com Andy, o terapeuta pode trabalhar outras formas de superação nas interações com os colegas incluídos na lista de "meninos malvados".

As crianças mais novas precisarão de estímulos mais concretos para processar essa crença. Com a Dra. Christine Padesky, eu (R.D.F.) aprendi uma maneira inventiva de aplicar um teste de evidência semelhante a crianças mais novas. No exercício *Jogo do Amigo*, desenhamos rostos em tiras de papel. Um rosto feliz representa um amigo, um rosto triste ou irritado representa alguém que não é amigo, e uma tira de papel em branco representa uma criança neutra. O objetivo é criar mais tiras de amigos do que tiras de não amigos ou neutros. O jogo começa com cada jogador se revezando para pegar uma tira de papel. Cada jogador coloca uma tira de amigo, uma tira de não amigo e uma tira neutra em

---

QUADRO-SÍNTESE 12.3 DICAS PARA REESTRUTURAÇÃO COGNITIVA

- Incentive as crianças a fazerem cartões de enfrentamento para lidar com situações difíceis.
- Permita que a reestruturação cognitiva se torne um trampolim para atividades vivenciais, como peças de ensaio com fantoches e experimentos comportamentais.
- Mantenha-se divertido e brincalhão.
- Torne a reestruturação cognitiva simples e significativa.

três pilhas, separadamente. Ao final do jogo, contamos o número de tiras em cada pilha, e a criança, então, tem de chegar a uma conclusão comparando as diferentes quantidades em cada pilha (p. ex., "Ainda posso ter um monte de amigos, mesmo que alguns meninos e meninas não gostem de mim?"). Como você pode ver, isso simplifica ludicamente o tipo de trabalho apresentado na transcrição de Andy.

O Quadro-síntese 12.3 resume os pontos essenciais para a reestruturação cognitiva.

EXPOSIÇÃO

Tratamentos com base na exposição ou no desempenho dão às crianças oportunidades para maior autocontrole e autodeterminação. É importante que elas percebam que estão colaborando e participando da experiência, em vez de encarar a exposição como algo que é feito para elas. Bentz, Michael, Dequervain e Wilhelm (2010) propuseram que "regimes de TCC para transtornos de ansiedade não só têm o objetivo de atenuar os sintomas de medo, como também visam ao aprendizado de processos emocionais que, conforme se acredita, induzem modificações persistentes das redes neuronais em áreas específicas do cérebro associadas com a patogênese e a manutenção de ansiedade" (p. 223).

Embora sejamos defensores entusiasmados do tratamento de exposição, há algumas considerações especiais a cogitar, antes de tentar abordagens baseadas na exposição. Primeiro, quando uma criança tem ansiedade e depressão coexistentes, geralmente preferimos tratar ou focar a depressão primeiro. Diminuir a depressão antes de tentar a exposição facilita um pouco o treinamento de exposição. Crianças deprimidas tendem a não ter a autoconfiança necessária para enfrentar nem mesmo o mais ínfimo sinal gerador de ansiedade. Em segundo lugar, a inatividade, a passividade e o pessimismo de crianças deprimidas dificultam a exposição.

Desnecessário dizer: a exposição é uma experiência intensa. Portanto, você deve assegurar-se de que a criança tenha liberação médica para o procedimento. Assim, recomendamos uma avaliação física e médica completa antes de iniciar este tratamento. A liberação médica dará à criança (e a você!) paz de espírito durante a prática da exposição.

Promovendo a disposição da criança para se envolver nas exposições

Como mencionado no Capítulo 8, pode ser difícil "vender a ideia" da exposição para as crianças e seus familiares. Como a maioria de nós, os jovens são inerentemente hedonistas, buscando o prazer e evitando a dor. Com efeito, esse padrão pode representar uma forma rudimentar de regulação emocional. Todavia, quando esse padrão se torna excessivo, surge a evitação vivencial disfuncional (EA, do inglês *experiential avoidance*). Hayes, Wilson, Gifford, Follette e Strosahl (1996) definiram a EA como o fenômeno que ocorre "quando a pessoa não está disposta a entrar em contato com experiências privadas (p. ex., sensações corporais, emoções, pensamentos, lembranças e predisposições comportamentais) e toma medidas para alterar a forma ou a frequência desses eventos e dos contextos que os ocasionam" (p. 58). Mais especificamente, crianças ansiosas tendem a confiar em estratégias de evitação e na busca de ajuda para diminuir sua aflição. A EA está ligada a várias condições psicopatológicas (Hayes et al., 1996). Manifestações específicas da EA incluem autolesão, compulsão alimentar e depressão, além da ansiedade.

Ensinar jovens clientes a se aproximar das emoções negativas, em vez de evitá-las, é uma maneira de diminuir a EA. As metas incluem ajudar as crianças e os adolescentes a acolherem a emoção negativa, equilibrando estratégias de aceitação e de mudança (Ehrenreich, Goldstein, Wright, & Barlow, 2009; Linehan, 1993). A chave é ajudar crianças e adolescentes a *Dizer Sim ao Estresse*. Quando as crianças dizem "sim" ao estresse, aprendem a lidar com a angústia e a suportá-la, apesar de senti-

-la. Incentivar crianças e adolescentes a Dizer Sim ao Estresse impulsiona os primeiros passos rumo às exposições e aos experimentos. Explicações, metáforas e atividades de pré-ativação (*priming*) podem suscitar maior disposição.

Salena era uma garota ásio-americana de 12 anos que lutava com um perfeccionismo e ansiedade debilitantes. O diálogo a seguir ilustra o processo de promover a disposição da criança para encontrar sua ansiedade.

TERAPEUTA: Salena, com base no que falamos, vamos mapear sua ansiedade.

SALENA: Claro.

TERAPEUTA: Certo. Então, você recebe esta tarefa em artes da linguagem e se sente...?

SALENA: Preocupada em não me sair bem.

TERAPEUTA: Exato! Você se sente preocupada. E o que passa pela sua cabeça?

SALENA: Que não conseguirei manter a minha média de conceito A e as pessoas descobrirão o quanto sou burra.

TERAPEUTA: E esses pensamentos e sentimentos a fazem adiar o seu trabalho.

SALENA: Sim. É aí que minha mãe e meu pai ficam zangados.

TERAPEUTA: Eu sei, e isso aumenta suas preocupações.

SALENA: E como aumenta! Parece que vou explodir!

TERAPEUTA: Então, para não se sentir preocupada, você vai adiando e adiando o seu trabalho, e o que acontece?

SALENA: Eu não me sinto mal, se não penso nisso.

TERAPEUTA: Mas, e quando o prazo vai terminando?

SALENA: Entro em pânico!

TERAPEUTA: E adia as coisas ainda mais.

SALENA: E fico em apuros.

TERAPEUTA: E como você se sente?

SALENA: Ainda mais em pânico!!!

TERAPEUTA: Então, já mapeamos o problema. Que tal fazermos um plano para ajudar?

SALENA: Qual é o plano?

TERAPEUTA: Você tem que Dizer Sim ao Estresse.

SALENA: É como aquele programa de TV sobre moda.

TERAPEUTA: Lembra de quando testamos seus pensamentos sobre sentir-se preocupada?

SALENA: Sim, respondi a eles dizendo a mim mesma: "Segure firme e embarque nesta grande aventura!".

TERAPEUTA: Exato. Bem, se você conseguir encarar a ansiedade e a preocupação como partes normais de estar na escola, se conseguir aceitá-las, em vez de afastá-las, porque lhe proporcionarão uma grande aventura, e *fazer* o seu trabalho, mesmo preocupada em não estragar tudo, você estará dizendo sim ao estresse.

SALENA: Então, só tenho que embarcar nessa grande aventura e tentar fazer o meu trabalho!

Salena era uma jovem cliente altamente envolvida. No entanto, o diálogo ilustra pontos importantes sobre como aumentar a disposição de jovens para fazer exposições. Primeiramente, é essencial reforçar a lógica por meio de uma análise funcional. Em segundo lugar, também é fundamental lembrar às crianças as habilidades que adquiriram anteriormente. Por fim, é recomendável ajudá-las a construir suas próprias conclusões para promover a disposição (p. ex., "Então, só tenho que embarcar nessa grande aventura e tentar fazer o meu trabalho!").

Colaborando com a criança em exposições graduais

Adam é um menino de 9 anos, muito inteligente, atlético, socialmente habilidoso, e que tem medo de elevadores. Ele tem medo que o elevador caia ou fique preso entre os andares. Se o elevador ficar preso, Adam prevê que sufocará.

O tratamento gradativo baseado no desempenho recebido por Adam começou com relaxamento e habilidades autoinstrutivas. Ele aprendeu a modular sua excitação fisiológica e a desenvolver pensamentos para enfrentar a situação. O tratamento progrediu, então, para oportunidades de exposição gradual e habilidades de análise racional. Ele registrava seu nível de ansiedade, seus pensamentos e seus sentimentos em relação a andar de elevador. Também coletou informações sobre o funcionamento e acidentes com elevadores. Após coletar os dados, Adam concluiu que, embora acidentes e ferimentos em elevadores sejam possíveis, são altamente improváveis.

Agora, Adam estava pronto para uma exposição ao seu medo: o elevador. Começamos com Adam determinando a distância que ele ficaria de um elevador e por quanto tempo poderia suportar a ansiedade. Como primeiro passo na hierarquia de aproximação do elevador, Adam ficou mais ou menos a 3,50 m de um elevador, no saguão. Enquanto o menino ficava ali parado, eu (R.D.F.) verbalizava seus pensamentos geradores de ansiedade ("Ai, não. Terei que ir de elevador. Ficarei trancado e sem ar suficiente para respirar. Ficarei roxo e morrerei."). Adam dominou com sucesso vários passos na hierarquia, chegando cada vez mais perto do elevador. Sem demora, ficou em frente à porta do elevador, olhando em seu interior. Para minha satisfação, ele então se ofereceu para entrar. A princípio, entrou timidamente. Então, examinou toda a cabine do elevador. Adam rapidamente identificou os fatores de "resgate" no elevador (o telefone e a campainha de emergência) e, finalmente, proclamou: "Estou pronto para andar de elevador".

Em seguida, desenvolvemos uma hierarquia para as viagens de elevador. Andar apenas comigo era mais fácil para Adam (p. ex., "Há mais ar para mim, e você poderia me acalmar ou saber o que fazer no caso de ficarmos presos."). Embarcar em um elevador com meia lotação era mais difícil, e andar com o elevador cheio de gente gerava ainda mais ansiedade. Naturalmente, começamos pelo degrau mais baixo da hierarquia.

Foi importante que Adam permanecesse responsável por sua exposição, planejando colaborativamente as tarefas com o terapeuta. O uso de habilidades facilitadoras permitiu-lhe beneficiar-se das tarefas de exposição. "Exposições" imaginárias, como coletar informações acerca de elevadores e assistir a um documentário sobre o assunto, abriram caminho para suas exposições mais concretas.

A importância de estabelecer uma hierarquia e incorporar a exposição em uma conceitualização de caso individualizada é ilustrada pelo exemplo a seguir. Savannah é uma menina euro-americana, de 9 anos de idade, que sofre de grave transtorno obsessivo-compulsivo (TOC), marcado por fortes receios de contaminação. Savannah teme particularmente o contato com os germes de seus sapatos. Um terapeuta iniciante bem-intencionado, mas despreparado, tentou completar imediatamente uma tentativa de exposição. Savannah ficou extremamente agitada, gritou, berrou e compreensivelmente tentou fugir da tarefa. Ela ficou tão assustada que agarrou e puxou a gravata do estagiário, a ponto de quase sufocá-lo.

Então, o que deu errado? Em primeiro lugar, o terapeuta sabia que a exposição era indicada, contudo não conseguiu sustentar seu conhecimento acerca dos princípios básicos da aprendizagem que ancoram a abordagem. Em segundo lugar, ele não aplicou uma formulação cognitivo-comportamental fundada na teoria da aprendizagem e nos princípios de processamento das informações. Em terceiro lugar, o terapeuta não avaliou a importância de situar o processo dentro de uma sequência de tratamento; portanto, não empregou a psicoeducação nem outras estratégias de facilitação para preparar o terreno. Finalmente, o terapeuta violou o princípio crucial da colaboração e, consequentemente, não envolveu Savannah em sua própria terapia. Esse exemplo ilustra como uma intervenção poderosa pode perder muito em termos de utilidade, se aplicada fora de uma sólida conceitualização que oriente as estratégias e o ritmo do tratamento.

CRIANDO OPORTUNIDADES DE EXPOSIÇÃO

Criar oportunidades de exposição pode ser desafiador. Lembre-se de que a maioria das exposições deve ser realizada de maneira gradual. Tente torná-las o mais realistas possível. Muitas vezes, há um elemento teatral na criação das exposições iniciais. Você pode preferir introduzir acessórios ou fazer alguma representação de papéis (Hope & Heimberg, 1993). A flexibilidade e a engenhosidade são necessárias (Beidas, Benjamin, Puleo, Edmunds, & Kendall, 2010).

Jovens socialmente ansiosos temem fazer papel de bobos. Portanto, em nosso trabalho com esses clientes, nós os incentivamos a agir como bobos. Evocamos as expectativas deles antes de iniciar o exercício e, então, as comparamos com sua experiência real. Podemos convidar uma criança a fazer uma dança bobinha ou cantar uma canção engraçada na frente de seus colegas. Naturalmente, insistimos para que os jovens explorem suas próprias reações, bem como as reações de seus colegas. Muitas vezes, essa é uma experiência que pode desconfirmar suas expectativas. A seguinte transcrição de uma sessão de grupo ilustra o processo.

NICK: Não quero pular e dançar. Não é legal nem popular.

TERAPEUTA: O que você supõe que vai acontecer?

NICK: As pessoas vão achar que sou maluco.

TERAPEUTA: Está disposto a testar isso?

NICK: Não.

TERAPEUTA: E quanto aos demais meninos e meninas? (*As demais crianças concordam em tentar.*) O que você deduz disso, Nick?

NICK: Não sei.

TERAPEUTA: Acha que Nancy, Chloe, Matt e Jeremy querem ser impopulares?

NICK: Não.

TERAPEUTA: Acha que eles querem chamar você de boboca?

NICK: Não sei. Provavelmente, não.

TERAPEUTA: Então, se eles não querem ser impopulares nem chamar você de boboca, o quão seguro seria entrar na brincadeira neste momento?

NICK: Bastante seguro.

TERAPEUTA: Está disposto a tentar? Também vou entrar na brincadeira.

NICK: Tá legal.

(*O terapeuta e as crianças dançam pela sala fazendo caretas e cantando.*)

TERAPEUTA: Como foi para você, Nick?

NICK: Bem bizarro.

TERAPEUTA: Explique para nós.

NICK: Não sei. Hum... Acho que eu pareci um idiota.

TERAPEUTA: Quer verificar isso com os outros?

NICK: Eles me acham esquisito.

TERAPEUTA: Podemos indagar a eles?

NICK: Vocês me acham esquisito?

NANCY: Não, todos nós dançamos.

JEREMY: Eu nem fiquei olhando para você.

CHLOE: Eu não achei que você parecia esquisito. Nós todos estávamos rindo. Foi muito divertido.

TERAPEUTA: O que você deduz disso?

NICK: Acho que ninguém pensou que eu era boboca.

TERAPEUTA: Como foi para você perguntar para os outros?

NICK: Assustador.

TERAPEUTA: Vamos todos falar sobre os sentimentos assustadores que temos quando falamos e conferimos coisas.

Esse exemplo ilustra várias questões importantes. Ao analisar a transcrição, você pode perceber que a interação inclui várias fases diferentes. Na Fase 1, o terapeuta trabalhou com a relutância de Nick em participar da brincadeira. Na Fase 2, a experiência foi tentada. A Fase 3 foi construída em torno do processamento da experiência. Finalmente, na Fase 4, os medos de Nick de avaliação negativa foram desafiados.

Para muitas das crianças socialmente ansiosas que tratamos, ler em voz alta na frente da turma é uma experiência penosa. O formato de grupo é uma forma conveniente de fazer exposições graduais à leitura em voz alta. Em geral, quando fazemos grupos com base escolar, realizamos nossas sessões em uma sala de aula. A atmosfera da sala de aula aumenta o realismo. A criança está lendo em voz alta para colegas da mesma idade em uma situação que se aproxima estreitamente da experiência na sala de aula. As imagens, os sons e os cheiros da instituição educacional estão presentes.

Analise o seguinte exemplo. Marc é uma criança de 10 anos com uma ansiedade social tão dolorosa que ler em voz alta na aula é uma tortura para ele. Sua ansiedade social mascarava suas consideráveis habilidades acadêmicas, contribuía para as dúvidas da professora sobre suas capacidades, abastecia seus próprios medos de avaliação negativa e diminuía sua autoconfiança.

Durante a terapia em grupo, ensinamos Marc a fazer mais contato visual e a projetar sua voz. Então, colocamos essas habilidades para serem testadas. Como diriam Kendal e colaboradores (1992), queríamos que Marc "mostrasse que era capaz". Marc foi repetidamente convidado a ler na frente de um grupo. A princípio, ele tremia, sua voz oscilava e a leitura era relutante. Marc entrava fisicamente em choque e sua voz tremia, enquanto ele relutantemente prosseguia com a leitura. Foi difícil para os terapeutas e até para os membros do grupo resistir ao impulso de ajudar uma criança tão obviamente angustiada. Entretanto, isso apenas reforçaria a sua autopercepção como uma criança frágil.

Com a prática repetida, Marc aprendeu a identificar os pensamentos associados à sua ansiedade. Então, ele testou essas crenças com a plateia (p. ex., "Acharam que fui ridículo?"). Depois, as outras crianças o tranquilizaram, assegurando-lhe que não o consideravam ridículo. Contudo, isso não era suficiente. Sentimos que devíamos preparar Marc para a possibilidade de um *feedback* negativo. Portanto, lhe perguntamos: "E se alguém achasse que você foi um idiota?". Então, ele precisou aplicar suas habilidades de enfrentamento para essa possibilidade. Além disso, chegamos ao ponto de apontar os erros discretos em seu desempenho. A partir disso, aprendeu a lidar com nossa avaliação sem submeter a si mesmo a críticas autodebilitantes. Aprendeu a pensar "Não posso ser perfeito sempre. Até alunos excelentes cometem erros. Dois erros não significam que eu seja estúpido", em vez de pensar "Tenho que ser perfeito e ficar no controle, caso contrário, sou um estúpido".

Outra experiência de exposição interessante baseia-se em uma ideia emprestada da literatura sobre variáveis familiares e transtornos de ansiedade (Chorpita & Barlow, 1998; Kendall et al., 1992; Morris, 1999). Para crianças que ficam ansiosas ao fazerem uma nova tarefa ou se apresentarem na frente de outros, e/ou que têm pais perfeccionistas que se envolvem excessivamente em seus projetos, completar um projeto na sessão é uma ótima exposição gradual. *Kits* de artesanato com os quais as crianças fazem colares de contas ou chaveiros são projetos ideais. *Kits* de artesanato encontrados em qualquer loja de brinquedos (p. ex., *kits* de pintura de garrafa, *kits* de fabricação de joias, miniaturas) também são eficientes para esse exercício de exposição.

Um projeto é apresentado à criança e ela tem de completá-lo na sessão. Se, aparentemente, a criança demonstrar que tem receios quanto à realização da tarefa, sugerimos que lhe peça para fazer previsões sobre o que acontecerá. Lembre-se de trazer os diários de pensamentos para a sessão, a fim de tê-los à mão. Quando a criança experimentar ansiedade associada ao fato de realizar uma tarefa nova ou de cometer um erro, você poderá registrar o momento no diário de pensamentos. À medida que a criança for avançando no projeto, você deverá processar seus pensamentos e sentimentos com ela. A transcrição a seguir ilustra o processo.

TERAPEUTA: Gary, quero que você tente fazer este chaveiro de miçangas. Você terá que seguir as orientações sozinho e imaginar como fazê-lo. Vou observá-lo e perguntar como você está se sentindo e o que está passando pela sua mente. Está pronto?

GARY: Claro. Eu curti este chaveiro de tubarão.

TERAPEUTA: Sim, é muito legal. Certo, pode começar.

GARY: (*Abre a caixa e começa a ler as instruções. Inicia a execução do projeto e, então, começa a demonstrar certa dificuldade.*)

TERAPEUTA: O que está passando por sua cabeça neste momento?

GARY: Não consigo fazer. Vou me atrapalhar todo. Vai me ajudar? Estou tão confuso.

TERAPEUTA: Como está se sentindo?

GARY: Nervoso.

TERAPEUTA: Quanto, em uma escala de 1 a 10?

GARY: Talvez 8. Pode explicar para mim como se faz?

TERAPEUTA: Quero que você tente sozinho. Não desista e veja o que consegue fazer.

GARY: (*Continua a trabalhar sozinho.*) Estou conseguindo. Olhe. Eu fiz a barbatana. Foi complicado!

TERAPEUTA: Como você está se sentindo agora?

GARY: Orgulhoso.

TERAPEUTA: O que está passando pela sua mente?

GARY: Que eu fiz sozinho. E foi bem difícil.

TERAPEUTA: Foi parecido com o que acontece na escola?

GARY: Bem parecido.

TERAPEUTA: Em uma escala de 1 a 10, com 1 sendo completamente diferente e 10 sendo idêntico, o quanto foi parecido?

GARY: Mais ou menos 8.

TERAPEUTA: Então, foi bem parecido. O que isso lhe diz sobre lidar com novas tarefas?

GARY: Consigo fazer, se eu ficar calmo.

TERAPEUTA: Como se sentiu pelo fato de eu não ter ajudado?

GARY: A princípio, me incomodou.

TERAPEUTA: O que lhe incomodou?

GARY: Achei que era malvadeza sua.

TERAPEUTA: Se eu o ajudasse, você teria se sentido tão orgulhoso?

GARY: Provavelmente, não.

TERAPEUTA: Então, o que isso lhe diz sobre tentar coisas novas sozinho?

GARY: Ainda que me apavore no início, se eu mantiver a calma, consigo fazer, mesmo sozinho.

Nessa interação, o terapeuta ajudou Gary a persistir na tarefa mesmo tendo ficado ansioso e solicitado mais orientações. O terapeuta processou a experiência, ajudando Gary a identificar pensamentos e sentimentos após a realização da tarefa e traçando semelhanças entre a experiência e a situação escolar de Gary. Por fim, o terapeuta ajudou Gary a formar uma nova conclusão sobre si mesmo nessas situações, com base na experiência.

O projeto de artesanato também fornece uma exposição gradual às variáveis parentais que contribuem para a ansiedade das crianças. Pais perfeccionistas e supercontroladores não ficarão de fora nem deixarão que seus filhos façam a tarefa sozinhos. Em vez disso, provavelmente orientarão a criança, corrigirão seus erros ou, possivelmente, assumirão a tarefa. É bastante difícil para esses pais se absterem e deixar que o filho "troque os pés pelas mãos". A criança, por sua vez, começa a ver qualquer falha como um desastre. Quando a criança é constantemente ajudada, a confiança em sua capacidade de enfrentar situações difíceis enfraquece.

O projeto deve ser apresentado como uma tarefa a ser realizada. Nesse caso, dar instruções ambíguas é adequado (p. ex., "Vá em frente e faça isso."). A ambiguidade permitirá que aflorem os padrões de interação familiar comuns. Quando esses padrões de interação aflorarem na sessão, esteja pronto para processar os pensamentos e os sentimentos associados a eles.

Terapeutas cognitivos reconhecem que incluir aspectos divertidos nas exposições é uma boa estratégia. Caron e Robin (2010) compartilharam sua experiência em conseguir que um cliente diagnosticado com TOC não relesse as reportagens sobre sua equipe esportiva predileta. Também descreveram seu experimento comportamental muito inventivo sobre um teste de sabores com vários doces e refrigerantes para uma criança obcecada por autodúvidas. Mikulas e Coffman (1989) ofereceram vários experimentos divertidos e criativos com crianças que tinham medo do escuro. As crianças foram instruídas a entrar em seus quartos mal iluminados e solicitadas a adivinhar os sons de animais emitidos pelos pais de outro quarto. Além disso, as crianças foram ensinadas a fazer sombras de animais na parede usando uma lanterna.

Experiências de exposição podem ser introduzidas e simplificadas para crianças mais novas. *Luz Vermelha, Luz Verde* é uma variação terapêutica do jogo infantil de mesmo nome. Com as crianças alinhadas uma ao lado da outra, a uma distância razoável do líder, de acordo com o espaço disponível, o líder grita "Luz Vermelha" ou "Luz Verde". Se gritar "Luz Verde", as crianças são livres para mover-se à frente, em direção ao líder. Inversamente, quando o líder fala "Luz Vermelha", as crianças devem ficar paralisadas no lugar. Nessa versão psicológica do jogo, o comando "Luz Vermelha" serve a vários propósitos. Quando as crianças permanecem congeladas ao grito de "Luz Vermelha", você pode usar essa experiência para ensinar-lhes sobre os efeitos da ansiedade. De modo figurativo, a imobilidade reflete estar tenso de medo e representa a paralisia emocional que, em geral, acompanha a ansiedade. As crianças podem ser instruídas a examinar seus corpos em busca de sinais de tensão. A crescente capacidade de identificar esses bolsões de tensão pode servir como base para o treinamento de relaxamento.

Ficar imóvel na "Luz Vermelha" também é uma experiência de exposição gradual. Quando a criança se paralisa ao ouvir o comando "Luz Vermelha", você pode induzir imagens geradoras de ansiedade. Para uma criança que teme o ridículo, a avaliação negativa e o constrangimento, você pode construir uma imagem em que ela é exposta a críticas. Você pode fazê-la imaginar-se levantando a mão em sala de aula, sendo chamada pela professora e esquecendo a resposta. A criança, então, tem de aplicar uma habilidade de enfrentamento para contrapor as imagens geradoras de ansiedade.

Quando o jogo Luz Vermelha, Luz Verde é usado em um contexto grupal, as outras crianças podem servir como consultores para uma criança que não consegue desenvolver habilidades de enfrentamento. Por exemplo, pode-se perguntar se essas crianças conseguem pensar em alguma coisa que Johnny poderia dizer a si mesmo para tirá-lo da imobilidade. Para muitas crianças socialmente ansiosas, simplesmente "estar sob os holofotes" em um jogo grupal como o Luz Vermelha, Luz Verde pode gerar ansiedade. Assim, você poderia usar uma abordagem "aqui e agora" para processar a ansiedade. Examine a seguinte transcrição para ter uma ideia do processo.

TERAPEUTA: Luz verde... Ok, pessoal, vão em frente. Luz vermelha, todo mundo para. (*Nota que Johnny está ruborizando e parece muito envergonhado.*) Johnny, vamos ver como você pode responder ao seu medo. Johnny, o que está passando na sua mente agora?

JOHNNY: Nada.

TERAPEUTA: Como você está sentindo o seu corpo?

JOHNNY: Todo tenso.

TERAPEUTA: Concentre-se na tensão e veja se consegue ouvir seu medo falando. O que está passando por sua cabeça neste momento?

JOHNNY: Espero que isso acabe logo.

TERAPEUTA: Aposto que sim. Enquanto você olha ao redor e percebe todos os outros meninos e meninas de olho em você, o que está dizendo a si mesmo?

JOHNNY: Isso é constrangedor.

TERAPEUTA: Quando você se sente constrangido, o que passa pela sua mente?

JOHNNY: Isso é estúpido. Eu pareço um *nerd*.

TERAPEUTA: Ótimo trabalho, agora seu medo está falando. Vamos ver se podemos usar uma das suas habilidades. Que habilidade você poderia escolher?

JOHNNY: Não sei.

TERAPEUTA: Quem pode ajudar Johnny?

BILLY: Talvez ele possa tentar Responder ao Medo.

TERAPEUTA: O que acha da ideia?

JOHNNY: Boa.

TERAPEUTA: Como pode você responder ao pensamento "Os meninos e as meninas vão pensar que sou *nerd*"?

JOHNNY: Não sei direito.

TERAPEUTA: Quem pode ajudá-lo?

SALLY: Ele poderia dizer: "Não sou um *nerd*, este jogo é estúpido". (*Os meninos e as meninas riem.*)

TERAPEUTA: Essa é uma possibilidade. Que tal outra?

JENNY: Ele poderia dizer: "E daí se eles acham que sou *nerd*? Podem pensar sou um *nerd* agora, mas depois talvez mudem de ideia".

TERAPEUTA: Outra boa ideia. Deixe-me perguntar uma coisa, Johnny. O que você pensa sobre as outras crianças tentarem ajudá-lo?

JOHNNY: Não sei.

TERAPEUTA: Quantos meninos e meninas tentaram ajudá-lo?

JOHNNY: Quase todo mundo.

TERAPEUTA: Quantos riram de você ou o provocaram?

JOHNNY: Ninguém.

TERAPEUTA: Então, o que você temia realmente aconteceu?

JOHNNY: Acho que não.

Nós o aconselhamos a manter o jogo em andamento. Não se deve ficar com uma criança por um período muito longo, sob pena de as outras se aborrecerem e o jogo, assim, perder o valor de reforço. A criança deve tornar-se suficientemente ansiosa bem rápido e, em seguida, o terapeuta pode usar as ideias das outras crianças para moderar o sofrimento dela.

Jovens pacientes ansiosos são inveterados em sua busca por reafirmação. Embora seja natural querer aliviar a aflição dos pacientes, os terapeutas devem resistir a esse impulso. Há muito tempo, Bandura (1977) advertiu contra os efeitos fragilizantes da persuasão verbal. Além disso, a reafirmação pode diminuir a ansiedade momentaneamente, mas, a longo prazo, prejudica a autoeficácia.

Caleb era um jovem euro-americano de 15 anos de idade, com TOC, que ficava bastante ansioso com a perspectiva de comer alimentos ou tomar bebidas que outros talvez já tivessem tocado. Por exemplo, ele se recusava a participar de refeições em companhia da família. Caleb insistia que sua comida fosse separada da dos outros, para que os germes pudessem "entrar em quarentena". Se uma salada de vagem fosse servida em uma tigela tamanho família, Caleb só comia se suas vagens fossem servidas em uma tigela separada. Ele não tomava refrigerante de garrafas de litro, preferindo tomar em latas individuais. Uma simples exposição gradual foi colaborativamente planejada. Felizmente, a clínica dispunha de cozinha e refeitório. Caleb fez um experimento em que bebeu Coca-Cola de uma garrafa de litro guardada na geladeira da clínica. Hesitante, ele foi enchendo seu copo e, tristonho, perguntou: "Não tem problema, não é, Dr. Bob?". Era crucial que Caleb não recebesse reafirmação.

Kayla era uma jovem euro-americana de 15 anos que apresentava fortes temores de avaliação negativa acompanhados por ansiedade social. Ela temia a possibilidade de fazer algo estúpido ou de outros a considerarem estúpida. Após adquirir uma série de habilidades de enfrentamento facilitadoras, ela e a sua terapeuta projetaram um experimento em que ela entraria em uma livraria local e perguntaria ao vendedor onde poderia encontrar o livro *Namoro para idiotas*. Ela avaliou esta aventura terapêutica com 7 em sua escala de SUDs, pois imaginava que o título do livro soava "estúpido" e que o vendedor riria da cara dela por necessitar de um livro assim. Conforme indicado, ela registrou suas previsões, completou o experimento, anotou as reações tanto do vendedor quanto as suas próprias e derivou uma conclusão com base em suas descobertas.

Recompensando os esforços de exposição

Descobrimos que é fundamental recompensar os esforços das crianças na exposição. De fato, valorizamos bastante as conquistas delas! Para crianças mais novas, criamos o "Distintivo de Coragem", que resume e amplifica os ganhos por elas alcançados. O distintivo é uma forma de lembrar as crianças de suas capacidades de enfrentar as situações e dominar suas inseguranças.

Na confecção do Distintivo de Coragem, são incluídas quatro perguntas. A primeira é "Qual foi o medo que enfrentei?". Os terapeutas podem instruir as crianças a registrarem especificamente o medo que enfrentaram (p. ex., "Perguntar a um grupo de crianças se eu podia brincar"). A especificidade é muito importante, porque o objetivo é que olhem o distintivo e lembrem exatamente de seus sucessos.

A segunda e a terceira perguntas exigem que as crianças registrem por quanto tempo e com que frequência enfrentaram seus medos. Essas perguntas fornecem *feedback* concreto sobre sua capacidade de confrontar e suportar os eventos temidos. Em nossa experiência, a mudança raramente é linear. Muitas vezes, a evitação do passado exerce uma forte atração, arrastando a criança para velhos padrões de comportamento. Quando isso acontece, o Distintivo de Coragem poderia estimular memórias positivas associadas com enfrentamentos anteriores bem-sucedidos.

A quarta pergunta pede que as crianças listem as formas que usam para lidar com seus medos. Em seus exemplos, as crianças podem incluir estratégias e habilidades específicas que impulsionaram o comportamento de enfrentamento. Após as experiências de exposição, a criança pode rever suas estratégias bem-sucedidas. Um exemplo de Distintivo de Coragem é mostrado na Figura 12.12 e um distintivo concluído é ilustrado na Figura 12.13.

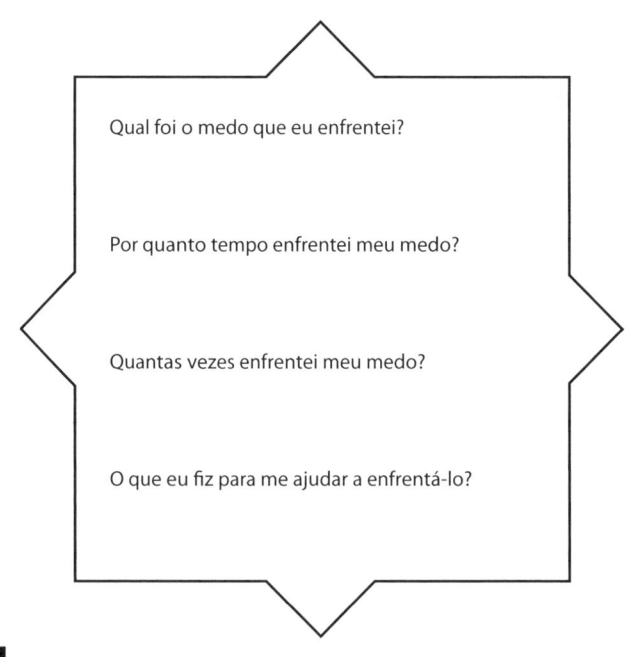

Qual foi o medo que eu enfrentei?

Por quanto tempo enfrentei meu medo?

Quantas vezes enfrentei meu medo?

O que eu fiz para me ajudar a enfrentá-lo?

FIGURA 12.12 MEU DISTINTIVO DE CORAGEM (MODELO).
De Friedberg e McClure (2015). *Copyright* de the Guilford Press. Permitida reprodução apenas para uso pessoal.

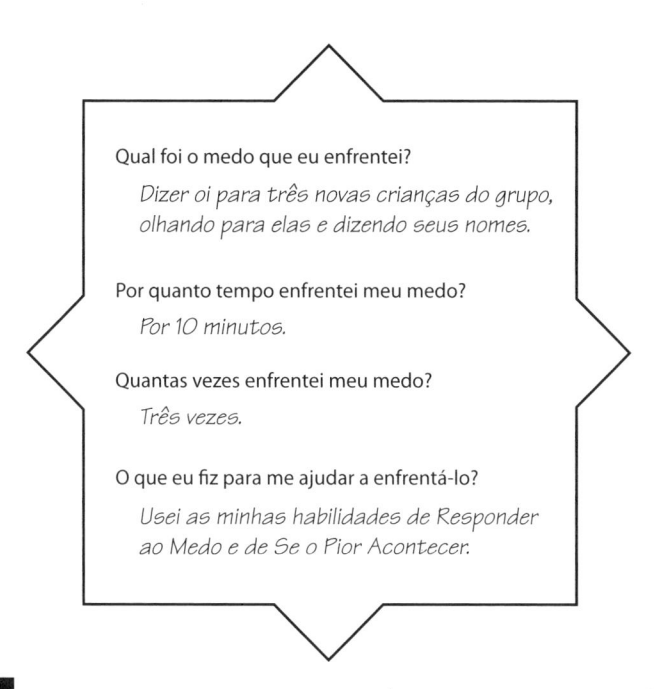

Qual foi o medo que eu enfrentei?
Dizer oi para três novas crianças do grupo, olhando para elas e dizendo seus nomes.

Por quanto tempo enfrentei meu medo?
Por 10 minutos.

Quantas vezes enfrentei meu medo?
Três vezes.

O que eu fiz para me ajudar a enfrentá-lo?
Usei as minhas habilidades de Responder ao Medo e de Se o Pior Acontecer.

FIGURA 12.13 MEU DISTINTIVO DE CORAGEM (MODELO PREENCHIDO).

Há diversas formas de aumentar o valor do Distintivo de Coragem. Por exemplo, o distintivo poderia ser colocado em uma luva plástica e apresentado como um certificado. Além disso, o distintivo poderia ser plastificado para servir de lembrança e recompensa duradouras para a criança. Outra possibilidade seria a criança criar um distintivo pequeno. Um alfinete de segurança poderia ser colocado na parte de trás, e a criança, então, poderia usá-lo preso na roupa.

Outra ideia inovadora é fornecer *feedback* sobre o enfrentamento das crianças usando fotografias (Kearney & Albano, 2000). As crianças poderiam ser fotografadas experimentando a atividade temida e ao dominá-la com sucesso. As fotos, então, poderiam ser anexadas ao distintivo ou acompanhá-lo. Acrescentando as fotografias aos seus Distintivos de Coragem, as crianças podem literalmente "visualizar-se" lidando com o evento temido.

O Quadro-síntese 12.4 resume os pontos essenciais na condução das exposições.

QUADRO-SÍNTESE 12.4 DICAS PARA EXPOSIÇÃO

- Os experimentos e as exposições são projetados colaborativamente e feitos "com" os pacientes, e não "para" eles.
- O objetivo da exposição é aumentar o autocontrole e a autoeficácia.
- Recomenda-se uma abordagem gradual.
- É crucial uma hierarquia que contenha classificações de SUDs.
- Tente tornar as exposições graduais maximamente realistas.
- Resista à tentação de reafirmar ou tranquilizar.
- Tornar as exposições divertidas e interessantes é uma boa estratégia.
- Certifique-se de recompensar os esforços de exposição.

CONCLUSÃO

Ajudar crianças ansiosas a se acalmarem e a controlarem seus medos e preocupações exigirá paciência e inventividade. Ensinar crianças e adolescentes a darem um passo rumo à ansiedade, em vez de fugir dela, requer um plano sistemático que inclui um leque de instrumentos clínicos. Neste capítulo, recomendamos múltiplas maneiras de alcançar jovens ansiosos. Nós o incentivamos a lembrar que as crianças ansiosas precisam enfrentar suas preocupações e medos, em vez de apenas falar sobre eles. Use as ideias e estratégias apresentadas neste capítulo para ensiná-las a lidar diretamente com seus medos e a desenvolver uma autoeficácia genuína.

13

Trabalhando com crianças e adolescentes disruptivos

SINTOMAS COMUNS DOS TRANSTORNOS DISRUPTIVOS

Crianças disruptivas nos afetam de modo diferente que crianças ansiosas ou deprimidas. Eu (R.D.F.) nunca esquecerei do episódio ocorrido no começo de minha carreira, em que um menino de 11 anos com graves problemas de comportamento me trancou na sala de *time-out*!* Esses jovens podem evocar fortes sentimentos de raiva, frustração e ansiedade nas pessoas.

Transtorno da conduta

Um relato recente pelo U. S. Surgeon General (1999) observa que os transtornos disruptivos são marcados por atos antissociais, como agressão, desobediência, oposição, rebeldia e desconsideração por pessoas e propriedades. Em geral, o transtorno da conduta inclui um padrão persistente, no qual a criança viola os direitos dos outros e as regras e normas sociais apropriadas à idade (American Psychiatric Association, 2013; Kazdin, 1997). Essas violações se enquadram em quatro amplas categorias: agressão, destruição de propriedade, fraude ou furto e graves violações de regras. Mais especificamente, *bullying*, brigas, crueldade física com pessoas e/ou animais, atos incendiários, roubo, fuga de casa, mentira e falta às aulas são comportamentos representativos (American Psychiatric Association, 2013; Kazdin, 1997). O vandalismo, a atividade sexual precoce, o uso de substâncias e a expulsão escolar também são ocorrências frequentes com essas crianças (U. S. Surgeon General, 1999). Assim, não é de se espantar que essas crianças sejam descritas como ressentidas, violentas, hiperativas e desconfiadas (Kazdin, 1997). Kazdin (1993, 1997) relatou que crianças com transtorno da conduta também demonstram níveis baixos de sucesso acadêmico, fracasso em concluir o dever de casa, fracas habilidades de leitura, habilidades sociais diminuídas e níveis mais altos de rejeição pelos colegas.

Sam é um menino de 15 anos descrito pelos próprios pais como incorrigível. Ele foi suspenso várias vezes da escola, devido ao seu comportamento agressivo e indisciplinado. Recentemente, perseguiu um grupo de meninos perto da escola empunhando um galho. Ele alega que foi provocado por comentários grosseiros e por olhares dos outros. Sam tem inteligência mediana, mas não se aplica em seus estudos. Na verdade, ele até já rasgou tarefas na aula, alegando que eram "enganosas".

---

*N. de T. Sala de *time-out*: espécie de "cantinho para pensar", em que a criança fica isolada por um tempo em uma sala segura, silenciosa, iluminada, arejada, mas sem distrações e estímulos. A técnica de *time-out* não é considerada um castigo. Ela envolve remover o aluno de todas as fontes de reforço positivo em razão de um comportamento indesejado específico. O *time-out* é apenas uma opção de um *continuum* de intervenções que apoiam a mudança de comportamento. A técnica é descrita em mais detalhes no Capítulo 15.

Seus pais relatam que ele costuma roubar dinheiro e ignorar completamente as regras e os horários da casa. Sam tem um registro na polícia por dirigir automóvel sem permissão. Ele acredita que "regras foram feitas para serem quebradas" e se esforça para manter uma atitude do tipo "Não se meta comigo". Seus pais confessam que Sam conduz a casa; eles também admitem ter medo dele. Seus professores alegam que ele pode ser cooperativo quando não lhe fazem exigências, porém, em geral, eles o veem como provocador, mentiroso e causador de problemas.

Transtorno de oposição desafiante

O transtorno de oposição desafiante (TOD) é caracterizado por um padrão persistente de desacato, desobediência e hostilidade em relação às figuras de autoridade, como pais e professores (American Psychiatric Association, 2013; U. S. Surgeon General, 1999). Sinais específicos de TOD incluem discussão e brigas crônicas, acessos de raiva, altos níveis de irritabilidade, contrariedade, caráter vingativo, maldade, desobediência, teimosia e hábito de culpar os outros por seus próprios erros. Esses comportamentos devem persistir por ao menos 6 meses (American Psychiatric Association, 2013). Além disso, a 5ª edição do Manual de Diagnóstico e Estatístico de Transtornos Mentais (DSM, do inglês *Diagnostic and Statistical Manual of Mental Disorders*; American Psychiatric Association, 2013) traz observações sobre a frequência de comportamentos para crianças de várias idades. Em particular para crianças com idade inferior a 5 anos, esses comportamentos devem ocorrer na maioria dos dias, durante 6 meses. Para crianças com idade superior a de 5 anos, os critérios indicam que os comportamentos problemáticos devem ocorrer ao menos uma vez por semana, durante 6 meses.

Essas crianças são "crianças teflon": a responsabilidade simplesmente não "gruda" nelas. Crianças mais novas com TOD frequentemente demonstram altos níveis de intolerância à frustração, têm dificuldade em adiar a gratificação e chutam e batem os pés (Kronenberger & Meyer, 1996). Kronenberger e Meyer observaram que crianças mais velhas com TOD respondem aos pais de forma grosseira, revelam problemas de comportamento passivo-agressivo e são descritas pelos pais como sensíveis, teimosas e contestadoras.

Lou é um menino de 10 anos que está levando seus pais ao limite. Na escola, é obediente, cooperativo e estudioso. Entretanto, em casa, pragueja a cada ordem de sua mãe, "roda a baiana" com sua irmã e com os pais e geralmente domina os membros da família por meio de lutas de poder. Lou considera que as regras impostas a ele são injustas e irracionais (p. ex., "Por que eu tenho que fazer isso?"). Por fim, afasta-se das responsabilidades, externalizando a culpa ("Como é que isso pode ser minha culpa?").

Transtorno de déficit de atenção/hiperatividade

Os critérios clínicos centrais para transtorno de déficit de atenção/hiperatividade (TDAH) são desatenção, impulsividade e hiperatividade (American Psychiatric Association, 2013; Cantwell, 1996). Uma mudança importante no DSM-5 é que os sintomas podem ocorrer antes dos 12 anos. Uma criança pode ser identificada com um tipo de transtorno primordialmente de falta de atenção, um tipo hiperativo-impulsivo ou um tipo combinado. A desatenção é marcada por sintomas como erros por descuido no trabalho escolar, dificuldade de manter a atenção em brincadeiras ou na escola, dificuldade de organizar tarefas e, muitas vezes, perda de objetos. A hiperatividade é caracterizada por inquietação, contorções e fala excessiva; a criança/adolescente age como se fosse propelido por um motor. Os sinais de impulsividade incluem retrucar em sala de aula, dificuldade de aguardar a vez para dar uma opinião e intromissão na conversa dos outros.

Frick e colaboradores (Frick et al., 2003; Frick & Morris, 2004) constataram que crianças com transtornos de comportamento disruptivo costumam apresentar traços de caráter insensível, sem emoção. Jovens insensíveis e sem emoção são marcados pela ausência de culpa após a transgressão, emoções restritas, capacidade empática empobrecida e manipulação interpessoal. Além disso, Frick e colaboradores comentaram que esses adolescentes/crianças vivem procurando empolgação e são relativamente pouco afetados por punições.

Analise o exemplo a seguir. James é um adolescente de 16 anos, euro-americano, que apresentou sintomas de transtorno da conduta. Mais especificamente, ele recebia suspensões frequentes na escola por agressões físicas a colegas, agressão verbal aos professores, falta de adesão às regras da escola, destruição da propriedade escolar e comunitária, além de roubo. Em casa, raramente obedecia às regras domésticas e se envolvia em constantes discussões com sua mãe e seu padrasto. Por fim, ao completar 17 anos, James já era pai de dois filhos com duas jovens diferentes da escola, ambas da mesma idade que ele. Uma terceira aluna esperava outro filho dele. James explicava o seu comportamento afirmando: "Se essas vadias estúpidas são burras o suficiente para transar comigo, quem vai se importar com o que vai acontecer com elas?".

Em muitos adolescentes/crianças disruptivos, a engenhosidade e a criatividade nos esforços distorcidos para resolução de problemas podem ser impressionantes. Por exemplo, Jonas, garoto euro-americano de 15 anos diagnosticado com transtorno da conduta, relatou que "fazia compras" durante os jogos de futebol americano do colégio. Durante as partidas, Jonas e seus amigos costumavam entrar embaixo das arquibancadas para caçar bolsas, dólares, moedas, celulares e carteiras que caíam dos torcedores desavisados, sentados lá em cima.

Alice é uma menina de 10 anos que, segundo relatam os pais e professores, "não consegue parar quieta". Na escola, costuma se levantar toda hora de sua cadeira e não consegue evitar conversar com as colegas ao lado. O trabalho escolar de Alice é relaxado e confuso; parece que um furacão passou por sua mesa. Muitas vezes, ela se esquece de fazer ou não sabe onde colocou o dever de casa. Durante a primeira sessão, Alice rastejou para baixo do sofá para investigar um zumbido. Sua mãe a descreve como semelhante ao personagem de desenho animado "O Diabo da Tasmânia". Alice se sente triste e solitária, pois acha que seus colegas a rejeitam. Acredita que os colegas a acham "esquisita".

CONTEXTO CULTURAL E QUESTÕES DE GÊNERO

Existem algumas descobertas conflitantes sobre diferenças étnico-culturais em transtornos de comportamento disruptivo. Algumas pesquisas relataram elevadas taxas de comportamento antissocial em crianças hispano-americanas, afro-americanas e nativas americanas (Dishion, French, & Patterson, 1995). Ho, McCabe, Yeh e Lau (2010) afirmaram que as taxas de prevalência de transtornos de comportamento disruptivo são bastante elevadas para jovens pertencentes a minorias étnicas. Além disso, Ho e colaboradores observaram que esses jovens também têm mais dificuldades em relacionamentos escolares, familiares e entre seus pares, em comparação com jovens pertencentes à cultura majoritária.

Em sua revisão, Gudiño, Lau, Yeh, McCabe e Hough (2008) observaram que jovens afro-americanos estão sobrerrepresentados no sistema de justiça juvenil. Além disso, eles propuseram que os jovens afro-americanos recebem penalidades mais severas para delitos disciplinares nas escolas e que seus professores cultivam percepções mais negativas de seus comportamentos disruptivos do que dos comportamentos problemáticos de outros alunos.

Outros estudos mostram resultados diferentes. Breslau e colaboradores (2006) assinalaram que não houve diferenças étnico-culturais relativas aos transtornos de comportamento disruptivo. Além disso, um amplo estudo descobriu que a prevalência de distúrbios de comportamento era menor para os jovens de minorias étnicas do que para brancos não latinos (Kessler et al., 2012).

Entretanto, Dishion e colaboradores (1995) recomendam que os terapeutas avaliem cuidadosamente as contribuições exclusivas dadas aos problemas de comportamento por etnia, dificuldades econômicas, emprego limitado, relações entre colegas, parentesco e pela vida em bairros de alto risco. Os efeitos psicológicos de opressão, discriminação, preconceito e estereotipagem também são importantes. De modo perspicaz, Dishion e colaboradores (1995) escreveram que "a estigmatização étnica percebida entre crianças provavelmente contribuiria para o processamento de informação social, em particular, para a probabilidade de fazer atribuições hostis em situações ambíguas" (p. 455).

Cartledge e Feng (1996a) escreveram que crianças do Sudeste Asiático vivendo nos Estados Unidos enfrentam grandes obstáculos, como problemas com a linguagem, pobreza, preconceito, incerteza generalizada e perda do país, de amigos, da família e da posição social (Rumbault, 1985, citado por Cartledge & Feng, 1996a). Crianças do Sudeste Asiático vivendo nos Estados Unidos parecem correr risco de atritos na escola (Dao, 1991, citado por Cartledge & Feng, 1996a). Chin (1990, citado por Cartledge & Feng, 1996a) relatou que o surgimento inicial de gangues de chineses estava associado com altas tensões raciais nas escolas do bairro. "Na tentativa de escapar das pressões de uma sociedade estranha, muitos desses jovens entregam-se a comportamentos autodestrutivos, como atos violentos e abuso de substâncias" (Cartledge & Feng, 1996a, p. 106).

Gibbs (1998) escreve que "embora a prevalência de transtornos da conduta entre adolescentes afro-americanos seja desconhecida, pode-se dizer com segurança que eles têm taxas desproporcionalmente altas de problemas de conduta em ambientes escolares" (p. 179). Os professores julgavam o potencial acadêmico dos alunos com base em sua aparência, em seu gênero e em sua capacidade de linguagem, e essas determinações persistiram com o tempo (Irvine, 1990, citado por Cartledge & Middleton, 1996). Citando outros estudos, Cartledge e Middleton (1996) escreveram que homens afro-americanos estão sobrerrepresentados em encaminhamentos por problemas de aprendizagem e comportamento. De forma alarmante, estudantes afro-americanos têm de duas a cinco vezes mais probabilidade de serem suspensos do que os brancos (Irvine, 1990, citado por Cartledge & Middleton, 1996). Carmen (1990, citado por Cartledge & Middleton, 1996) relatou que, em uma escola onde os afro-americanos representavam 24% da população escolar, o programa de transtorno comportamental incluiu 52% de afro-americanos. Cartledge e Middleton escreveram apropriadamente: "Desde o início de sua escolaridade formal, muitos desses jovens aprendem que o pessoal da escola costuma desvalorizar a forma como eles se vestem, falam, pensam, trocam experiências e vivem. Não encontrando afirmação nas escolas, eles se voltam para outros ambientes, buscando verificar seu valor próprio" (p. 149).

Cochran e Cartledge (1996) descrevem vários fatores que colocam jovens hispânicos em risco para problemas de comportamento disruptivo. Esses autores argumentam que "para uma significativa minoria de jovens hispano-americanos, as influências negativas de pobreza, escolas inadequadas, condições de vida urbana e alienação psicológica contribuem para um foco na agressão e na violência" (p. 261). Ramirez (1998) verificou que o TOD era o segundo diagnóstico mais frequente dado a crianças de origem mexicana em sua clínica.

As diferenças de gênero também são importantes nos transtornos disruptivos. Antes da puberdade, as taxas para TOD são mais altas para meninos do que para meninas, mas tornam-se iguais após essa fase (U. S. Surgeon General, 1999). A maioria dos estudos relata taxas muito mais altas de transtorno de déficit de atenção/hiperatividade (TDAH) em meninos do que em meninas. Todavia, Biederman e colaboradores (1999) afirmam que um milhão de meninas podem sofrer de TDAH mesmo se uma proporção conservadora de gênero de 5:1 for escolhida. Além disso, sugerem que, embora o quadro clínico básico para TDAH seja o mesmo para meninos e meninas, há algumas diferenças específicas na expressão de sintomas. Em seu estudo, as meninas tendiam a ter mais aspectos de desatenção, humor e ansiedade em seu quadro sintomático do que os meninos. Biederman e colaboradores (1999) também argumentam que meninas com TDAH podem ter risco um pouco maior de desenvolver um transtorno de abuso de substâncias. Por fim, concluem que podemos estar subestimando a prevalência do TDAH em meninas.

De certo modo, o gênero molda a expressão dos sintomas em transtornos da conduta (Card, Stucky, Sawalani, & Little, 2008). As meninas tendem a ter mais probabilidade de se envolverem em prostituição e comportamento de fuga (U. S. Surgeon General, 1999). Além disso, Further, Woodward e Ferguson (1999) constataram que mulheres cujos problemas de conduta aos 8 anos de idade estavam entre os 10% mais altos do distúrbio tinham risco 2,6 vezes maior de engravidar aos 18 anos, em comparação àquelas que estavam entre os 50% mais baixos. Por fim, a maioria dos adolescentes com transtorno da conduta e comorbidade depressiva são do sexo masculino, ao passo que mais de três quartos dos adolescentes com transtorno da conduta e comorbidade de ansiedade são do sexo feminino (Lewinsohn, Ruhde, & Seeley, 1995, citado por Stahl & Clarizio, 1999).

Em sua revisão, Johnson, Cartledge e Milburn (1996) observaram que os meninos demonstram mais agressividade do que as meninas; os autores argumentam que a culpa e o medo inibem o comportamento agressivo nas meninas. Crick e Grotpeter (1995) descreveram a agressão relacional em meninas. A agressão relacional diz respeito aos "comportamentos que visam prejudicar significativamente as amizades de outra criança ou os sentimentos de inclusão pelo grupo de colegas" (Crick & Grotpeter, 1995, p. 711). Crianças com agressividade relacional impedem seus colegas de brincar junto, afastam suas amizades como forma de controlar outras crianças e "difamam" outras crianças, espalhando boatos sobre elas para que sejam rejeitadas pelo grupo. Crick e Grotpeter verificaram que meninas se envolvem em mais agressão relacional do que meninos. Eles concluíram que meninas rejeitadas podem prejudicar o relacionamento de um colega com outro.

AVALIAÇÃO DE PROBLEMAS DE COMPORTAMENTO DISRUPTIVO

A Lista de Conferência Achenbach sobre o Comportamento das Crianças (CBCL, do inglês *Achenbach Child Behavior Checklist*) é uma medição amplamente usada na psicologia infantil clínica (Kronenberger & Meyer, 1996). Há escalas separadas para serem completadas por pais (Achenbach, 1991a), professores (Formulário para o Relatório do Professor [TRF, do inglês *Teacher Report Form*], Achenbach, 1991b) e crianças (Achenbach, 1991c). Os itens são classificados em uma escala de 0 a 2 para avaliar a extensão em que o comportamento é representativo da criança. As escalas são adequadas para crianças e jovens de 4 a 18 anos. Comparar relatos de diferentes fontes de dados é uma excelente estratégia clínica (Kronenberger & Meyer, 1996). Por exemplo, Kronenberger e Meyer escreveram que "quando o relatório feito pelo professor revela problemas, mas o perfil CBCL é relativamente normal, isso sugere que a criança pode comportar-se adequadamente no ambiente familiar menos estruturado e mais individualizado. Contudo, ao mesmo tempo, torna-se desorganizada e malcomportada na escola" (p. 27).

O Inventário Eyberg sobre o Comportamento das Crianças (ECBI, do inglês *Eyberg Child Behavior Inventory*; Eyberg, 1974, 1992;

Eyberg & Ross, 1978) é outra listagem que avalia padrões de comportamento disruptivo em crianças. Os pais relatam os problemas de comportamento de seus filhos em casa usando uma escala Likert de 7 pontos, adequada para crianças a partir de 2 anos a adolescentes de até 16 anos. Entretanto, a escala foca mais os problemas de comportamento irritantes do que os problemas de conduta mais severos (Kazdin, 1993). Há uma variação do ECBI para professores. O Inventário Sutter-Eyberg sobre o Comportamento dos Alunos (SESBI, do inglês *Sutter-Eyberg Student Behavior Inventory*; Sutter & Eyberg, 1984) contém alguns itens idênticos aos do ECBI e itens específicos para o ambiente escolar. Semelhante à interpretação da escala de Achenbach, é útil para comparar relatos de diferentes fontes.

As Escalas Conners de Classificação Parental (CPRS, do inglês *Conners Parent Rating Scales*) e as Escalas Conners de Classificação pelos Professores (CTRS, do inglês *Conners Teacher Rating Scales*; Conners, 1990) são extensivamente pesquisadas e muito aplicadas na avaliação de TDAH (Kronenberger & Meyer, 1996). Há diferentes formulários, que variam em tamanho. Já que as Escalas Conners enfatizam os sintomas de TDAH, são particularmente eficazes quando um exame mais profundo e mais exato desses sintomas se faz necessário (Kronenberger & Meyer, 1996).

A análise funcional costuma ser especialmente útil quando se trabalha com jovens apresentando problemas de comportamento disruptivo. Essa análise pode ajudar a identificar com exatidão os antecedentes e as consequências comportamentais. Um caso ilustrativo é o de Yvonne, uma adolescente euro-americana de 15 anos que mora com os pais adotivos. Eles se apresentaram para o tratamento com queixas sobre os "chiliques" da garota sempre que solicitada a lavar a louça e limpar a cozinha. Yvonne ficava irritada, agressiva e tão emocionalmente aflita que chegava a engasgar e, às vezes, até a vomitar.

A história de Yvonne com sua família biológica foi marcada por um trauma muito sério. Aos oito anos, ela testemunhou o pai matar a mãe com uma facada. O golpe espirrou sangue por todo o piso da cozinha e nos pratos. O pai de Yvonne, então, a obrigou a limpar a cozinha.

Quando essa situação veio à tona, Yvonne prontamente admitiu que o ato de trabalhar na cozinha era repugnante. O cheiro do material de limpeza era nauseante e as outras experiências sensoriais associadas com a tarefa suscitavam imagens intrusivas e violentas. A motivação principal de sua inconformidade ostensiva e dos "chiliques" emocionais não era desacato nem oposição. Em vez disso, as reações pareciam decorrer da hiperexcitação tão característica de clientes diagnosticados com TEPT (transtorno de estresse pós-traumático). Seu objetivo principal era a evitação ou fuga.

Benjamin, menino euro-americano de 14 anos, foi diagnosticado com TOD severo. Quando seus pais colocavam exigências ou lhe impunham limites, o adolescente reagia com um teimoso desacato e desdenhava as ordens dos pais. Se os pais insistiam, a raiva dele aumentava e incluía agressão verbal, ameaças e, por fim, agressão física (empurrões fortes). Nesse momento, os pais cediam e voltavam atrás nas exigências.

Toda e qualquer exigência ou limite servia de estopim para essa infeliz cadeia de acontecimentos. Benjamin percebia esses comandos como intromissões desnecessárias em sua vida e interpretava que os pais estavam "violando injustamente os seus direitos". Ele reagia com níveis crescentes de raiva, que considerava pessoalmente gratificantes (p. ex., "Dá uma sensação boa") e bem-sucedidos em sustar as exigências. A raiva e o comportamento agressivo aumentaram e foram mantidos por reforço positivo (p. ex., produção de sentimento positivo) e reforço negativo (p. ex., eliminação de exigências/limites).

ABORDAGEM DE TRATAMENTO

Crianças disruptivas tentam assiduamente se afastar das responsabilidades e da responsabilização, como exemplificam habilmente as crianças do desenho animado *South Park*, ao cantarem "A culpa é do Canadá" (Parker & Shaiman, 1999). A culpa sempre é de outra pessoa.

Uma vez que os transtornos de comportamento disruptivo são caracterizados por múltiplos problemas comportamentais, o tratamento multimodal funciona melhor. A Figura 13.1 ilustra os diferentes componentes conceituais e uma sequência proposta. Começamos pela educação sobre o modelo de tratamento. Em geral, crianças e adolescentes disruptivos não entram no tratamento com motivação para mudar. Antes, costumam querer que os outros mudem (DiGiuseppe,

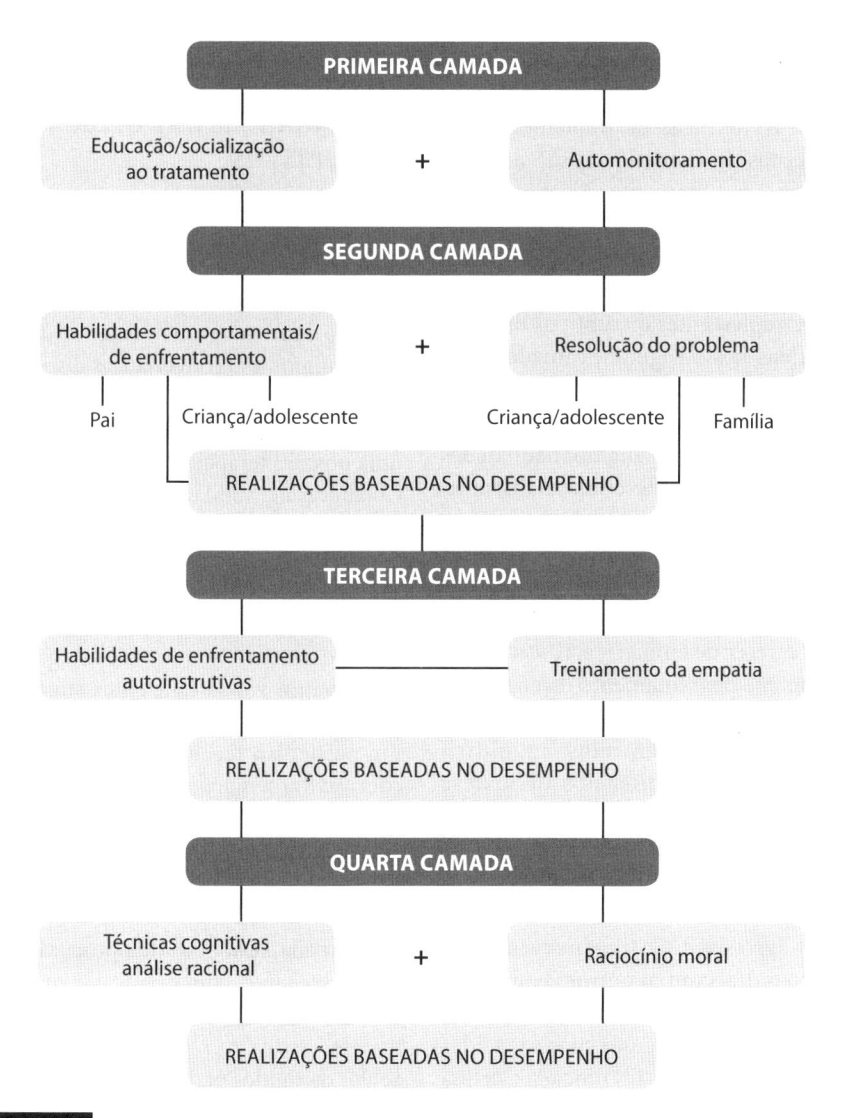

FIGURA 13.1 ABORDAGEM DE TRATAMENTO COM CRIANÇAS E ADOLESCENTES DISRUPTIVOS.

Tafrate, & Eckhardt, 1994). Assim, envolvê-los na lógica do tratamento é crucial.

A segunda camada envolve ensinar aos jovens e seus responsáveis as habilidades comportamentais básicas. Conforme a natureza dos problemas disruptivos da criança, diferentes habilidades comportamentais serão oferecidas. Dependendo das circunstâncias, técnicas como treinamento de habilidades sociais ou treinamento de relaxamento podem ser úteis. Em geral, os pais aprendem estratégias básicas de manejo de crianças e adolescentes para acalmar comportamentos agressivos e disruptivos. As técnicas de treinamento parental, descritas no Capítulo 15, são adequadas a essa fase de tratamento. As abordagens de treinamento em família para resolução de problemas, bem como de treinamento individual para resolução de problemas destinado a crianças e adolescentes disruptivos também estão incluídas nessa segunda camada e são abordadas neste capítulo.

A terceira camada reflete técnicas cada vez mais sofisticadas. Nela, ensinamos habilidades autoinstrutivas para ajudar crianças disruptivas a repensarem situações e a substituírem diálogos internos provocativos por autofalas calmantes. Além disso, já que jovens disruptivos que se comportam de forma agressiva costumam carecer de empatia, acrescentamos um componente de treinamento da empatia.

As técnicas incluídas na quarta camada representam os procedimentos cognitivos mais complexos. Procedimentos de análise racional, como reatribuição, enfocam a exploração de alternativas e a diminuição de preconceitos atributivos hostis de crianças e adolescentes. Devido às descobertas de que jovens agressivos costumam carecer de uma ligação moral com os outros (Goldstein, Glick, Reiner, Zimmerman, & Coultry, 1987), tentativas de aumentar suas capacidades de raciocínio moral são indicadas. Nessa fase do tratamento, os jovens são apresentados a dilemas morais e discutem a lógica moral para suas decisões.

Em cada camada, as realizações baseadas no desempenho acompanham a aquisição de habilidades específicas. Como acontece com os tratamentos para depressão e ansiedade, técnicas cognitivo-comportamentais precisam ser aplicadas no contexto de ativação afetiva negativa (Robins & Hayes, 1993). Exercícios, atividades e atribuições com base no desempenho permitem que crianças e adolescentes pratiquem o que estamos preconizando a elas.

CONSTRUINDO RELACIONAMENTOS COM CRIANÇAS E ADOLESCENTES DISRUPTIVOS

É fundamental estabelecer um bom relacionamento com a criança ou o adolescente disruptivo. Os relacionamentos terapêuticos devem basear-se na confiança, no entendimento, no respeito e em um senso de autenticidade. Como conseguimos isso com crianças disruptivas?

Karver e Caporino (2010) resumiram de modo convincente elementos específicos de uma postura terapêutica eficaz para os jovens. Colaboração, validação, definição de metas, *feedback*, estabelecimento de credibilidade e apresentação lógica do tratamento estão associados com classificações favoráveis nas alianças de tratamento. Sommers-Flanagan, Richardson e Sommers-Flanagan (2011) propuseram várias excelentes sugestões para trabalhar com pacientes jovens desafiadores. Em particular, recomendaram axiomas úteis, como evitar tentar ser prestativo ou perspicaz, comunicar aceitação mediante ambivalência, agir de forma transparente e ser brincalhão.

Adote uma postura *rock & roll*

Recomenda-se adotar uma postura terapêutica "*rock & roll*" com crianças diagnosticadas com transtornos de comportamento disruptivo. A parte "*rock*" da equação refere-se a abalar os rígidos padrões cognitivos, comportamentais e emocionais dos jovens clientes. Às vezes, talvez, você tenha que travar "lutas necessárias" com os jovens (Chu, Suveg,

Creed, & Kendall, 2010). A parte "*roll*" é quando, por exemplo, você "ginga" com a evasão dos clientes. Os exemplos nesta seção revelam os pontos básicos de uma postura *rock & roll*.

Estabeleça e imponha limites

Estabelecer limites é essencial. Sabendo o que é esperado, as crianças sentem-se seguras. Entretanto, em nossa experiência, descobrimos que é relativamente fácil adotar um estilo autoritário rígido ou escorregar para um estilo excessivamente permissivo com esses jovens clientes. Isso parece corresponder às estratégias parentais disfuncionais que acompanham os comportamentos disruptivos desses jovens. Não é interessante?

A fim de estabelecer as fronteiras terapêuticas, todos devemos conhecer nossos próprios limites. O que é aceitável e inaceitável em termos de comportamento? Por exemplo, uma criança pode dizer palavrão durante a sessão? Se pode usar linguagem obscena, então pode usar o "nome feio" que bem entender? Ou algumas palavras são proibidas? É permitido colocar os pés sobre a cadeira? É permitido participar de uma sessão quando se está sob efeito de drogas? Para sermos claros com esses jovens clientes, temos de ter limites definidos em nossas cabeças.

Após estabelecermos objetivamente nossos limites, devemos ser consistentes em sua imposição. A consistência promove a confiança. Se você estabelece um limite e não se desvia dele, está dizendo que suas palavras e ações têm significado. Acreditamos que se você tem de dizer "Confie em mim" para uma criança, provavelmente não está cumprindo os limites que estabeleceu. Limites também comunicam que você se importa com a criança. Portanto, quando você demonstra preocupação e confiança pela imposição de limites flexíveis, a terapia torna-se um lugar seguro.

Analise o seguinte exemplo. Eu (R.D.F.) estava fazendo terapia com um grupo de adolescentes internados com transtornos de comportamento disruptivo. Uma das regras do grupo era que ninguém tinha permissão para ferir a si ou a outra pessoa. Durante a sessão, percebi que uma menina tinha alguma coisa brilhante em sua mão e parecia estar se picando com aquilo. Perguntei-lhe o que tinha na mão e ela me mostrou um clipe de papel ensanguentado. Nesse ponto, eu a tranquilizei (e ao resto do grupo), impondo um limite. Falei: "Preciso ter certeza de que você não vai se ferir. Cuidarei de você agora, então peço que vá até a sala da enfermagem para desinfetar e colocar um curativo em seu pulso. Depois, volte para o grupo e vamos conversar sobre o que está acontecendo com você. Não deixarei você se ferir em grupo". Ao limitar a criança com autoridade, transmiti a minha preocupação.

Seja flexível

Flexibilidade também é importante na imposição de limites com jovens disruptivos. Sem flexibilidade, você pode entrar em lutas de poder indesejadas e intensificar conflitos. Em outro exemplo, na mesma unidade, eu (R.D.F.) estava em grupo com vários adolescentes bastante disruptivos e indisciplinados. Um novo membro, encaminhado pelo juizado de menores, entrou na sessão. Ele tinha antecedentes de participação em gangue e história de agressividade. Como a maioria das crianças agressivas, era bastante territorial e controlador. No início da sessão, desafiou minha liderança, proclamando "Vamos ter um problema, porque sou eu quem manda aqui. Estou louco para bagunçar tudo". Ele estava claramente tentando me apavorar – e, honestamente, estava conseguindo! Eu me perguntei "Como posso impor limites sem piorar a situação?". Decidi falar: "Estou numa situação difícil, agora. Você está me assustando, mas ainda tenho que fazer o meu trabalho". Felizmente, os membros do grupo responderam, dizendo "Não assuste o doutor". O adolescente recuou e o grupo prosseguiu. Porque esse limite funcionou? Primeiro, acho que o jovem precisava saber que podia me assustar; assim que conseguiu o seu intento, isso foi suficiente para ele. Segundo, precisava saber claramente que eu não soltaria as rédeas do grupo. Assim, ele podia me amedrontar, mas eu tinha que fazer o meu trabalho. Terceiro, o grupo me ajudou, reforçando o meu limite.

De modo não surpreendente, a maioria das crianças e dos adolescentes diagnosticados com transtornos de comportamento disruptivo são participantes relutantes no encontro terapêutico. Em geral, carecem de motivação e vontade para colaborar em seu tratamento. Muitos desses adolescentes e crianças encaram o tratamento como forma de punição. Assim, as principais tarefas iniciais devem centrar-se em aumentar o envolvimento e a motivação.

Analise o exemplo de Bradley, menino euro-americano de 12 anos diagnosticado com TOD. Bradley morava em um bairro de vulnerabilidade social, marcado pela violência. Ele era um garoto extremamente inteligente, com escores bem acima da faixa de bem-dotados em testes individuais de QI. Costumava ler obras como *Moby Dick* e *Ulysses* por sua própria iniciativa. No entanto, relutava em completar os deveres de casa e em seguir as regras da escola, mostrando desrespeito e desconsideração. Era dono de um vocabulário de baixo calão verdadeiramente impressionante, que também representava uma grande fonte de orgulho para ele. Não é de se surpreender que a perspectiva de fazer a psicoterapia não fosse motivo de inspiração para Bradley. A chave era convencer esse jovem brilhante, mas angustiado e descarrilado, a se envolver no tratamento.

BRAD: Sou o rei dos palavrões!

TERAPEUTA: Tenho certeza de que o diretor de sua escola concorda com isso! (*Os dois riem.*) Acho que foi por isso que você ganhou a suspensão.

BRAD: Ele não tem um pingo de senso de humor. Mas você tem.

TERAPEUTA: Acha que seria uma boa ideia saber distinguir com qual tipo de pessoa e em que situação você pode zoar?

BRAD: Não sou bom nisso.

TERAPEUTA: Concordo! E se trabalhássemos para melhorar isso?

BRAD: Por que eu tenho que mudar? Se o sr. Hodges não sabe brincar, ele que se f*da!

TERAPEUTA: Só que, enquanto isso, você fica fora do time de basquete e põe em risco suas oportunidades futuras na faculdade.

BRAD: Ele que se f*da... e eu também.

TERAPEUTA: Você tem um linguajar de xingamentos realmente impressionante. Mas como podemos controlá-lo para que você consiga jogar basquete e continuar seus trabalhos escolares?

BRAD: É impossível. É como uma coceira que eu tenho que coçar. Quando o sr. Hodges age como um idiota, tenho que chamá-lo de energúmeno, estulto, boçal, retardado...

TERAPEUTA: Certo, certo. Em alto e bom som! Xingar e coçar, é só começar.

BRAD: Sim, é divertido.

TERAPEUTA: Tenho certeza que sim. Você parece ser do tipo viciado em palavrões. Precisamos corrigir isso.

BRAD: Como assim? Não sou nenhum *viciado*!

TERAPEUTA: Então você consegue parar?

BRAD: Claro.

TERAPEUTA: É uma escolha ou uma coceira que você não consegue parar de coçar?

BRAD: (*Abre um sorriso.*) Você se acha tão *espertinho*.

TERAPEUTA: Bem, o lado bom é que você tem um excelente vocabulário geral e uma capacidade de pensar nas coisas. Só temos que conseguir que você confie neles. Aqui é onde preciso de sua ajuda, apesar de eu ser tão espertinho. (*Abre um sorriso.*) Como eu posso ajudá-lo a usar sua própria esperteza para ficar longe de confusão com o sr. Hodges?

O terapeuta escrupulosamente abordou a impulsividade e o uso excessivo de linguagem ofensiva de Brad. O terapeuta tentou instabilizar Brad e criar uma mudança cognitiva com a ajuda de fraseado dramático proposital (p. ex., "Você parece ser do tipo viciado em palavrões. Precisamos corrigir isso."). Por fim, ele ajudou Brad a confiar em seus pontos fortes para optar pela escolha do vocabulário adequado alternativamente aos palavrões.

Xavier era um jovem de 16 anos, de origem latino-americana, que repetidamente roubava celulares, anéis e material escolar. Além disso, ele ateava fogo, faltava às aulas e tinha sido suspenso várias vezes por diversos desvios comportamentais. Ele vandalizava as casas dos vizinhos e urinava na propriedade alheia. Era esperado que Xavier se ressentisse com o tratamento e participasse apenas de forma superficial. Seu estilo interpessoal com o terapeuta era um pouco desdenhoso e, às vezes, ele quase parecia o desafiar a "mudá-lo".

TERAPEUTA: Então, Xavier, como você se sente ao saber que seus colegas de turma não confiam em você?

XAVIER: Não tô nem aí. Eles são as presas, e eu, o caçador.

TERAPEUTA: Parece sentir orgulho disso.

XAVIER: Você não sentiria? Quem não gostaria de ser o caçador? Ser a caça não deve ser nada agradável.

TERAPEUTA: Então, onde é que eu me encaixo?

XAVIER: Não sei direito. Mas acho que você não tem o perfil de um caçador.

TERAPEUTA: Então, na sua cabeça, eu posso ser a presa?

XAVIER: Provavelmente... talvez... Não sei.

TERAPEUTA: Para você, as pessoas se enquadram em duas categorias: presas e caçadores. Fico imaginando por que será que você enxerga as coisas dessa maneira?

XAVIER: Como assim?

TERAPEUTA: Bem... Acho que você fica à vontade em meio aos colegas caçadores... E aqui não sabe o que fazer com as coisas.

XAVIER: Certo, e o que você quer dizer com isso?

TERAPEUTA: Espere... Não me apresse agora... Estou analisando a situação... Pode me dizer o quanto você se sente solitário?

XAVIER: Solitário?

TERAPEUTA: Acho que consegui a sua atenção. Sim, solitário. Ter obrigação de ser um caçador deve ser meio solitário. Você tem que analisar a sua presa e também se manter alerta para outros caçadores... Isso parece ser muita pressão.

Nesse difícil diálogo, Xavier orgulhosamente anunciou seu papel como predator e declarou que os outros eram presas. O terapeuta realçou o pensamento dicotômico (p. ex., "Para você, as pessoas se enquadram em duas categorias: presas e caçadores."). Para se comunicar com Xavier, o terapeuta comentou sobre o isolamento que muitos caçadores experimentam.

Seja transparente e descubra o que é relevante para o jovem

Muitas vezes, crianças diagnosticadas com transtornos de comportamento disruptivo sofrem de relacionamentos desconectados com adultos; são alienadas. É recomendado adotar uma postura transparente e marcada por autêntica relevância (Friedberg & Gorman, 2007). Indiferença e distância podem ser encaradas como desagradáveis (Karver & Caparino, 2010). O jovem cliente precisa perceber que o terapeuta está lhe oferecendo algo que ele(a) quer ou valoriza. Se você lhes oferecer novas percepções e uma maior autocompreensão, não surpreende que muito provavelmente "dê com os burros n'água". Você se torna alguém como aquele parente que vem nos visitar no dia de nosso aniversário trazendo de presente um par de meias. Para permanecer relevante, você precisa entender o que eles querem. Stacy é uma adolescente euro-americana de 16 anos que ignora a escola, consome uma boa quantidade de bebidas alcoólicas, é ativa sexualmente e desafiadora. No diálogo a seguir, a terapeuta tenta trazer relevância à sessão.

STACY: Gosto de ir na casa desses caras e fazer sexo oral neles. O que é que a minha mãe tem com isso? Não é ela quem vai fazer. Não é da conta dela. Além disso, ela acha que a terapia vai me impedir de fazer sexo oral?

TERAPEUTA: Você está determinada.

STACY: O quê?

TERAPEUTA: Você está determinada a fazer o que deseja... Mas *o que* você deseja, afinal?

STACY: Por que diabos você se importa com isso? Você trabalha para minha mãe e ela não está nem aí com isso.

TERAPEUTA: Bem, a sua mãe me paga. Mas, honestamente, eu trabalho para vocês duas... principalmente para você. Por que você diz que não estou interessada em saber os seus anseios?

STACY: Porque você não pode me dar o que eu quero.

TERAPEUTA: Concordo. Não posso lhe dar o que você quer, mas ainda estou curiosa para saber o que é.

STACY: Quero que minha mãe me deixe respirar. Ela está me sufocando! Está estrangulando a minha maldita alegria de viver.

TERAPEUTA: Então, que tal você me ajudar a ensinar a sua mãe a largar do seu pé?

STACY: Consegue *fazer* isso?

TERAPEUTA: Juntas, podemos trabalhar nessa meta. Mas você vai ter que se esforçar bastante.

Nesse diálogo, a terapeuta tornou-se relevante a Stacy. O processamento transparente abasteceu o diálogo (p. ex., "Não posso lhe dar o que você deseja"; "Mas você vai ter que se esforçar bastante."). Stacy ficou envolvida quando soube que o objetivo dela de aumentar a própria independência poderia ser um foco de tratamento, e a terapeuta colaboraria com ela.

Ao trabalhar com jovens clientes desafiadores, eu utilizo uma estratégia aprendida no começo de minha carreira. Tento encontrar algo agradável no cliente. Muitas vezes, essa estratégia me permite criar uma interação com a criança em torno de seus pontos fortes. O jovem é engenhoso? Criativo? Bem-humorado?

É crucial encontrar uma rota de acesso e atravessar a dura concha protetora desses clientes. Josh era um menino euro-americano de 15 anos diagnosticado com TOD. Ele se ressentia por estar fazendo terapia e encarava a maioria das figuras de autoridade, incluindo os terapeutas cognitivos, como pessoas irritantes. Durante as nossas primeiras sessões, o terapeuta descobriu que Josh amava filmes e que o filme favorito dele era *O resgate do soldado Ryan*. No diálogo a seguir, observe a rota de acesso que se abriu.

JOSH: Adoro *O resgate do soldado Ryan*. Já vi esse filme umas 10 a 15 vezes.

TERAPEUTA: Dez a quinze vezes! Você deve gostar *pra caramba* desse filme. O que você gosta nele?

JOSH: Sei lá... Gosto da interação dos personagens. Permanecem unidos, mesmo estando numa situação f*dida.

TERAPEUTA: Gente tentando sobreviver em situações f*didas.

JOSH: Eu simplesmente gostei do filme.

TERAPEUTA: Também gostei do elenco. Tom Hanks, Matt Damon, Ben Affleck...

JOSH: *Peraí!* O quê?! Ben Affleck não está nesse filme.

TERAPEUTA: É mesmo? Achei que ele interpretava o cara alto de Nova York.

JOSH: Não, aquele é o Edward Burns. Sabe nada...

TERAPEUTA: Uau, aprendi algo com você hoje. Como foi para você saber algo que eu não sabia e perceber que eu estava errado?

JOSH: Legal. Gostei de saber mais do que você.

TERAPEUTA: Parece que se você se sentiu com autoridade... de um jeito positivo. Que tal se juntos encontrássemos outras boas maneiras para você ficar no controle e com poder?

Esse diálogo ilustra vários pontos essenciais. Em primeiro lugar, Josh indicou os pontos de acesso e o terapeuta os aproveitou. Em seguida, o terapeuta aplicou o interesse no filme para obter mais informações pessoais, por exemplo, valorizando os detalhes e monitorando o estresse. Quando Josh se empolgou e fez a correção, o terapeuta aproveitou a oportunidade e utilizou a abertura para despertar o interesse em estar no controle e empoderado.

O Quadro-síntese 13.1 resume os pontos-chave na construção de um relacionamento com crianças e adolescentes disruptivos.

EDUCAÇÃO, SOCIALIZAÇÃO PARA O TRATAMENTO E AUTOMONITORAMENTO

Explicar as razões e o foco do tratamento é uma questão especialmente fundamental no trabalho com jovens que têm problemas de comportamento disruptivo e agressivo. Com frequência, esses jovens nos enxergam mais como adversários do que como aliados. DiGiuseppe e colaboradores (1994) comentaram que a tarefa de as envolver no tratamento é dificultada por sua tendência a culpar os outros por seus problemas. Exemplificando, o objetivo de Romy (14 anos) para o tratamento era conseguir que sua mãe parasse de agir de forma maldosa. Modificar sua própria rebeldia e seu comportamento desafiador era secundário.

Apresentar o *modelo de comportamento ABC* é o primeiro e típico passo educativo com essas crianças e adolescentes (Barkley et al., 1999; Feindler & Guttman, 1994). No modelo ABC, *A* representa os antecedentes ou gatilhos para o comportamento; *B* (do inglês *behavior*) significa o comportamento; e *C* representa as consequências que aumentam ou diminuem a frequência do comportamento. Gostamos do modelo ABC por ser muito simples: quase todo mundo entende que o *A* vem antes do *B*, e o *C*, depois do *B*. Raramente usamos palavras técnicas como "antecedentes" ou "consequências". Em vez disso, preferimos expressões como "as coisas que vêm antes" e "as coisas que vêm depois".

Por exemplo, considere como Romy encarava o problema. Como primeiro passo, você poderia pedir a ela para definir o comportamento maldoso (*B*) da mãe. Para ela, isso significava as censuras, os gritos e os castigos aplicados pela mãe. Em seguida, você poderia perguntar o que acontece após o comportamento da mãe (p. ex., Romy não obedece, o que aumenta a intensidade/frequência de consequências desagradáveis). Então, deveriam ser abordados os *A*, ou as coisas que Romy faz que evocam o "comportamento maldoso" da mãe (p. ex., violar o horário de chegar em casa, não dar ouvidos). O modelo ilustra de maneira simples como o comportamento de Romy contribui para sua própria definição do problema. Fazendo isso, você pode ajudá-la a ver como ela, ao mudar seus padrões de comportamento, pode diminuir o comportamento problemático da mãe.

Brondolo, DiGiuseppe e Tafrate (1997) oferecem várias formas interessantes de apresentar o tratamento a jovens disruptivos. Muitas vezes, crianças e adolescentes disruptivos e agressivos têm um interesse manifesto em agir de forma desordeira e má. De fato, a agressividade pode ser uma competência em alguns bairros violentos (Howard, Barton, Walsh, & Lerner, 1999). Dishion e colabora-

---

QUADRO-SÍNTESE 13.1 CONSTRUINDO RELACIONAMENTOS COM CRIANÇAS DIAGNOSTICADAS COM TRANSTORNOS DE COMPORTAMENTO DISRUPTIVO

- Adote uma abordagem *rock & roll*: às vezes, é preciso abalar os rígidos padrões cognitivos, emocionais e comportamentais da juventude; em outros momentos, é preciso "gingar" com a evitação dos jovens.
- Esteja disposto a se envolver em lutas necessárias.
- Defina limites e seja consistente para cumpri-los; eles aumentarão a confiança.
- Permaneça flexível.
- Mantenha as sessões relevantes para crianças e adolescentes; encontre e ofereça algo que eles queiram.
- Descubra os pontos fortes dos jovens clientes.

dores (1995) escreveram que "crianças agressivas [...] vivem em um mundo em que são frequentemente atacadas, e, por isso, suas tendências podem ser um reflexo exato de suas altas taxas basais para esse comportamento" (p. 437). Portanto, Brondolo e colaboradores (1997) recomendam estruturar o tratamento como forma de manter maior controle, e não como uma forma de tolerar maus tratos. Usar treinamento de artes marciais ou outras analogias esportivas pode ser útil para ilustrar esses pontos (Brondolo et al., 1997; Sommers-Flannagan & Sommers-Flannagan, 1995).

A aplicação de exercícios vivenciais simples frequentemente nos auxilia na educação desses adolescentes e crianças. Por exemplo, suponha que Drake seja um menino de 13 anos impulsivo, disruptivo e agressivo. Drake acredita que não tem escolha a não ser agir assim. Os outros o fazem discutir e brigar. Na condição de terapeuta do menino, você pode amassar uma folha de papel para fazer uma bola e, então, perguntar a Drake: "Você sabe agarrar uma bola?". Após ele responder, pergunte: "Posso jogar esta bola para você?". Em seguida, você arremessa a bola de papel para Drake. Após ele tentar agarrá-la, indague: "Eu fiz você agarrar a bola?". Esse pequeno exercício demonstra que, embora a situação normalmente possa exigir determinada resposta, a circunstância não determina em absoluto a ação do indivíduo. Ou seja, ele podia ter feito outra coisa.

Vernon (1989a) propõe um exercício criativo, o qual eu (R.D.F.) adotei com crianças e adolescentes internados. Inicio a atividade dizendo aos clientes que vamos conduzir uma experiência. Pego um ovo e lhes pergunto: "O que é isto?". No segundo passo, anuncio que vou bater o ovo na borda de uma tigela e pergunto: "O que vai acontecer agora?". No terceiro passo, eu quebro o ovo e digo: "Deem uma olhada na tigela. Quem sabe o que aconteceu?" Inevitavelmente, todos relatam que o ovo quebrou. Por último, faço a pergunta-chave de Vernon: "Mas foi o ovo que escolheu se quebrar?".

Gostamos desse exercício porque ele demonstra de forma bastante simplificada a noção de escolha. Depois de aplicá-lo, você pode perguntar aos jovens clientes o que as diferencia de um ovo. A discussão costuma gerar um melhor entendimento sobre as formas como a impulsividade supera a razão. Comumente, menciono esse exercício quando uma criança reage de forma irracional, e então pergunto: "Você está sendo um ovo?".

As técnicas de *automonitoramento* podem incluir réguas, termômetros, semáforos de trânsito e/ou botões de volume. Você pode escolher a técnica de escalonamento com base nos interesses e nas preferências da criança. Por exemplo, uma criança que aprecia corrida de carros pode adotar um medidor de nível de gasolina como analogia para a raiva (ver Figura 13.2). A criança pode desenhar o medidor em um pedaço de cartolina e recortar uma flecha indicadora. Ela, então, prende a flecha à cartolina com algum tipo de rebite. Assim, a flecha pode mover-se em torno do eixo.

Crianças e adolescentes também precisam rastrear os antecedentes e as consequências de seus comportamentos disruptivos. A maioria dos adolescentes tem as habilidades para completar um mapa em que listam os antecedentes e as consequências de seus comportamentos (Feindler & Ecton, 1986; Feindler & Guttman, 1994). Para as crianças mais novas, você pode ter que "embelezar" o processo. Por exemplo, pode equiparar os antecedentes a as campainhas que sacodem a criança

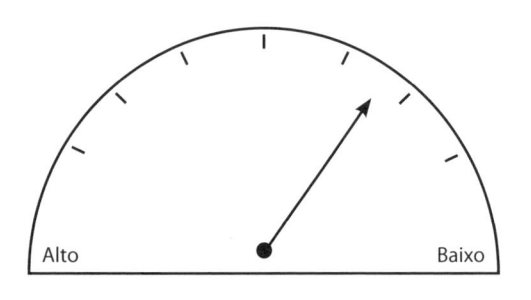

FIGURA 13.2 MEDIDOR DO TANQUE DE COMBUSTÍVEL DA RAIVA.

ou o adolescente, impulsionando-os a comportamentos disruptivos. Uma planilha com campainhas desenhadas pode ser facilmente desenvolvida (ver Figura 13.3).

Gostamos da metáfora da campainha porque ela pode levar a várias direções. Você poderia trazer uma campainha de um jogo de tabuleiro (p. ex., Tabu), a fim de incrementar o registro. Os efeitos de som podem ser bastante envolventes para as crianças! Além disso, a metáfora da campainha pode ser a deixa para futuramente aprender a lidar com situações difíceis. Você pode perguntar: "Como você pode vencer a campainha?". Terceiro, achamos "campainha" uma palavra mais neutra do que "gatilho" com crianças irritadas. Finalmente, por vezes usamos verbos de ação em nossas perguntas para ajudar as crianças a identificar suas campainhas ("O que inflama sua raiva?" ou "O que abastece a sua raiva?").

Crianças e adolescentes podem ser instruídos a completar um diário de pensamentos sempre que se sentirem irritados ou que tiverem uma discussão com um dos pais. Feindler e colaboradores (Feindler & Ecton, 1986; Feindler & Guttman, 1994) desenvolveram dispositivos de automonitoramento muito acessíveis, chamados de *Registros de Disputa*. Em seus Registros de Disputa, as crianças monitoram seus pensamentos, sentimentos e comportamentos preenchendo uma lista de checagem. Situações e reações prototípicas são registradas, e as crianças precisam apenas checar o que aconteceu; assim, há pouca exigência por respostas escritas.

Ao fazer o trabalho de enfrentamento da raiva, é fundamental ajudar as crianças a diferenciar entre sentir-se irritado e agir de modo agressivo ou disruptivo. É necessário que a criança saiba que é normal sentir raiva, mas

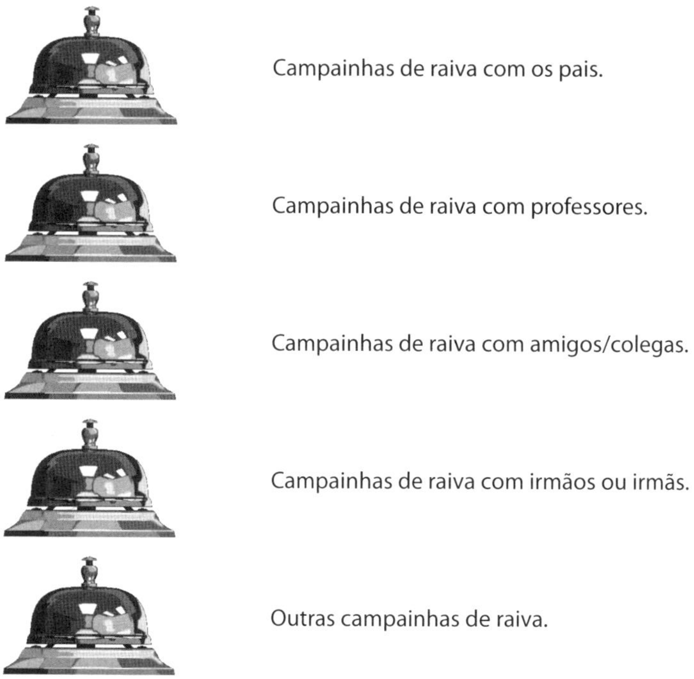

Campainhas de raiva com os pais.

Campainhas de raiva com professores.

Campainhas de raiva com amigos/colegas.

Campainhas de raiva com irmãos ou irmãs.

Outras campainhas de raiva.

FIGURA 13.3 CAMPAINHAS DA RAIVA.
De Friedberg e McClure (2015). *Copyright* de the Guilford Press.
Permitida reprodução apenas para uso pessoal.

também que não é certo ferir a si mesma ou a outras pessoas quando está com raiva. Para os mais jovens, usamos uma forma muito específica e concreta para ajudá-las a aprender a diferença entre estar com raiva e comportar-se agressivamente.

Casey era um menino de 9 anos que nos foi encaminhado por seu comportamento agressivo e disruptivo. No início do tratamento, foi ensinado a perceber a diferença entre a emoção e o comportamento. Casey desenhou uma figura de si mesmo quando estava com raiva. Pediu-se que desenhasse uma figura dele mesmo fazendo alguma coisa quando estava com raiva. Casey desenhou uma figura em que estava chutando outro menino. Então, eu (R.D.F.) lhe perguntei quais dessas figuras eram coisas certas. A princípio, ele achou que tanto os sentimentos de raiva quanto o comportamento irritado não estavam certos. Mais tarde, após conversarmos que os sentimentos eram aceitáveis, mas não os comportamentos, Casey foi capaz de diferenciar entre sentimentos e ações. Ele escreveu "Certo" embaixo do rosto irritado e "Errado" embaixo do desenho do chute.

O Quadro-síntese 13.2 lista pontos-chave para a psicoeducação e o automonitoramento.

RESOLUÇÃO INDIVIDUAL DE PROBLEMAS

Muitas vezes, a resolução de problemas é outra estratégia difícil de "vender" para crianças e adolescentes disruptivos. Por isso, é crucial prepará-los para a resolução de problemas. Eu (R.D.F.) desenvolvi originalmente a seguinte ideia com adolescentes internados (Friedberg, 1993): na primeira fase, o terapeuta arremessa uma bola de espuma para a criança (assegure-se de que a bola seja de *espuma*!) e, depois que ela a agarra, ele pergunta "É comum para você agarrar uma bola quando esta é arremessada para você?". Então o terapeuta instrui a criança a fazer qualquer outra coisa que não seja pegar a bola (p. ex., desviar o corpo, rebater a bola com a mão, etc.). Após a criança fazer algumas coisas diferentes, o terapeuta processa a experiência com ela (p. ex., "Como foi fazer alguma coisa diferente?")

Então, qual é o objetivo? Esse exercício serve a diversos propósitos. Primeiro, é divertido! Segundo, o jovem provavelmente será surpreendido pela atividade e não estará exatamente seguro quanto ao que fazer. Terceiro, o exercício oferece prática experimental em gerar opções, e, desse modo, abre caminho para a resolução de problemas.

A resolução de problemas com crianças disruptivas requer considerável flexibilidade. Por exemplo, ao discutir estratégias de resolução de problema alternativas, um adolescente respondeu: "Ei, doutor, por que eu deveria deixar de vender drogas, ganhando $500 por semana, para trabalhar no McDonald's? O carro que você tem é uma piada". Para ajudar um adolescente como esse a desenvolver alternativas mais produtivas, você tem que considerar o valor de reforço de cada opção. Evidentemente, para esse jovem, os benefícios financeiros imediatos da venda de drogas eram mais importantes do que as consequências da atividade criminosa.

Quando explicamos essa questão a nossos supervisionados, construímos uma analogia simples. Imagine que você tenha que fazer uma dieta. Como parte dessa dieta, é proibido comer rosquinhas – que você adora! Em vez de comer uma rosquinha, você tem de comer

---

QUADRO-SÍNTESE 13.2 PONTOS-CHAVE PARA PSICOEDUCAÇÃO E AUTOMONITORAMENTO

- Apresente o modelo ABC.
- Avalie a possibilidade de usar metáforas de esportes e artes marciais, jogos e exercícios para ensinar os pontos relevantes.
- Utilize diários de pensamentos e registros de comportamento.

cenoura (P.S.: nada contra cenouras!). Provavelmente, você está pensando "Argh, cenoura em vez de rosquinha? Tá de brincadeira!". Em se tratando de propriedades gastronômicas prazerosas, a cenoura simplesmente nem chega perto da rosquinha. Assim, quando tentamos substituir estratégias mal-adaptativas por outras mais produtivas, usar cenouras no lugar de rosquinhas não é uma boa ideia.

Outra armadilha na resolução de problemas é trabalhar de maneira muito abstrata. Esses indivíduos vivem no agora e costumam adotar a filosofia do "viva intensamente, morra jovem". Lembro de um cliente adolescente que, ao ser solicitado a pensar sobre as consequências futuras de seu comportamento, respondeu "Por que eu deveria me preocupar com meu futuro? Estarei morto aos 18 ou 19 anos. A maioria dos meninos que conheço estarão mortos ou na prisão". Nessas circunstâncias, você tem de ajudar os adolescentes a ver o quanto uma melhor resolução de problemas pode atender às suas necessidades imediatas.

Considere o seguinte exemplo. Wesley é um adolescente de 16 anos determinado a ser o cara mais malvado, mais desagradável e mais desordeiro da escola. Ele não vê vantagens em mudar sua postura. Aqui está um exemplo de como a resolução de problemas pode ajudar.

TERAPEUTA: Então, Wesley. Neste momento, há alguma coisa que você queira, mas não tem?

WESLEY: Na verdade, não.

TERAPEUTA: Nada mesmo?

WESLEY: Bem, eu gostaria de sair com essa mina, a Caty.

TERAPEUTA: Entendo. Você tem saído muito com garotas, ultimamente?

WESLEY: Não muito.

TERAPEUTA: Quanto? Talvez uns dois encontros por mês?

WESLEY: Tá legal. Não estou saindo com ninguém.

TERAPEUTA: Humm. Como você imagina que as garotas de quem você gosta o enxergam?

WESLEY: Não sei. Não posso ler o pensamento delas.

TERAPEUTA: Como elas agem quando você está por perto?

WESLEY: Como se estivessem com medo de mim.

TERAPEUTA: Isso faz muito sentido... Você é o cara mais malvado da escola, você deve assustar um monte de gente. Elas entenderam bem a sua mensagem. Agora, deixa eu ver se eu entendi direito. De que modo esse comportamento lhe dá tudo o que você quer?

Nesse exemplo, o terapeuta ligou o comportamento de Wesley às consequências diretas. Ele queria que as meninas de sua sala de aula se sentissem atraídas por ele, mas, na verdade, ele as assustava com seu comportamento. Esse é um bom exemplo, pois Wesley escolheu um tema significativo para ele (namoro). O terapeuta foi capaz de ajudá-lo a ver como seu comportamento estava lhe causando problemas nessa área.

A *resolução de problemas* tem cinco passos básicos. Especificá-los em algum tipo de acrônimo é um instrumento acessível para os jovens. Soletramos os passos da resolução de problemas no acrônimo COPE* (Friedberg et al., 1992). "C" representa *captar* o problema, "O" refere-se a ouvir as *opções*, "P" significa *prever* as consequências a longo e a curto prazos, e "E" representa *examinar* os resultados antecipados e depois agir com base nessa análise. Em geral, acrescentamos um "R" a este modelo para tornar a criança um COPER.** O "R" é de *recompensar* a si mesmo por seguir os passos e tentar uma ação produtiva. Esses passos da resolução de problemas podem ser colocados em um cartão e plastificados para consulta futura (Castro-Blanco, 1999).

Kazdin (1996) usa cinco sugestões verbais para facilitar a resolução de problemas pró-

---

*N. de T. Em inglês, o verbo "*to cope*" significa "saber enfrentar/lidar com as dificuldades". Ao longo da obra, "*coping*" foi traduzido como "enfrentamento", no sentido positivo da palavra.
**N. de T. Assim, "coper" é a pessoa que sabe enfrentar as dificuldades, lidar com elas e superá-las.

-social. Cada sugestão é uma forma de autoinstrução. As sugestões incluem: (1) "O que devo fazer?"; (2) "Eu tenho que examinar todas as minhas possibilidades"; (3) "É melhor eu me concentrar e manter o foco"; (4) "Eu preciso fazer uma escolha"; e (5) "Eu me saí bem" ou "Ah, cometi um erro" (Kazdin, 1996, p. 383). Como você pode ver, esses passos lembram muito o modelo COPER descrito acima. Kazdin também recomenda atividades preparatórias e vivenciais para instruir a resolução de problemas, tais como ensinar o raciocínio sequencial por meio do jogo Junte Quatro. Gostamos especialmente do conceito de Kazdin de "supersolucionadores" (p. 384), em que pais e filhos recebem tarefas *in vivo* para a resolução de problemas.

O *Procedimento de Conferir Item por Item* (*Pick Apart Procedure*), componente do Programa de Potencialização do Enfrentamento (*Coping Power Program*), é uma excelente maneira de ensinar a resolução de problemas às crianças (Powell, Boxmeyer, & Lochman, 2008). Lochman, Wells e Lenhart (2008) aplicam a metáfora de um técnico que conserta videogames para ensinar habilidades de resolução de problemas para as crianças. Para encontrar os motivos por que o jogo não está funcionando, eles oferecem perguntas para conferir item por item (p. 27), tais como: "A luz da energia está acesa?"; "A tevê está ligada no canal errado?"; e "A tela da tevê está ligada, mas o jogo não aparece?". Em seguida, as crianças aprendem a investigar e a gerar opções para resolver seus dilemas pessoais.

O Quadro-síntese 13.3 (Resolução de problemas individual com crianças disruptivas) resume os pontos-chave para manter em mente ao abordar a resolução de problemas com crianças disruptivas.

ENSINANDO OS PAIS SOBRE A RESOLUÇÃO DE PROBLEMAS FAMILIARES E A GESTÃO DO COMPORTAMENTO

Nesta seção, primeiro descreveremos os padrões de interação familiar que contribuem para os transtornos do comportamento disruptivo em crianças e, então, sugeriremos estratégias que podem reparar essas interações. É importante começar pela discussão dos processos prejudiciais que formam a base lógica para as intervenções.

De maneira convincente, Barkley e Robin (2014) descrevem os processos que prejudicam as famílias. Primeiro, há um baixo nível de reforço para qualquer obediência existente. Dito de forma simplificada, os pais negligenciam os comportamentos positivos e focam quase exclusivamente os comportamentos negativos. Na verdade, prestar atenção sempre ao negativo é cansativo. Não surpreende, então, que os pais acabem frustrados e agitados em relação à desobediência e ao desacato. Barkley e Robin observam que, dependendo de suas circunstâncias individuais, os pais ou responsáveis entram em um ciclo de punição inconsistente ou de consentimento inadequado. Em outras palavras, as consequências para os desacatos não são devidamente declaradas. Os pais, então, apelam para ameaças raivosas. O relacionamento pai-filho deteriora-se com insultos, afrontas e palavrões destrutivos. Processos familiares coercivos se estabelecem, o conflito interpessoal aumenta e a autoestima de todos é abalada (Barkley & Robin, 2014).

QUADRO-SÍNTESE 13.3 RESOLUÇÃO DE PROBLEMAS INDIVIDUAIS COM CRIANÇAS DISRUPTIVAS

- Modele a flexibilidade.
- Permaneça concreto.
- Apresente uma rubrica ou deixa simples para a resolução de problemas.

Barkley e Robin (2014) observam, de modo apropriado, que pais e filhos agarram-se obstinadamente a ressentimentos uns contra os outros. Achamos que esses ressentimentos formam uma muralha de processamento de informações que bloqueia a capacidade de cada membro da família de ver qualquer comportamento positivo no outro. Por exemplo, se uma adolescente criou um ressentimento contra sua mãe e a vê como uma "cadela controladora", será relativamente incapaz de ver os comportamentos carinhosos e responsivos da mãe. Por outro lado, se a mãe vê sua filha como uma "piranha desrespeitosa e incontrolável", será, da mesma forma, incapaz de identificar o "bom" comportamento da filha. Isso pode explicar a mentalidade "trincheira de guerra" que vemos em muitas famílias com comportamento disruptivo.

Em função de todos esses fatores, os pais começam a abdicar de seu papel parental (Barkley & Robin, 2014). Desistem de acompanhar o comportamento de seus filhos e adotam uma atitude "seja o que Deus quiser". Barkley observa que essa submissão parental está relacionada com aumentos em uma série de formas mais graves de comportamento disruptivo.

Há várias razões convincentes para iniciar a gestão do comportamento familiar por meio do aumento do nível de reforço positivo (Barkley & Robin, 2014). Aumentar o nível de reforço positivo combate esse tom familiar tenso e hostil. Devido ao emprego excessivo pelos pais de técnicas de punição, coerção, impropérios e custo de resposta, seus filhos provavelmente habituaram-se a essas intervenções. Os pais se tornaram estímulos aversivos para seus filhos, e, portanto, é improvável que estes deem ouvidos às mensagens dos pais. Técnicas de reforço positivo servem para contrabalançar o que os pais já estão fazendo.

Para modificar o clima crítico e hostil, bem como para restabelecer a autoridade parental, Barkley e Robin (2014) sugerem uma intervenção simples, mas sofisticada. Recomendam ensinar os pais a darem ao filho uma ordem para fazer algo de que ele goste e, então, recompensar sua obediência. Por exemplo, se uma criança gosta de bolo de chocolate, o pai/responsável pode dizer ao filho: "Andy, sirva-se de um pedaço de bolo como sobremesa". Então, quando Andy obedecer, será recompensado ("Obrigado por fazer o que eu lhe disse para fazer.").

A beleza dessa técnica é que ela não só melhora o clima familiar, mas também dá aos pais uma oportunidade de praticar comandos e reforçar a obediência. Além disso, seu uso bem-sucedido restabelece o funcionamento executivo adequado aos pais. Estes, então, podem reafirmar que são a autoridade legítima na casa sem apelar para coerção ou punições.

Apesar da simplicidade e do caráter direto dessa tarefa, precisamos acrescentar várias advertências. Primeiro, você provavelmente precisará ensinar aos pais a dar essas ordens. Lembre-se: os pais vêm ao seu consultório trazendo um histórico de fornecimento de instruções vagas e indiretas. Assim, você precisará apresentar um modelo de como dar a instrução, representar o papel com os pais para ajudá-los a praticar, dar-lhes *feedback* corretivo sobre a prática, incluir a criança na sessão, praticar novamente com o pai dando a ordem ao filho e fornecer *feedback* adicional.

Por exemplo, suponha que um pai comece o exercício com a ordem: "Josie, você gosta de ir ao *shopping*. Pode ir com suas amigas". Pense no aspecto problemático desse comando! O pai não estipulou quando Josie podia ir. Agora mesmo? Hoje à noite, após o jantar? Amanhã? E quanto tempo Josie pode ficar? Uma hora? Seis horas? O dia inteiro? Quais seriam as expectativas, uma vez estando lá? Fazer tudo o que quiser?

Outro cuidado é assegurar-se de que o pai é sincero em sua ordem. Os pais podem dar a ordem falsamente ou de maneira sarcástica. Preste atenção não apenas ao que os pais dizem, mas ao modo como dizem. Observe sua postura corporal e suas expressões faciais. Ordens dissimuladas sabotam sua eficácia.

Elogiar a criança por obediência espontânea é outra forma de aumentar seu nível de comportamento positivo e de recompensa na família (Barkley & Robin, 2014). Você pode ensinar aos pais a procurarem momentos em que não ocorram mau comportamento ou desacato. Ao tentar atrair a criança quando ela está em seu melhor comportamento, os pais desviam seu conjunto de atenção. Essa técnica pode diminuir o pensamento "tudo ou nada" das famílias (i.e., pais que veem o filho como alguém sempre mal-humorado e desrespeitoso; filhos para quem os pais são aqueles que enxergam apenas seus lados negativos). Dessa forma, cada membro ganha uma perspectiva mais ampla do outro.

Barkley e Robin (2014) também recomendam treinamento familiar para resolução de problemas com crianças e adolescentes disruptivos e desafiadores. Em famílias angustiadas, os processos de resolução de problemas tornam-se muito rígidos. Seu objetivo é flexibilizar esses padrões. Deve-se ajudar os membros da família a diferenciar entre questões negociáveis e inegociáveis. Assim como dar ordens, isso parece mais simples do que realmente é. Inconscientemente, os pais podem transmitir mensagens confusas aos filhos. Tomemos como exemplo a mãe que flagra a filha de 16 anos beijando o namorado em seu quarto, e então proíbe: "Faça isso lá fora. Não quero você fazendo sexo na minha casa". A mãe realmente queria comunicar que sexo era uma questão inegociável. Entretanto, o que sua filha ouviu foi que ela podia fazer sexo, desde que não fosse dentro da casa dela. Portanto, você terá que trabalhar diligentemente para ajudar pais e filhos a separarem itens negociáveis de itens inegociáveis.

Blos (1979, p. 147) observou que adolescentes problemáticos com frequência "fazem todas as coisas erradas pelas razões certas". Em sua tentativa de se tornarem indivíduos e formarem suas identidades, os adolescentes rebelam-se. Os pais não conseguem satisfazer a maioria das exigências dos adolescentes e, por conseguinte, os adolescentes ficam frustrados. A resolução de problemas em família ajuda a lidar com os conflitos em torno dessas frustrações.

Achamos muito interessante uma das modificações de Barkley e Robin (2014). Em sua abordagem, os terapeutas ajudam pais e filhos a ouvirem os problemas do ponto de vista do outro. Esse processo pode atenuar padrões rígidos e abre caminho para uma resolução de problemas mais produtiva. Ser capaz de ouvir o problema a partir da perspectiva do outro não será fácil para muitos pais e filhos angustiados. Portanto, sugerimos que você adote uma postura relativamente diretiva.

Clementine é uma jovem de 16 anos que está em conflito com sua mãe por causa de suas roupas. Conforme a mãe dela, Clementine está usando roupas que expõem o corpo e passando o "tipo errado de mensagem". A mãe tem vigiado Clementine "como uma águia", monitorando de perto sua escolha de roupas para a escola. O problema chegou a um ponto crítico quando a mãe descobriu que Clementine levava uma muda de roupas em sua mochila para a escola. Veja se você consegue determinar como o seguinte diálogo facilitou os processos de resolução de problemas entre mãe e filha.

TERAPEUTA: Mãe, conte para Clementine o que a preocupa sobre a maneira como ela se veste.

MÃE: Ela parece vulgar. Vai ganhar má reputação ou coisa pior.

CLEMENTINE: Sei o que estou fazendo. Você não tem que se preocupar comigo. Você está fazendo isso apenas por você mesma...

TERAPEUTA: Vou interromper você agora, Clementine. Estou pedindo que apenas escute, e então terá uma chance de falar em seguida. Está disposta a fazer isso comigo?

CLEMENTINE: (*Relutantemente.*) Tudo bem.

TERAPEUTA: Bom. Agora, mãe, o que lhe incomoda sobre Clementine ficar com má reputação?

MÃE: Só não quero que isso aconteça. Ela é tão jovem. Quero protegê-la.

TERAPEUTA: Entendo. Qual o motivo para querer protegê-la tanto?

MÃE: Ela é minha filha.

TERAPEUTA: Ajude-nos a entender. O que no fato de ela ser a sua filha a faz se importar tanto?

MÃE: Eu a amo.

TERAPEUTA: Certo. Você realmente se preocupa que o vestuário de Clementine passe uma impressão errada e a coloque em situações perigosas, então luta para protegê-la porque a ama e não quer que coisas ruins lhe aconteçam.

MÃE: Exato.

TERAPEUTA: Clementine, ouviu o que sua mãe disse?

CLEMENTINE: Ela acha que não posso cuidar de mim mesma, então tem que escolher minhas roupas. Fico chateada com isso.

TERAPEUTA: Espere um pouco. Pense no que você a ouviu dizer. Qual o motivo para a sua mãe tentar escolher suas roupas?

CLEMENTINE: Ela diz que é porque me ama.

TERAPEUTA: Agora parece que você não acredita nela. Não precisa acreditar, mas estou perguntando se você poderia olhar para sua mãe e repetir o que ouviu ela dizer.

CLEMENTINE: Você disse que quer me proteger porque me ama e não quer que nada de ruim me aconteça.

TERAPEUTA: Agora, Clementine, por que motivo você acha que a sua mãe gosta de escolher suas roupas?

CLEMENTINE: Ela não confia em mim. Acha que só porque eu me visto desse jeito vou fazer uma burrada. Eu apenas quero parecer assim. Eu sou eu, e ela não consegue me enxergar se eu não estiver parecida com ela.

TERAPEUTA: O que lhe aborrece sobre sua mãe não confiar em você?

CLEMENTINE: Ela acha que sou burra e que sou uma menininha.

TERAPEUTA: O que você quer dela?

CLEMENTINE: Quero que ela me respeite e entenda que eu não sou idiota. Quero que ela me veja como alguém que pode tomar conta de si mesma.

TERAPEUTA: E se ela a enxergasse sob esse prisma, o que isso significaria?

CLEMENTINE: Que ela gosta de mim e me aprova.

TERAPEUTA: Você realmente quer que a sua mãe a veja como você é e a aprove. Mãe, pode repetir o que você ouviu Clementine dizer?

MÃE: Sei que ela quer que eu a aceite, mas o que eu vejo às vezes me assusta.

TERAPEUTA: Mãe, quero apenas se veja se consegue repetir o que a Clementine acabou de dizer.

MÃE: Ela quer que eu me afaste e demonstre que gosto dela e a aprovo.

Nesse diálogo, o terapeuta ajudou a tornar as motivações da mãe e de Clementine mais visíveis (p. ex., A mãe a ama, Clementine quer que a mãe a aprove). Segundo, quando as verdadeiras motivações aparecem, cada membro da família beneficia-se da perspectiva mais ampla. Fazendo isso, elas se tornaram menos entrincheiradas em seus próprios argumentos e foram capazes de se envolver no processo de resolução de problemas.

QUADRO-SÍNTESE 13.4 ENSINANDO AOS PAIS SOBRE GESTÃO DO COMPORTAMENTO

- Mude o clima familiar, aumentando o reforço positivo.
- Dê ordens que adolescentes e crianças gostarão de cumprir.
- Os pais precisam praticar dar comandos e reforços.
- Ensine pais e filhos a negociar; torne as motivações transparentes; ajude pais e filhos a enxergar a perspectiva do outro.

O Quadro-síntese 13.4 resume os pontos-chave para ensinar aos pais a gestão de comportamento.

PROJEÇÃO DE TEMPO

Consideramos a projeção de tempo especialmente útil para ajudar crianças a enxergar as consequências de seus atos e colocar seus impulsos sob perspectiva. Imagine que você esteja trabalhando com Tom, menino de 11 anos que acabou de ser suspenso por três dias, após uma briga na cantina da escola. Mais ou menos seis sessões já haviam sido realizadas, antes desse incidente. Durante a sessão, você escolhe usar a projeção de tempo para ajudá-lo a obter uma perspectiva sobre o incidente.

TERAPEUTA: Tom, quando Steve furou a fila na cantina da escola, o quanto você ficou irritado, em uma escala de 1 a 10?

TOM: Mais ou menos 9. Foi por isso que dei um empurrão nele.

TERAPEUTA: Certo. Uma hora depois, o quanto estava irritado?

TOM: Talvez 7 ou 8.

TERAPEUTA: Você teria o empurrado e batido nele se estivesse com esse grau de raiva?

TOM: Provavelmente. Odeio ficar com raiva desse jeito. Tenho que fazer alguma coisa.

TERAPEUTA: Seis horas mais tarde, no jantar, o quanto ainda sentia raiva?

TOM: Não sei. Talvez 5.

TERAPEUTA: Você o teria empurrado e batido nele com uma irritação 5?

TOM: Talvez, não tenho certeza.

TERAPEUTA: Entendo. Então, você não tem certeza se faria a mesma coisa após 6 horas. E um dia depois? E hoje, o quanto você se sente irritado em relação a isso?

TOM: Talvez 3. Ainda estou um pouco chateado.

TERAPEUTA: Tem vontade de bater nele agora?

TOM: Não, mas naquela hora tive.

TERAPEUTA: Eu sei que teve. Mas, deixa eu perguntar uma coisa. Seus sentimentos de raiva e sua necessidade de bater nele duraram mais ou menos um dia, certo?

TOM: Acho que sim.

TERAPEUTA: Quanto tempo durou sua suspensão?

TOM: Três dias.

TERAPEUTA: Deixe-me ver se estou entendendo isso direito. Então, você está pagando por 1 dia de raiva com 3 de suspensão?

TOM: Sim.

TERAPEUTA: Qual é a vantagem disso para você?

Nesse diálogo, o terapeuta rastreou a raiva de Tom ao longo do tempo e associou o nível de raiva a suas ações. Em seguida, o terapeuta socraticamente orientou a descoberta de Tom de que, embora sua raiva durasse apenas um curto período, ele estava pagando por suas ações impulsivas por um tempo mais longo.

TREINAMENTO DE HABILIDADES SOCIAIS

Nesta seção, sugeriremos diversas formas adicionais de aumentar habilidades sociais com crianças disruptivas. Tendemos a usar abordagens de habilidades sociais com essas crianças para diminuir seus comportamentos agressivos e antagônicos, diminuir intromissões/interrupções inadequadas, aumentar o comportamento pró-social e as habilidades de fazer amizades. Atividades práticas ajudarão a concretizar os princípios de habilidades sociais abstratos.

Cochran e Cartledge (1996) convidam os terapeutas a usarem o "quebra-cabeça" como exercício de habilidade social. O *Quebra-Cabeça* (Aronson, 1978, citado por Cochran & Cartledge, 1996) é um exercício no qual um grupo de crianças recebe um projeto que é dividido em suas partes constituintes. Cada criança é responsável por se especializar em sua parte e precisa ensiná-la às outras crianças. Plantar um jardim, construir um castelo de areia e encenar histórias são apenas alguns exemplos de quebra-cabeça oferecidos por Cochran e Cartledge.

Em nossa percepção, o quebra-cabeça oferece aos terapeutas múltiplas oportunidades. Por exemplo, as crianças poderiam receber um projeto para construir um modelo. Cada criança recebe uma parte das instruções e torna-se especialista naquela parte. Elas têm de interagir e cooperar para completar as tarefas. A forma como interagem umas com as outras é uma amostra genuína de comportamento. Você pode intervir para ressaltar interações adequadas e fornecer *feedback* reativo sobre interações sociais inadequadas.

O *Vaso da União* é outra forma divertida de promover melhores habilidades sociais (Cartledge & Feng, 1996a). Um vaso é colocado em uma sala de terapia de grupo. Ao observar qualquer membro do grupo envolvido em comportamento pró-social, como ser empático, escutar ou responder sem agressividade à confrontação, o terapeuta coloca uma bola de gude no vaso. Quando o total de bolas de gude atingir determinada quantidade, os membros do grupo ganham recompensas especiais. Você também poderia convidá-los a reforçarem uns aos outros colocando bolas de gude no vaso, oferecendo, assim, um reforço sempre que perceberem um colega interagindo bem.

Concordamos com vários autores que defendem o uso de literatura e filmes populares como formas de ensinar habilidades sociais (Cartledge & Feng, 1996a, 1996b; Cartledge & Middleton, 1996; Cochran & Cartledge, 1996). Livros, filmes e música podem favorecer uma maior responsividade cultural. Biografias de Jackie Robinson, Malcolm X, Thurgood Marshall, Harriet Tubman, Cesar Chavez, Henry Cisneros e outros fornecem bons modelos para crianças não brancas. Recomendamos alguns livros específicos: *Hoops* (Myers, 1981), *Fast Sam, Cook Clyde, and Stuff* (Myers, 1975), *Scorpions* (Myers, 1988), *Famous All Over Town* (Santiago, 1983), *In the Year of the Boar and Jackie Robinson* (Lord, 1984), *New Kids on the Block: Oral Histories of Immigrant Teens* (Bode, 1989), *Hawk, I Am Your Brother* (Baylor, 1976), *Racing the Sun* (Pitts, 1988) e *I Speak English for My Mom* (Stanek, 1989) (ver Cartledge & Feng, 1996a, 1996b; Cartledge & Middleton, 1996; Cochran & Cartledge, 1996; Lee & Cartledge, 1996). Para adolescentes e crianças que não gostam de ler, filmes e documentários podem dar conta do recado como instrumentos de ensino.

O Treinamento de Escolhas para o Adolescente Positivo (PACT, do inglês *Positive Adolescent Choices Training*) é um programa inovador de prevenção à violência adaptado especificamente para adolescentes afro-americanos de 12 a 15 anos de idade (Hammond & Yung, 1991). O PACT é bastante sensível a questões raciais, étnicas e culturais. As habilidades de comunicação, negociação e resolução de problemas são ensinadas aos jovens por meio de instrução direta e modelagem por vídeo. Em geral, o treinamento é feito em grupos de 10 a 12 adolescentes. Eles aprendem seis habilidades: dar *feedback* positivo, dar *feedback* negativo, aceitar *feedback* negativo, resistir à pressão dos colegas, resolver problemas e negociar. Representação de papéis e psicodramas são apresentadas em vinhetas filmadas para facilitar a modelagem. Conforme argumentam Hammond e Yung (1991), "Modelos que captam o estilo distinto de subculturas adolescentes de minoria são mais verossímeis e convincentes para eles" (p. 365).

As habilidades e os vídeos do PACT representando modelos de papéis representados por adolescentes afro-americanos estão disponíveis em uma série de vídeos com manual de orientação (Hammond, 1991). Os DVDs, com duração de 14 a 20 minutos, enfatizam três conjuntos básicos de habilidades. Em *A Arte de Dar*, as crianças aprendem a expressar crítica, decepção, raiva e/ou desprazer de maneira calma e autocontrolada. Além disso, o vídeo prepara a criança para uma melhor resolução de conflitos. *A Arte de Receber* ajuda adolescentes a escutar, entender e reagir à crítica e à raiva dos outros de maneira produtiva. A negociação é ensinada com a habilidade *A Arte de Solucionar*. Nesse vídeo, as crianças aprendem as habilidades de escutar, identificar problemas, gerar soluções alternativas e de assumir compromissos.

TREINAMENTO DE EMPATIA

Crianças agressivas e violentas não têm empatia pelos outros (Goldstein et al., 1987). Se verdadeiramente tivessem empatia pelo alvo de seus atos agressivos, seriam menos propensas a atacar. Eu (R.D.F.) me lembro de um incidente que testemunhei quando trabalhava como consultor em uma pré-escola. Os professores estavam tendo dificuldade com uma criança que batia, mordia e chutava os colegas, tornando a rotina escolar difícil para as outras crianças. Quando observei a sala de aula, a criança queria um lápis de cor que a outra estava usando. Quando o coleguinha não deu o lápis, a criança mordeu o braço dele com força. A professora correu para a criança e declarou com firmeza: "Morder machuca!". A criança olhou incrédula para a professora e então se afastou para outro canto da sala de aula.

Por que a intervenção dessa professora foi ineficaz? A criança malcomportada já sabia que "morder machuca". Na verdade, essa foi a razão de ter mordido a outra criança! O problema era que ela não se importava em fazer a outra criança sofrer. Sua necessidade pelo lápis de cor suplantava a sua preocupação pelos outros. A professora teria tido mais sucesso se tivesse aplicado uma consequência negativa para o comportamento e trabalhado na construção das habilidades de empatia da criança.

Uma profunda falta de empatia caracteriza muitos adolescentes diagnosticados com transtorno da conduta. Peter, adolescente de 15 anos, foi encaminhado para tratamento clínico em decorrência de atitudes como violar sistematicamente as regras, faltar às aulas sem justificativa, destruir a propriedade alheia e desobedecer gravemente às normas escolares e domésticas. Peter também fazia uso de múltiplas substâncias. No início de uma sessão, ele se vangloriou: "Ei, Dr. Bob, já experimentou morfina? Não sabe o que está perdendo! É *incrível*." O diálogo evoluiu da seguinte forma.

PETER: Escuta só essa. (*Dá risada.*) Tem essa senhora que mora em nossa quadra. Ela dorme o dia todo, mas às vezes convida meus pais e eu para visitá-la. Uma vez, eu fui, fiquei entediado e entrei no banheiro dela para dar uma espiada. De repente, vi esse frasco de morfina e tomei um comprimido.

TERAPEUTA: Quer dizer, Peter, que você rouba medicamento de uma idosa moribunda? O que isso revela sobre você?

PETER: (*Subitamente sério.*) Bem, eu não colocaria as coisas desse jeito.

TERAPEUTA: *Como* você colocaria?

Obviamente, Peter não mostrava empatia por essa idosa doente terminal, cujo bem-estar considerava irrelevante diante de suas próprias necessidades imediatas. O terapeuta trouxe absoluta clareza para o comportamento, na tentativa de responsabilizá-lo e provocá-lo emocionalmente, com o objetivo final de aumentar sua capacidade empática.

Acreditamos que o treinamento da empatia precisa ser ativo. Não presumimos que crianças e adolescentes agressivos tenham empatia. Por isso, em geral, adotamos uma abordagem gradual para o treinamento de empatia. Com crianças menos empáticas, pode-se começar o treinamento assistindo a um filme ou lendo um livro com personagens que experimentam diferentes sentimentos e estressores (p. ex., ser provocado, ser maltratado). Crianças sem empatia podem ter dificuldade em responder a personagens reais. Usar personagens fictícios é um passo para longe de personagens reais. Portanto, praticamos as habilidades com esses personagens primeiro para construir a capacidade empática. Muitos terapeutas escolhem usar filhotes (cães, gatos) como primeiro passo. Certamente, esse também é um bom começo, a menos que a criança seja cruel com animais.

A terapia de grupo é especialmente adequada para o treinamento da empatia. O exercício do grupo propicia oportunidades para a prática na vida real. Analise o exemplo a seguir. Eddy, menino de 9 anos, viu Josh chorar no grupo e, automaticamente, chamou-o de "bebezinho chorão". O foco do grupo naturalmente desviou-se para a interação entre Josh e Eddy. Como você poderia usar isso como um momento de ensino terapêutico?

Sugerimos que você trabalhe com Eddy para que ele adquira um senso de como Josh se sente. Por exemplo, você poderia perguntar-lhe "Quando chamou Josh de "bebê chorão", como ele parecia?", "O que ele poderia ter dito a si mesmo?", "O que ele fez?" e "Como você acha que ele se sentiu?". Além disso, talvez, você prefira se concentrar nas motivações de Eddy: "Como você queria que Josh se sentisse ao xingá-lo?", "Por que o fato de Josh sentir-se daquele jeito tocou você?", "Se alguém o xingasse, como se sentiria?", "O quanto seus sentimentos se parecem e diferem dos de Josh?". Por fim, uma vez que Eddy tenha adquirido um pouco de empatia por Josh, recomendamos que Eddy comunique seu entendimento (p. ex., "O que você pode dizer ao Josh para mostrar a ele que o entende?").

ABORDAGENS AUTOINSTRUTIVAS

Acreditamos que crianças com raiva precisam ser preparadas para abordagens autoinstrutivas. *De Propósito ou Sem Querer* é um tipo de técnica autoinstrutiva de *priming* (ou pré-ativação), elaborada para diminuir a tendência perceptiva hostil de uma criança agressiva. O instrumento inclui 10 eventos; a tarefa da criança é determinar se eles acontecem "de propósito" ou "sem querer". Esses itens são acompanhados por duas perguntas (ver Figura 13.4). A primeira pede que a criança liste cinco maneiras de dizer se alguém faz alguma coisa de propósito ou sem querer. Essa pergunta ajuda a criança a desenvolver diferentes formas de interpretar situações interpessoais. A última pergunta,

"Por que é importante aprender a decidir se alguém faz algo de propósito ou sem querer?", reforça o motivo da técnica.

Uma forma eficiente de usar o instrumento é fazer a criança ler cada item e decidir se o fato aconteceu de propósito ou sem querer. Então, você pode envolver a criança em uma discussão sobre o que pesou em sua decisão. Fazendo isso, pode-se ajudar a criança a determinar com mais exatidão se o comportamento de alguém foi deliberado. Após realizar o exercício, a criança pode ser instruída a escrever a pergunta em um cartão. Você pode sugerir que a criança faça essa pergunta a si mesma antes de tirar automaticamente conclusões sobre as intenções dos outros.

Descobrimos que as metáforas melhoram nossas técnicas autoinstrutivas. Uma metáfora que pode ser útil em seu trabalho com crianças irritadas é "Colocando as Brigas no Gelo". Quando as crianças "colocam as brigas no gelo", usam habilidades de imaginação e de autocontrole para esfriar sua raiva. O procedimento inicia com uma conversa sobre o instrumento e sua finalidade; então, as crianças imaginam ou desenham a si mesmas sentadas em um bloco de gelo. Elas praticam o desenvolvimento de afirmações "congelantes" e as registram em uma folha ou em um cartão. A Figura 13.5 mostra um exemplo de planilha.

O diálogo seguinte ilustra como o exercício Colocando as Brigas no Gelo poderia ser usado com um menino de 12 anos.

TERAPEUTA: Muito bem, Eric. Quando você fica com raiva e está pronto para brigar, como se sente?

ERIC: Muito quente, como se estivesse queimando por dentro.

TERAPEUTA: Entendo. Ajudaria se você descobrisse um jeito de esfriar?

ERIC: Acho que sim.

TERAPEUTA: Concordo. Quando você se mete em brigas, é quase como se estivesse derretendo. Vamos ver se juntos podemos encontrar um jeito de você colocar suas brigas no gelo. Aqui tem um exercício. (*Mostra a folha.*) Quero que

Para cada situação listada a seguir, circule se ela acontece a você de propósito ou sem querer.		
Um colega não o cumprimenta.	De propósito	Sem querer
Sua mãe pede para você lavar a louça.	De propósito	Sem querer
Sua professora o chama pelo nome errado.	De propósito	Sem querer
No recreio, o(a) colega respinga leite em sua bandeja.	De propósito	Sem querer
Seu(sua) amigo(a) não lhe dá presente de aniversário.	De propósito	Sem querer
Alguém fura a fila e entra na sua frente.	De propósito	Sem querer
Alguém distraído esbarra em sua carteira.	De propósito	Sem querer
Alguém pega seu lápis e não devolve.	De propósito	Sem querer
Um(a) colega debocha e xinga você.	De propósito	Sem querer
Alguém o(a) olha de um jeito estranho.	De propósito	Sem querer

Liste cinco maneiras de você dizer se alguém faz algo de propósito ou sem querer.

1. _____
2. _____
3. _____
4. _____
5. _____

Por que é importante aprender a decidir se alguém faz alguma coisa de propósito ou sem querer?

_____
_____
_____

FIGURA 13.4 DE PROPÓSITO OU SEM QUERER.
De Friedberg e McClure (2015). *Copyright* de the Guilford Press.
Permitida reprodução apenas para uso pessoal.

você desenhe a si mesmo sentado neste bloco de gelo. Divirta-se.

ERIC: (*Desenha na folha.*)

TERAPEUTA: O que você poderia dizer a si mesmo para esfriar?

ERIC: Talvez, "Congele!", "Pare!", "Pense no que está fazendo!".

TERAPEUTA: Bom. Você acha que poderia propor mais cinco declarações que poderia tentar?

ERIC: Acho que sim.

TERAPEUTA: Também quero que você tente se imaginar sentado neste bloco de gelo quando ficar com muita raiva e estiver pronto para brigar. Acha que pode manter em sua mente a figura que você desenhou?

O que este diálogo ensina? Primeiro, o terapeuta usou metáforas para ilustrar a raiva e o que fazer com ela (p. ex., derreter; colocar as brigas no gelo). Em segundo lugar, ele extraiu autoinstruções da criança (p. ex., "O que você poderia dizer a si mesmo para esfriar?";

Desenhe a si mesmo sentado neste bloco de gelo.

Pinte o gelo com uma bonita cor *fria*.

Escreva cinco afirmações congelantes.

1. _____
2. _____
3. _____
4. _____
5. _____

Da próxima vez que sentir muita raiva e estiver pronto para "derreter", imagine-se sentado neste bloco de gelo pensando em suas cinco afirmações congelantes.

FIGURA 13.5 COLOCANDO AS BRIGAS NO GELO.
De Friedberg e McClure (2015). *Copyright* de the Guilford Press.
Permitida reprodução apenas para uso pessoal.

"Também quero que você tente se imaginar sentado neste bloco de gelo..."). Em terceiro lugar, o terapeuta integrou a técnica de imaginação ao exercício.

Crianças disruptivas não param e pensam! *Retrate Isto* (Friedberg, 1993) é uma técnica de jogo desenvolvida com adolescentes internados para ajudá-los a se tornarem menos impulsivos. Em geral, o jogo é feito em grupos de jovens com figuras escolhidas em revistas. Preferivelmente, as figuras são carregadas de estímulos, comunicando muitas informações. O jogo tem duas rodadas: na primeira, a figura é apresentada por cerca de 5 segundos, e os participantes têm 10 segundos para registrar tudo que puderem lembrar. Os participantes compartilham suas listas e ganham pontos por respostas exclusivas. Se dois ou mais jogadores derem a mesma resposta, cada um marcará 0 pontos. Além disso, a profundidade do processamento é recompensada. Quando os jogadores sintetizam, integram ou combinam estímulos, recebem pontos de bonificação. Por exemplo, "Uma menina vale 1 ponto, uma menina sentada em uma varanda vale 2 pontos e uma menina sentada em uma varanda acariciando um cachorrinho vale 3 pontos".

Na segunda rodada, o tempo de exposição é aumentado para 15 segundos, e as crianças têm 10 segundos para registrar suas lembranças. Após jogar a segunda rodada, você ajudará as crianças a associarem o jogo com o processo de parar e pensar. Exemplificando, pode-se perguntar: "Em qual rodada você viu mais coisas?", "Como foi parar e pensar?" e "Quando foi mais fácil resolver o problema, quando parou e pensou nas coisas ou quando apenas agiu?". Em seguida, você pode associar a prática de parar e pensar com os problemas atuais delas: "Quando você para e pensa?", "Você acha que parar e pensar poderia ajudá-lo a ter um entendimento mais profundo de seus problemas?".

O Mestre Mandou é outro jogo não ameaçador que pode ensinar a crianças mais novas o benefício de parar e pensar. Como se pode perceber, O Mestre Mandou requer que os jogadores prestem atenção, escutem e inibam seus comportamentos diante de comandos simples. Não é possível ir bem no jogo sendo desatento e desobediente. O Mestre Mandou apresenta-se como uma forma divertida de ensinar as crianças a responder a comandos. Ao jogá-lo, você pode processar diferentes tipos de instruções, como perguntar: "Como foi fazer o que O Mestre Mandou?", "O que fez você conseguir fazer o que O Mestre Mandou?" ou "O que você teve que fazer para se sair bem em O Mestre Mandou?". Além disso, você poderia perguntar "Como você conseguiu parar de fazer coisas?", "O que você precisou fazer para não sair do jogo?" e "Quais habilidades de O Mestre Mandou você pode usar na escola e em casa?".

Existem várias outras maneiras de ensinar a crianças e adolescentes as habilidades de parar e pensar. Apitos são instrumentos acessíveis para isso. Por exemplo, você poderia escolher usar uma analogia de esportes, como "Pais e professores costumam atuar como juízes! Quando uma falta é marcada, o juiz sopra o apito e o jogo tem que parar". Você e a criança poderiam criar uma lista de situações comuns e então decidir se a situação é uma "falta" e merece um apito. No lugar do apito, as crianças poderiam usar bandeiras de penalidades que, em adição, fossem desenhadas ou pintadas por elas.

Brady e Raines (2009) enfatizaram que há uma enorme diferença entre as cognições tipo "ser" e as convicções tipo "deveria ser". As crianças com comportamentos disruptivos detêm convicções firmes sobre o jeito que as coisas "deveriam ser". Em geral, o mundo deve funcionar segundo as exigências desses jovens clientes. Quando o mundo e as outras pessoas fracassam em cooperar, as crianças disruptivas mostram dificuldades para aceitar essas frustrações. A distinção de Brady e Raines fornece um simples exercício autoinstrutivo.

A primeira etapa no desenvolvimento do exercício é evocar as regras do tipo "deveria ser" dos jovens. Em seguida, o cliente e você entabulam um diálogo com foco em mudar as regras do tipo "deveria ser" para declarações do tipo "ser". O diálogo a seguir orienta você na direção certa.

CARL: A tarefa de casa me irrita. Os professores não deveriam me dar tarefa de casa. Meu tempo em casa é só meu. Quanto mais penso nisso, mais desrespeitoso me parece.

TERAPEUTA: Você realmente tem regras firmes sobre como os professores e as escolas deveriam agir. E quando eles as quebram, você fica muito irritado.

CARL: Cara! Agora você me entendeu!

TERAPEUTA: Então, que tal se nós flexibilizássemos as suas regras?

CARL: Por quê?

TERAPEUTA: Elas trabalham a seu favor ou contra você?

CARL: Não entendi onde você quer chegar.

TERAPEUTA: Bem, na sua percepção, os professores devem fazer o trabalho deles da maneira que você pensa. Isso cria mais problemas para você ou resolve os seus problemas?

CARL: Mas que pergunta mais imbecil. Cara, você já sabe a resposta! Eu não estaria aqui, ouvindo as suas asneiras, se minhas regras resolvessem os problemas.

TERAPEUTA: Parece que pisei em uma das suas regras, que diz que as pessoas não deveriam fazer perguntas cujas respostas já saibam.

CARL: Uau, agora você está fazendo jus ao que ganha.

TERAPEUTA: E como você se sente?

CARL: Indignado!

TERAPEUTA: E esse sentimento de indignação é reconfortante ou irritante?

CARL: Irritante.

TERAPEUTA: Tenho certeza que sim. Consegue me ajudar a deixar de ser um idiota?

CARL: (*Dá risada.*) Cara, não dá para acreditar que você me perguntou isso. Sem noção.

TERAPEUTA: Então, você está se irritando cada vez mais com algo que você não controla. E se você apenas aceitasse as coisas como elas *são*, em vez de exigir que *devam ser* de outra maneira e ficar se estressando com algo que foge ao seu controle?

CARL: E como *faço* essa p****?

TERAPEUTA: Poderíamos começar reescrevendo o seu livro de regras. Mudar as coisas, trocando as exigências do tipo "deveria ser" por "aceitar as coisas como elas são". Aceitação não significa concordar, apenas reduz os sentimentos ruins que você tem em relação a isso.

CARL: Como? Quer dizer meio que dar um voto de confiança.

TERAPEUTA: Isso, como se você quisesse pagar para ver.

CARL: Então, cara, o que você está me mandando fazer?

TERAPEUTA: Não estou mandando nada. Só estou perguntando se você pode amenizar as regras.

CARL: Fazendo o quê?

TERAPEUTA: Se você estiver disposto, podemos tentar remodelar as regras para que enfoquem como as coisas são, em vez de como elas deveriam ser.

CARL: Como?

TERAPEUTA: A sua primeira regra é que os professores não devem passar lição de casa.

CARL: Sei. E daí?

TERAPEUTA: Então, se pudermos reescrever as regras para que simplesmente definam como as coisas são de verdade, essa regra poderia ficar assim: "Professores passam lição de casa". Vamos examinar essas duas coisas lado a lado. (*Mostra o papel.*) O que você acha?

CARL: O "deveria ser" caiu fora, mas isso não me deixou tão irritado assim.

TERAPEUTA: Certo.

CARL: Cara! Nem sei direito o que pensar disso.

TERAPEUTA: Bom. É ótimo que você não saiba direito. Está disposto a tentar um pouco mais e ver o que acontece?

O terapeuta começou extraindo as regras de Carl e, então, dirigiu sua atenção para as consequências (p. ex., "Elas trabalham a seu favor ou contra você?"). Além disso, o terapeuta permaneceu focalizando o "aqui e agora" de Carl sobre sua capacidade de controlar os outros. Por fim, o terapeuta se manteve paciente e começou a criar dúvidas na mente de Carl em relação à eficácia de suas regras do tipo "deveria ser".

TÉCNICAS DE ANÁLISE RACIONAL

As técnicas de análise racional para gestão da raiva funcionam melhor com adolescentes do que com crianças mais novas. Semelhante ao trabalho com crianças ansiosas e deprimidas, a análise racional deve ser feita quando elas estiverem mais moderadas do que severamente agitadas.

O primeiro conjunto de técnicas são procedimentos de reatribuição. Lembre-se de que as cognições de crianças com raiva envolvem atribuições hostis de intenção maléfica (Dodge, 1985). Portanto, é bom instigá-las a se perguntar: "Qual seria outra explicação para a situação?". Analisemos o exemplo a seguir. Imagine-se em um cenário escolar. Jake, um menino de 14 anos com quem você está trabalhando, vem à sua sala. Ele está agitado, porque Omar o xingou. Ele acredita que Omar o está testando, fazendo-o de bobo e duvidando de sua masculinidade. Jake acredita que deve se vingar e dar uma lição em Omar.

JAKE: Vou pegá-lo durante o recreio. Vou mostrar a ele que não pode me desrespeitar.

TERAPEUTA: Você está tão furioso que de fato pretende atacar Omar para mostrar-lhe que você é macho?

JAKE: Você entendeu bem!

TERAPEUTA: O que está passando pela sua cabeça neste momento?

JAKE: Ele está me expondo. Todo mundo está esperando para ver o que vai acontecer. Se eu não brigar, vão achar que estou com medo dele. Vou perder o controle.

TERAPEUTA: Que controle você terá se brigar com ele?

JAKE: Muito. Se eu bater nele com força suficiente.

TERAPEUTA: Ele o provocou para valer. O volume da sua raiva aumentou muito.

JAKE: Você entendeu bem isso também!

TERAPEUTA: Agora parece que o Omar é quem controla o botão de volume.

JAKE: Como é que é?

TERAPEUTA: Dando uma surra em Omar, que controle você tem?

JAKE: Estou fora de controle. Sou um doidão. É por isso que ninguém se mete comigo.

TERAPEUTA: Então, é possível que brigar e pagar a pena por toda essa briga o deixe mais fora de controle?

JAKE: Talvez. Mas continuo sendo macho.

TERAPEUTA: Pode ser macho sem brigar?

JAKE: Por quê?

TERAPEUTA: Quando pensa que é macho, você se acha muito bom?

JAKE: O máximo.

TERAPEUTA: Mas, se é tão fácil elevar o volume da sua raiva, até que ponto você é o máximo?

JAKE: (*Fica em silêncio.*)

TERAPEUTA: Você parece um pouco confuso.

Nessa interação, o terapeuta usou a analogia do botão de volume do rádio para ajudar Jake a ver que Omar estava aumentando o volume de sua raiva. Em seguida, tentou abalar a crença de Jake de que brigar o tornava um homem. Por fim, o terapeuta tentou criar dúvida e confusão em relação à crença de Jake de que brigar era o máximo e significava que ele estava no controle.

Muitos jovens agressivos têm a convicção de que há apenas uma forma de explicar as coisas que lhes acontecem. Por exemplo, durante uma sessão em grupo com pacientes internados, um adolescente raivoso (que aqui chamarei de Simon) percebeu um colega olhando para ele com a cabeça discretamente levantada e os braços cruzados. Imediatamente, pensou "Esse cara está me testando. Está me desrespeitando". O jovem tinha certeza de estar sendo perseguido. Nesse ponto, Simon precisava desenvolver atribuições alternativas. Examine o seguinte diálogo para ter uma noção de como ajudar um jovem a formar reatribuições.

SIMON: Olha o jeito dele. Está só esperando para ver o que vou fazer!

TERAPEUTA: O que o faz pensar que ele está desrespeitando você?

SIMON: Eu não nasci ontem. Ele está me mandando os sinais.

TERAPEUTA: Que sinais?

SIMON: Desrespeito!

TERAPEUTA: Entendo. Então, você acha que o modo de empinar a cabeça é uma espécie de teste para a sua masculinidade?

SIMON: Exatamente.

TERAPEUTA: E se isso significar outra coisa qualquer?

SIMON: Como o quê?

TERAPEUTA: Não sei. Talvez ele esteja apenas cansado. E, se ele estiver apenas cansado, você pode estar se estressando por nada. Está disposto a ter coragem suficiente para procurar outras razões?

O terapeuta reestruturou a reatribuição como um ato de coragem ("Está disposto a ter coragem suficiente para procurar outras razões?").

O pensamento tipo "tudo ou nada" caracteriza muitos adolescentes disruptivos. Eles pensam em categorias dicotômicas e rotulam os outros como "bons" ou "maus". Na verdade, ao ver alguém como um "babaca total", desafiá-lo torna-se uma resposta mais aceitável. Portanto, muitas vezes usamos uma técnica de *continuum* para ajudar os adolescentes a desafiarem seu pensamento tudo ou nada.

Tomemos o exemplo de Mitch, que está em constante conflito com o prof. Robinson. Mitch é agressivo e desafia as ordens do prof. Robinson. Ele acha que o prof. Robinson é um "babaca total". Claro, Mitch não quer obedecer a alguém que ele não respeita. Portanto, usando a técnica de *continuum*, o terapeuta tenta encontrar uma forma de Mitch encarar o prof. Robinson de uma maneira menos "tudo ou nada". O procedimento básico começa com a atribuição dos rótulos classificatórios do cliente em cada extremo da dimensão (ver Figura 13.6). Assim, Mitch coloca "totalmente babaca" em um extremo, e seu oposto, "totalmente legal", no outro extremo do *continuum*. Assim, Mitch tem que definir os dois extremos do *continuum*. A seguinte transcrição ilustra o processo.

TERAPEUTA: Então, Mitch, o que torna alguém um babaca total?

MITCH: São desprezíveis. Eles anotam cada errinho que você comete. Esperam que você se atrapalhe.

TERAPEUTA: E quanto à forma como tratariam seu carro? Se dessem uma ré nele e fugissem sem dar satisfação?

MITCH: Isso seria uma tremenda babaquice.

TERAPEUTA: E quanto a roubar alguma coisa favorita sua?

MITCH: Só um babaca faria uma coisa dessas.

TERAPEUTA: Alguma outra coisa torna alguém um babaca para você?

MITCH: Ser grosseiro com a minha família. Talvez ser cruel com meu cão.

TERAPEUTA: E quanto ao outro extremo? O que torna alguém totalmente legal?

MITCH: São gente fina.

TERAPEUTA: Explique um pouco mais. Como você sabe quando alguém é legal?

MITCH: Eles nunca torram a minha paciência. Eles me aceitam como eu sou. Escutam o som bem alto e pisam fundo no acelerador.

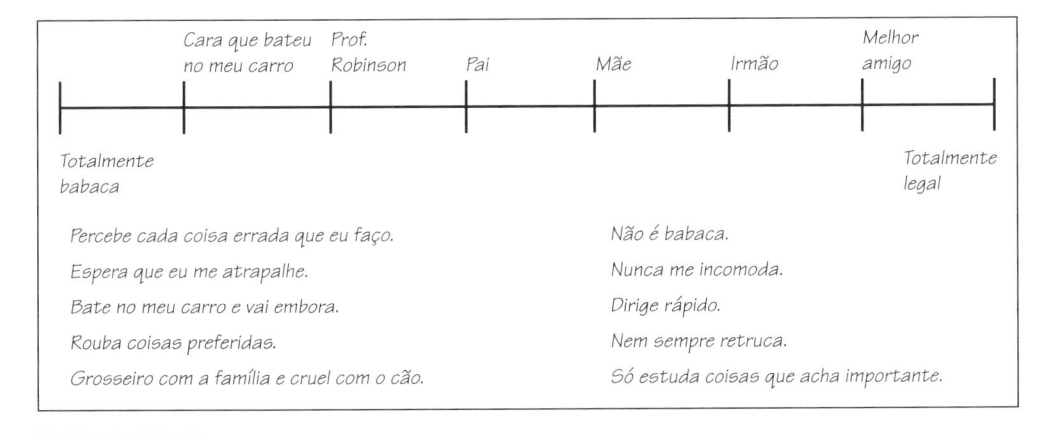

	Cara que bateu no meu carro	Prof. Robinson	Pai	Mãe	Irmão	Melhor amigo	
Totalmente babaca							Totalmente legal

Percebe cada coisa errada que eu faço.
Espera que eu me atrapalhe.
Bate no meu carro e vai embora.
Rouba coisas preferidas.
Grosseiro com a família e cruel com o cão.

Não é babaca.
Nunca me incomoda.
Dirige rápido.
Nem sempre retruca.
Só estuda coisas que acha importante.

FIGURA 13.6 O *CONTINUUM* DE MITCH.

TERAPEUTA: Como agem na escola? Estudam? Desacatam os professores?

MITCH: São legais. Nem sempre desacatam. Estudam as coisas que acham importantes.

TERAPEUTA: Entendo. Vejamos quem podemos colocar nesta linha. Onde ficariam seus melhores amigos? A que distância do extremo estariam? E seu irmão? Seu pai? Sua mãe? O cara que bateu no seu carro? E o prof. Robinson? [Ver Figura 13.6.]

MITCH: (*Completa o diagrama.*)

TERAPEUTA: Quando você examina a linha, ela parece dizer "O prof. Robinson é 100% babaca?

MITCH: Não, mas ele está num extremo.

TERAPEUTA: Acha que seu pai e sua mãe são totalmente babacas?

MITCH: (*Pausa.*) Não.

TERAPEUTA: A que distância na linha o professor está deles?

MITCH: Muito perto.

TERAPEUTA: Então, o que isso significa?

MITCH: Talvez ele seja babaca, mas não totalmente.

TERAPEUTA: O que isso faz com sua raiva em relação a ele?

MITCH: (*Pausa.*) A faz diminuir.

A raiva de Mitch diminuiu devido à sua visão atenuada sobre o prof. Robinson. O severo rótulo de babaca total foi abrandado. Obviamente, Mitch não desenvolveu uma visão positiva sobre o prof. Robinson. Todavia, graças a esse exercício, a probabilidade de Mitch futuramente vir a respeitar e obedecer a uma pessoa que ele não veja como um babaca total será maior.

RACIOCÍNIO MORAL

Goldstein e colaboradores (1987) recomendaram adicionar um componente de raciocínio moral a um pacote de gestão da raiva. Em sua abordagem inovadora, os terapeutas lideram grupos de discussão que focalizam dilemas morais. Goldstein e colaboradores (1987) afirmaram que a mudança é realizada pela criação de conflito ou dissonância cognitiva. Para Goldstein, quando crianças e adolescentes tentam resolver suas dissonâncias, experimentam diferentes formas de raciocínio moral. A ideia geral é levar a criança de um raciocínio imaturo de baixo nível para um raciocínio mais elevado, mais sofisticado. Em seu texto, Goldstein e colaboradores apresentam inúmeros dilemas morais para serem discutidos por crianças e adolescentes.

Sommers-Flannagan e Sommers-Flannagan (1995) também sugerem criar dilemas morais em torno de uso de álcool e drogas, abstenção ou envolvimento em relações sexuais, colar nas provas, roubar e violar a hora de voltar para casa. Finalmente, o jogo de tabuleiro Escrúpulos também oferece muitos dilemas morais e éticos. A vantagem de um jogo de tabuleiro é o tom divertido que acrescenta à discussão. Independentemente do tipo de dilema usado, Goldstein e colaboradores (1987) nos alertam para várias considerações importantes. Os dilemas deveriam gerar conflito cognitivo significativo. O objetivo é desestabilizar o equilíbrio moral das crianças. Embora devam criar dissonância, os dilemas também precisam ser interessantes, relevantes e produtivos.

Preparar o terreno para a discussão é um passo importante. No total, há quatro objetivos nessa fase (Goldstein et al., 1987). Primeiro, o terapeuta deve explorar a razão e o propósito do grupo de discussão de dilemas para as crianças (p. ex., desenvolver e experimentar novas perspectivas). Segundo, o terapeuta deve discutir o formato do grupo, assegurando-se de comunicar às crianças que não há respostas certas, que todos terão sua vez e que os membros do grupo têm a responsabilidade de gerar discussão. Terceiro, o terapeuta deve explicar aos jovens clientes o papel do facilitador, dizendo que não avaliará suas respostas, mas os ajudará a focalizar a discussão e garantirá que todos sigam as regras do grupo e tenham uma chance de falar. Goldstein e colaboradores incentivam os terapeutas a periodicamente fazerem o papel de "advogado do Diabo". Por fim, você deveria resumir as regras éticas para o comportamento do grupo. Goldstein (1987) salienta que as crianças deveriam ser informadas de que a discordância é uma forma de aprender com os outros.

Ao conduzir a discussão, o terapeuta avalia os estágios de raciocínio moral que as crianças demonstram. Então, você cria um debate entre os de raciocínio de nível mais baixo e os membros cujo raciocínio está em um estágio mais alto. A ideia é desequilibrar padrões de raciocínio, salientando injustiça e contradições. Você pode mudar o cenário e adicionar informações hipotéticas.

Goldstein e colaboradores (1987) também sugerem várias formas de manejar a participação insensível, a participação excessivamente ativa e a pouco ativa. Crianças e adolescentes agressivos podem apelar para humilhações e insultos durante a discussão. Nesses casos, ele sugere uma abordagem diretiva, em que você intervém rapidamente, explicando por que está interrompendo a discussão e instruindo os membros do grupo a centrarem-se no tema, e não nas qualidades pessoais. A participação excessivamente ativa, que reflete egocentrismo, também precisa ser desmotivada. Nesses casos, crianças e adolescentes querem que a discussão se concentre inteiramente em suas próprias ideias. Para diminuir o egocentrismo na participação, você precisará resumir os pontos de vista dos participantes e impor alguns limites em sua participação. A participação pouco ativa é um terceiro dilema para os líderes. Goldstein e colaboradores recomendam que você discuta as razões para a relativa inatividade (p. ex., ansiedade, dificuldade de compreender o material, tédio). Nesses casos, empatia, estímulos gentis e fornecimento de maior estrutura são indicados.

EXPOSIÇÃO/ALCANCE DE DESEMPENHO

A exemplo das crianças ansiosas, as crianças raivosas e agressivas precisam de experiências para lhes *mostrar* que elas conseguem lidar com suas emoções. De fato, DiGiuseppe e colaboradores (1994) afirmam que tanto a raiva quanto a ansiedade têm altos níveis de excitação do sistema nervoso autônomo e preparam o indivíduo para a ação. Concordamos com muitos clínicos cognitivo-comportamentais que defendem a criação de oportunidades de aprendizagem vivencial para crianças e adolescentes raivosos (Brondolo et al., 1997; DiGiuseppe et al., 1994; Feindler, 1991; Feindler & Ecton, 1986; Feindler & Guttman, 1994). Brondolo e colaboradores (1997) escrevem que "à medida que os indivíduos aprendem a tolerar a experiência de raiva, tornam-se mais flexíveis em suas respostas à provocação" (p. 86).

Em nossas experiências, a maioria dos jovens agressivos adquirem facilmente as habilidades apresentadas nas seções anteriores. Em nenhum outro lugar isso foi tão evidente quanto na unidade hospitalar onde eu (R.D.F.) trabalhei. Os adolescentes aparentemente compreendiam os instrumentos de controle da raiva em um grupo de habilidades às 13h, mas não raro se envolviam em uma discussão com o pessoal ou com outros pacientes por volta das 16h. Esses jovens eram capazes de aprender as habilidades, mas apenas não conseguiam aplicá-las quando estavam enraivecidos.

Por razões de eficácia e segurança, recomendamos enfaticamente que o treinamento de exposição acompanhe a aquisição e a aplicação de habilidades de autocontrole. Você precisa ter certeza de que os jovens aprenderam as habilidades de autocontrole antes de colocá-las em uma situação na qual tenham de executá-las. Além disso, também recomendamos experiências de exposição gradual. Brondolo e colaboradores (1997) recomendam: "Com crianças muito disruptivas ou impulsivas, pode ser necessário trabalhar devagar, com poucas pessoas e poucas distrações na sala, iniciando com as palavras menos ofensivas, em vez das mais ofensivas, ou usando provocações imaginárias, em vez de em tempo real" (p. 88). Com relação a crianças extremamente disruptivas, Brondolo e colaboradores comentam que pode demorar até um ano para estabelecer as regras de conduta adequadas para a exposição. Por fim, concordamos com Brondolo que você deveria examinar cuidadosamente os piores cenários de caso antes de iniciar as estratégias de desempenho.

Feindler e Guttman (1994) oferecem várias atividades e exercícios estruturados, graduados, com base na exposição. No *Círculo da Crítica* (p. 184), os jovens sentam-se em um círculo e são instruídos a criticar a pessoa sentada à sua direita. Adotando uma abordagem gradual à tarefa, você pode alimentar as críticas com o intuito de controlar a intensidade dos comentários. A crítica poderia ser colocada em uma caixa e pinçada aleatoriamente. Dessa forma, muitas críticas a princípio podem não ser pessoalmente relevantes nem intensamente provocativas. O alvo da crítica é instruído a usar a estratégia do nevoeiro (ver Capítulo 8) como resposta. Os membros do grupo deveriam receber recompensas ou prêmios por participarem adequadamente. À medida que os membros do grupo aprendem a tolerar críticas maiores, você poderia escrever comentários mais provocativos nas tiras de papel da caixa. Na fase inicial desse treinamento, talvez você queira fornecer, por escrito, comentários tipo "nevoeiro" para crianças e adolescentes. Com mais prática, esses roteiros poderiam ser retirados e as crianças teriam, então, de sugerir as próprias respostas.

Feindler e Guttman (1994) também fazem uso da *Técnica da Farpa* (p. 195). É ensinado aos adolescentes que uma farpa é uma provocação ou estressor. Basicamente, alguém está tentando apertar seus botões de raiva. Como no exercício Círculo da Crítica, as crianças são feridas com "farpas", ou seja, declarações provocativas (p. ex., "Por que você está me desrespeitando?"). Essas farpas podem ser planejadas para lembrar declarações provocativas feitas por seus pais, responsáveis, professores ou outras figuras de autoridade. Você deve preparar o jovem para a atividade, advertindo-o: "Provocarei você com uma farpa". Em geral, as farpas são lançadas pelo terapeuta. O jovem deve responder com estratégias de autocontrole (p. ex., declarações autoinstrutivas, como "Acalme-se, permaneça no comando") ou habilidades sociais (p. ex., assertividade empática, nevoeiro). Como no exercício Círculo da Crítica, os jovens poderiam ter como apoio roteiros ou listas preparadas de habilidades de enfrentamento. Gradativamente, esses roteiros preparados poderiam ser retirados, à medida que os jovens clientes progredirem no treinamento.

Ao conduzir grupos com crianças e adolescentes raivosos internados, eu (R.D.F.) geralmente adoto o processo de grupo como uma experiência de aprendizagem *in vivo*. Durante as sessões de grupo, tínhamos regras e habilidades de enfrentamento da raiva convenientemente afixadas em cartazes para consultas. Por exemplo, um jovem irritado ficava extremamente aborrecido quando alguém discordava dele. Em uma sessão, os terapeutas avisaram que discordaríamos dele. Os outros membros do grupo foram instruídos a ficarem quietos ou a discordarem do que o jovem dissesse. A princípio, o processo foi extremamente difícil e ele ficou bastante agitado. Tivemos de fazer um intervalo, ajudá-lo a escrever as habilidades em uma folha e lembrá-lo de recrutar as habilidades e regras afixadas. Com o passar do tempo, após a prática repetida, ele foi capaz de tolerar melhor a discordância, recorrendo às suas habilidades de autocontrole.

Brondolo e colaboradores (1997) nos fornecem algumas dicas úteis para fazer essas exposições graduais. Por exemplo, quando as crianças estão praticando críticas, discordâncias ou outras afirmações provocativas, comece ensinando-as a remover a inflexibilidade emocional de suas palavras. Conforme Brondolo e colaboradores observam adequadamente, tons monótonos dão às pessoas tempo para refletir sobre o que as está incomodando, em vez de reagir imediatamente. Além disso, gostamos da sugestão deles de sentar perto da criança/do jovem que está praticando enfrentamento da raiva e resolução de problema. Isso comunica sutilmente nosso apoio e torna mais fácil ajudar as crianças no processo. Os autores também recomendam pedir permissão para pressionar ou provocar os jovens. Endossamos entusiasticamente essa ideia. De fato, quando eu (R.D.F.) estava trabalhando em um hospital psiquiátrico, a equipe e os pacientes internos me apelidaram de "Dr. Posso Pressionar Você Nisso?", pois eu costumava introduzir momentos emocionalmente intensos com esse comentário. Por fim, acrescentar autoinstrução gentil para estimular a resolução de conflitos é encorajador para clientes jovens. Brondolo e colaboradores propõem declarações como "Vou me sentar bem do seu lado e colocar a minha mão no seu braço para lembrá-lo de permanecer relaxado. O que você acha disso? Continue respirando, acalme-se, você não precisa responder a este ataque" (p. 91).

O Quadro-síntese 13.5 resume pontos importantes na realização de exposições para crianças/adolescentes com problemas de comportamento disruptivo.

CONCLUSÃO

Como você percebeu nas seções anteriores, trabalhar com crianças e adolescentes sofrendo de transtornos de comportamento disruptivo costuma ser um processo extenso, demorado e cuidadoso. Comunicar à criança que você está ao lado dela "para o que der e vier" é importante. Nós incentivamos os terapeutas a fazerem uso de múltiplas estratégias de tratamento e a aplicarem de maneira criativa os instrumentos descritos.

QUADRO-SÍNTESE 13.5 EXPOSIÇÃO COM JOVENS DISRUPTIVOS

- Comece com a aquisição das habilidades e, em seguida, passe à aplicação das habilidades.
- Conduza exposições graduais em habilidades de autocontrole, começando com provocações suaves.
- Comece suavemente e avance devagar.

14

Trabalhando com jovens diagnosticados com transtorno do espectro autista

Crianças diagnosticadas com o transtorno do espectro autista (TEA) navegam no mundo social como se fossem "estranhos numa terra estranha". Eles são como Valentine Michael Smith, o marciano no romance de Heinlein (*Um estranho numa terra estranha*, 1961), que tenta febrilmente compreender e se ajustar à "cultura terráquea". Smith considera essa adaptação difícil, pois nem tudo na Terra pode ser traduzido para marciano. De fato, esse mesmo problema de tradução desafia jovens diagnosticados no espectro autista, devido à sua teoria de déficits mentais. Este capítulo começa trazendo uma descrição das principais características do TEA e das recomendações de avaliação. Em seguida, intervenções de TCC são apresentadas e ilustradas com exemplos de casos.

CARACTERÍSTICAS DO TEA

Jovens com TEA demonstram persistentes déficits sociais em vários ambientes, bem como padrões restritivos e repetitivos de comportamentos ou de interesses. Os sintomas se manifestam no começo do desenvolvimento e causam prejuízos clinicamente significativos no funcionamento atual (DSM-5; American Psychiatric Association, 2013). O DSM-5 combinou os diagnósticos anteriores de transtorno do autismo, transtorno de Asperger e transtorno de desenvolvimento pervasivo não especificado do DSM-IV, reunindo-os, todos, no TEA.

O pensamento contemporâneo encara o TEA primordialmente como um transtorno neurobiológico (Faja & Dawson, 2015). Mais especificamente, o lóbulo temporal medial, os lóbulos frontais orbitais e a amígdala estão envolvidos. Com frequência, essas áreas são consideradas o cérebro social. Essas anormalidades neurobiológicas se manifestam em três grupos de sintomas básicos: relacionamento social, comunicação e comportamento.

Relacionamento social

Por suas excentricidades e peculiaridades, as crianças diagnosticadas com esse espectro se deparam com significativos problemas interpessoais. Essas crianças enfrentam dificuldades com os aspectos mais básicos do relacionamento social. Não conseguem utilizar estratégias rudimentares, como contato visual, expressões faciais e gestos, para se conectar com os outros. Ao descrever as dificuldades sociais vivenciadas por crianças com autismo, Bromfield (2010) observou apropriadamente que "essas crianças desejavam algum nível de conexão e amizade, mas simplesmente eram terríveis nisso" (p. 122).

Wood e Gadow (2010) identificaram quatro estressores importantes que impactam as crianças diagnosticadas com TEA. Em primeiro lugar, esses adolescentes e crianças são bombardeados pelas múltiplas exigências dos professores para entrar em conformidade com as tarefas e concluí-las, em vez de investir em rotinas idiossincrásicas. Em segundo lugar, jovens diagnosticados com TEA vivenciam dificuldades sociais e ficam perplexos com as perspectivas dos outros. Em terceiro lugar, os colegas costumam provocar esses jovens devido ao seu comportamento peculiar e socialmente desajeitado. Por fim, as sensibilidades sensoriais tornam as situações mais triviais extraordinariamente desconfortáveis.

Exclusão, rejeição e negligência são modos como o grupo de colegas define a si e a quem faz parte do grupo. Laugeson, Frankel, Mogil e Dillon (2009) observaram que "aprender a fazer e a manter amigos pode ser especialmente difícil para o adolescente com TEA, pois o desenvolvimento natural e a transmissão da necessária etiqueta entre colegas exigem interação geral positiva e sustentada, além de aprendizagem com os melhores amigos" (p. 597).

Crianças diagnosticadas com o espectro são alheias à hierarquia social. Attwood (2007a) concluiu que crianças diagnosticadas com TEA se consideram mais adultas do que crianças. Consequentemente, podem assumir o papel de um professor em sala de aula, tentando impor limites, determinar regras e reprimir os outros. A criança talvez seja incapaz de aceitar a hierarquia social e desafie as regras que considera ilógicas. A negação e a arrogância atuam como mediadoras desses comportamentos incompatíveis e dificuldades interpessoais. De modo eloquente, Attwood (2007a) declarou: "Essas crianças se consideram estar acima do que elas acham muito difícil de entender" (p. 314).

Analise o exemplo a seguir. Allan é um menino de 11 anos com o diagnóstico do DSM-IV de transtorno de Asperger. Ele se considerava um "matemático" e "cientista" astuto que apenas tratava de "números" e fatos. Em uma prova de linguagem e artes, Allan gabaritou a parte com 50 questões de múltipla escolha. No entanto, os outros 50 pontos consistiam em uma redação, cujo tema era imaginar o que aconteceu com Tom Sawyer, Becky Thatcher e Huck Finn 10 anos após os fatos narrados no final do famoso livro. Allan sentiu-se frustrado com o estímulo para o raciocínio abstrato, hipotético. Como resposta, Allan escreveu: "Por acaso, eu pareço algum tipo de adivinho maldito?".

Laugeson (2013a, 2013b) observou que crianças no espectro costumam "monopolizar a conversa". Mais especificamente, a sua tendência de perseverar e ir trocando de assuntos dificulta a contribuição dos outros na conversa (Laugeson, Frankel, Gantman, Dillon, & Mogil, 2012). Em geral, crianças diagnosticadas com TEA têm dificuldade de apreciar as deixas sociais. Lang, Regester, Lauderdale, Ashlaugh e Haring (2010) escreveram: "Indivíduos com TEA costumam não apresentar as habilidades sociais e a capacidade de reconhecer os pensamentos e as intenções dos outros. Assim, podem se comportar de maneira incomum durante situações sociais, levando-os a ser vítimas de estigmatização, constrangimento, ridicularização e até mesmo *bullying* ou assédio moral evidentes" (p. 61).

Parece que as crianças do espectro carecem de "desconfiômetro" ou autocensura. Esme, uma menina de 8 anos, dizia o que pensava, sem filtrar. Ao me (R.D.F.) conhecer, disse: "Uau, como você é velho e careca!". As crianças também podem ter regras muito rígidas sobre as convenções sociais. Carter tinha regras tão rígidas que isso lhe criava uma infinidade de comportamentos indesejáveis e dificuldades sociais. Em sua concepção, as pessoas que moravam nos Estados Unidos precisavam usar nomes com sonoridade da língua inglesa. Por exemplo, Carter sentou atrás de um menino de origem latina e se recusou a chamá-lo pelo nome de batismo (Juan), em vez disso referia-se a ele como "John".

Déficits de comunicação

Múltiplos déficits de comunicação caracterizam as crianças diagnosticadas no espectro. Com frequência, essas dificuldades tomam a forma de linguagem retardada ou ausente. Todavia, crianças diagnosticadas com autismo de alta funcionalidade (AAF) mostram peculiaridades na língua apesar de vivenciar o desenvolvimento da linguagem normal. Crianças no espectro enfrentam problemas para manter conversações, problemas com imaginação, brincadeiras de faz de conta e humor. Olhares peculiares também caracterizam as crianças no espectro.

Os déficits de comunicação comprometem as relações sociais. As crianças diagnosticadas no espectro comunicam-se de uma forma que pode ser descrita como peculiar, excêntrica e pedante. É excruciante combinar sua fala com parceiros conversacionais. Além disso, a apreciação de sutilezas singelas, como relevância, polidez, troca de turnos na fala e responsividade aos outros em uma conversa representam uma dificuldade extrema para esses jovens. As crianças podem inventar sua própria língua repleta de neologismos. Amos, menino de 14 anos diagnosticado com TEA, era extremamente chegado a sua avó, que morava no meio rural do Estado da Virgínia. Ele inventou a palavra "plexo de maçã" para descrever seus acessos de raiva. "Plexo de maçã" era a sua visão sobre a palavra usada por sua vovó (*apoplético*).

A fala com prosódia incomum, marcada por ritmos e volumes atípicos, é representativa de indivíduos diagnosticados com TEA. Além disso, é comum que o conteúdo da fala seja bizarro ou excêntrico. Crianças no espectro podem inundá-lo com os mínimos detalhes e circunstâncias dos fatos. Sebastian, menino de 11 anos, era obsessivamente interessado em todos os detalhes sobre os ataques de 11 de setembro contra a cidade de Nova York. Sabia na ponta da língua o número de brigadas de incêndio que foram atender as ocorrências nas torres gêmeas, bem como os números de caminhões de bombeiros e veículos de emergência.

Mudar de assunto é muitas vezes árduo, e as crianças podem estar vinculadas a interesses perseverantes. Mesmo quando o tema for momentaneamente alterado, essas crianças muitas vezes inserirão fatos ou farão declarações relacionadas aos seus interesses perseverantes, retomando a discussão do tópico sem se dar conta de que a(s) pessoa(s) com quem ela está interagindo já mudou(aram) de assunto.

Crianças com TEA podem exercer comportamentos estereotipados e repetitivos. Esses comportamentos podem incluir, mas não serem limitados a: bater palmas, puxar o cabelo, girar, balançar, bater a cabeça, morder os dedos, olhar direto para as luzes, emitir sons vocais ou guturais, arranhar-se, lamber objetos e farejar as pessoas. Nina, de 8 anos de idade, costumava aproximar-se da recepcionista da clínica, dar uma longa farejada e comentar sobre o cheiro da funcionária.

Dificuldades comportamentais

Crianças diagnosticadas com TEA são restritas por interesses excessivamente estreitos e rotinas compulsivas. Baron-Cohen e Belmonte (2005) defenderam que a necessidade excessiva de rotina demonstrada por essas crianças está relacionada com processos de atenção e percepção prejudicados. As rotinas e as demandas para a mesmice podem ser modos para esses jovens estreitarem o campo de estímulo.

Muitas vezes, as crianças no espectro autista apresentam déficits na imitação social (Baron-Cohen & Belmonte, 2005). A imitação é importante para estabelecer conexões com os outros e aprender a pragmática social. Crianças diagnosticadas com TEA tendem a demonstrar grande dificuldade para traduzir sentimentos e pensamentos em palavras. Da mesma forma, tendem a ser impulsivas e incapazes de modular suas demonstrações emocionais. De fato, esses jovens são conhecidos por seus "acessos de raiva". As crianças com TEA também usam agressão instrumentalmente para obter coisas, afirmar dominância e exercer controle (Sofronoff, Attwood, Hinton, & Levin, 2007). Colegas, professores e até os pais podem inadvertidamente reforçar esses padrões ao cederem às exigências da criança para evitar os acessos de raiva, devido à gravidade e à duração das últimas explosões comportamentais do indivíduo.

Freddy, menino de 9 anos diagnosticado com síndrome de Asperger, apresentava violentos acessos de raiva quando ficava frustrado. Ele era particularmente vulnerável a esses acessos quando as coisas não aconteciam conforme seus planos ou quando percebia que sua autoestima estava sendo ofendida. Em uma demonstração especialmente impressionante no consultório, Freddy "surtou" durante um jogo de xadrez. Freddy se autodescrevia como um "mago do xadrez" e desafiou o terapeuta para uma partida. Ao perder a torre no início do jogo, imediatamente se levantou da cadeira, pegou várias peças de xadrez, gritou "Vá se f****!" e atirou as peças pelos cantos da sala.

No início de minha carreira, eu (J.M.M.) estava trabalhando com uma garota diagnosticada com transtorno de Asperger. Ela enfrentava dificuldades para identificar e expressar adequadamente as emoções. Muitas vezes, exibia birras infantis quando rotinas eram alteradas, decepções eram confrontadas ou acontecimentos tristes ocorriam. Essas birras tinham aumentado desde que ela passou a lidar com a morte recente de um dos avós e com o divórcio de seus pais. Trabalhamos intensamente, em reuniões semanais, até a minha licença de maternidade. Ela não aceitava bem a transição para a terapeuta substituta que ficaria em meu lugar durante os 3 meses que eu estaria fora, e, apesar de muita intervenção, estava bastante irritada sobre as mudanças que aconteceriam em seu tratamento. Em nosso último encontro agendado, provavelmente com o estímulo da mãe, ela trouxe um cartão para a sessão final. Após ser cumprimentada para a sessão, ela atirou o cartão para mim e gritou: "Pegue esta porcaria, e meus parabéns!".

As lutas que essas crianças enfrentam para identificar e comunicar sentimentos, sua alta necessidade de rotina e sua fraca autorregulação frequentemente dificultam para os pais conduzi-las em suas tarefas cotidianas mais simples. Uma parada rápida em uma loja pode transformar-se em uma birra de 2 horas, quando a criança esperava ir direto para casa. Preparar o café da manhã e descobrir que acabou o cereal de canela, embora existam outros três tipos de cereais em estoque, pode resultar em soluços e na recusa a continuar com a rotina matinal.

Muitas vezes, as crianças com autismo demonstram problemas comportamentais que poderiam qualificá-las para um diagnóstico adicional de transtorno de oposição desafiante (TOD). Mayes e colaboradores (2012) salientam a necessidade de esclarecer se os problemas de comportamento em crianças devem ser vistos como inerentes ao diagnóstico de autismo, ou como um diagnóstico de TOD separado. Farmer e Aman (2011) apontam para a necessidade de mais exploração dos subtipos de agressão encontrados em crianças com autismo e salientam que as crianças com TEA foram classificadas em níveis mais altos de agressão física e reativa, em comparação com as crianças portadoras de outras deficiências de intelecto e desenvolvimento. Além disso, há relatos de que as crianças com autismo apresentam altas taxas de irritabilidade (88% para autismo de alta funcionalidade e 84% para autismo de baixa funcionalidade), demonstrando a importância de avaliar esses sintomas em todas as crianças com TEA (Mayes, Calhoun, Murray, Ahuja, & Smith, 2011).

Processamento de informações prejudicado

Os jovens com TEA são caracterizados por déficits da Teoria da Mente (TOM, do inglês *Theory of Mind*; Baron-Cohen, 1995). As habilidades de TOM propiciam compreensão emocional, tomada de perspectiva interpessoal e metacognição. Um déficit de TOM resulta na interpretação literal das experiências. Além disso, essa falta de consciência dos estados internos diminui a motivação das crianças para relatar os sintomas, uma vez que elas simplesmente não reconhecem pensamentos e sentimentos problemáticos como dificuldades psicológicas (Wood & Gadow, 2010). Os déficits de habilidades de TOM contribuem para que as crianças diagnosticadas com TEA adotem interpretações excessivamente literais, confundindo causas acidentais e causas deliberadas e exibindo altos níveis de egocentrismo (Attwood, 2007a, 2007b). Sofronoff e colaboradores (2007) explicaram: "O mundo interpessoal e interior das emoções parece ser um território desconhecido para os indivíduos com síndrome de Asperger" (p. 1203).

Gaus (2011) enfatizou que o processamento comprometido das informações é característico de indivíduos com TEA. O processamento das informações enviesado modela tanto as autopercepções como as percepções interpessoais. Gaus observou que os indivíduos com TEA mostram "percepções exclusivas sobre si mesmos e os demais, as quais frequentemente levam a um comportamento desagradável para os outros e, assim, contribuem para rejeição e ridicularização recorrentes" (p. 51). Além disso, as dificuldades no processamento de informações contribuem para problemas organizacionais e dificuldades de comportamento autodirigido.

Baron-Cohen e Belmonte (2005) defenderam que a excessiva necessidade de rotina demonstrada por essas crianças está relacionada com processos de atenção e percepção prejudicados. As rotinas garantem a previsibilidade e diminuem a ambiguidade. As rotinas e as exigências para a mesmice podem ser modos de esses jovens estreitarem o campo de estímulo. Em outras palavras, já que o mundo parece um lugar vertiginoso, repleto de estímulos complexos e desconhecidos, as crianças diagnosticadas com TEA concentram-se em uma área estreita, a fim de manter a paz interna, a ordem e a calma.

Baron-Cohen e Belmonte (2005) enfatizaram que as crianças diagnosticadas com TEA demonstram fraca coerência central. Isso se revela na forma de dificuldades para integrar partes separadas em todos. Quando confrontadas com o dilema de se concentrar na floresta ou nas árvores, as crianças no espectro prestam atenção nas árvores individuais. Crianças no espectro podem apresentar um foco inflexível (tipo *laser*) em apenas partes de objetos, pessoas, regras e conceitos, ao mesmo tempo em que permanecem relativamente alheias aos princípios e conceitos abrangentes. Baron-Cohen e Belmonte (2005) argumentam que, devido a essa fraca coerência central, crianças diagnosticadas com TEA podem criar regras excêntricas e peculiares ligadas às especificidades. A fraca coerência central torna a apreciação do contexto muito difícil para os jovens diagnosticados no espectro (Beaumont & Sofronoff, 2008a).

Analise o caso de Gregory, um menino de 10 anos diagnosticado com transtorno de Asperger. Gregory era um aluno que, em geral, apresentava bom comportamento e tentava assiduamente evitar ofensas propositais aos colegas ou professores. No entanto, sua limitada tomada de perspectiva costumava levar a um abandono da nuance em situações sociais. Gregory odiava latim e obstinadamente recusava-se a participar da aula. Ele não queria compartilhar sua frustração nem contar ao professor sua aversão à matéria. Seu desconforto com o conteúdo era aversivo e ele sentia uma pressão interna para liberar a tensão. Quando o professor o instigou a participar e indagou: "Gregory, consegue pensar em *alguma pergunta* que gostaria de fazer em latim?" Greg respondeu: "Certo, como se diz 'Esta aula é chata' em latim?". Desnecessário dizer: a turma caiu na gargalhada, o professor permaneceu impassível e Gregory foi encaminhado à sala do diretor.

Marty amava ciências e física. Ele costumava opinar sobre os temas e dar aulas a seus colegas. Um dia, Marty chegou à sessão vespertina particularmente confuso em razão de uma interação negativa que tivera com um colega. O diálogo é ilustrado a seguir.

MARTY: Dr. Bob, as coisas não correram muito bem no almoço, hoje.

TERAPEUTA: O que aconteceu, Marty?

MARTY: As outras crianças começaram a me provocar e a tirar sarro de mim.

TERAPEUTA: Por qual motivo?

MARTY: Compartilhei a minha teoria sobre a física do preparo de um sanduíche.

TERAPEUTA: (*Abre um sorriso.*) Teoria da física do preparo de um sanduíche? Explique melhor.

MARTY: (*Vai ao quadro branco e começa a desenhar.*) Bem, aqui está o pão, que eu chamo F, de fundação. Em seguida, você acrescenta presunto e queijo, que eu chamo E, de energia, porque você os adiciona ao sanduíche. Y é a alface. Eu a chamo Y porque fico me perguntando qual é o motivo de a alface fazer parte do sanduíche. E Q ao quadrado é a mostarda. Por fim, F ao quadrado é a última fatia de pão. Juntando tudo isto (*apontando para o quadro*), a equação é $A (sanduíche) = F \times E \times Y \times Q^2 \times F^2$. Entendeu?

Marty era apaixonado por suas teorias de física e não conseguia entender a falta de entusiasmo dos colegas tanto pela física quanto por sua teoria do sanduíche. Ficou alheio ao contexto social e ingenuamente incapaz de prever as reações negativas de seus colegas.

Devido às dificuldades interpessoais, as crianças no espectro podem se refugiar na imaginação e em interesses idiossincrásicos (Attwood, 2007a). Attwood explicou: "Um interesse por outras culturas e mundos pode explicar o desenvolvimento de um interesse especial por geografia, astronomia e ficção científica, de modo que a criança descubra um lugar onde os seus conhecimentos e habilidades sejam reconhecidos e valorizados" (p. 313).

O Quadro-síntese 14.1 resume as principais características do TEA.

QUESTÕES ETNOCULTURAIS

Dyches, Wilder, Sudweeks, Obiakor e Algozzine (2004) argumentaram que os pesquisa-

---

QUADRO-SÍNTESE 14.1 CARACTERÍSTICAS COMUNS DO TEA

- O TEA tem base primordialmente neurobiológica.
- As dificuldades sociais são a sua principal característica.
  - Estratégias sociais rudimentares, como contato visual, expressões faciais e gestos, são problemáticas.
  - Com frequência, crianças e adolescentes mostram-se alheios à hierarquia social.
  - Os jovens veem uma simples conversa como uma tarefa extraordinariamente difícil.
  - Muitas vezes, os jovens carecem de autocensura e não reconhecem as deixas sociais.
  - Com frequência, os jovens tornam-se vítimas de *bullying* ou assédio moral.
- Pode haver déficits comunicativos.
  - A linguagem pode estar ausente ou retardada.
  - Excentricidades linguísticas costumam ser evidentes.
  - Neologismos e outras peculiaridades da fala são evidentes.
  - Olhares peculiares são frequentes.
- Problemas de comportamento.
  - Os comportamentos são estereotipados e repetitivos.
  - Predomina a estreiteza de interesses.
  - Agressividade, desacato e oposividade são problemas.
- Dificuldades no processamento das informações.
  - Déficits na teoria da mente (TOM) estão presentes.
  - Interpretações literais são evidentes.
  - Esforços para limitar o campo de estímulo são demonstrados.
  - A fraca coerência central é óbvia.

dores têm ignorado amplamente as diferenças raciais e étnicas no TEA. Mandell e colaboradores (Mandell, Ittenbach, Levy, & Pinto-Martin, 2007; Mandell, Listerud, Levy, & Pinto-Martine, 2002) constataram que afro-americanos são diagnosticados com TEA em idades mais tardias e têm maior probabilidade que suas contrapartes euro-americanas de serem diagnosticados com transtorno da conduta ou transtorno de adaptação. Em um estudo recente, Mandell e colaboradores (2009) verificaram que jovens hispânicos e afro-americanos tinham menos probabilidade que suas contrapartes euro-americanas de serem diagnosticados com TEA.

Os efeitos das diferenças culturais na apresentação dos sintomas em crianças com autismo foram examinados por Zachor e colaboradores (2011) em uma análise dos sintomas de comorbidades em crianças com TEA em Israel, Coreia do Sul, Reino Unido e Estados Unidos. Zachor e colaboradores (2011) constataram mais semelhanças do que diferenças entre esses três países e os Estados Unidos, com diferenças nos sintomas de evitação (personalidade esquiva), birras e sintomas de compulsão alimentar. Especificamente nos Estados Unidos, havia um relato de sintomas de evitação mais significativos em relação à Coreia do Sul, e mais sintomas de birras e compulsão alimentar foram relatados nos Estados Unidos do que em Israel. Zachor e colaboradores (2011) apontam a importância de entender as diferenças sobre como cada cultura encara e considera os comportamentos típicos em crianças. Por exemplo, os comportamentos de evitação podem ser considerados mais aceitáveis na Coreia do Sul do que nos Estados Unidos. Em outro estudo comparando crianças diagnosticadas com TEA, verificou-se que crianças pertencentes a minorias apresentaram menores pontuações em linguagem, comunicação e função motora bruta, quando comparadas a crianças com TEA não pertencentes a minorias (Tek & Landa, 2012).

Ao considerar a cultura e o TEA, Mandell e Novak (2005) salientam que não apenas é importante pensar nas possíveis variações da apresentação dos sintomas por meio das culturas, mas também considerar a maneira como as convicções culturais influenciam as famílias no entendimento e na interpretação do diagnóstico e também na tomada de decisões para o tratamento do TEA.

Attwood (2007a) discutiu as diferenças de gênero em TEA. Esse pesquisador observou, por exemplo, que as meninas enfrentam dificuldades sociais de uma forma que muitas vezes disfarça o diagnóstico. Mais especificamente, Attwood afirmou que as meninas tendem a "desaparecer em um grande grupo, assumindo deliberadamente uma posição periférica na interação social" (p. 311). As meninas com TEA tendem a ser educadas, calmas e bem-comportadas.

RECOMENDAÇÕES PARA AVALIAÇÃO

A identificação precoce do TEA em crianças pode levar a intervenções terapêuticas precoces, portanto é importante escolher medidas confiáveis. A avaliação de uma criança com suspeita de TEA pode incluir algumas determinações para descartar outros diagnósticos e obter informações relevantes, com o objetivo de elaborar planos de intervenção. Com frequência, muitos aspectos do desenvolvimento da criança são acessados como parte de uma avaliação abrangente e multidisciplinar, tanto por medidas formais como por observação pelos avaliadores. Os instrumentos de avaliação podem incluir medidas de comportamento, linguagem, funcionamento cognitivo, funcionamento adaptativo e funcionamento socioemocional. Por exemplo, inventários comportamentais amplamente utilizados, como o Lista de Checagem Achenbach para Comportamento de Crianças (do inglês *Achenbach Child Behavior Checklist*; Achenbach, 1991a), podem ser úteis para obter informações sobre o funcionamento comportamental das crianças.

A avaliação cognitiva é comumente concluída usando medidas que incluem a Escala Wechsler de Inteligência para Crianças-IV (WISC-IV, do inglês *Wechsler Intelligence Scale for Children-IV*; Wechsler, 2004), destinada a jovens de 6 anos a 16 anos e 11 meses ou crianças mais novas (2 anos e 6 meses até 7 anos e 7 meses); a Escala Wechsler de Inteligência para Alunos da Educação Infantil e Anos Iniciais do Ensino Fundamental-IV (WPPSI-IV, do inglês *Wechsler Preschool and Primary Scale of Intelligence-IV*; Wechsler, 2012). Para crianças ainda mais novas (1-42 meses), as Escalas Bayley de Desenvolvimento de Bebês e Crianças que Começam a Andar, Terceira Edição (Bayley-III, do inglês *Bayley Scales of Infant and Toddler Development – Third Edition*; Bayley, 2005) podem ser utilizadas para avaliar o desenvolvimento. A Bayley-III pode demorar de 30 a 90 minutos para ser aplicada, dependendo da idade e do nível de funcionamento da criança, e fornece escores de índice e escores de subtestes dimensionados.

As Escalas Mullen de Aprendizagem Precoce: Edição AGS (do inglês *Mullen Scales of Early Learning, AGS Edition*; Mullen, 1995) avaliam o desenvolvimento de crianças desde o nascimento até 5 anos e 8 meses. Elas fornecem escores de escala e uma Composição de Aprendizagem Precoce. As escalas de Mullen incluem função motora bruta, recepção visual, motora fina, linguagem expressiva e linguagem receptiva. O tempo de administração estimado é de 15 a 60 minutos, conforme a idade da criança.

Em geral, o funcionamento adaptativo é medido com a Escala Vineland de Comportamento Adaptativo, Segunda Edição (do inglês *Vineland-II, Vineland Adaptive Behavior Scales, second edition*; Sparrow, Cicchetti, & Balla, 2005), que pode ser utilizada com indivíduos de todas as idades e inclui uma entrevista de pesquisa, formulário para o cuidador e formulário para o professor. A Vineland-II fornece escores de funcionamento adaptativo nas áreas de comunicação, habilidades de convivência cotidiana, socialização e habilidades motoras e inclui um índice opcional para comportamento mal-adaptativo.

Algumas medidas específicas para autismo também foram desenvolvidas para ajudar no diagnóstico exato de crianças mais novas e para diferenciar crianças com atrasos no desenvolvimento de crianças com autismo. A Entrevista para Diagnóstico de Autismo de 111 itens – Revisada (ADI-R, do inglês *Autism Diagnostic Interview – Revised*; Lord, Rutter, & Le Couteur, 1994) é uma entrevista diagnóstica semiestruturada administrada por um clínico aos pais ou aos cuidadores da criança que estiver sendo avaliada para sintomas de TEA. Le Couteur, Haden, Ricardo e McConachie (2008) investigaram a convergência entre a ADI-R e outra medida popular padronizada, o Cronograma de Observação para Diagnóstico do Autismo (ADOS, do inglês *Autism Diagnostic Observation Schedule*), com crianças de idade pré-escolar. O ADOS é "uma avaliação padronizada semiestruturada observacional com base em jogos e atividades, cuja duração aproximada em geral é de 40 minutos" (Le Couteur et al., 2008, p. 364). As duas medidas exigem que o terapeuta se submeta a um treinamento intensivo na medida avaliativa. Le Couteur e colaboradores (2008) constataram uma boa convergência entre as medidas e concluíram que as duas medidas, quando aplicadas em conjunto, melhoraram a clareza do diagnóstico neste estudo.

A Escala de Classificação de Autismo na Infância-2 (CARS-2, do inglês *Childhood Autism Rating Scal-2*; Schopler, Van Bourgondien, Wellman, & Love, 2010) é uma escala de avaliação comportamental com 15 itens projetada para diferenciar crianças com autismo de crianças portadoras de outras deficiências do desenvolvimento. Os itens são classificados em uma escala de 7 pontos pelo examinador com base na observação direta, bem como nas informações fornecidas pelos pais e por outras fontes. A CARS-2 oferece um formulário-padrão, um formulário de "alta funcionalidade" (projetado para crianças com QI acima de 80, verbalmente fluentes e com idade mínima de 6 anos) e um questionário para o cuidador, a fim de auxiliar o examinador na coleta de informações. A CARS-2 é projetada para crianças de 2 anos de idade ou mais e pode ser completada em cerca de 15 minutos.

A Escala Gilliam para Classificação do Autismo, Terceira Edição (GARS-3, do inglês *Gilliam Autism Rating Scale*; Gilliam, 2013), é uma escala de avaliação para identificar o autismo em indivíduos na faixa etária de 3 a 22 anos. A GARS-3 fornece escores-padrão, categorias de percentil, um nível de gravidade do autismo e a probabilidade de autismo. A GARS-3 tem 56 itens agrupados em seis subescalas: comportamentos repetitivos/restritivos, interação social, comunicação social, respostas emocionais, estilo cognitivo e fala mal-adaptativa.

O Quadro-síntese 14.2 lista as recomendações para a avaliação do TEA.

INTERVENÇÕES

Recomendações gerais para intervenções

Wood, Fujii e Renno (2011) propuseram uma variedade de intervenções muito úteis para melhorar as intervenções baseadas em TCC com crianças diagnosticadas no espectro do autismo. Segundo eles, o treinamento das habilidades deve ocorrer no contexto real em que as habilidades serão aplicadas. A importância de praticar as habilidades adquiridas, no entanto, não pode ser superenfatizada (White et al., 2010). Além disso, White e colaboradores observaram que os terapeutas precisam dar às crianças um *feedback* concreto, específico e discernível. Simplificando, as crianças necessitam de instruções específicas para ancorar suas habilidades práticas. Wood e colaboradores sugeriram o uso de métodos socráticos para que as crianças sejam capazes de "deglutir" o conteúdo, em vez de mecanicamente memorizar ou imitar as habilidades. Além disso, o esforço significativo na terapia deve ser recompensado de maneira significativa.

Donoghue, Stallard e Kucia (2011) desenvolveram a rubrica PRECISE para trabalhar com crianças e adolescentes com TEA. O *P* refere-se a estabelecer habilidades de parceria com as crianças, as quais podem incluir um cronograma escrito para orientar a atenção, materiais visuais e outros meios, como computadores, para diminuir a ansiedade associada à interação pessoal. O Pense, Sinta e Faça (*Think, Feel, and Do*, 2007) de Stallard, assim como o "Acampamento para Enfrentar Muita Coisa" (*Camp Cope-A-Lot*, 2008) de Khanna e Kendall, são escolhas criativas para habilidades de parceria. O "Acampamento para Enfrentar Muita Coisa" pode ser especialmente útil em casos com co-ocorrência de ansiedade; o CD-ROM inclui módulos de educação afetiva, treinamento de relaxamento, automonitoramento, resolução de problemas, recompensa social e exposição. O *R* na rubrica PRECISE significa intervir no nível de desenvolvimento certo, caracterizando-se por utilizar objetivos gradativos, integrar materiais visuais e gráficos, bem como incluir os pais no trabalho clínico. As estratégias visuais para lidar com/enfrentar dificuldades são muito valiosas (Moree & Davis, 2008).

QUADRO-SÍNTESE 14.2 MEDIDAS AVALIATIVAS RECOMENDADAS PARA TEA

- Cronograma de Observação para Diagnóstico de Autismo.
- Entrevista para Diagnóstico de Autismo – Revisada.
- Escala de Classificação de Autismo na Infância-2.
- Escala Gilliam de Classificação do Autismo, Terceira Edição.
- Escalas Wechsler.
- Escalas Bayley de Desenvolvimento para Bebês e Crianças que Começam a Andar, Terceira Edição.
- Escalas Mullen de Aprendizagem Precoce: Edição AGS.
- Escala Vineland de Comportamento Adaptativo, Segunda Edição.

O *E* representa a comunicação de empatia aos jovens clientes diagnosticados com TEA. O *C* representa trazer a criatividade para o empreendimento terapêutico. Metáforas criativas podem ser úteis para crianças diagnosticadas no espectro. Harrington (2011) ponderou que um bom modelo para ensinar a tolerância à frustração é Scotty, o estressado engenheiro-chefe da nave estelar *Enterprise*, do seriado *Jornada nas estrelas* (*Star Trek*), com seu bordão "Não posso fazer isso, senhor. A nave vai explodir!". Harrington nos lembra que Scotty costumava declarar que "não podemos mudar as leis da física". De uma maneira gentil, ele aplicava essa metáfora à exigência das crianças de que as pessoas devem agir de forma diferente: "Uma maneira de desafiar essa convicção é observar que as pessoas também fazem parte do mundo natural: são propensas a cometer erros e a agir injustamente" (p. 11).

Como as crianças no espectro tendem a ser aprendizes concretos e práticos, que geralmente preferem fazer, em vez de pensar, Donoghue e colaboradores (2010) recomendaram a utilização de *e-mails*, textos eletrônicos, TV e cinema digital na TCC. Nesse sentido, enfatizar experimentos comportamentais para impulsionar as mudanças cognitivas é crucial no módulo de investigação e experimentação (*I*) da rubrica PRECISE. Da mesma forma, também é crucial fornecer aos jovens regras concretas que sejam generalizáveis entre contextos. Exercícios com representações teatrais (ver Capítulo 9) também são recomendados nessa rubrica. O *S* refere-se ao aumento da autodescoberta e da eficácia por meio da observação social, do uso de metáforas e do conteúdo não verbal. Tornar o tratamento divertido é essencial para que a terapia se transforme em um entretenimento (*E*) para as crianças. Claro que o humor e a descontração aumentam o divertimento (Sze & Wood, 2007).

O acrônimo CLUES, incorporado ao Protocolo Unificado para o Tratamento de Transtornos Emocionais na Juventude (Unified Protocol for the Treatment of Emotional Disorders in Youth, Ehrenreich et al, 2009; Ehrenreich & Bilek, 2011), também pode ajudar os pacientes diagnosticados com TEA. O CLUES dá pistas que orientam os jovens clientes ao longo do processo de superar as dificuldades. A ideia é ensiná-los a *C*onsiderar como se sentem, *L*er/observar seus pensamentos; *U*tilizar perguntas de detetive (investigativas); *E*xperimentar/vivenciar plenamente seus medos e sentimentos, em vez de evitá-los; e *S*eguir saudável/feliz. O leitor atento perceberá que o *C* e o *L* envolvem automonitoramento. A reestruturação cognitiva é central para as habilidades de *U*. Exposições e experimentos são fundamentais para o *E*, e a prevenção de recaída está relacionada com o *S*. Assim, as crianças poderiam ser estimuladas a aplicar suas habilidades de CLUES como forma de estimular a capacidade de enfrentamento das dificuldades.

Usar os interesses idiossincráticos das crianças pode facilitar a TCC flexível (Moree & Davis, 2010). Attwood e Scarpa (2013) sugeriram a utilidade da "mente de via única" para promover a flexibilidade cognitiva. Segundo eles, já que as crianças diagnosticadas com TEA "tendem a continuar usando estratégias incorretas – ou seja, sem aprender com os erros – não conseguem mudar de via para chegar ao destino (i.e., encontrar uma solução)" (p. 33). A "mente de via única" parece especialmente adequada para crianças cujos interesses idiossincráticos envolvem trens. A metáfora se presta bem para desenhar uma malha ferroviária com vários desvios que representam diferentes caminhos para a resolução de problemas. Para crianças mais novas e mais concretas, terapeutas e clientes poderiam literalmente construir trilhos e colocar várias soluções em cartões transportados por vagões e locomotivas de brinquedo.

A regulação emocional da raiva e o controle comportamental da agressão podem ser onerosos para crianças diagnosticadas com TEA. De modo semelhante às técnicas para tratamento de ansiedade e depressão, os procedimentos descritos para comportamento disruptivo no Capítulo 13 podem ser aplicados de modo geral. No entanto, modificações são indicadas para trabalhar com crianças no espectro. Como já mencionado, muitas crianças diagnosticadas com TEA sofrem de ansiedades e fobias. A maioria das intervenções descritas no Capítulo 12 é aplicável a esses casos. Contudo, devido a algumas apresentações exclusivas de crianças no espectro, podem ser necessárias algumas modificações. A habilidade prática em contextos de vida real é enfaticamente incentivada. Fornecer *feedback* concreto e o uso liberal de recompensas são boas estratégias. Além disso, a instrução direta e a reestruturação cognitiva devem ser apoiadas com recursos visuais, gráficos, acrônimos e mídia eletrônica. Incorporar os interesses idiossincráticos das crianças às intervenções é uma ideia atraente. Lembre-se de que as crianças no espectro do autismo tendem a ser mais práticas do que pensadoras, por isso as abordagens orientadas para a ação são preferíveis. Enfim, pode ser útil acrescentar entretenimento e exercícios divertidos, utilizando teatro, música e filmes.

O Quadro-síntese 14.3 resume as recomendações gerais para intervenções de TCC com crianças diagnosticadas com TEA.

Psicoeducação

Existem alguns excelentes materiais psicoeducativos para famílias que cuidam de crianças no espectro autista. Em especial, o Autism Speaks (*www.autismspeaks.org*) e o NYU Child Study Center (*www.aboutourkids.org*) oferecem informações abundantes.

Aprender o modelo cognitivo pode ser difícil para crianças com habilidades TOM comprometidas. Em um salto, os exercícios vivenciais podem fazer o conteúdo ser transposto para a vida. O exercício do vulcão é uma opção atraente (Friedberg et al., 2009). A metáfora do vulcão utiliza o experimento de ensino fundamental com bicarbonato de sódio e vinagre para ensinar sobre os processos de tudo ou nada envolvidos com as emoções inibidas e em erupção. O bicarbonato de sódio no cone de plástico fica dormente até que seja adicionado o estressor (vinagre), fazendo o vulcão entrar em erupção. Enfatizar que as emoções obedecem às "leis científicas" pode ser especialmente atraente para jovens diagnosticados no espectro.

Automonitoramento

White e colaboradores (2010) explicaram que o automonitoramento é uma habilidade de difícil aprendizagem por crianças com TEA. Portanto, é importante um bom nível de psicoeducação sobre emoções, comportamentos interpessoais e cognições. Sofronoff e colaboradores (2007) desenvolveram uma forma criativa de ensinar o automonitoramento. Uma corda foi esticada no chão. Em seguida, as crianças foram solicitadas a ficar em cima da corda em um ponto que representasse o seu nível de raiva. Apreciamos essa técnica de modo especial, pois ela se presta a uma ancoragem conceitual para as crianças (p. ex., "Vamos inventar uma maneira de lidar com

---

QUADRO-SÍNTESE 14.3 RECOMENDAÇÕES GERAIS PARA TCC COM CRIANÇAS DIAGNOSTICADAS COM TEA

- Pratique as habilidades em contextos reais, quando necessário.
- Ofereça *feedback* concreto.
- Inclua recompensas para a prática.
- Apoie a abordagem com materiais visuais, mídias e recursos eletrônicos.
- Faça uso de interesses personalizados.
- Empregue acrônimos para ajudar a formar uma âncora conceitual.
- Avalie o uso de modos criativos para entregar o tratamento (teatro, cinema, etc.).
- Enfatize o fazer, em vez do falar.

sua raiva para que você não chegue ao fim de sua corda!").

Demais, Pouco e Ideal (Weiss, Singer, & Feigenbaum, 2006) é um divertido e envolvente jogo de tabuleiro para ensinar o automonitoramento a crianças diagnosticadas no espectro. O jogo, indicado para crianças de 5 a 12 anos, ajuda os pequenos a modular verbalizações, gestos e expressões faciais. Para jogar, as crianças optam entre três baralhos de cartas (mensagem, ação, nível de intensidade). O baralho de mensagem inclui instruções para fazer simples declarações verbais (p. ex., "Foi minha culpa") e as cartas de ação estimulam as crianças a fazer um comportamento não verbal (p. ex., "Finja que está trocando um aperto de mãos com alguém"). As cartas de intensidade dizem aos jogadores o quanto a mensagem deve ser transmitida ou a ação, executada (pouco, demais, o ideal). Em seguida, os terapeutas dão um *feedback* direto e concreto para as crianças. O jogo digital Detetive Júnior (Beaumont, 2009; Beaumont & Sofronoff, 2008a, 2013) ajuda as crianças a aprenderem a decodificar pensamentos e sentimentos. Nesse jogo para computadores, as crianças são ensinadas a detectar emoções com base em pistas verbais, ambientais e não verbais. O jogo é incrementado por sessões de grupo, onde são praticadas as habilidades sociais e estratégias de resolução de problemas.

O Quadro-síntese 14.4 traz sugestões para a psicoeducação e o automonitoramento.

Intervenções comportamentais

O programa PEERS da UCLA (Laugeson, 2013a, 2013b; Laugeson & Frankel, 2011; Laugeson et al., 2009) oferece um inovador treinamento de habilidades sociais. O programa contém cinco módulos robustos abrangendo reciprocidade em amizades, expansão das redes sociais, diminuição dos efeitos deletérios sobre reputações por meio do ensino de etiqueta aos colegas, *coaching* sobre organização de reuniões sociais, e instrução para enfrentar e lidar com *bullying*, provocações e conflitos entre colegas. De modo bastante convincente, o PEERS oferece aos jovens pacientes alternativas em habilidades sociais ecologicamente válidas para adolescentes que sofrem rejeição e pressão dos colegas. Laugeson (2013b) selecionou as dicas em um guia prático que é incrementado por um DVD e um aplicativo de celular.

Cooper e Widdows (2008) são autores de um livro muito útil, recheado com muitos exercícios para facilitar um maior sucesso social dos adolescentes. Em um exercício muito criativo, eles convidaram adolescentes a criar "equações de amizade". As equações de amizade são uma técnica de equilíbrio decisional em que as crianças ponderam as vantagens de serem mandonas, críticas e excessivamente governadas por regras *versus* os custos sociais desses comportamentos. Por exemplo, "ser mandona em relação às regras ou fazer as coisas à sua maneira e não ouvir como a outra pessoa quer fazer as coisas equivale a irritar essa pessoa e fazer com que ela queira distância de você" (Cooper & Widdows, 2008, p. 94).

Brincadeiras e jogos normalmente são bem adequados para ensinar habilidades sociais e regulação emocional para crianças. Os jogos oferecem oportunidades para esses jovens clientes aprenderem regras sociais, convenções

---

QUADRO-SÍNTESE 14.4 RECOMENDAÇÕES PARA PSICOEDUCAÇÃO E AUTOMONITORAMENTO

- Analise a possibilidade de utilizar os materiais de sites como *www.autismspeaks.org* ou *www.aboutourkids.org*.
- Utilize exercícios vivenciais para ensinar o modelo.
- Tente usar os jogos de computador para envolver crianças no automonitoramento.
- Os jogos de tabuleiro são outra boa opção.

e tolerância à frustração. As regras são especialmente complicadas para crianças diagnosticadas no espectro do autismo – ou são obedecidas rigorosamente ao pé da letra, ou são completamente desdenhadas. Não surpreende que essas posições absolutistas contribuam para problemas na interação com os colegas.

O Enrola e Desenrola (*Mumble Jumble*, Mitlin, 2008) é um jogo interativo que facilita as habilidades da criança em conversação social. Segundo o manual, o jogo é adequado para jovens de 9 a 16 anos. O Enrola e Desenrola ajuda as crianças a construírem conversas lógicas e a praticarem pragmáticas sociais, como tom de voz, linguagem corporal, contato visual, gestos e expressões faciais. O jogo consiste em 90 tópicos e lista frases associadas com cada tópico. Os terapeutas embaralham as frases, e as crianças trabalham para ordená-las de maneira lógica. Mitlin recomenda dar *feedback* imediato à ordenação das crianças, e também sugere que o jogo pode ser aprimorado discutindo-se sentimentos e pensamentos relacionados à conversa.

Reestruturação cognitiva

Semelhante a outros módulos de intervenção, incorporar os interesses idiossincráticos das crianças em reestruturação cognitiva é um bom caminho. Em geral, as crianças no espectro frequentemente requerem uma dica simples para lidar com a situação. As melhores dicas são as fáceis de lembrar e conseguem interromper a cadeia de pensamentos mal-adaptativos, as ações improdutivas e as emoções angustiantes. Lee amava tudo que pertencia à esfera militar. Como estratégia para ensinar a resolução de problemas, formulamos um "plano de batalha" para combater sua raiva, ansiedade e depressão. James, menino euro-americano de 9 anos de idade, era fascinado por bombeiros e equipes de resgate. Seu interesse estimulou o uso de várias metáforas e exercícios associados a ser um bombeiro. Por exemplo, ele acreditava que deveria estar sempre vigilante e raramente poderia relaxar. Ele reagiu bem à ideia de destinar o tempo de folga para praticar relaxamento e atividades agradáveis. James criou uma placa onde se lia "Bombeiro de Folga", que servia como dica de enfrentamento.

Analise outro exemplo, em que Arthur, um garoto euro-americano de 9 anos, era fascinado pela história naval britânica e se considerava um "especialista" em estratégia militar. Entretanto, Arthur era propenso a ter colapsos emocionais quando sentia frustração, se as rotinas eram interrompidas, ou durante os períodos de sensibilidade sensorial (p. ex., o aroma de perfumes em uma loja de departamentos). Arthur e seu terapeuta criaram um modelo velado para lidar com problemas que chamaram de "Capitão Sir Nigel Fluffernutter", nome de um renomado oficial naval britânico. Arthur foi ensinado a imaginar o Senhor Capitão Fluffernutter e a pronunciar "Fluffernutter!" consigo mesmo assim que notasse os primeiros sinais de aflição.

Daniel, menino afro-americano de 12 anos diagnosticado no espectro autista, era atormentado por acessos de raiva intensa. Ele "surtava", ameaçava e, às vezes, agredia os colegas que o provocavam. Daniel achava os métodos tradicionais (ver Capítulo 13) para controle da raiva excessivamente difíceis. Por outro lado, ele amava futebol americano e o New York Giants (assim como o terapeuta dele!). Então, R.D.F. decidiu tentar a modelagem velada com Daniel e perguntou se ele sabia o que Eli Manning (o *quarterback* do Giants) fazia quando ficava bravo. O diálogo a seguir ilustra o processo.

TERAPEUTA: Então, Daniel, você gosta do Eli Manning?

DANIEL: Eu adoro esse cara. Ele transformou completamente o nosso time!

TERAPEUTA: Ele é incrível... Ele parece ser um jogador legal e controlado?

DANIEL: Bastante. Ele tem que ser. Ele é o *quarterback*!

TERAPEUTA: Sei.

DANIEL: Ele precisa visualizar o campo inteiro. Precisa saber o que está acontecendo no campo.

TERAPEUTA: E ele consegue! Fico pensando... Você consegue imaginar o que Eli faria se estivesse nas mesmas situações que você, quando você fica realmente bravo?

DANIEL: Ele não agiria como um idiota como eu. (*Dá risada*.)

TERAPEUTA: Então, sabemos o que ele não faria. Por que ele não agiria como idiota?

DANIEL: Porque, se agisse, seria penalizado por conduta antidesportiva.

TERAPEUTA: Quer dizer que talvez você também consiga evitar sanções?

DANIEL: De que modo?

TERAPEUTA: Vamos continuar imaginando o que Eli faria?

DANIEL: Daria de ombros... continuaria focado no plano de jogo.

TERAPEUTA: Ele diria alguma coisa a si mesmo?

DANIEL: Não sei.

TERAPEUTA: Pense em Eli.

DANIEL: Bem, todos o chamam Eli, o tranquilo. Talvez, então, ele dissesse a si mesmo "Calma!".

TERAPEUTA: Bem, já temos uma ideia de algumas coisas que Eli faria. Sabe, acabei de criar um nome para essa habilidade. Que tal: "Fique tranquilo com Eli". É como se você e o Eli estivessem no mesmo time nesse assunto.

DANIEL: Legal.

O terapeuta usou as ideias de penalidades para ajudar Daniel a entender as consequências negativas do que ele estava sentindo. Daniel também era um menino que gostava de estar no comando, então a analogia do *quarterback* foi bastante adequada. Além disso, Daniel e seu terapeuta trabalharam para desenvolver autoinstrução simples (p. ex., "Calma!") e uma frase para servir de dica (p. ex., "Fique tranquilo com Eli").

Zak, menino euro-americano de 12 anos diagnosticado no espectro, era atormentado por muitas reflexões geradoras de ansiedade que ele e sua família chamavam de "pensamentos mosquitos". Várias intervenções tradicionais foram empregadas com pouco sucesso. Zak autoproclamava-se um perito em palavras que adorava ler no dicionário e em livros de fonética. Zak e seu terapeuta decidiram usar seus interesses e capacidades para ajudá-lo a se afastar de seus angustiantes "mosquitos". R.D.F. concebeu uma intervenção chamada U Mudo, ilustrada no diálogo a seguir.

TERAPEUTA: Zak, nesta tarde, vamos tentar algo um pouco diferente, para aproveitar o seu talento com as palavras.

ZAK: Tá legal. Isso soa como uma promessa de algo potencialmente interessante.

TERAPEUTA: Obrigado pelo voto de confiança. Você chama as coisas que passam pela sua cabeça de pensamentos-mosquitos. Um aspecto legal da palavra mosquito é o "u" mudo. O "u" está ali, mas você não consegue ouvir o som dele.

ZAK: Sim. Isso é fascinante e envolvente. Existem outras letras mudas, como o "H" mudo em humano e também naquele filme *Django*, o cara diz para o outro que o "D" é mudo.

TERAPEUTA: (*interrompendo*) Isso mesmo. Vamos manter o foco em seus pensamentos-mosquitos... e ver se conseguimos transformar os pensamentos em um "u" mudo. Você sabe que eles estão lá, mas não precisa testá-los. Você pode ter os mosquitos ansiosos, mas não terá que ouvi-los se forem mudos.

ZAK: Hum... interessante.

TERAPEUTA: Que tipo de mensagem você pode absorver sobre o "u" mudo em seus pensamentos-mosquitos?

ZAK: ... As preocupações-mosquitos estão presas em minha mente, mas posso silenciá-las como o "u" de mosquito, o "h" de humano e o "D" de *Django*!

O terapeuta adotou uma postura lúdica, porém estruturada, para ajudar Zak. Era importante mantê-lo concentrado na tarefa, em vez de deixá-lo descarrilar por uma tangente. O terapeuta manteve suas declarações e perguntas muito específicas e simples (p. ex., "Que tipo de mensagem você pode absorver sobre o 'u' mudo em seus pensamentos-mosquitos?").

O Encarando os seus Medos é um criativo pacote de tratamento para ansiedade em jovens clientes diagnosticados com TEA (Reaven, 2011; Reaven, Blakely-Smith, Culhane-Shelburne, & Hepburn, 2012; Reaven, Blakely-Smith, Leuthe, Moody, & Hepburn, 2012). O pacote incorpora as habilidades do programa *Coping Cat*, de Kendall e colaboradores, e as adapta para satisfazer as necessidades das crianças diagnosticadas no espectro. Exposição graduada, relaxamento, regulação emocional e autocontrole representam os elementos prototípicos. As modificações de Reaven e colaboradores incluem opções de múltipla escolha em exercícios padronizados, utilização dos interesses especiais das crianças no tratamento e videomodelagem.

Última Parada para o Fantasma é o nome de um procedimento autoinstrutivo que eu (R.D.F.) completei com um menino de 6 anos de idade que era perturbado por medos persistentes de fantasmas e outras criaturas enquanto brincava sozinho em seu quarto, no segundo andar de sua casa. Semelhante a outras crianças no espectro, Charlie atribuía movimentos humanos aos seus bichos de pelúcia e brinquedos. Acreditava que um fantasma entrava em seu quarto e "dava vida" aos seus brinquedos. Um dia, ele ficou completamente aterrorizado e desceu correndo as escadas, gritando freneticamente que o fantasma estava atrás dele.

Charlie amava trens, então fizemos com cartolina um trem com quatro vagões. Charlie era o engenheiro e conduzia a locomotiva, seguida de dois vagões de passageiros e, é claro, o último vagão. Em seguida, desenhamos a imagem do fantasma que "assombrava" o quarto dele e convertia os seus brinquedos em seres ameaçadores. Depois fingimos conduzir o trem e parar em várias estações. Em uma estação, pegamos o fantasma como passageiro. O jogo continuou com Charlie sendo instruído a decidir deixar o fantasma em qualquer estação que ele considerasse segura e distante. Charlie conduziu o trem ao redor da clínica e parou o fantasma na porta dos fundos da clínica, onde nós dois enunciamos em alto e bom som: "ÚLTIMA PARADA PARA O FANTASMA!".

A atividade ilustra vários pontos. Embora a atividade artesanal tenha envolvido trabalho manual e autoinstrução, foi também vivencial. Na verdade, isso tornou o trem memorável. A autoinstrução, "Última Parada para o Fantasma", era bastante simples. Por fim, a atividade foi divertida para o jovem Charlie.

O Quadro-síntese 14.5 resume os fundamentos envolvidos em módulos de restruturação comportamentais e cognitivos.

Experimentos comportamentais: motivo para acreditar

Como já mencionado, crianças diagnosticadas no espectro são bastante literais e concretas. Por conseguinte, precisam de um *motivo para acreditar* em novas alternativas e conclusões. Experimentos e exercícios de aprendizagem vivencial proporcionam esse banco de dados tangível.

Os jogos permitem experimentação comportamental e possibilitam que as crianças diagnosticadas no espectro ganhem prática em deixar que os outros assumam o comando. Tia era uma garota euro-americana de 9 anos que tinha dificuldades em acompanhar as ideias das outras pessoas e se comportava

---

QUADRO-SÍNTESE 14.5 SUGESTÕES PARA INTERVENÇÕES COMPORTAMENTAIS E COGNITIVAS

- Mantenha as habilidades sociais ecologicamente válidas.
- Jogos e brincadeiras são ótimos para pacientes jovens.
- Livros com exercícios, como os de Cooper e Widdows (2008), são opções.
- Utilize uma dica específica para lidar com o problema.
- Avalie a possibilidade de utilizar estratégias mnemônicas.

como uma espécie de "pequena ditadora". Em projetos de grupo, sempre assumia o papel de uma líder que gostava de impor suas ideias. Com frequência, Tia refazia o trabalho dos outros e interrompia as apresentações individuais dos colegas, ao mesmo tempo em que impunha suas próprias ideias. Não causa surpresa o fato de seus colegas preferirem excluí-la dos projetos em grupo. Se ela era designada a um grupo, seus colegas coletivamente incitavam o professor a retirá-la do grupo. Fã de carteirinha da série *Survivor*, Tia explicou: "Eles votaram para me tirar da ilha!".

Após tarefas comportamentais, automonitoramento e reestruturação cognitiva, Tia e eu (R.D.F.) idealizamos alguns experimentos comportamentais para ajudá-la a tolerar não estar no comando. Uma atividade especialmente divertida e produtiva era jogar Banco Imobiliário, com a regra de que Tia não poderia ser a banqueira.

TERAPEUTA: Tia, a gente podia jogar Banco Imobiliário, hoje.

TIA: Boa ideia. Serei a banqueira!

TERAPEUTA: Bem, aí está. Sei que você quer ser a banqueira, mas quem tomará conta do banco hoje sou eu.

TIA: NÃO! (*Bate a cabeça na mesa.*) Eu *sempre* sou a banqueira! Não é divertido se eu *não* for a banqueira!

TERAPEUTA: Isso é bom, porque você está ficando chateada.

TIA: O que tem de bom nisso?

TERAPEUTA: Você pode praticar as habilidades que aprendeu para dominar seus sentimentos.

TIA: Após fazer isso, poderei ser a banqueira?

TERAPEUTA: Que tal experimentarmos um tempinho comigo na função de banqueiro?

TIA: Quantas rodadas?

TERAPEUTA: O que você acha?

TIA: Uma ou duas?

TERAPEUTA: Que tal umas cinco a sete?

TIA: *Isso é quase o jogo inteiro!*

TERAPEUTA: Em uma escala de 1 a 10, o quanto você está irritada agora?

TIA: Estou muito esquentada. Meu cérebro está em chamas!

TERAPEUTA: Então, vamos treinar algumas habilidades de enfrentamento. O que está passando por sua cabeça?

TIA: Isso é besteira! Dr. Bob, o senhor está me deixando com raiva de propósito. Está cutucando a onça com vara curta. Devia saber que eu *tenho* que ser a banqueira!

TERAPEUTA: Então, qual regra estou quebrando?

TIA: A de que eu sempre sou a banqueira.

TERAPEUTA: E se eu quebrar a regra, o que acontece?

TIA: *Não vai ser nada divertido!*

TERAPEUTA: Que tal analisarmos se conseguimos pensar em outras suposições e ver qual está certa?

TIA: Como o quê?

TERAPEUTA: Como as que fizemos quando o grupo não aceitou as suas ideias no trabalho de literatura.

TIA: Eu poderia me render e ver o que acontece.

TERAPEUTA: É um bom começo. Render-se significa que não está se divertindo?

TIA: (*Relutantemente.*) Não.

TERAPEUTA: Então, mesmo se você deixar de ser a banqueira, não significa que o jogo não vai ser divertido?

Tia e eu suscitamos várias outras hipóteses. Depois fizemos o jogo por várias rodadas comigo atuando como banqueiro. Em vários momentos, conferi o nível de satisfação de Tia e constatei que suas classificações foram aumentando gradativamente. Em seguida, eu a ajudei a avaliar quais das hipóteses dela estimavam melhor aquele prazer, apesar de não ser a banqueira.

Notbohm e Zysk (2004) descreveram um recurso muito robusto para ensinar e cuidar de crianças diagnosticadas no espectro do autismo. Em particular, os autores propuseram várias recomendações para adaptar jogos de tabuleiro comuns de modo a aumentar a flexibilidade das crianças. Por exemplo, no jogo

Palavras Cruzadas (*Scrabble*), a sugestão foi limitar os jogadores a palavras de duas sílabas, permitindo que trocassem letras sempre que desejassem, sem contar pontos.

Vários jogos do programa Coping Power (Lochman, Wells, & Lenhart, 2008; Wells, Lochman, & Lenhart, 2008) são úteis para crianças com TEA. Em primeiro lugar, para aumentar a tomada de perspectiva, Lochman e colaboradores desenvolveram um jogo ao estilo de Feudo Familiar (*Family Feud*; Lochman, Boxmeyer, & Powell, 2009), em que as crianças tentam encontrar respostas sobre o que outras pessoas pensam e esperam.

Lochman e colaboradores (2009) também descreveram um jogo tipo "batata quente", no qual as crianças vão passando um objeto entre si e, ao mesmo tempo, observando uma semelhança e uma diferença que tenham com algum membro do grupo. Isso cria um senso de comunidade entre os participantes, pois percebem que podem se conectar com pessoas que são, ao mesmo tempo, semelhantes e diferentes deles. Além disso, o exercício diminui o pensamento do tipo "tudo ou nada" nas crianças.

Existem vários jogos em grupo muito divertidos e envolventes que ajudam a construir a flexibilidade, a espontaneidade e a coesão em grupo. Três exemplos do enriquecedor recurso de Rooyaker (1998) nos dão uma ideia das alternativas. O Jogo do Nome convida os jogadores a falarem seus nomes, porém variando o modo de falar (em voz alta, suave, etc.). Uma variação mais avançada é compartilhar o nome e acrescentar um movimento a ele. Os líderes de grupo, então, podem alertar os membros com relação às semelhanças entre as suas escolhas e as dos outros.

O Saudações é um jogo ainda mais avançado, em que os membros praticam uma saudação (p. ex., Oi!, Olá!, Como vai?, Tchau!, Tudo bem?) e adicionam um gesto. Com certeza, esse jogo é um acréscimo à prática da pragmática social pelas crianças e adolescentes. O Foto em Grupo é um terceiro exemplo predileto. Nesse jogo, os membros formam um grupo e são encarregados de fazer pose para uma foto. Rooyakers sugere instruir as crianças a fingirem que estão lá fora, em um dia frio, mal-agasalhados. Minhas (R.D.F.) poses favoritas são pedir para as crianças fingirem que estão assistindo a um filme de terror, participando de uma festa de aniversário, deixando a escola no último dia do ano letivo e andando na montanha russa. Com base nas preferências e nas liberações adequadas das informações, você também poderia fingir que tira uma foto ou, se for o caso, realmente tirar uma foto. Tirar uma foto fornece uma dica e uma lembrança duradouras da experiência.

Experimentos comportamentais podem ser usados para ajudar crianças diagnosticadas com TEA a estabelecer um bom contato visual. Hirschfield-Becker e colaboradores (2008) recomendam um experimento de pesquisa em que as crianças são convidadas a contar o número de pessoas com cores diferentes dos olhos. Harrington (2011) observou que a tolerância à frustração pode ser aumentada "cortejando o desconforto". Ele sugere que os jovens busquem ativamente situações frustrantes, como escolher a fila mais comprida em uma loja de jogos.

As crianças diagnosticadas no espectro normalmente experimentam muitas sensibilidades sensoriais angustiantes que, com frequência, desencadeiam colapsos emocionais. Em nossa percepção, essas sensibilidades sensoriais estão relacionadas a uma sensibilidade à aversão aumentada. A sensibilidade à aversão está associada com uma considerável hiperexcitação fisiológica, inclusive aumento da frequência cardíaca, da pressão arterial e do ritmo respiratório (Olatunji & Sawchuck, 2005). A sensibilidade à aversão trabalha para proteger as crianças do contato com o estímulo. De fato, as crianças diagnosticadas com TEA costumam experimentar reações de nojo idiossincráticas. Por exemplo, um menino de 12 anos chamado Roland tinha acentuada aversão a pessoas ruivas. Quando seu coleguinha ruivo entrava na sala de aula, Roland deixava escapar um grito e tentava agredir o desavisado ruivinho. Ethan, menino afro-americano de 8 anos, tinha extrema aversão a verrugas faciais. Ele literalmente ficava enjoado, nauseado e, às vezes, vomitava ao se deparar com uma verruga facial. Infelizmente, o pai dele tinha uma verruga facial no lado esquerdo do rosto e precisava assegurar que Ethan não olhasse para esse lado de seu rosto.

Isabel, menina de 9 anos de origem latino-americana, apresentava alta sensibilidade ao barulho de aspirador de pó. Quando um aspirador era ligado, ela gritava, puxava os cabelos, arranhava a pele e fazia de tudo para desligar o aspirador. Uma hierarquia foi desenvolvida para ajudar Izzy a diminuir sua sensibilidade a essa aversão e, assim, ajudá-la a tolerar sua aflição. As habilidades de enfrentamento foram aplicadas em cada uma das sucessivas etapas.

O cheiro de peixe repugnava Stanley, um menino euro-americano de 11 anos. Embora a família pudesse facilmente se adaptar a essa sensibilidade sensorial em casa, evitando cozinhar peixes, a aversão do menino não podia ser tão facilmente contida em lugares públicos, como restaurantes e supermercados. A mãe dele narrou um grande acesso de angústia perto do balcão de peixe fresco no mercado local, que foi pontuado por engasgos e ânsias de vômito, causando um grande desconforto entre os demais clientes que tentavam saborear seu sushi. De modo semelhante ao tratamento de Izzy, uma hierarquia foi desenvolvida e implementada de acordo com os princípios básicos descritos no Capítulo 12, a fim de diminuir a sensibilidade à aversão de Stanley.

Attwood (2013) levantou a hipótese de que as dificuldades afetivas vivenciadas pelas crianças no espectro pudessem estar associadas a disfunções sensoriais. O autor argumentou corretamente que esses jovens clientes podiam exigir muito afeto ou evitar toda e qualquer demonstração dele. Os dois padrões refletem déficits na regulação sensorial e emocional. Attwood explicou que as sensibilidades sensoriais ao toque, a palmadinhas nas costas e a beijos suaves na testa poderiam ser consideradas experiências aversivas. Além disso, sensibilidades olfativas podem ser desencadeadas quando uma criança é abraçada por uma pessoa que usa um perfume forte.

Attwood melhora a expressão e o prazer afetivos em um inteligente protocolo de cinco sessões, baseado em exposições graduadas. Por exemplo, na sessão inicial, os jovens clientes são incentivados a coletar imagens de pessoas expressando afeto. Nas sessões seguintes, crianças e adolescentes recebem a tarefa de criar diários para listar maneiras de elogiar os outros e expressar afeto.

O Quadro-síntese 14.6 traz recomendações sobre experimentos comportamentais.

CONCLUSÃO

A aplicação da TCC com crianças diagnosticadas no espectro autista exige uma boa compreensão sobre os conceitos básicos dessa terapia, bem como flexibilidade para abordar múltiplas complexidades. Uma estratégia recomendada é apoiar os procedimentos com gráficos, computadores e outras ferramentas de aprendizagem prática. É imprescindível adaptar a técnica ao nível de funcionalidade. Confiar nas técnicas apresentadas nos capítulos anteriores ajudará a modular a afetividade negativa e os problemas de comportamento.

QUADRO-SÍNTESE 14.6 RECOMENDAÇÕES PARA EXPERIMENTOS COMPORTAMENTAIS

- Lembre-se de usar uma hierarquia graduada.
- Tente artesanatos divertidos e experiências interessantes.
- Processe o experimento.
- Pense em utilizar exercícios de improvisos teatrais.

15

Trabalhando com os pais

É impossível realizar psicoterapia infantil sem trabalhar com adultos, e o envolvimento dos pais na TCC tem recebido atenção crescente (Peris & Piacentini, 2014). Os resultados empíricos e a experiência clínica mostram que, em geral, um maior envolvimento parental acrescenta benefícios terapêuticos. Pesquisas recentes enfatizam o papel dos processos familiares na ansiedade (Bogels & Brechman-Toussaint, 2006) e na depressão (Restifo & Bogels, 2009).

Os pais e outros cuidadores podem exercer vários papéis terapêuticos. Os pais podem ser incluídos na terapia como *coaches*, consultores e assessores terapêuticos. Além disso, os cuidadores podem ser ensinados a utilizar técnicas de gestão de comportamento, a fim de se tornarem melhores gestores de contingência. Por fim, na terapia familiar cognitivo-comportamental, abordada no Capítulo 16, pais e cuidadores tornam-se coclientes. Enquanto trabalhei no Penn State Milton Hershey Medical Center, eu (R.D.F.) raramente atendi a crianças individualmente, sem que os pais delas estivessem presentes na sessão.

Para efetivamente causar um impacto no ambiente da criança, os pais devem se tornar cocapitães com os terapeutas. Se os pais e terapeutas não estiverem funcionando no mesmo "plano de jogo", as crianças recebem sinais confusos, e a eficácia da intervenção é diminuída. Incluímos uma "cartilha" de intervenções que achamos úteis para ajudar os pais a moldarem o comportamento de seus filhos.

A primeira estratégia no trabalho com os pais é a educação. O terapeuta deve assegurar que eles recebam as informações básicas gerais, como o conhecimento do comportamento adequado ao desenvolvimento e o reconhecimento dos antecedentes e das consequências do comportamento. Nós os educamos por meio de discussões, leituras e modelagem, oferecendo aos pais recursos como folhetos ou lista de livros para leitura sobre terapia cognitiva e desenvolvimento infantil. Por exemplo, geralmente recomendamos aos pais de crianças deprimidas a leitura de *The Optimistic Child*, de Seligman (2007), o método de Kazdin para educar a criança desafiadora (Kazdin, 2008) e *Talking Back to OCD* (Dialogando com o TOC), de March (2007), para pais de jovens com transtorno obsessivo compulsivo (TOC). Além disso, folhetos com orientações para intervenções comportamentais e atribuições de lição de casa auxiliarão os pais na implementação de estratégias comportamentais.

Às vezes, a educação deve começar com uma conversa sobre a importância do envolvimento dos pais nas sessões de terapia. Constatamos que alguns pais ficam surpresos ao saber que o planejamento inclui a presença deles nas sessões de terapia. Eles fazem comentários como "Não quero tirar o tempo que seria do meu filho" e "Este é o horário dela e não quero atrapalhar o tratamento". O terapeuta deve comunicar aos pais que essa inclusão no processo de terapia é uma parte fundamental da solução dos problemas comportamentais da criança e não tem a ver com culpa. Os pais, que logo se perguntam o que fizeram de errado para causar os problemas vivenciados pelo filho, podem perceber atribuição de culpa em um convite para mudar sua abordagem de criação. Observamos que o mais indicado é uma comunicação direta sobre esse possível equívoco. Por exemplo, você pode fazer a seguinte explicação ao pai/à mãe:

> Tendo em vista algumas características de seu filho, irei sugerir estratégias de criação diferentes. Isso não significa que o que você tem feito é ruim ou errado. Na realidade, você utiliza estratégias bem comuns e muitas vezes eficazes, que funcionam para muitas crianças. Para o seu filho, contudo, essas estratégias estão sendo inadequadas neste momento. O seu envolvimento nas sessões lhe ajudará a observar como eu aplico as estratégias com seu filho e lhe dará a oportunidade de praticá-las em meu consultório para ver como seu filho reage. Isso ajudará o seu filho a aprender mais rápido as mudanças, bem como me ajudará a modificar as intervenções de acordo com o necessário, com base nas respostas do seu filho.

QUESTÕES DE CONTEXTO CULTURAL

Embora nenhuma dessas práticas culturais impeça necessariamente o uso de certas técnicas de criação apresentadas aqui, podem influenciar a visão dos pais sobre estratégias terapêuticas e suas motivações para usar várias práticas disciplinares (Forehand & Kotchick, 1996). Portanto, parte do seu trabalho como terapeuta é avaliar os valores e os padrões culturais de cada cliente e considerar cuidadosamente como esses valores interagem com as expectativas por certos comportamentos.

Famílias afro-americanas

Ao trabalhar com famílias afro-americanas, pode ser importante lembrar que as redes da família estendida (avós, tias e tios, irmãos e irmãs mais velhos, outros membros da família, vizinhos, membros da igreja) estão frequentemente muito envolvidas na "criação" da criança (Forehand & Kotchick, 1996). Reconhecendo esses apoios e recorrendo aos seus pontos fortes, o terapeuta pode incorporar esses indivíduos no tratamento. Hines e Boyd-Franklin (2005) ofereceram outras recomendações para o trabalho com famílias afro-americanas. Eles sugeriram enfatizar os pontos fortes da família, minimizar o jargão, adotar uma abordagem de tratamento diretiva e chamar os adultos por seus títulos (Dr., Reverendo, Sr., Sra.) e seus sobrenomes. Além disso, abordar explicitamente as questões raciais é uma estratégia recomendada. Coard, Wallace, Stevenson e Brotman (2004) criaram o programa de Pontos Fortes e Estratégias da Criação Negra (BPSS, do inglês *Black Parenting Strengths and Strategies*). O BPSS ampliou o protocolo de treinamento parental tradicional, a fim de incluir um foco no desenvolvimento das competências do jovem para lidar com a hostilidade, o preconceito e a discriminação.

Famílias latinas

A criação latina também envolve tradicionalmente uma confiança maior na família estendida e em outros apoios (Forehand & Kotchick, 1996). O sentido de família é fundamental para muitas famílias latinas. Conforme resumido por Yasui e Dishion (2007): "O sentido de família enfatiza a importância de manter a coesão familiar por meio do suporte familiar e de sacrificar as necessidades individuais em favor das necessidades da família" (p. 149). O valor cultural do *respeito* reflete a absoluta deferência à autoridade parental (Martinez & Eddy, 2005). Yasui e Dishion (2007) observaram que muitos jovens latinos são incentivados a se curvar à autoridade, o que pode refletir em um fraco contato visual e em passividade. Assim, os professores podem interpretar erroneamente essa postura, rotulando-a como falta de interesse ou de envolvimento. Observe, entretanto, que a cultura latina geralmente inclui estilos de criação mais permissivos. Portanto, as expectativas dos pais na cultura latina podem diferir daquelas de pais de outras culturas que dão ênfase maior a regras rígidas e à obediência.

Martinez e Eddy (2005) enfatizaram que a aculturação moldará as interações pais-filhos. Por exemplo, eles explicaram que o *respeito* (respeito em espanhol) diminuirá em jovens que se tornam aculturados por morar nos Estados Unidos. Garcia-Preto (2005) aconselhou os clínicos a reconhecer o papel do *personalismo* ao tratar famílias latinas. De acordo com Garcia-Preto, a autoestima individual, a dignidade e o respeito pela autoridade estão incorporados no constructo do personalismo. Martinez e Eddy (2005) desenvolveram um Programa de Treinamento de Gestão Parental culturalmente adaptado, no qual equilibraram a fidelidade ao modelo teórico da aprendizagem social com modificações culturais. Mais especificamente, os autores incluíram tópicos sobre estresse acultural (Fazendo Ponte entre Culturas), bem como os valores familiares tradicionais latinos (Fortes Raízes Latinas).

Famílias ásio-americanas

As crenças culturais ásio-americanas sobre criação enfatizam as conquistas acadêmicas, o trabalho árduo e a autoridade parental (Forehand & Kotchick, 1996). Por isso, todos os pais agem como professores, incentivando o foco da criança nos objetivos para o sucesso. Yasui e Dishion (2007) afirmaram que práticas parentais autoritárias predominam em pais ásio-americanos. Eles observaram que, no âmbito das culturas chinesa, japonesa e coreana, a ética confuciana é a base de muitas práticas de criação. Por exemplo, Yasui e Dishion explicaram que *guan* envolve monitorar e corrigir continuamente o comportamento infantil, e *chiao shin* refere-se a treinar as crianças a fazer as coisas certas e ter bom desempenho acadêmico. Valores como reconhecimento familiar, autocontrole emocional, coletivismo, humildade e piedade filial são continuamente reforçados. Lee e Mock (2005) salientaram a importância da "graça interpessoal" ao tratar famílias ásio-americanas (p. 282). De acordo com Lee e Mock, essa graciosidade inclui oferecer uma bebida, ajudar as pessoas idosas a pendurar um casaco e se engajar em um bate-papo atencioso. Responder diretamente a perguntas sobre credenciais estabelece credibilidade de modos importantes.

Famílias nativas americanas

Os estilos de criação dos nativos americanos variam de acordo com as diferentes práticas dos numerosos grupos tribais. Muitos desses grupos de nativos americanos enfatizam uma responsabilidade compartilhada na criação dos filhos e empregam uma abordagem colaborativa e não competitiva (Forehand & Kotchick, 1996). Portanto, é usado um mínimo de punição, com práticas geralmente incluindo o uso de persuasão e indução de emoções, como medo, embaraço ou vergonha (Forehand & Kotchick, 1996).

ESTABELECENDO EXPECTATIVAS REALISTAS PARA O COMPORTAMENTO

Com frequência, os pais esperam demais ou muito pouco de seus filhos, o que gera conflitos. Achamos que as queixas de alguns pais sobre o comportamento de seus filhos estão em parte relacionadas a expectativas irrealistas. A mãe de Linda, menina de 5 anos, queixava-se de que a filha não "arrumava a cama nem limpava o quarto, embora soubesse que devia fazê-lo". Nesse caso, trabalhar com a mãe de Linda naquilo que são expectativas realistas em relação a tarefas para uma criança de 5 anos, além de educá-la sobre como dar orientações de maneira efetiva, é uma boa estratégia. O pai de Micky era um "perfeccionista emocional". Ele acreditava que as pessoas, incluindo Micky, nunca deveriam ficar tristes. Então, sempre que Micky apresentava humor melancólico, seu pai ficava excessivamente alarmado.

Muitos pais confundem erroneamente comportamento *desejável* com comportamento *esperado*. Por exemplo, é desejável que irmãos brinquem juntos por horas, sem discutir. Entretanto, não esperamos (certamente, não é razoável esperar) que os irmãos ajam assim. Quando os pais mantêm essas expectativas irrealistas, acabam frustrados por tentar impô-las constantemente e fracassar. O pai de Sean, de 15 anos, relatou: "Não há razão para ele estar sempre atormentando sua irmãzinha". Lembrar ao pai de Sean que, no mundo real, ninguém está certo nem se comporta de modo perfeito em 100% do tempo pode ajudá-lo a desenvolver expectativas mais realistas para o comportamento de seu filho. Também lembramos aos pais que, embora um dado comportamento seja esperado (como o de Sean às vezes implicar com a irmã mais nova), ainda pode resultar em consequências relevantes. Embora Sean não implique todos os dias com a irmã dele, e o ideal para a família fosse o pai aceitar que o comportamento não vai parar 100%, seria interessante que o pai de Sean abordasse o comportamento com redirecionamento verbal ou outra consequência, dependendo da gravidade das "provocações".

Ao discutir com os pais qual seria o comportamento razoável para seu filho, devemos considerar várias questões, tais como o nível de habilidade da criança e seu desempenho anterior na área-alvo. Por exemplo, Bradley tivera responsabilidades limitadas antes dos 10 anos de idade. Sua mãe declarou acertadamente que é natural esperar que um menino de 10 anos ajude a arrumar seu lanche para a escola, mas nunca foi esperado que Bradley fizesse esse tipo de tarefa de modo independente. Portanto, salientamos que os pais de Bradley primeiro tinham de lhe ensinar os passos para arrumar seu próprio lanche e, então, explicar as consequências de completar ou não essa tarefa, antes que suas expectativas pudessem realmente ser consideradas "razoáveis".

Questões únicas relacionadas com expectativas realistas são importantes quando se trabalha com adolescentes. É comum os pais (e, às vezes, os terapeutas) confundirem adolescência com idade adulta, esquecendo que a adolescência é uma fase de transição que prepara crianças para serem adultos. Por exemplo, alguns pais esperam que os filhos adolescentes *nunca* cometam erros de avaliação ou *sempre* atendam aos desejos dos pais (Barkley & Robin, 2014). A queixa do pai de Darlene, de 15 anos, era "Ela sabe que o dever de casa precisa ser feito antes de assistir à TV ou conversar ao telefone". A mãe de Derek, de 16 anos, declarou: "Não acredito que ele recebeu uma multa de trânsito! Ele sabe que não deve correr". Os adolescentes estão aprendendo a serem autônomos e algumas vezes, inevitavelmente, farão escolhas erradas. Embora os pais precisem impor as consequências dessas más escolhas, devem esperar que seus filhos adolescentes tomem algumas decisões imperfeitas e inadequadas.

Um tipo diferente de erro de expectativa também é comum com pais de adolescentes. Quando adolescentes exibem comportamentos problemáticos ou desafiadores, os pais compreensivelmente podem esperar esses comportamentos indesejáveis o tempo todo, bem como presumir que seus filhos têm intenção de irritá-los (Barkley & Robin, 2014). Após Andre violar repetidamente o horário de voltar para casa, sua mãe relatou: "Sei que ele está fazendo isso apenas para me irritar". A confrontação do problema na terapia revelou que a maioria dos amigos de Andre podia voltar para casa uma hora mais tarde do que ele, e que sua desobediência resultava de querer ficar com eles, não de querer irritar a mãe.

Entender as práticas e as expectativas culturais também ajudará no treinamento e na intervenção dos pais. Embora haja mais semelhanças do que diferenças nas práticas parentais entre as culturas, algumas práticas parentais variam entre os grupos culturais, conforme já observado. Parte do seu trabalho como terapeuta é avaliar os valores e os padrões culturais de cada cliente e considerar cuidadosamente como esses valores interagem com as expectativas por certos comportamentos.

AJUDANDO OS PAIS A DEFINIR PROBLEMAS

A avaliação da frequência, da intensidade e da duração do problema atual lhe permitirá discernir se as expectativas parentais são realísticas. Por exemplo, muitos comportamentos ocorrem normalmente com uma frequência baixa a moderada, mas são considerados problemáticos apenas quando a frequência é alta. Considere o exemplo de Taylor, de 7 anos, que, nas palavras da mãe, "chora o tempo todo". Se Taylor chora quatro ou cinco vezes por semana quando não consegue o que quer, esse problema é muito diferente do que ela chorar quatro ou cinco vezes por dia. Para ajudar a mãe a avaliar a gravidade do choro de Taylor, o terapeuta a fez completar um mapa de frequência semelhante ao mostrado na Figura 15.1. Os dados que ela coletou lhe mostraram objetivamente que os acessos de choro de Taylor na verdade ocorriam com frequência muito menor do que ela havia estimado. Os mapas também podem ajudar a identificar padrões nos comportamentos. Os pais de Craig, de 8 anos, usaram um mapa de frequência e descobriram acessos de raiva mais frequentes uma hora antes do lanche da tarde e de seu programa de televisão favorito. A simples mudança de seus horários bastou para minimizar os acessos de raiva do menino.

A intensidade do comportamento é outro aspecto potencialmente subjetivo da definição de problemas. O terapeuta e os pais podem criar colaborativamente uma escala de classificação de intensidades, para avaliar o quanto um comportamento é atípico. Os pais de Brian, de 9 anos, estavam esgotados com as brigas entre ele e seu irmão de 6 anos (p. ex., "Eles não podem ficar na mesma sala sem brigar. Ele é tão agressivo!"). Dessa forma, queríamos avaliar a gravidade da agressão para determinar as intervenções adequadas, bem como adquirir embasamento para detectar futuras mudanças no comportamento. Uma de nossas funções como terapeutas é ver o quanto as percepções subjetivas dos pais correspondem aos dados objetivos. Com a família de Brian, foi desenvolvida uma es-

	Segunda-feira	Terça-feira	Quarta-feira	Quinta-feira	Sexta-feira	Sábado	Domingo
7 h	✓		✓✓✓✓				
8 h		✓✓		✓✓			
9 h							
10 h			✓				✓
11 h							
12 h							
13 h							
14 h							
15 h		✓✓✓✓	✓				✓✓✓
16 h							
17 h							
18 h				✓			

FIGURA 15.1 MAPA DE FREQUÊNCIA DE TAYLOR.

cala de 5 pontos para medir a intensidade do comportamento: 1 ponto indicava discussão, 2 pontos indicavam gritos, e assim por diante, até 5 pontos para socos e pontapés. A identificação da intensidade também é benéfica para estabelecer diretrizes para intervenção parental (≥ 3 pontos) e solução independente do problema (1 a 2 pontos).

A duração dos comportamentos problemáticos também é uma consideração importante. Acessos de raiva de 2 minutos devem ser tratados diferentemente de acessos de raiva de 30 minutos. Nesse sentido, os pais de Katlyn, de 15 anos, seriam aconselhados a responder de maneiras diferentes se ela adiasse sua tarefa de tirar o lixo em 10 minutos *versus* em 10 dias. Estratégias específicas para aumentar os comportamentos desejáveis e diminuir os indesejáveis são discutidas em detalhes adiante neste capítulo.

Anastopoulos (1998) discutiu a importância de ensinar os princípios gerais de gestão do comportamento aos pais de crianças com transtorno de déficit de atenção/hiperatividade (TDAH), a fim de prepará-los para posterior treinamento em técnicas comportamentais mais específicas. Recomendamos usar folhetos, discussões, modelagem e exemplos do problema atual da família para ajudar a educar os pais sobre princípios comportamentais básicos. O modelo ABC é usado para ilustrar como os **B**ehaviors (comportamentos) das crianças podem ser modificados pela "alteração" dos eventos **A**ntecedentes e as **C**onsequências (Anastopoulos, 1998). Lembre-se de que o comportamento das crianças é intencional para receber/obter consequências positivas ou para evitar situações indesejáveis (Anastopoulos, 1998).

O modelo ABC pode ser explicado aos pais de maneira semelhante ao exemplo apresentado a seguir. Uma exposição verbal e visual tornará as informações apresentadas mais compreensíveis para os pais. A seguinte transcrição pode ser usada como orientação.

TERAPEUTA: Você disse que encara os acessos de raiva de Megan como seu maior problema, então concordamos em iniciar enfocando isso. Quando falarmos sobre os acessos de raiva de Megan, utilizaremos o chamado modelo ABC. "A" significa as coisas que antecedem o comportamento ("B", do inglês *behavior*). Os "A" de certa forma abrem caminho para os "B". Em geral, os antecedentes são os gatilhos que "detonam" o comportamento. Às vezes, são as instruções ou os comandos que alertam seu filho. Durante a primeira entrevista, você deu diversos exemplos de antecedentes quando descreveu os horários em que Megan tem acessos de raiva. Quais tipos de antecedentes você consegue lembrar?

SRA. MATERNAL: Então, um antecedente seria quando eu digo a ela para fazer alguma coisa ou quando ela tem algo para compartilhar.

TERAPEUTA: Sim, essas duas situações são antecedentes. (*Anota-os no registro ABC, na coluna "A"*.) Você está um passo à frente porque já identificou os gatilhos para "B", o comportamento. Os antecedentes podem ser difíceis de identificar, e o comportamento parece apenas "surgir do nada". Mas você já identificou alguns gatilhos para os acessos de raiva. Também deu vários exemplos de acessos sobre os quais desconhece o gatilho. Solucionar isso nos ajudará a entender e, assim, mudar o comportamento. Como eu disse, o "B" no "ABC" significa comportamento. Dissemos que os acessos de raiva são o comportamento, mas quais comportamentos específicos os acessos de raiva incluem?

SRA. MATERNAL: Gritos, choro, deitar-se no chão e recusar-se a andar. (*Escreve na coluna "B" do registro.*)

TERAPEUTA: Certo. "C" é para consequências. Significa as coisas que acontecem após o comportamento e que o fazem acontecer mais ou menos.

SRA. MATERNAL: (*Ri.*) Como Megan conseguir o que quer?

TERAPEUTA: Isso é uma consequência. Consegue pensar em outras?

SRA. MATERNAL: Bem, nem sempre ela consegue o que quer. Às vezes, é castigada. Eu a mando para o quarto, tiro a bicicleta ou bato nela. (*Escreve na coluna "C" da planilha.*)

TERAPEUTA: Então, as consequências podem variar. O que você acha que acontece quando

Megan não sabe quais consequências esperar por seu comportamento?

SRA. MATERNAL: Às vezes, acho que ela fica ainda mais furiosa e tem uma crise ainda maior se eu não a deixo escapar impune. Ela provavelmente acha que pode fazer as coisas impunemente e fica ainda mais furiosa se não consegue o que quer.

TERAPEUTA: O que queremos fazer é ter uma consequência clara acompanhando o comportamento, de modo que Megan saiba que haverá uma consequência quando se comportar de determinada forma. Entender o ABC de seu comportamento nos ajudará a fazer as mudanças necessárias para que o comportamento melhore.

Nesse diálogo, o terapeuta trabalhou com a Sra. Maternal salientando explicitamente o ABC relacionado ao comportamento de Megan. Isso não apenas ajudou a Sra. Maternal a entender os princípios comportamentais envolvidos no modelo ABC, como também a ajudou a "sintonizar" suas próprias respostas relacionadas às consequências do comportamento de Megan, além de prever potenciais gatilhos (antecedentes). O Quadro-síntese 15.1 resume os pontos-chave para definir o comportamento realista.

AJUDANDO OS PAIS A AUMENTAR OS COMPORTAMENTOS DESEJÁVEIS DE SEUS FILHOS: "EU SÓ QUERO QUE ELE SE COMPORTE DIREITO"

É comum que os pais se apresentem para o tratamento declarando que gostariam de ver mais "bons" comportamentos em seus filhos. Para os pais, as técnicas para aumentar comportamentos específicos representam o velho ditado "a melhor defesa é o ataque". Mediante as técnicas que descrevemos neste capítulo, você pode trabalhar com os pais de forma a aumentar comportamentos desejáveis, sendo "pró-ativo". As técnicas para aumentar comportamentos desejáveis geralmente são aplicadas antes de um comportamento negativo ocorrer. Você está ensinando aos pais como cativar os filhos, comportando-se adequadamente.

Reforço

Começar o treinamento parental ensinando os pais a reforçar o "bom" comportamento de seu filho é uma ideia compartilhada pela maioria dos instrutores de pais (Barkley et al., 1999; Becker, 1971; Forehand & McMahon, 2003). *Reforço* é um termo "guarda-chuva" para qualquer coisa que ocorra após um comportamento, com o intuito de aumentar sua frequência. O reforço é uma estratégia comportamental básica que geralmente produz resultados rápidos para aumentar comportamentos-alvo. Portanto, o reforço é a forma primordial de aumentar o comportamento e pode ser implementado de muitas formas. O reforço, ou recompensa, pode envolver dar algo positivo, como elogio, abraços, um brinquedo ou folga, ou remover algo negativo, como a obrigação de cumprir tarefas domésticas.

Muitos pais negligenciam o reforço com seus filhos. O comportamento do filho somente é percebido quando é disruptivo ou indesejável. Os pais precisam entender que deixar a criança sozinha quando ela se comporta adequadamente significa basicamente ignorar o comportamento positivo. Alguns relatam que não querem reforçar o filho durante o bom comportamento para evitar interrompê-lo, temendo que não ocorra mais. Outros acreditam que se "atrapalharem" o filho, ele

---

QUADRO-SÍNTESE 15.1 DEFININDO COMPORTAMENTOS REALISTAS

- Ajude os pais a estabelecer expectativas razoáveis para comportamentos desejados.
- Avalie a frequência, a intensidade e a duração do comportamento problemático.
- Ensine aos pais o ABC da análise funcional.

passará a exigir atenção contínua (Forehand & McMahon, 2003). Ainda, outros acreditam que os filhos não deveriam ser elogiados por comportamento adequado, e que elogio e outras formas de reforço deveriam ser usados apenas quando a criança se envolver em comportamento extraordinariamente bom (Webster-Stratton & Hancock, 1998).

Existem dois tipos de reforço: positivo e negativo. Reforços positivos e negativos podem ser confusos para alunos do primeiro ano de doutorado, que dirá para pais leigos! Portanto, empregamos uma estratégia de ensino simples. Primeiro, enfatizamos que todo reforço aumenta o comportamento desejado. Os termos reforço positivo (+) e negativo (–) referem-se à *adição de algo bom* (reforço positivo) ou à *subtração/remoção de algo ruim* para aumentar a taxa de comportamento desejado (reforço negativo). Os sinais (+) e (–) são boas dicas para essa explicação. A maioria das pessoas reconhece que um (+) significa tanto somar quanto algo positivo, ao passo que um (–) refere-se tanto a subtrair quanto a algo negativo. É útil enfatizar que as expressões se referem ao aspecto de recompensa, mas o resultado é sempre um aumento no comportamento desejável. Portanto, se Karen limpar o seu quarto, ela *ganha* um abraço, elogio verbal, 15 minutos extras de tempo de televisão ou um lanche especial. Esse é um exemplo de reforço positivo. Karen também poderia ser recompensada por limpar seu quarto com um reforçador negativo: seu pai *para* de gritar com ela por ela ser desleixada, preguiçosa, etc.

Que mãe/pai já não ouviu seu filho/filha dizer "Ei, mamãe, papai, olhem para mim!"? Na verdade, a atenção é um dos reforçadores mais ignorados pelos pais. Contudo, a maioria das crianças anseia por atenção. Logo, dar atenção às crianças é uma forma efetiva de os pais aumentarem o comportamento desejável. Sorrisos, abraços, elogio verbal e tapinhas nas costas são formas de mostrar interesse positivo pela criança. Simplesmente observar Teri, de 9 anos, construindo com blocos e comentar sobre seu bom trabalho é uma forma de dar atenção e, portanto, reforçar o comportamento dela. O poder da atenção dos pais é tão grande que pode aumentar a probabilidade de o comportamento continuar e se tornar mais frequente no futuro. Dessa forma, os pais precisam tomar consciência das situações em que sua atenção para o mau comportamento pode ter esse efeito indesejado (p. ex., longas palestras sobre mau comportamento, pais interrompendo repetidamente um telefonema para mandar a criança fazer silêncio).

Hora de jogos e brincadeiras (não contingente)

Em seus livros, Greenspan e Greenspan (1985, 1989) propõem algumas ideias maravilhosas para os pais. Esses livros, destinados principalmente aos pais de crianças mais novas, enfatizam o valor do tempo de chão. O *tempo de chão* é simplesmente um tempo que os pais ou responsáveis dedicam a brincar com a criança no chão, seguindo a liderança dela. Incentivamos os pais a terem um tempo de chão com seus filhos pequenos todos os dias, por 10 minutos ou mais.

Quando os pais reservam um tempo para passar com seus filhos, a criança é reforçada, e o vínculo entre ela e os pais é fortalecido. Interações recreativas também fornecem ambientes ricos para reforçar o comportamento positivo na criança e aumentar sua autoestima pelo foco em suas habilidades e pontos fortes. A criança se sente valorizada, o que costuma gerar maior obediência e é generalizado a outras situações. A hora de brincar também serve como uma oportunidade para praticar e modelar a resolução de problemas para a criança. Joel, de 10 anos, tornava-se muito autocrítico quando cometia erros. Ao brincar de jogo de tabuleiro com Joel, seu pai consistentemente modelava uma maneira positiva de enfrentar as dificuldades, como quando tirava uma carta que o mandava retroceder cinco espaços no tabuleiro ("Tudo bem, talvez eu tire uma carta melhor na próxima vez.").

Os jogos e as brincadeiras são o tecido do mundo infantil. Deixando a liderança das brincadeiras para as crianças, os pais aproveitam as oportunidades de observar comportamentos positivos em seus filhos e de prestar atenção a esses comportamentos. Os pais também podem ignorar comportamentos moderadamente inadequados (Anastopoulos, 1998). Uma armadilha comum é os pais tentarem controlar a brincadeira, serem muito diretivos e assumirem a tarefa. Ensinar os pais a narrar, em vez de instruir, é uma estratégia útil ("Você está construindo uma torre de blocos azuis" vs. "Vamos fazer uma casa"). Os pais deveriam receber instrução para serem mais descritivos e menos interrogativos em seus comentários com relação ao brinquedo do filho (Webster-Stratton & Hancock, 1998). A mãe de Connie, menina de 8 anos, foi ensinada a transformar perguntas ("O que as bonecas estão fazendo na casa?", "Aonde a boneca está indo de carro?", "O que elas vão fazer depois do piquenique?") em afirmações descritivas ("As bonecas estão sentadas na casa", "A menininha está indo passear", "Elas estão fazendo um piquenique"). Outro erro frequente cometido pelos pais é serem muito desligados, como se estivessem basicamente assistindo à brincadeira da criança. Por exemplo, Mary Lou, menina de 7 anos, ficou rapidamente aborrecida e ávida de atenção enquanto brincava com sua casa de bonecas e sua mãe apenas observava a brincadeira, sentada ao lado dela. Em outro exemplo, o pai de Vince, de 11 anos, tornou-se excessivamente diretivo enquanto montava um modelo de avião com ele. Vince rapidamente perdeu o interesse e se tornou opositor.

Com relação a brincar com seus filhos, os pais deveriam ser encorajados a descrever eventos e comportamentos, elogiar o comportamento adequado e ignorar os negativos, desde que não sejam perigosos ou destrutivos (Eyberg & Boggs, 1998). Permitir que a criança assuma o comando minimiza as oportunidades para desobediência. Às vezes, quando é necessário orientar a atividade, os pais devem dar comandos específicos (p. ex., "Coloque os carros na prateleira", em vez de "Por que você não arruma tudo?"). Os pais deveriam ser mais diretivos em relação aos comportamentos, sobretudo quando estes não podem ser ignorados, são reforçados por outro fator alheio à vontade dos pais ou não se extinguem facilmente (Eyberg & Boggs, 1998).

Convidar o pai/a mãe e a criança para brincar durante a sessão lhe permitirá observar e modelar o uso de técnicas. O pai de Blake, de 8 anos, relatou que, toda vez que tentavam participar de um jogo juntos, acabavam brigando. Na sessão, os dois foram observados interagindo enquanto jogavam País dos Doces. Quando Blake declarou "Estou perdendo novamente. Eu sou um perdedor", seu pai respondeu dizendo-lhe para não falar daquele jeito. Então, o pai fez uma longa preleção ao filho sobre por que ele não deveria se depreciar. O pai teve boa intenção: não queria que Blake fosse tão rigoroso consigo mesmo. No entanto, sua abordagem causou frustração e irritação para ambos. O terapeuta trabalhou com o pai e revisou formas de reforçar, dar atenção e modelar. Na semana seguinte, os dois jogaram de novo. O pai de Blake perdeu o jogo. Ele respondeu com um sorriso e declarou: "Foi divertido jogar com você. Talvez, na próxima vez, eu vença", modelando, assim, uma postura positiva de enfrentar as dificuldades, em vez de fazer uma preleção, e o jogo foi mais divertido.

Passar um tempo não contingente com adolescentes também é altamente recomendado (Barkley et al., 1999). Permita que o adolescente escolha alguma coisa que aprecie. Em seguida, os pais devem participar com observações positivas, mas não devem fazer perguntas, dar orientações ou fazer correções. O principal objetivo é ser interativo, e não crítico! Jogos de computador, projetos de arte, cozinhar, esportes, jogos de cartas ou de tabuleiro são atividades potenciais. Nicholas, de 14 anos, queria fazer um bolo de chocolate com sua mãe. A mãe pegou a receita e os ingredientes, e inicialmente assumiu o controle da atividade, dizendo "Deixe comigo". Então, ela se conteve e daí em diante falava coisas como "Nicholas, o que a receita diz para fazer primeiro?" e "Você está misturando tudo muito bem".

Proporcionar escolhas

Permitir que as crianças escolham é outra forma de recompensa. Escolher é uma experiência muito rica para a maioria das crianças e dos adolescentes. Joe era um menino de 5 anos que costumava se esconder e fugir da sua mãe. A mãe aprendeu a usar a escolha como uma recompensa simples (p. ex., "Joey, já que você veio quando eu chamei e ficou do meu lado enquanto caminhávamos, você pode escolher se vamos entrar pela porta da frente ou pela porta dos fundos."). Tabitha, de 8 anos, facilmente se tornava frustrada, distraída e impaciente em restaurantes. O pai dela usava escolhas como uma forma eficaz de aumentar seu comportamento positivo ("Tabby, já que você esperou sem pular em mim nem resmungar, escolherá a mesa onde vamos sentar."). Por fim, Moe, de 16 anos, costumava brigar com sua irmã de 10 anos durante os passeios de carro. Sua mãe e seu pai o "flagraram" comportando-se bem com sua irmã. Por isso, disseram: "Moe, já que você está falando com sua irmã sem gritar nem implicar, pode escolher a estação de rádio que escutaremos a caminho da casa da vovó".

Quando uma criança está se comportando mal, transmitir o "primeiro aviso" ou comando por meio de uma escolha também pode ser bastante eficaz. Por exemplo, os pais de Sara estavam discutindo como lidar com uma inevitável reforma na casa e Sara os estava interrompendo. O pai dela avisou: "Sara, você tem uma escolha. Pode ficar aqui em silêncio, enquanto sua mãe e eu terminamos nossa conversa, ou pode esperar no seu quarto. A escolha é sua". Em seguida, se Sara optasse por uma dessas escolhas adequadas e a cumprisse, mais tarde poderia receber atenção positiva (elogio) por ter cumprido o combinado. Caso contrário, os pais poderiam remover a escolha e impor a consequência, afirmando: "Além de não fazer uma boa escolha, continua interrompendo. Agora, você deve ir para o seu quarto até eu avisar que sua mãe e eu acabamos de conversar".

Ajudando os pais a aumentar o reforço

O aumento da frequência do reforço produzirá resultados comportamentais rápidos e efetivos. Terapeutas e pais deveriam começar identificando dois ou três comportamentos-alvo. Por exemplo, se uma criança costuma brigar com seu irmão mais novo, os pais podem reforçar suas interações sem briga com o irmão. Uma vez identificados os comportamentos-alvo, uma lista de reforçadores potenciais pode ser gerada. Os pais, então, devem aumentar a frequência com que reforçam o comportamento. É importante enfatizar que simplesmente reforçar a criança uma vez por determinado comportamento não assegurará necessariamente que ela volte a exibir o comportamento desejado. Os pais devem fornecer o reforço em inúmeras ocasiões, até que uma provável mudança de comportamento seja notada (Patterson, 1976). Além disso, o elogio deve ser feito logo após o comportamento, para ser mais efetivo (Webster-Stratton & Hancock, 1998). Ao aconchegá-lo na cama à noite, a mãe de Dalton sempre o elogiava pelas coisas boas que ele fizera naquele dia. Entretanto, sua falta de reforço imediato durante o dia tornava difícil para Dalton associar o elogio "do fim do dia" aos seus bons comportamentos reais.

Pais que se queixam de filhos que nunca fazem nada digno de elogio são um desafio para os terapeutas. Em geral, isso reflete frustração da parte dos pais e pode resultar em desatenção aos comportamentos positivos. É útil lembrar aos pais que as crianças não são "más" em 100% do tempo e que é importante encontrar os momentos em que elas exibem comportamentos desejáveis para, então, recompensá-las. Fazer o esforço agora diminuirá a necessidade de mais punição, bem como tornará futuras interações mais tranquilas e menos conflituosas. Em geral, é recomendado aumentar o *feedback* positivo para ao menos igualar a frequência de *feedback* negativo (Barkley, 2013; Barkley & Robin 2014). Na verdade, isso é sensato. Se os pais aumentam a quantidade de reforço para comportamento positivo, gastam menos tempo e esforço com punição. Reforçando o comportamento positivo, o comportamento negativo/disruptivo torna-se menos frequente, até ser substituído pelo novo comportamento positivo. Mais especificamente, na presença da criança, os pais inicialmente deveriam procurar dar alguma forma de reforço várias vezes ao longo de 1 hora, no mínimo. Lembrar aos pais que o reforço pode ser tão simples quanto um olhar e um sorriso os ajudará a manter essa tarefa em perspectiva.

Contudo, para pais que acham essa atribuição muito desgastante, pode ser necessária uma abordagem gradual. Você pode ajudar os pais a escolherem um período de tempo específico (p. ex., os 15 minutos que se seguem após o jantar) para começar a prestar atenção ao comportamento da criança. Uma vez que o pai tenha desenvolvido habilidades básicas com a prática, estas podem ser generalizadas. Por exemplo, os pais de Grace queriam reduzir seu comportamento opositivo. Parecia que Grace respondia a todos os seus pedidos com um definitivo "Não!". Quando indagados sobre as qualidades que elogiavam em Grace, seus pais responderam com vários exemplos esporádicos: "Bem, na semana passada, eu a elogiei pelo bom trabalho na tarefa de ortografia. Quando o primo dela esteve aqui, na semana passada, eu disse a Grace que tinha gostado de como ela se comportou". Esses foram momentos muito adequados para reforçar Grace. Entretanto, a dificuldade que os pais tiveram em gerar exemplos do uso de reforço e a ocorrência aparentemente rara desses eventos foram um indício da necessidade de aumentar drasticamente os reforços. Portanto, reconhecemos os esforços dos pais e o emprego de declarações positivas, mas enfatizamos a importância de elogiar Grace várias vezes por dia. Uma tarefa de casa que consistia em registrar o uso de reforço pelos pais foi utilizada para proporcionar uma estrutura na qual eles pudessem praticar.

Quando o objetivo é aumentar o uso de elogios pelos pais, costuma ser muito útil os pais observarem como o terapeuta interage com/fornece esses tipos de elogios nas sessões terapêuticas. Essa modelagem pelo terapeuta ajuda a ilustrar como o elogio pode ser incorporado às interações comuns com a criança, bem como isso pode afetar positivamente o comportamento. Ao modelar esse uso do elogio com Dominic, um menino de 9 anos que frequentemente assumia uma postura argumentativa e opositiva, o terapeuta utilizou declarações como "Obrigado por esperar com tanta paciência", "Foi legal ver que você respondeu à pergunta com educação" e "Fico feliz por ter ouvido suas palavras tão gentis". Os pais de Dominic comentaram que nunca lhes ocorreu fazer elogios ao filho por comportamentos positivos corriqueiros. Ao mesmo tempo, ficaram surpresos com o fato de Dominic ter começado a responder às perguntas e aos comentários do terapeuta em sessão, com mais respeito do que normalmente observavam no menino.

Ensinando aos pais diferentes formas de reforçar os comportamentos dos filhos

A *modelagem* envolve reforçar passos graduais em direção ao comportamento desejado. Cada passo é como um subobjetivo para o comportamento total desejado. Inicialmente, um pequeno passo é reforçado (p. ex., levar a roupa limpa da área de serviço para o quarto) até ser consistentemente demonstrado. Então, passos mais avançados devem ser completados para receber o reforço (p. ex., dobrar as roupas limpas, guardá-las nas gavetas do armário). Os pais recebem "tarefas de casa" com instruções para inicialmente reforçar os primeiros passos. À medida que as crianças começarem a demonstrar esses comportamentos, passos ainda mais avançados deverão ser alcançados para o reforço ser fornecido. Também é ensinada a aplicação do reforço diferencial. Assim, comportamentos mais complexos, ou níveis "mais altos" na sequência, recebem mais reforço do que os mais simples, de nível mais baixo.

Ensinar os pais a usarem uma série de reforçadores específicos aumentará sua efetividade e impedirá que a criança se habitue a qualquer um dos reforçadores. Elogio verbal, reforço físico, atividades prazerosas e recompensas palpáveis podem ser utilizados pelos pais. A especificidade do elogio verbal é tão importante quanto fornecer reforço positivo palpável. Simplesmente dizer a Lynn, de 11 anos, "Bom trabalho!" fornece poucas informações com relação a qual comportamento agradou os pais. Talvez Lynn não consiga entender qual comportamento o pai está reforçando. Em vez disso, declarações como "Gosto do jeito como pendurou seu casaco" levarão a uma maior obediência futura. Recomenda-se aos pais que revisem possíveis reforçadores. Os pais devem elaborar uma lista de itens que podem ser ditos ou executados para reforçar os filhos.

As recompensas verbais também devem ser imediatas e isentas de crítica. O reforço deveria ser uma recompensa e não deveria vir acompanhado de crítica. Portanto, a recompensa não deve ser seguida por um "mas" (p. ex., "Gostei de como você limpou seus pratos, *mas* você não os colocou na máquina de lavar pratos"). O elogio deveria descrever o comportamento que o pai gosta e não julgar a criança. Ao elogiar sem julgar a criança, esta não interpreta erroneamente o elogio ou a ausência dele como uma aceitação/rejeição dela e sim do comportamento (p. ex., "Que bom que você juntou as folhas do jardim" vs. "Você é um bom menino por ter juntado as folhas").

É importante incentivar os pais a praticarem essa habilidade. Para os pais, à primeira vista, essa técnica talvez pareça muito simples para alterar significativamente o comportamento da criança. Novamente, modelar e praticar vários tipos de reforço durante a sessão ajudará a ilustrar a eficácia da técnica para as famílias, bem como ajudará os pais a prestar atenção em seu modo de elogiar os filhos. Na maioria dos casos, os pais pensam que estão reforçando ou elogiando a criança mais do que realmente estão e, quando prestam atenção à frequência e ao modo como elogiam, conseguem identificar formas de melhorar a eficiência do reforço. Após praticar reforçar a filha durante uma sessão de terapia em que ela completou uma tarefa desafiadora, a mãe de Kristine comentou: "Eu pensava que era muito boa em dar elogios. Agora, percebo que muitas vezes me limito a dizer 'Ótimo' ou 'Bom', sem explicar exatamente o que me agrada naquilo que ela faz. Em geral, espero a atividade ser concluída para, então, elogiá-la". A mãe de Kristine notou o valor de acrescentar enunciados como: "Você está se concentrando bem no trabalho!" para ajudar a incentivar Kristine ao longo do caminho e reforçar um comportamento específico (concentrar-se na difícil tarefa).

Trabalhando para superar a relutância dos pais em dar reforço positivo

Alguns pais que estão tendo problemas para lidar com o comportamento de seus filhos inicialmente relutam e podem até se tornar céticos em relação ao valor do reforço positivo. Esses pais o procuram em busca de ajuda para criar punições novas e mais rigorosas para maus comportamentos. Em nossa opinião, é importante não ser conivente com a intenção dos pais de primeiro desenvolver punições mais duras. Então, como trabalhamos com pais que discordam da nossa visão de que aumentar o nível de reforço positivo é uma intervenção efetiva?

Eis o que tentamos. Primeiro, poderíamos perguntar ao pai/à mãe o que ele(a) realmente deseja. O pressuposto é que o filho o escute e faça o que ele(a) mandar. Isso estimula perguntas como "O quanto você é efetivo em fazer seu filho escutá-lo, agora?", "É fácil para uma criança escutar alguém que está ralhando, repreendendo e punindo?" e "Você realmente escuta pessoas que fazem essas coisas?". Um segundo passo nessa questão envolve ensinar aos pais que reforço positivo suaviza o tom familiar (Barkley et al., 1999; Becker, 1971; Forehand & McMahon, 2003). Conforme mencionado no Capítulo 13, muitos desses lares são caracterizados por climas emocionais tensos, hostis e conflituosos. Adicionar reforço positivo combate essa atmosfera opressora. Por fim, você pode aumentar a motivação dos pais de tentar reforço positivo, ajudando-os a ver que a punição não está funcionando e que seus filhos provavelmente habituaram-se às consequências negativas. É essa habituação que leva os pais a buscarem métodos ainda mais punitivos.

O questionamento socrático é bastante útil nessas circunstâncias. Considere o breve exemplo a seguir, em que o Sr. Punição encara o reforço positivo como conversa fiada e se pergunta por que tem que "subornar" seu filho.

SR. PUNIÇÃO: Sabe, não entendo por que eu tenho que subornar meu próprio filho. Por que ele precisa de uma cenoura exposta na frente dele? Ele simplesmente deveria fazer o que pedimos, sem nenhum pagamento. Que diabos, se eu agisse como ele, meu pai me daria um chute no traseiro!

TERAPEUTA: Entendo, Sr. Punição. Tommy não está seguindo as suas regras de comportamento nem reagindo como um filho deveria reagir ao pai. Isso é realmente frustrante.

SR. PUNIÇÃO: É mesmo. A ideia de que todo dia é Natal por bom comportamento simplesmente é errada.

TERAPEUTA: Compreendo. Só por um minuto, refresque a minha memória: como suas punições estão funcionando?

SR. PUNIÇÃO: Não estão. O garoto parece não se importar. As punições não melhoram em nada o comportamento dele.

TERAPEUTA: Entendo. Você realmente quer que as coisas mudem, não quer?

SR. PUNIÇÃO: Alguma coisa tem que funcionar.

TERAPEUTA: Eu concordo. Deixe-me perguntar uma coisa: você já tentou a tática do reforço positivo, do jeito que descrevi antes?

SR. PUNIÇÃO: Não. Você sabe disso.

TERAPEUTA: Ajude-me a entender. Você quer que as coisas mudem e o que tem feito até agora não está funcionando. Você nunca tentou o reforço positivo. Então, como pode ter certeza de que isso não vai ajudar?

A parte importante desse diálogo é que o terapeuta lidou ativamente com a relutância do Sr. Punição em usar reforço positivo. Em vez de fazer uma preleção, o terapeuta construiu um diálogo socrático para que o Sr. Punição pudesse examinar sua própria posição.

Os pais podem ficar desanimados com os padrões de comportamento problemático de seus filhos. Friedberg e colaboradores (2009) recomendaram o uso de uma metáfora de torcedores esportivos ao trabalhar com os pais. Os torcedores fiéis suportam derrotas, contratempos e más atuações. Os torcedores permanecem mobilizados e otimistas apesar das adversidades de uma temporada. Da mesma forma, Friedberg e colaboradores (2009) sugeriram que "inevitavelmente, as crianças fazem coisas que acabam decepcionando ou até enfurecendo seus pais. Contudo, no final das contas, os pais continuarão torcendo por seus filhos, comemorando seus sucessos e, de modo comovente, absorvendo seus deslizes sem desistir deles" (p. 59).

O Quadro-síntese 15.2 oferece várias recomendações para aumentar o reforço positivo.

ENSINANDO AOS PAIS A DAR ORDENS E INSTRUÇÕES

Muitos pais passam um tempo enorme dizendo aos filhos o que fazer e o que não fazer. Contudo, dar ordens é uma tarefa que nem sempre recebe a devida atenção (Barkley, 2013). Ensinar aos pais estratégias mais efetivas para dar ordens diminuirá o número e a

> **QUADRO-SÍNTESE 15.2** RECOMENDAÇÕES PARA AUMENTAR OS COMPORTAMENTOS DESEJÁVEIS
>
> - Ensine aos pais os princípios dos reforços positivo e negativo.
> - Incentive os pais a passarem o tempo brincando com seus filhos e a deixá-los liderar.
> - Os pais podem recompensar as crianças, convidando-as a fazer uma escolha.
> - Lembre aos pais de recompensarem os sucessivos pequenos passos rumo a um objetivo maior.
> - Incentive um leque de recompensas tangíveis, físicas e verbais.
> - Trabalhe para diminuir a relutância dos pais de fornecer reforço positivo.

frequência das ordens, bem como aumentará as taxas de obediência das crianças (Barkley, 2013). Barkley (2013) recomenda que os pais primeiramente estejam atentos às instruções que fornecem e somente forneçam instruções que estejam dispostos a cumprir. O autor observa que uma série de ordens não reforçadas apenas levará a mais desobediência, por ensinar às crianças que a consequência de não seguir as ordens é tão somente "evitar" o comportamento solicitado! Abby, de 5 anos, costumava brincar com sua comida na mesa do jantar, em vez de comê-la. Seus pais ameaçaram inúmeras vezes: "Mais uma vez e você vai para o seu quarto". A resposta de Abby era "Não! Não!". Seus pais advertiam: "Então, é melhor você se comportar". Alguns minutos mais tarde, o ciclo recomeçava. Quando seus pais enfim a mandavam para o quarto, Abby atirava-se no chão em um acesso de raiva. Esse é um ciclo em que muitos pais caem, mas felizmente você pode ensinar-lhes técnicas para interrompê-lo.

O terapeuta precisa ensinar aos pais que dar uma ordem significa dar instruções, não fazer pedidos (Barkley, 2013). Um pedido ou uma pergunta dá espaço para escolhas (p. ex., "Você poderia limpar o seu quarto?" – "Não!"). Portanto, nunca se deve pedir que a criança faça alguma coisa a menos que os pais estejam dispostos a aceitar um "Não" como resposta ("Junte seus brinquedos agora" será mais efetivo do que "Você pode juntar seus brinquedos?"). Forehand e McMahon (2003) sugerem que muitos pais têm problemas com esse aspecto de dar ordens, pois, como adultos, geralmente não fazemos essa distinção. Não costumamos dizer "Poderia atender ao telefone?" quando o ouvimos tocar? Ao dizer isso, estamos fazendo uma pergunta, mas nossa intenção na verdade é que a pessoa atenda ao telefone.

De modo semelhante, os pais deveriam evitar fazer súplicas aos filhos. O pai de Mary Ann e Kathy costumava suplicar: "Por favor, parem de brigar, por mim!". Novamente, suplicar envia a mensagem de que a criança tem o poder de escolher não obedecer à ordem. Embora as crianças possam até desobedecer a ordens claras, essas diretrizes reduzem a oportunidade de isso acontecer. A desobediência deve, então, resultar em consequências específicas, tratadas posteriormente neste capítulo.

Por fim, os pais deveriam evitar usar "Vamos..." em suas ordens, a menos que verdadeiramente pretendam completar a tarefa com a criança (Forehand & McMahon, 2003). Portanto, quando o pai diz "Vamos arrumar os blocos", ele deve pretender ajudar a criança a arrumá-los, não apenas iniciar a tarefa e então afastar-se, esperando que a criança a complete sozinha. Essa declaração desorienta a criança e também significa que o pai está modelando um acompanhamento incompleto.

As ordens devem ser específicas e incluir um prazo para o término esperado (p. ex., "Eric, você precisa guardar suas roupas antes do jantar"). Dar apenas uma ordem de cada vez aumentará a chance de obediência. Tarefas múltiplas apresentadas de uma só vez ou ordens em cadeia provavelmente serão esquecidas, além de darem pouco espaço para o sucesso, já que todas as ordens devem ser obedecidas para que o sucesso ocorra (Forehand & McMahon, 2003). Uma criança pode se sentir sufocada ao receber uma lista de instruções. Uma ordem parecerá mais manejável, provocará menos desconforto e terá maior probabilidade de ser cumprida. Dar uma ordem acompanhada de uma longa explicação também é um erro comum que os pais cometem. Isso pode levar ao não cumprimento da tarefa, pois, quando a explicação terminar, a ordem inicial terá sido esquecida (Forehand & McMahon, 2003). A obediência deve ser seguida imediatamente de um elogio específico. No caso da criança que tem dificuldade particularmente em prestar atenção e seguir ordens, os pais deveriam fazê-la repetir as ordens para assegurar seu entendimento (Anastopoulos, 1998).

Conforme mencionado no Capítulo 13, comandos vagos e fracos da parte dos pais sabotam a obediência. Pense no seguinte exemplo: Stan é um menino de 12 anos que sofre de TDAH. Seu quarto parece ter sido devastado por um bombardeio, há coisas por todo o lado! Sua mãe ordenou-lhe "Arrume seu quarto!". Stan passou aproximadamente uma hora juntando coisas do chão para poder ver o carpete. Transferiu todas as coisas do chão para a escrivaninha e os objetos foram formando uma pilha alta que cobriu todo o móvel. Ao voltar e ver aquilo, a mãe reagiu com espanto "Como você pode fazer isso?", berrou. Stan e sua mãe iniciaram uma discussão acalorada. A mãe ressentiu-se da aparente desobediência de Stan, que, por sua vez, ficou perplexo e sem saber o que estava aborrecendo sua mãe.

Então, o que aconteceu? A ordem vaga deu origem a diferentes expectativas. Para Stan, arrumar seu quarto significava juntar tudo que estava no chão, mas sua mãe tinha uma expectativa diferente. Ela esperava que ver um quarto completamente em ordem e limpo. A expectativa dela, porém, não foi comunicada através de sua ordem.

O que a mãe poderia fazer diferente? Primeiro, tornar seu pedido claro e específico (p. ex., "Stan, quero que você pegue as roupas sujas do chão e as coloque na cesta da lavanderia"). Segundo, assegurar-se de dividir a tarefa em pequenas atividades realizáveis. Em vez de dar a ordem ambígua "Arrume seu quarto", deveria dividir as tarefas por "subobjetivos" ("Apanhe as roupas, guarde os brinquedos, empilhe os livros."). Por fim, como com qualquer criança com problemas de atenção ou de comportamento, as ordens devem ser dadas uma a uma e os esforços de obediência devem ser reforçados. Assim, a mãe deveria dizer a Stan para primeiro apanhar as roupas do chão e colocá-las na cesta da lavanderia; em seguida, ele iria chamá-la para mostrar que terminou a arrumação, ganhar a recompensa e, só então, receber uma nova tarefa.

É possível modelar como dar ordens e impor consequências (Barkley, 2013). Os pais observarão você dando ordens específicas em um tom de voz firme e, ao mesmo tempo, calmo. Se a criança obedecer, você terá uma oportunidade de propor o reforço adequado. Se a criança não obedecer, então surgirá a oportunidade para demonstrar o uso adequado de estratégias de *time-out* ou de custo de resposta. Em qualquer caso, você aproveita a chance para modelar as estratégias discutidas. Da mesma forma, é recomendado treinar e orientar os pais a fazer pedidos ou recompensar seus filhos de modo adequado.

Assim como essas técnicas podem ser bastante novas para os pais, a criança também pode necessitar de um período de ajustamento para receber ordens. Portanto, algumas crianças inicialmente podem se rebelar contra essas estratégias como uma forma de testar limites. Advertir os pais antecipadamente sobre isso os ajudará a resolver o problema e a planejar a manutenção da consistência em face desses protestos da criança. A Sra. Preparada antecipou que Allen inicialmente responderia com oposição às ordens para juntar as roupas sujas em seu quarto. Assim, planejou e informou-lhe das consequências. "Você será proibido de assistir ao episódio de hoje do *Power Rangers*, se suas roupas ainda estiverem jogadas no chão no horário do programa. Mas, se você juntar todas as suas roupas sujas e colocá-las no cesto, poderá ver o *Power Rangers*".

Essas mudanças exigem prática contínua e, quando as emoções se intensificam, é fácil recair nos velhos padrões de comunicação. Por isso, conversamos com as famílias sobre a importância da prática e delineamos metas específicas para os momentos em que os pais tentarão incorporar essas práticas às interações com seus filhos. Primeiro, as famílias devem ter oportunidades para praticar esses comandos durante as interações menos intensas. Mais tarde, estarão mais propensas a utilizar as estratégias quando ocorrerem problemas comportamentais mais sérios. Como acontece com as outras técnicas que discutimos neste capítulo, a modelagem e as práticas durante a sessão são valiosas. Os pais podem praticar dando instruções e ordens aos filhos durante a sessão, e, ao fazerem isso, podem observar seus próprios padrões. Eu (J.M.M.) descobri que a maioria dos pais ficam surpresos com o número de perguntas que utilizam como se fossem ordens enquanto praticam dar instruções para a criança durante a sessão. Eles usam perguntas como "Você pode se sentar?" e "Quer guardar esses blocos?". Ao se darem conta desse padrão, esse aumento de conscientização e de automonitoramento ajuda os pais a modificarem a maneira de dar ordens em casa. Com isso, a criança começa a melhorar sua conformidade e a obedecer mais ("Sente-se, por favor" ou "Preciso que você guarde os blocos agora.").

ASSOCIANDO O COMPORTAMENTO DA CRIANÇA ÀS CONSEQUÊNCIAS PARENTAIS: CONTROLE DA CONTINGÊNCIA

A mãe de Carol declarou que o maior problema da filha é não cumprir os afazeres domésticos nem atender aos seus pedidos. Discutindo a possibilidade de recompensar Carol por obediência, a mãe declarou: "Mas ela deveria *querer* ajudar em casa e contribuir para a família". Seja como for, Carol não parece ter aquela motivação intrínseca e, portanto, um motivador externo pode ser necessário.

O controle de contingência é uma utilização específica do princípio de reforço. Seu objetivo é fornecer a motivação externa por vezes necessária para fazer as crianças obedecerem a certos pedidos (Anastopoulos, 1998). O processo envolve reforçar positivamente comportamentos-alvo em um esquema estabelecido. Assim, a criança basicamente ganha recompensas ao realizar determinados comportamentos por um número de respostas ou por uma quantidade determinada de tempo.

Para começar, os pais devem decidir quais comportamentos farão parte do plano de controle de contingência. Eles podem reforçar a realização da lição de casa ou a lavagem dos pratos após o jantar. Seja qual for o comportamento escolhido, o plano deve ser discutido com a criança, a fim de esclarecer as expectativas parentais. Listar e expor visualmente as expectativas também ajudará. Anastopoulos (1998) recomenda ter uma conversa com os pais sobre a diferença entre direitos e privilégios, como forma de facilitar o processo de listagem, e determinar se os pais têm tratado os privilégios da criança como direitos. Considere a crença da Sra. Indulgente de já ter retirado a maioria dos privilégios de Lauren, sua filha de 14 anos. Perguntar à Sra. Indulgente quais itens eram essenciais para sua filha (comida, roupas, educação) e quais ela poderia "viver sem" (internet, telefone) ajudou a identificar os privilégios que sempre eram concedidos a Lauren, independentemente de seu comportamento.

Criar um mapa de contingência e fixá-lo na porta da geladeira ou em um quadro de avisos servirá de lembrete visual para a criança. Para crianças menores, usar figuras ilustrando o comportamento esperado pode tornar o mapa mais significativo e compreensível. De maneira similar, o reforçador deveria ser claramente identificado. Recomenda-se incluir a criança sempre que possível na decisão de especificar um reforçador. Este deve ser estabelecido com antecedência, para que a criança saiba pelo que está trabalhando.

Pontos ou cupons são úteis para acompanhar o progresso em direção à recompensa. Pontos são atribuídos para cada privilégio e para cada recompensa. Quando o comportamento é completado, a criança ganha o número de pontos preestabelecido. Ela pode trocar os pontos por recompensas sempre que acumular a quantidade necessária para um prêmio específico. Alex, de 8 anos, queria mais cartas de Pokémon e um jogo novo de Nintendo. Com um plano de controle de contingência, Alex ganhou pontos por juntar os brinquedos, lavar a louça e tomar banho quando mandado. Ao final da semana, tinha ganho pontos suficientes para um pacote de cartas de Pokémon. Ele sabia que se "continuasse com seu bom trabalho" teria pontos suficientes ao final do mês para ganhar um jogo novo de Nintendo.

Recomendamos que os pais primeiro selecionem comportamentos que sejam relativamente menos difíceis de melhorar e recompensem a conclusão do comportamento-alvo com um reforçador moderadamente compensador selecionado pela criança/pelo adolescente (Barkley & Robin, 2014). Por exemplo, Aaron, de 9 anos, foi recompensado por arrumar sua cama em 4 dos 7 dias da semana, com uma ida à sua sorveteria preferida na sexta-feira à noite. O sucesso dessa prática dependerá, em parte, da capacidade dos pais de fazer com que seu plano seja cumprido de maneira consistente, ou seja, a criança somente deve ter acesso à recompensa após atender à solicitação. Se a criança desfrutar da recompensa – seja uma atividade especial, sua comida favorita ou um vídeo – sem completar a tarefa que lhe fora atribuída, não terá motivação para seguir o plano e este falhará. Portanto, os pais de Aaron só poderiam levá-lo à sorveteria se ele tivesse atingido seu objetivo de arrumar a cama pelo menos 4 vezes na semana anterior.

Os planos de contingência vêm em muitas formas e tamanhos! Suas especificidades deveriam corresponder à maturidade cognitiva da criança e às necessidades da família. Em geral, a criança ganha algum tipo de recompensa por completar comportamentos desejados. Ela ganha pequenas recompensas a curto prazo e recompensas maiores por melhora a longo prazo. Todo dia, Lindsey podia ter o privilégio de escolher uma sobremesa especial após o jantar. Ao final da semana, se atingisse o objetivo estabelecido todos os dias, era levada ao cinema ou ao McDonald's. Após um mês de sucesso com seus objetivos diários, Lindsey ganhou um jogo de computador novo. Pontos, adesivos, moedas ou cupons podem ser concedidos imediatamente quando um comportamento-alvo ocorre. Um número estabelecido de pontos, adesivos ou cupons é escolhido para ser trocado por uma recompensa maior (p. ex., 100 pontos por um brinquedo especial, 30 pontos por um sorvete). Crianças mais novas respondem bem a adesivos, que, por si sós, já são visualmente atraentes e reforçadores. Além disso, muitas vezes, elas desejam colar os adesivos em um mapa e exibi-los na geladeira ou em outro espaço público. Para adolescentes, os adesivos provavelmente serão "coisa de criança" e eles alcançarão mais benefícios com um sistema de pontos. Barkley e Robin (2014) recomendaram um "talão de cheques" para manter uma "conta corrente" de pontos. Dependendo da dificuldade para atingir um comportamento desejado, diferentes quantidades de pontos são concedidas. Os pontos podem ser negociados por reforçadores específicos.

Inicialmente, recomendamos apenas a *concessão* de pontos. Ou seja, o comportamento desejável *ganhará* pontos, adesivos, etc., e o comportamento indesejável geralmente será ignorado ou tratado com outras estratégias apresentadas adiante neste capítulo. Os pais, em geral, são rápidos em "retirar" ponto, e isso pode levar as crianças a ficarem "em débito", "devendo" a eles, o que é contraproducente. O Sr. Débito tirou 5 pontos de Teddy quando ele atirou o casaco no chão. Teddy ficou tão irritado que começou a ter um acesso de raiva. O Sr. Débito disse a Teddy que tiraria mais 5 pontos por cada minuto que o casaco ficasse no chão. Quando o acesso terminou, 10 minutos mais tarde, Teddy tinha perdido 55 pontos, o que significava que ele devia 35 pontos aos pais! Apenas para zerar a conta, Teddy teria que se comportar perfeitamente durante um dia e meio. Colocar uma criança nessa posição é desmotivador, gera frustração e será menos efetivo para mudar um comportamento. Por essas razões, é mais benéfico criar sucesso e excitação em torno do plano de contingência, fazendo a criança ganhar recompensas sem as perder. Mais tarde, uma vez estabelecida a estratégia, pontos poderão ser retirados como punição à violação de regras específicas (Anastopoulos, 1998; Barkley & Robin, 2014). Isso é chamado de "custo de resposta". Barkley e Robin (2014) salientam a importância de a punição corresponder à violação ocorrida. Portanto, a desobediência às tarefas do dia a dia é mais adequadamente punida com a perda de pontos, ao passo que infrações maiores, como desobedecer ao horário de voltar para casa, exigem punições mais sérias, como interdição. Quando Patrícia, de 17 anos, deixou os pratos do jantar sujos na pia, perdeu 10 pontos. Quando chegou 30 minutos mais tarde em casa sem ter telefonado para avisar, ficou sem poder sair na noite seguinte.

Contratos comportamentais entre adolescentes e seus pais também funcionam bem (Barkley & Robin, 2014). Esses contratos devem estabelecer o comportamento esperado do adolescente, bem como as consequências por não o fazer. Kristen, jovem de 16 anos, e seus pais firmaram o seguinte contrato: "Eu, Kristen, voltarei direto para casa após a escola, a menos que tenha telefonado e falado com a mamãe sobre fazer diferente. Se eu não cumprir, não terei permissão para ir a nenhum evento noturno durante o fim de semana". O contrato pode, então, ser exibido no quarto do adolescente ou na porta da geladeira.

Problemas encontrados pelos pais na implementação do controle de contingência

As crenças dos pais podem comprometer seu controle de contingência. Por exemplo, a Sra. Indulgente julgava que "ser uma boa mãe significa dar ao filho tudo que ele pedir". Portanto, contingenciar suas abundantes recompensas ao comportamento adequado de seu filho Jeremy foi bastante difícil para ela. Você precisaria usar instrumentos de terapia cognitiva para ajudá-la a avaliar a correção de sua crença (p. ex., "Quais são as evidências a favor e contra essa suposição?", "Quais são as vantagens e as desvantagens de agarrar-se a essa crença?", "É possível impor limites ao filho e, mesmo assim, ser uma boa mãe?").

A superproteção ou o envolvimento excessivo dos pais também podem influenciar a forma como o pai implementa um programa de controle da contingência (Chorpita & Barlow, 1998; Kendall et al., 1991; Silverman & Kurtines, 1996). Chorpita e Barlow (1998) definem *superproteção* como "envolvimento parental excessivo no controle do ambiente da criança, para minimizar experiências que lhe sejam aversivas" (p. 12). Nas mentes dos pais, é possível que ser um bons pais signifique salvar o filho de qualquer desconforto. Na verdade, assim estarão sendo "solícitos demais" com seus filhos. Por exemplo, sempre que Jimmy, de 14 anos, entrava em pânico por ter que fazer um projeto de ciências, seu pai corria e terminava por ele. O pai pensava "É para isso que servem os pais". Nesse caso, seria necessário trabalhar com esse pai para ensinar-lhe como está inconscientemente privando Jimmy da oportunidade de lidar com a própria ansiedade e desenvolver um autoconceito firme. Perguntar ao pai "Como os pais podem ajudar os filhos a construir a confiança de que eles podem fazer coisas difíceis?" poderia ser uma pergunta socrática útil.

A falta de acompanhamento parental, a desatenção e a inconsistência são ainda problemas que podem limitar o controle de contingência. Alguns pais podem se indagar: "Por que tenho que fazer isso? Ele deveria ser capaz de lidar com seu próprio comportamento!". Outros podem dizer: "Manter o controle de todos esses pontos e estrelas é trabalho demais para mim!". Para lidar com essas crenças, é necessária uma abordagem gentil, paciente e socrática. Considere o Sr. e a Sra. Surf, que concordaram em seguir um plano de controle de contingência com sua filha de 12 anos, Mallory. Infelizmente, o casal Surf nunca anotou nada e não manteve um controle sobre as recompensas dadas a Mallory. Por isso, o plano de contingência foi um desolador fracasso. O que você faria?

Recomendamos retornar ao básico. Primeiro, tratar as crenças que reforçam a inconsistência ("Como posso ensinar a Mallory que seu comportamento tem importância? Como posso ajudá-la a *ver* seu progresso? Qual seria uma maneira simples de lembrar a Mallory e a vocês próprios que o comportamento dela tem importância?..."). Em seguida, simplifique o processo de registro para que fique fácil de completar. Use um sistema de marcas ou adesivos. Se a escrita estiver interferindo no processo, poderia ser sugerido o uso de botões, bolas de gude ou clipes de papel como fichas. Cada vez que Mallory fizer suas tarefas, seus pais poderiam simplesmente colocar um clipe dentro de um envelope. Ao final da semana, poderiam contar os clipes. Você poderia fazer a família praticar o sistema na sessão para demonstrar que o programa não consome tempo.

O Quadro-síntese 15.3 apresenta dicas úteis para dar ordens.

AJUDANDO OS PAIS A LIDAR COM OS COMPORTAMENTOS INDESEJÁVEIS DE SEUS FILHOS

Usar atenção e reforço diferencial, dar ordens efetivamente e fazer planos de controle da contingência aumentarão os comportamentos desejáveis. Essas técnicas permitem que os pais evitem problemas proativamente antes que apareçam. Entretanto, como muitos dizem, isso não é suficiente! Precisamos preparar os pais para aqueles momentos em que se têm de reagir aos comportamentos indesejáveis dos filhos. Esses são os jogos de disciplina "defensivos". Nesta seção, fornecemos técnicas para lidar com mau comportamento, exibicionismo e desobediência.

Ignorar e extinguir

Conforme já mencionado, a atenção parental é um reforçador poderoso. Infelizmente, os pais podem, de modo inconsciente, reforçar comportamentos indesejáveis das crianças. Por exemplo, às vezes as crianças se exibem para chamar a atenção dos adultos. Quando elas conseguem essa atenção, seu mau comportamento foi recompensado. Ignorar um comportamento é uma técnica parental na qual o adulto nega ou retira atenção. Ensinar aos pais a ignorar um ato indesejável enquan-

---

QUADRO-SÍNTESE 15.3 RECOMENDAÇÕES PARA DAR ORDENS E FAZER PEDIDOS

Ensine aos pais a:
- Dar ordens como se fossem instruções, e não pedidos.
- Evitar ordens implorativas e usar a expressão "Vamos...".
- Dar ordens específicas, uma de cada vez.
- Escolher como alvo comportamentos claramente definidos em um contrato de contingência.
- Preparar a criança para o sucesso, escolhendo como alvos iniciais os comportamentos menos difíceis de mudar.

to reforçam um comportamento mais desejável é uma estratégia poderosa.

Ignorar o mau comportamento de uma criança inclui desviar toda a atenção. O contato visual entre pai e filho deve ser evitado. O pai não deve responder ao comportamento, às discussões ou aos choramingos da criança. Por exemplo, a mãe de Sheila tentava ignorar os choramingos da filha. Ela continuava fazendo seu trabalho como se nada estivesse acontecendo, e não olhava nem falava com Sheila. Assim que Sheila parava de choramingar, sua mãe olhava para ela, sorria e elogiava seu melhor comportamento.

Crianças disruptivas podem parecer incansáveis buscadoras de atenção. Retrucar, discutir, xingar e queixar-se são possíveis tentativas de chamar a atenção. Warren, de 7 anos, importunava sua mãe enquanto ela conversava ao telefone. Isso parecia desencadear os hábitos mais detestáveis do menino, sobretudo quando ela recebia as ligações mais importantes. Warren puxava o rabo do gato, aumentava o volume da televisão, perseguia sua irmã com a boia de espaguete e gritava "Ei, mamãe" incessantemente. Quanto mais sua mãe dava atenção a esses comportamentos, mais estes aumentavam em intensidade, frequência e duração.

Ao ensinar aos pais a ignorar os comportamentos de busca de atenção de seus filhos, é necessário ter várias coisas em sua mente. Primeiro, os pais precisam ter certeza de que *podem* ignorar o comportamento. Por exemplo, um comportamento perigoso e destrutivo nunca deve ser ignorado. Nesses casos, outras estratégias parentais deveriam ser empregadas. Segundo, a fim de extinguir o comportamento, os pais devem ser capazes de ignorar a intensidade total do comportamento. A Sra. Nervosa ignorava obedientemente os gritos e acessos de raiva de Tammy, até eles alcançarem a intensidade máxima. Então, ela respondia "Tammy, você está me deixando surda. Pare com isso!". Com isso, a Sra. Nervosa apenas ensinava Tammy a gritar mais alto para conseguir sua atenção. Em terceiro lugar, os pais têm de estar preparados para uma *explosão de extinção*, ou seja, um aumento da frequência do comportamento a ser extinto (Spiegler & Guevremont, 1998). Ou seja, quando você começa a ignorar o comportamento-problema, este provavelmente piorará antes de melhorar. Por exemplo, quando os pais de Frank, de 7 anos, ignoravam seus acessos de raiva, ele "aumentava a aposta" e intensificava seus gritos estridentes. Seus pais precisavam resistir a essa última explosão de intensidade até que ele se acalmasse.

Time-out

O *time-out* é uma das técnicas parentais mais usadas e mais incorretamente usadas. Quando empregada de forma adequada e consistente, produz resultados muito positivos. Contudo, quando mal aplicada, pode levar ao aumento dos problemas de comportamento e à frustração de pais, crianças e terapeutas. É útil rever quando e como utilizar o *time-out*, bem como modelar ou representar seus passos. O terapeuta e os pais precisam criar modos para lidar com a desobediência e a resistência ao processo de *time-out*. Fornecer psicoeducação sobre essa prática deveria ser algo rotineiro para qualquer pai que estiver em busca de ajuda para lidar com o comportamento de um filho usando a técnica do *time-out*.

O *time-out* remove a criança/o adolescente de uma situação reforçadora. Com efeito, Spiegler e Guevremont (1998) chamam isso de "um tempo sem (*time-out*) reforçadores generalizados" (p. 141). A remoção é temporária e planejada para servir como instrumento de aprendizagem. Após essa breve remoção, a criança tem permissão para retornar à situação. Se um comportamento adequado for exibido, ela é reforçada pela permissão de continuar com suas atividades preferidas, desejáveis. Se a criança retomar o comportamento inadequado, será novamente removida e, portanto, punida pelo comportamento ruim. Frequentemente, os pais declaram que já a usam ou já tentaram isso. Nesse caso, você não deve assumir que os pais aplicaram o *time-out* da maneira correta. Muitas vezes, os pais chamam a técnica que usam de "*time-out*" e, na verdade, não estão seguindo os princípios básicos da intervenção.

O Sr. Cético revirou os olhos duvidando: "Não acredito nessa técnica. Já tentei e não funcionou. Meus filhos retrucam, discutem, xingam e se queixam". Esses comportamentos não são facilmente ignorados, servindo como formas de aumentar a atenção e, às vezes, de evitar punição. Quando os pais se envolvem nessas trocas com os filhos, os ajudam a evitar a punição *e* lhes concedem a atenção desejada. Quanto mais o Sr. Cético e seu filho discutem sobre o *time-out*, mais adiada é aplicação da técnica. Cansado do conflito, o Sr. Cético finalmente desiste, permitindo que o filho evite a punição. Quando o *time-out* é usado de maneira adequada, é a criança quem se cansa e muda o comportamento.

Os pais devem ser aconselhados a "selecionar suas batalhas" ao decidirem quais limites estabelecer com *time-out*. Uma vez tomada a decisão de tratar um comportamento, o pai deve estar disposto a ir até o fim. Particularmente no início, os limites firmes e a consistência dos pais serão recebidos com resistência pelas crianças. Você deve preparar os pais para a ideia de que o comportamento de seu filho provavelmente piorará antes de melhorar. Salientar os princípios comportamentais básicos e as prováveis consequências de "ceder" pode aumentar a adesão parental e a consistência da intervenção.

Os pais deveriam iniciar esse processo identificando os comportamentos que querem extinguir. Em seguida, precisam especificar uma cadeira ou cômodo da casa para o *time-out*, um local que deve incluir distrações mínimas e nenhum reforçador. Então, explicam o processo de *time-out* ao filho. Concluída a implementação, a duração do *time-out* deve coincidir com a idade da criança. Geralmente, é adequado 1 minuto por ano de idade da criança (7 minutos para uma criança de 7 anos). Quando a criança se engaja em um mau comportamento e o pai/a mãe decide usar a técnica, este deve dizer "Vá para o *time-out* e fique lá por 5 minutos". Talvez o pai ou a mãe precise levar a criança até a cadeira ou o cômodo de *time-out*. Se a criança permanecer sentada na cadeira durante o tempo proposto, o *time-over* termina e ela poderá se levantar. Se a punição resultou de desobediência a uma solicitação, a criança deve, então, atender à solicitação e, caso não atenda, então deverá voltar para o *time-out*.

Vickie, de 5 anos, costumava sair várias vezes da cadeira de *time-out* sem permissão. Sua mãe não sabia como lidar com esse comportamento. Nós a ensinamos a levar Vickie imediatamente de volta à cadeira e dizer-lhe que, se ela levantasse de novo, teria que ficar sentada por mais 2 minutos além do tempo estipulado. Se Vickie levantasse, sua mãe novamente a levaria de volta à cadeira. Caso ela ainda se recusasse a permanecer sentada, deveria sentar com ela ou segurá-la no colo, se necessário. Era importante assegurar que, embora estivesse com Vickie no colo, a mãe parasse de fornecer reforços. Portanto, não devia falar, cantar, gritar nem a acariciar, mas apenas segurá-la. Vickie logo aprendeu que sair do *time-out* não mais lhe permitia evitar a punição e, na verdade, prolongava-a. Após algumas tentativas, ela permaneceu no *time-out* sozinha.

Spiegler e Guevremont (1998) resumem primorosamente alguns pontos importantes sobre essa técnica. Primeiro, a criança deve saber as razões do *time-out* e sua duração. Segundo, o *time-out* deve ser breve. Terceiro, os pais nunca devem dar qualquer reforço durante esse período. Quarto, os pais precisam manter a criança no *time-out* até o fim. Se a criança estiver gritando e/ou levantando da cadeira, o pai/a mãe deve ser taxativo: "O *time-out* começa quando você sentar na cadeira e ficar quieta". Quinto, o *time-out* deve terminar apenas quando a criança estiver se comportando adequadamente. Por último, mas certamente não menos importante, os *time-outs* não devem fornecer nenhum ganho secundário para a criança, a fim de impedir que ela evite as responsabilidades desagradáveis. Quando Beth, de 8 anos, foi colocada em *time-out* por recusar-se a guardar os sapatos, sua mãe agiu corretamente e garantiu que ela realizasse a tarefa após o *time-out*.

A mãe de Eddy, de 5 anos, relatava grande frustração com a raiva e a agressividade frequentes que o menino exibia em casa. Ela listou vários comportamentos problemáticos que acreditava serem usados por Eddy para chamar sua atenção. Ela relatou usar o *time--out* para lidar com os comportamentos, mas admitia que não observou nenhum benefício. Ao descrever como usava a técnica, mencionou que Eddy ficava muito aborrecido e chorava quando ela o mandava para o *time--out*. Ela então sentava com ele no *time-out*, segurava-o no colo e cantava para ele. Embora a mãe de Eddy tivesse escolhido uma estratégia efetiva e a aplicasse no momento adequado, estava inadvertidamente recompensando o comportamento de Eddy ao lhe conceder uma grande dose de atenção. Discutimos com a mãe a importância de remover todo esse reforço e maneiras de ela usar seu tempo exclusivo com Eddy para *reforçar o comportamento adequado*. Eddy foi, então, preparado para o "novo" *time-out*, por meio do uso de encenação de papéis. Explicamos à mãe de Eddy que poderia demorar um pouco até que ambos se ajustassem a essa nova estratégia. Inicialmente, os acessos de raiva de Eddy no *time-out* pioraram, pois ele buscava o conforto e a atenção de sua mãe. Entretanto, rapidamente aprendeu que, em vez dos acessos de raiva, eram os comportamentos adequados que o levariam a ganhar tempo exclusivo com sua mãe.

Remoção de recompensas e privilégios

A remoção de recompensas e privilégios é uma maneira comum de diminuir o comportamento indesejável das crianças. Assim como o *time-out*, muitos pais já usam a remoção de recompensas e privilégios. Entretanto, nós incentivamos você a ajudar os pais a aprimorarem essas estratégias.

Quando ensinamos aos pais a remoção de recompensas e privilégios contingente ao mau comportamento, nós os instruímos a amarrar a remoção ao valor do mau comportamento. Por exemplo, Billy, um menino de 9 anos, ignorou o pedido de sua mãe para entrar em casa. Ele estava "muito ocupado", andando de bicicleta na calçada. Aqui, a consequência adequada seria a perda do privilégio de andar de bicicleta por um dia. Considere outro exemplo. Teresa, de 15 anos, continuamente ultrapassava o tempo estipulado para usar o telefone e permanecia horas conversando com suas amigas. Qual seria a consequência lógica? Remover o privilégio de usar o telefone por um dia é uma punição diretamente associada ao mau comportamento dela.

Conforme já mencionado, a possibilidade de escolher é uma recompensa e um privilégio importante para as crianças. Como executivos da família, os pais podem tanto remover como conceder essa recompensa. Na verdade, em alguns casos, remover uma recompensa como a capacidade de escolha é mais poderoso do que remover um privilégio palpável, como andar de bicicleta ou falar ao telefone. Por exemplo, a caminho do restaurante com seus pais, Janet e Bob começaram a discutir, gritar e xingar um ao outro no banco de trás do carro. Eles foram advertidos, mas continuaram inflexivelmente em sua implicância. Os pais então informaram: "Já que vocês ignoraram nossos pedidos para parar de brigar, perderam a oportunidade de escolher onde vamos jantar hoje".

É importante especificar por quanto tempo o privilégio ou recompensa será perdido. Existem diversas orientações úteis. Primeiro, perder alguma coisa por um longo período de tempo raramente é efetivo. Por exemplo, algo como "Você está proibido de brincar com seu trenó até o próximo inverno!" é ineficaz, simplesmente porque a criança esquecerá o trenó e se acostumará à ausência dele. Em segundo lugar, remover privilégios de rotina é preferível a remover recompensas importantes (p. ex., ir a uma festa de aniversário, a um concerto de *rock*, ao "grande jogo"). Isso nos faz lembrar de um episódio do seriado *Leave it to Beaver*, em que os pais de Beaver, Ward e June estavam tentando ajudá-lo a gostar de couve-de-bruxelas. Beaver recusou-se a comer o legume e seus pais o advertiram de que, se ele não comesse a couve-de-bruxelas, da próxima vez não iria ao jogo de futebol com eles. Então, no jantar da noite anterior ao dia do jogo, adivinhe o que foi servido? Couve-de-bruxelas! Os Cleaver ficaram num beco sem saída. Nem mesmo Ward e June Cleaver, os ícones parentais, podiam levar adiante essa impossível contingência.

Muitas vezes, os pais podem ser tentados a remover uma "grande" recompensa. Em nossa experiência, isso se deve aos altos níveis de emoção associados ao mau comportamento. Nesses casos, é útil elaborar tais emoções aplicando as técnicas cognitivas já apresentadas neste livro. Pense no seguinte exemplo: Ellie, de 10 anos, vinha escondendo dos pais suas péssimas notas e estava se comportando mal na escola. Exasperados e desesperados, seus pais ameaçaram cancelar a festa de aniversário da filha. Como você interviria com essa família?

Primeiro, trabalharíamos com as crenças dos pais ("Ellie está fora de controle. Como seus pais, devemos recuperar o controle punindo-a severamente."). Segundo, usaríamos algumas de nossas habilidades cognitivo-comportamentais para ajudar os pais na avaliação (p. ex., "Quais são as vantagens e as desvantagens?", "Qual seria a forma alternativa de olhar para isso?", "Como vocês se sentiriam decorridas 2 semanas do cancelamento da festa de aniversário dela?", "O que vocês estão tentando ensinar a Ellie?", "O que os faz ter certeza de que uma punição extrema é uma forma efetiva de ensinar Ellie a ser honesta com vocês e de recuperar o controle?").

A *interdição* é uma estratégia parental que inclui elementos tanto de suspensão quanto de remoção de recompensas e privilégios. A interdição envolve remover reforçadores e impedir a participação em atividades desejadas (Barkley & Robin, 2014). Barkley e Robin salientam as armadilhas comuns em que os pais caem quando usam a interdição de modo inadequado. Especificamente, podem interditar a criança por uma semana e, então, permitir sua participação em um evento especial, ou podem proibir a criança de sair de casa e permitir que veja televisão, use Wii, jogue no Playstation e navegue pela Internet. Em outras situações, os pais interditam as crianças, mas são incapazes de monitorar a interdição. Há casos em que os pais interditam as crianças por uma semana de cada vez, com a criança acumulando valores de interdição semanais em poucos dias. Portanto, Barkley e colaboradores recomendam manter a interdição breve, com duração de algumas horas a, no máximo, 2 dias. Essa punição inclui a remoção de todos os privilégios e, possivelmente, a exigência do cumprimento de algumas tarefas adicionais. Como em outras punições, se os pais planejarem antecipadamente como lidar com as situações, a raiva deles próprios provavelmente não levará a uma ação exagerada (Barkley & Robin, 2014).

O Quadro-síntese 15.4 resume como ensinar aos pais a usar a técnica de *time-out*.

CONCLUSÃO

Com frequência, os problemas de relacionamento entre pais e filhos têm impacto na apresentação e na manutenção do sofrimento afetivo e no desvio comportamental de crianças e adolescentes. Portanto, o envolvimento dos pais no tratamento é um componente lógico que não deve ser minimizado. Os pais costumam ser os detentores de reforço em quase todos os ambientes de seus filhos. Fornecendo informações e trabalhando cooperativamente com os pais para identificar comportamentos e habilidades-alvo, os terapeutas podem ensiná-los a dar reforço positivo e apoio aos filhos, os quais são generalizados para fora das sessões de terapia. Essa atitude deve aumentar a frequência de comportamentos adequados

> **QUADRO-SÍNTESE 15.4** SUGESTÕES PARA DIMINUIR OS COMPORTAMENTOS INDESEJÁVEIS
>
> Ensine aos pais a:
> - Identificar quais comportamentos problemáticos devem ser tratados com a técnica de ignorar e quais com o *time-out*.
> - Designar uma área para o *time-out*.
> - Explicar o procedimento de *time-out* para a criança.
> - Administrar *time-outs* breves.
> - Associar consequências ao mau comportamento.
> - Definir por quanto tempo uma recompensa ou um privilégio será removido.
> - Evitar remover grandes recompensas ou privilégios.

das crianças. Além disso, os pais podem dar informações valiosas sobre os comportamentos dos filhos entre as sessões de terapia. Acima de tudo, eles geralmente tentam agir no melhor interesse de seus filhos. Seja qual for a disciplina e as estratégias parentais usadas, seu objetivo é melhorar o comportamento da criança. Com as estratégias empregadas neste capítulo, os pais têm acesso a planos de ação destinados especificamente a alcançar esse objetivo. Contudo, de modo geral, ensinar as estratégias aos pais é apenas parte da intervenção. O poder de modelar as técnicas para os pais durante a sessão, bem como de observar e dar *feedback* sobre o seu uso das estratégias durante a sessão, aumentará ainda mais a probabilidade de as técnicas serem aplicadas em casa do modo concebido pelo terapeuta.

16

Terapia familiar cognitivo-comportamental

O renomado terapeuta familiar Salvador Minuchin (Minuchin & Fishman, 1981) ressaltou: "Os pacientes buscam a terapia porque a realidade, como eles a construíram, é impraticável" (p. 71). Pantalone, Iwamasa e Martell (2010) observaram que as convenções eurocêntricas separam a terapia individual da terapia familiar. As influências sistêmicas nas famílias desencadeiam crenças individuais. Dattilio (1997) destacou quatro suposições principais na terapia familiar cognitivo-comportamental. A primeira diz respeito à existência de um impulso compartilhado entre familiares no sentido de manter a homeostasia familiar, buscando o *status quo* e um equilíbrio para satisfazer suas necessidades emocionais. A segunda refere-se ao fato de as cognições e os comportamentos de cada familiar influenciarem esse equilíbrio homeostático. A terceira suposição é a de que os problemas surgem quando cognições e comportamentos de um membro individual da família ameaçam a homeostasia. Por fim, a quarta suposição é a de que a intervenção com procedimentos cognitivo-comportamentais é considerada uma forma eficaz de corrigir problemas.

As suposições dos membros da família ricocheteiam entre si em tempo real. Essa interação dinâmica é filtrada pelo esquema familiar. Dattilio (2010) descreveu os esquemas familiares como "crenças mantidas em conjunto sobre a maioria dos fenômenos da família, como interações e dilemas do dia a dia; também podem pertencer aos fenômenos não familiares, bem como a questões culturais, políticas e espirituais" (p. 59). Ao trabalhar com as famílias, é aconselhável apreciar que cada figura parental da família carrega seu próprio esquema de sua família de origem. Em uma linha relacionada, Minuchin e Fishman (1981) discutiram a noção de um *cuadro* na cultura porto-riquenha. Um *cuadro* é uma pintura ou imagem mentalmente construída. Minuchin e Fishman explicaram: "famílias também têm um *cuadro* que se desenvolve a partir de suas próprias histórias, emoldurando as suas identidades como organismos sociais" (p. 73). Esses esquemas ou *cuadros* se desenvolvem em função da interação com os membros da família (Dattilio, 1997). Parceiros combinam suas exclusivas crenças principais para formar um esquema familiar. Em seguida, a criança assimila o esquema familiar ou o esquema familiar acomoda as crenças da criança. Terapeutas familiares, tanto estruturais quanto cognitivo-comportamentais, concordam que essas construções mentais são mitos. As Figuras 16.1 e 16.2 mostram as maneiras como essas crenças principais podem interagir.

Na Figura 16.1, a sra. Phillips mantinha o esquema "Você nunca deve falar sobre sentimentos negativos". Em seu *background* familiar, caracterizado por uma criação rígida, os

Esquema da mãe	Esquema do pai	Crença assimilada pelo filho
Você nunca deve falar sobre sentimentos negativos.	Filhos devem ser vistos, mas não ouvidos.	Filhos são invisíveis e incapazes.

FIGURA 16.1 ESQUEMAS DA FAMÍLIA PHILLIPS.

Esquema da mãe	Esquema do pai	Crença assimilada pelo filho
O trabalho dos pais é promover a independência.	Um bom pai protege o seu filho de resultados negativos.	Sou incapaz de fazer as coisas por conta própria.

FIGURA 16.2 ESQUEMAS DA FAMÍLIA ROGERS.

sentimentos negativos não eram demonstrados nem expressos. Na verdade, ela observou que expressar sentimentos negativos era visto com desaprovação parental e encarado como sinal de fraqueza. Os pais da sra. Phillips eram altamente cultos e moravam em uma cidade grande. Ela explicou: "Os meus pais eram estoicos. O tipo de pais que nos ensinam a enfrentar as adversidades com frieza". O sr. Phillips cresceu na comunidade rural agrícola. Os pais dele concluíram apenas o ensino médio e eram muito religiosos, além de politicamente conservadores. A família do sr. Phillips exigia obediência absoluta à autoridade parental. Não havia quaisquer incentivos à autonomia psicológica nem a opiniões diferentes. Ele desenvolveu um esquema que refletia a ideia "Filhos devem ser vistos, mas não ouvidos". Jeremy, o filho de 14 anos, é bastante falante, assertivo, e atualmente enfrenta importantes sintomas depressivos. Ele anseia por ter alguma voz ativa na família e liberdade para compartilhar seus pensamentos e sentimentos. Por um lado, os pais reconheceram a importância da expressividade de Jeremy, mas por outro ficaram preocupados com a possibilidade de estarem sendo muito tolerantes com Jeremy e de serem "maus pais". A expressão e a assertividade de Jeremy costumam ser recebidas com desaprovação, deixando-o com a sensação de que "filhos são invisíveis e incapazes".

No segundo exemplo, ilustrado na Figura 16.2, a sra. Rogers cresceu em uma família em que os pais estimularam os filhos a ganharem independência. Ela observou: "Eles queriam que aprendêssemos a voar e conseguíssemos deixar o ninho". Ela descreveu inúmeros exemplos de sua trajetória em que se deparou com obstáculos ou falhas e seus pais simplesmente disseram; "Então, veja qual é seu plano para consertar isso e seguir em frente". A sra. Rogers admitiu que seus pais nunca foram superprotetores: "Minha mãe e meu pai eram pais 'anti-helicópteros'!". Mais tarde, ela internalizou a regra esquemática: "O trabalho dos pais é promover a independência". Já o sr. Rogers cresceu em um ambiente familiar bem diferente. Os pais dele eram altamente indulgentes e muito superprotetores. Seus pais se esforçavam arduamente para facilitar a vida do filho e livrá-lo de emoções negativas. Na verdade, seus pais evitavam a maior parte dos conflitos. O sr. Rogers admitiu: "Meus pais nunca me puniram. Nunca ficaram bravos comigo nem um com o outro. Minha vida em casa era como um filme da Disney. Eles faziam das tripas coração para que tudo acabasse bem". O sr. Rogers adotou o esquema: "Um bom pai protege seu filho de resultados negativos". De modo esperado, o sr. e a sra. Rogers discordavam sobre como criar a filha de 13 anos de idade, Daniela. Por sua vez, Daniela era muito ansiosa e excessivamente dependente dos outros, inclusive de sua irmã mais nova, Carly, para lidar com a angústia. Ela evitava as tarefas mais difíceis, vivenciava uma aflição considerável ao ficar longe dos pais, da irmã mais nova e do cão de estimação e relutava em participar de novos grupos e equipes. O esquema dela era: "Sou incapaz de fazer as coisas por conta própria".

TÉCNICAS DE TERAPIA FAMILIAR COGNITIVO-COMPORTAMENTAL

Psicoeducação

De modo semelhante à TCC individual e em grupo, a terapia familiar cognitivo-comportamental inclui psicoeducação e as metáforas costumam ser bastante úteis (Dattilio, 1998, 2001; Dattilio & Eptstein, 2005; Greco & Eifert, 2004). Dattilio (1998) propôs a metáfora de uma matilha de lobos para explicar a tendência de os familiares atacarem uns aos outros, mas defenderem ferozmente a "alcateia" contra ameaças externas. Friedberg (2006) descreveu o uso de uma metáfora de carro novo para ajudar uma família a compreender seu comportamento superprotetor. Os pais temiam que a filha de 16 anos se tornasse indevidamente vulnerável aos percalços de um mundo perigoso. Portanto, restringiam suas atividades e contato com colegas e amigas. Então, o terapeuta ponderou que eles a tratavam como um carro de luxo novinho em folha, que não podia ser riscado ou amassado. Por isso, escondiam o carro de luxo na garagem e nunca o submetiam ao trânsito.

Automonitoramento

O terapeuta precisa identificar os padrões fisiológicos, cognitivos, interpessoais, emocionais e comportamentais de cada membro da família. Dattilio (2000, 2002) desenvolveu o exercício Círculo da Percepção (COP, do inglês *Circle of Perception*). Trata-se de um procedimento robusto que fornece informações básicas e impulso para sessões futuras. Em uma folha de papel, cada membro da família elabora um diagrama do sistema familiar. Cada membro é representado por um círculo com seu nome escrito nele. Eles são instruídos a organizar os círculos conforme a proximidade de cada membro da família em relação ao outro. Uma vez concluída a tarefa, os familiares explicam seus diagramas uns aos outros. Na segunda parte do exercício, os membros da família recebem uma segunda folha de papel e nela desenham como gostariam que sua família fosse. Isso permite que a família analise como eles se enxergam atualmente em seu sistema, bem como o modo como eles gostariam que a situação evoluísse.

O Registro Diário de Pensamentos (RDP) é uma ferramenta comum de automonitoramento utilizada na terapia cognitivo-comportamental da família. Analise o registro de pensamentos mostrado na Figura 16.3, completado por Jacqui, de 9 anos de idade, e os pais dela. Jacqui estava sofrendo de ansiedade de separação, e cada membro da família parece ver a situação da mesma forma. Jacqui, sua mãe e seu pai acreditam que ela é incapaz

	Mãe	Pai	Jacqui
Situação	Jacqui fica ansiosa quando está separada dos pais dela.	Jacqui fica ansiosa quando está separada dos pais dela.	Jacqui fica ansiosa quando está separada dos pais dela.
Sentimento	Preocupada (9)	Preocupado (9)	Preocupada (9)
Pensamento	Ela nunca vai ser bem-sucedida se não conseguir ficar longe de mim. Ela não consegue enfrentar as dificuldades sem mim.	Ela vai ter dificuldades para sempre. Ela não consegue fazer as coisas por conta própria.	Eu não consigo fazer as coisas por conta própria.

FIGURA 16.3 REGISTROS DE PENSAMENTOS DE JACQUI E SUA FAMÍLIA.

de enfrentar os problemas por conta própria. Os familiares parecem ter a percepção de que a independência é uma fonte de desastre (p. ex., a incapacidade de enfrentar problemas). Está claro que o trabalho com essa família deve focar em diminuir os perigos da independência percebidos, nas fases do tratamento envolvendo reestruturação cognitiva e alcance de desempenho.

E quanto às circunstâncias em que os membros individuais da família mostram diferentes pontos de vista? Observe o exemplo ilustrado na Figura 16.4. Daniel, menino de 12 anos diagnosticado com transtorno de oposição desafiante (TOD), recentemente tinha violado as regras da casa por convidar amigos após as 22h. Ele descumpria sistematicamente as instruções paternas. A mãe dele está se sentindo deprimida, tece duras críticas, julga que o filho está fora de controle e prevê que o marido a considera "inepta". O pai de Daniel, por outro lado, está zangado e ressentido com as pressões e exigências percebidas. Ele se considera o único membro competente da família. Por sua vez, Daniel tem sentimentos depressivos semelhantes aos da mãe, porém suas cognições são marcadas por uma sensação de desamparo e profunda rejeição. O desafio na terapia familiar cognitivo-comportamental é abordar essas três perspectivas.

Esses dois exemplos de RDPs demonstram a utilidade clínica do automonitoramento. Ao tornar públicos os pensamentos privados dos membros da família, cada um deles pode alcançar uma maior compreensão da parte dos outros no sistema. Além disso, comportamentos aparentemente irracionais tornam-se mais compreensíveis. Por exemplo, quando a mãe e o pai de Daniel ouvem que ele se considera "invisível", a menos que "se comporte mal", seus desacatos tornam-se mais compreensíveis.

Reestruturação cognitiva e resolução de problemas

O *reenquadramento*, técnica comum de terapia familiar, é prima da estruturação cognitiva. Conforme definido por Goldenberg e Goldenberg (2012), o reenquadramento "muda o significado original do evento original, colocando-o em um novo contexto em que uma explicação igualmente plausível é possível" (p. 294). A reestruturação cognitiva e a resolução de problemas em terapia familiar cognitivo-comportamental são um pouco diferentes da intervenção cognitiva com indivíduos. Ao tentar uma intervenção de reestruturação cognitiva em famílias, você deve considerar de que modo as mudanças na cognição causam impacto no sistema mais amplo. Como os outros familiares reagirão a esse novo ponto de vista? Vão reforçá-lo? Ignorá-lo? Ativamente sabotá-lo?

Alex e sua família constituem outro exemplo interessante. Alex, menino de 11 anos

Membro da família	Situação	Sentimento	Pensamento
Mãe	Daniel violou as regras da casa e descumpriu as instruções.	Deprimido (8)	Ele está fora de controle. Sou uma péssima mãe. Meu marido me considera inepta.
Pai		Zangado (9)	Aqui ninguém consegue fazer nada, só eu. Sou o único que faz as coisas direito. Meu filho é um perdedor e minha esposa é incompetente.
Daniel		Deprimido (8)	Quem se importa? Sou invisível a menos que eu me comporte mal. Não há nada que eu possa fazer para convencê-los a me ver como eu sou.

FIGURA 16.4 REGISTRO DE PENSAMENTOS DE DANIEL E SUA FAMÍLIA.

diagnosticado com depressão, foi internado recentemente na unidade infantil. Ele se sentia oprimido por humores disfóricos e perseguido por pensamentos autocríticos, como "Não sou bom", "Não consigo fazer nem as coisas mais simples" e "Nunca vou corresponder aos anseios de meus pais". Após uma curta estadia na unidade, a condição de Alex estabilizou e ele recebeu alta. Seus pais ficaram muito satisfeitos com a evolução dele ao longo da estadia.

Após o menino receber alta, a família resolveu ir ao restaurante favorito dele para um almoço comemorativo. Alex pediu sua refeição favorita (*cheeseburger* e batatas fritas). Quando a comida chegou, Alex devorou vorazmente as batatinhas. Vendo isso, o pai dele o repreendeu: "Alex, coma primeiro o hambúrguer para não se empanturrar de batatas fritas". Alex protestou, mas tanto o pai quanto a mãe insistiram no detalhe ("Preste atenção, Alex. É mais civilizado comer o sanduíche primeiro, depois as batatas."). A interação escalou e se transformou em gritaria na mesa do restaurante. A clínica ficava nas proximidades do restaurante e os pais, freneticamente, ligaram para marcar uma reunião urgente na clínica.

O terapeuta pediu para a família preencher imediatamente os registros de pensamentos (ver Figura 16.5). Depois de analisar os registros de pensamentos, o terapeuta conduziu o seguinte diálogo.

TERAPEUTA: Lamento que seu primeiro dia fora da unidade de internação não tenha transcorrido tão bem. Vamos ver o que podemos fazer agora para melhorar um pouco as coisas. Pelo telefone, pedi que todos vocês completassem alguns registros de pensamentos. Posso vê-los? Humm... (*Escreve no quadro branco.*) Vocês tiveram pensamentos diferentes durante o almoço no Applebee's, mas todos relataram o sentimento de depressão. Mãe, você pensou "Nada mudou e voltamos à estaca zero. Esse problema será interminável". Pai, você pensou "Ele continua igual... um garoto teimoso, obstinado, que se recusa a fazer as coisas mais simples para ajudar a família. Alex está fora de controle e não há nada que eu possa fazer para ajudá-lo". Quanto a você, Alex, está pensando "Não faz diferença nenhuma comer as batatas fritas ou o *cheeseburger* primeiro. Por que diabos eles implicam com isso? Adoram pegar no meu pé por qualquer coisa. Quando farei algo que seja certo para eles?". Todos podem olhar para o que está no quadro [Figura 16.5]. O que passa pela cabeça de vocês quando enxergam esses pensamentos escritos aqui?

ALEX: Estamos f*rrados.

MÃE: Alex!

PAI: Dobre a língua, rapazinho!

TERAPEUTA: Certo, agora, tudo está em um nível mais básico. Podemos combinar não julgar ou censurar a expressão honesta de alguém, mesmo que seja incômoda ou agitada? (*A família acena positivamente.*) Qual emoção vocês sentem ao ver esses registros de pensamentos?

ALEX: Uma tremenda depressão.

TERAPEUTA: E a mãe e o pai?

PAI: Claro, estamos deprimidos.

Membro da família	Sentimento	Pensamento
Mãe	Deprimido (8)	Nada mudou. Voltamos à estaca zero. Os problemas serão intermináveis.
Pai	Zangado (9)	Continua o mesmo. Obstinado... teimoso... se recusa a fazer as coisas mais simples para ajudar a família. Está fora de controle e não posso fazer nada para ajudá-lo.
Daniel	Deprimido (8)	Que diferença faz comer as batatas fritas ou o cheeseburger primeiro? Por que diabos eles implicam com isso? Adoram pegar no meu pé por qualquer coisinha. Quando farei algo que seja certo para eles?

FIGURA 16.5 REGISTRO DE PENSAMENTOS DE ALEX E SUA FAMÍLIA SOBRE O "PITI" NA HORA DO ALMOÇO.

MÃE: Sinto vontade de chorar.

TERAPEUTA: Certo. Vamos olhar mais de perto esses pensamentos, aplicando algumas das habilidades que já aprendemos. Resumindo: mãe, você julga que as coisas nunca mudarão; pai, você se considera impotente para transformar seu filho; e Alex, você pensa ser impossível fazer as coisas certas segundo a percepção de seus pais. Assim, o que todos vocês têm em comum?

MÃE: Estamos todos nos sentindo desesperançosos e nos consideramos impotentes para mudar as coisas.

TERAPEUTA: Exato! E o que acham do fato de todos vocês terem o mesmo pensamento?

PAI: Deprimente.

ALEX: Mas pelo menos temos algo em comum!

Como a família veio para a sessão em um estado de perturbação emocional, a primeira medida do terapeuta foi acrescentar um bom nível de estruturação. Ele transcreveu literalmente o diário de pensamentos de cada um e estabeleceu algumas regras para continuar. Além disso, de modo persuasivo, resumiu os pensamentos, aumentando sua transparência. Talvez isso tenha contribuído para aumentar a flexibilidade e as perspectivas de Alex (p. ex., "Mas pelo menos temos algo em comum!"). Vamos ver o que aconteceu.

TERAPEUTA: Então, como é perceber que vocês têm algo em comum e, quem sabe, até compartilhar boas risadas neste momento?

MÃE: Acho que pode ser melhor. Talvez as coisas não sejam tão sombrias como eu pensava.

PAI: É um alívio cômico, mas não resolve o problema.

TERAPEUTA: Podemos contar com o pai para retomar o foco! (*Dá risada.*) Então, vamos verificar os conjuntos de pensamentos que indicam que todos vocês estão impotentes e desesperançosos. (*Vai até o quadro branco.*) Quais são alguns fatos que apoiam a ideia de vocês estarem completamente impotentes e desesperançosos?

PAI: Bem, para começar, voltamos aqui 4 horas após Alex receber alta.

TERAPEUTA: Certo, e o que mais?

MÃE: Ben e Alex continuam brigando muito.

PAI: Alex chorou e gritou no restaurante.

ALEX: Você me provocou, pai.

PAI: (*Tentando manter a calma.*) E ele nos desrespeitou com xingamentos.

TERAPEUTA: (*Escreve no quadro.*) [Figura 16.6] Certo. Quais são os outros fatos que convencem a família toda de que vocês estão impotentes e desesperançosos? E quanto a você, Alex? Você não falou nada.

ALEX: Meu pai continua pegando no meu pé.

TERAPEUTA: Mãe, quer acrescentar alguma coisa?

MÃE: Há conflito e tensão demais. Isso até me causa dor nas costas.

TERAPEUTA: Certo, incluirei na lista o conflito intenso e a dor nas costas. O que mais precisa estar na lista? Bem, a lista parece estar completa para todos vocês. Agora, vamos olhar para a outra coluna. Existem fatos que os fazem duvidar de que estão impotentes e desesperançosos?

PAI: Nenhum. É por isso que estamos aqui, *não é*?

ALEX: (*Sarcasticamente.*) Legal, pai... isso que é ser otimista.

MÃE: Eu só queria que os dois parassem de se provocar.

TERAPEUTA: Alex, o que você acha que está faltando?

ALEX: Bem, falta uma coisa. Eu parei de me cortar.

TERAPEUTA: Excelente, Alex... Todos concordam que isso pode entrar na lista?

MÃE E PAI: Sim.

MÃE: Pelo menos estamos conversando.

TERAPEUTA: O que mais mudou nas últimas duas semanas?

MÃE: Alex tem sido mais legal com seus irmãos e, enquanto estava no hospital, escreveu alguns bilhetes amáveis e sinceros para mim.

PAI: Eu não sabia disso.

TERAPEUTA: Pai, o que está acontecendo que não aconteceria se vocês estivessem impotentes e desesperançosos?

PAI: Não sei.

TERAPEUTA: O quanto você está aberto a essas novas informações?

Fatos que nos convencem de que somos impotentes e desesperançosos	Explicações alternativas aos fatos convincentes	Fatos que nos fazem duvidar de que somos impotentes e desesperançosos
Voltar a uma sessão logo após sair do internamento.	Talvez, criar muitas expectativas em pouco tempo.	Alex parou de se cortar.
	Estar animado por ir para casa e "ficar livre".	Os membros da família estão falando uns com os outros.
		Alex escreveu bilhetes para a mãe enquanto estava internado.
As brigas entre Alex e o pai continuaram.	O pai também ficou bastante "alterado".	
Alex chorou e gritou.	Mera reação ao ficar chateado.	Alex está se comportando melhor com os irmãos.
Alex está falando palavrões e agindo com desrespeito.	Mera reação ao ficar chateado.	O pai está mais aberto a novas informações.
Pai continua pegando no pé de Alex.	Pai "tenta fazer o seu melhor" e tem um modo "estranho" de mostrar que se importa.	
Muita tensão na família.	Só um sinal de estresse.	
A mãe tem dor nas costas.	Só um sinal de estresse.	

FIGURA 16.6 TESTE DE EVIDÊNCIA PARA ALEX E SUA FAMÍLIA.

PAI: Relativamente aberto.

TERAPEUTA: Se as coisas estivessem impotentes e desesperançosas, você estaria aberto a novas informações?

PAI: Acho que não.

TERAPEUTA: Mãe e Alex, qual é a dimensão da mudança que representa a maior abertura do pai a novas informações, inclusive até conversando sobre pensamentos e sentimentos? Qual é o tamanho dessa mudança?

MÃE: Uma grande mudança. É um sopro de ar fresco.

ALEX: Sem dúvida, já é uma mudança.

TERAPEUTA: Bem, então lá vai uma pergunta para todos vocês: se houve essa mudança com o pai, o quanto vocês estão impotentes e desesperançosos?

MÃE: Acho que nem tanto quanto eu pensava.

TERAPEUTA: Certo, vamos manter isso em mente e avançar para a próxima coluna. Quero que vocês analisem os fatos de novo e se perguntem qual poderia ser uma explicação alternativa para cada um desses fatos. Que outro motivo pode existir para voltar à clínica, logo após Alex receber alta, além de vocês estarem impotentes e desesperançosos?

MÃE: Talvez tenhamos criado muitas expectativas em pouco tempo.

TERAPEUTA: Certo. Alguma outra possibilidade?

ALEX: Bem, quanto a mim, eu estava superentusiasmado por ir para casa e almoçar no restaurante. Simplesmente curti estar com meus pais e me sentir livre, ter liberdade para comer minhas batatas fritas.

PAI: Eu não sabia disso!

TERAPEUTA: Perfeito! Todo mundo está aprendendo alguma coisa nova hoje. Que tal pensarmos em outra explicação para que as brigas entre o pai e Alex tenham continuado?

PAI: Talvez eu também estivesse um pouco alterado! Está faltando Deus em nossos corações... Preciso me esforçar mais, ter mais paciência, perdoar e compreender... Mas estou tentando.

TERAPEUTA: Que tal outra explicação para Alex ter chorado e gritado?

MÃE E PAI: Ele só estava chateado.

ALEX: Eu estava mesmo!

TERAPEUTA: Acho que estamos fazendo progressos. Vamos conferir só mais duas coisinhas. Existe outra explicação para a sua impressão de que Alex proferiu xingamentos e foi desrespeitoso?

PAI: Acho que também podemos creditar isso ao fato de ele estar chateado.

TERAPEUTA: Alex, como é ouvir seu pai e sua mãe falando essas coisas?

ALEX: Ótimo... Eu me sinto melhor.

TERAPEUTA: Alex, que tal outra explicação para o seu pai estar sempre pegando no seu pé?

ALEX: O meu pai está tentando fazer o seu melhor. Ele pensa que, sendo rigoroso em relação a tudo, me tornará uma boa pessoa. De uma maneira estranha, quando ele pega no meu pé, demonstra que se importa comigo.

PAI: Alex, isso é muito inteligente e maduro. Eu pego no seu pé porque me importo com o que você faz.

TERAPEUTA: Pai, antes de vir aqui, hoje, o quanto julgava ser provável que acabaria elogiando Alex por sua maturidade?

PAI: Improvável.

TERAPEUTA: Todos vocês estão trabalhando duro e fazendo mudanças aos olhos uns dos outros. E com relação aos dois últimos fatos: excesso de tensão e dor nas costas?

MÃE: Refletindo mais sobre o assunto, não vejo que isso significa que estamos impotentes e desesperançosos. A meu ver, apenas significa que o meu estresse se reflete em minhas costas e sinto dor. Só porque há tensão, não significa que estamos impotentes e desesperançosos.

TERAPEUTA: Todos vocês estão trabalhando duro. Temos ainda uma última e árdua tarefa para fazer. Comparem as três colunas. Os fatos que os convencem de que estão impotentes e desesperançosos, os fatos que os fazem duvidar de que estão impotentes e desesperançosos e as explicações alternativas para os fatos. O que podemos concluir com base nessas informações?

ALEX: É muita coisa para olhar.

MÃE: Parece que estamos tirando conclusões precipitadas. Quando as coisas dão errado, parece que tendemos a nos sentir impotentes e desesperançosos.

TERAPEUTA: Vamos registrar isso. Pai e Alex, o que vocês acham sobre a conclusão da mãe?

ALEX: Parece legal.

PAI: Realmente, ignoramos outras coisas quando reagimos assim. Meio que nos esquecemos das coisas e acabamos nos exaltando emocionalmente.

TERAPEUTA: Acrescentarei isso à sua conclusão. Alex, tem algo a acrescentar?

ALEX: Talvez, quando nos exaltamos e tudo o mais, procuramos alguém para culpar e culpamos uns aos outros.

TERAPEUTA: Então, resumindo, essa é a conclusão a que vocês chegaram. Tiramos conclusões precipitadas e caímos na posição de nos considerarmos impotentes e desesperançosos. Ignoramos outras coisas quando reagimos com emoções exaltadas, quando somos completamente tomados pelo emocional, e procuramos culpar uns aos outros. O quanto isso é exato?

MÃE: Somos assim. (*Pai e Alex acenam positivamente.*)

TERAPEUTA: Isso significa que vocês estejam impotentes e desesperançosos? (*Os membros da família balançam negativamente a cabeça.*) Então, acrescentarei o seguinte à sua conclusão: "Mas isso não significa que estamos impotentes e desesperançosos". O quanto isso muda seus sentimentos?

PAI: Acho que "apagamos o incêndio".

Esse longo diálogo destaca vários pontos relevantes sobre a reestruturação cognitiva com famílias. Em primeiro lugar, é importante lembrar que aplicar as técnicas cognitivas no contexto de excitação emocional negativa é uma estratégia eficaz. Em segundo lugar, o terapeuta conferiu sistematicamente a opinião de cada membro da família e manteve-se colaborativo ao longo do difícil processo. Em terceiro lugar, o terapeuta captou uma mudança de humor, quando Alex fez um comentário engraçado durante a sessão. O terapeuta processou metodicamente um teste de evidências com a família. Ele fez uso do quadro branco, para que cada familiar pudesse visualizar os dados e participar da descoberta orientada. Além disso, como o processo foi árduo e emocionalmente exaustivo, o terapeuta repetidamente incentivou os familiares com reforço positivo para seus esforços (p. ex., "Essa família está trabalhando em conjunto."). Assim que a conclusão foi elaborada, o terapeuta certificou-se de que todos os membros tivessem a oportunidade de contribuir e comentar a exatidão da conclusão.

Existem vários desenvolvimentos possíveis para a restruturação cognitiva com famílias. Greco e Eifert (2004) enfatizaram objetivar os problemas familiares, encarando-os sob o prisma de terceiros. Dessa forma, os membros da família desfrutam de um "desapego unificado" em relação ao problema. Por exemplo, um problema pode ser colocado em uma cadeira vazia. Um quadro branco ou uma folha de cartolina pode ser colocada no lugar. Os elementos do problema e a percepção da família podem ser escritos na cartolina. Em seguida, cada membro da família pode abordar o problema e tentar criar opções para a resolução de problemas.

Friedberg (2006) baseou o procedimento *Janela de Aceitabilidade* no trabalho de Greco e Eifert. Nesse exercício, os familiares desenham suas percepções sobre o tamanho da janela de aceitabilidade da família. Por exemplo, para uma família vista como aberta a aceitar uma ampla gama de pensamentos, sentimentos e comportamentos, a janela seria grande. Por outro lado, para uma família percebida como excessivamente crítica, moralista e propensa a rejeitar pensamentos, sentimentos e comportamentos que não se enquadrem estritamente nos limites de aceitabilidade definidos, a janela seria significativamente menor. Os terapeutas podem incentivar cada membro da família a compartilhar suas janelas. As semelhanças e as diferenças entre as percepções são comparadas. Na segunda parte do exercício, os atos julgados aceitáveis são colocados dentro da janela e os atos considerados inaceitáveis são representados fora dela.

O Quadro-síntese 16.1 traz algumas dicas para o terapeuta lembrar durante a reestruturação cognitiva com famílias.

ENSAIOS COMPORTAMENTAIS

Ensaios comportamentais são oportunidades vivenciais muito semelhantes aos experimentos e às exposições (ver Capítulo 8). O ensaio é um esforço encenado pelo terapeuta para trazer à sessão um conflito familiar externo à sessão, para que os familiares possam demonstrar como lidam com esse conflito (Goldenberg & Goldenberg, 2012, p. 292). Em um ensaio comportamental, o terapeuta obtém o privilégio de ver os padrões de interações familiares patológicas em toda a sua glória ignominiosa, além de ter a oportunidade de remodelar os padrões comportamentais dos membros da família. Minuchin e Fishman (1981) observaram apropriadamente que "Quando os membros da família encenam (*enact*) uma transação, as regras gerais que controlam seus comportamentos assumem com uma intensidade afetiva semelhante ao que se manifesta em suas operações rotineiras em casa" (p. 80). Simplificando, os ensaios lhe permitem intervir em tempo real com as famílias. O ensaio explicita as cognições, as emoções e os comportamentos interpessoais originalmente implícitos. Os ensaios comportamentais abrem as cortinas para revelar os padrões de interação familiar, revelando o palco nu onde os dramas familiares são en-

---

QUADRO-SÍNTESE 16.1 DICAS PARA REESTRUTURAÇÃO COGNITIVA COM FAMÍLIAS

- A reestruturação cognitiva com famílias envolve uma conscientização sistêmica.
- Fique alerta para as mudanças de humor no decorrer da sessão.
- Se estiver disponível, use um quadro branco para acompanhar a reestruturação cognitiva.
- Mantenha uma abordagem sistemática equilibrada, organizada e flexível.

cenados. Jogos de tabuleiro, exercícios de teatro, artesanato e jogos eletrônicos cumprem perfeitamente a função como experimentos familiares potenciais.

Um experimento simples no trabalho familiar envolve pais e filhos em uma atividade de colorir. Os pais recebem a tarefa de instruir seu filho a colorir uma parte de uma imagem específica (p. ex., colorir de cor-de-rosa as pétalas de uma flor), e depois reforçar a criança pela complacência. O experimento com a atividade de colorir fornece em primeira mão aos clínicos conhecimentos sobre como os pais realmente fazem solicitações e entregam consequências. Da mesma forma, também pode propor aos pais uma prática direta em dar comandos, bem como em reforçar seus filhos.

Ruby e Ruby (2009) descreveram o uso de um exercício de improvisação teatral chamado *Apontar e Não Dizer*. Nesse jogo bem adaptado ao trabalho familiar, uma pessoa aponta para um objeto (p. ex., uma caneta) e o outro jogador responde, dando ao objeto um nome diferente do seu nome real (p. ex., espaguete). Ruby e Ruby observaram que o jogo pode revelar padrões interacionais característicos, como crítica, desprezo e inibição.

Analise o seguinte exemplo de outro experimento simples. A família de Jackson era marcada por altos níveis de conflito. O sr. Jackson era um engenheiro que imprimia sua intensa mentalidade de consertador e solucionador de problemas a todas as coisas. "Eu agilizo as coisas", explicava ele. Para o sr. Jackson, o sucesso, a obtenção de resultados e a eficiência eram virtudes primordiais. Ele não via qualquer necessidade de processar pensamentos e sentimentos. As instruções eram seguidas "ao pé da letra" e as tarefas eram "executadas à risca". A sra. Jackson, professora do jardim de infância, era muito carinhosa e focada no bem-estar emocional das pessoas. Ela admitiu: "Sou o coração da família. Meu marido é o cérebro". Não é de surpreender que houvesse um considerável desacordo sobre as práticas de educação dos filhos e a disciplina.

Marcus, o filho mais velho, de 13 anos, destacava-se na maioria das atividades, era popular com os colegas e obtinha distinção nas notas acadêmicas, nos esportes e nas atividades da igreja. Ele mostrava uma atitude de "posso fazer" expressa por meio de raríssimas emoções negativas, obedecia às regras e voluntariamente envolvia-se em muitas novas atividades. Henry, o paciente identificado, de 9 anos, era medroso, tímido e reticente. Na escola, era um bom aluno, mas não era excelente. Apresentava muitas queixas somáticas e preferia ficar jogando no computador em casa, do que ir à reunião dos escoteiros. Além disso, Henry não era hábil do ponto de vista atlético. "Meu pai e eu estamos sempre discutindo", admitiu ele. Quando seu pai lhe pedia para fazer suas tarefas, Henry propositadamente o desafiava, deixando o pai muito irritado. Henry explicou: "Sei que ele prefere ter um filho como Marcus e acha que sou um 'filhinho da mamãe'. Por que faria as coisas que ele pede?".

O terapeuta decidiu tentar um experimento comportamental que poderia reorganizar o equilíbrio familiar. Em uma sessão, o terapeuta apresentou a ideia de um jogo. O terapeuta dividiu a família em duas equipes. A mãe e Marcus formaram uma equipe, ao passo que Henry e o pai formaram o segundo time. Aconteceu o seguinte diálogo.

HENRY: Que coisa esquisita.
TERAPEUTA: O que é esquisito, Henry?
HENRY: Em geral, o pai e o Marcus fazem dupla. Não costumo jogar no time do meu pai.
TERAPEUTA: É justamente essa a ideia do jogo. Gostaríamos de que todos pudessem participar do time do outro.
MARCUS: O que vamos jogar?
TERAPEUTA: Vamos tentar o Mario Kart, no Wii.
HENRY: Legal, eu adoro esse jogo.
MARCUS: Esse jogo é uma chatice.
PAI: Não sou bom em jogos eletrônicos. Eles me causam tontura.
MÃE: Marc, você e seu pai já estão querendo mudar os times. Vamos tentar, primeiro.

HENRY: Fica frio, pai. Eu ajudo você no jogo. (*O pai encolhe os ombros.*)

TERAPEUTA: Pai, como foi ouvir isso do Henry?

PAI: O que você quer dizer? Ouvir o quê?

TERAPEUTA: Henry, por favor, repita o que você disse para o seu pai.

HENRY: Pai, eu falei: "Fica frio, pai, eu ajudo você no jogo".

TERAPEUTA: Pai, como foi ouvir isso?

PAI: Não sei. Parece-me positivo que o Henry se sinta à vontade nesse jogo.

TERAPEUTA: Você parece inseguro.

PAI: Umm, não. É bom sim.

MÃE: Samuel [o pai], por que não deixa Henry se sentir bem consigo mesmo por ajudá-lo?

PAI: Estou deixando! Vamos jogar logo. Só não estou entendendo o atrativo do jogo.

TERAPEUTA: Pai, posso fazer uma pergunta?

PAI: Vá em frente.

TERAPEUTA: Como é não entender o atrativo do jogo para Henry?

PAI: Não sei direito. Apenas estranho.

TERAPEUTA: Estranho, em que sentido?

PAI: Não sei. Como ele consegue gostar de algo assim? Não sei nada sobre isso. É diferente, nada mais.

TERAPEUTA: E o fato de você não saber nada sobre isso, de ser diferente, significa que...?

PAI: Não tenho ideia de como me relacionar com ele em relação a isso.

MÃE: Por que não tenta?

PAI: É isso que pensei que estava tentando fazer!

HENRY: Vamos lá, pai, vai ser divertido.

MARCUS: Não, não vai. Esse jogo é uma droga.

HENRY: Cala a boca, Marcus.

MARCUS: Cala a boca você.

PAI: Já chega, meninos!

TERAPEUTA: Vamos dar um passo atrás e analisar o que está acontecendo. Marcus, o que está passando por sua cabeça?

MARCUS: Sei o que meu pai está pensando. Ele quer jogar um jogo de verdade, como futebol, hóquei ou basquete. Sobre isso, ele entende.

TERAPEUTA: E você quer que as coisas continuem assim.

MARCUS: Claro, por que não? Esses esportes são legais.

TERAPEUTA: Só uma pergunta: se vocês só jogarem basquete, hóquei ou futebol, qual a chance de Henry se destacar?

MÃE: Nenhuma. Isso mesmo. Eu entendo.

TERAPEUTA: E Marcus, como seria deixar Henry brilhar um pouco?

MARCUS: Estou confuso.

HENRY: Sim, eu posso brilhar no Mario Kart.

TERAPEUTA: Pai, o que você conclui disso?

PAI: Isso é como uma ducha de água fria. Nunca pensei que pudesse estar impedindo Henry de brilhar.

A experiência quase imediatamente suscitou fortes reações da família. O terapeuta rapidamente aproveitou a interação entre Henry e seu pai (p. ex., "Pai, como foi ouvir isso do Henry?"; "Como é não entender o atrativo do jogo para Henry?"; "E o fato de você não saber nada sobre isso, de ser diferente, significa que...?"). A experiência provocou muitos pensamentos automáticos interativos. Além disso, os padrões familiares irromperam com Marcus e seu pai trabalhando para manter as configurações familiares típicas. O terapeuta, então, aproveitou o momento para fazer perguntas socráticas (p. ex., "Se vocês só jogassem basquete, hóquei ou futebol, qual a chance de Henry se destacar?"; "Como seria deixar Henry brilhar um pouco?"). O ensaio acrescentou transparência aos processos familiares automáticos até então despercebidos. O terapeuta ajudou o pai de Henry a derivar uma nova conclusão a partir do padrão familiar aparente (p. ex., "Isso é como uma ducha de água fria. Nunca pensei que pudesse estar impedindo Henry de brilhar."). A família continuou o jogo, e Henry e seu pai gostaram de estar no mesmo time, bem mais do que inicialmente previsto. A família recebeu uma tarefa para fazer em casa: deixar Henry liderar duas atividades e deixar Marcus liderar duas atividades ao longo da semana seguinte.

O *artesanato em família* é um experimento comportamental que permite ver a maneira como as famílias resolvem problemas. O artesanato envolve dar e receber instruções, designar funções, tolerar frustrações e aceitar imperfeições. (Para uma descrição mais completa, ver Friedberg, 2006; Friedberg et al., 2009.) O terapeuta familiar cognitivo-comportamental processa esses momentos com um olhar aguçado, concentrado nos pensamentos e sentimentos dos membros da família.

Analise o exemplo da família a seguir. Missy, de 14 anos, sofria de ansiedade e fortes receios de perder o controle. A mãe de Missy, a sra. Sarah Blunt, era altamente controladora e superprotetora. Agia de modo bastante intrusivo e, conforme as queixas de Missy, "Além de se intrometer em meus assuntos, quer me ensinar a comprar um top esportivo. É constrangedor". O pai de Missy, o sr. Jerry Blunt, tinha um estilo bem mais *laissez faire* (liberal). Missy comentou: "Ele é legal, mas meio careta. Não invade o meu espaço e me deixa fazer as minhas coisas". Durante as sessões, o comportamento supercontrolador da sra. Blunt tornava-se bastante predominante. Ela mudava a posição dos elásticos que prendiam o cabelo de Missy, mandava a filha "sentar direito" e "falar claramente na sessão". A menina demonstrava uma sensação urgente de ter que manter tudo sob controle, caso contrário as consequências poderiam ser desastrosas.

Após Missy, a mãe e o pai dela concluírem os módulos de psicoeducação, automonitoramento e cognitivo, chegando o momento do experimento comportamental com o artesanato familiar. Eu (R.D.F.) designei à sra. Blunt o papel de observadora, em que deveria assistia o desdobrar da tarefa e registrar seus pensamentos e sentimentos. A tarefa de Missy envolvia completar a missão com a ajuda do pai. O diálogo a seguir ilustra momentos terapêuticos importantes.

MISSY: Eu gosto dessa tarefa. A gente precisa fazer algo e a minha mãe tem que ficar de bico calado. (*O pai e Missy dão uma risadinha.*)

MÃE: Missy, comporte-se!

MISSY: Ei! Ela desrespeitou as regras! Dr. Bob, ela *tem permissão* para falar?

TERAPEUTA: Essa experiência está funcionando muito bem. Logo nos primeiros minutos, Missy e a mãe já estão lutando pelo controle.

MISSY: Puxa vida! Ele pegou você, mãe.

MÃE: Missy, pare. Você é *tão* competitiva.

TERAPEUTA: Tudo bem, mãe, escreva o que passa em sua mente. E pai, pode anotar o que está passando por sua mente agora.

Neste ponto, intervi imediatamente, processando os pensamentos e sentimentos da mãe e do pai de Missy em relação à iminente batalha por controle. Vejamos o que aconteceu.

TERAPEUTA: Então, mãe, quais foram seus pensamentos?

MÃE: Missy está sendo grosseira. Sou a mãe dela e isso reflete mal em mim. É melhor que eu a corrija, caso contrário ela criará o hábito de desrespeitar as pessoas mais velhas e ter problemas na escola.

TERAPEUTA: Não é de se admirar que isso tenha suscitado emoções tão fortes. E quanto a você, pai?

PAI: Não sei. A meu ver, Sarah só precisa dar algum espaço a Missy. Ela só está agindo como uma adolescente de 14 anos de idade normal. Sabe como é... desagradável. Às vezes, é preciso relevar algumas coisas.

MISSY: PAI! Que grosseiro!

TERAPEUTA: Certo. Vou resumir o que temos até agora. Mãe, você fica ansiosa diante de qualquer mau comportamento, real ou percebido, de Missy e se sente pressionada a corrigi-la, pois isso pode refletir mal em você ou Missy pode adquirir maus hábitos. Você quer garantir que isso não aconteça. Pai, você está disposto a dar mais espaço a Missy, para que ela possa cometer erros mais típicos de uma garota de 14 anos.

PAI: É um resumo exato a meu ver.

MÃE: Parece bom. E quanto a Missy?

TERAPEUTA: Boa pergunta. Missy, o que passou por sua cabeça em relação ao nosso exercício?

MISSY: Humm... Eu queria que a mãe parasse de se intrometer em meus assuntos. Ela é doente por controle.

MÃE: Sou doente por controle por você ser tão descontrolada e confusa com tudo.

TERAPEUTA: Certo. Vamos ver como isso acontece em nossa experiência. Pai, você lê as instruções. Missy, você faz a pulseira, e mãe, você continua sendo a observadora, registrando seus pensamentos e sentimentos.

(*A família reinicia as tarefas.*)

PAI: Tá legal. As instruções dizem que: para fazer a pulseira, primeiro temos que cortar 15 cm do cordão elástico. Então, vá em frente e faça isso.

MISSY: Odeio estas réguas com todos estes risquinhos. Onde está a marca dos 15 cm? Hum... acho que encontrei.

Mãe: (*Tornando-se visivelmente inquieta.*) Mostre a ela. Missy vai...

TERAPEUTA: (*Interrompendo a mãe de Missy.*) Por favor, Sarah, a sua função não inclui falar. Só escreva o que está pensando e sentindo.

MISSY: Prontinho! Acho que acertei.

PAI: Ótimo. O próximo passo é pegar seis berloques, quatro miçangas azuis, cinco miçangas verdes, três espaçadores de cristal e quatro miçangas vermelhas e encadeá-los...

MISSY: (*Interrompendo o pai.*) *Odeio* verde. Em vez disso, posso usar somente as miçangas azuis e vermelhas? São as cores da minha escola.

PAI: Claro, por que não? Se você prefere.

Mãe: (*Tornando-se mais inquieta, batendo a caneta no bloquinho.*) Ai, *pelo amor de Deus!* Siga as *malditas* instruções e diga a ela o que fazer!

MISSY: Mãe! Fica fria. Nossa... (*O pai parece abalado e seu rosto fica vermelho.*)

TERAPEUTA: Sarah, anote o que está passando por sua cabeça neste momento. Pai, você e Missy podem fazer o mesmo.

MISSY: A mãe é doida. É só uma pulseirinha de nada.

TERAPEUTA: E quanto a você, pai?

PAI: Sarah acha que sou inepto. Sou muito mole com a Missy. Minha esposa acha que ela está me manipulando e que sou um frouxo.

TERAPEUTA: Sarah, o que você escreveu?

MÃE: Isso é um pouco embaraçoso. Anotei que Jerry é covarde! Ele é incapaz de sequer dar as instruções para Missy fazer uma maldita pulseira. É muito cansativo ficar assistindo a isso. Se eu a estivesse ajudando, a maldita coisa já estaria pronta e poderíamos seguir em frente.

TERAPEUTA: Vamos analisar com mais cuidado as coisas que estão passando na cabeça de cada um de vocês. Jerry, como se sente quando tem esses pensamentos?

PAI: Desanimado e triste. Não quero que a minha esposa me considere inepto e frouxo.

TERAPEUTA: E o seu palpite sobre o que Sarah estava pensando foi bastante exato. Sarah, como se sente quando essas coisas passam pela sua cabeça?

MÃE: Com raiva e irritada. Eu preciso assumir a liderança para que as coisas sejam feitas.

TERAPEUTA: Percebo como isso pode ser cansativo, mas você considera Jerry covarde e inepto?

MÃE: Não. Na verdade, não. É apenas minha raiva falando. Ele só quer manter a paz.

TERAPEUTA: Como impedimos que a raiva roube sua voz?

MÃE: Não entendi aonde você quer chegar.

TERAPEUTA: Se você realmente não considera Jerry fraco e incompetente, o que é tão irritante?

MÃE: Que essas coisas estejam fora do meu controle.

TERAPEUTA: Certo. Então, a raiz de tudo é as coisas escaparem ao seu controle, mas o que tem de tão ruim nisso?

Mãe: (*Começando a chorar.*) O meu trabalho é garantir que tudo dê certo.

PAI: Sarah, você *faz* as coisas certo. Você apenas se esforça demais.

MISSY: Sim, mãe. Na maior parte do tempo, as coisas estão bem e eu consigo me virar se algo dá errado. Não entrarei em colapso se as coisas não saírem perfeitas.

TERAPEUTA: Sarah, como é ouvir o que o pai e Missy acabaram de dizer?

Mãe: (*Com os olhos marejados.*) É confuso. Não quero ser preguiçosa. Quero dar o melhor que puder de mim como esposa e como mãe.

MISSY: Mãe, você não precisa ser perfeita. Está tudo bem.

PAI: Você é excelente assim como é. Nós a amamos, mesmo não sendo perfeita e tentando ser perfeita o tempo inteiro.

TERAPEUTA: Missy e pai, como vocês se sentem dando esse *feedback* à mãe?

MISSY: É maravilhoso. Ela está nos deixando ver que é gente como a gente.

PAI: Para mim, é um pouco confuso. Sinto-me bem em dizer-lhe isso, mas é ruim saber que ela fica se cobrando e se pressionando tanto.

TERAPEUTA: Mãe, o que você conclui disso?

MÃE: Talvez Missy não seja tão frágil quanto eu pensava. Talvez ela consiga lidar com as coisas melhor do que eu consigo, ou conseguiria, quando nada sai conforme o planejado.

MISSY: Mãe, eu *consigo*. Não sou frágil.

TERAPEUTA: Certo, vamos colocar tudo isso no papel. Vamos retomar o exercício e fazer uma pulseira imperfeita não concluída de acordo com o plano. Que tal?

MISSY: Mãe, concorda com isso?

MÃE: Vai ser difícil... mas posso tentar.

Missy e sua mãe se envolveram em uma disputa por controle, quase imediatamente. A mãe de Missy rapidamente identificou seus pensamentos automáticos (p. ex., "Ela está sendo grosseira. Como sua mãe, isso reflete mal em mim. É melhor que eu a corrija ou ela terá problemas na escola."). Felizmente, o experimento rendeu ações prontas e intensas, de modo que o terapeuta resumiu o processo. À medida que a tarefa progredia, a mãe de Missy foi se tornando cada vez mais agitada. As cognições de cada membro da família inevitavelmente foram deflagradas. O terapeuta cometeu um erro no meio do processamento socrático, ao fazer uma pergunta excessivamente abstrata (p. ex., "Como impedimos a raiva de roubar a sua voz?"). No entanto, ele se corrigiu, fazendo uma pergunta mais concreta (p. ex., "Se você realmente não considera Jerry fraco e incompetente, o que é tão irritante?"). O terapeuta utilizou as reações de Missy e seu pai *in vivo* como dados para testar as hipóteses da mãe de Missy (p. ex., "Missy e pai, como vocês se sentem dando esse *feedback* à mãe?"; "Mãe, o que você conclui disso?").

Vejamos o exemplo de outra família. Taylor é uma jovem de 14 anos que sofria de depressão e acreditava que sua mãe (solteira) não a conhecia realmente e que ambas tinham pouco em comum. A terapeuta dela convidou Taylor e sua mãe para praticar um experimento comportamental chamado *Conhecendo Você*. Em Conhecendo Você, um membro da família tenta acertar as respostas do outro. Para acertar, você deve saber coisas sobre a outra pessoa. Por exemplo, em uma rodada, uma pergunta é feita à mãe de Taylor (p. ex., "Qual é a cor favorita de Taylor?"). Taylor precisa escrever a cor e a mãe tem que adivinhar. Em seguida, na próxima rodada, Taylor deve adivinhar a cor preferida de sua mãe. Vence quem souber mais sobre o outro ou acertar mais respostas. O diálogo a seguir ilustra o processo.

TERAPEUTA: Taylor, você imagina que sua mãe não a conhece direito. Está disposta a fazer uma brincadeira rápida e divertida para verificar essa hipótese?

TAYLOR: Acho que sim.

TERAPEUTA: E quanto a você, mãe?

MÃE: Certo.

TERAPEUTA: O jogo é assim. Farei uma pergunta sobre Taylor a você, mãe. A Taylor escreverá a resposta num pedaço de papel e, depois, a revelará. Na próxima vez, inverteremos e, então, farei uma pergunta sobre você a Taylor. Vence quem fizer o maior número de acertos. Começaremos com perguntas fáceis e, depois, partimos para as mais difíceis. O que vocês duas acham?

TAYLOR: Legal.

MÃE: Bom.

TERAPEUTA: Então, a primeira pergunta é para a mãe da Taylor. Taylor, você escreve a resposta, mas não esqueça: só fale em voz alta depois que sua mãe escrever. Após sua mãe falar a resposta, você não poderá mudar o que escreveu. Certo? Lá vai a primeira pergunta. Mãe, qual é a cor favorita de Taylor? Lembre-se: espere um pouco para dizer sua resposta. Só pode falar depois que Taylor escrever.

MÃE: Essa é fácil... preto.

TERAPEUTA: Taylor, o que você anotou?

TAYLOR: Preto.

TERAPEUTA: Então, marcamos 1 ponto para a mãe. Taylor, qual é a cor favorita de sua mãe? Lembre-se: só diga em voz alta depois que sua mãe tiver escrito a resposta. Certo, qual é a cor, Taylor?

TAYLOR: Acho que é rosa.

TERAPEUTA: Mãe, a resposta está certa?

MÃE: Eu adoro cor-de-rosa. Sim, essa é minha cor favorita. Ela acertou em cheio.

TERAPEUTA: O placar está 1 a 1. Segunda pergunta: Mãe, qual é comida predileta de Taylor?

MÃE: Enrolado de salsicha com massa de *pretzel* na rede de lanchonetes Auntie Anne's.

TERAPEUTA: Taylor, está certo?

TAYLOR: Sim. Eu adoro comer isso sempre que vou ao *shopping*.

TERAPEUTA: Mãe está na frente por 2 a 1. Taylor, qual é comida predileta de sua mãe?

TAYLOR: Não sei. Não presto muita atenção a isso. Talvez ovos mexidos?

TERAPEUTA: Mãe, está certa a resposta?

MÃE: Não. Infelizmente, tem muitos pratos que eu adoro, então acho que não tinha como ela saber. Mas eu amo frango marsala.

TERAPEUTA: Então, não houve acerto. A mãe continua liderando por 2 a 1. A propósito, Taylor, você percebeu o que sua mãe acabou de fazer?

TAYLOR: Não. Como assim?

TERAPEUTA: Ela meio que perdoou você por não saber. O que você conclui disso?

TAYLOR: Não sei.

TERAPEUTA: É uma coisa interessante. Vamos retomar isso. Está pronta para mais perguntas?

A terapeuta começou a lançar os alicerces para o processamento socrático. A mãe de Taylor forneceu alguns dados ao desculpar Taylor pelo engano. Depois, a terapeuta prestará atenção às diferenças entre as compreensões mútuas da mãe e de Taylor, ao longo da sessão.

TERAPEUTA: Agora, vamos dificultar um pouquinho as perguntas. Mãe, o que deixa Taylor mais feliz?

MÃE: Estar com a turma dela ou ir com os amigos para algum lugar, ou comunicar-se com eles por dispositivos eletrônicos.

TERAPEUTA: Taylor, o que você anotou?

TAYLOR: Sair com amigos.

TERAPEUTA: Então, 3 a 1 para a mãe. Taylor, o que deixa a sua mãe mais feliz?

TAYLOR: Quando eu faço aquilo que ela quer que eu faça! Fazer o dever de casa, ser líder de torcida, algo mais ou menos como ser um "clone" dela.

TERAPEUTA: Mãe, o que você anotou?

MÃE: (*Dá risada.*) Um momento descontraído em família, por exemplo, como um jantar, ou fazer coisas em família.

TAYLOR: Praticamente acertei.

TERAPEUTA: (*Abre um sorriso.*) Verdade? Por que acha isso?

TAYLOR: Bem, é fazer o que ela quer.

MÃE: Taylor, isso está errado. Só quero que a gente se dê bem.

TERAPEUTA: Certo. Então, 3 a 1. A pergunta 4 é um pouco mais difícil. Mãe, o que mais irrita Taylor?

MÃE: Quando quero definir limites para ela. Sou uma víbora cruel para ela. Só quer fazer aquilo que quer e se ressente de meu envolvimento impondo-lhe regras.

TERAPEUTA: Taylor?

TAYLOR: ERROU, mãe! Para você, sou uma criancinha estúpida. Você me considera incapaz de fazer boas escolhas. É injusto. Você não me dá a chance de provar que estou crescendo.

TERAPEUTA: Certo. Sem pontos para a mãe. Vamos para a próxima rodada. Taylor, o que mais irrita a sua mãe?

TAYLOR: Eu não ser exatamente como ela é.

MÃE: Taylor, como você pode falar isso? Sabe que isso não é verdade. Não quero que você seja igual a mim.

TERAPEUTA: O que foi que você *disse*?

MÃE: Disse que fico louca quando Taylor se subestima e até mesmo se autossabota. Fico com raiva quando ela exclui a mim e ao pai dela.

TERAPEUTA: Uau! Vocês duas erraram feio sobre o que mais irrita cada uma. Vamos inverter um pouco isso. Mãe, o que você pensa sobre Taylor julgar que você a considera uma criancinha e não se dispõe a deixá-la provar que está crescendo?

MÃE: É difícil, porque às vezes ela age como uma criança mimada. Eu me preocupo com ela. Não quero que faça escolhas dolorosas. Quero que seja o melhor que puder.

TERAPEUTA: E se você apostar nela?

MÃE: Receio que ela não consiga.

TAYLOR: (*Em tom sarcástico.*) Excelente, mãe! Muito obrigada! Obrigada pelo voto de confiança.

TERAPEUTA: Taylor, como está se sentindo agora?

TAYLOR: Indignada por ela me considerar um bebê mimado que não pode fazer nada por conta própria.

TERAPEUTA: É assim que você a enxerga, mãe?

MÃE: Não. Ela é inteligente e pode ser muito madura. Apenas me preocupo com ela, com o que ela faz e com quem ela anda.

TERAPEUTA: Por que se preocupa tanto?

MÃE: Ela é minha filha preciosa. Eu a amo. (*Começa a chorar.*)

TERAPEUTA: Taylor, o que conclui do que sua mãe disse?

TAYLOR: Ela se preocupa DEMAIS!

TERAPEUTA: Por quê?

TAYLOR: (*Relutantemente.*) Ela me ama.

TERAPEUTA: Antes de nosso exercício de hoje, você pensava que sua mãe era movida por amor e preocupação, ou que desejava transformá-la em um clone dela?

TAYLOR: Pensava que esperava me transformar num clone dela.

TERAPEUTA: E o experimento parece apoiar isso ou não?

TAYLOR: Acho que não. É provável que ela não queira que eu seja um *clone* dela.

TERAPEUTA: Então, vamos anotar essa conclusão. Também vamos dar uma olhada no placar do jogo Conhecendo Você: está 3 a 1 para a mãe. Antes de começar o jogo, você dizia que sua mãe não lhe entendia nem a conhecia de verdade. Se ela não a entendesse ou não a conhecesse, como conseguiria marcar mais pontos do que você?

TAYLOR: Não sei.

TERAPEUTA: É confuso, não é?

TAYLOR: Bastante.

TERAPEUTA: Ótimo! Seria razoável admitir que ela a conhecia mais do que você imaginava?

TAYLOR: Acho que sim.

A terapeuta começou o jogo com perguntas não ameaçadoras, a fim de aumentar o conforto com a tarefa. Depois, a terapeuta respondeu com rapidez quando a mãe de Taylor ostensivamente a desculpou por não acertar as respostas (p. ex., "Infelizmente, tem muitos pratos que eu adoro, então não tinha como ela saber."). À medida que o jogo progredia com perguntas mais provocativas, a intensidade emocional foi aumentando. Em seguida, a terapeuta começou um diálogo socrático, processando tanto os pensamentos automáticos de Taylor quanto os de sua mãe (p. ex., "O que pensa sobre Taylor julgar que você a considera uma criancinha?"; "E você apostar nela?"). A terapeuta também testou as crenças de Taylor de que a mãe a considerava inepta e tentava transformá-la em um clone dela. Por fim, a terapeuta trabalhou com Taylor para sintetizar uma conclusão a partir do ensaio comportamental (p. ex., "Se ela não a entendesse ou não a conhecesse, como ela conseguiria marcar mais pontos do que você?").

O Quadro-síntese 16.2 resume as dicas para realizar experimentos com famílias.

CONCLUSÃO

Crianças e adolescentes vivem em contextos familiares. Algumas técnicas modulares de TCC são adequadas para o trabalho familiar, como psicoeducação, automonitoramento, reestruturação cognitiva e exposições/experimentos. Incorporar esses procedimentos na terapia familiar cognitivo-comportamental é uma maneira empolgante de generalizar os ganhos no tratamento. Empregar a TCC com famílias estende a aplicabilidade da abordagem e aumenta sua relevância para múltiplos ambientes clínicos.

QUADRO-SÍNTESE 16.2 DICAS PARA EXPERIMENTOS COM FAMÍLIAS

- Experimentos comportamentais com famílias permitem a intervenção em tempo real com as famílias.
- Jogos de tabuleiro, artesanato, exercícios teatrais e jogos eletrônicos (p. ex., Wii) podem servir como experimentos.
- Experimentos familiares devem ser emocionalmente evocativos.
- Terapeutas devem orientar e processar explicitamente os experimentos.

Epílogo

Bennett-Levy (2006) observou que a autorreflexão impulsiona a sabedoria clínica. De acordo com Bennett-Levy, a autorreflexão refere-se aos terapeutas gerenciando seus pensamentos, sentimentos e comportamentos. Nesta seção final do livro, oferecemos aos terapeutas recomendações para melhorar a competência e a sabedoria clínica por meio da autorreflexão. Começamos explicando a competência e a sabedoria clínica e seguimos com inúmeras dicas para melhorar sua prática de TCC e sua sabedoria clínica.

Rector e Cassin (2010) defendem que "a *expertise* clínica avançada em TCC enfatiza o papel do julgamento clínico, da capacidade de adaptar as intervenções em resposta às necessidades e ao *feedback* do cliente e da capacidade de negociar os obstáculos e retrocessos no tratamento" (p. 154). Embora protocolos, manuais, orientações práticas, textos e artigos sejam todos meritórios, a genuína sabedoria clínica conduz a territórios clínicos ainda não mapeados. Existem casos em que a literatura não nos ajuda. A sabedoria clínica previne essa inércia terapêutica. A sabedoria entra em ação quando a literatura existente é omissa sobre questões específicas ou não pode ser generalizada para o cliente sentado à sua frente. Stricker e Trierweiler (2006) defenderam que "provavelmente, o terapeuta sempre necessite ir além dos conhecimentos científicos disponíveis e sedimentados" (p. 39).

Nossa compreensão é inevitavelmente limitada. Quando confrontado com essas limitações, você deve sair do roteiro pré-estabelecido e confiar em sua sabedoria clínica. Mas como fazer isso? Primeiro, permaneça com a mente científica. Em seguida, recomendamos que você metabolize a teoria, mantenha a sua TCC em boa forma e molde o modelo cognitivo. É importante manter-se flexível. Tome conhecimento da literatura existente, mas não seja limitado por ela. Priorize as adversidades dos clientes; reconheça que a mudança frequentemente é lenta e conquistada de modo árduo. Tenha em mente que você não é Chuck Norris. Por fim, procure tornar-se um "encantador" de TCC.

MANTENHA UMA MENTE CIENTÍFICA

Uma abordagem de teste de hipóteses é essencial para a mente científica. Manter a mente científica na prática clínica promove desenvolvimento profissional contínuo. Stricker e Trierweiler (2006) escreveram que o clínico "torna-se um Sherlock Holmes do consultório; um observador culto e astuto e um especialista em lógica" (p. 41). Os conceitos fundamentais do empirismo colaborativo e da descoberta guiada (ver Capítulo 3) nos lembram de mantermos a mente cientificamente orientada. Uma abordagem cientificamente orientada envolve comparar observações sobre suas expectativas e honestamente rever hipóteses com base em dados desconfirmatórios.

A parcimônia é outra característica fulcral da mente científica. Explicações singelas e intervenções simples são preferíveis às explicações extraordinárias. A parcimônia argumenta que a confusão e o obscurecimento não tornam os conceitos e as práticas mais convincentes ou significativos. A elegância clínica é alcançada quando crianças e famílias percebem a acessibilidade, a eficácia e a compreensão da TCC. A elegância é alcançada pela pronta acessibilidade da TCC a crianças, adolescentes e famílias.

O pensamento crítico é fundamental para a mente científica. Meltzoff (1998) chamou o pensamento crítico de "a habilidade de alguém para pensar sobre um assunto, analisando-o, olhando-o sob todos os prismas e ponderando se há bastantes provas de qualidade suficiente para justificar a elaboração de um juízo fundamentado que seja, tanto quanto possível, livre de vieses pessoais" (p. ix). O pensamento crítico possibilita o empirismo e constrói uma plataforma para a sabedoria clínica.

METABOLIZE A TEORIA

O premiado ator Al Pacino, adepto do famoso Método de Interpretação para Atores, explicou que "antes de improvisar, você precisa saber muita coisa". A sabedoria clínica, a confiança para improvisar e a criatividade terapêutica exigem uma base coerente. Shirk, Jungbluth e Karver (2012) explicaram que os terapeutas competentes em TCC são especialistas em multitarefas. Conseguem atender e responder simultaneamente a variações na estrutura, no conteúdo e no processo durante a sessão, ao mesmo tempo. Por conseguinte, a criatividade e a flexibilidade surgem em seu trabalho. Shirk e colaboradores (2012) explicaram: "Essa habilidade pode se originar de um elevado nível de familiaridade com procedimentos, permitindo aos terapeutas alocarem substancial atenção a outros aspectos do processo clínico, como a integração flexível às experiências dos clientes nos procedimentos do tratamento em curso" (p. 491).

Nesse sentido, Betan e Binder (2010) incentivam os clínicos a metabolizar a teoria. De maneira específica, explicaram isso como "apropriar-se da teoria (...) estar tão familiarizado com os conceitos-chave de uma teoria, com a explicação da patologia e com os mecanismos de mudança, a ponto de isso se tornar automático na maneira de pensar e de abordar contextos clínicos únicos" (p. 144). Um saber profundo é elementar para a sabedoria clínica.

A adesão a conhecimentos teóricos fundamentais coerentes é um aconselhamento indispensável. Confie em conceitos teóricos e insufle vida neles durante o tratamento de seus clientes. Construir uma robusta fundamentação teórica que valorize a individualidade dos clientes lhe permite criar intervenções inventivas e respostas criativas ao inesperado. Essa abordagem mantém a terapia significativamente combinada para cada criança e cada família, evitando intervenções e um plano de tratamento do tipo "conformista e sem originalidade".

MANTENHA SUA TCC EM BOA FORMA

Waller (2009) discutiu a importância de resistir à deriva terapêutica. Newman (2010) discutiu a importância de os terapeutas se manterem em forma, praticando a conceitualização e a aplicação das técnicas da TCC. Uma maneira de manter a forma como terapeuta cognitivo-comportamental e evitar a deriva é avaliar-se na Escala de Terapia Cognitiva (Young & Beck, 1980). Além disso, buscar oportunidades de consulta e supervisão o ajudarão a deixar sua TCC em boa forma. Assistir a conferências e oficinas é outra estratégia para manter-se bem preparado. Aprender um conjunto de habilidades é apenas o primeiro passo. O treinamento contínuo é necessário para manter essa habilidade, exatamente como ao praticar algum esporte ou tocar um instrumento musical.

MOLDE O MODELO

Rosenbaum e Ronen (1998) ousadamente declararam que a TCC é uma filosofia de vida. Reilly (2000) também enfatizou que "um terapeuta cognitivo que realmente compra o modelo o utiliza na vida cotidiana" (p. 34). Aplicar a TCC em si mesmo e, depois, moldar o modelo são práticas que proporcionam vários benefícios importantes.

Primeiro, quando o(a) terapeuta aplica a TCC nele(a) mesmo(a), isso cria empatia em relação aos seus jovens pacientes e suas famílias. Por exemplo, você aprende em primeira mão que é necessário um esforço considerável para fazer um registro de pensamentos ou construir novas conclusões. Em segundo lugar, ao trabalhar pessoalmente em qualquer processo cognitivo-comportamental, você se familiariza com os prós e contras da técnica. Em terceiro lugar, moldar o modelo suscita uma adequada revelação de si mesmo e a transparência necessária em seu trabalho clínico. Vários autores constataram que a autoprática da TCC melhorou os níveis de habilidade dos terapeutas iniciantes (Bennett-Levy, 2003; Bennett-Levy et al., 2001; Sudak, Beck, & Wright, 2003).

LEMBRE-SE DE GUMBY: A FLEXIBILIDADE É UMA VIRTUDE TERAPÊUTICA

Gumby, personagem humanoide em argila criado no começo da década de 1950, foi imortalizado por Eddie Murphy em vários episódios do *Saturday Night Live*. Por ser feito de argila, a flexibilidade era uma das características inatas de Gumby. Não esqueça a máxima: "Se você só tem um martelo, tudo parece um prego". Focos estreitos restringem a flexibilidade. Evite ficar limitado a uma forma específica de visualizar problemas e projetar intervenções. A certeza nem sempre é uma coisa boa e pode enviesar sua visão clínica. A extraordinária terapeuta cognitiva Christine Padesky (1993) afirmou: "É bom que a terapeuta não saiba para onde está indo? Sim! Às vezes, se estamos muito confiantes sobre o nosso destino, apenas olhamos para a frente e deixamos de perceber desvios que podem nos levar a um lugar melhor" (p. 3).

A terapia é um ato criativo (Mooney & Padesky, 2000). No espaço colaborativo entre cliente e terapeuta, a mudança de comportamento e a flexibilidade emergem onde antes existiam inércia e rigidez. Na verdade, a oportunidade de facilitar novas aprendizagens para substituir velhos hábitos é o que torna gratificante e emocionante a nossa profissão de terapeuta cognitivo. Ser um parceiro no crescimento terapêutico é um privilégio autêntico. Com efeito, muitas vezes é emocionante testemunhar o sucesso dos clientes ao aplicar suas habilidades adquiridas para enfrentar seus estressores e desafios.

As técnicas neste texto são dinâmicas, não são procedimentos estáticos. Rector e Cassin (2010) explicaram que uma metacompetência básica em TCC é a "capacidade de adaptar as intervenções em resposta ao *feedback* explícito e implícito do cliente e de responder a mudanças emocionais que ocorrem durante a sessão". Overholser (2010b) afirmou habilmente ser recomendável que terapeutas trabalhem *com* os clientes, e não *nos* clientes. Lembre-se: você quer ajustar o modelo ao seu cliente, e não obrigar o cliente a combinar com o modelo. Uma prática recomendada é equilibrar a fidelidade à abordagem com uma astuta flexibilidade em relação a circunstâncias e contextos específicos (Kendall & Beidas, 2007; Kendall et al., 2008.)

CONFIE NAS BASES LITERÁRIAS EMPÍRICAS E TEÓRICAS, MAS NÃO SEJA LIMITADO POR ELAS

Esta é uma dialética difícil. Claramente, dominar a literatura existente é uma prática fundamental para os clínicos. Meltzoff (1984) nos lembrou:

> O psicólogo clínico profissional não pode funcionar de forma responsável e evoluir sem se manter a par dos avanços em seu ramo. Para fazer isso, o clínico deve ser capaz de ler e avaliar criticamente a literatura

em psicologia e áreas afins, peneirar inteligentemente a miríade de teses ou propostas conflitantes, para diferenciar prováveis verdades de fatos e modismos (pp. 204-205).

Quando eu (R.D.F.) era aluno de doutorado, em meados da década de 1980, na California School of Professional Psychology, em San Diego, ficava irritado com a exigência de fazer um curso por ano na área de Humanas, além do currículo básico de psicologia clínica, experiências práticas e requisitos de dissertação. Não considerava que isso fosse fundamental para desenvolver minhas habilidades clínicas ou minha preparação acadêmica. Julian Meltzoff, respeitado mentor, apropriadamente escreveu: "Correndo o risco de ser acusado de paternalismo, o que os alunos querem talvez não seja concebido em sabedoria" (1984, p. 207). Com efeito, para ser honesto, as minhas ideias naquela época certamente não eram concebidas em sabedoria. Tempo, experiência, maior conhecimento e maturidade clínica aprofundaram a minha apreciação sobre a tensão essencial entre a ciência e a arte do trabalho clínico.

A psicologia e a psiquiatria têm muito a oferecer, mas são necessariamente limitadas. Nós acreditamos que a sua abordagem de TCC com crianças e adolescentes será enriquecida por experiências fora desses campos. Leituras amplas sobre as bases do conhecimento que descrevem a condição humana em filosofia, religião, antropologia, sociologia, literatura, história e comunicação enriquecem a sua abordagem de TCC.

Por exemplo, durante um culto de Rosh Hashaná, o Ano Novo judaico, eu (R.D.F.) lembro de ter ouvido um sermão explicando que Abraão escutou a voz de Deus dizendo-lhe para sacrificar seu filho Isaac. O rabino fez uma pergunta intrigante: "Como Abraão sabia que aquela voz era a autêntica voz divina e não uma alucinação ou pensamentos homicidas oriundos de sua própria cabeça?". Na realidade, a noção sobre pensamentos autênticos e inautênticos posteriormente permeou a minha prática clínica. Eu costumava aplicar a metáfora dos pensamentos autênticos/inautênticos com meus clientes adolescentes para modificar suas distorções cognitivas.

RESPEITE AS ADVERSIDADES DOS CLIENTES

A chave em qualquer psicoterapia é ajudar as pessoas a enfrentar o que elas evitam e desenvolver padrões alternativos de ação que facilitem uma produtiva resolução de problemas. Todavia, é complicado enfrentar adversidades privadas e dolorosas. Muitos indivíduos preferem simplesmente evitá-las. Na realidade, a evitação vivencial é fundamental a muitas formas de psicopatologia (Hayes et al., 1999). Recorrer à psicoterapia e compartilhar as adversidades com uma pessoa relativamente desconhecida representam os primeiros passos para o triunfo pessoal. Assim, é preciso reconhecer a natureza extenuante dessa jornada.

Na peça teatral *Uma lição dos aloés* (*A Lesson from Aloes*; Fugard, 1981), os aloés são metáforas para a sobrevivência. Fugard explicou que os aloés resistiram e se tornaram robustos em razão de crescerem em um ambiente hostil. Além disso, essas árvores não floresciam em uma atmosfera diferente. Os aloés nos ensinam que a dura realidade é desagradável, mas também nos obriga a desenvolver estratégias produtivas para enfrentar/lidar com as dificuldades. Uma das minhas (R.D.F.) metáforas favoritas para comunicar a nobreza da resiliência perante às dificuldades vem do filme da Disney *Mulan*. O imperador chinês explica: "A flor que desabrocha na adversidade é a mais rara e bela de todas". Recebemos a missão de ajudar as crianças com quem nos importamos para se tornarem essas mais raras e belas flores.

RECONHEÇA QUE A MUDANÇA É POSSÍVEL, EMBORA MUITAS VEZES LENTA E DELIBERADA: EQUILIBRE ORIENTAÇÃO E PACIÊNCIA

Watkins (2010) escreveu: "Em sua essência, a psicoterapia é uma celebração impenitente e intransigente da indomitabilidade do espírito humano, das possibilidades ilimitadas do potencial humano e do poder transformador dos relacionamentos para desencadear esse potencial e libertar o espírito" (p. 198). Os terapeutas cognitivo-comportamentais concordam que é possível a mudança autodirigida por clientes. A mudança não é absoluta, mas ocorre gradativamente, ao longo do tempo. A paciência terapêutica é uma virtude clínica negligenciada.

Uma frase do filme *Uivo* (*Howl*; Epstein, Friedman, Walker, & Redleaf, 2010) sobre o poeta *Beat* Allen Ginsburg, enquadra-se aqui: "O significado evolui como uma fotografia em lenta revelação". Na moderna era digital, em que as fotos são reveladas instantaneamente, essa paciência pode ser perdida.

Overholser, Braden e Fisher (2010) observaram a contribuição fundamental que o equilíbrio exerce em facilitar a adaptação. A orientação e a paciência precisam estar delicadamente equilibradas. Na verdade, o ritmo adequado em que os jovens clientes não se sintam apressados nem pressionados está correlacionado a alianças de trabalho mais fortes (Creed & Kendall, 2005; Shirk et al., 2012; Shirk & Karver, 2006). É um bom plano alinhar, lado a lado, a orientação e a paciência.

LEMBRE-SE DE QUE VOCÊ NÃO É CHUCK NORRIS: NÃO CONSEGUE FAZER O IMPOSSÍVEL

As qualidades sobre-humanas do ator, especialista em artes marciais, guru *fitness* e ícone pop Chuck Norris são alvo de muitas piadas (p. ex., "Chuck Norris contou até o infinito... DUAS VEZES!"). Elas retratam Chuck como alguém capaz de fazer o impossível. Embora Chuck Norris talvez desconheça limites, os clínicos cognitivos-comportamentais devem estar impecavelmente cientes dos seus próprios limites. Perceber a sua própria incapacidade de criar mudanças é fundamental para equilibrar seu bem-estar e manter as fronteiras clínicas. Os clientes fazem as mudanças, e nós, no máximo, contribuímos para o processo.

SEJA UM "ENCANTADOR" DE TCC

Atingir a competência em TCC com crianças e adolescentes pode ser semelhante a tornar-se um encantador de cavalos. O encantador de cavalos, personagem do livro de Nicholas Evans (1995) de mesmo nome, é alguém com uma primorosa compreensão sobre os cavalos, que os ensina suavemente por meio de um treinamento delicado. Com efeito, uma compreensão abrangente e um treinamento delicado caracterizam a TCC adequada para crianças e adolescentes.

Agora vá em frente e COLOQUE TUDO ISSO EM PRÁTICA!

Referências

Abramson, L. Y., Seligman, M. E. P., & Teasdale, J. D. (1978). Learned helplessness in humans: Critique and reformulation. *Journal of Abnormal Psychology, 87*, 49-74.

Achenbach, T. M. (1991a). *Integrative guide to the 1991 CBCL, YSR, and TRF profiles*. Burlington: University of Vermont, Department of Psychiatry.

Achenbach, T. M. (1991b). *Manual for the Child Behavior Checklist/4-18 and 1991 profile*. Burlington: University of Vermont, Department of Psychiatry.

Achenbach, T. M. (1991c). *Manual for the Teacher's Report Form and 1991 profile*. Burlington: University of Vermont, Department of Psychiatry.

Achenbach, T. M., McConaughy, S. H., & Howell, C. T. (1987). Child/adolescent behavioral and emotional problems: Implications of cross-informant correlations for situational specificity. *Psychological Bulletin, 101*, 212-232.

Alford, B. A., & Beck, A. T. (1997). *The integrative power of cognitive therapy*. New York: Guilford Press.

Allen, J. (1998). Personality assessment with American Indians and Alaska Natives: Instrument considerations and service delivery style. *Journal of Personality Assessment, 70*, 17-42.

American Psychiatric Association. (2013). *Diagnostic and statistical manual of mental disorders* (5th ed.). Arlington, VA: Author.

Anastopoulos, A. D. (1998). A training program for children with attention- deficit/hyperactivity disorder. In J. M. Briesmeister & C. E. Schaefer (Eds.), *Handbook of parent training: Parents as co-therapists for children's behavior problems* (2nd ed., pp. 27-60). New York: Wiley.

Anderson, E. R., & Mayes, L. C. (2010). Race/ethnicity and internalizing disorders in youth: A review. *Clinical Psychology Review, 30*, 338-348.

Asarnow, J. R., Jaycox, L. H., Duan, N., LaBorde, A. P., Rea, M. M., Murray, P., et al. (2005). Effectiveness of a quality improvement intervention for adolescent depression in primary care clinics: A randomized controlled trial. *Journal of the American Medical Association, 293*, 311-319.

Attwood, T. (2007a). Asperger's disorder: Exploring the schizoid spectrum. In A. Freeman & M. Reinecke (Eds.), *Personality disorders in childhood and adolescence* (pp. 299-340). New York: Wiley.

Attwood, T. (2013). Expressing and enjoying love and affection: A cognitive- behavioral program for children and adolescents with high functioning ASD. In A. Scarpa, S. W. White, & T. Attwood (Eds.), *CBT for children and adolescents with high--functioning autism spectrum disorders* (pp. 259-277). New York: Guilford Press.

Attwood, T. (2007b). *The complete guide to Asperger's syndrome*. London: Jessica Kingsley.

Attwood, T., & Scarpa, A. (2013). Modifications of cognitive-behavioral therapy for children and adolescents with high functioning ASD and their common difficulties. In A. Scarpa, S. W. White, & T. Attwood (Eds.), *CBT for children and adolescents with high functioning autism spectrum disorders* (pp. 27-44). New York: Guilford Press.

Balis, T., & Postolache, T. T. (2008). Ethnic differences in adolescent suicide in the United States. *International Journal of Child Health and Human Development, 1*, 281-296.

Bandura, A. (1977). *Social learning theory*. Englewood Cliffs, NJ: Prentice-Hall. Bandura, A. (1986). *Social foundations of thought and action: A social--cognitive theory*. Englewood Cliffs, NJ: Prentice--Hall.

Barkley, R. A. (2013). *Defiant children* (3rd ed.). New York: Guilford Press. Barkley, R. A., Edwards, G. H., & Robin, A. L. (1999). *Defiant teens*. New York: Guilford Press.

Barkley, R. A., & Robin, A. L. (2014). *Defiant teens* (2nd ed.). New York: Guilford Press.

Barlow, D. H. (1994, November). *The scientist-practitioner and practice guidelines in a managed care environment*. Address presented at the annual meeting of the Association for Advancement of Behavior Therapy, San Diego, CA.

Baron-Cohen, S. (1995). *Mindblindness: An essay on autism and theory of mind*. Cambridge, MA: MIT Press/Bradford Books.

Baron-Cohen, S., & Belmonte, M. K. (2005). Autism: A window onto the development of the social and the analytic brain. *Annual Review of Neuroscience, 28*, 109-126.

Bayley, N. (2005). *Bayley Scales of Infant and Toddler Development* (3rd ed.). San Diego, CA: Harcourt Assessment.

Baylor, B. (1976). *Hawk, I am your brother*. New York: Scribners.

Beal, D., Kopec, A. M., & DiGiuseppe, R. (1996). Disputing patients' irrational beliefs. *Journal of Rational-Emotive and Cognitive-Behavioral Therapy, 14*, 215- 229.

Beaumont, R. (2009). *Secret Agent Society: Solving the mystery of social encounters-computer game*. Queensland, Australia: Social Skills Training Program.

Beaumont, R., & Sofronoff, K. (2008a). A multi-component social skills intervention for children with Asperger syndrome. *Journal of Child Psychology and Psychiatry, 49*, 743-753.

Beaumont, R. B., & Sofronoff, K. (2008b). A new computerised advanced theory of mind measure for children with Asperger syndrome: The ATOMIC. *Journal of Autism and Developmental Disorders, 38*, 249-260.

Beaumont, R., & Sofronoff, K. (2013). Multimodal interventions for social skills training in students with high functioning ASD: The Secret Agent Society. In A. Scarpa, S. W. White, & T. Attwood (Eds.), *CBT for children and adolescents with high-functioning autism spectrum disorders* (pp. 173-198). New York: Guilford Press.

Beck, A. T. (1976). *Cognitive therapy and the emotional disorders*. New York: International Universities Press.

Beck, A. T. (1978). *Beck Hopelessness Scale*. San Antonio, TX: Psychological Corporation.

Beck, A. T. (1985). Cognitive therapy, behavior therapy, psychoanalysis, and pharmacotherapy: A cognitive continuum. In M. J. Mahoney & A. Freeman (Eds.), *Cognition and psychotherapy* (pp. 325-347). New York: Plenum Press.

Beck, A. T. (1990). *Beck Anxiety Inventory*. San Antonio, TX: Psychological Corporation.

Beck, A. T. (1993). Cognitive therapy: Past, present, and future. *Journal of Consulting and Clinical Psychology, 61*, 194-198.

Beck, A. T. (1996). *Beck Depression Inventory-II*. San Antonio, TX: Psychological Corporation.

Beck, A. T., & Clark, D. A. (1988). Anxiety and depression: An information processing perspective. *Anxiety Research, 1*, 23-36.

Beck, A. T., Davis, D. D., & Freeman, A. (Eds.). (2015). *Cognitive therapy of personality disorders* (3rd ed.). New York: Guilford Press.

Beck, A. T., & Dozois, D. J. (2011). Cognitive therapy: Current status and future directions. *Annual Review of Medicine, 62*, 397-409.

Beck, A. T., Emery, G., & Greenberg, R. L. (1985). *Anxiety disorders and phobias: A cognitive perspective*. New York: Plenum Press.

Beck, A. T., Rush, A. J., Shaw, B. F., & Emery, G. (1979). *Cognitive therapy of depression*. New York: Guilford Press.

Beck, J. S. (2011). *Cognitive behavior therapy: Basics and beyond* (2nd ed.). New York: Guilford Press.

Beck, J. S., Beck, A. T., Jolly, J. B., & Steer, R. A. (2005). *Beck Youth Inventories for children and adolescents* (2nd ed.). San Antonio, TX: Psychological Corporation.

Becker, W. C. (1971). *Parents are teachers*. Champaign, IL: Research Press.

Bedore, B. (2004). *101 improv games for children and adults*. Alameda, CA: Hunter House

Beidas, R. S., Benjamin, C. L., Puleo, C. M., Edmunds, J. M., & Kendall, P. C. (2010). Flexible applications of the Coping Cat Program for anxious youth. *Cognitive and Behavioral Practice, 17*, 142-153.

Beidas, R. S., Suarez, L., Simpson, D., Read, K., Wei, C., Connolly, S., et al. (2012). Contextual factors and anxiety in minority and European American youth presenting for treatment across two urban university clinics. *Journal of Anxiety Disorders, 26*, 544-554.

Beidel, D. C., & Turner, S. M. (1998). *Shy children, phobic adults*. Washington, DC: American Psychological Association.

Beidel, D. C., Turner, S. M., & Morris, T. L. (1995). A new inventory to assess childhood social anxiety and phobia: The Social Phobia and Anxiety

Inventory for Children. *Psychological Assessment, 7*, 73-79.

Beidel, D. C., Turner, S. M., & Trager, K. N. (1994). Test anxiety and childhood anxiety disorders in African American and white school children. *Journal of Anxiety Disorders, 8*, 169-179.

Bellak, L. (1993). *The TAT, CAT, and SAT in clinical use*. Needham Heights, MA: Allyn & Bacon.

Bellak, L., & Bellak, S. (1949). *The Children's Apperception Test*. New York: C.P.S. Bell-Dolan, D., & Wessler, A. E. (1994). Attributional style of anxious children: Extensions from cognitive theory and research on adult anxiety. *Journal of Anxiety Disorders, 8*, 79-96.

Bennett-Levy, J. (2003). Mechanisms of change in cognitive therapy: The case of automatic thought records and behavioral experiments. *Behavioural and Cognitive Psychotherapy, 31*, 261-277.

Bennett-Levy, J. (2006). Therapist skills: A cognitive model of their acquisition and refinement. *Behaviour and Cognitive Psychotherapy, 34*, 57-78.

Bennett-Levy, J., Turner, F., Beaty, T., Smith, M., Patterson, B., & Farmer, S. (2001). The value of self-practice of cognitive therapy technique and self-reflection in the training of cognitive therapists. *Behavioural and Cognitive Psychotherapy, 10*, 19-30.

Bentz, D., Michael, T., de Quervain, D. J.-F., & Wilhelm, F. H. (2010). Enhancing exposure therapy for anxiety disorders with glucocorticoids: From basic mechanisms of emotional learning to clinical applications. *Journal of Anxiety Disorders, 24*, 223-230.

Bernal, M. E., Saenz, D. S., & Knight, G. P. (1991). Ethnic identity and adaptation of Mexican-American youths in school settings. *Hispanic Journal of Behavioral Sciences, 13*, 135-154.

Berg, B. (1986). *The assertiveness game*. Dayton, OH: Cognitive Counseling Resources.

Berg, B. (1989). *The anger control game*. Dayton, OH: Cognitive Counseling Resources.

Berg, B. (1990a). *The anxiety management game*. Dayton, OH: Cognitive Counseling Resources.

Berg, B. (1990b). *The depression management game*. Dayton, OH: Cognitive Counseling Resources.

Berg, B. (1990c). *The self-control game*. Dayton, OH: Cognitive Counseling Resources.

Bernard, M. E., & Joyce, M. R. (1984). *Rational-emotive therapy with children and adolescents*. New York: Wiley.

Berry, J. (1995). *Feeling scared*. New York: Scholastic Press. Berry, J. (1996). *Feeling sad*. New York: Scholastic Press.

Betan, E. J., & Binder, J. F. (2010). Clinical expertise in psychotherapy: How expert therapists use theory in generating case conceptualizations and interventions. *Journal of Contemporary Psychotherapy, 40*, 141-152.

Beutler, L. E., Brown, M. T., Crothers, L., Booker, K., & Seabrook, M. K. (1996). The dilemma of factitious demographic distinctions in psychological research. *Journal of Consulting and Clinical Psychology, 64*, 892-902.

Biederman, J., Faraone, S. V., Mick, E., Williamson, S., Wilens, T. E., Spencer, T. S., et al. (1999). Clinical correlates of ADHD in females: Findings from a large group of girls ascertained from pediatric and psychiatric referral sources. *Journal of the American Academy of Child and Adolescent Psychiatry, 38*, 966-975.

Bieling, P. J., & Kuyken, W. (2003). Is cognitive case formulation science or science fiction? *Clinical Psychology: Science and Practice, 10*, 52-69.

Birleson, P. (1981). The validity of depressive disorder in childhood and the development of a self-rating scale: A research report. *Journal of Child Psychology and Psychiatry and Allied Disciplines, 22*, 73-88.

Birmaher, B., Ryan, N. D., Williamson, D. E., Brent, D. A., Kaufman, J., Dahl, R. E., et al. (1996). Childhood and adolescent depression: A review of the past 10 years, Part 1. *Journal of the American Academy of Child and Adolescent Psychiatry, 35*, 1427-1439.

Blos, P. (1979). *The adolescent passage: Development issues*. New York: International Universities Press.

Bode, J. (1989). *New kids on the block: Oral histories of immigrant teens*. New York: Franklin Waters.

Bogels, S. M., & Brechman-Toussaint, M. L. (2006). The development of anxiety disorders in childhood: An integrative review. *Clinical Psychology Review, 26*, 834-856.

Bose-Deakins, J. E., & Floyd, R. G. (2004). A review of the Beck Youth Inventories of emotional and social impairment. *Journal of School Psychology, 42*, 333-340.

Bouchard, S., Mendlowitz, S. L., Coles, M. E., & Franklin, M. (2005). Considerations in the use of exposure with children. *Cognitive and Behavioral Practice, 11*, 56-65.

Brady, A., & Raines, D. (2010). Dynamic hierarchies: A control system paradigm for exposure therapy. *The Cognitive Behaviour Therapist, 2*, 51-62.

Brandell, J. R. (1986). Using children's autogenic stories to assess therapeutic progress. *Journal of the American Academy of Child and Adolescent Psychiatry, 3*, 285-292.

Brehm, J. W. (1966). *A theory of psychological reactance*. New York: Academic Press.

Brems, C. M. (1993). *A comprehensive guide to child psychotherapy*. Boston: Allyn & Bacon.

Brent, D. A., & Birmaher, B. (2002). Adolescent depression. *New England Journal of Medicine, 347*, 667-671.

Breslau, J., Aguilar-Gaxiola, S., Kendler, K. S., Su, M., Williams, D., & Kessler, R. C. (2006). Specifying race-ethnic differences in risk for psychiatric disorder in a U.S. national sample. *Psychological Medicine, 36*, 57-68.

Bridge, J. A., Goldstein, T. R., & Brent, D. A. (2006). Adolescent suicide and suicidal behavior. *Journal of Child Psychology and Psychiatry, 47*, 372-394.

Brody, M. (2007). Holy franchise!: Batman and trauma. In L. C. Rubin (Ed.), *Using superheroes in counseling and play therapy* (pp. 105-120). New York: Springer.

Bromfield, R. (2010). *Doing therapy with children and adolescents with Asperger's syndrome*. New York: Wiley.

Brondolo, E., DiGiuseppe, R., & Tafrate, R. C. (1997). Exposure-based treatment for anger problems: Focus on the feeling. *Cognitive and Behavioral Practice, 4*, 75-98.

Bukowski, W. M., Laursen, B., & Hoza, B. (2010). The snowball effect: Friendship moderates escalations in depressed affect among avoidant and excluded children. *Development and Psychopathology, 22*, 749-757.

Bunting, E. (1994). *Smoky night*. San Diego, CA: Harcourt, Brace.

Burns, D. D. (1980). *Feeling good: The new mood therapy*. New York: Signet.

Burns, D. D. (1989). *The feeling good handbook*. New York: William Morrow.

Burns, E. F. (2008). *Nobody's perfect: A story for children about perfectionism*. Washington, DC: Magination Press.

Burns, E. F. (2014). *Ten turtles on Tuesday: A story for children about obsessive compulsive disorder*. Washington, DC: Magination Press.

Butcher, J. N., Williams, C. L., Graham, J. R., Archer, R. P., Tellegen, A., Ben-Porath, J. S., et al. (1992). *MMPI-A: Manual for administration, scoring, and interpretation*. Minneapolis: University of Minnesota Press.

Callow, G., & Benson, G. (1990). Metaphor technique (storytelling) as a treatment option. *Educational and Child Psychology, 7*, 54-60.

Campbell, J. M. (2005). Diagnostic assessment of Asperger's disorder: A review of five third-party rating scales. *Journal of Autism and Developmental Disorders, 35*, 25-35.

Canino, I. A., & Spurlock, J. (2000). *Culturally diverse children and adolescents: Assessment, diagnosis, and treatment* (2nd ed.). New York: Guilford Press.

Cantwell, D. P. (1996). Attention deficit disorder: A review of the past 10 years. *Journal of the American Academy of Child and Adolescent Psychiatry, 35*, 978-987.

Card, N. A., Stucky, B. D., Sawalani, G. M., & Little, T. D. (2008). Direct and indirect aggression during childhood and adolescence: A meta-analytic review of gender differences, intercorrelations, and relations to maladjustment. *Child Development, 79*, 1185-1229.

Cardemil, E. V., & Battle, C. L. (2003). Guess who's coming to therapy: Getting comfortable with conversation about race and ethnicity in psychotherapy. *Professional Psychology: Research and Practice, 3*, 278-286.

Carey, T. A. (2011). Exposure and reorganization: The what and how of effective psychotherapy. *Clinical Psychological Review, 31*, 236-248.

Caron, A., & Robin, J. (2010). Engagement of adolescents in cognitive-behavioral therapy for obsessive-compulsive disorder. In D. Castro-Blanco & M. S. Karver (Eds.), *Elusive alliance: Treatment engagement strategies with high risk adolescents* (pp. 159-184). Washington, DC: American Psychological Association.

Carter, M. M., Sbrocco, T., & Carter, C. (1996). African-Americans and anxiety disorders research:

Development of a testable theoretical framework. *Psycho- therapy, 33*, 449-463.

Cartledge, G. C., & Feng, H. (1996a). Asian Americans. In G. C. Cartledge & J. F. Milburn (Eds.), *Cultural diversity and social skills instruction: Understanding ethnic and gender differences* (pp. 87-132). Champaign, IL: Research Press.

Cartledge, G. C., & Feng, H. (1996b). The relationship of culture and social behavior. In G. C. Cartledge & J. F. Milburn (Eds.), *Cultural diversity and social skills instruction: Understanding ethnic and gender differences* (pp. 13-44). Champaign, IL: Research Press.

Cartledge, G. C., & Middleton, M. B. (1996). African-Americans. In G. C. Cartledge & J. F. Milburn (Eds.), *Cultural diversity and social skills instruction: Understanding ethnic and gender differences* (pp. 133-203). Champaign, IL: Research Press.

Cartledge, G. C., & Milburn, J. F. (Eds.). (1996). *Cultural diversity and social skills instruction: Understanding ethnic and gender differences.* Champaign, IL: Research Press.

Castellanos, D., & Hunter, T. (1999). Anxiety disorders in children and adolescents. *Southern Medical Journal, 92*, 946-954.

Castro-Blanco, D. (1999, November). *STAND-UP: Cognitive-behavioral intervention for high-risk adolescents.* Workshop presented at the annual meeting of the Association for Advancement of Behavior Therapy, Toronto, Canada.

Centers for Disease Control and Prevention. (2008). WISQARS nonfatal injury reports. Disponível em *www.cdc.gov/ncipc/wisqars/nonfatal/definitions. html#self- harm.*

Céspedes, Y. M., & Huey, S. J., Jr. (2008). Depression in Latino adolescents: A cultural discrepancy perspective. *Cultural Diversity and Ethnic Minority Psychology, 14*, 168-172.

Choi, H., & Park, C. G. (2006). Understanding adolescent depression in ethnocultural context: Updated with empirical findings. *Advances in Nursing Science, 29*, E1-E12.

Chorney, D. B., Detweiler, M. F., Morris, T. L., & Kuhn, B. R. (2008). The interplay of sleep disturbance, anxiety, and depression in children. *Journal of Pediatric Psychology, 33*, 339-348.

Chorpita, B. F., & Barlow, D. H. (1998). The development of anxiety: The role of control in the early environment. *Psychological Bulletin, 124*, 3-21.

Chorpita, B. F., Tracey, S. A., Brown, T. A., Collica, T. J., & Barlow, D. H. (1997). Assessment of worry in children and adolescents: An adaptation of the Penn State Worry Questionnaire, *Behaviour Research and Therapy, 35*, 569-581.

Chu, B. C., Suveg, C., Creed, T. A., & Kendall, P. C. (2010). Involvement shifts, alliance ruptures, and managing engagement over therapy. In D. Castro-Blanco & M. S. Karver (Eds.), *Elusive alliance: Treatment engagement strategies with high risk adolescents* (pp. 95-122). Washington, DC: American Psychological Association.

Clark, D. A., Beck, A. T., & Alford, B. A. (1999). *Scientific foundations of cognitive theory and therapy of depression.* New York: Wiley.

Clark, D. M., & Beck, A. T. (1988). Cognitive approaches. In C. G. Last & M. Hersen (Eds.), *Handbook of anxiety disorders* (pp. 362-385). Elmsford, NY: Pergamon Press.

Clark, M. S., Jansen, K. L., & Cloy, A. (2012). Treatment of childhood and adolescent depression. *American Family Physician, 85*, 442-448.

Coard, S. I., Wallace, S. A., Stevenson, H. C., & Brotman, L. M. (2004). Toward culturally relevant preventive interventions: The consideration of racial socialization in parent training with African-American families. *Journal of Child and Family Studies, 13*, 277-293.

Cochran, L. L., & Cartledge, G. (1996). Hispanic Americans. In G. C. Cartledge & J. F. Milburn (Eds.), *Cultural diversity and social skills training: Understanding ethnic and gender differences* (pp. 245-296). Champaign, IL: Research Press.

Conners, C. K. (1990). *Conners Rating Scales manual.* North Tonawanda, NY: MultiHealth Systems.

Conners, C. K. (2000). *Conners Rating Scales-Revised: Technical manual.* North Tonawanda, NY: MultiHealth Systems.

Cooper, B., & Widdows, N. (2008). *The social success workbook for teens.* Oakland, CA: New Harbinger.

Cosby, B. (1997). *The meanest thing to say.* New York: Scholastic Press.

Costantino, G., & Malgady, R. G. (1996). Culturally sensitive treatment: *Cuento* and hero/heroine modeling therapies for Hispanic children and adolescents. In E. D. Hibbs & P. S. Jensen (Eds.), *Psychosocial treatment for child and adolescent disorders: Empirically-based strategies for clinical practice* (pp. 639- 669). Washington, DC: American Psychological Association.

Costantino, G., Malgady, R. G., & Rogler, L. H. (1994). Storytelling through pictures: Cultural sensitive psychotherapy for Hispanic children and adolescents. *Journal of Clinical Child Psychology, 23*, 13-20.

Costello, E. J., Erkanli, A., & Angold, A. (2006). Is there an epidemic of child or adolescent depression? *Journal of Child Psychology and Psychiatry, 47*, 1263-1271.

Craske, M. G., & Barlow, D. H. (2001). Panic disorder and agoraphobia. In D. H. Barlow (Ed.), *Clinical handbook of psychological disorders: A step-by-step treatment manual* (3rd ed., p. 1-59). New York: Guilford Press.

Craske, M. G., & Barlow, D. H. (2008). Panic disorder and agoraphobia. In D. H. Barlow (Ed.), *Clinical handbook of psychological disorders* (4th ed., pp. 1-64). New York: Guilford Press.

Creed, T. A., & Kendall, P. C. (2005). Therapist alliance building within a cognitive behavioral treatment for anxiety in youth. *Journal of Consulting and Clinical Psychology, 73*, 498-505.

Crick, N. R., & Grotpeter, J. K. (1995). Relational aggression, gender, and social-psychological adjustment. *Child Development, 66*, 710-722.

Cuellar, I. (1998). Cross-cultural psychological assessment of Hispanic Americans. *Journal of Personality Assessment, 70*, 71-86.

Daleiden, E. L., Vasey, M. V., & Brown, L. M. (1999). Internalizing disorders. In W. K. Silverman & T. H. Ollendick (Eds.), *Developmental issues in the clinical treatment of children* (pp. 261-278). Boston: Allyn & Bacon.

Dattilio, F. M. (1997). Family therapy. In R. L. Leahy (Ed.), *Practicing cognitive therapy: A guide to interventions* (pp. 409-450). New York: Jason Aronson.

Dattilio, F. M. (1998). Cognitive-behavioral family therapy. In F. M. Dattilio & A. Freeman (Eds.), *Cognitive-behavioral strategies in crisis intervention* (2nd ed., pp. 316-338). New York: Guilford Press.

Dattilio, F. M. (2000). Families in crisis. In F. M. Dattilio & A. Freeman (Eds.), *Cognitive-behavioral strategies in crisis intervention* (2nd ed., pp. 316-338). New York: Guilford Press.

Dattilio, F. M. (2001). Cognitive-behavior family therapy: Contemporary myths and misconceptions. *Contemporary Family Therapy, 23*, 3-18.

Dattilio, F. M. (2002). Homework assignments in couple and family therapy. *Journal of Clinical Psychology, 58*, 535-547.

Dattilio, F. M. (2010). *Cognitive-behavioral therapy with couples and families*. New York: Guilford Press.

Dattilio, F. M., & Epstein, N. B. (2005). Introduction to the special section: The role of cognitive-behavioral interventions in couple and family therapy. *Journal of Marital and Family Therapy, 31*, 7-13.

Dattilio, F. M., & Padesky, C. A. (1990). *Cognitive therapy with couples*. Sarasota, FL: Professional Resource Exchange.

Davis, N. (1989). The use of therapeutic stories in the treatment of abused children. *Journal of Strategic and Systemic Therapies, 8*, 18-23.

Deblinger, E. (1997, November). *Therapeutic interventions for sexually abused children and their non-offending parents*. Workshop presented at the annual meeting of the Association for Advancement of Behavior Therapy, Miami, FL.

DeRoos, Y., & Allen-Measures, P. (1998). Application of Rasch analysis: Exploring differences in depression between African-American and white children. *Journal of Social Service Research, 23*, 93-107.

DiGiuseppe, R., Tafrate, R., & Eckhardt, C. (1994). Critical issues in the treatment of anger. *Cognitive and Behavioral Practice, 1*, 111-132.

Dimidjian, S., Barrera, M., Jr., Martell, C., Muñoz, R. F., & Lewinsohn, P. M. (2011). The origins and current status of behavioral activation treatments for depression. *Annual Review of Clinical Psychology, 7*, 1-38.

Dishion, T. J., French, D. C., & Patterson, G. R. (1995). The development and ecology of antisocial behavior. In D. Cicchetti & D. J. Cohen (Eds.), *Developmental psychopathology: Vol. 2. Risk, disorder, and adaptation* (pp. 421-471). New York: Wiley.

Dodge, K. A. (1985). Attributional bias in aggressive children. In P. C. Kendall (Ed.), *Advances in cognitive-behavioral research and therapy* (Vol. 4, pp. 73-110). New York: Academic Press.

Donoghue, K., Stallard, P., & Kucia, J. (2011). The clinical practice of cognitive behavioural therapy for children and young people with a diagnosis of Asperger's syndrome. *Clinical Child Psychology and Psychiatry, 16*, 89-102.

Dorgan, B. L. (2010). The tragedy of Native American youth suicide. *Psychological Services, 7,* 213-218.

Dyches, T. T., Wilder, L. K., Sudweeks, R. R., Obiakov, F. E., & Algozzine, B. (2004). Multicultural issues in autism. *Journal of Autism and Developmental Disorders, 34,* 211-222.

D'Zurilla, T. J. (1986). *Problem-solving therapy: A social competence approach to clinical intervention.* New York: Springer.

Ehrenreich-May, J., & Bilek, E. L. (2011). Universal prevention of anxiety and depression in a recreational camp setting: An initial open trial. *Child and Youth Care Forum, 40,* 435-455.

Ehrenreich-May, J., & Bilek, E. L. (2012). The development of a transdiagnostic cognitive behavioral group intervention for childhood anxiety disorders and co-occurring depression symptoms. *Cognitive and Behavioral Practice, 19,* 41-55.

Ehrenreich, J. T., Goldstein, C. R., Wright, L. R., & Barlow, D. H. (2009). Development of a unified protocol for the treatment of emotional disorders in youth. *Child and Family Behavior Therapy, 31,* 20-37.

Eisen, A. R., & Silverman, W. K. (1993). Should I relax or change my thoughts?: A preliminary examination of cognitive therapy, relaxation, and their combination with overanxious children. *Journal of Cognitive Psychotherapy, 1,* 265-279.

Elliott, J. (1991). Defusing conceptual fusions: The "just because" technique. *Journal of Cognitive Psychotherapy, 5,* 227-229.

Ellis, A. (1962). *Reason and emotion in psychotherapy.* New York: Lyle Stuart.

Ellis, A. (1979). Rational-emotive therapy as a new theory of personality and therapy. In A. Ellis & J. M. Whiteley (Eds.), *Theoretical and empirical foundations of rational-emotive therapy* (pp. 1-6). New York: Brooks/Cole.

Epstein, R., Friedman, J., Walker, C., & Redleaf, E. (Produtores & Diretores). (2010). *Howl* [Filme cinematográfico]. United States: Werc Werk Works, Telling Pictures, Rabbit Bandini Productions, Radiant Cool.

Evans, N. (1996). *The horse whisperer.* New York: Dell.

Exner, J. E., Jr. (1986). *The Rorschach: A comprehensive system: Vol. 1. Basic foundations* (2nd ed.). New York: Wiley.

Eyberg, S. (1974). *Eyberg Child Behavior Inventory.* (Disponível em S. Eyberg, Department of Clinical and Health Psychology, Box 100165 HSC, University of Florida, Gainesville, FL 32610)

Eyberg, S. (1992). Parent and teacher behavior inventories for the assessment of conduct problem behaviors in children. In L. VandeCreek, S. Knapp, & T. L. Jackson (Eds.), *Innovations in clinical practice: A source book* (Vol. 11, pp. 261-266). Sarasota, FL: Professional Resource Press.

Eyberg, S. M., & Boggs, S. R. (1998). Parent-child interaction therapy. A psychosocial intervention for the treatment of young conduct-disordered children. In J. M. Briesmeister & C. E. Schaefer (Eds.), *Handbook of parent training: Parents as co-therapists for children's behavior problems* (2nd ed., pp. 61-97). New York: Wiley.

Eyberg, S. M., & Ross, A. W. (1978). Assessment of child behavior problems: The validation of a new inventory. *Journal of Clinical Child Psychology, 7,* 113-116.

Faja, S., & Dawson, G. (2015). Reduced delay of gratification and effortful control among young children with autism spectrum disorders. *Autism, 19,* 91-101.

Farmer, C. A., & Aman, M. (2011). Aggressive behavior in a sample of children with autism spectrum disorders. *Research in Autism Spectrum Disorders, 5,* 317-323.

Feindler, E. L. (1991). Cognitive strategies in anger control interventions for children and adolescents. In P. C. Kendall (Ed.), *Child and adolescent therapy: Cognitive and behavioral procedures* (pp. 66-97). New York: Guilford Press.

Feindler, E. L., & Ecton, R. B. (1986). *Adolescent anger control: Cognitive-behavioral techniques.* New York: Pergamon Press.

Feindler, E. L., & Guttman, J. (1994). Cognitive-behavioral anger control training. In C. W. LeCroy (Ed.), *Handbook of child and adolescent treatment manuals* (pp. 170-199). New York: Lexington Books.

Fennell, M. J. V. (1989). Depression. In K. Hawton, P. M. Salkovskis, J. Kirk, & D. M. Clark (Eds.), *Cognitive-behavior therapy for psychiatric problems: A practical guide* (pp. 169-234). Oxford, UK: Oxford Medical.

Fiske, S. T., & Taylor, S. E. (1991). *Social cognition.* New York: McGraw-Hill.

Forehand, R. L., & Kotchick, B. A. (1996). Cultural diversity: A wake-up call for parent training. *Behavior Therapy, 27,* 187-206.

Forehand, R. L., & McMahon, R. J. (2003). *Helping the noncompliant child: Family-based treatment for oppositional behavior* (2nd ed.). New York: Guilford Press.

Fox, M. G., & Sokol, L. (2011). *Think confident, be confident for teens: A cognitive therapy guide to overcoming self-doubt and creating unshakable self-esteem*. Oakland, CA: New Harbinger.

Francis, G., & Gragg, R. A. (1995, November). *Assessment and treatment of obsessive-compulsive disorder in children and adolescents*. Workshop presented at the annual meeting of the Association for Advancement of Behavior Therapy, Washington, DC.

Frappier, M. (2009). Being nice is overrated: House and Socrates on the necessity of conflict. In H. Jacoby (Ed.), *House and philosophy: Everybody lies* (pp. 98-111). New York: Wiley.

Freeman, A., & Dattilio, F. M. (1992). Cognitive therapy in the year 2000. In A. Freeman & F. M. Dattilio (Eds.), *Comprehensive case book of cognitive therapy* (pp. 375-379). New York: Plenum Press.

Frey, D., & Fitzgerald, T. (2000). *Chart your course*. Dayton, OH: Mandalay.

Frick, P. J., Cornell, A. H., Bodin, S. D., Dane, H. E., Barry, C. T., & Loney, B. R. (2003). Callous-unemotional traits and developmental pathways to severe conduct problems. *Developmental Psychology, 39*, 246-260.

Frick, P. J., & Morris, A. S. (2004). Temperament and developmental pathways to conduct problems. *Journal of Clinical Child and Adolescent Psychology, 33*, 54-68.

Friedberg, R. D. (1993). Inpatient cognitive therapy: Games cognitive therapists play. *Behavior Therapist, 16*, 41-42.

Friedberg, R. D. (1994). Storytelling and cognitive therapy with children. *Journal of Cognitive Therapy, 8*, 209-217.

Friedberg, R. D. (1995). Confessions of a cognitive therapist. *Behavior Therapist, 18*, 120-121.

Friedberg, R. D. (2006). *A cognitive-behavioral approach to family therapy*. New York: Guilford Press.

Friedberg, R. D. (no prelo). Chasing Janus: Opening perceptual doors and windows through Socratic dialogues with children. In C. A. Padesky & H. Kennerley (Eds.), *The Oxford guide to Socratic methods in cognitive behavioral therapy*. Oxford, UK: Oxford University Press.

Friedberg, R. D., & Brelsford, G. M. (2011). Core principles in cognitive therapy with youth. *Child and Adolescent Psychiatric Clinics of North America, 20*, 369-378.

Friedberg, R. D., & Crosby, L. E. (2001). *Therapeutic exercises for children: A professional guide*. Sarasota, FL: Professional Resource Press.

Friedberg, R. D., & Dalenberg, C. J. (1991). Attributional processes in young children: Theoretical, methodological, and clinical considerations. *Journal of Rational-Emotive and Cognitive-Behavioral Therapy, 9*, 173-183.

Friedberg, R. D., & Gorman, A. A. (2007). Integrating psychotherapeutic processes with cognitive behavioral procedures. *Journal of Contemporary Psycho-therapy, 37*, 185-193.

Friedberg, R. D., Friedberg, B. A., & Friedberg, R. J. (2001). *Therapeutic exercises for children: Guided self-discovery through cognitive-behavioral techniques*. Sarasota, FL: Professional Resource Press.

Friedberg, R. D., Mason, C. A., & Fidaleo, R. A. (1992). *Switching channels: A cognitive behavioral work journal for adolescents*. Sarasota, FL: Psychological Assessment Resources.

Friedberg, R. D., McClure, J. M., & Hillwig-Garcia, J. (2009). *Cognitive therapy techniques for children and adolescents: Tools for enhancing practice*. New York: Guilford Press.

Fristad, M. A., Emery, B. L., & Beck, S. J. (1997). Use and abuse of the Children's Depression Inventory. *Journal of Consulting and Clinical Psychology, 65*, 699-702.

Fugard, A. (1981). *A lesson from Aloes*. New York: Theatre Communications Group.

Garcia-Preto, N. (2005). Latino families: An overview. In M. McGoldrick, J. Giorano, & N. Garcia-Preto (Eds.), *Ethnicity and family therapy* (3rd ed., pp. 153-165). New York: Guilford Press.

Gardner, R. A. (1970). The mutual storytelling technique: Use in the treatment of a child with post--traumatic neurosis. *American Journal of Psychotherapy, 24*, 419-439.

Gardner, R. A. (1971). *Therapeutic communication with children: The mutual storytelling technique*. New York: Science House.

Gardner, R. A. (1972). Once upon a time there was a doorknob and everybody used to make him all dirty with fingerprints. *Psychology Today, 10*, 67-71, 91.

Gardner, R. A. (1975). Techniques for involving the child with MBD in meaningful psychotherapy. *Journal of Learning Disabilities, 8*, 16-26.

Gardner, R. A. (1986). *The psychotherapeutic techniques of Richard Gardner.* Cresskill, NJ: Creative Therapeutics.

Gaus, V. L. (2011). Adult Asperger syndrome and the utility of cognitive-behavioral therapy. *Journal of Contemporary Psychotherapy, 41*, 47-56.

Gaylord-Harden, N. K., Elmore, C. A., Campbell, C. L., & Wethington, A. (2011). An examination of the tripartite model of depressive and anxiety symptoms in African American youth: Stressors and coping strategies as common and specific correlates. *Journal of Clinical Child and Adolescent Psychology, 40*, 360-374.

Gibbs, J. T. (1998). African-American adolescents. In J. T. Gibbs, L. N. Huang, & Associates (Eds.), *Children of color: Psychological interventions with culturally diverse youth* (pp. 143-170). San Francisco: Jossey-Bass.

Gillham, J. E., Reivich, K. J., Jaycox, L. J., & Seligman, M. E. P. (1995). Prevention of depressive symptoms in school children: Two-year follow-up. *Psychological Science, 6*, 343-351.

Gilliam, J. E. (2001). *Gilliam Asperger Disorder Scale.* Austin, TX: PRO-ED. Gilliam, J. E. (2013). *Gilliam Autism Rating Scale* (3rd ed.). Austin, TX: PRO-ED. Ginsburg, G. S., Becker, K. D., Kingery, J. N., & Nichols, T. (2008). Transporting CBT for childhood anxiety disorders into inner-city school-based mental health clinics. *Cognitive and Behavioral Practice, 15*, 148-158.

Ginsburg, G. S., & Silverman, W. K. (1996). Phobic and anxiety disorders in Hispanic and Caucasian youth. *Journal of Anxiety Disorders, 10*, 517-528.

Gluhoski, V. L. (1995). Misconceptions of cognitive therapy. *Psychotherapy, 31*, 594-600.

Godin, J., & Oughourlian, J. M. (1994). The transitional gap in metaphor and therapy: The essence of the story. In J. K. Zeig (Ed.), *Ericksonian methods: The essence of the story* (pp. 182-191). New York: Brunner/Mazel.

Goldenberg, H., & Goldenberg, I. H. (2012). *Family therapy: An overview.* San Francisco: Cengage.

Goldfried, M. R., & Davison, G. R. (1976). *Clinical behavior therapy.* New York: Holt, Rinehart & Winston.

Goldstein, A. (1973). Behavior therapy. In R. Corsini (Ed.), *Current psychotherapies* (pp. 207-250). Itasca, IL: Peacock.

Goldstein, A. P., Glick, B., Reiner, S., Zimmerman, D., & Coultry, T. M. (1987). *Aggression replacement training: A comprehensive intervention for aggressive youth.* Champaign, IL: Research Press.

Goldston, D. B., Molock, S. D., Whitbeck, L. B., Murakami, J. L., Zayas, L. H., & Hall, G. C. N. (2008). Cultural considerations in adolescent suicide prevention and psychosocial treatment. *American Psychologist, 63*, 14.

Goncalves, O. F. (1994). Cognitive narrative psychotherapy: The hermeneutic construction of alternative meanings. In M. J. Mahoney (Ed.), *Cognitive and constructive psychotherapies theory, research, and practice* (pp. 139-162). New York: Springer.

Goodman, W. K., Price, L. H., Rasmussen, S. A., Mazure, C., Fleishmann, R. L., Hill, C. L., et al. (1989). The Yale-Brown Obsessive-Compulsive Scale. *Archives of General Psychiatry, 46*, 1006-1016.

Goodyer, I. M., Herbert, J., Secher, S. M., & Pearson, J. (1997). Short-term outcome of major depression: Part I. Co-morbidity and severity at presentation as predictors of persistent disorder. *Journal of the American Academy of Child and Adolescent Psychiatry, 36*, 179-187.

Gotlib, I. H., & Hammen, C. L. (1992). *Psychological aspects of depression.* New York: Wiley.

Greco, L. A., & Eifert, G. H. (2004). Treating parent-adolescent conflict: Is acceptance the missing link for an integrative family therapy? *Cognitive and Behavioral Practice, 11*, 305-314.

Greenberg, L. (1993). The three little pigs: A new story for families recovering from violence and intimidation. *Journal of Systemic Therapies, 12*, 39-40.

Greenberger, D., & Padesky, C. A. (1995). *Mind over mood: Changing how you feel by changing the way you think.* New York: Guilford Press.

Groves, S. A., Stanley, B. H., & Sher, L. (2007). Ethnicity and the relationship between adolescent alcohol use and suicidal behavior. *International Journal of Adolescent Medicine and Health, 19*, 19-25.

Gudiño, O. G., Lau, A. S., Yeh, M., McCabe, K. M., & Hough, R. L. (2008). Understanding racial/ethnic disparities in youth mental health services: Do disparities vary by problem type? *Journal of Emotional and Behavioral Disorders, 20*, 1-14.

Guidano, V. F., & Liotti, G. (1983). *Cognitive processes and emotional disorders: A structural approach to psychotherapy.* New York: Guilford Press.

Guidano, V. F., & Liotti, G. (1985). A constructionalist foundation for cognitive therapy. In M. J. Mahoney & A. Freeman (Eds.), *Cognition and psychotherapy* (pp. 101-142). New York: Plenum Press.

Hammen, C. (1988). Self-cognitions, stressful events, and the prediction of depression in children of depressed mothers. *Journal of Abnormal Child Psychology, 16,* 347-360.

Hammen, C., & Goodman-Brown, T. (1990). Self-schemas and vulnerability to specific life stress in children at risk for depression. *Cognitive Therapy and Research, 14,* 215-227.

Hammen, C., & Zupan, B. A. (1984). Self-schemas, depression, and the processing of personal information in children. *Journal of Experimental Child Psychology, 37,* 598-608.

Hammond, W. R. (1991). *Dealing with anger: Givin' it, takin' it, workin' it out.* Champaign, IL: Research Press.

Hammond, W. R., & Yung, B. R. (1991). Preventing violence in at-risk African-American youth. *Journal of Health Care for the Poor and Underserved, 2,* 359- 373.

Hannesdottir, D. K., & Ollendick, T. H. (2007). The role of emotion regulation in the treatment of anxiety disorders. *Clinical Child and Family Psychology Review, 10,* 275-293.

Harper, G. W., & Iwamasa, G. Y. (2000). Cognitive-behavioral therapy with ethnic minority adolescents: Therapist perspectives. *Cognitive and Behavioral Practice, 7,* 37-54.

Harrington, N. (2011). Frustration intolerance: Therapy issues and strategies. *Journal of Rational-Emotive and Cognitive-Behavior Therapy, 29,* 4-16.

Hart, K. J., & Morgan, J. R. (1993). Cognitive-behavioral procedures with children: Historical context and current status. In A. J. Finch, W. M. Nelson, & E. S. Ott (Eds.), *Cognitive-behavioral procedures with children and adolescentes* (pp. 1-24). Boston: Allyn & Bacon.

Hays, P. A. (2009). Integrating evidence-based practice, cognitive-behavior therapy, and multicultural therapy: Ten steps for culturally competent practice. *Professional Psychology: Research and Practice, 4,* 354-360.

Hayes, S. C., Strosahl, K. D., & Wilson, K. G. (1999). *Acceptance and commitment therapy.* New York: Guilford Press.

Hayes, S. C., Wilson, K. G., Gifford, E. V., Follette, V. M., & Strosahl, K. (1996). Experiential avoidance and behavioral disorders: A functional dimensional approach to diagnosis and treatment. *Journal of Consulting and Clinical Psychology, 64,* 1152-1168.

Hays, P. A. (1995). Multicultural applications of cognitive-behavior therapy. *Professional Psychology: Research and Practice, 26,* 309-315.

Hays, P. A. (2001). *Addressing cultural complexities in practice: A framework for clinicians and counselors.* Washington, DC: American Psychological Association.

Hays, P. A. (2009). Integrating evidence-based practice, cognitive-behavior therapy, and multicultural therapy: Ten steps for culturally competent practice. *Professional Psychology: Research and Practice, 40,* 354-360.

Heinlein, R. A. (1961). *Stranger in a strange land.* New York: Putnam.

Hicks, D., Ginsburg, G., Lumpkin, P. W., Serafini, L., Bravo, I., Ferguson, C., et al. (1996, November). *Phobic and anxiety disorders in Hispanic and white youth.* Poster presented at the annual meeting of the Association for Advancement of Behavior Therapy, New York.

Hines, P. M., & Boyd-Franklin, N. (2005). African-American families. In M. McGoldrick, J. Giorano, & N. Garcia-Preto (Eds.), *Ethnicity and family therapy* (3rd ed., pp. 87-100). New York: Guilford Press.

Hirshfeld-Becker, D. R., Masek, B., Henin, A., Blakely, L. R., Rettew, D. C., Dufton, L., et al. (2008). *Cognitive Behavioral Intervention with Young Anxious Children, 16,* 113-125.

Ho, J. K., McCabe, K. M., Yeh, M., & Lau, A. S. (2010). Evidence-based treatments for conduct problems among ethnic minorities. In R. C. Murrihy, A. D. Kid- man, & T. H. Ollendick (Eds.), *Clinical handbook of assessing and treating conduct problems* (pp. 455-488). New York: Springer.

Ho, M. K. (1992). *Minority children and adolescents in therapy.* Newbury Park, CA: Sage.

Hoffman, M. (1991). *Amazing grace.* New York: Dial.

Hope, D. A., & Heimberg, R. G. (1993). Social phobia and social anxiety. In D. H. Barlow (Ed.), *Clinical* handbook of psychological disorders (pp. 99-136). New York: Guilford Press.

Howard, K. A., Barton, C. E., Walsh, M. E., & Lerner, R. M. (1999). Social and contextual issues in interventions with children and families. In S. W. Russ & T. H. Ollendick (Eds.), *Handbook of psychotherapies with children and families* (pp. 45-66). New York: Plenum Press.

Huebner, D. (2006). *What to do when you worry too much: A kid's guide to overcoming anxiety*. Washington, DC: Magination Press.

Huebner, D. (2007a). *What to do when you dread your bed: A kid's guide to overcoming problems with sleep*. Washington, DC: Magination Press.

Huebner, D. (2007b). *What to do when your brain gets stuck: A kid's guide to overcoming OCD*. Washington, DC: Magination Press.

Huebner, D. (2007c). *What to do when your temper flares: A kid's guide to overcoming problems with anger*. Washington, DC: Magination Press.

Huey, S. J., & Polo, A. J. (2008). Evidence-based psychosocial treatment for ethnic minority youth. *Journal of Clinical Child and Adolescent Psychology, 37*, 262-301.

Huppert, J. D., & Baker-Morissette, S. L. (2003). Beyond the manual: The insider's guide to panic control treatment. *Cognitive and Behavioral Practice, 10*, 2-13.

Ingram, R. E., & Kendall, P. C. (1986). Cognitive clinical psychology: Implications of an information-processing perspective. In R. E. Ingram (Ed.), *Information processing approaches to clinical psychology* (pp. 3-21). Orlando, FL: Academic Press.

Jacobson, E. (1938). *Progressive relaxation*. Chicago: University of Chicago Press.

Jaycox, L. H., Reivich, K. J., Gillham, J., & Seligman, M. E. P. (1994). Prevention of depressive symptoms in school children. *Behavior Research and Therapy, 32*, 801-816.

Johnson, C. T., Cartledge, G., & Milburn, J. F. (1996). Social skills and the culture of gender. In G. Cartledge & J. F. Milburn (Eds.), *Cultural diversity and social skills instruction: Understanding ethnic and gender differences* (pp. 297-352). Champaign, IL: Research Press.

Johnson, M. E. (1993). A culturally sensitive approach to therapy with children. In C. M. Brems, *A comprehensive guide to child psychotherapy* (pp. 68-93). Boston: Allyn & Bacon.

Joiner, T. (2005). *Why people die from suicide*. Cambridge, MA: Harvard University Press.

Jolly, J. B. (1993). A multi-method test of the cognitive content-specificity hypothesis in young adolescents. *Journal of Anxiety Disorders, 7*, 223-233.

Jolly, J. B., & Dykman, R. A. (1994). Using self-report data to differentiate anxious and depressive symptoms in adolescents: Cognitive content specificity and global distress. *Cognitive Therapy and Research, 18*, 25-37.

Jolly, J. B., & Kramer, T. A. (1994). The hierarchical arrangement of internalizing cognitions. *Cognitive Therapy and Research, 18*, 1-14.

Kagan, J. (1986). Rates of change in psychological processes. *Journal of Applied Developmental Psychology, 7*, 125-130.

Karnezi, H., & Tierney, K. (2009). A novel intervention to address fears in children with Asperger syndrome: A pilot study of the cognitive behaviour drama (CBD) model. *Behaviour Change, 26*, 271-282.

Karver, M. S., & Caparino, M. S. (2010). The use of empirically supported strategies for building a therapeutic relationship with an adolescent with oppositional defiant disorder. *Cognitive and Behavioral Practice, 17*, 222-232.

Kashani, J. H., & Orvaschel, H. (1990). A community study of anxiety in children and adolescents. *American Journal of Psychiatry, 147*, 313-318.

Kaslow, N. J., & Racusin, G. R. (1990). Childhood depression: Current status and future directions. In A. S. Bellack, M. Hersen, & A. E. Kazdin (Eds.), *International handbook of behavior modification and therapy* (pp. 649-667). New York: Plenum Press.

Kaufman, A. S., & Kaufman, N. L. (1993). *Manual for the Kaufman Adolescent and Adult Intelligence Test (KAIT)*. Circle Pines, MN: American Guidance Service. Kaufman, A. S., & Kaufman, N. L. (2004). *Manual for the Kaufman Assessment Battery for Children – Second Edition (K-ABC-II)*. Circle Pines, MN: American Guidance Service.

Kaufman, A. S., & Lichtenberger, A. S. (2000). *Essentials of WISC-III and WPPSI-R assessment*. New York: Wiley.

Kazantzis, N., Deane, F. P., Ronan, K. R., & L'Abate, L. (Eds.). (2005). *Using homework assignments in CBT*. New York: Routledge.

Kazdin, A. E. (1993). Conduct disorder. In T. O. Ollendick & M. Hersen (Eds.), *Handbook of child and adolescent assessment* (pp. 292-310). Boston: Allyn & Bacon.

Kazdin, A. E. (1994). Antisocial behavior and conduct disorder. In L. W. Craighead, W. E. Craighead, A. E. Kazdin, & M. J. Mahoney (Eds.), *Cognitive and behavioral interventions* (pp. 267-299). Boston: Allyn & Bacon.

Kazdin, A. E. (1996). Problem-solving and parent management in treating aggressive and anti-social behavior. In E. D. Hibbs & P. S. Jensen (Eds.), *Psycho-social treatments for child and adolescent disorders: Empirically-based strategies for clinical practice* (pp. 377-408). Washington, DC: American Psychological Association.

Kazdin, A. E. (1997). Practitioner review: Psychosocial treatments for conduct disorder in children. *Journal of Child Psychology and Psychiatry, 38*, 161-178.

Kazdin, A. E. (2008). *The Kazdin method for parenting the defiant child*. Boston: Houghton Mifflin.

Kazdin, A. E., Rodgers, A., & Colbus, D. (1986). The Hopelessness Scale for Children: Psychometric characteristics and concurrent validity. *Journal of Consulting and Clinical Psychology, 54*, 241-245.

Kearney, C. A., & Albano, A. M. (2000). *Therapist's guide for school refusal behavior*. San Antonio, TX: Psychological Corporation.

Kendall, P. C. (1990). *The coping cat workbook*. Ardmore, PA: Workbook.

Kendall, P. C. (1992). *Stop and think workbook* (2nd ed.). Ardmore, PA: Workbook.

Kendall, P. C., & Beidas, R. S. (2007). Smoothing the trail for dissemination of evidence-based practices for youth: Flexibility within fidelity. *Professional

Psychology: Research and Practice, 38*, 13-20.

Kendall, P. C., Chansky, T. E., Friedman, F. M., & Siqueland, L. (1991). Treating anxiety disorders in children and adolescents. In P. C. Kendall (Ed.), *Child and adolescent therapy: Cognitive-behavioral procedures* (pp. 131-164). New York: Guilford Press.

Kendall, P. C., Chansky, T. E., Kane, M. T., Kim, R. S., Kortlander, E., Ronan, K. R., et al. (1992). *Anxiety disorders in youth: Cognitive-behavioral interventions*. Boston: Allyn & Bacon.

Kendall, P. C., Chu, B., Gifford, A., Hayes, C., & Nauta, M. (1998). Breathing life into a manual. *Cognitive and Behavioral Practice, 5*, 89-104.

Kendall, P. C., Flannery-Schroeder, E., Panichelli-Mindell, S. M., Southam-Gerow, M., Henin, A., & Warman, M. (1997). Therapy for youths with anxiety dis- orders: A second randomized clinical trial. *Journal of Consulting and Clinical Psychology, 65*, 366-380.

Kendall, P. C., Gosch, E., Furr, J., & Sood, E. (2008). Flexibility within fidelity. *Journal of the American Academy of Child and Adolescent Psychiatry, 47*, 987-993.

Kendall, P. C., & Hedtke, K. A. (2006). *The Coping Cat workbook* (2nd ed.). Ardmore, PA: Workbook.

Kendall, P. C., & MacDonald, J. P. (1993). Cognition in the psychopathology of youth and implications for treatment. In K. S. Dobson & P. C. Kendall (Eds.), *Psychopathology and cognition* (pp. 387-427). San Diego, CA: Academic Press.

Kendall, P. C., & Treadwell, K. R. H. (1996). Cognitive-behavioral treatment for childhood anxiety disorders. In E. D. Hibbs & P. S. Jensen (Eds.), *Psycho- social treatments for child and adolescent disorders: Empirically-based strategies for clinical practice* (pp. 23-42). Washington, DC: American Psychological Association.

Kershaw, C. J. (1994). Restorying the mind: Using therapeutic narrative in psychotherapy. In J. K. Zeig (Ed.), *Ericksonian methods: The essence of the story* (pp. 192-206). New York: Brunner/Mazel.

Kestenbaum, C. J. (1985). The creative process in child psychotherapy. *American Journal of Psychotherapy, 39*, 479-489.

Kessler, R. C., & Wang, P. C. (2002). Epidemiology of depression. In I. Gotlib & C. L. Hammen (Eds.), *Handbook of depression* (pp. 5-22). New York: Guilford Press.

Kessler, R. C., Avenevoli, S., McLaughlin, K. A., Green, J. G., Lakoma, M. D., Petuhova, M., et al. (2012). Life-time co-morbidity of DSM-IV disorders in the NCS-R Adolescent Supplement (NCS-A). *Psychological Medicine, 42*, 1997-2010.

Khanna, M. S., & Kendall, P. C. (2008). Computer-assisted CBT for child anxiety: The Coping Cat CD-ROM. *Cognitive and Behavioral Practice, 15*, 159-165.

Kimball, W., Nelson, W. M., & Politano, P. M. (1993). The role of developmental variables in cognitive-behavioral interventions with children. In A. J. Finch, W. M. Nelson, & E. S. Ott (Eds.), *Cognitive-behavioral procedures with children and adolescents* (pp. 25-67). Boston: Allyn & Bacon.

Klonsky, E. D., & Muehlenkamp, J. J. (2007). Self-injury: A research review for the practitioner. *Journal of Clinical Psychology, 63*, 1045-1056.

Knell, S. M. (1993). *Cognitive-behavior play therapy*. Northvale, NJ: Jason Aronson. Koeppen, A. S. (1974). Relaxation training for children. *Journal of Elementary School Guidance and Counseling, 9*, 14-21.

Kottman, T., & Stiles, K. (1990). The mutual storytelling technique: An Adlerian application in child therapy. *Individual Psychology, 46*, 148-156.

Kovacs, M. (2010). *The Children's Depression Inventory-2 manual*. North Tonawanda, NY: Multi-Health Systems.

Kovacs, M., Feinberg, T. L., Crouse-Novak, M., Paulauskas, S. L., & Finkelstein, R. (1984). Depressive disorders in childhood: Part 2. Longitudinal prospective study of characteristics and recovery. *Archives of General Psychiatry, 41*, 229-237.

Krackow, E., & Rudolph, K. D. (2008). Life stress and the accuracy of cognitive appraisals in depressed youth. *Journal of Clinical Child and Adolescent Psychology, 37*, 376-385.

Kronenberger, W. G., & Meyer, R. G. (1996). *The child clinician's handbook*. Needham Heights, MA: Allyn & Bacon.

LaFramboise, T. D., & Low, K. G. (1998). American Indian children and adolescents. In J. T. Gibbs, L. N. Huang, & Associates (Eds.), *Children of color: Psychological interventions with culturally diverse youth* (pp. 112-142). San Francisco: Jossey-Bass.

Lamb-Shapiro, J. (2000). *The bear who lost his sleep*. Plainview, NY: Childswork/Childsplay.

Lamb-Shapiro, J. (2001). *The hyena who lost her laugh*. Plainview, NY: Childswork/Childsplay.

Lang, R., Regester, A., Lauderdale, S., Ashbaugh, K., & Haring, A. (2010). Treatment of anxiety in autism spectrum disorders using cognitive behavior therapy: A systematic review. *Developmental Neurorehabilitation, 13*, 53-63.

Laugeson, E. A. (2013a). *The PEERS curriculum for school-based professionals*. New York: Routledge.

Laugeson, E. A. (2013b). The science of making friends: *Helping socially challenged teens and young adults*. San Francisco: Jossey-Bass.

Laugeson, E. A., & Frankel, F. (2011). *Social skills for teenagers with developmental and autism spectrum disorders: The PEERS treatment manual*. New York: Routledge.

Laugeson, E. A., Frankel, F., Gantman, A., Dillon, A. R., & Mogil, C. (2012). Evidence-based social skills training for adolescents with autism spectrum disorders: The UCLA PEERS program. *Journal of Autism and Developmental Disorders, 42*, 1025-1036.

Laugeson, E. A., Frankel, F., Mogil, C., & Dillon, A. R. (2009). Parent-assisted social skills training to improve friendships in teens with autism spectrum disorders. *Journal of Autism and Developmental Disorders, 39*, 596-606.

Laurent, J., & Stark, K. D. (1993). Testing the cognitive content-specificity hypothesis with anxious and depressed youngsters. *Journal of Abnormal Psychology, 102*, 226-237.

Lawson, D. M. (1987). Using therapeutic stories in the counseling process. *Elementary School Guidance and Counseling, 22*, 134-142.

Lazarus, A. A. (1984). Em *the mind's eye: The power of imagery for personal enrichment*. New York: Guilford Press.

Leahy, R. L. T. (2008). The therapeutic relationship in cognitive behavioral therapy. *Behavioral and Cognitive Psychotherapy, 36*, 769-777.

LeCroy, C. W. (1994). Social skills training. In C. W. LeCroy (Ed.), *Handbook of child and adolescent treatment manuals* (pp. 126-169). New York: Lexington Books.

LeCouteur, A., Haden, G., Hammal, D., & McConoachie, H. (2008). Diagnosing autism spectrum disorders in preschool children using two standardized assessment instruments: The ADI-R and the ADOS. *Journal of Autism and Developmental Disorders, 38*, 363-371.

Lee, E., & Mock, M. R. (2005). Asian families: An overview. In M. McGoldrick, J. Giordano, & N. Garcia-Preto (Eds.), *Ethnicity and family therapy* (3rd ed., pp. 87-100). New York: Guilford Press.

Lee, J. W., & Cartledge, G. (1996). Native Americans. In G. Cartledge & J. F. Milburn (Eds.), *Cultural diversity and social skills instruction: Understanding ethnic and gender differences* (pp. 205-244). Champaign, IL: Research Press.

Lerner, J., Safren, S. A., Henin, A., Warman, M., Heimberg, R. G., & Kendall, P. C. (1999). Differentiating anxious and depressive self-statements in youth: Factor structure of the Negative Affect Self-Statement Questionnaire among youth referred to an anxiety disorders clinic. *Journal of Clinical Child Psychology, 28,* 82-93.

Leve, R. M. (1995). *Child and adolescent psychotherapy: Process and integration.* Boston: Allyn & Bacon.

Lewinsohn, P. M., Clarke, G. N., Rohde, P., Hops, H., & Seeley, J. R. (1996). A course in coping: A cognitive-behavioral approach to the treatment of adolescent depression. In E. D. Hibbs & P. S. Jensen (Eds.), *Psychosocial treatments for child and adolescent disorders: Empirically-based strategies for clinical practice* (pp. 105-135). Washington, DC: American Psychological Association.

Linehan, M. M. (1993). *Cognitive-behavioral treatment for borderline personality disorder.* New York: Guilford Press.

Liotti, G. (1987). The resistance to change of cognitive structures: A counter proposal to psychoanalytic metapsychology. *Journal of Cognitive Psychotherapy, 1,* 87-104.

Livesay, H. (2007). Making a place for the angry hero on the team. In L. C. Rubin (Ed.), *Using superheroes in counseling and play therapy* (pp. 121-142). New York: Springer.

Lochman, J. E., Boxmeyer, C., & Powell, N. (2009). The role of play within cognitive behavioral therapy for aggressive children: The Coping Power Program. In A. A. Drewes (Ed.), *Blending play therapy with cognitive behavioral therapy* (pp. 165-178). New York: Wiley.

Lochman, J. E., Wells, K. C., & Lenhart, L. (2008). *Coping Power child component.* New York: Oxford University Press.

Lord, B. B (1984). In *the year of the boar and Jackie Robinson.* Baltimore: Harper- Collins.

Lord, C., Rutter, M., & Le Couteur, A. (1994). Autism Diagnostic Interview-Revised: A revised version of a diagnostic interview for caregivers of individuals with possible pervasive developmental disorders. *Journal of Autism and Developmental Disorders, 24,* 659-685.

Mandell, D. S., & Novak, M. (2005). The role of culture in families' treatment decisions for children with autism spectrum disorders. *Mental Retardation and Developmental Disabilities Research Reviews, 11,* 110-115.

Mandell, D. S., Ittenbach, R. F., Levy, S. E., & Pinto-Martin, J. A. (2007). Disparities in diagnoses received prior to diagnosis of autism spectrum disorder. *Journal of Autism and Developmental Disorders, 37,* 1795-1802.

Mandell, D. S., Listerud, J., Levy, S. E., & Pinto-Martin, J. A. (2002). Race differences in the age at diagnosis among Medicaid-eligible children with autism. *Journal of the American Academy of Child and Adolescent Psychiatry, 41,* 1447- 1453.

Mandell, D. S., Wiggins, L. D., Carpenter, L. A., Daniels, J., DiGuiseppi, C., Durkin, M. S., et al. (2009). Racial/ethnic disparities in the identification of children with autism spectrum disorders. *American Journal of Public Health, 99,* 493-498.

March, J. (1997). *MASC: Multidimensional Anxiety Scale for Children technical manual.* New York: Multi-Health Systems.

March, J. S. (with C. Benton). (2007). *Talking back to OCD.* New York: Guilford Press.

Mathews, A., & MacLeod, C. (1985). Selective processing of threat cues in anxiety states. *Behaviour Research and Therapy, 23,* 563-569.

Martinez, C. R., & Eddy, J. M. (2005). Effects of culturally adapted parent management training on Latino youth behavioral health outcomes. *Journal of Counselling and Clinical Psychology, 73,* 841-851.

Martinez, W., Polo, A. J., & Carter, J. S. (2012). Family orientation, language, and anxiety among low-income Latino youth. *Journal of Anxiety Disorders, 26,* 517-525.

Masters, J. C., Burish, T. G., Hollon, S. D., & Rimm, D. C. (1987). *Behavior therapy: Techniques and empirical findings* (2nd ed.). San Diego, CA: Harcourt Brace Jovanovich.

Maxwell, M. A., & Cole, D. A. (2009). Weight change and appetite disturbance as symptoms of adolescent depression: Toward an integrative biopsychosocial model. *Clinical Psychology Review, 29,* 260-273.

Mayer, M. (1999). *Shibumi and the kitemaker.* Tarrytown, NY: Marshall Cavendish.

Mayes, S. D., Calhoun, S. L., Murray, M. J., Ahuja, M., & Smith, L. A. (2011). Anxiety, depression, and irritability in children with autism relative to children with other neuropsychiatric disorders and typical development. *Research in Autism Spectrum Disorders, 5,* 474-485.

Mayes, S. D., Calhoun, S. L., Aggarwal, R., Baker, C., Mathapati, S., Anderson, R., et al. (2012). Explosive, oppositional, and aggressive behavior in children with autism compared to other clinical disorders and typical development. *Research in Autism Spectrum Disorder, 6,* 1-10.

McArthur, D., & Roberts, G. (1982). *Roberts Apperception Test for Children: Manual.* Los Angeles: Western Psychological Services.

McCarty, C. A., & Weisz, J. R. (2007). Effects of psychotherapy for depression in children and adolescents: What we can (and can't) learn from meta-analysis and component profiling. *Journal of the American Academy of Child and Adolescent Psychiatry, 46,* 879-886.

McCauley, E., Schloredt, K., Gudmundsen, G., Martell, C., & Dimidjian, S. (2011). Expanding behavioral activation to depressed adolescents: Lessons learned in treatment development. *Cognitive and Behavioral Practice, 18,* 371-383.

McInerney, D. (2008). *Improv techniques for writers.* Artigo apresentado na conferência anual dos Romance Writers of America. Disponível em www.rwanational.org/galleries/08handouts/McInerney--denise-improve-handout.pdf.

McLaughlin, K. A., Hilt, L. M., & Nolen-Hoeksema, S. (2007). Racial/ethnic differences in internalizing and externalizing symptoms in adolescents. *Journal of Abnormal Child Psychology, 35,* 801-816.

Meichenbaum, D. H. (1985). *Stress inoculation training.* New York: Pergamon Press. Meltzoff, J. (1998). *Critical thinking about research: Psychology and related fields.* Washington, DC: American Psychological Association.

Messer, S. C., Kempton, T., Van Hasselt, V. B., Null, J. A., & Bukstein, O. G. (1994). Cognitive distortions and adolescent affective disorder: Validity of the CNCEQ in an inpatient sample. *Behavior Modification, 18,* 339-351.

Mikolajczyk, R. T., Bredehorst, M., Khelaifat, N., Maier, C., & Maxwell, A. E. (2007). Correlates of depressive symptoms among Latino and non-Latino white adolescents: Findings from the 2003 California Health Interview Sur- vey. *BMC Public Health, 21,* 7-21.

Mikulas, W. L., & Coffman, M. G. (1989). Home--based treatment of children's fear of the dark. In C. E. Schaefer & J. M. Briesmeister (Eds.), *Handbook of parent training: Parents as co-therapists for children's behavior problems* (p. 179- 202). New York: Wiley.

Miller, W. R., & Rollnick, S. (2013). *Motivational interviewing: Helping people change* (3rd ed.). New York: Guilford Press.

Mills, J. C., Crowley, R. J., & Ryan, M. O. (1986). *Therapeutic metaphors for children and the child within.* New York: Brunner/Mazel.

Minuchin, S., & Fishman, H. C. (1981). *Family therapy techniques.* Cambridge, MA: Harvard University Press.

Mischel, W. (1981). Metacognition and the rules of delay. In J. H. Flavell & L. Ross (Eds.), *Social cognitive development: Frontiers and possible futures* (pp. 240-271). Cambridge, UK: Cambridge University Press.

Mitlin, M. (2008). *Mumble Jumble: A social conversation game.* Los Angeles: Creative Therapy Store.

Mooney, K. A., & Padesky, C. A. (2000). Applying client creativity to recurrent problems: Constructing possibilities and tolerating doubt. *Journal of Cognitive Psychotherapy, 14,* 149-161.

Moree, B., & Davis, T. E. (2010). Cognitive-behavioral therapy for anxiety in children diagnosed with autism spectrum disorders: Modification trends. *Research in Autism Spectrum Disorders, 4,* 346-354.

Morris, R. J., & Kratochwill, T. R. (1998). Childhood fears and phobias. In R. J. Morris & T. R. Kratochwill (Eds.), *The practice of child therapy* (3rd ed., pp. 91-132). Boston: Allyn & Bacon.

Morris, T. L. (1999, November). *The development of social anxiety: Current knowledge and future directions.* Artigo apresentado no encontro annual da Association for Advancement of Behavior Therapy, Toronto, Canadá.

Mullen, E. (1995). *Mullen Scales of Early Learning.* Circle Pines, MN: American Guidance Service.

Munn, A. E., Sullivan, M. A., & Romero, R. T. (1999, November). *The use of the Revised Children's Manifest Anxiety Scale (RCMAS) with Caucasian and highly acculturated Native American children.* Poster presented at the annual meeting of the Association for Advancement of Behavior Therapy, Toronto, Canada.

Muris, P., Merckelbach, H., Van Brakel, A., & Mayer, B. (1999). The revised version of the Screen for Child Anxiety Related Emotional Disorder (SCA-

RED): Further evidence for its reliability and validity. *Anxiety, Stress, and Coping, 12*, 411-425.

Murray, H. (1943). *Thematic Apperception Test.* Cambridge, MA: Harvard University Press.

Myers, W. D. (1975). *Fast Sam, cool Clyde, and stuff.* New York: Viking Press.

Myers, W. D. (1981). *Hoops.* New York: Dell.

Myers, W. D. (1988). *Scorpions.* Cambridge, MA: Harper & Row.

Nagata, D. K. (1998). The assessment and treatment of Japanese American children and adolescents. In J. T. Gibbs, L. N. Huang, & Associates (Eds.), *Children of color: Psychological interventions with culturally diverse youth* (pp. 215-239). San Francisco: Jossey-Bass.

Nass, M. (2000). *The lion who lost his roar.* Plainview, NY: Childswork/Childsplay.

Neal, A. M., Lilly, R. S., & Zakis, S. (1993). What are African-American children afraid of? *Journal of Anxiety Disorders, 1*, 129-139.

Nettles, S. M., & Pleck, J. H. (1994). Risk, resilience, and development: The multiple ecologies of black adolescents in the United States. In R. J. Haggerty, L. R. Sherrod, N. Garmezy, & M. Rulter (Eds.), *Stress and resilience in children and adolescents* (pp. 147-181). New York: Cambridge University Press.

Newman, C. F. (2010). Competency in conducting cognitive-behavioral therapy: Foundational, functional, and supervisory aspects. *Psychotherapy: Theory, Research, Practice, Training, 47*, 12.

Nock, M. K. (2010). Self-injury. *Annual Review of Clinical Psychology, 6*, 339-363.

Nock, M. K. (2012). Future directions for the study of suicide and self-injury. *Journal of Clinical Child and Adolescent Psychology, 41*, 255-259.

Nock, M. K., Joiner, T. E., Gordon, K. H., Lloyd-Richardson, E., & Prinstein, M. J. (2006). Non-suicidal self-injury among adolescents: Diagnostic correlates and relation to suicide attempts. *Psychiatry Research, 144*, 65-72.

Nock, M. K., & Prinstein, M. J. (2004). A functional approach to the assessment of self-mutilative behavior. *Journal of Consulting and Clinical Psychology, 72*, 885-890.

Nock, M. K., Prinstein, M. J., & Sterba, S. K. (2009). Revealing the form and function of self-injurious thoughts and behaviors: A real-time ecological assessment study among adolescents and young adults. *Journal of Abnormal Psychology, 118*, 816-827.

Nock, M. K., Teper, R., & Hollander, M. (2007). Psychological treatment of self-injury among adolescents. *Journal of Clinical Psychology, 63*, 1081-1089.

Nolan, C. (Diretor). (2005). *Batman Begins* [Filme cinematográfico]. United States: Warner Brothers.

Nolan, C. (Diretor). (2008). *The Dark Knight* [Filme cinematográfico]. United States: Warner Brothers.

Nolan, C. (Diretor). (2012). *The Dark Knight Rises* [Filme cinematográfico]. United States: Warner Brothers.

Nolen-Hoeksema, S., & Girgus, J. (1995). Explanatory style, achievement, depression, and gender differences in childhood and early adolescence. In G. M. Buchanan & M. E. P. Seligman (Eds.), *Explanatory style* (pp. 57-70). Hillsdale, NJ: Erlbaum.

Nolen-Hoeksema, S., Girgus, J. S., & Seligman, M. E. P. (1996). Predictors and consequences of childhood depressive symptoms: A 5-year longitudinal study. *Journal of Abnormal Psychology, 101*, 405-422.

Notbohm, E., & Zysk, V. (2004). *1001 great ideas for teaching and raising children with autism spectrum disorders.* Arlington, TX: Future Horizons.

Olantunji, B. O., & Sawchuck, C. N. (2005). Disgust: Characteristic features, social manifestations and clinical implications. *Journal of Social and Clinical Psychology, 24*, 932-962.

Ollendick, T. H. (1983). Reliability and validity of the Revised Fear Schedule for Children (FSSC-R). *Behaviour Research and Therapy, 21*, 685-692.

Ollendick, T. H., & Cerny, J. A. (1981). *Clinical behavior therapy with children.* New York: Plenum Press.

Ollendick, T. H., King, N. J., & Frary, R. B. (1989). Fears in children and adolescents: Reliability and generalizability across gender, age, and nationality. *Behaviour Research and Therapy, 27*, 19-26.

Ougrin, D., Tranah, T., Leigh, E., Taylor, L., & Asarnow, J. R. (2012). Practitioner Review: Self-harm in adolescents. *Journal of Child Psychology and Psychiatry, 53*, 337-350.

Overholser, J. C. (1993a). Elements of the Socratic method: Part 1. Systematic questioning. *Psychotherapy, 30*, 67-74.

Overholser, J. C. (1993b). Elements of the Socratic method: Part 2. Inductive reasoning. *Psychotherapy, 30*, 75-85.

Overholser, J. C. (1994). Elements of the Socratic method: Part 3. University definitions. *Psychotherapy, 31*, 286-293.

Overholser, J. C. (2010a). Clinical expertise: A preliminary attempt to clarify its core elements. *Journal of Contemporary Psychotherapy, 40*, 131-139.

Overholser, J. C. (2010b). Psychotherapy according to the Socratic method: Integrating ancient philosophy with contemporary cognitive therapy. *Journal of Cognitive Psychotherapy, 24*, 354-363.

Overholser, J. C., Braden, A., & Fisher, L. (2010). You've got to believe: Core beliefs that underlie effective psychotherapy. *Journal of Contemporary Psycho- therapy, 40*, 185-194.

Padesky, C. A. (1986, September). *Cognitive therapy approaches for treating depression and anxiety in children*. Artigo apresentado na Second International Conference on Cognitive Psychotherapy, Umea, Suécia.

Padesky, C. A. (1988, September-May). *Intensive training series in cognitive therapy*. Workshop series presented at Newport Beach, CA.

Padesky, C. A. (1993, September). *Socratic questioning: Changing minds or guiding discovery?* Keynote address delivered at the European Congress of Behavioral and Cognitive Therapies, London.

Padesky, C. A. (1994). Schema change processes in cognitive therapy. *Clinical Psychology and Psychotherapy, 1*, 267-278.

Padesky, C. A., & Greenberger, D. (1995). *Clinician's guide to mind over mood*. New York: Guilford Press.

Pantalone, D. W., Iwamasa, G. Y., & Martell, C. R. (2010). Cognitive-behavioral therapy with diverse populations. In K. S. Dobson (Ed.), *Handbook of cognitive- behavioral therapies* (3rd ed., pp. 445-464). New York: Guilford Press.

Parker, T., & Shaiman, M. (1999). *Blame Canada* [song]. United States: Famous Music Corporation/WB Music (ASCAP), Ensign Music Corporation/ Warner-Tamerlane Publishing Corporation (BMI).

Patterson, G. R. (1976). *Living with children: New methods for parents and teachers–revised*. Champaign, IL: Research Press.

Peris, T. S., & Piacentini, J. (2014). Addressing barriers to change in the treatment of childhood obsessive-compulsive disorder. *Journal of Rational-Emotive and Cognitive Behavior Therapy, 32*, 331-343.

Persons, J. B. (1989). *Cognitive therapy in practice*. New York: Norton.

Persons, J. B., & Tompkins, M. A. (2007). Cognitive-behavioral case formulation. In T. D. Eells (Ed.), *Handbook of case formulation* (2nd ed., pp. 290-316). New York: Guilford Press.

Pina, A. A., & Silverman, W. K. (2004). Clinical phenomenology, somatic symptoms, and distress in Hispanic/Latino and European American youths with anxiety disorders. *Journal of Clinical Child and Adolescent Psychology, 33*, 227- 236.

Pitts, P. (1988). *Racing the sun*. New York: Avon Books.

Podell, J. L., Mychailysyzn, M. P., Edmunds, J. M., Puleo, C. M., & Kendall, P. C. (2010). The Coping Cat Program for anxious youth: The FEAR plan comes to life. *Cognitive and Behavioral Practice, 17*, 132-141.

Powell, N., Boxmeyer, C. L., & Lochman, J. E. (2008). Social problem-solving skills training: Sample module from the Coping Power Program. In C. W. LeCroy (Ed.), *Handbook of evidence-based treatment manuals for children and adolescents* (pp. 11-42). Oxford, UK: Oxford University Press.

Poznanski, E. O., Grossman, J. A., Buchsbaum, Y., Bonegas, M., Freeman, L., & Gibbons, R. (1984). Preliminary studies of the reliability and validity of the Children's Depression Rating Scale. *Journal of the American Academy of Child Psychiatry, 23*, 191-197.

Pretzer, J. L., & Beck, A. T. (1996). A cognitive theory of personality disorders. In J. F. Clarkin & M. F. Lenzenweger (Eds.), *Major theories of personality Disorder* (pp. 36-105). New York: Guilford Press.

Quiggle, N. L., Garber, J., Panak, W. F., & Dodge, K. A. (1992). Social information processing in aggressive and depressed children. *Child Development, 63*, 1305-1320.

Ramirez, O. (1998). Mexican-American children and adolescents. In J. T. Gibbs, L. N. Huang, & Associates (Eds.), *Children of color: Psychological interventions with culturally diverse youth* (pp. 215-239). San Francisco: Jossey-Bass.

Reaven, J. (2011). The treatment of anxiety symptoms in youth with high functioning autism disorders: Developmental considerations for parents. *Brain Research, 1380*, 255-263.

Reaven, J., Blakely-Smith, A., Culhane-Shelburne, K., & Hepburn, S. (2012). Group cognitive therapy for children with high functioning autism spectrum disorders and anxiety: a randomized trial. *Journal of Child Psychology and Psychiatry, 53,* 410-419.

Reaven, J., Blakely-Smith, A., Leuthe, E., Moody, E., & Hepburn, S. (2012). Facing your fears in adolescence: Cognitive behavioral therapy for high functioning autism spectrum disorders and anxiety. *Autism Research and Treatment.*

Rector, N. A., & Cassin, S. E. (2010). Clinical experience in cognitive behavioral therapy: Definition and pathways to acquisition. *Journal of Contemporary Psychotherapy, 40,* 153-161.

Reeves, G. M., Postolache, T. T., & Snitker, S. (2008). Childhood obesity and depression: Connection between these growing problems in growing children. *International Journal of Child Health and Human Development, 1,* 103-114.

Reilly, C. E. (2000). The role of emotion in cognitive therapy, cognitive therapists, and supervision. *Cognitive and Behavioral Practice, 7,* 343-345.

Reinecke, M. A., Ryan, N. E., & DuBois, D. L. (1998). Cognitive-behavioral therapy of depression and depressive symptoms during adolescence: A review and meta-analysis. *Journal of the American Academy of Child and Adolescent Psychiatry, 37,* 26-34.

Restifo, K., & Bogels, S. (2009). Family processes in the development of youth depression: Translating the evidence to treatment. *Clinical Psychology Review, 29,* 294-316.

Reynolds, C. R., & Kamphaus, R. W. (2004). *Behavioral Assessment System for Children-2.* Circle Pines, MN: American Guidance Service.

Reynolds, C. R., & Richmond, B. O. (1985). *Revised Children's Manifest Anxiety Scale.* Los Angeles: Western Psychological Services.

Reynolds C. R., & Richmond B. O. (2008). *Revised Children's Manifest Anxiety Scale-second edition manual.* Torrance, CA: Western Psychological Services.

Reynolds, W. M., Anderson, G., & Bartell, N. (1985). Measuring depression in children: A multimethod assessment investigation. *Journal of Abnormal Child Psychology, 13,* 513-526.

Reynolds, W. M. (1987). *Suicidal Ideation Questionnaire.* Odessa, FL: Psychological Assessment Resources.

Reynolds, W. M. (1988). *Suicidal Ideation Questionnaire: A professional manual.* Odessa, FL: Psychological Assessment Resources.

Richard, D. C. S., Lauterbach, D., & Gloster, A. T. (2007). Description, mechanisms of action, and assessment. In D. C. S. Richard & D. Lauterbach (Eds.), *Handbook of exposure therapies* (pp. 1-28). New York: Academic Press

Robertie, K., Weidenbenner, R., Barrett, L., & Poole, R. P. (2007). A super milieu: Using superheroes in the residential treatment of adolescents with sexual behavior problems. In L. C. Rubin (Ed.), *Using superheroes in counseling and play therapy* (pp. 143-168). New York: Springer.

Roberts, R. E. (1992). Manifestation of depressive symptoms among adolescents: A comparison of Mexican Americans with the majority and other minority populations. *Journal of Nervous and Mental Disease, 180,* 627-633.

Roberts, R. E. (2000). Depression and suicidal behaviors among adolescents: The role of ethnicity. In I. Cuellar & F. A. Paniqua (Eds.), *Handbook of multicultural mental health* (pp. 359-388). San Diego, CA: Academic Press.

Robins, C. J., & Hayes, A. M. (1993). An appraisal of cognitive therapy. *Journal of Consulting and Clinical Psychology, 61,* 205-214.

Ronen, T. (1997). *Cognitive developmental therapy for children.* New York: Wiley.

Ronen, T. (1998). Linking developmental and emotional elements into child and family cognitive-behavioral therapy. In P. Graham (Ed.), *Cognitive-behaviour therapy for children and families* (pp. 1-17). Cambridge, UK: Cambridge University Press.

Rood, L., Roelofs, J., Bögels, S. M., Nolen-Hoeksema, S., & Schouten, E. (2009). The influence of emotion-focused rumination and distraction on depressive symptoms in non-clinical youth: A meta-analytic review. *Clinical Psychology Review, 29,* 607-616.

Rooyackers, P. (1998). *Drama games for children.* Alameda, CA: Hunter House.

Rosenbaum, M., & Ronen, T. (1998). Clinical supervision from the standpoint of cognitive-behavior therapy. *Psychotherapy: Theory, Research, Practice, Training, 35,* 220-230.

Rotter, J. B. (1982). *The development and application of social learning theory.* New York: Praeger.

Ruby, J. R., & Ruby, N. C. (2009). Improvisational acting exercises and their potential use in family counseling. *Journal of Creativity in Mental Health, 4*, 152-160.

Russell, R. L., Van den Brock, P., Adams, S., Rosenberger, K., & Essig, T. (1993). Analyzing narratives in psychotherapy: A formal framework and empirical analyses. *Journal of Narrative and Life History, 3*, 337-360.

Rutter, J. G., & Friedberg, R. D. (1999). Guidelines for the effective use of Socratic dialogue in cognitive therapy. In L. VandeCreek, S. Knapp, & T. L. Jackson (Eds.), *Innovations in clinical practice: A sourcebook* (Vol. 17, pp. 481-490). Sarasota, FL: Professional Resource Press.

Sanders, D. E., Merrell, K. W., & Cobb, H. C. (1999). Internalizing symptoms and affect of children with emotional and behavioral disorders: A comparative study with an urban African-American sample. *Psychology in the Schools, 36*, 187-197.

Sanders-Phillips, K. (2009). Racial discrimination: A continuum of violence expo- sure for children of color. *Clinical Child and Family Psychology Review, 12*, 174-195.

Santiango, D. (1983). *Famous all over town*. New York: Simon & Schuster.

Saps, M., Seshadri, R., Sztainberg, M., Schaffer, G., Marshall, B. M., & Di Lorenzo, C. (2009). A prospective school-based study of abdominal pain and other common somatic complaints in children. *Journal of Pediatrics, 154*, 322-326.

Schopler, E., Van Bourgondien, M. E., Wellman, G. J., & Love, S. R. (2010). *Child- hood Autism Rating Scale* (2nd ed.). Los Angeles: Western Psychological Services.

Schwartz, J. A. J., Gladstone, T. R. G., & Kaslow, N. J. (1998). Depressive disorders. In T. H. Ollendick & M. Hersen (Eds.), *Handbook of child psychopathology* (3rd ed., pp. 269-289). New York: Plenum Press.

Seligman, M. E. P. (2007). *The optimistic child* (2nd ed.). New York: Mariner Books.

Seligman, M. E. P., Reivich, K., Jaycox, L., & Gillham, J. (1995). *The optimistic child*. Boston: Houghton Mifflin.

Shirk, S. R. (1999). Integrated child psychotherapy: Treatment ingredients in search of a recipe. In S. W. Russ & T. H. Ollendick (Eds.), *Handbook of psychotherapies with children and families* (pp. 369-385). New York: Plenum Press.

Shirk, S. R., & Karver, M. (2006). Process issues in cognitive behavioral therapy with youth. In P. C. Kendall (Ed.), *Child and adolescent therapy: Cognitive and behavioral procedures* (3rd ed., pp. 465-491). New York: Guilford Press.

Shirk, S., Jungbluth, N., & Karver, M. (2012). Change processes and active components. In P. C. Kendall (Ed.), *Child and adolescent therapy: Cognitive behavioral procedures* (pp. 471-498). New York: Guilford Press.

Silverman, W. K., & Kurtines, W. M. (1996). *Anxiety and phobic disorders: A pragmatic approach*. New York: Plenum Press.

Silverman, W. K., & Kurtines, W. M. (1997). Theory in child psychosocial treatment research: Have it or had it? *Journal of Abnormal Child Psychology, 25*, 359-366.

Silverman, W. K., LaGreca, A. M., & Wasserstein, S. (1995). What do children worry about?: Worries and their relation to anxiety. *Child Development, 66*, 671-686.

Silverman, W. K., & Ollendick, T. H. (Eds.). (1999). *Developmental issues in the clinical treatment of children*. Boston: Allyn & Bacon.

Silverman, W. K., Pina, A. A., & Viswesvaran, C. (2008). Evidence-based psycho-social treatments for phobic and anxiety disorders in children and adolescents. *Journal of Clinical Child and Adolescent Psychology, 37*, 105-130.

Skovholt, T. M., & Starkey, M. T. (2010). The three legs of the practitioner's learning stool: Practice, research/theory and personal wisdom. *Journal of Contemporary Psychotherapy, 40*, 125-130.

Sofronoff, K., Attwood, T., Hinton, S., & Levin, I. (2007). A randomized controlled trial of a cognitive behavioural intervention for anger management in children diagnosed with Asperger syndrome. *Journal of Autism and Developmental Disorders, 37*, 1203-1214.

Sokoloff, R. M., & Lubin, B. (1983). Depressive mood in adolescent, emotionally disturbed females: Reliability and validity of an adjective checklist (C--DACL). *Journal of Abnormal Child Psychology, 11*, 531-536.

Sommers-Flanagan, J., Richardson, B. G., & Sommers-Flanagan, R. (2011). A multi-theoretical, evidence-based approach for understanding and managing adolescent resistance to psychotherapy. *Journal of Contemporary Psycho- therapy, 41*, 69-80.

Sommers-Flanagan, J., & Sommers-Flanagan, R. (1995). Psychotherapeutic techniques with treatment-resistant adolescents. *Psychotherapy, 32,* 131-140.

Sparrow, S. S. Cicchetti, D. V., & Balla, D. A. (2005). *Vineland Adaptive Behavior Scales (2ª ed.) (Vineland II): Survey Interview Form/Cargiver Rating Form.* Livonia, MN: Pearson.

Speier, P. L., Sherak, D. L., Hirsch, S., & Cantwell, D. P. (1995). Depression in children and adolescents. In E. E. Beckham & W. R. Leber (Eds.), *Handbook of depression* (2nd ed., pp. 467-493). New York: Guilford Press.

Spiegler, M. D., & Guevremont, D. C. (1995). *Contemporary behavior therapy.* Pacific Grove, CA: Brooks/Cole.

Spiegler, M. D., & Guevremont, D. C. (1998). *Contemporary behavior therapy* (3rd ed.). Pacific Grove, CA: Brooks/Cole.

Stahl, N. D., & Clarizio, H. F. (1999). Conduct disorder and co-morbidity. *Psychology in the Schools, 36,* 41-50.

Stallard, P. C. (2002). *Think good, feel good: A cognitive behavioural workbook for children and young people.* Chichester, UK: Wiley.

Stanek, M. (1989). *I speak English for my mom.* Niles, IL: Whitman.

Stanley, B., & Brown, G. K. (2012). Safety planning intervention: A brief intervention to mitigate risk. *Cognitive and Behavioral Practice, 19,* 256-264.

Stark, K. D., Rouse, L. W., & Livingstone, R. (1991). Treatment of depression during childhood and adolescence: Cognitive-behavior procedures for individual and family. In P. C. Kendall (Ed.), *Child and adolescent therapy: Cognitive- behavioral procedures* (pp. 165-206). New York: Guilford Press.

Steer, R. G., Kumar, G. T., Beck, A. T., & Beck, J. S. (2005). Dimensionality of the Beck Youth Inventories with child psychiatric outpatients. *Journal of Psychopathology and Behavioral Assessment, 27,* 123-131.

Stirtzinger, R. M. (1983). Storytelling: A creative therapeutic technique. *Canadian Journal of Psychiatry, 28,* 561-565.

Stricker, G., & Trierweiler, S. J. (2006). The local clinical scientist: A bridge between science and practice. *Training and Education in Professional Psychology, 5,* 37-46.

Storch, E. A., Murphy, T. K., Adkins, J. W., Lewin, A. B., Geffken, G. R., Johns, N. B., et al. (2006). The Children's Yale-Brown Obsessive-Compulsive Scale: Psychometric properties of child and parent-report formats. *Journal of Anxiety Disorders, 20,* 1055-1070.

Storch, E. A., Murphy, T. K., Geffken, G. R., Soto, O., Sajid, M., Allen, P., et al. (2004). Psychometric evaluation of the Children's Yale-Brown Obsessive-Compulsive Scale, *Psychiatry Research, 129,* 91-98.

Sudak, D., Beck, J. S., & Wright, J. (2003). Cognitive behavioral therapy: A blue-print for attaining and assessing psychiatry resident competency. *Academic Psychiatry, 27,* 154-159.

Sue, S. (1998). In search of cultural competence in psychotherapy and counseling. *American Psychologist, 53,* 440-448.

Sutter, J., & Eyberg, S. (1984). *Sutter-Eyberg Student Behavior Inventory.* (Disponível em S. Eyberg, Department of Clinical and Health Psychology, Box 100165 HSC, University of Florida, Gainesville, FL 32610.)

Swanson, J. M., Sandman, C. A., Deutsch, C. K., & Baren, M. (1983). Methylphenidate hydrochloride given with and before breakfast: I. Behavioral, cognitive, and electrophysiological effects. *Pediatrics, 72,* 49-55.

Sze, K. M., & Wood, J. J. (2007). Cognitive-behavioral treatment of co-morbid anxiety disorders and social difficulties in children with high functioning autism: A case report. *Journal of Contemporary Psychotherapy, 37,* 133-144.

Taylor, L., & Ingram, R. E. (1999). Cognitive reactivity and depressotypic information processing in children of depressed mothers. *Journal of Abnormal Psychology, 108,* 202-210.

Tek, S., & Landa, R. J. (2012). Differences in autism symptoms between minority and non-minority toddlers. *Journal of Autism and Developmental Disorders, 42,* 1967-1973.

Tharp, R. G. (1991). Cultural diversity and treatment of children. *Journal of Consulting and Clinical Psychology, 59,* 799-812.

Thompson, M., Kaslow, N. J., Weiss, B., & Nolen-Hoeksema, S. (1998). Children's Attributional Style Questionnaire-Revised. *Psychological Assessment, 10,* 166-190.

Thompson, T. L. (2003). *Worry wart Wes.* Citrus Heights, CA: Savor Publishing House.

Thompson, T. L. (2007). *Busy body Bonita*. Citrus Heights, CA: Savor Publishing House.

Tischler, C. L., Reiss, N. S., & Rhodes, A. R. (2007). Suicidal behavior in children younger than twelve: A diagnostic challenge for emergency department personnel. *Academic Emergency Medicine, 14,* 810-818.

Tiwari, S., Kendall, P. C., Hoff, A. L., Harrison, J. P., & Fizur, P. (2013). Characteristics of exposure sessions as predictors of treatment response in anxious youth. *Journal of Clinical Child and Adolescent Psychology, 42,* 34-43.

Tompkins, M. A., & Martinez, K. A. (2009). *My anxious mind: A teen's guide to man- aging anxiety and panic*. Washington, DC: Magination Press.

Trad, P. V., & Raine, M. J. (1995). The little girl who wouldn't walk: Exploring the narratives of preschoolers through previewing. *Journal of Psychotherapy Practice and Research, 4,* 224-236.

Treadwell, K. R. H., Flannery-Schroeder, E. D., & Kendall, P. C. (1995). Ethnicity and gender in relation to adaptive functioning, diagnostic status, and treat- ment outcome in children from an anxiety clinic. *Journal of Anxiety Disorders, 9,* 373-384.

Treatment for Adolescents with Depression Study (TADS) Team. (2003). Treatment for adolescents with depression study: Rationale, design, and methods. *Journal of the American Academy of Child and Adolescent Psychiatry, 42,* 531-542.

Treatment for Adolescents with Depression Study (TADS) Team. (2004). Fluoxetine, cognitive behavioral therapy, and their combination of for adolescents with depression. *Journal of the American Medical Association, 292,* 807-820.

Treatment for Adolescents with Depression Study (TADS) Team. (2005). The treatment for adolescents with depression study (TADS): Demographic and clinical characteristics. *Journal of the American Academy of Child and Adolescent Psychiatry, 44,* 28-40.

Treatment for Adolescents with Depression Study (TADS) Team. (2007). Treatment for adolescents with depression study: Long-term effectiveness and safety outcomes. *Archives of General Psychiatry, 64,* 1132-1143.

Tryon, W. W., & Misurell, J. R. (2008). Dissonance induction and reduction: A possible principle and connectionist mechanism for why therapies are effective. *Clinical Psychology Review, 28,* 1297-1309.

Tsubakiyama, M. H. (1999). *Mei-Mei loves the morning*. Morton Grove, IL: Whitman.

Turner, J. E., & Cole, D. A. (1994). Developmental differences in cognitive diatheses for child depression. *Journal of Abnormal Child Psychology, 22,* 15-32.

Twenge, J. M., & Nolen-Hoeksema, S. (2002). Age, gender, race, socioeconomic status, and birth cohort difference on the Children's Depression Inventory: A meta-analysis. *Journal of Abnormal Psychology, 111,* 578-588.

U.S. Surgeon General. (1999). Mental health: A report of the Surgeon General [*on-line*]. Disponível em www.surgeongeneral.gove./library/mentalhealth.

Vasey, M. W. (1993). Development and cognition in childhood anxiety. In T. H. Ollendick & R. J. Prinz (Eds.), *Advances in clinical child psychology* (Vol. 15, pp. 1-39). New York: Plenum Press.

Vernon, A. (1989a). *Thinking, feeling, and behaving: An emotional educational curriculum for children (grades 1-6)*. Champaign, IL: Research Press.

Vernon, A. (1989b). *Thinking, feeling, and behaving: An emotional education curriculum for children (grades 7-12)*. Champaign, IL: Research Press.

Vernon, A. (1998). *The Passport Program: A journey through emotional, social, cognitive, and self-development (grades 1-5)*. Champaign, IL: Research Press.

Vernon, A. (2002). *What works when with children and adolescents*. Champaign, IL: Research Press.

Viorst, J. (1972). *Alexander and the terrible, horrible, no good, very bad day*. New York: Atheneum.

Wagner, A. P. (2000). *Up and down the worry hill*. Rochester, NY: Lighthouse Press. Warfield, J. R. (1999). Behavioral strategies for helping hospitalized children. In L. VandeCreek, S. Knapp, & T. L. Jackson (Eds.), *Innovations in clinical practice: A source book* (Vol. 17, pp. 169-182). Sarasota, FL: Professional Resource Press.

Wallenstein, M. B., & Nock, M. K. (2007). Physical exercise for the treatment of non-suicidal self-injury: Evidence from a single case study. *American Journal of Psychiatry, 164,* 350-351.

Waller, G. (2009). Evidence-based treatment and therapist drift. *Behaviour Research and Therapy, 47,* 119-127.

Walsh, B. (2007). Clinical assessment of self-injury: A practical guide. *Journal of Clinical Psychology, 63,* 1057-1068.

Watkins, C. E., Jr. (2010). The hope, promise, and possibility of psychotherapy. *Journal of Contemporary Psychotherapy, 40*, 185-194.

Webster-Stratton, C., & Hancock, L. (1998). Training for parents of young children with conduct problems: Content, methods, and therapeutic processes. In J. M. Briesmeister & C. E. Schaefer (Eds.), *Handbook of parent training: Parents as co-therapists for children's behavior problems* (2nd ed., pp. 98-152). New York: Wiley.

Weems, C. F., & Silverman, W. K. (2013). Anxiety disorders. In T. P. Beauchaine & S. P. Hinshaw (Eds.), *Child and adolescent psychopathology* (2nd ed., pp. 513- 542). New York: Wiley.

Weierbach, J., & Phillips-Hershey, E. (2008). *Mind over basketball*. Washington, DC: Magination Press.

Weiss, C., Singer, S., & Feigenbaum, L. (2006). *Too much, too little, just right*. Torrance, CA: Creative Therapy Store.

Wellman, H. M., Hollander, M., & Schult, C. A. (1996). Young children's understanding of thought bubbles and of thought. *Child Development, 67*, 768-788. Wells, K. C., Lochman, J. E., & Lenhart, L. (2008). *Coping Power parent component*. New York: Oxford University Press.

Wenzel, A., Brown, C. K., & Beck, A. T. (2008). *Cognitive therapy for suicidal individuals: Scientific and clinical applications*. Washington, DC: American Psychological Association.

Weschler, D. (2004). *Weschler Intelligence Scale for Children—Fourth edition*. San Antonio, TX: Psychological Corporation.

Weschler, D. (2012). *Weschler Preschool and Primary Scale of Intelligence: Technical and interpretative manual.* (4th ed.). San Antonio, TX: Psychological Corporation.

Wexler, D. B. (1991). *The PRISM workbook: A program for innovative self-management*. New York: Norton.

White, S. W., Albano, A. M., Johnson, C. R., Kasari, C., Ollendick, T., Klin, A., et al. (2010). Development of a cognitive-behavioral intervention program to treat anxiety and social deficits in teens with high-functioning autism. *Clinical Child and Family Psychology Review, 13*, 77-90.

Wiener, D. J. (1994). *Rehearsals for growth*. New York: Norton.

Wolpe, J. (1958). *Psychotherapy by reciprocal inhibition*. Stanford, CA: Stanford University Press.

Wood, J. J., & Gadow, K. D. (2010). Exploring the nature and function of anxiety in youth with autism spectrum disorders. *Clinical Psychology: Science and Practice, 17*, 281-292.

Wood, J. J., Fujii, C., & Renno, P. (2011). Cognitive behavior therapy in high functioning autism: Review and recommendations for treatment development. In B. Reichow, P. Doehring, D. V. Cicchetti, & F. R. Volkmar (Eds.), *Evidence-based practices and treatments for children with autism* (pp. 197-230). New York: Springer.

Woodward, L. J., & Ferguson, D. M. (1999). Early conduct problems and later risk of teenage pregnancy in girls. *Development and Psychopathology, 11*, 127-141.

Wright, J. H., & Davis, D. D. (1994). The therapeutic relationship in cognitive- behavioral therapy: Patient perceptions and therapist responses. *Cognitive and Behavioral Practice, 1*, 47-70.

Yasui, M., & Dishion, T. J. (2007). The ethnic context of child and adolescent problem behavior: Implications for child and family interventions. *Clinical Child and Family Psychology Review, 10*, 137-179.

Young, J. E. (1990). *Cognitive therapy for personality disorders: A schema-focused approach*. Sarasota, FL: Professional Resource Exchange.

Young, J. E., & Beck, A. T. (1980). *Cognitive Therapy Scale*. Unpublished manuscript, University of Pennsylvania, Philadelphia, PA.

Young, J. E., Weinberger, A., & Beck, A. T. (2001). Cognitive therapy for depression. In D. H. Barlow (Ed.), *Clinical handbook of psychological disorders: A step- by-step treatment manual* (3rd ed., pp. 264-308). New York: Guilford Press.

Zachor, D., Yang, D. W., Itzchak, D. B., Furniss, F., Pegg, E., Matson, J. L., et al. (2011). Cross-cultural differences in co-morbid symptoms of children with autism spectrum disorders: An international examination between Israel, the United Kingdom, and the United States of America. *Development and Neurorehabilitation, 14*, 215-220.

Zayas, L. H., & Solari, F. (1994). Early childhood socialization in Hispanic families: Context, culture, and practice implications. *Professional Psychology: Research and Practice, 25*, 200-206.

Zupan, B. A., Hammen, C., & Jaenicke, C. (1987). The effects of current mood and prior depressive history on self-schematic processing in children. *Journal of Experimental Child Psychology, 43*, 149-158.

Índice

Um *f* seguido de um número de página indica uma figura;
q, um quadro e *t*, uma tabela.

A

Abordagem baseada em dados, 35-37
Abordagem Losango de Associações, 69
Abordagem vivencial, 5-6
Ações. *Ver também* Comportamento
   introduzindo o modelo de tratamento para adolescentes e, 69-72, 70*f*
   introduzindo o modelo de tratamento para crianças e, 65-69, 66*f*, 67*f*, 68*f*
Acompanhamento, 157
Acrônimo CLUES, 288
Aculturação, 13-16, 16*q*, 298-299. *Ver também* Contexto cultural
Adesão. *Ver também* Não adesão
   considerações sobre a prescrição da tarefa de casa, 153-157
   tarefa de casa e, 157-163, 158*f*
   técnicas de exposição e, 232-234
Adolescentes
   ajudando os pais a aumentar comportamentos desejáveis, 305-306
   automonitoramento e, 216-217
   conteúdo da sessão com, 59-60
   cronograma de atividades prazerosas e, 190-192
   depressão e, 168-170
   estabelecimento da agenda com, 56-57
   expectativas para o comportamento, 300-301
   identificação de problemas com, 71-72, 74-76
   identificando e associando pensamentos e sentimentos, 88-90
   identificando sentimentos com, 83-86
   introduzindo o modelo de tratamento a, 69-72, 70*f*
   obtendo *feedback* dos, 63-64
   Registro Diário de Pensamentos (RDP) e, 92-93, 92*f*, 93*f*
   registro do humor ou do sintoma e, 50-52
   revisão da tarefa de casa com, 54-55
   terapia cognitiva e, 5-7
Adultos, terapia cognitiva e, 5-7
Aliança de trabalho, 35-36. *Ver também* Relação terapêutica
Alterações de peso, 169
Alternativas comportamentais, 182-183
Ambiente doméstico, 157-160. *Ver também* Relações familiares; Parentagem; Pais
Ambiguidade, tolerância à, 96-97
Amizades, 279-281. *Ver também* Relacionamentos entre colegas
Análise funcional, 248
Análise racional, 248
   depressão e, 198-203, 199*f*, 201*f*, 202*f*
   identificação de problemas e, 74-75
   transtornos disruptivos e, 250, 271-274, 273*f*
   visão geral, 123-127, 126*f*
Análise relacional, 249*f*
Análises de equilíbrio decisional, 192
Analogias, 98, 106-110, 108*f*, 109*f*, 111*f*-112*f*
Anedonia, 165-166
Ansiedade
   abordagens cognitivo-comportamentais e, 1-2
   atividade Cestas de Pensamentos-Sentimentos e, 140-142
   automonitoramento e, 211-217, 211*f*, 212*t*-213*t*, 214*f*, 215*f*
   avaliação da, 208-213
   conceitualização de caso e, 11-12
   contexto cultural e, 207-209
   dessensibilização sistemática e, 116-117
   diferenças de gênero e, 207-209
   escolhendo as intervenções para, 211-213

não adesão à tarefa de casa e, 160
sintomas de, 205-209
técnicas cognitivas de autocontrole e, 222-232, 223f, 224f, 225f, 227f, 229f
técnicas de exposição e, 126-131, 231-241, 240f, 241f, 275-277
transtorno do espectro autista e, 291-294
treinamento de habilidades sociais e, 220-222, 223f
treinamento de relaxamento e, 114-116, 217-218
visão geral, 4, 241-242

Ansiedade social. *Ver também* Ansiedade
Cestas de Pensamentos-Sentimentos e, 140-142
experimentos comportamentais e, 229-230
técnicas de exposição e, 234-237

Antecedentes. *Ver também* Antecedentes comportamentais; Consequências;
conceitualização de caso e, 20-21
definição do problema com os pais e, 301-303
exemplos de, 24-25, 28, 31-33
introduzindo o modelo de tratamento para adolescentes e, 69-72, 70f
introduzindo o modelo de tratamento para crianças e, 65-69, 66f, 67f, 68f
transtornos disruptivos e, 255-258, 256f, 257f

Antecedentes comportamentais. *Ver também* Antecedentes; Comportamento; Fatores comportamentais
conceitualização de caso e, 11-13; 11f, 20-22
definição do problema com os pais e, 301-303
exemplos de, 24-25, 28, 31-33

Aplicações de terapia recreativa, 136-140. *Ver também* Jogos

Apontar e Não Dizer, exercício, 330

Aquisição e aplicação de habilidades e, 113-115

Artesanato em família, exercício, 331-332

Atenção, 166-167

Ativação comportamental, 192

Atividade Alarmes Falsos *versus* Verdadeiros, 212t-213t

Atividade Arca do Tesouro, 197-198, 198f

Atividade Cestas de Pensamentos-Sentimentos, 140-142

Atividade com telefones de brinquedo, 110

Atividade Conhecendo Você, 334-337

Atividade da Campainha da Raiva, 256-257, 257f

Atividade da *Pizza* de Reatribuição, 199, 199f

Atividade da *Pizza* de Responsabilidade
conceitualização de caso e, 18
depressão e, 198-200, 199f
terapia recreativa e, 136-137
visão geral, 124-127, 126f

Atividade das frases incompletas, 89-90

Atividade de Respiração Controlada, 212t-213t

Atividade Detetive Particular, 200-202, 201f

Atividade Dizer Sim ao Estresse, 232-233

Atividade do Círculo da Crítica, 275-277

Atividade do Distintivo da Coragem, 240-241, 240f, 241f

Atividade do Termômetro do Medo, 212t-213t, 217

Atividade Dona Errilda, 110, 111f-112f

Atividade dos Super-heróis, 148-150, 194-195

Atividade Luz Vermelha/Luz Verde, 213t, 237-239

Atividade Relógio de Pensamentos-Sentimentos, 98, 107-110, 145-146, 146f

Atividade Repórter, 200

Atividade Responder ao Medo, 212t-213t, 222-226, 223f, 224f

Atividade Só porque, 213t, 229-230

Atividade Telefone, 110

Atividade Troca de Dinheiro, 197-199

Atividade Furacão de Pensamentos-Sentimentos, 142

Atividades de contracondicionamento, 212t-213t

Atribuições negativas, 165-167

Autism Speaks, 288-289

Autoconfiança, 126-131

Autoconsciência, 168-169

Autocontrole, 178-179, 181, 275-276

Autoculpa, 145-149, 147f

Autodefinição, 101-107, 102f

Autodescoberta, 288

Autoeficácia, 288

Autoestima, 168-169

Autoinstrução
depressão e, 197-199, 198f
identificação de problemas e, 74-75
processo de resolução de problemas e, 259-260
transtornos disruptivos e, 249f, 250, 266-271, 268f, 269f
visão geral, 123-124

Autolesão não suicida (ALNS) e, 181-185
Autolesão, 181-185
Automonitoramento. *Ver também* Registros de pensamentos
  ansiedade e, 211-217, 211*f*, 212*t*-213*t*, 214*f*, 215*f*
  Atividade do Relógio de Pensamentos-Sentimentos, 145-146, 146*f*
  autolesão não suicida e, 182-183
  depressão e, 195-198
  identificação de problemas e, 74-75
  identificando sentimentos e, 77-86, 79*f*, 82*f*
  terapia familiar cognitivo-comportamental e, 322-325, 323-325, 323*f*, 324*f*
  transtorno do espectro autista e, 289-291
  transtornos disruptivos e, 249*f*, 255-258, 256*f*, 257*f*
Autonomia, 168-169
Autorrecompensa, 213*t*
Autorreflexão, 339
Autorregulação, 138-139, 281-283, 288-289
Avaliação
  ansiedade e, 208-213
  conceitualização de caso e, 12-14
  depressão e, 166-167, 171-174
  exemplos de, 23, 26-33
  formulação de caso provisória e, 21-23
  identificação de problemas e, 74-75
  potencial suicida e, 176-182
  registro do humor ou do sintoma, 50-51
  transtorno do espectro autista e, 285-287
  transtornos disruptivos e, 247-249
Avaliação de opções, 121-122
Avaliações, 1-2, 229-230
Avaliações médicas, 208-209

B

Balões de Pensamentos, 86-88, 87*f*
Base literária para TCC, 341-342
Brincadeira de fantoches, 137-138, 212*t*-213*t*, 220-222, 226-228. *Ver também* Jogos
Brincadeiras, 304-306. *Ver também* Brincadeira de fantoches; Jogos; Representação de papéis
  contação de histórias e, 134
  identificação de sentimentos e 80-81

terapia familiar cognitivo-comportamental, 329-330
transtorno do espectro autista e, 288
Busca por reafirmação, 239

C

Capacidade de desenvolvimento, 39-41
Capacidade de linguagem. *Ver também* Contexto cultural
  conceitualização de caso e, 15-16
  terapia cognitiva e, 5-7
Cartas para o(a) Caro(a) Terapeuta, 72
Cartaz ou colagem de sentimentos, 84-85
Cartões de Pistas, 115-116
Cestas de Pensamentos-Sentimentos e, 140-142
Charadas de sentimentos, 84-85
Classificações de observadores, 172. *Ver também* Obstáculos para a Avaliação
  exemplos de, 26, 28-29, 31, 33
  formulação de caso provisória e, 21-23
  identificando sentimentos e, 78-79
Coerência central, 283
Cognição, 1-3, 11*f*
Colaboração
  com adolescentes, 54-55
  continuum de, 37-45, 38*f*
  não adesão à tarefa de casa e, 161-162
  processo de resolução de problemas colaborativo, 161-162
  suicidalidade e, 181
  tarefa de casa e, 153-155
  técnicas de exposição e, 129-130, 232-233
  transtornos disruptivos e, 250-251
Colocando as Brigas no Gelo, 267-270, 269*f*
Comorbidade, 168-169, 282-283
Compensação de esquemas, 20
Comportamento agressivo
  depressão e, 167-168
  exposição/alcance de desempenho, 275-277
  técnicas de raciocínio moral e, 274-275
  transtornos disruptivos e, 250
  treinamento de empatia e, 265-267
Comportamento de busca de atenção, 315-317. *Ver também* Transtornos disruptivos

Comportamento de inquietação, 114-116, 167-168
Comportamento disruptivo. *Ver também*
    Comportamento; Transtornos disruptivos
    abordagens cognitivo-comportamentais e, 1-2
    ajudando os pais a lidar com, 315-320
    depressão e, 167-168
Comportamento. *Ver também* Antecedentes;
    Antecedentes comportamentais; Fatores
    comportamentais
    ajudando os pais a lidar com comportamentos
        indesejáveis, 315-320
    conceitualização de caso e, 11*f*
    controle de contingência e, 119-121
    intervenções autoinstrutivas, 123-124
    introduzindo o modelo de tratamento para
        adolescentes e, 69-72, 70*f*
    introduzindo o modelo de tratamento para
        crianças e, 65-69, 66*f*, 67*f*, 68*f*
    visão geral, 1-3
Comportamentos de risco, 169-170
Comportamentos estereotipados, 281-282
Comportamentos repetitivos, 281-282
Compreensão das tarefas de casa. *Ver também* Tarefa
    de casa
    começando a tarefa de casa durante a sessão,
        155-157
    não adesão e, 157-159
    visão geral, 155-156
Conceitualização de caso
    atitudes de testar hipóteses em relação à, 9-10
    componentes de, 12-22, 13*f*, 16*q*, 19*q*
    diagnóstico e, 9-11
    exemplos de, 22-33
    planejamento do tratamento e, 9-10
    planejamento, 21-23
    visão geral, 9, 10-12, 11*f*, 33
Concentração, 166-167
Confecção de máscaras, 143-145
Confiança, 47-49
Conflitos com a lei, 18, 19*q*
Consentimento informado, 129
Consequências. *Ver também* Reforço
    conceitualização de caso e, 11-13, 11*f*, 20-22
    controle de contingência e, 119-121
    definição do problema com os pais e, 301-303
    exemplos de, 24-25, 28, 31-33

    transtornos disruptivos e, 255-258, 256*f*, 257*f*
    treinamento parental e, 312-315
Consideração e implementação de soluções, 121-122
Contação de histórias graduada, 133-135. *Ver
    também* Contação de histórias
Contação de histórias, 133-136
Conteúdo da sessão, 57-60. *Ver também* Estrutura da
    sessão
Contexto ambiental, 1-3, 14-15
Contexto cultural. *Ver também* Fatores multiculturais
    ansiedade e, 207-209
    conceitualização de caso e, 11, 11*f*, 14-16, 16*q*
    continuum de empirismo colaborativo e descoberta
        guiada, 42-44
    depressão e, 169-172
    diálogo socrático e, 96-98
    exemplos de, 23, 26-33
    expectativas para o comportamento, 300-301
    formulação de caso provisória e, 21-23
    identificando sentimentos e, 78-79
    trabalhando com os pais e, 297-299
    transtorno do espectro autista e, 283-285
    transtornos disruptivos e, 245-247
    visão geral, 1-3
Contexto etnicocultural, 13-16, 16*q*. *Ver também*
    Contexto cultural
Contexto sistêmico, 1-3
Controle, 309-312
    de contingência, 119-121, 130, 312-315
Cooperação, 150-152
COPE – acrônimo no processo de resolução de
    problemas, 259-260
Coping Cat Workbook, livro de exercícios (Kendall &
    Hedtke, 2006), 142-143
Coping Cat, programa, 86-88
Coping Cat, série (Kendall & Treadwell, 1996;
    Kendall et al., 1997), 142-143
Coping Power Program, 259-260
Credibilidade, 250-251
Crenças, 2-4, 15-16
Crianças
    automonitoramento e, 211-217, 211*f*, 212*t*-213*t*,
        214*f*, 215*f*
    conteúdo da sessão com, 57-59
    cronograma de atividades prazerosas e, 190-191,
        191*f*

depressão e, 165-168
estabelecimento da agenda com, 55-57
identificação de problemas com, 71-74
identificando e associando pensamentos a sentimentos e, 86-88, 87*f*
identificando sentimentos com, 77-84, 79*f*, 82*f*
introduzindo o modelo de tratamento a, 65-69, 66*f*, 67*f*, 68*f*
obtendo *feedback* dos, 62-63
Registro Diário de Pensamentos (RDP) e, 92-93, 92*f*, 93*f*
registro do humor ou do sintoma e, 49-51
revisão da tarefa de casa com, 53-55
terapia cognitiva e, 6-7

Crianças e adolescentes afro-americanos. *Ver também* Contexto cultural
ansiedade e, 207-208
depressão e, 169-170
trabalhando com os pais e, 298-299
transtorno do espectro autista e, 283-285
transtornos disruptivos e, 245-247, 265-266

Crianças e adolescentes ásio-americanos, 170-171, 299. *Ver também* Contexto cultural

Crianças e adolescentes hispânicos. *Ver* Crianças e adolescentes latinos/hispânicos
conceitualização de caso e, 11-12, 11*f*, 16-18, 19*q*
exemplos de, 22-24, 26-33
formulação de caso provisória e, 21-33

Crianças e adolescentes latinos/hispânicos. *Ver também* Contexto cultural
ansiedade e, 207-208
depressão e, 171-172
trabalhando com os pais e, 298-299
transtorno do espectro autista e, 284-285
transtornos disruptivos e, 245-247

Crianças e adolescentes nativos americanos. *Ver também* Contexto cultural
depressão e, 170
trabalhando com os pais e, 299
transtornos disruptivos e, 245-247

Criatividade
conteúdo da sessão e, 59-60
identificando sentimentos e, 78-79
transtorno do espectro autista e, 288
visão geral, 339-341

Cronograma de atividades, 119-120

Cronograma de atividades prazerosas
controle de contingência e, 119-120
depressão e, 189-192, 191*f*
técnicas de previsão de ansiedade, 120-121

Cronograma de figuras, 190-191, 191*f*

Cronograma de Observação para Diagnóstico do Autismo (ADOS), 286-287

Cronograma de Pesquisa do Medo Revisado (FSS-R), 13

Cronograma de Pesquisa sobre Medo para Crianças Revisado (FSSC-R), 211

Cuidadores, 297-298. *Ver também* Parentagem; Pais

Curiosidade, postura de, 36-37, 98-99

Custo de resposta, 314

D

Dados de entrevista, 12-14

Dados de teste
conceitualização de caso e, 12-14
exemplos de, 23, 26-33
formulação de caso provisória e, 21-33

Definição de metas, 250-251

Definição do problema e, 300-303, 301*f*

Definições universais, 101-107, 102*f*

Deixando a criança vencer, 139

Depressão
abordagens cognitivo-comportamentais e, 1-2
avaliação da, 171-174
depressão e, 191*f*
desafios de automonitoramento e, 195-198
diferenças de gênero e, 171-179
esquemas e, 3-4
intervenções autoinstrutivas, 197-199, 198*f*
intervenções comportamentais para, 189-195.
intervenções para resolução de problemas e, 194-195
não adesão à tarefa de casa e, 160
questões culturais e, 169-172
sintomas de, em adolescentes, 168-170
sintomas de, em crianças, 169*q*
suicidalidade e, 174-189, 186*f*
técnicas de análise racional e, 198-203, 199*f*, 201*f*, 202*f*
tratamento de, 174-176, 175*f*
visão geral, 4, 165, 203

Descatastrofização, 123-124

Descoberta guiada
  continuum de, 37-45, 38*f*
  identificando sentimentos e, 78-79
  postura de curiosidade e, 36-37
  visão geral, 1, 35-37, 44-45
Desesperança, 178, 187, 192, 195-196
Desfile de Moda dos Sentimentos, 82-84
Dessensibilização sistemática, 116-117, 212*t*-213*t*, 218-221, 219*f*
Desvantagens, avaliando, 122-124, 123*f*
Diagnóstico de Autismo de 111 itens – Revisado (ADI-R), 286-287
Diálogo interno, 123-124, 205-206, 250. *Ver também* Pensamentos
Diálogo socrático. *Ver também* Perguntas
  ajudando os pais a aumentar comportamentos desejáveis, 309
  contexto cultural e, 43-44
  controle de contingência e 315
  estabelecimento da agenda, 55-56
  fazendo diálogos socráticos terapêuticos, 98-100, 102*f*
  introduzindo o modelo de tratamento a adolescentes e, 69-71
  metáfora, analogia e humor e, 106-110, 108*f*, 109*f*, 111*f*-112*f*
  modificando com base na criança, 95-98, 97*f*
  processo de, 98-101
  questionamento sistemático, 95-107, 97*f*, 102*f*
  raciocínio indutivo e definições universais, 101-107, 102*f*
  suicidalidade e, 175-176, 178
  terapia familiar cognitivo-comportamental e, 335-337
  terapia recreativa e, 137
  tipos de perguntas, 96-96
  visão geral, 1, 95, 110
Diário de pensamentos. *Ver* Registro Diário de Pensamentos (RDP)
Diferenças de gênero
  ansiedade e, 207-209
  depressão e, 171-172
  transtorno do espectro autista e, 285
  transtornos disruptivos e, 245-247
Dilemas morais, 274-275
Discutir, 167, 169

Distimia. *Ver* Depressão
Distorções cognitivas, 2-4, 18-20, 196-197. *Ver também* Pensamentos automáticos
Dr. Sabe-Tudo, 152
DSM-5, 244, 279

E

Educação, 255-258, 256*f*, 257*f*. *Ver também* Psicoeducação
Elogio
  ajudando os pais a aumentar comportamentos desejáveis, 303-309
  aumentando a frequência de, 306-309
Empirismo, 35-37
Empirismo colaborativo
  continuum de, 37-45, 38*f*
  postura de curiosidade e, 36-37
  visão geral, 1, 5, 35-37, 44-45
Enact (encenações), 329
Encarando os seus Medos, programa, 292-293
Encenação (*enact*), 329
Encerrar o tratamento, 5-6
Enfrentamento/controle da raiva
  intervenções autoinstrutivas, 266-271, 268*f*, 269*f*
  suicidalidade e, 188-189
  técnicas de exposição e, 126-131, 275-277
  transtorno do espectro autista e, 291-292
  transtornos disruptivos e, 256-258
  treinamento de relaxamento e, 114-116
Entrevistas. *Ver também* Avaliação
  depressão e, 172-173
  transtorno do espectro autista e, 286-287
Entrevistas clínicas, 172-173, 286-287. *Ver também* Avaliação
Entrevistas motivacionais, 192
Envolvimento, 129-130
Escala Bayley de Desenvolvimento de Bebês e Crianças que Começam a Andar, Terceira Edição (Bayley-III), 285
Escala da Desesperança para Crianças, 13
Escala de Ansiedade Multidimensional para Crianças (MASC)
  conceitualização de caso e, 13
  contexto cultural, 207-208
  identificando sentimentos e, 83-84

registro do humor ou do sintoma e, 50-51

visão geral, 209-210, 217

Escala de Autoclassificação de Depressão (DSRS), 172-173

Escala de Avaliação de Comportamento para Crianças-2 (BASC), 13

Escala de Beck para Ansiedade da Juventude (BYAS-2), 210

Escala de Classificação de Autismo na Infância-2 (CARS-2), 286-287

Escala de Classificação de Depressão para Crianças – Revisada (CDRS-R), 172-173

Escala de Classificação Swanson, Nolan e Pelham (SNAP-IV), 13

Escala de Depressão para Crianças – Revisada (CDS-R), 172-173

Escala de Terapia Cognitiva e, 340-341

Escala Gilliam para Classificação do Autismo, Terceira Edição (GARS-3), 287

Escala Revisada de Ansiedade Manifesta para Crianças (RCMAS)

conceitualização de caso e, 12-13

contexto cultural, 207-208

registro do humor ou do sintoma e, 50-51

visão geral, 209-210

Escala Vineland de Comportamento Adaptativo, Segunda Edição (Vineland-II), 286-287

Escala Wechsler de Inteligência para Alunos da Educação Infantil e Anos Iniciais do Ensino Fundamental-IV (WPPSI-IV), 285

Escala Wechsler de Inteligência para Crianças-IV (WISC-IV), 285-286

Escala Yale-Brown de Transtorno Obsessivo-Compulsivo para Crianças – versões de Autorrelato e de Relato Parental (CY-BOCS SR e PR), 210

Escalas Conners de Classificação de Pais e Professores (CRS-R), 12-13

Escalas Conners de Classificação Parental (CPRS), 248

Escalas Conners de Classificação pelos Professores (CTRS), 248

Escalas de Achenbach (ASCBA), 12-13

Escalas de Desesperança de Beck (BHS), 12-13

Escalas de Perfeccionismo para Crianças e Adolescentes, 210

Escalas Mullen de Aprendizagem Precoce: Edição AGS, 285-287

Escolha, 255-257, 305-306

Escuta ativa, 98-99

Esquema familiar, 321-323, 322*f*

Esquemas. *Ver também* Pensamentos automáticos; Crenças; Distorções cognitivas

conceitualização de caso e, 18-20

esquema familiar, 321-323, 322*f*

visão geral, 2-4

Estabelecimento da agenda, 5, 55-58. *Ver também* Estrutura da sessão

Estabelecimento de *rapport*, 47-49

Estado mental, suicidalidade e, 178-179

Estilo atributivo pessimista

depressão e, 196

diferenças de gênero e, 171-252

esquemas e, 3-4

Estilo de atribuição, 165-167, 250

Estilo didático, 95-96. *Ver também* Perguntas

Estilo explanatório otimista, 171-172

Estilo humorístico, 95-96, 106-110, 108*f*, 109*f*, 111*f*-112*f*, 288. *Ver também* Perguntas

Estilo metafórico, 95-96, 106-110, 108*f*, 109*f*, 111*f*-112*f*. *Ver também* Perguntas

Estilos cognitivos negativos, 165-167

Estímulos discriminativos, 20-21

Estratégias de enfrentamento visual, 287-288

Estratégias de manejo de crianças, 250. *Ver também* Parentagem

Estratégias de tratamento, 1-2

Estressores, 3-4

Estrutura da sessão

com crianças e adolescentes, em comparação com adultos, 5

conteúdo da sessão e, 57-60

estabelecimento da agenda, 55-58

importância de, 47-49

integrando a avaliação no tratamento e, 172-174

obtendo *feedback*, 60-64

registro do humor ou do sintoma e, 48-52

tarefa de casa, 52-55, 60-61, 155-157

visão geral, 1, 47-48, 64

Estruturas cognitivas, 11-13, 11*f*

Etnicidade. *Ver também* Contexto cultural

ansiedade e, 207-209

conceitualização de caso e, 13-16, 16*q*

trabalhando com os pais e, 297-299
transtorno do espectro autista e, 283-285
Evidência, teste de, 123-125, 200-202
Evitação
conceitualização de caso e, 11-13, 18-20
continuum de empirismo colaborativo e descoberta guiadaa, 40-41
não adesão à tarefa de casa e, 160
técnicas de exposição e, 130, 232-233
transtorno do espectro autista e, 284-285
Evitação cognitiva, 18-20. *Ver também* Evitação
Evitação do esquema, 18-20. *Ver também* Evitação; Esquemas
Evitação emocional, 20. *Ver também* Evitação
Evitação vivencial, 232-233. *Ver também* Evitação
Exclusão, 279-281.
Exercício Assuma o Controle ou a Culpa, 145-149, 147*f*
Exercício da corda, 289-290
Exercício de história, 83-85
Exercício Dez Velas, 115-116
Exercício do Círculo da Percepção (COP), 323-325
Exercício Escavador de Pensamentos, 109-110
Exercício Ilusão ou Solução, 149-152, 150*f*, 151*f*
Exercício Jardim de Pensamentos, 86-88
Exercício Meus Pensamentos de Borboleta, 106-110, 108*f*, 109*f*
Exercício Quebra-cabeça, 264-265
Exercício Trilhos dos Meus Medos, 106-107, 211-217, 211*f*, 212*t*-213*t*, 214*f*, 215*f*
Exercício Vaso da União, 265
Exercícios de improvisos teatrais, 150-152
Exercícios de pré-ativação (*priming*), 144-149, 146*f*, 147*f*
Exercícios de teatro. *Ver também* Brincadeira de fantoches
contação de histórias e, 133-134
identificação de sentimentos e, 80-81
terapia familiar cognitivo-comportamental, 329-330
transtorno do espectro autista e, 288
Exercícios Terapêuticos para Crianças (Friedberg et al., 2001), 142-143
Expectativas. *Ver também* Previsões
ansiedade e, 205-206
trabalhando com os pais e, 299-303, 301*f*

Experimentação comportamental. *Ver também* Intervenções comportamentais
ansiedade e, 212*t*-213*t*, 228-232, 229*f*
com adolescentes, 54-55
depressão e, 200-202, 201*f*
introduzindo o modelo de tratamento a adolescentes e, 70-72
transtorno do espectro autista e, 288, 293-296
visão geral, 126-131, 148-152, 150*f*, 151*f*
Exposição em realidade virtual, 129-130. *Ver também* Técnicas de exposição
Exposição graduada, 150-152, 276-277. *Ver também* Técnicas de exposição
Exposição imaginária, 129-130. *Ver também* Técnicas de exposição
Exposição *in vivo*, 129-130. *Ver também* Técnicas de exposição
Extinção, 315-317

F
Fase da terapia, 38-39
Fatores cognitivos
conceitualização de caso e, 12, 18-20
exemplos de, 24-25, 27-28, 31-33
formulação de caso provisória e, 21-33
Fatores comportamentais. *Ver também* Comportamento; Antecedentes comportamentais; Sintomas
ansiedade e, 205-206
aumentando os comportamentos desejáveis, 303-309
conceitualização de caso e, 12
definição do problema com os pais e, 301-303
depressão e, 166-168
formulação de caso provisória e, 21-23
transtorno do espectro autista e, 281-283
transtornos disruptivos e, 248-250
Fatores de desenvolvimento
transtorno do espectro autista e, 287-288
exemplos de, 23-24, 26-33
visão geral, 1
formulação de caso provisória e, 21-23
conceitualização de caso e, 11-12, 11*f*, 16-18, 19*q*
Fatores de risco, 175-177, 181-182
Fatores emocionais, 12
Fatores escolares, 16-17, 19*q*

Fatores familiares, 297-299
Fatores fisiológicos, 2-3, 11*f*
Fatores interpessoais, 2-3, 11*f*, 12, 41-43, 168. *Ver também* Relacionamentos; Treinamento de habilidades sociais; Sintomas
Fatores multiculturais. *Ver* Contexto cultural
Feedback, 250-251
Filmes, 80-81, 265
Flexibilidade, 36-37, 59-60, 251-253, 339-342
Formato de livro de figuras
 identificando sentimentos e, 80-81
 introduzindo o modelo de tratamento para crianças e, 65-69, 66*f*, 67*f*, 68*f*
Formulação de caso, 1
Formulação de caso provisória e, 21-22, 25, 28, 31-33. *Ver também* Conceitualização de caso
Frustração, tolerância à, 96-97, 138-139
Funcionamento emocional, 2-3
Funcionamento social, 279-281

G
Gatilhos, 20-21, 271-272
Gerando soluções alternativas, 121
Gestão de comportamento, 259-264

H
Habilidades de comunicação, 192-193, 279-282. *Ver também* Treinamento de habilidades sociais
Habilidades de enfrentamento
 depressão e, 168-169
 suicidalidade e, 187
 transtorno do espectro autista e, 287-288, 291-294
 transtornos disruptivos e, 249*f*
Habilidades de parceria, 287
Hierarquias de ansiedade, 116-117
Hipervigilância, 205-207
Hipótese da especificidade do conteúdo, 4, 90-91
História de aprendizagem
 ansiedade e, 205-207
 conceitualização de caso e, 11-12, 11*f*, 16-18, 19*q*
História de tratamento
 conceitualização de caso e, 18, 19*q*
 exemplos de, 26-33
 formulação de caso provisória e, 21-23

História médica. *Ver também* História
 conceitualização de caso e, 19*q*
 exemplos de, 26-33
 formulação de caso provisória e, 21-33
Honestidade, 178-179
Humor, 11*f*

I
Idade, 40-41
Identidade racial. *Ver também* Contexto cultural
 ansiedade e, 207-209
 conceitualização de caso e, 13-16, 16*q*
 trabalhando com os pais e, 297-299
 transtorno do espectro autista e, 283-285
Identificação de problemas, 1, 65, 71-76, 121
Identificando a distorção, 196-198
Identificando pensamentos. *Ver* Pensamentos
Identificando sentimentos. *Ver* Sentimentos
Ignorar, 212*t*-213*t*, 315-317
Imagem corporal, 168-169
Imitação, 281-283
Imposição de limites, 250-253
Indicações de amigos, 171-172. *Ver também* Avaliação
Inibição recíproca, 116
Instruções, dar, 309-312. *Ver também* Ordens
Intensidade dos sentimentos, 80-84, 82*f*
Interdição, 318-320
Interpretação de experiências
 depressão e, 166-167
 funcionamento emocional e, 2-3
 pensamentos automáticos e, 2-3
Interrogação, 98-99
Intervenção Acampamento para Enfrentar Muita Coisa, 287
Intervenção de projeção de tempo
 processo de resolução de problemas e, 121-123
 suicidalidade e, 187-188
 transtornos disruptivos e, 263-264
Intervenção do U mudo, 292-293
Intervenção Pense, Sinta e Faça, 287
Intervenções comportamentais. *Ver também* Experimentação comportamental; Técnicas cognitivo-comportamentais
 depressão e, 189-195, 191*f*

transtorno do espectro autista e, 290-291
Intervenções para resolução de problemas
   autolesão não suicida e, 182-183
   confecção de máscaras e, 143-145
   depressão e, 194-195
   gestão do comportamento e resolução de problemas familiares, 259-256
   não adesão à tarefa de casa e, 161-162
   suicidalidade e, 181, 185-186
   terapia familiar cognitivo-comportamental, 324-329, 325f, 327f
   trabalhando com os pais e, 300-303, 301f
   transtornos disruptivos e, 249f, 250, 258-260
   visão geral, 121-124, 123f
Intervenções. *Ver* Técnicas cognitivo-comportamentais; Modelo de tratamento;
Inundação, 129-130. *Ver também* Técnicas de exposição
Inventário de Ansiedade de Beck (BAI), 13
Inventário de Ansiedade e Fobia Social para Crianças (SPAI-C), 210
Inventário de Depressão BYI-II, 172-173. *Ver também* Inventários da Juventude de Beck – Segunda Edição (BYI-II)
Inventário de Depressão de Beck-II (BDI-II), 13, 172-173, 177-178
Inventário de Depressão para Crianças (CDI & CDI-2)
Inventário Eyberg sobre o Comportamento das Crianças (ECBI), 247-248
Inventário Multifásico Minnesota de Personalidade para Adolescentes (MMPI-A), 12-13
Inventário Sutter-Eyberg sobre o Comportamento dos Alunos (SESBI), 248
Inventários da Juventude de Beck – Segunda Edição (BYI-II), 12-13, 172-173

J

Jogo da Foto em Grupo, 295-296
Jogo Demais, Pouco e Ideal, 290-291
Jogo digital Detetive Júnior, 290-291
Jogo do Nome, 295
Jogo Enrola e Desenrola, 291
Jogo Escrúpulos, 274
Jogo O Mestre Mandou, 270
Jogo Saudações, 295

Jogos. *Ver também* Jogos; Aplicações de terapia recreativa
   jogos de tabuleiro, 88
   jogos de terapia, 139-142
   jogos tradicionais, 138-140
   transtorno do espectro autista e, 290-291, 292-296
   transtornos disruptivos e, 269-275
Kits Calmantes, 115-116

L

Lista de Conferência Achenbach sobre o Comportamento das Crianças (CBCL), 247
Lista de Verificação de Adjetivos de Depressão para Crianças (C-DACL), 172
Listas de problemas, 74-75
Literatura, 265
Livros de exercícios, 142-144
Livros de história
   identificando sentimentos e, 80-81
   introduzindo o modelo de tratamento para crianças e, 65-69, 66f, 67f, 68f
   treinamento de habilidades sociais e, 192-193
   visão geral, 142
Lógica de tratamento
   introduzindo aos adolescentes, 69-72, 70f
   introduzindo às crianças, 65-69, 66f, 67f, 68f
   transtornos disruptivos e, 250-251
Lutas, 167-168

M

Mapa de Rostos de Sentimentos
   classificando a intensidade dos sentimentos e, 80-82, 82f
   identificando sentimentos e, 78-80, 79f
Maturidade psicológica, 98
Medicação
   ansiedade e, 208-209
   depressão e, 174
   pacotes mentais, 2-3
Medições de autorrelato. *Ver também* Avaliação
   ansiedade e, 212t-213t
   conceitualização de caso e, 12-14
   contexto cultural, 207-208
   depressão e, 166-167, 171-174
   identificação de problemas e, 74-75

identificando sentimentos e, 83-84
Medos. *Ver também* Ansiedade
  dessensibilização sistemática e, 116-117
  exercícios de improvisos teatrais e, 150-152
  técnicas de exposição e, 126-131
  transtorno do espectro autista e, 291-294
Mente científica, 339-340
Metáfora da Campainha, 256-257, 257*f*
Metáfora do medidor do tanque de combustível da raiva, 255-257, 256*f*
Metáforas
  diálogo socrático e, 98
  intervenções autoinstrutivas, 267-270, 268*f*, 269*f*
  transtorno do espectro autista e, 288, 289
Método de programa de entrevista, 84-86
Mídia, 80-81
Modalidades sensoriais, 134-135
Modelagem, 192-193, 340-341
Modelagem do comportamento, 114-116, 167-168
  ajudando os pais a aumentar comportamentos desejáveis, 307-308
  controle de contingência e, 119-121, 312-315
Modelagem velada, 144-145
Modelo ABC. *Ver também* Antecedentes comportamentais; Consequências; Modelo de tratamento
  conceitualização de caso e, 20-21
  definição do problema com os pais e, 301-303
  introduzindo o modelo de tratamento para adolescentes e, 69-72, 70*f*
  introduzindo o modelo de tratamento para crianças e, 65-69, 66*f*, 67*f*, 68*f*
  transtornos disruptivos e, 255-258, 256*f*, 257*f*
Modelo cognitivo. *Ver também* Modelo ABC; Modelo de tratamento
  introduzindo aos adolescentes, 69-72, 70*f*
  introduzindo às crianças, 65-69, 66*f*, 67*f*, 68*f*
  visão geral, 75-76
Modelo de tratamento. *Ver também* Modelo ABC; Modelo cognitivo
  introduzindo aos adolescentes, 69-72, 70*f*
  introduzindo às crianças, 65-69, 66*f*, 67*f*, 68*f*
  transtorno do espectro autista e, 287-289
  transtornos disruptivos e, 248-250, 249*f*, 255-258, 256*f*, 257*f*
  visão geral, 65, 75-76, 339-343

Modelos de condicionamento clássico, 1-2
Modelos de condicionamento operante, 1-2
Motivação
  conteúdo da sessão e, 58-59
  continuum de empirismo colaborativo e descoberta guiada, 40-41
  não adesão à tarefa de casa e, 157-159
  técnicas de exposição e, 232-234
  transtornos disruptivos e, 251-253
Mudança, 343
Mudanças de humor, 169
Mudanças no apetite, 168-169
Música, 80-81
My Anxious Mind (Tompkins & Martinez, 2009), 142-143

N

Não adesão. *Ver também* Adesão
  tarefa de casa e, 157-163, 158*f*
  transtornos disruptivos e, 251-253

Negligência, 279-281
Neurobiologia, 279
Nevoeiro, 212*t*-213*t*, 220-222
Nível de maturidade, 98
Nível de sofrimento/angústia, 96-97
NYU Child Study Center, 289

O

Observação, 212*t*-213*t*
Obtenção de *feedback*, 5, 55, 60-64
Opções de tratamento com base no desempenho
  ansiedade e, 213*t*, 233-235
  identificação de problemas e, 74-76
Ordens
  gestão de comportamento familiar e, 261-262
  treinamento parental sobre, 309-312

P

PACT – Treinamento de Escolhas para o Adolescente Positivo, 265-266
Pais. *Ver também* Cuidadores; Parentagem

aumentando os comportamentos desejáveis, 303-309
controle de contingência e, 312-315
definição do problema e, 300-303, 301f
ensinando os pais a dar ordens e instruções, 309-312
excessivamente envolvidos, 314-315
expectativas para o comportamento, 299-303, 301f
lidando com comportamentos indesejáveis e, 315-320
questões de contexto cultural e, 297-299
visão geral, 297-298, 319-320
Papel de especialista do terapeuta, 98-99
Parcimônia, 339-340
Parentagem. *Ver também* Cuidadores; Pais
ansiedade e, 206-207
aumentando os comportamentos desejáveis, 303-309
conceitualização de caso e, 17, 20-22
controle de contingência e, 312-315
dando ordens e instruções e, 309-312
expectativas realistas e, 299-303, 301f
lidando com comportamentos indesejáveis e, 315-320
não adesão à tarefa de casa e, 157-160
transtornos disruptivos e, 250
visão geral, 319-320
Pedidos dos filhos. *Ver* Ordens
Pensamento abstrato, 169
Pensamento catastrófico
ansiedade e, 205-206, 230-232
atividade Dona Errilda e, 109-110, 111f-112f
técnicas de análise racional e, 123-124
Pensamento científico, 339-342
Pensamento crítico, 339-340
Pensamento distorcido. *Ver* Distorções cognitivas
Pensamento registrados. *Ver* Registros de pensamentos
Pensamento "tudo ou nada"
raciocínio indutivo e definições universais, 103-104
técnica do *continuum* e, 200-203, 202f
técnicas de análise racional e, 272-274
Pensamentos. *Ver também* Registros de pensamentos
Cestas de Pensamentos-Sentimentos e, 140-142

confundindo com sentimentos, 91-92
hipótese da especificidade do conteúdo para orientar a identificação de, 90-91
identificando, 85-90, 87f, 93
intervenções autoinstrutivas, 123-124
introduzindo o modelo de tratamento para adolescentes e, 69-72, 70f
introduzindo o modelo de tratamento para crianças e, 65-69, 66f, 67f, 68f
Registro Diário de Pensamentos (RDP) e, 92-93, 92f, 93f
técnicas de análise racional e, 123-127, 126f
Pensamentos automáticos. *Ver também* Distorções cognitivas; Pensamentos
conceitualização de caso e, 18
questões etnoculturais e, 283-285
Registro Diário de Pensamentos (RDP) e, 92-93, 92f, 93f
visão geral, 2-3
Pensamentos ou comportamentos suicidas
autolesão não suicida e, 181-185
avaliação dos, 176-182
contexto cultural e, 170-171
depressão e, 174-189, 186f
tratamento dos, 185-189, 186f
visão geral, 165-166
Pergunta dos Três Porquinhos, 105
Perguntas. *Ver também* Diálogo socrático
contexto cultural e, 15-16, 16q
empíricas, 95-95
lógicas, 95-96
metáfora, analogia e humor e, 106-110, 108f, 109f, 111f-112f
modificando com base na criança, 95-98, 97f
questionamento sistemático, 95-107, 97f, 102f
tipos de, 95-96
Planejamento do tratamento
conceitualização de caso e, 9-10
exemplos de, 25-26, 28-29, 31-33
formulação de caso provisória e, 21-22
Planilha Derrotando "Se o pior acontecer", 225-228, 225f, 227f
Planilha Responder ao Medo, 212t-213t, 222-226, 223f, 224f
Pontos fortes, 254-255
Postura terapêutica *"rock & roll"*, 250-251

Prática, 130
Práticas disciplinares, 17, 19q, 20-22. *Ver também* Parentagem
Predisposição, 11-12, 11f
Preocupações. Ver Ansiedade; Ruminação
Previsibilidade, 47-48
Previsões
    ansiedade e, 205-206
    Cestas de Pensamentos-Sentimentos e, 140-142
    depressão e, 196-198
Privilégios, 317-320
Problema apresentado
    conceitualização de caso e, 11-13, 13f
    continuum de empirismo colaborativo e descoberta guiada e, 39
    exemplos de, 22-23, 26-33
    formulação de caso provisória e, 21-23
    tarefa de casa e, 154-155
Problemas de alimentação, 168
Problemas de sono, 168
Procedimento de Balões, 212-213, 212t-213t
Procedimento de Conferir Item por Item, 259-260
Procedimento de *time-out*, 316-318
Procedimento do Teste de Evidência
    ansiedade e, 212t-213t, 231
    depressão e, 200-202
    visão geral, 123-125
Procedimento Janela de Aceitabilidade, 329
Processamento das tarefas de casa, 156-157. *Ver também* Tarefa de casa
Processo de resolução de problemas colaborativo, 161-162. *Ver também* Intervenções para resolução de problemas
Processos colaborativos, 35-36. *Ver também* Empirismo colaborativo
Programa de Prevenção de Ansiedade e Depressão na Juventude
    Mapas de Rostos de Sentimentos e, 78-80, 79f
    tarefa de casa e 153-154
    terapia do jogo e, 137-138
Programa de Prevenção do Detetive Emocional, 150-152
Programa PEERS, 290
Programas de TV, 80-81
Projetos de artesanato, 236-238
Prosódia da fala, 280-284

Protocolo Unificado para o Tratamento dos Transtornos Emocionais na Juventude, 288
Psicoeducação
    abordagens cognitivo-comportamentais e, 113-115
    terapia familiar cognitivo-comportamental, 322-323
    transtorno do espectro autista e, 288-290
    transtornos disruptivos e, 255-258, 256f, 257f
Psicoterapia, 113-115
Puberdade, 168-170
Punição. *Ver também* Parentagem
    conceitualização de caso e, 20-22
    controle de contingência e, 314
    gestão de comportamento familiar e, 260-261

Q

Queixas somáticas
    contexto cultural e, 171
    depressão e, 167-169
    treinamento de relaxamento e, 217-218
Questionamento sistemático. *Ver também* Perguntas; Diálogo socrático
    fazendo questionamentos socráticos terapêuticos, 98-100, 102f
    modificando com base na criança, 95-98, 97f
    processo de, 98-100
    tipos de perguntas, 95-96
    visão geral, 95, 97f, 102f
Questionário de ideação suicida (SIQ), 177-178
Questionário de Preocupação da Penn State para Crianças, 210
Questões funcionais, 95-96. *Ver também* Perguntas

R

Raciocínio indutivo, 101-107, 102f
Raciocínio moral, 249f, 250, 274-275
Rancores, 260-261
Realizações baseadas no desempenho, 249f, 250, 275-277
Reatância, 160-161
Reatribuição
    depressão e, 198-200, 199f
    transtornos disruptivos e, 250, 271-272
    visão geral, 124-127, 126f

Rebeldia, 160-161

Recompensas. *Ver também* Reforço
- ajudando os pais a aumentar comportamentos desejáveis, 303-309
- controle de contingência e, 312-315
- gestão de comportamento familiar e, 261-262
- processo de resolução de problemas e, 121-122
- remoção como resultado de comportamento indesejável, 317-320
- técnicas de exposição e, 240-241, 240*f*, 241*f*

Reforço. *Ver também* Consequências; Recompensas
- ajudando os pais a aumentar comportamentos desejáveis, 303-309
- aumentando a frequência de, 306-309
- conceitualização de caso e, 21-22
- controle de contingência e, 119-121, 312-315
- gestão de comportamento familiar e, 260-262
- técnicas de exposição e, 130

Reforço negativo, 304. *Ver também* Reforço
- ajudando os pais a aumentar comportamentos desejáveis, 303-309
- aumentando a frequência de, 306-309
- controle de contingência e, 119-121

Registro dos Meus Pensamentos de Borboleta, 106-110, 108*f*, 109*f*

Registro de Pensamentos em *Cartoon*, 86-88, 87*f*. *Ver também* Registro Diário de Pensamentos (RDP); Registros de pensamentos

Registro Diário de Pensamentos (RDP) e, 92-93, 92*f*, 93*f*. *Ver também* Registro de pensamentos
- ajudando crianças e adolescentes a completar, 92-93, 92*f*, 93*f*
- Cestas de Pensamentos-Sentimentos e, 140-142
- com adolescentes, 88-90
- com crianças, 86-88, 87*f*
- identificando, 77-86, 79*f*, 82*f*, 93
- identificando e associando pensamentos e sentimentos e, 86
- intensidade dos, 80-84, 82*f*
- introduzindo o modelo de tratamento para adolescentes e, 69-72, 70*f*
- introduzindo o modelo de tratamento para crianças e, 65-69, 66*f*, 67*f*, 68*f*
- terapia familiar cognitivo-comportamental, 323-325, 323*f*, 324*f*
- treinamento de empatia e, 117-119

Registro do humor, 48-52. *Ver também* Estrutura da sessão

Registro do sintoma, 48-52. *Ver também* Estrutura da sessão

Registros de disputa, 256-257

Registros de pensamentos. *Ver também* Registro de Pensamento em Cartum; Registro Diário de Pensamentos (RDP)

Regras, 288, 294-295
- implícitas, 78-79

Regulação emocional, 288-289. *Ver também* Autorregulação

Rejeição, 279-281

Relação terapêutica. *Ver também* Aliança de trabalho
- empirismo colaborativo e, 35-36
- estrutura da sessão e, 47-49
- obtendo *feedback*, 60-64
- técnicas de exposição e, 127-129
- transtornos disruptivos e, 250-255

Relacionamento social, 279-281

Relacionamentos entre colegas. *Ver também* Relacionamentos; Treinamento de habilidades sociais
- conceitualização de caso e, 16-17, 19*q*
- depressão e, 167-170
- transtorno do espectro autista e, 279-281, 290-291
- treinamento de habilidades sociais e, 192-195

Relacionamentos. *Ver também* Relacionamentos entre colegas; Relação terapêutica
- habilidades de comunicação e, 280-281
- transtornos disruptivos e, 253-255

Relações familiares. *Ver também* Pais
- conceitualização de caso e, 17, 19*q*
- gestão do comportamento e resolução de problemas familiares, 259-264
- não adesão à tarefa de casa e, 157-160

Relaxamento muscular progressivo, 114-116, 212*t*-213*t*, 217-218. *Ver também* Treinamento de relaxamento

Remodelagem, 324-325

Representação de papéis
- ansiedade e, 212*t*-213*t*, 202-202
- técnicas de exposição e, 128-129
- treinamento de habilidades sociais e, 192-194
- visão geral, 118-120

Resiliência, 148-150

Resolução de problemas familiares, 259-264. *Ver também* Intervenções para resolução de problemas

Restruturação cognitiva
    ansiedade e, 222-232, 223*f*, 224*f*, 225*f*, 227*f*, 229*f*
    técnicas cognitivas de autocontrole, 211-224, 212*t*-213*t*, 223*f*, 224*f*, 225*f*, 227*f*, 229*f*, 232-234
    terapia familiar cognitivo-comportamental, 324-329, 325*f*, 327*f*
    transtorno do espectro autista e, 291-294
    visão geral, 148-152, 150*f*, 151*f*

Retraimento social, 167-168
Retrate Isto, técnica, 269-270
Revistas, 80
Rubrica PRECISE, 287-288
Ruminação, 171-172, 217-218. *Ver também* Ansiedade

S

Segurança, 178-179, 185-189, 186*f*
Semáforo de Trânsito de Sentimentos, 82
Sensações físicas, 81-82, 82-83
Sensibilidade ao nojo, 295-296
Sentimentos. *Ver também* Registros de pensamentos
    confundindo com pensamentos, 91-92
    hipótese da especificidade do conteúdo para orientar a identificação de, 90-91

"Se o pior acontecer", atividade, 212*t*-213*t*, 225-228, 225*f*, 227*f*

Série *What to Do workbook* (Huebner, 2006, 2007a, 2007b, 2007c), 142-143

Sinais de alerta, 187
Sintomas
    ansiedade na juventude, 205-209
    depressão em adolescentes, 168-170
    depressão em crianças, 165-168

Sintomas afetivos, 165-166. *Ver também* Sintomas
Sintomas cognitivos. *Ver também* Sintomas
    ansiedade e, 205-207
    depressão e, 165-167

Sintomas e sinais de humor. *Ver também* Sintomas
    ansiedade e, 205-206
    depressão e, 165-166

Sintomas fisiológicos. *Ver também* Sintomas
    ansiedade e, 205

    contexto cultural e, 171
    depressão e, 167-168
    treinamento de relaxamento e, 217-218

Sistema de processamento das informações, 2-3, 4, 127-128, 282-285
Sistemas de pontos. *Ver* Controle de contingência
Stop and Think Workbook (Kendall, 1992), 142-143
Superproteção, 314-315

T

Tarefa de casa. *Ver também* Estrutura da sessão
    considerações sobre a prescrição de, 153-157
    estrutura da sessão e, 60-61
    não adesão a, 157-163, 158*f*
    revisão da, 52-55, 157
    visão geral, 5, 153, 162-163

Tarefa de casa; Automonitoramento.
    ajudando crianças e adolescentes a completar, 92-93, 92*f*, 93*f*
    hipótese da especificidade do conteúdo, 90-91
    identificando e associando pensamentos a sentimentos e, 86-88, 87*f*
    não adesão e, 160
    terapia familiar cognitivo-comportamental, 323-325, 323*f*, 324*f*

Tarefas "Mostro que Posso" (STIC), 54, 143
Técnica da Farpa, 276
Técnica De Propósito ou Sem Querer, 266-268, 268*f*
Técnica do Marcador de Página de Pensamentos-Sentimentos, 144-145
Técnica Ilusão ou Solução, 149-152, 150*f*, 151*f*
Técnicas cognitivas, 249*f*
Técnicas cognitivo-comportamentais. *Ver também* Intervenções específicas
    aplicações de terapia recreativa, 136-140
    aquisição e aplicação de habilidades e, 113-115
    autolesão não suicida e, 182-85
    confecção de máscaras, 143-145
    controle de contingência e, 119-121
    depressão e, 174-176, 175*f*, 189-195, 191*f*
    dimensões, 113-114
    exercícios de pré-ativação (*priming*), 144-149, 146*f*, 147*f*
    instrumentos comportamentais, 114-117
    intervenções autoinstrutivas, 123-124

intervenções para resolução de problemas e, 121-124, 123*f*
jogos, 139-142
livros de exercícios, 142-144
livros de história e contação de histórias, 133-136, 142
reestruturação cognitiva e experimentos comportamentais, 148-152, 150*f*, 151*f*
suicidalidade e, 185-189, 186*f*
técnicas de análise racional e, 123-127, 126*f*
terapia de exposição, 126-131
terapia familiar cognitivo-comportamental, 322-329, 323*f*, 324*f*, 325*f*, 327*f*
transtorno do espectro autista e, 287-289
treinamento de habilidades sociais, 117-120
visão geral, 1-2, 113, 131, 152, 339-343
Técnicas de bases cognitivas, 1-4
Técnicas de *continuum*
  depressão e, 200-203, 202*f*
  técnicas de análise racional e, 272-274, 273*f*
Técnicas de exposição
  ansiedade e, 213*t*, 231-241, 240*f*, 241*f*
  criando oportunidades de exposição, 234-241, 240*f*, 241*f*
  transtornos disruptivos e, 275-277
  visão geral, 126-131
Técnicas de previsão de ansiedade, 120-121
Técnicas de relaxamento muscular, 114-117, 212*t*-213*t*, 217-218. *Ver também* Treinamento de relaxamento
Técnicas projetivas, 171-172. *Ver também* Avaliação
Tecnologia
  adolescentes e, 59-60
  não adesão à tarefa de casa e, 162-163
  transtorno do espectro autista e, 288, 290-291
Telefones celulares, 59-60, 162-163
Tempo de chão, 304-305
Teoria da aprendizagem social, 1-2
Teoria da aprendizagem, 127-128
Teoria da Mente (TOM), 282-285, 289-290
Terapia cognitiva, 5-7, 10-11
Terapia em grupo
  transtorno do espectro autista e, 294-296
  transtornos disruptivos e, 276-277
  treinamento de empatia e, 266-267

Terapia familiar cognitivo-comportamental (TCC), 5-6
  enactments comportamentais, 329-337
  técnicas de terapia, 322-329, 323*f*, 324*f*, 325*f*, 327*f*
  visão geral, 1-2, 321-323, 322*f*, 336-337
Terapia teatral cognitivo-comportamental, 150-152
Termômetros/Barômetros de Sentimentos, 81-82
Testagem de hipóteses
  conceitualização de caso e, 9-10
  depressão e, 200-202, 201*f*
  introduzindo o modelo de tratamento a adolescentes e, 70-72
  visão geral, 339-340
Testar pensamentos, 70-72
Teste de Apercepção para Crianças (CAT), 13
Teste de Apercepção Temática (TAT), 13
Teste de Rorschach, 13
Teste Roberts de Apercepção para Crianças (RATC), 13
Think Confident, Be Confident for Teens (Fox & Sokol, 2011), 143-144
Think Good, Feel Good (Stallard, 2002), 142-143
Tirando conclusões, 104-107
Tomada de decisão, 166-167
Transparência, 253-255
Transtorno da conduta, 243-244. *Ver também* Transtornos disruptivos
Transtorno de adaptação com humor deprimido. *Ver* Depressão
Transtorno de Asperger. *Ver* Transtorno do espectro autista
Transtorno de autismo. *Ver* Transtorno do espectro autista
Transtorno de desenvolvimento pervasivo não especificado. *Ver* Transtorno do espectro autista
Transtorno de oposição desafiante (TOD). *Ver também* Transtornos disruptivos
  contexto cultural e, 246-247
  diferenças de gênero e, 246-247
  sintomas de, 243-245
  transtorno do espectro autista e, 282-283
Transtorno depressivo maior. *Ver* Depressão
Transtorno depressivo persistente (distimia). *Ver* Depressão

Transtorno do déficit de atenção/hiperatividade (TDAH). *Ver também* Transtornos disruptivos
  contexto cultural e, 246-247
  definição do problema com os pais e, 301-303
  diferenças de gênero e, 246-247
  sintomas de, 244-245
Transtorno do espectro autista
  abordagens cognitivo-comportamentais e, 1-2
  avaliação do, 285-287
  características do, 279-285
  intervenções, 287-289
  visão geral, 279, 296
Transtornos de ansiedade, 168-169. *Ver também* Ansiedade
Transtornos disruptivos. *Ver também* Comportamento disruptivo
  avaliação dos, 247-249
  contexto cultural e, 245-247
  diferenças de gênero e, 245-247
  educação, socialização ao tratamento e automonitoramento, 255-258, 256*f*, 257*f*
  exposição/alcance de desempenho, 275-277
  gestão do comportamento e resolução de problemas familiares, 259-264
  intervenção de projeção de tempo e, 263-264
  intervenções autoinstrutivas, 266-271, 268*f*, 269*f*
  parentagem e, 259-264
  processo de resolução de problemas e, 258-260
  relação terapêutica e, 250-255
  sintomas de, 243-245
  técnicas de análise racional e, 271-274, 273*f*
  técnicas de raciocínio moral e, 274-275
  tratamento de, 248-250, 249*f*
  treinamento de empatia e, 265-267
  treinamento de habilidades sociais e, 264-266
  visão geral, 277
Trapacear, 139-140
Tratamento multimodal, 248-250, 249*f*
Treatment for Adolescents with Depression Study (TADS), 165
Treinamento de assertividade, 118-119, 192-193. *Ver também* Treinamento de habilidades sociais

Treinamento de empatia
  transtorno do espectro autista e, 287-288
  transtornos disruptivos e, 249*f,* 250, 265-267
  visão geral, 117-119
Treinamento de habilidades sociais
  ansiedade e, 212*t*-213*t*, 220-222, 223*f*
  depressão e, 192-195
  transtorno do espectro autista e, 290-291
  transtornos disruptivos e, 250, 264-265
  visão geral, 117-120
Treinamento de relaxamento
  ansiedade e, 212*t*-213*t*, 217-218, 220-221
  transtornos disruptivos e, 250
  visão geral, 114-116
Treinamento de tomada de perspectiva, 117-119
Tríade cognitiva negativa, 4
Triagem para Transtornos Emocionais Relacionados à Ansiedade Infantil (SCARED & SCARED-R)
  conceitualização de caso e, 12-13
  identificando sentimentos e, 83-84
  registro do humor ou do sintoma e, 50-51
  visão geral, 209-210, 217

U

Última Parada para o Fantasma, procedimento, 292-294
Unidades Subjetivas de Sofrimento (SUDs)
  automonitoramento com crianças e, 211-213
  dessensibilização sistemática e, 116-117, 218-220, 219*f*
  técnicas de exposição e, 130
Uso de argila, 136-137. *Ver também* Jogos
Uso de substâncias
  conceitualização de caso e, 18, 19*q*
  depressão e, 168-170
  transtornos disruptivos e, 247

V

Validação, 250-251
Valor da pessoa 101-107, 102*f*
Vantagens e desvantagens, avaliando, 122-124, 123*f*